Lektorat Sigrid Ott
Würzburg-Germany

Es gibt keine Grenzen.

Nicht für den Gedanken,

nicht für die Gefühle.

Die Angst setzt die Grenzen.

Katastrophen stehen nicht isoliert für sich, sondern sind Blitzlichter in einem Prozess. Schon lange vor einem natürlichen Extremereignis wird der Verlauf durch Siedlungsmuster oder den Umgang mit Technik bestimmt. Auf jede Katastrophe folgt auch eine lange Nachgeschichte. Der moderne Mensch kann Katastrophen nicht mehr mit Gott ausmachen, sondern wird auf sich selbst zurückgeworfen. Die Katastrophe wird zum Impuls für eine grundlegend neue Denkweise. Naturkatastrophen zwingen eine Gesellschaft aber auch dazu, hart mit sich ins Gericht zu gehen.

Sollte das unsere Zukunft sein?

Es ist fünf Minuten vor zwölf.

Als Kinder bauten wir Burgen aus Sand, die uns das Meer bald wieder nahm, Später wurden es Schlösser auf Wolken, sie stürzten ein, als der Sturm aufkam ... Wir lebten in Räumen aus eigenen Träumen und legten den Boden mit Plänen aus.

Wir wohnten zur Miete im Himmel und lachten. Wir bauten unser eigenes Kartenhaus ...

So war es damals.

Doch dann sah ich einen Wald, wo man jetzt ein Atomkraftwerk baut. Ich sah Regen wie Gift, dort wo er hinfiel, da starb der Baum. Ich sah einen Zaun, wo es früher nur Freiheit gab. Ich sah grauen Beton, wo vor Kurzem noch die Wiese lag.

Und ich sah einen Strand, der ganz schwarz war von Öl und Teer. Ich sah eine Stadt, in der zählte der Mensch nicht mehr. Doch ich sah auch ein Tal, das voll blühender Bäume war, einen einsamen See, wie ein Spiegel so hell und klar. Und ich sah auf die

Uhr: Es war fünf Minuten vor zwölf.

Ich sah Hass in den Augen, blindwütenden Glauben, sah' die Liebe erfrieren, sah' die Sieger verlieren, sah' Bomben und Minen, sah' Schieber verdienen, sah' Klugschwätzer reden und Fanatiker töten. Doch ich sah' auch die Angst, die so viele zur Einsicht bringt. Jemand sagte zu mir, dass die Zukunft gerade jetzt beginnt. Und ich sah auf die

Uhr: Es war 5 Minuten vor zwölf.

„Erst haben die Menschen das Atom gespalten, jetzt spaltet das Atom die Menschen."

In Gedenken an die Opfer der Reaktorkatastrophe in Tschernobyl vom 26. April 1986.

Viele Menschen waren und sind von diesem Super-GAU betroffen. Viele bezahlten mit ihrem Leben. Viele erkrankten an Krebs. Viele wurden missgebildet geboren. Viele verloren ihr Zuhause. Noch mehr leben in ständiger Angst vor der Strahlung, nicht nur in Russland.

Den Helfern und ihren Familien gilt es Dank zu sagen!

Vorwort von Felix Windmüller

Als Hans-Jürgen mich bat sein Manuskript zu lesen und zu beurteilen, wusste ich nicht so recht, ob ich die Aufgabe übernehmen könnte. Doch der vorgelegte Titel fand mein Interesse und da ich lange mit ihm befreundet bin, konnte ich nicht ablehnen.

Ich habe, genau wie Hans-Jürgen, zwei Kinder und fühle mich verantwortlich für die Zukunft meiner heranwachsenden Kinder. Aus diesem Grunde sprach mich das Thema direkt an und was ich dann las, zeigte mir mehr als deutlich, Hans-Jürgen hat die Thematik auf den Punkt gebracht. Ein Thema wurde hier bearbeitet, welches für jeden, besonders aber der jungen Generation, in verständlicher Weise dargestellt wurde. Ein gewisses Grundwissen über die Entstehung und Weiterentwicklung der Atomwissenschaft und deren Weiterentwicklung für kriegerische Einsätze und der Produktion von Energie durch Kernkraftwerke.

Besonders die Ausführungen über die Zunahme der AKWs weltweit und den damit verbundenen Gefahren für Menschen und Umwelt zeigen mehr als deutlich das bestehende Gefahrenpotenzial auf. Die allgemeine Gleichgültigkeit der Bevölkerung verdeutlicht im dramatischerweise den Kenntnisverlust über die Gefahren, die von Kernkraftenergie und Atomen ausgehen können.

Ob es der erste Abwurf einer Atombombe ist, die zerstörerisch ausgeführten Atomtest's oder die gesundheitsschädlichen Nebenwirkungen von Kernkraftwerken, Hans-Jürgen zeigt die tickende Uhr auf. Ja, es ist in der Tat fünf vor zwölf. Wer dies bis jetzt noch nicht erkannt hat, wird durch die sehr gut ausgearbeitete Berichterstattung der japanischen Atomkatastrophe, die ausgelöst durch ein Jahrhunderterdbeben, gefolgt von einem alles zerstörenden Tsunami, der die Kernkraftanlagen in Fukoshima zu einem dreifachen **Super-GAU** führte, bei dem bis jetzt noch kein Ende abzusehen ist, aufgeweckt werden.

Die gesamte Darstellung der Problematik Kernkraft, Erdbeben und Tsunami zeigt die Verwundbarkeit der Technik, aber ebenso der Menschen und unserer Natur. Ich kann nur zustimmen, wenn Hans-Jürgen vor der weiteren Verwendung von Kernkraft warnt und ich möchte mich dem Bestreben anschließen, dass in Zukunft alles unternommen werden muss, um alternative Energiequellen zu erschließen und ein grünes Denken Fuß zu fassen beginnt, mit dem Ergebnis, dass in Zukunft wirklich nur noch die Sonne für uns scheinen soll. Zusammengefasst muss ich feststellen, dass dieses Buch aufschlussreiche Information und Grundkenntnisse über AKWs, Erdbeben und Tsunamis vermittelt. In verständlicher Sprache wurde, auch für Laien, ein Thema behandelt, welches uns alle angeht und zum Zukunftsdenken anregt.

Ich werde meinen Kindern hiervon berichten, sie sollen in eine sichere Welt hereinwachsen, mit Verständnis und Wissen, damit sich Fukoshima nicht mehr wiederholen kann.

Felix Windmüller

Debakel des Todes

Die Hölle der Natur

Erdbeben, Tsunamis und Atomkraft haben unseren Lebensablauf verändert. Unsere Welt steht an einem Wendepunkt ihres Bestehens. Katastrophen mehren sich. Verluste müssen hingenommen werden und noch ist keine Änderung in Sicht. Die Zeit des Umdenkens hat bereits begonnen. Lange Wege stehen uns noch bevor.

Globale Erwärmung, Anstieg der Meeresspiegel, Brandrodung und die unbegreifliche Atomkatastrophe von Japan. Die Menschheit beeinflusst die Umwelt, so massiv, dass immer mehr Forscher ein neues Erdzeitalter, das Anthropozän, ausrufen wollen.

Durch die weltweit verbreitete Kernenergie und den damit verbundenen Risiken für die Menschen ist es Zeit, neue Wege der Energiegewinnung zu nutzen, und unsere Welt von den nicht zu kalkulierenden Risiken zu schützen.

Als dominierendes Raubtier auf unserer Erde sind wir es unseren Kindern schuldig!

Die Unmöglichkeit der Evolution

Als Einführung zu meinem Buch möchte ich den Leser zuerst in die Entstehung der Evolution führen, einige Theorien aufzeigen und Denkanstöße liefern, die zum Nachdenken anregen sollen. In den hier folgenden Seiten setze ich mich kritisch mit der von vielen so leichtfertig übernommenen Theorie auseinander, das Leben sei mehr oder weniger zufällig durch Evolution entstanden. Dabei liegen Fragen zugrunde, auf die unsere Naturwissenschaften keine befriedigenden Antworten geben können. So z. B. warum unser Gehirn als einziges Organ über sich selbst nachdenken kann oder wie es möglich ist, dass die sechs unbelebten Grundbausteine unseres Körpers (Kohlenstoff, Wasserstoff, Sauerstoff, Stickstoff, Schwefel, Phosphor) in der richtigen Anordnung plötzlich ein Bewusstsein erlangen sollten. Auch einige der staunenswertesten Wunder in unserer Natur zeigen deutlich, dass aus Sicht der Naturwissenschaft eine Evolution, die durch Zufall zustande gekommen ist, völlig auszuschließen ist. Diese Wahrheit erkannte nach über 60 Jahren auch der einst atheistische Autor und Philosoph **Malcolm Muggeridge**, der es wie folgt formulierte:

„Ich bin davon überzeugt, dass die Evolutionstheorie, besonders das Ausmaß, in dem sie angewendet wird, als einer der größten Witze in die Geschichtsbücher der Zukunft eingeht. Die Nachwelt wird sich wundern, wie eine so schwache und dubiose Hypothese so unglaublich leichtfertig akzeptiert werden konnte."

Um die Theorie von der Entstehung des Lebens durch Evolution zu widerlegen, ist es zwecklos, lediglich Argumente gegen verschiedene Ungereimtheiten vorzulegen. Anhänger der Evolutionslehre sind äußerst erfinderisch. Sobald Fakten auftauchen, die gegen die Evolution sprechen, werden neue unbewiesene Annahmen aufgestellt, um andere Theorien zu halten. Letztlich verharren Evolutionsanhänger und -kritiker bei dieser Art der Auseinandersetzung in einer Patt-Situation. Wenn aber Naturgesetze das Gedankensystem der Evolution schon an der Wurzel ausheben, erübrigen sich alle weiterführenden. Und so ist die stärkste Argumentation in der Wissenschaft immer dann gegeben, wenn man Naturgesetze in dem Sinne anwenden kann, dass sie einen Prozess oder Vorgang völlig ausschließen. Denn Naturgesetze kennen KEINE Ausnahmen, sie gelten immer, an jedem Ort, zu jeder Zeit, im ganzen Universum. Aus diesem Grund ist z. B. ein Perpetuum mobile, also eine Maschine, die ohne Energiezufuhr ständig läuft, eine unmögliche Maschine, weil das Naturgesetz der Energieerhaltung sie schlicht und einfach verbietet. In eben dieser Art und Weise schließt das folgende Naturgesetz den Evolutionsgedanken von vornherein aus:

Es gibt keinen Prozess, bei dem selbstständig Information entsteht.

Information ist eine geistige Größe, daher stammt sie IMMER aus einer geistigen Quelle. Heute wissen wir, was Darwin nicht wissen konnte. In den Zellen aller Lebewesen befindet sich eine unvorstellbare Menge an Information. Die Bildung aller Organe geschieht informationsgesteuert, Tausende geregelte und präzise aneinander gekoppelte Abläufe in jeder einzelnen Zelle funktionieren ebenso informationsgesteuert wie die Herstellung aller körpereigenen Substanzen. Es befinden sich 50.000 verschiedene Proteine im menschlichen Körper. Jede dafür notwendige Arbeitsanweisung steht gespeichert in der DNA unserer Zellen und das in der höchsten überhaupt bekannten Speicherdichte: Im Volumen eines Stecknadelkopfes, der nur aus DNA-Material bestehen würde, könnte man einen Stapel Taschenbüchern speichern, der 500-mal höher wäre als die Entfernung von der Erde bis zum Mond. Eine unvorstellbare Informationsdichte, nach einem äußerst genialen Prinzip. Alle unsere Computerspeicher sind von dieser Informationsdichte um Zehnerpotenzen entfernt.

Was versteht man unter Information?

Information, die von einem mit Intelligenz und Willen ausgestatteten Sender/Urheber stammt, liegt immer dann vor, wenn in einem beobachtbaren System die folgenden fünf hierarchischen Ebenen auftreten:

Statistik:

Information benötigt zunächst Zeichen, die statistisch erfasst werden können, wie z. B. Buchstaben, Magnetisierungen auf einer Festplatte, DNA-Basenpaare oder ein Schallspektrum.

Syntaktik:

Diese Zeichen sind nach einem bestimmten Code angeordnet, also nach präzisen Regeln einer vom Sender festgelegten Grammatik, die auch der Empfänger kennt.

Semantik:

Das Entscheidende der zu übertragenden Information ist natürlich die durch die richtige Anordnung der Zeichen hineingelegte Bedeutung oder Aussage des Senders.

Pragmatik:

Information fordert zur Handlung auf. Jede Informationsweitergabe geschieht mit der senderseitigen Absicht, beim Empfänger eine bestimmte Handlung auszulösen.

Aporetik:

Die letzte und höchste Ebene der Information ist der Ziel- oder Ergebnisaspekt. Es gilt für jede beliebige Information, dass der Sender immer ein Ziel damit verfolgt.
Prozesse, die lediglich statistisch erfassbar sind, also in der ersten Ebene enden, wie z.B. das Lichtspektrum entfernter Sterne, Temperaturwerte, Erdbebenwellen oder auswertbare Oberflächenbeschaffenheiten, stellen nach allgemeiner informationstheoretischer Definition keine Information dar, da hier kein Code enthalten ist. Unsere DNA hingegen besitzt ein nach grammatischen Regeln festgelegtes Codesystem!

Die fünf Ebenen der Information, erklären am Beispielsatz: „Die Scheune brennt!"
Wir können die Zeichen auszählen: 0 x A, 1 x B, 1 x C usw.
Das Codesystem ist die deutsche Grammatik, dieses wurde zuvor durch Regeln definiert.
Die Information weißt auf eine Gefahr hin.
Die Hörer der Information werden veranlasst zu helfen.
Das Ziel für den Hörer der Information ist die Gefahrabwendung und die Lebensrettung.
Auch die genetische Information weißt alle diese fünf Ebenen auf: Die vier vorkommenden Nukleinbasen A, T, C, G bilden den Zeichenvorrat.
Im Codesystem der DNA wurde festgelegt, dass stets drei aufeinanderfolgende Nukleinbasen genau eine bestimmte Aminosäure verschlüsseln. Die Biologie spricht von einem »Triplett«, beispielsweise GGA. Äußerst bemerkenswert hieran ist übrigens, dass in der gesamten belebten Natur nur eine genetische Sprache realisiert ist. Ein solches Triplett bedeutet für das Ribosom, genannt die Eiweißfabrik der Zelle, eine ganz bestimmte

Aminosäure herzustellen. So steht GGA im Codesystem der genetischen Sprache für ein Glycerin-Molekül.

Wird im Ribosom ein Triplett aus dem genetischen Code ausgelesen, produziert dieses die entsprechende Aminosäure. Die richtige Aneinanderreihung hunderter und oftmals tausender dieser Aminosäuren bewirken den Aufbau eines Eiweißmoleküls.

Das Ziel des genetischen Codes ist die Herstellung eines strukturell lebensfähigen Körpers, in dem Milliarden dieser Eiweißmoleküle nicht nur produziert, sondern auch räumlich exakt angeordnet und miteinander vernetzt werden müssen. All diese Arbeitsanweisungen geschehen informationsgesteuert, nichts passiert zufällig.

Das Gedankensystem der Evolution kann also nur dann funktionieren, wenn es eine Möglichkeit gibt, dass durch Zufallsprozesse Information entsteht – das ist die Grundvoraussetzung! Nun zeigt uns aber die Realität, dass Information keine Eigenschaft der Materie ist, sondern immer erst von Außen hinzugefügt werden muss. Materie und Energie sind lediglich Träger der Information. Wenn z. B. Insekten Pollen von Pflanzenblüten weitertragen, ist dies in erster Linie ein Informationsübertragungsvorgang und von genetischer Information. Die beteiligte Materie ist dabei unerheblich.

So hat auch die chemische Gleichung der Fotosynthese, die sich in jedem Schulbuch findet, einen großen Mangel: **Sie funktioniert einfach nicht!**

Denn die beteiligten chemischen Stoffe sich selbst überlassen, organisieren rein gar nichts, egal wie groß die Sonneneinstrahlung ist. Fotosynthese funktioniert erst dann, wenn die Information hinzukommt, wie mithilfe von Sonnenenergie aus Kohlendioxid Sauerstoff produziert wird.

Diese Information ist in jedem Grashalm und in jedem Blatt auf der Erde gespeichert, aber kein Ingenieur oder Biologe vermag dieses geniale Prinzip nachzukonstruieren.

Ebenso kann kein Wissenschaftler der Welt erklären, was »Leben« denn eigentlich ist. Wir können lediglich Merkmale des Lebens benennen, aber die Evolutionslehre hat nicht die geringste Erklärung dafür, wie Lebendiges aus toter Materie entstehen kann. Dementsprechend gibt es zu diesem Wirklichkeitsbereich auch erst ein Naturgesetz, welches der Mikrobiologe Louis Pasteur erkannte:

„Leben kann nur aus Leben kommen."

Jede Philosophie oder jedes Gedankengebäude, das diese uns überall umgebende Naturgesetze nicht berücksichtigt, kommt automatisch zu falschen Schlussfolgerungen, da es von falschen Grundannahmen ausgeht. Die Naturgesetze über Information, genauso wie das Naturgesetz über das Leben haben sich stets bewahrheitet und sich immer als absolut stichhaltig erwiesen. Somit liegen hier bedeutende Gesetzmäßigkeiten vor, die nicht einfach übergangen werden dürfen.

Konsequenzen dieser Naturgesetzmäßigkeiten

Diese einfachen und bewusst angreifbar formulierten Naturgesetze über Information wird jeder, der sie im Alltag überprüfen möchte, immer wieder bestätigt sehen. Jeder unvoreingenommene Mensch wird daraus sehr schnell schlussfolgern können, dass die Lehre von der Entstehung des Lebens durch Evolution einfach nur ein theoretisches Gebilde darstellt und in der Praxis überhaupt nicht möglich ist. Für Informationen gelten folgende sich immer wieder bestätigende und deshalb naturgesetzmäßige Zusammenhänge, die wie der Energieerhaltungssatz mit nur einem Gegenbeispiel widerlegt wären:

Es gibt keine Information ohne ein Codesystem.

Es gibt keine Informationskette, ohne dass am Anfang ein geistiger, intelligenter Urheber steht.

Es gibt keine Information ohne Willen.

Es gibt keine Information ohne die oben genannten fünf hierarchischen Ebenen. Es gibt keine Information durch Zufall.

Diese Sätze haben sich unzählbar oft in der Erfahrung bewährt und sind in keinem Laboratorium der Welt experimentell widerlegt worden. So ist es nur folgerichtig zu fragen, ob das Leben nicht aus einem zielorientierten Schöpfungsprozess stammt. Von diesem Prinzip berichtet die Bibel. Die aus der Sicht der Informatik notwendige geistige Informationsquelle für jegliche Information und damit auch für die biologische Information, wird in der Bibel bereits auf der ersten Seite erwähnt:

„Am Anfang schuf Gott".

Die Evolutionslehre unterstellt hingegen, dass die Information in den Lebewesen keines Senders bedarf. Diese Aussage wird durch die tägliche Erfahrung der obigen Informationssätze reichlich widerlegt. Darum liefern uns heute die Naturgesetze über Information die stärksten Argumente für die Entstehung der Lebewesen durch eine Schöpfung. Da dieser Zusammenhang für jede beliebige Information gilt, wird hier eines ganz deutlich:

Der genetische Code repräsentiert eine geistige Idee.

Und somit ist klar, dass jeder, der die Entstehung des Lebens durch evolutive Zufallsprozesse für denkmöglich hält, an ein **»Perpetuum mobile der Information«** glaubt. Die obigen Naturgesetze über Information treffen die Achillesferse der Evolutionstheorie und setzen deren wissenschaftliches Aus.

Wenn sich Evolutionsanhänger dennoch nicht überzeugen lassen, dann zeigt das einmal mehr, wie stark mit diesem Denksystem ein tief verwurzeltes Glaubensbekenntnis zum Atheismus einhergeht. Warum hat man sich so einseitig auf diese Evolutionstheorie versteift? Die Antwort kann leicht gegeben werden: Gottlose Menschen akzeptieren kein Modell, das einen Schöpfer benötigt. Sie wollen es nicht wahrhaben, dass sie einmal vor einem allmächtigen Richter Rechenschaft über ihr Leben ablegen müssen. Und obwohl nur blanke Unlogik die einzige Alternative zu einem Schöpfer ist, haben sich viele für die Unvernunft entschieden. Der bekannte Evolutionist und Biochemiker **Ernest Kahane** äußert sich dazu in einem sehr ehrlichen Zitat folgendermaßen:

„Es ist absurd und absolut unsinnig zu glauben, dass eine lebendige Zelle von selbst entsteht. Aber dennoch glaube ich es, denn ich kann es mir nicht anders vorstellen."

Der menschliche Körper besteht aus etwa 100 Billionen oder 100.000 Milliarden Zellen. Nimmt man eine mittlere Zellgröße von 40μm an, so würden alle Körperzellen aneinandergereiht eine Zellkette ergeben, die 100-mal um den Äquator reicht.

In jeder einzelnen dieser Zellen finden Tausende von geregelten Prozessen statt, z. B. Stoffwechsel, Proteinsynthese, Zellteilung. Hier passiert nichts zufällig, ausnahmslos alles ist informationsgesteuert. Jeder, der sich im Bereich Regelungstechnik auskennt, weiß, wenn nur einige Regelkreise gekoppelt sind, werden die Differenzialgleichungen so kompliziert, dass man sie nur noch mithilfe von Computern lösen kann. Aber wie ist das mit Tausenden von Regelkreisen, die dazu noch gekoppelt sind, wie komplex müssen hier die Differenzialgleichungen sein? Das würde kein Computer schaffen. Aber in jeder Zelle unseres Körpers laufen diese Prozesse, Sekunde für Sekunde, das gesamte Leben. So gibt uns alleine die Zelle eine Predigt, dass wir daraus erkennen können, es muss einen Schöpfer geben. Die Evolutionstheorie geht hingegen davon aus, alles sei durch Zufallsprozesse in der Materie irgendwie von allein entstanden.

Der Zufall spielt in der Evolutionslehre neben der Zeit eine zentrale Rolle. Man könnte auch sagen, Zufall und Zeit sind die Götter der Evolutionisten. Was der Zufall aber wirklich vermag bzw. nicht vermag, lässt sich an der Komplexität unseres Erbgutes sehr gut zeigen: Mithilfe der vier genetischen Buchstaben A, C, T und G sind die Baupläne aller 20 Aminosäuren, die den Körper der Lebewesen aufbauen, genetisch verschlüsselt. Die Anordnung von drei dieser genetischen Buchstaben heißt Triplett und steht immer für eine ganz bestimmte Aminosäure. Und wie bei jeder Sprache, müssen auch hier Sender und Empfänger wissen, welche Bedeutung ein Wort (Triplett) hat. Damit also bei der genetischen Sprache kein heilloses Durcheinander entsteht und das obige Prinzip überhaupt realisierbar ist, muss vorher durch Codevereinbarung festgelegt worden sein, welches Triplett für welche Aminosäure steht.

Wie viele Codekombinationen sind wohl möglich, unsere 20 Aminosäuren durch die 64 existierenden Tripletts aufzubauen? Antwort: **10 hoch 36!** Das ist eine **Eins mit 36 Nullen.** Dazu muss man aber wissen, dass alle Codes gleich gut sind. Keiner bietet im Rahmen der Evolutionstheorie irgendwelche selektiven Vorteile. Es ist reine Festlegung, wie die Aminosäuren aufgebaut werden sollen.

Jetzt ist aber Folgendes sehr bemerkenswert: In der **GESAMTEN** belebten Natur ist nur ein einziger Code realisiert! Die Einmaligkeit der genetischen Sprache macht sehr deutlich, dass der Zufall völlig auszuschließen ist. Denn wenn es überhaupt möglich wäre und sich durch Zufall irgendwo auf der Erde genetische Codes organisiert hätten, dann wäre an jedem Ort ein ganz anderer Code entstanden. Das wäre ein Durcheinander von verschiedenen Sprachen, die nicht ineinander übersetzbar wären. Aber so ist es nicht, die gesamte Natur besteht nur aus **EINEM** Code von 10 hoch 36 möglichen!

Wieso aber nur dieser eine Code? Auf unserem riesigen Planeten hätten sich doch im Laufe der durch die Evolution angenommenen Jahrmilliarden auch ohne Weiteres 10 verschiedene Codes nebeneinander entwickeln können, die zwar nicht gegenseitig kompatibel sind, aber untereinander. Doch auch hier versagt das Gedankensystem der Evolution vollständig, es kann keine Antwort liefern. Dabei ist es doch so offensichtlich: ein Code – ein Schöpfer.

Die Bausteine für die Eiweißmoleküle, aus denen alle Lebewesen bestehen, heißen Aminosäuren. Diese Aminosäuren sind in den Eiweißmolekülen in Kettenform miteinander verknüpft und in verschiedener Weise angeordnet, je nachdem, welches Eiweißmolekül gebildet werden soll. Solch eine Kette besteht aus einer bestimmten Anzahl von Kettengliedern und zudem gibt es verschiedene Kettenglieder, sprich verschiedene Aminosäuren.

Beispiel: Eine Kette soll aus 2 Gliedern bestehen und dafür können 3 verschiedene Aminosäuren (A, B und C) verwendet werden. Daraus ergeben sich 9 (3 hoch 2) mögliche Ketten: AB, BA, AC, CA, BC, CB, AA, BB oder CC.

Nun sind in der Biologie aber Kettenlängen von 1.000 Gliedern normal und üblich. Bei 2 Aminosäuren gäbe es jetzt 2 hoch 1.000 Möglichkeiten diese anzuordnen. Jedoch liegen in der belebten Natur nicht nur 2, sondern 20 verschiedene Aminosäuren vor. Das heißt, in einer Kette mit 1.000 Gliedern, können diese 20 verschiedenen Aminosäuren beliebig angeordnet sein. Das entspricht also 20 hoch 1.000 Anordnungsmöglichkeiten! Nur zum Vergleich: Die heute geschätzte Anzahl aller Atome im Universum beträgt »lediglich« 10 hoch 80!

Wenn also ein ganz bestimmtes Eiweißmolekül mit einer Kettenlänge von 1.000 Gliedern für den Körper benötigt wird, was ja allein noch lange kein Leben ist und dieses einzige Molekül durch Zufall realisiert werden sollte, dann würde dieses Molekül genau einmal in einem von 20 hoch 1.000 Zufallsversuchen entstehen. Diese Wahrscheinlichkeit ist völlig unvorstellbar, aber auch dann wäre nur ein ganz bestimmtes Molekül realisiert. Wir wären noch weit, weit entfernt von einem Code, einer Zelle, die ja aus Millionen Molekülen besteht und überhaupt von irgendeinem Lebewesen!

In diesem Beispiel wird es mehr als nur deutlich, wie extrem unwahrscheinlich die ganze Evolutionslehre vonseiten der Chemie her aussieht. Aus Sicht der Naturwissenschaft ist also eine Evolution, die durch Zufall zustande gekommen ist, völlig auszuschließen – das sind einfach Fakten, die wir heute erkennen.

Wenn wir uns **einen Quadratmeter Ackerboden** ansehen, können wir wieder nur staunen, wie viel Leben hier installiert ist. Durchschnittlich befinden sich unter einem Quadratmeter Ackerboden 1 Billiarde (1 Million Milliarden) Bakterien, bis zu 10 Milliarden Strahlenpilze, 23.000 Springschwänze, 18.000 Milben, 800 Käfer und Käferlarven, 550 Tausendfüßler, 320 Ameisen, 240 Fliegenlarven, 230 Spinnen und 108 Regenwürmer. Das ist installiertes Leben!

Selbst in **einem Kubikmeter Meerwasser** existieren mehr Lebewesen, als es Menschen auf der Erde gibt. Wir sehen, Gott will, dass Leben überall vorhanden ist. Selbst in den tiefsten Tiefen der Meere, im Marianengraben, wo in 11.000 Metern Tiefe absolut kein Lichtstrahl mehr durchdringt, wimmelt es vor Leben.

In unserem Darmtrakt existieren Milliarden von Kolibakterien, die uns bei der Verdauung helfen. Zur Fortbewegung haben diese mikroskopisch kleinen Bakterien eingebaute, mit Protonen betriebene Elektromotoren die sie vorwärts und rückwärts laufen lassen können. Auf so unvorstellbar kleinem Raum von sage und schreibe nur sechs milliardstel Kubikmillimeter verfügt dieses Bakterium über sechs solcher Motoren. Diese Motoren müssen natürlich mit Strom versorgt werden, daher hat das Kolibakterium ein eigenes Kraftwerk, um selbst Strom zu erzeugen und die Geißeln am Hinterteil des Bakteriums dienen als Antrieb.

Ein Kolibakterium kann sich zudem in 20 Minuten selbst kopieren. Das ist damit vergleichbar, wenn jemand auf einem Laptop den Befehl »kopieren« eingibt, aber nicht um eine Datei zu kopieren, sondern den ganzen Laptop und 20 Minuten später stünde ein zweiter Laptop da. Genau dieses Prinzip ist es, das der Schöpfer überall realisiert hat. Dazu benötigt das Bakterium natürlich ein eigenes Informationsverarbeitungssystem, sprich einen eigenen Computer. Und dieser ist im Bakterium ebenfalls installiert, auf 3μm Länge! Auch hier sehen wir wieder, wie unvorstellbar genial und ideenreich alles designt, ist.

Wer erst einmal erkennen durfte, dass die unzähligen Wunder in der Natur und vor allem die Information in unserer DNA von einem Gott stammen müssen, steht natürlich vor vielen Fragen: Wer ist dieser Schöpfer? Ist er ein unpersönliches, unnahbares Geistwesen oder hat er einen Plan mit jedem Menschen? Kann ich ihn in irgendeiner Religion oder Philosophie finden? Wieso sollen gerade die Aussagen der Bibel von Bedeutung sein und nicht etwa die Lehren Buddhas, des Korans oder eine der unzähligen anderen Religionen?

Zwei für unser Leben auf dieser Erde und für die Ewigkeit sehr grundlegende Tatsachen werden heute weitgehend infrage gestellt: Atheisten und die Vertreter aller nicht christlichen Religionen, außer dem Judentum, leugnen den Gott der Bibel als den einzigen existierenden Gott, und Bibelkritiker akzeptieren nicht die Bibel als vollgültige Wahrheit. Mit den zwei folgenden Beweisen soll diesen Auffassungen entgegengetreten werden. Keiner, der in der Vergangenheit geführten Gottesbeweise bezieht sich auf einen bestimmten Gott. Sie sind ausnahmslos so allgemein gehalten, dass sie von jeder Religion für sich nutzbar gemacht werden können. Dieser Beitrag nun erbringt einen mathematisch orientierten Gottesbeweis, der sich ausschließlich auf den Gott der Bibel und seinen Sohn Jesus Christus bezieht. Die Berechnungen erlauben zudem die Schlussfolgerung, dass die ganze Bibel wahr sein muss.

Auch ich selbst war gegenüber der Bibel stets skeptisch eingestellt und habe sie als nettes Geschichtenbuch mit völlig veralteten Weltansichten abgetan. Dies änderte sich aber grundlegend, als ich las, dass allein die Bibel zuverlässige Aussagen über die Zukunft enthalten soll. Nach anfänglicher Skepsis und viel Überprüfungsaufwand kam ich letztlich zu dem Schluss, dass es tatsächlich der Wahrheit entspricht. Die Bibel enthält 3.268 prophetische Aussagen, die sich genauso zugetragen haben, wie sie oft mehrere Jahrhunderte zuvor angekündigt wurden. Nicht eine Prophetie hat sich dabei anders erfüllt, als sie in der Bibel vorausgesagt wurde. Ein derartiger Nachweis kann über keinen der Götter in den anderen Religionen erbracht werden!

Eine gewaltige Tatsache, die aber nur wenigen Menschen wirklich bewusst zu sein scheint. Erst wer gezielt danach sucht, findet zu diesem Thema erstaunliche Informationen. Warum ist das so? Warum wird uns diese Tatsache von einem Großteil der Medien bewusst vorenthalten? Die Antwort kann leicht gegeben werden: In dem Moment, wenn die Bibel öffentlichen Wahrheitscharakter bekommt, müsste man seine Lebensinhalte und Lebensführung an diesem verbindlichen Maßstab messen.

Aber will das unsere egoistische Gesellschaft, in der es auf Kosten anderer ausschließlich um Macht, Geld, Sex, Selbstverwirklichung und Spaß geht?

Zum Verständnis möchte ich anfügen, das mir für das richtige Verständnis der biblischen Propheten drei wesentliche Punkte hilfreich erscheinen:

Nicht jede Prophetie enthält bahnbrechende Ereignisse der Zukunft. So beschreiben z. B. viele der über 3.000 prophetischen Aussagen Details eines einzelnen größeren Ereignisses.

Da die Bibel bereits über 3.500 Jahre alt ist, sind natürlich auch die Prophetien über die gesamte Zeitachse verstreut. Wer also Zukunftsaussagen für die unmittelbar nächsten Jahre in der Bibel sucht, wird vermutlich enttäuscht werden. Ein Beispiel: Da sich die gesamte Schrift um die Person Jesu dreht und alles auf ihn hin ausgerichtet ist, verwundert es nicht, dass gerade vor ca. 2.000 Jahren einige Hundert Prophetien in Erfüllung gingen.

Mitunter klingen für uns biblische Formulierungen seltsam oder ungewöhnlich, auch wird oft eine Bildersprache benutzt, so z. B. das Tier, die Frau, etc. Warum ist das so? Einfach weil die Texte der Bibel für Menschen aller Schichten verständlich sein sollen und das auch noch über einen Zeitraum von 3.500 Jahren, also rund 100 Generationen!

An dieser Stelle geht es mir vor allem um einige der sehr vielen historischen Zukunftsaussagen, die heute belegbare Vergangenheit sind. Bemerkenswerterweise sind es auch noch einfache Leute wie Fischer, Hirten, Zöllner u.a., die solche weitreichenden Zukunftsaussagen treffen. Die folgenden Beispiele zeigen mehrere geschichtliche Fakten, die bereits Jahrzehnte vor deren Eintreten sehr detailliert geschildert wurden. Anhand der historisch tatsächlich eingetretenen Ereignisse und dem erforschten Alter der biblischen Schriften sieht man die staunenswerte Präzision der prophetischen Voraussagen:

SIDON: **Vorhersage Hesekiels (28, 21-24):** Die Stadt soll nicht zerstört werden, aber Kriege und Eroberungen erfahren.

Erfüllung: Trotz zahlreicher Eroberungen existiert Sidon heute noch an gleicher Stelle.

NINIVE: **Vorhersage Nahums (Kapitel 1-3):** Eroberung in Verbindung mit einer Flut, kein Wiederaufbau.

Erfüllung: Die gewaltigen Stadtmauern brachen während der Belagerung durch die Meder bei einem Hochwasser des Tigris und verschafften ihnen 612 v. Chr. Einlass. Ninive wurde dabei zerstört, es existiert seitdem nicht mehr.

BABYLON: **Vorhersage Jesajas (13, 19-22) und Jeremias (51, 26 | 51, 37):** Zerstörung der Stadt, nie wieder bewohnt. Weder Hütten noch Hirten mit Schafherden werden hier sein, nur wilde Tiere, Sumpfgebiet.

Erfüllung: Alle Details eingetroffen, zerstört durch Meder und Perser, sie wurde nie wieder aufgebaut und ist heute noch zum Großteil Sumpfgebiet.

ÄGYPTEN: **Vorhersage Hesekiels (29, 2, 8-9 | 29, 12-15 | 29, 19):** Eroberung durch Nebukadnezar, kein Untergang Ägyptens und seiner Einwohner wie bei anderen Ländern und Völkern (z. B. Hethiter, Amalekiter), aber es soll unbedeutend gegenüber anderen Ländern bleiben.

Erfüllung: 568 v. Chr. eroberte Nebukadnezar Ägypten, es verlor seine politische Bedeutung, die es nie mehr erlangte.

Die Bibel berichtet uns im Voraus, dass einige mächtige Völker der damaligen Zeit untergehen werden: Hethiter, Amoriter, Kanaaniter (2 Mo. 23, 23 | 5 Mo. 7,1). Und von anderen, dass sie bis zum Ende der Tage existieren werden: Israel (2 Chr. 9, 8 | Jes. 45, 17), Ägypten (Jes. 19, 21).

Die Aufeinanderfolge der Weltreiche der Babylonier, Perser, Alexander des Großen und der Römer werden im Voraus in ihrer Art und ihrem Ende beschrieben, zu einer Zeit, als das babylonische Reich des Nebukadnezar auf seinem Höhepunkt stand (Dan. 2, 30-49).

Die Bibel spricht mehrere Jahrhunderte vor den Ereignissen davon:

- **dass Jesus in Bethlehem geboren wird,**

- **seine Vollmacht in Predigt und Tat zeigt,**

- **für 30 Silberlinge verraten wird,**

- **gekreuzigt wird,**

- **um sein Gewand, das Los fällt,**

- **bei seinem Tod kein Knochen gebrochen wird,**

- **im Grab eines Reichen bestattet wird,**

- **von den Toten aufersteht.**

Eine lange Kette erfüllter Prophetien ließe sich hier anfügen. Aber sind nicht schon allein diese wenigen Beispiele sehr gewagte Aussagen, da sie doch nachprüfbar sind?

Aus der großen Menge prophetischer Aussagen sei hier eine spezielle historische Prophetie genannt, die sich erst im vergangenen Jahrhundert erfüllt hat. Es ist die Rückkehr Israels aus der Zerstreuung. Gott hatte seinem Volk Israel vor über 3.000 Jahren Segen oder Fluch vorgelegt, je nachdem, ob es ihm gehorsam oder ungehorsam sein würde. In 5. Mose 28, 64–65 wird die Zerstreuung über die ganze Welt im Falle des Ungehorsams angekündigt:

„Denn der HERR wird dich unter alle Völker zerstreuen von einem Ende der Erde bis zum anderen ... dazu wirst du unter diesen Heiden keine Ruhe haben und keine Rast finden für deine Fußsohlen; denn der HERR wird dir dort ein bebendes Herz geben, erlöschende Augen und eine verzagende Seele."

Mit der Zerstörung Jerusalems 70 n. Chr. durch die Römer begann die Zerstreuung der Juden. Doch schon mehrere Jahrhunderte vor diesem Ereignis hatte Gott bereits die Rückkehr in ihr verheißenes Land zugesagt:

„Doch siehe, es kommen Tage, spricht der HERR, da man nicht mehr sagen wird: »So wahr der HERR lebt, der die Kinder Israels aus dem Land Ägypten heraufgeführt hat!«, sondern: »So wahr der HERR lebt, der die Kinder Israels heraufgeführt hat aus dem Land des Nordens und aus allen Ländern, wohin er sie verstoßen hatte!« Denn ich will sie wieder in ihr Land zurückbringen, das ich ihren Vätern gegeben habe." (Jeremia 16, 14–15).

Seit 1948 erfüllt sich diese Prophetie vor unseren Augen. Es gibt wieder den Staat Israel und Juden aus aller Welt sind nach Israel zurückgekehrt. Und das »Land des Nordens« wird in dieser Prophetie unter den vielen Ländern der Erde besonders erwähnt. Ist es nicht bemerkenswert, dass Moskau und Jerusalem auf demselben Längengrad liegen? Es ist unschwer zu erkennen, dass in der Sprache der Bibel mit dem Land des Nordens die ehemalige Sowjetunion gemeint ist. Seit 1989 sind aus diesem Riesenreich 840.000 Juden nach Israel zurückgekehrt. Das ist ein Sechstel aller Juden im heutigen Israel! So wird verständlich, dass Gott die Rückwanderer aus diesem Land besonders erwähnt.

Oft werden biblische Prophetien damit abgetan, sie hätten sich zufällig erfüllt. Aber ist es wirklich möglich, dass sich so viele Prophetien zufällig erfüllen können? Da wir die genaue Anzahl der Prophetien kennen, haben wir mit den biblischen Prophetien einen in Zahlen ausdrückbaren Wahrheitsgehalt, der nirgends seinesgleichen findet: Die Wahrscheinlichkeit, dass sich 3.268 Prophetien zufällig erfüllen, lässt sich mathematisch berechnen und beträgt:

$$1 \text{ zu } 1,7 \cdot 10^{984}$$

Das ist eine 17 gefolgt von 983 Nullen! Bei dieser astronomischen Anzahl von Versuchen würde es genau einmal passieren, dass sich 3.268 Prophetien zufällig erfüllen. Mit anderen Worten: Es ist unmöglich! Auch in der Physik spricht man von einem in der Realität nicht möglichen Ereignis, wenn die anzunehmende Wahrscheinlichkeit dafür größer als 10 hoch 20 wird. Die hier vorliegende Wahrscheinlichkeit von 1,7 x 10 hoch 984 ergibt sich übrigens auch, wenn man gleichzeitig mit 1.264 Würfeln würfelt und erwartet, dass alle Würfel eine 6 zeigen. Oder, wenn jemand 138-mal hintereinander im Zahlenlotto (6 aus 49) spielt und jedes Mal sechs Richtige hat.

Ja selbst wenn es sich insgesamt nur um 70 biblische Prophetien handeln würde, wäre ein zufälliges, tatsächliches Eintreten mathematisch immer noch auszuschließen. Warum existieren aber dennoch solch weitreichende und präzise Zukunftsvoraussagen, die Menschen von sich aus niemals hätten treffen können? Wie ist das erklärbar, außer durch das Wirken eines allwissenden Gottes?

Und so ist die Bibel das **einzige Buch der Weltgeschichte,** in dem zahlreiche Aussagen über zukünftige Ereignisse enthalten sind, das **noch nie korrigiert** werden brauchte. Jeder, der sich davon überzeugen will, kann das nachforschen. Dieses Buch wurde im Verlauf von etwa 1.600 Jahren von über 45 verschiedenen Autoren geschrieben, die nicht die Möglichkeit hatten, sich gegenseitig abzusprechen. Das einzige Gemeinsame, was sie verband, war der Glaube an den einen lebendigen Gott. Daher ist uns durch die Propheten ein einzigartiges Kriterium zur Wahrheitsfindung gegeben. Dieses Wahrheitskriterium findet sich nicht in den Lehren Buddhas, der Hindus, nicht im Koran, ja in keiner Religion und in keinem anderen Buch der Weltgeschichte, das ist die Realität! Und daraus ergeben sich natürlich weitreichende Konsequenzen:

Da die Weissagungen, wie gezeigt, nicht menschlichen Ursprungs sein können, müssen sie von einem Gott stammen, der aufgrund seiner Allwissenheit Prophetien geben kann, die später am geschichtlichen Ablauf nachprüfbar sind. Die gezeigte Wahrscheinlichkeitsrechnung ist also ein mathematischer Gottesbeweis. Oder anders gesagt: Die Idee des Atheismus wurde widerlegt.

Da die Prophetien in der Bibel stehen, ist der allwissende Gott somit kein anderer als der lebendige Gott, von dem ausschließlich die Bibel spricht und der sich in Jesus Christus offenbart hat.

Es ist der Nachweis erbracht, dass mindestens all diejenigen Teile der Bibel wahr sind, die prophetische Aussagen enthalten.

Da es der Gott der Bibel ist, der uns im Voraus die Wahrheit sagt und dieser sich selbst in der Bibel als Gott der Wahrheit vorstellt, ist es nur logisch, den ganzen Inhalt der Bibel als wahr anzuerkennen und sie auch mit dieser Einstellung zu lesen.

Somit ist das biblische Zeugnis über die Weiterexistenz nach dem Tod, in Form ewigen Lebens oder ewiger Verlorenheit und über die Notwendigkeit der Herzensumkehr zu Jesus Christus ebenfalls wahr.

Da der Tod unausweichlich auf jeden Menschen zukommt, ist es von größter Wichtigkeit, unser Lebenskonzept und unsere Lebensinhalte am einzig verbindlichen Maßstab, dem Maßstab der Bibel, zu überprüfen.

Herausforderung: Wenn jemand behauptet, ein anderes Buch als die Bibel habe auch einen göttlichen Autor, dann muss er beweisen können, dass dieser Text nur von einem allwissenden Gott stammen kann.

Was ist noch außergewöhnlich an der Bibel?

Sie weist eine herausragende Gleichmäßigkeit auf.

Trotz einer Entstehungsgeschichte von 1.600 Jahren und 45 Verfasser der verschiedensten Gesellschaftsschichten und Berufe, wie z. B. militärischer Oberbefehlshaber, Ministerpräsident, Mundschenk, König, Hirte, Fischer, Zöllner, Arzt, zeigt die Bibel eine einheitliche und fein aufeinander abgestimmte Thematik. Die Schreiber behandeln Hunderte von Themen mit besonders auffälliger Harmonie und Kontinuität. Würden Menschen ohne das Wirken Gottes aus so weit entlegenen Zeitepochen und mit so gegensätzlichen Persönlichkeitsstrukturen eine derartige Themenspanne bearbeiten, wäre erfahrungsgemäß keine Einheit zu erwarten!

Die Bibel enthält tausenderlei Lebensregeln für die verschiedensten Situationen.

Sie ist der beste Eheberater und beschreibt, wie wir uns zu Eltern und Kindern, zu Freunden und Feinden, zu Nachbarn und Verwandten, zu Fremden, Gästen und Glaubensgenossen verhalten sollen. Sie spricht über die Herkunft dieser Welt und allen Lebens, über das Wesen des Todes und über das Ende der Welt.

Sie ist das einzige Buch mit ausschließlich zuverlässigen prophetischen Aussagen.

Diese können, wie gezeigt, nur göttlichen Ursprungs sein und sind in keinem anderen Buch der Weltgeschichte zu finden, auch nicht im Koran oder in den Aufzeichnungen des französischen Okkultisten Nostradamus. Die Zeitspannen zwischen Niederschrift und Erfüllung sind so groß, dass auch strengste Kritiker nicht einwenden können, die Prophetien seien erst gegeben, nachdem die Ereignisse schon eingetreten waren.

Keine Aussage der Bibel hat sich je als falsch erwiesen.

Wissenschaftliche Bezüge der Bibel mussten nie aufgrund von Forschungsergebnissen revidiert werden. Es gibt viele Beispiele dafür, dass naturwissenschaftliche Beschreibungen in der Bibel erst etliche Jahrhunderte nach ihrer Niederschrift durch die Forschung bestätigt wurden. So gibt es beispielsweise Aussagen zum **Plattenaufbau der Erdkruste** (Spr. 8, 26) und zur **Kontinentaldrift** (1 Mo. 10, 25). Ebenso lässt sich die **Kugelgestalt der Erde** aus den Texten erschließen (Lk. 17, 30-36) wie auch die Tatsache, dass **die Erde im leeren Raum** schwebt (Hiob 26, 7).

Ein besonderes Zeugnis für die Nachfolge Jesu ist die Veränderung des Lebens.

Jeder, der sich von Herzen zu Jesus gewandt hat, weiß von einem Vorher und Nachher zu berichten. Die Bibel ist voll solcher lebensverändernder Zeugnisse. Nirgends sonst wird berichtet, dass z. B. jemand durch den Glauben an Allah ein neuer Mensch wurde, höchstens ein religiöser, der Traditionen und Rituale befolgt. In meinem Buch „Die Wirklichkeit des Lebens" und in meinem ersten Buch „Hans der Tonganer" gebe ich ein persönliches, lebensveränderndes Zeugnis meines eigenen Lebens ab.

Schon allein diese sechs genannten Besonderheiten weisen die Bibel als ein herausragendes Buch aus, mit dem kein anderes auch nur annähernd vergleichbar ist. Die Fülle ihrer Gedanken ist unzählbar und kein Menschenleben würde ausreichen, um den kompletten Gedankenschatz zu heben. Darum können wir die Bibel auch als einziges Buch **beliebig oft lesen, ohne dass sie langweilig wird.** Mit jedem Lesen erschließen sich neue Gedankengänge und Querverbindungen zu anderen Texten.

Der Historiker **Philip Schaff** beschreibt die Einzigartigkeit der Schrift und den, über den sie spricht, sehr treffend:

„Dieser Jesus von Nazareth besiegte ohne Geld und Waffen mehr Millionen Menschen als Alexander, Cäsar, Mohammed und Napoleon; ohne Wissenschaft und Gelehrsamkeit warf er mehr Licht auf göttliche und menschliche Dinge als alle Philosophen und Gelehrte zusammen. Ohne rhetorische Kunstfertigkeit sprach er Worte des Lebens, wie sie nie zuvor oder seither gesprochen wurden, und erzielte eine Wirkung wie kein anderer Redner oder Dichter. Ohne selbst eine einzige Zeile zu schreiben, setzte er mehr Federn in Bewegung und lieferte Stoff für mehr Predigten, Reden, Diskussionen, Lehrwerke, Kunstwerke und Lobgesänge als das gesamte Heer großer Männer der Antike und Moderne."

Die Anzahl der Sterne im Universum ist nicht direkt zählbar. So gibt es heute lediglich Abschätzungen, also Hochrechnungen eines kleinen Himmelbereiches auf das ganze Universum, um die Gesamtsternenanzahl zu errechnen. Auf diese Weise kommt man zurzeit auf die riesige Menge von etwa 10 hoch 25 Sternen. Das ist eine Eins mit 25 Nullen!
Heutige sehr schnelle Computer führen rund zehn Milliarden Rechenoperationen in einer Sekunde aus. Würde man einen solchen Rechner nur zum Zählen der Sterne einsetzen, so könnte er in der ersten Sekunde 10 Milliarden Sterne zählen, in der zweiten Sekunde wäre er bei 20 Milliarden und so weiter. Wie lange müsste dieser Rechner wohl arbeiten, bis er die geschätzte Anzahl der Sterne lediglich durchgezählt hätte? Nun, er wäre mit diesem Zählvorgang über 30 Millionen Jahre beschäftigt! Das vermittelt uns erst einmal einen Eindruck davon, wie riesig die Anzahl der Sterne ist, die Gott schuf. So lange wird kein Rechner existieren und diese Zeit steht auch keinem Menschen zur Verfügung. Womit sich das folgende Bibelwort bewahrheitet:
„Wie man das Heer des Himmels nicht zählen und den Sand am Meer nicht messen kann."

Das älteste Buch der Bibel stammt aus einer Zeit, als die Menschen der festen Überzeugung waren, die Erde schwimmt als Scheibe auf einem unendlichen Ozean. Und gerade hier, in diesem Buch der Bibel wird ein vollkommen anderes Weltbild beschrieben, nämlich unseres:
„Er spannt den Norden aus über der Leere und hängt die Erde über dem Nichts auf." Mit heutigen Fachbegriffen heißt das nichts anderes als:
„Die Erde zusammen mit dem Himmel schwebt frei in einem leeren Weltraum."
Woher wusste das ein einfacher Mann vor über 3.000 Jahren?
Uns hingegen ist heute bekannt, dass die Erde in einem riesigen Universum frei schwebt. Aber wieso steht hier geschrieben der Weltraum sei leer? Aktuelle wissenschaftliche Hochrechnungen gehen von über 100 Milliarden Galaxien aus, wobei jede einzelne davon wiederum 100 bis 300 Milliarden Einzelsterne zählt. Allein unserer Heimatgalaxie besteht aus 2.800 Billionen Tonnen Materie (2,8 x 10 hoch 39). Belegen diese Fakten nicht deutlich die Unglaubwürdigkeit der Bibel, wenn sie von einem leeren Weltraum spricht? Auch hier ist wieder das Gegenteil der Fall. Denn es muss bedacht werden, auf welch weitem Raum die Sterne und Galaxien verteilt sind: Bei absolut gleichmäßiger

Masseverteilung aller 200 Milliarden Sterne innerhalb unserer Galaxie befänden sich in 1cm³ Weltraum lediglich 4 Wasserstoffatome! Zum Vergleich: In 1cm³ unserer Umgebungsluft befinden sich 27 Millionen Billionen (2,7 x 10 hoch 19) Teilchen. Selbst ein im Labor erzeugtes Ultrahochvakuum enthält noch 10.000 Moleküle pro cm³. Hieran wird sehr gut deutlich, wie unvorstellbar leer der Weltraum ist und dass auch diese biblische Aussage der Wahrheit entspricht.

Naturgesetze können sich nicht entwickelt haben, sondern müssen von Beginn an feststehen. Heute wissen wir, dass die Naturgesetze sogar äußerst fein und exakt aufeinander abgestimmt sind. So beträgt der Masseunterschied zwischen den elementaren Grundbausteinen Proton und Neutron lediglich 0,14 %. Aber dieses siebtel Prozent ist unbedingt nötig, damit diese beiden Bausteine überhaupt existieren können. Wäre es nur umgekehrt oder würden sie sich um einen anderen Prozentsatz unterscheiden, gäbe es keine Kohlenstoffatome, keine Wasserstoffatome, dann gäbe es keine Sterne, keine Sonne, es gäbe kein Leben, nichts wäre so möglich, wie wir es heute kennen. Mit anderen Worten: Unsere Existenz hängt von einem siebtel Prozent Masseunterschied zwischen Protonen und Neutronen ab. So fein und präzise ist alles abgestimmt, damit Leben überhaupt möglich ist. Auch dabei hilft uns keine Mutation, Selektion oder sonst etwas weiter. Hier sehen wir das präzise Handeln des Schöpfers, der die Naturgesetze und die Konstanten so exakt festgesetzt hat.

Wer es für denkmöglich hält, das Universum sei durch einen Urknall entstanden, ignoriert dabei die Naturgesetzmäßigkeit, dass eine nichtmaterielle Größe wie beispielsweise Information, niemals aus einer materiellen Größe wie z. B. Energie hervorkommen kann. Der Urknall und damit auch unser heutiges Universum ist aber laut Wissenschaft rein materialistisch, d. h. nur Materie bzw. Energie ist vorhanden. Wir Menschen dagegen sind aber Wesen mit einem Geist, der Information erzeugen kann. Hier stellt sich natürlich die spannende Frage, wie ein rein materielles Universum Lebewesen hervorbringen kann, die etwas Nichtmaterielles erzeugen können. Und so sehen wir auch an dieser sehr leicht nachvollziehbaren Überlegung, dass die Urknalltheorie nichts weiter als ein theoretisches Gebilde ist, das ebenso wie die Evolutionslehre etablierte Naturgesetze übergeht.

Auf der südlichen Halbkugel der Erde sieht man am Nachthimmel ein Sternbild, welches das kleinste aller Sternbilder ist. Vier Sterne sind hier angeordnet zu einem Kreuz. Seefahrer, die es entdeckt haben, nannten es »**Das Kreuz des Südens«.** Und etwas ist sehr auffällig bei diesem Kreuz: **Rechts** unter diesem Kreuz, denn bemerkenswert ist hieran: **rechts** steht ja auch sinnbildlich für den richtigen Weg, gibt es eine Ansammlung von Sternen, die in allen möglichen Farben leuchten. Es gibt grüne, gelbe, orange, rote und blaue Sterne. Diese Ansammlung von Sternen wird in der Astronomie als das »Schatzkästchen« bezeichnet. Und gleichzeitig gibt es links unter diesem Kreuz eine Dunkelwolke, die so dicht ist, dass das Licht von den Sternen dahinter nicht hindurchdringen kann. Auch dafür haben die Astronomen eine sehr treffende Bezeichnung gefunden, sie nennen es den »**Kohlensack«.**

Was will uns Gott nun damit sagen? Wie schon auf der ersten Seite der Bibel berichtet wird, sollen uns die Sterne unter anderem auch als Zeichen dienen. Und weil die Botschaft des Evangeliums so wichtig ist, darum hat sie der Schöpfer an den Himmel gezeichnet. Dort unter dem Kreuz des Südens, werden uns durch das Schatzkästchen und dem Kohlensack der Himmel und die Hölle symbolisiert.

Warum sind wir auf dieser Erde, wo kommen wir her und wohin brechen wir auf, das sind die wichtigsten Fragen!

Diese Fragen zu beantworten, Erklärungen zu finden auf all die ungelösten und oft nicht verstandenen Fragen, diesem Anliegen haben sich Naturwissenschaftler und Denker in der ganzen Welt verschrieben. Schon in der Zeit des Mittelalters zerbrachen sich viele, zum Teil selbst ernannte Denker und Wisser, den Kopf, um die Rätsel der Erde und des Universums zu entschlüsseln.

In einer nur relativ kurzen Zeitspanne, im 19. und 20. Jahrhundert, wurde es durch intensive Forschung möglich, einige der Bausteine unseres Universums zu entschlüsseln. Eine Flut von Entdeckungen überschwemmte die Welt. Das Industriezeitalter begann und das Entdeckte wurde bekannt gemacht. Ein wesentlicher Schritt der Forschung für die Zukunft bildete hierbei die Spaltung des Atoms und deren Weiterverarbeitung.

Doch bevor es dazu kam, erlebte die Welt 1910 die Panik um den Halleyschen Kometen.

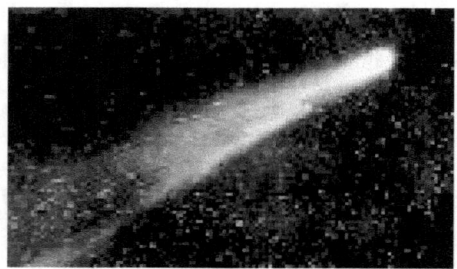

Der Halleysche Komet

Selbstmorde, Sexorgien, Sakramente: Als vor 100 Jahren der Halleysche Komet erschien, geriet die Welt auch ohne Einschlag aus den Fugen. Die Medien schürten Massenpanik, die Wissenschaft nur Verwirrung. Postkarten zeugen von den Fantasien jener Zeiten, zwischen Untergangsängsten und Ausschweifungen.

Der Weltuntergang war für die frühen Morgenstunden des 20. Mai angekündigt. Solange aber wollte Mr. Lord aus Alabama nicht warten. Nachdem er zunächst erwogen hatte, sich zu erschießen, stieg er auf das Dach seines Hauses. Beim Herunterspringen verletzte er sich schwer und schlug sich sämtliche Zähne aus, woraufhin er sich aus Verzweiflung ein Messer an den Hals setzte und schließlich in einen Brunnen sprang. Nach vier vergeblichen Selbstmordversuchen befinde sich **W. J. Lord** nun „in einem erbärmlichen Zustand", berichtete die „Washington Post" Anfang Mai 1910.

Etwa zur gleichen Zeit fanden Bergleute den Schäfer und Goldsucher Paul Hammerton aus San Bernardino, Kalifornien, mit beiden Füßen und einer Hand fest auf ein Holz genagelt. Hammerton sei offenbar verrückt geworden und habe sich selbst gekreuzigt, berichtete das Blatt. Und auch von dem Fall der „farbigen **Millie Morris**", die plötzlich tot umgefallen sei, als sie von einer Brücke über den Rappahannock-Fluss im Osten des Bundesstaates Virginia den Abendhimmel hatte betrachten wollen. In Oklahoma hingegen sei es Polizisten in letzter Minute gelungen, die 16-jährige **Jane Warfield** aus den Händen einer Sekte zu befreien, deren Führer bereits mit einem Jagdmesser bereitstand, um das in weiß gekleidete Mädchen zu opfern.

Schaurige Unglücke, skurrile Todesmeldungen und Beinahe-Katastrophen füllten in diesen Tagen vor 100 Jahren nicht nur die Presse in den USA. Die Menschheit schien

24

verrückt geworden zu sein und auch den Grund dafür zu kennen. Die Wiederkehr des **Kometen Halley**, möglicher Auslöser eines unmittelbar bevorstehenden Weltuntergangs. Dabei war bis zu diesem Zeitpunkt kaum ein anderes astronomisches Phänomen von der Wissenschaft derart umfänglich und präzise prognostiziert, beobachtet und beschrieben worden. Schon zwei Jahrhunderte zuvor hatten die Astronomen Halley als eine reguläre, berechenbare Naturerscheinung erkannt, umso erstaunlicher, dass am Beginn des aufgeklärten 20. Jahrhunderts ein solches Ereignis weltweit Panik und Hysterie auslöste. Was war passiert?

Erste Meldungen über die Sichtung Halleys hatte es im September 1909 gegeben, ab März 1910 war der Komet mit bloßem Auge zu beobachten. Astronomen waren fasziniert ob der Himmelserscheinung mit dem gewaltigen Schweif. Überrascht haben dürfte sie das Naturschauspiel indes nicht. Bereits zu Beginn des 18. Jahrhunderts hatte der britische Astronom Edmond Halley die Bahn des Kometen berechnet und dabei vorausgesagt, dass dieser, unterwegs auf einer lang gestreckten Ellipse, etwa alle 75 Jahre von der Erde aus zu sehen sein würde. Als das Ereignis 17 Jahre nach Halleys Tod 1759 eintraf, erhielt der Himmelskörper seinen Namen.

Die Wiederkehr des Halleyschen Kometen zu Beginn des 20. Jahrhunderts sollte zu einem astronomischen Großereignis werden. Sternwarten auf der ganzen Welt hatten sich dafür gerüstet. Neue Erfindungen machten es möglich, Halley nicht nur zu beobachten, sondern auch die Erkenntnisse über seine Beschaffenheit und Eigenheiten zu erweitern. Der Forscherdrang elektrisierte schließlich auch die Massen, nur ganz anders, als die Wissenschaft es beabsichtigt haben dürfte.

Etwa die über den Schweif. Als einer der ersten seines Fachs hatte der britische Astronom und Physiker **William Huggins** mit einem Spektroskop gearbeitet. Das optische Gerät zerlegt Licht in seine Farben und Frequenzen, aus denen dann wiederum Bewegung und Zusammensetzung eines entfernten Objekts abgelesen werden. **Huggins** analysierte so Ende des 19. Jahrhunderts das Licht von Kometen und stellte dabei fest, dass sich in deren Schweif Kohlenstoffverbindungen nachweisen lassen, eine Entdeckung, die außerhalb der Forschergemeinde wohl kaum jemanden interessierte. Zunächst jedenfalls.

Auch der Heidelberger Astronom Max Wolf richtete in jenen Jahren seinen Blick unablässig gen Himmel – um ihn zu fotografieren. Ein gutes Foto, so hatte Wolf festgestellt, zeige auch jene Sterne und Nebelflecken, die einem Beobachter am Fernrohr normalerweise entgingen. Am 11. September 1909 machte er dabei auf einer seiner Fotoplatten eine besondere Entdeckung: „Komet Halley früh gefunden und nach Kiel gemeldet", notierte **Wolf** dazu in sein Tagebuch und ergänzte: „große Aufregung gewesen". Die Aufregung sollte bald noch viel größer werden.

Wolf ließ Halley nicht mehr aus dem Auge. Nachdem er eine Reihe von Aufnahmen gemacht hatte, wollte er berechnen, in welcher Entfernung der Komet an der Erde vorbeiziehen würde. Einige Nächte und noch mehr Gleichungen später kam ihm die Erkenntnis, dass die Erde am 20. Mai mit dem Schweif Halleys zusammentreffen würde. Er rechnete nach, und noch mal, und noch mal. Und obwohl er in seinen Berechnungen keinen Fehler finden konnte, zögerte er noch einige Tage. Dann entschloss er sich, die Welt zu warnen. **„Um 04:24 Uhr am 20. Mai 1910"**, verkündete **Wolf**, „wird die Erde den Schweif des Kometen durchqueren. Er ist durch die Störungsaktionen von Jupiter und Saturn von seiner Bahn abgelenkt worden." Die Meldung setzte umgehend Spekulationen über mögliche Folgen des Ereignisses in Gang, etwa dass sich die Erdachse verschieben und die Wassermassen der Ozeane sintflutartig über die Kontinente hereinbrechen würden, dass der Kometenschweif die Atmosphäre mit Pestbazillen verseuchen oder aber die Erde ganz und gar einfangen und mit sich fortreißen könnte.

Die schrecklichste Nachricht aber lieferte die seriöse Wissenschaft selbst. Zur Schlagzeile verdichtet lautete sie schlicht: Die Menschheit wird ersticken, vergiftet mit Blausäure. Dabei hätten die Astronomen durchaus ahnen können, welche Wirkung ihre Mitteilung über die Zusammensetzung des Kometenschweifs haben würde. Das Spektroskop zeigte Kohlenstoff-Stickstoff-Moleküle, auch Cyan genannt. In Verbindung mit Salz ergeben sich daraus Cyanide. **Kaliumcyanid** aber war der Bevölkerung zu dieser Zeit durchaus schon ein Begriff, besser bekannt als das hochgiftige **Zyankali.**

Wenige Jahre zuvor hatten mehrere europäische Staaten damit begonnen, die Entwicklung chemischer Kampfstoffe voranzutreiben. Der nächste Krieg, daran bestand kein Zweifel, würde mit Giftgas geführt. Kein Wunder also, dass die Erwägung des französischen Astronomen und Autors **Camille Flammarion**, dass „das Cyangas die Atmosphäre durchtränken und möglicherweise alles Leben auf dem Planeten auslöschen würde" ungeteilte Aufmerksamkeit erfuhr, und schließlich weltweit Entsetzen und Panik auslöste.

Wahrscheinlich, ohne es zu ahnen, befeuerten die Astronomen damit eine kommunikative Kettenreaktion, die sich einerseits aus der enormen Diskussionsfreudigkeit einer voranstürmenden Wissenschaft und andererseits den Erfordernissen einer sich gerade etablierenden Massenpresse speiste, und die Welt täglich mit immer erstaunlicheren Schlagzeilen überschwemmte. Die Flut von Informationen, Spekulationen und immer absurder erscheinende Meldungen, deren Wahrheitsgehalt, wie etwa die der versuchten Jungfrauenopferung, höchst zweifelhaft blieben, kumulierte bis etwa Mitte Mai.

Für den 18. des Monats, dem Zeitpunkt der größten Erdnähe Halleys, waren in Paris Kometensoupers angekündigt, in Madrid pilgerten die Menschen zu den höchstgelegenen Plätzen der Stadt, in Rom blieben Cafés und Restaurants rund um die Uhr geöffnet. Auch in der Nacht auf den 20. Mai ging es jedenfalls bis gegen zwölf noch äußerst lebhaft auf den Straßen und Dächern Roms zu, wie der Korrespondent der „Frankfurter Zeitung" später berichtete.

Ganz anders dagegen in Neapel: Viele Menschen strömten in Kirchen, um die Sakramente zu erhalten. Zu Hause verrammelten sie Fenster und Türen und verstopften alle Ritzen und Schlüssellöcher, **„damit das Kometengas nicht eindringen könne".**

Die kaiserlich-königliche Zentralanstalt für Meteorologie und Geodynamik in Wien ließ am 19. Mai zwei Ballone steigen, um die chemischen Veränderungen in der Atmosphäre zu prüfen und gegebenenfalls die Bevölkerung rasch zu informieren.

Kurzzeitige Aufregung gab es in der Nacht in Köln: Auf dem Neumarkt, so berichtete der „Generalanzeiger für Bonn", hatte jemand ein Ofenrohr aufgestellt. „Wer durch das Ofenrohr in die schwarz mit Wolken bedeckte Luft sehen wollte, hatte einen Obolus zu entrichten. Die meisten fassten den Scherz gutmütig auf. Verschiedene verlangten aber energisch ihr Geld zurück, und es kam zu einem schweren Krach, sodass die Polizei einschreiten musste."

Am nächsten Morgen konstatierte die „Frankfurter Zeitung" nüchtern: „Die Berichte von der Sternwarte Berlin, von der Treptower Sternwarte und dem Potsdamer Observatorium stimmen alle darin überein, dass vom Halleyschen Kometen und seiner Berührung mit der Erde in den Morgenstunden der verflossenen Nacht absolut nichts zu sehen und zu merken war." Der Weltuntergang war ausgeblieben.

Nachhaltige Folgen hatte das Ereignis indes einem Zeitungsbericht zufolge in dem kleinen Ort Gowanda nahe Buffalo im US-Bundesstaat New York. Dort hatte die Halleyeuphorie zu einem echten Erkenntnisgewinn geführt, allerdings nicht astronomischer, sondern menschlicher Natur.

Ein von der Gemeinde angeschafftes Fernrohr war gerade zufällig auf einen Hügel oberhalb des Dorfes ausgerichtet, als sich eine Gruppe älterer Leute mit dem Gerät vertraut machte. Auf dem Hügel beobachteten sie ein Paar beim Liebesakt, woraufhin man sich entschloss, „die Suche nach dem himmlischen Objekt aufzugeben und nach irdischen Körpern Ausschau zu halten. Zum Vergnügen aller konnten noch sechs weitere Szenen dieser Art mit dem Fernrohr entdeckt werden" und dabei auch in Paarungen, die bislang noch nicht bekannt waren und es wohl auch nicht werden sollten. Die moderne Astronomie hatte den Bewohnern von Gowanda die Augen geöffnet. Ehescheidungsprozesse, so prognostizierte die Zeitung, seien nun auch dort in der Zukunft nicht mehr auszuschließen.

Wie wir lesen können, hatten die Menschen die Warnungen ernst genommen und sich selbst in Panik gebracht. Letztendlich war wiedereinmal eine Prognose nicht erfüllt worden. Wir wissen, dass durch diese „Enttäuschungen" die Menschen abstumpfen und deshalb war auch die Entdeckung der Spaltbarkeit des Atoms für viele nicht mehr das zu erwartende Großereignis. Unabhängig davon, **für mich bleibt die Frage nach wie vor im Raum stehen:**

Wo kommen wir her? Wo gehen wir hin?

Die Beschleunigung des Erfahrungswandels der vergangenen Jahrzehnte hat unser Verhältnis zur Vergangenheit radikal verändert. Es scheint, dass niemand mehr versucht, Entwicklungen zu verstehen. Vergangenheit, Gedächtnis und Erinnerung entschwinden immer schneller aus dem Horizont unserer Erfahrung. Das hat Folgen für die Gesellschaft und auch für die Lehrbereiche der Wissenschaft.
Sie werden vermutlich denken: Was interessieren mich die Zustände vor einem halben Jahrhundert? Wir leben am Anfang des 21. Jahrhunderts und haben genügend Sorgen um das, **was ist und was kommen wird**. Was kümmert uns die Vergangenheit? Die Antwort darauf könnte lauten: Eben darum haben wir die Sorgen um das, was ist, weil niemand mehr versucht, Entwicklungen zu verstehen, sodass wir das Rad immer wieder und in immer kürzeren Abständen neu erfinden. Mir jedenfalls scheint die quantitative Aufblähung der Universitäten und Hochschulen, der der Ausbau und die Personalvermehrung stets hinterdrein hinkte, der Basisprozess, der jede Reformanstrengung innerhalb der letzten 50 Jahre im Keim erstickte. Gewiss: Wir brauchen eine große Menge gut ausgebildeter junger Menschen, aber die Qualität ihrer Ausbildung hängt vom entschlossenen und dem Entwicklungstempo angepassten, personellen und materiellen Ausbau der Hochschulen unseres Landes ab.
Je mehr sich nämlich das Entwicklungstempo, und damit auch der Erfahrungswandel beschleunigt, umso **schneller** entschwinden Vergangenheit, Gedächtnis und Erinnerung aus dem Horizont unserer Erfahrung. Die Beschleunigung des Erfahrungswandels

gleicht inzwischen einer Erfahrungsexplosion und hat unser Verhältnis zur Vergangenheit radikal verändert. Die Geschichte ist wahrscheinlich der einzige exotische Ort, der uns geblieben ist. Sie können heute nach Thailand oder Indonesien fahren, aber Sie werden dort wenig entdecken, was Ihnen nicht bekannt vorkäme. Das einzig wahre Ausland ist die Vergangenheit. Der Kontrast, der sich zwischen einer derart fremd gewordenen Vergangenheit und der immer rascher auf uns zukommenden, völlig undurchsichtigen Zukunft herstellt, verweist nicht nur auf die Gegenwartsschrumpfung, das heißt auf die ungemein schnelle Alterung aller Informationen und Erfahrungen, auch und gerade der wissenschaftlich gewonnenen, sondern auch auf Phänomene mit enormen sozialen Folgen, wie etwa die Erfahrungsumkehr, verursacht durch Informationstechnologien, die jungen Menschen heute Erfahrungen schenken, die zu machen **den Alten niemals möglich war**, mit allen Folgen für Autorität und lebenslange Lernsituationen.

Ein Soziologe hat **„Ungeduld"** als das herausragende Kennzeichen unserer Moderne benannt und verdeutlicht, dass der „Aufstieg in der sozialen Hierarchie anhand der gesteigerten Fähigkeit gemessen werde, dass, was man will, was immer es auch sein mag, jetzt gleich zu haben, ohne Verzögerung". Das Motto der Moderne laute: **„Warten ist eine Schande."** Auf die Wissenschaft übertragen, die längst an der modernen Ungeduld teilhat, bedeutet dies, dass mit der „Abkürzung der Zeit zu den großen Zielen" keine Zeit mehr zur Korrektur der unvermeidlichen und oftmals keineswegs kleinen Irrtümer bleibt. Die Entschleunigung des notwendig von Irrtümern begleiteten Prozesses der Wissenschaft ist eine Aufgabe geworden, die anderen Weltproblemen, wie dem **Klimaproblem, dem Energieproblem, dem Wasserproblem, der Übervölkerung der Erde, in nichts mehr nachsteht.**

So, wo gehen wir hin? Das also ist der erste mächtige Trend, dem wir alle und zumal die Produktionsstätten des neuen Wissens ausgesetzt sind: die rasante Beschleunigung des Erfahrungswandels, der wir Entschleunigung entgegenzusetzen haben. Die Fülle des täglich und stündlich erarbeiteten Wissens und die Form seiner Bändigung sind damit zu Kernproblemen der Zentren geworden, die auch in unserer Zeit das Wissen zu organisieren, seine Gewinnung einzuüben, es verständlich zu machen, es zu bewerten und weiterzugeben haben: der Universitäten. Im Unterschied zu den außeruniversitären Forschungsinstitutionen nämlich begegnen sich in der Universität die unterschiedlichen Forschungskulturen ebenso wie unterschiedliche Lebensalter und Lebensentwürfe, Lehrende und Lernende, Senior- und Juniorforscher, angewandte und grundlagenorientierte Interessen, langsam und rasch expandierende Wissensgebiete, experimentelle und theoretische Fächer – jeweils auf Augenhöhe. Sie alle gruppieren sich um das Ziel, neues Wissen zu erarbeiten, es zu systematisieren und kritisch zu beurteilen. Neues Wissen kritisch und zweifelnd zu beurteilen aber heißt, es einer ersten universitätsinternen Kontrolle zu unterwerfen, nämlich dem Urteil der Kollegen und dem der Studierenden.

Wenn es dabei nicht gelingen will, das Interesse der Studierenden an den vorgetragenen Gegenständen so zu wecken, dass sie aus eigener Neugier selbstständig daran weiterdenken, ist dies ein Alarmzeichen. Es zeigt an, dass vermutlich die vorgetragenen Gedanken und Ergebnisse selbst, nicht nur die Form ihrer Darbietung, zu überprüfen sind. Dort, wo heute Natur und Kulturwissenschaften oder ein in sich so komplexer Betrieb wie eine medizinische Klinik mit theoretischen Grundlagenfächern aufeinandertreffen, entsteht ein Organisationsmuster, in dem die Versuchung, Gestaltung durch bloße Verwaltung zu ersetzen, übermächtig wird. Eine menschenfreundliche Wissenschaft aber setzt Gestaltung voraus, setzt voraus, dass wir urteilsfähig bleiben und dem allgegenwärtigen Irrtum eine Grenze setzen.

Die Quantität des täglich und stündlich erarbeiteten Wissens überschreitet inzwischen das Fassungsvermögen auch hoch spezialisierter Forscher bei Weitem. Wir zählen derzeit weltweit rund 140.000 wissenschaftliche Zeitschriften; die Zahl der auf der Erde in wissenschaftlichen Berufen tätigen Personen wächst jährlich um etwa 350.000, mehr als 120.000 Dissertationen, auf Ph.D.-Niveau, werden pro Jahr weltweit abgeschlossen. Die Summe der naturwissenschaftlichen Fortschritte übersteigt das Wachstum ihrer einzelnen Teile, und seien sie auch noch so sehr von persönlichem Genie inspiriert. Dieser Fortschritt ist tatsächlich träge und ozeanisch. Zwar halte ich die Behauptung, dass Experimente, wie sie derzeit am Large Hadron Collider in Genf unter Beteiligung von mehreren Tausend Physikern und Technikern durchgeführt werden, also **die Simulation urknallähnlicher Zustände**, ein kollektives Bewusstsein in einem kollektiven Denkprozess erforderten, nicht für beweisbar. Doch ist deutlich, dass die Figur des einsamen Denkers, die in allen Wissenschaften durchaus noch eine zentrale Funktion hat, aus den Requisiten der naturwissenschaftlichen Kollektivität zu entschwinden drohen. Wissenschaft ist heute als ein Prozess, nicht so sehr als die Leistung von Einzelnen zu denken, ihre Vermittlungsformen sind entsprechend kompliziert. Allerdings scheint sich auch hier strukturell eine Wende anzubahnen.

Die Quantität des Wissens wird zwar immer größer, die Innovationsrate aber sinkt. Die Konsequenzen, die heute aus dieser Erkenntnis gezogen werden, sind dramatisch, auch wenn sie zunächst nicht so erscheinen mögen. Die Vorschrift der Deutschen Forschungsgemeinschaft zum Beispiel, bei Neuanträgen statt einer kompletten Publikationsliste nur noch wenige selbst gewählte Veröffentlichungen als Ausweis der wissenschaftlichen Qualifikation eines Antragstellers vorzulegen, entspringt nicht nur dem Wunsch der Gutachter, die sich einen raschen Überblick über sehr viele Anträge verschaffen müssen, sie richtet sich vielmehr gegen einen Krebsschaden des wissenschaftlichen Publikationswesens, bei der Jagd nach hohen Impact-Faktoren, Hirschzahlen und anderen Leistungsindex stets auf die kleinste publizierbare Einheit zu setzen. Wer nur fünf Publikationen angeben darf, wird sich überlegen, ob er Ergebnisse in einer einzigen, dann aber aussagekräftigen, Publikation oder in einer Vielzahl von Publikationssplittern mitteilt. Die Behauptung, dass eine gewöhnliche Veröffentlichung in einer gewöhnlichen geisteswissenschaftlichen Zeitschrift weniger als zwei Leser finde, ist nicht gesichert, aber dem Anschein nach plausibel.

Die Quantitätsbeschränkung ist nur eine Maßnahme, die versucht, die Innovationsrate der wissenschaftlichen Publikationen zu steigern und die Publikationsflut einzudämmen oder, anders ausgedrückt, aus der schreibenden, vor allem aus der Anträge schreibenden Universität wieder eine lesende und damit eine lernende Universität zu machen. Eingreifender ist die international zu beobachtende Tendenz, die Forschungsförderung von der Programmförderung auf Personenförderung umzuleiten. Das ist eine sehr weitreichende strukturelle Maßnahme, die vom Dogma der „naturwissenschaftlichen Kollektivität" des Denkens und Arbeitens abweicht und wieder von der Person, von ihrer Fantasie, ihrem Können, ihrem sie von anders unterscheidenden Zugriff, also von tacit knowledge, das heißt vom spezifisch eigenen Denken jene Innovationen erwartet, die das Programm nicht mehr liefert. Die prominenten Beispiele für diese Änderung des Trends liegen vor aller Augen.

Der britische Wellcometrust zum Beispiel, mit einem Stiftungskapital von 13 Milliarden britischen Pfund und einer jährlichen Förderungssumme von über 600 Millionen Pfund für die biomedizinische Forschung eine der großen Förderorganisationen der Welt, will einen Großteil seiner Förderung auf Personenförderung umstellen. Auch die Europäische Union sucht im 7. Rahmenprogramm, das mit einer Gesamtsumme von 50 Milliarden Euro dotiert ist, die Partnerschaft nationaler Förderorganisationen, um die erfolgreichen europäischen Mobilitäts- und Stipendienprogramme auszubauen. Sie bietet unter bestimmten Auflagen eine Beteiligung von 25 Prozent an den jeweiligen Stipendien. Auf die Universitäten angewandt bedeutet der Trend zur Personenförderung, die Prioritäten so zu setzen, dass im Zentrum ihrer Arbeit die gute, ja die sehr gute Ausbildung der Studierenden steht und der wissenschaftliche Nachwuchs in allen Fächern und Disziplinen mit großer Sorgfalt gefördert wird. Dabei zählt für Jungforscher aus dem Ausland, die bei uns lernen und mit uns zusammenarbeiten wollen, nicht nur eine angemessene Dotierung der Stipendien, sondern insbesondere die Familienbetreuung, wie zum Beispiel Willkommenszentren, Gästehäuser, Kinderbetreuung, Förderung von Doppelkarrieren, als Anreize für freundliche Ausländerstudenten.

Dies jedenfalls ist die Erfahrung der Alexander von Humboldtstiftung, die seit mehr als 50 Jahren internationale Forschungskooperationen fördert. Ihre Basis bilden heute 23.000 Stipendiaten aus 134 Ländern der Erde. Noch hat Deutschland – u.a. durch Stiftungen wie die Alexander von Humboldtstiftung – im Wettbewerb um Personen die Nase vorn, doch zeigt sich längst, dass es diesen Wettbewerb gegenüber Forschungsriesen, wie den USA oder demnächst Indien und China, nicht gewinnen kann. In der Türkei, einem Land, das sicher nicht im Zentrum der Forschungsstatistiken steht, werden derzeit 15 neue Universitäten gegründet, und aus Indien ist zu berichten, dass dort ernsthaft ein Vorschlag der National Knowledge Commission geprüft wird, „die Zahl der Universitäten von derzeit 350 innerhalb der nächsten 20 Jahre auf 1.500 zu erhöhen, nicht zuletzt, um dem rasant steigenden Bedarf an gut ausgebildeten Lehrern gerecht zu werden". Die Europäer werden durch Qualität ersetzen müssen, was sie an Quantität nicht gewinnen können. Und deshalb gibt es zu der Priorität für eine sehr gute Ausbildung der Studierenden und des wissenschaftlichen Nachwuchses, auch und gerade in den staatlichen Haushalten, keine Alternative.

Die drei herausragenden Trends der Entwicklung unserer auf Wissen ausgerichteten Gesellschaften sind also

die Beschleunigung des Erfahrungswandels, auf den wir mit Entschleunigung zu antworten haben,

die Quantitätssteigerung des Wissens, der wir die Qualitätssteigerung gegenüberstellen müssen und

die Programmwucherung, welcher heute bereits der Trend zur Personenförderung entgegensteht.

Es gibt aber noch einen anderen, leider mächtigen gesellschaftlichen Trend, der zunehmend auf die Wissenschaft übergreift und dort schwere Schäden anrichtet. Durch den exzessiven Wettbewerb auf den Forschungs- und Bildungsmärkten der Welt nämlich haben die Performanzfaktoren in Forschung und Wissenschaft in einem fast unerträglichen Ausmaß zugenommen. Einfacher ausgedrückt: es geht in vielen Projekten, auch in sogenannten harten Forschungsbereichen, nicht mehr um die Substanz des neuen Wissens, sondern nur noch um dessen Sichtbarkeit. Die propagandistische Verwertung von Forschungsergebnissen überschreitet oftmals deren tatsächlichen Ertrag bei Weitem. Großspurige Anwendungsversprechen schon im Stadium der Grundlagenforschung sollen die in ihrer gesellschaftlichen Akzeptanz gefährdeten Forschungsbereiche befördern, unerfüllbare Vorhersagen werden, zumal in den Wirtschaftswissenschaften, als „**Weisheit**" verkauft, rasch gefertigte Umfragen bestimmen angebliche Bedürfnisse der Menschen, obwohl diese Bedürfnisse durch die Umfragen erst geweckt werden, von ganzen Fächern geschürte Katastrophenängste treten an die Stelle von Fakten. Der Grazer Soziologe Manfred Prisching hat 2008 eine Skizze dieses gesellschaftlichen Trends entworfen.

Dabei zeichnet sich die von ihm so genannte „**Bluffgesellschaft**", welche Sichtbarkeit der Substanz überordnet, nicht dadurch aus, dass es viel Blendung, Schein und Täuschung gibt, als vielmehr dadurch, dass der Bluff in die soziale Wirklichkeit als selbstverständliches Element eingesickert und allgegenwärtig geworden ist. In einer solchen Gesellschaft kehren sich die Begründungszusammenhänge um: Leistung ist nicht mehr harte und oft zunächst kaum sichtbare Arbeit, die zu mitteilbaren Ergebnissen führt, sondern schon im Ansatz nichts als erfolgreiche Kommunikation, Unterhaltungsproduktion, Einfallsreichtum in Strategien und Umwegen, Argumentationen und Geschichten. Die ganze Gesellschaft funktioniert wie ein Fernsehprogramm: entscheidend ist die Quote, alles andere ist eine ferne Erinnerung an vergangene Zeiten. In einer „Bluffgesellschaft" zählen Eindrücke mehr als Fakten, werden Eindrücke sogar zu Fakten, und den größten Erfolg hat der, dem es gelingt, **„Bluff"** als eine Leistung darzustellen. An vielen Orten ist die Wissenschaft mehr oder weniger notgedrungen Mitspieler im Spiel von Design und Täuschung geworden, hinter dem die Angst lauert, sonst überhaupt nicht wahrgenommen zu werden.

Die korrumpierende Rückwirkung eines durch Schein und bloße Sichtbarkeit bestimmten sozialen Systems, das an die Stelle der einstmals herrschenden Sinnstiftungssysteme getreten ist, auf die Wissenschaft ist offensichtlich. Schließlich haben es Wissenschaft und Forschung in allen ihren Teilen mit Fakten zu tun, auch wenn solche Fakten zum Beispiel nicht besagen, **was die Natur ist, sondern nur, was wir über die Natur sagen können.** Die Einübung in die Wissenschaft ist ein hartes und entsagungsvolles Geschäft. Wir sollten der Öffentlichkeit und vor allem den Studierenden nicht vorgaukeln, neues Wissen sei **leicht** und vielleicht sogar **billig** zu haben. Mir scheint die verbreitete Minderwertung der Lehre gegenüber der Forschung, die aber mit sehr kurzen Reaktionszeiten auf die Forschung und zumal auf das dafür notwendige qualifizierte Personal zurückschlägt, auch eine Folge der Vernachlässigung der Kompetenz, gegenüber den Performanzfaktoren zu sein. Lehrerfolge bringen keinen kurzfristigen Gewinn und sind in der Bluffgesellschaft deshalb kaum gefragt.

Wissenschaft und Forschung aber dürfen sich nicht in die Falle der Bluffgesellschaft begeben, sie dürfen nicht Mitspieler in dem Sinne werden, dass sie vielleicht Erreichbares vorausentwerfen, als sei es bereits Realität, dass sie Karrieren durch Schein und Selbstinszenierung garantieren, dass sie Forschungsmärkte dulden, auf denen Bedürfnisweckung betrieben wird, nicht die Lebensbedingungen des der Hilfe tatsächlich bedürftigen Menschen erleichtert werden. Dort nämlich, wo der Schein plötzlich durchschaut wird, grinst uns das bare Nichts an. Den Anspruch, Wahrheit, nicht nur Wirklichkeit, zu suchen und jede Position auf dem Weg dahin unter die Autorität des Zweifels zu stellen, kann und darf die Wissenschaft nicht aufgeben. Wenn sie diesen Weg konsequent verfolgt und junge Menschen auf diesen mit Steinen und Barrieren dicht besetzten Weg verlockt, dann handelt sie gegen einen übermächtigen Trend der Zeit. Sie könnte sich aber im Meer des Scheins als eine Insel der Verlässlichkeit behaupten und damit Vertrauen in einer Welt schaffen, in der Vertrauen zu einem raren und kostbaren Gut geworden ist.

Erstes Kapitel

Die Geschichte der Kernenergie.

D as Atomzeitalter begann im Jahr 1896, als der französische Physiker Becquerel entdeckte, dass das Element Uran radioaktive Strahlung abgibt. Darauf entwickelt **Einstein** im Jahr 1905 seine Relativitätstheorie, aus der er folgert, dass Masse in Energie umgewandelt werden kann. 1911 entwirft der englische Physiker Rutherford ein Atommodell, bei dem er zwischen Atomkern und Elektronenhülle unterscheidet. 1938 gelingt den deutschen Chemikern Hahn und Strassmann die erste Atomkernspaltung mit einer verhältnismäßig einfachen Versuchsanordnung: Sie schießen Neutronen auf Urankerne und weisen die entstehenden Bruchstücke nach. Ein Jahr später entdecken amerikanische Wissenschaftler, dass bei jeder Uran-Kernspaltung mehrere Neutronen frei werden und somit eine Kettenreaktion möglich sein muss. 1942 gelingt Enrico Fermi im "Chicagomeiler" die erste kontrollierte Kettenreaktion. Allerdings hatte diese Entwicklung auch schreckliche Auswirkung auf die Kriegsführung. Man denke nur an die beiden Atombomben 1945 in Hiroshima und Nagasaki. Das erste kommerziell genutzte Kernkraftwerk wurde 1956 im englischen Calder Hall in Betrieb genommen. Dieses hatte eine Leistung von 50 Megawatt. 1960 folgt der erste französische Atombombenversuch in der algerischen Wüste. Drei Jahre später unterzeichnen die USA, Großbritannien und die Sowjetunion einen Atomteststopp-Vertrag. 1964 startet China den ersten Atombombenversuch bei Lop Nor in der Provinz Xinjang. Im Jahre 1972 beginnt Österreich mit dem Bau des ersten Atomkraftwerks, jedoch hinderte eine Volksabstimmung 1978 die Inbetriebnahme dieses Kraftwerks. Die beiden Reaktorkatastrophen in Three Mile Island (USA) 1979 und Tschernobyl (Russland) 1986 stellten die Kernkraftsicherheit erstmals in Zweifel. 1991 gelang in der Londoner Forschungsanlage JET die erste kontrollierte Kernfusion. Vier Jahre darauf unternahm Frankreich von Juli 1966 bis Januar 1996 sechs Atomtests auf dem Mururoa-Atoll. 1996 beginnt die umstrittene Zwischenlagerung in Gorleben, das in Nord-deutschland liegt.

Was ist Kernenergie?

Kernenergie ist die Energie, die bei der Spaltung (Fission) oder Verschmelzung (Fusion) von Atomkernen freigesetzt wird. Die Energiemengen, die sich aus Kernumwandlungen gewinnen lassen, übertreffen bei Weitem die Mengen, die mithilfe anderer konventioneller Verfahren erhältlich sind. Prinzipiell wird Kernenergie beim radioaktiven Zerfall, bei der Kernspaltung oder bei der Kernfusion frei. Die Freisetzung äußert sich dabei in Form von schnell bewegten Teilchen (z. B. Alphateilchen) und in Form von Strahlung (z. B. Gammastrahlung). Bei diesem Vorgang entsteht Wärme, die man dann zur Erzeugung von Wasserdampf nutzt. Mithilfe des Dampfes werden in anschließenden Schritten Dampfturbinen angetrieben und auf diese Weise elektrischer Strom gewonnen. In bestimmten Fällen wird der Wasserdampf auch direkt für großtechnische Prozesse verwendet. Die Kernenergiegewinnung erfolgt in Kernkraftwerken bzw. Kernreaktoren. Außerdem setzt man kleine Kernreaktoren beispielsweise auch zur Energieversorgung von Raumstationen und Satelliten ein.

Kernspaltung.

Der Spaltvorgang, der durch die Aufnahme eines Neutrons in das Uran-235-Atom in Gang gesetzt wurde, setzt durchschnittlich 2,5 Neutronen aus dem gespaltenen Kern frei. Die so freigesetzten Neutronen lösen unverzüglich die Spaltung weiterer Atome aus. Dadurch werden vier oder mehr zusätzliche Neutronen frei, und es beginnt eine sich selbst erhaltene Folge von Kernspaltungen, eine Kettenreaktion, die ständig Kernenergie freisetzt. Die Kernspaltung ist die kommerzielle Form der Energiegewinnung.

Kernfusion

Eine künstliche Kernfusion wurde erstmals in den dreißiger Jahren durchgeführt, indem ein Ziel, das Deuterium – das Wasserstoffisotop mit der Masse 2 – in einem Zyklotron mit hochenergetischen Deuteronen (Deuteriumkernen) beschossen wurde. Für die Beschleunigung des Deuteronenstrahles war sehr viel Energie erforderlich, es wurde jedoch keine nutzbare Energie gewonnen. Bei den Tests von Atomwaffen in den Vereinigten Staaten, in der ehemaligen Sowjetunion, in Großbritannien und Frankreich wurden in den 50er Jahren erstmals große Mengen an Fusionsenergie unkontrolliert freigesetzt. Eine so kurze und unkontrollierte Freisetzung kann allerdings nicht für die Erzeugung von elektrischem Strom genutzt werden. Das erste Atomkraftwerk, das kommerziell genutzt wurde, entstand 1956 im englischen Calder Hall, das 50 Megawatt Leistung hatte. Bis heute wurden weltweit Hunderte Kernkraftwerke gebaut und in Betrieb genommen.
Bei Kernspaltreaktionen kann sich das Neutron, das keine elektrische Ladung besitzt, leicht einem spaltbaren Kern nähern und mit diesem reagieren, z. B. mit Uran-235. Bei Fusionsreaktionen haben jedoch beide Kerne eine positive elektrische Ladung, und die elektrische Abstoßung (gleiche Ladungen stoßen sich ab) zwischen ihnen, die sogenannte Coulombabstoßung, muss überwunden werden, bevor sie verschmelzen können. Dies ist möglich, wenn die Temperatur des reagierenden Gases ausreichend hoch ist: 50 bis 100 Millionen C. Bei der Kernfusion kann man derzeit keine Energie gewinnen, da die Energie, die man braucht, damit eine Kernfusion überhaupt stattfinden kann, höher ist als jene, die man schließlich aus der Kernfusion „gewinnt". Allerdings bietet die Fusionsenergie einige Vorteile. In einem Gas aus den schweren Wasserstoffisotopen Deuterium und Tritium läuft bei dieser Temperatur die Fusionsreaktion ab, wobei ungefähr 17,6 Megaelektronenvolt pro Fusionsvorgang freigesetzt werden. Die Energie liegt zunächst als kinetische Energie des Helium-4-Kernes und des Neutrons vor, wird aber unmittelbar darauf als Wärme an das Gas und in die umgebenden Materialien abgegeben.
Wenn der Druck des Gases ausreicht, bei diesen Temperaturen reicht ein Druck von 10–5 Atmosphären, also nahezu Vakuum, kann der energiereiche Helium-4-Kern seine Energie auf das umgebende Wasserstoffgas übertragen, wodurch die hohe Temperatur erhalten bleibt und somit eine Kettenreaktion möglich wird: Man spricht dann von einer Kernzündung.

Kernreaktoren

Im Dezember 1942 gelang dem italienischen Physiker **Enrico Fermi** im Rahmen des „Manhatten-Projekts" die erste nukleare Kettenreaktion. Er verwendete dazu als Brennsubstanz natürliches Uran und als Bremssubstanz (Moderator) Grafit.

Die ersten Kernreaktoren wurden 1944 in den USA gebaut. Diese wurden aber rein zur Herstellung von Atombomben verwendet.

Reaktortypen

Es gibt eine Vielfalt von Reaktortypen, die sich durch den verwendeten Brennstoff, Moderators und Kühlmittel unterscheiden. Weiters unterscheidet man auch nach dem Zweck Leistungsreaktoren zur Energieerzeugung, Produktionsreaktoren zur Gewinnung von waffenfähigem Plutonium oder Uran, Antriebsreaktoren, Brutreaktoren sowie Forschungsreaktoren. Großteils wird als Brennstoff Uranoxid verwendet, das auf etwa drei Prozent Uran 235 angereichert ist.

Leichtwasserreaktoren

Bei Leichtwasserreaktoren wird Wasser (mit gewöhnlichem Wasserstoff) zugleich als Moderator- und Kühlmittel verwendet.

Schwerwasserreaktoren

Hier handelt es sich um Reaktoren, die nicht angereichertes Natururan und kein gewöhnliches Wasser als Moderator verwenden. Bei solchen Reaktortypen wird anstelle von Wasser reiner Grafit („schweres Wasser") verwendet.

Druckwasserreaktoren

Im sogenannten Druckwasserreaktor steht das Kühlwasser unter einem Überdruck. Das Kühlwasser wird durch den Reaktorkern gepumpt und dort auf 325° C erhitzt. Das überhitzte Wasser wird darauf durch einen Dampfgenerator gepumpt, wo mithilfe von Wärmetauschern in einem Sekundärkreis Wasser erhitzt und in Dampf umgewandelt wird. Dieser Dampf treibt über Turbinen Generatoren an und kondensiert zu Wasser, das zurück zum Dampfgenerator gepumpt wird. Der Sekundärkreis ist vom Kühlwasser des Reaktors getrennt und daher nicht radioaktiv. Ein dritter Wasserstrom, gespeist von einem Fluss oder einem Kühlturm, dient der Dampfkondensation.

Siedewasserreaktoren

Beim Siedewasserreaktor wird das Kühlwasser unter geringem Druck gehalten, sodass es im Reaktorkern siedet. Der im Reaktordruckbehälter entstehende Dampf wird direkt zur Turbine des Generators geleitet, kondensiert dann und wird zum Reaktor zurückgepumpt. Der Dampf ist dabei zwar radioaktiv, aber es gibt keinen Wärmetauscher zwischen Reaktor und Turbine, der den Wirkungsgrad verringert. Wie beim Druckwasserreaktor ist das Kühlwasser des Kondensators von diesem Kreislauf getrennt. Beim Hochtemperaturreaktor dient Grafit als Moderator und Helium als Kühlmittel.

Antriebsreaktoren

Diese Art von Reaktoren wird unter anderem auch für den Antrieb großer Schiffe, z. B. für Flugzeugträger, verwendet. Diese Aggregate sind meistens ähnlich konstruiert wie Druckwasserreaktoren. Reaktoren, die für den Antrieb von U-Booten (atomare Unterseeboote) sind in der Regel kleiner und verwenden höher angereichertes Uran, um einen kompakteren Reaktorkern zu ermöglichen.

Forschungsreaktoren

Solche Kernreaktoren werden in vielen Ländern benutzt. Sie dienen zu Ausbildungs- und Forschungszwecken. Diese Reaktoren sind kleine Reaktoren, die in der Regel eine Leistung von 1 Megawatt erbringen, und können leichter angefahren und abgeschaltet werden als größere Kernreaktoren.

Brutreaktoren

Da die weltweiten Ressourcen an Uran, auf dem die Kernenergie beruht, begrenzt sind, ein gewöhnliches Kraftwerksystem eine relativ kurze Lebensdauer hat und nur etwa ein Prozent des Energiegehalts des Urans in einem solchen System genutzt wird, ist man daran interessiert, Brutreaktoren zu bauen, die mehr Kernbrennstoff produzieren, als sie verbrauchen. Schnelle Brüter, die mit Natrium arbeiten, produzieren 20 Prozent mehr, als sie verbrauchen. Im Gegensatz zu herkömmlichen Kernreaktoren, in denen nur ein Prozent des Energiepotenzials von Uran genutzt wird, nutzt dieser Reaktortyp etwa 75 Prozent des Energiegehalts von Uran.

Vorteile und Nachteile der Kernenergie

Vorteile:
- Kernkraftwerke sind ganzjährig nutzbar. Das heißt, sie sind nicht etwa von Wetter oder Klima abhängig.
- Durch die Substitution fossiler Energieträger (Kohle, Öl) ist die Kernkraft eine relativ günstige Form der Energiegewinnung, wenn man die Schließungskosten nicht mit einberechnet.
- Kernkraft vermeidet gegenüber fossile Brennstoffe Schwefeldioxid, Stickoxid, Staub und das Kohlendioxid, das entscheidend an der Beeinflussung des globalen Klimas beteiligt ist (Treibhauseffekt).
- Die Kosten für den Kernbrennstoff sind verhältnismäßig niedrig. Der in Kernkraftwerken erzeugte Strom ist daher trotz der hohen Investitionen für die Anlagetechnik preisgünstig. Die niedrigen Brennstoffkosten lassen sich aus dem extrem hohen Energiegehalt des eingesetzten Urandioxids erklären. So ist die Energiedichte des Uranbrennstoffs, bezogen auf die Masse gegenüber fossilen Energieträgern wie Steinkohle oder Heizöl etwa 84.000 bzw. 58.000-mal so groß.
- Die Versorgungssicherheit hinsichtlich des Kernbrennstoffs ist hoch. Uranerz als Rohstoff ist aus verschiedenen Ländern und Kontinenten lieferbar. Das heißt, dass man von keiner bestimmten Lieferregion abhängig ist. Es entsteht keine wirtschaftliche bzw. politische Abhängigkeit.
- Die Lagerhaltung für die Vorräte des Brennstoffs ist unproblematisch und kostengünstig. (Deutschland hat einen Vorrat an Brennstoff für einen Zeitraum von vier bis fünf Jahren mit dem sie alle Atomkraftwerke im Land versorgen kann.)
- Das Metall Uran eignet sich sehr gut für die Energiegewinnung. Durch den Gebrauch dieses Brennstoffs könnte man die Reserven an Erdöl, Erdgas und Kohle bewahren.

Somit würden fossile Rohstoffe auch nachfolgenden Generationen zur Verfügung stehen.

- Wenn Fusionsenergie wirtschaftlich einsetzbar wird, bietet sie folgende Vorteile: einen unbegrenzten Brennstoffvorrat in Form von Deuterium aus dem Meer. Reaktorunfälle sind **unwahrscheinlich**, da die Brennstoffmenge im System sehr gering ist. Abfallprodukte sind bei Weitem nicht so radioaktiv und sind einfacher zu handhaben als jene von Kernspaltanlagen.

Allerdings muss man hierbei anmerken, dass die Fortschritte bei dieser Forschung vielversprechend sind, jedoch sehr kostenspielig. Zudem wird die Forschung wahrscheinlich noch Jahrzehnte dauern.

Nachteile

- Auch beim Normalbetrieb können radioaktive Stoffe in die Umwelt gelangen. Im Prinzip besteht in jedem Stadium vom Uranerzbergbau über die Urananreicherung, die Brennelementherstellung, im Kernkraftwerk, bei der Wiederaufbereitung bis hin zur Endlagerung die Möglichkeit, dass radioaktives Material in die Umwelt gelangt. Falls radioaktives Material in die Umwelt austritt, so kann dies verheerende Folgen für Natur und Mensch haben. Radioaktivität baut sich nur sehr langsam ab und somit betrifft ein radioaktiver Unfall wie etwa Tschernobyl nicht nur eine Generation, sondern mehrere.
- Der schlimmste denkbare Störfall beim Betrieb eines Kernkraftwerkes ist der sogenannte „größte anzunehmende Unfall" (**GAU**). Das Risiko, das man beim Betrieb eines Kernkraftwerkes eingeht, ist nicht abzuschätzen. Das zeigten die schrecklichen Reaktorunfälle von Three Mile Island (USA) und Tschernobyl (Ukraine). Einen so großen Unfall wie Tschernobyl nennt man auch **Super-GAU**.
- Sabotagen, terroristische Anschläge und kriegerische Angriffe steigern das Risiko einer Katastrophe.
- Das beim Betrieb von Kernkraftwerken anfallende Uran 235 und Plutonium 239 kann zur Herstellung von Kernwaffen verwendet werden.
- Eines der größten Probleme der Kernenergie ist die Endlagerung des radioaktiven Materials. Da radioaktive Abfälle, wie Jod 129 oder Technetium 99, eine sehr lange Halbwertszeit (16 Mio. und 214.000 Jahre) haben, bleiben diese Abfallprodukte für Lebewesen Tausende Jahre lang gefährlich. Der wichtigste Gesichtspunkt ist dabei nicht so sehr die derzeitige Gefahr, sondern die Gefahr **für zukünftige Generationen**. Die Technologie zur Vermeidung gegenwärtiger Gefahren ist relativ sicher. Die derzeitig favorisierte Lösung ist eine Umwandlung in stabile Verbindungen, die in Keramik oder Glas eingeschlossen und anschließend in rostfreie Behälter aus rostfreiem Stahl verpackt werden. Für die endgültige Endlagerung sucht man stabile geologische Formationen. Das Problem ist nur, dass es **keinen Ort der Erde gibt, an dem die Erdkruste absolute Stabilität vorweist**. Es gäbe eine Alternative den radioaktiven Müll mithilfe von Raketen auf die Sonne zu schießen, jedoch ist diese Methode sehr teuer zudem sind Raketen mit Risiko verbunden. Das heißt, dass eine Fehlfunktion einer Rakete eine schreckliche Katastrophe hervorrufen würde.
- Die Deckung des wachsenden Bedarfs an Energieleistungen in den Entwicklungsländern ist die Kernenergie, eine nicht finanzierbare und sicherheitstechnisch nicht vertretbare Option.

- Der Beitrag der Kernkraft zur weltweiten Energiebereitstellung in den nächsten Jahrzehnten liegt, selbst bei großzügiger Abschätzung, unter zehn Prozent. Das reicht bei Weitem nicht für eine globale Klimaschutzstrategie.
- Kernkraftwerke verhindern wirkungsvollen Klimaschutz. Ein Kernkraftwerk hat hohe Fixkosten und geringe Arbeitskosten. Das motiviert die Betreiber betriebswirtschaftlich zur maximalen Auslastung. Es lohnt sich deshalb für neue Absatzmärkte aggressiv zu kämpfen bzw. bestehende hartnäckig zu verteidigen. Genau das erschwert aber die Ausschöpfung von Energiesparpotentialen bei den Verbrauchern sowie den Marktzutritt von effizienten und umweltfreundlichen neuen Energietechnologien.
- Obwohl bei anderen Kraftwerken, vor allem die Stromeinsparung und unter günstigen Rahmenbedingungen auch die Kraft-Wärme-Kopplung kostengünstiger als die Vollkosten eines Kernkraftwerkes sind, können sie nicht gegen deren scheinbar niedrigen Betriebskosten konkurrieren.

Resümee

Weder energietechnische noch wirtschaftliche Gründe sprechen also gegen die Kernkraft. Allerdings aus klimapolitischen Gründen und aufgrund der mit der Kernenergienutzung verbundenen Risiken ist es wichtiger denn je sich von der Kernenergie abzuwenden und sich umweltfreundlichen, effizienten Energietechnologien zuzuwenden.

Reaktorunfälle: Tschernobyl und Three Mile Island

Three Mile Island

1979 ereignete sich im Druckwasserreaktor von Three Mile Island in der Nähe von Harrisburg in Pennsylvania (USA) ein Unfall durch Kühlwasserverlust. Der Reaktor wurde durch ein Sicherheitssystem abgeschaltet, und das Notkühlsystem nahm kurze Zeit nach Beginn des Unfalls seinen Betrieb auf. Dann wurde allerdings aufgrund menschlichen Versagens das Notkühlsystem abgeschaltet, wodurch es zu einem schweren Schaden im Reaktorkern und zum Austritt von flüchtigen Spaltprodukten aus dem Reaktorbehälter kam.

Tschernobyl

Am 26. April 1986 explodierte einer der vier Kernreaktoren und geriet in Brand in Tschernobyl, das 130 Kilometer nördlich von Kiev liegt. Einem offiziellen Bericht zufolge verursachten die Betreiber durch einen nicht genehmigten Test die Katastrophe. Menschen, in der Nähe des Reaktors, wurden dadurch geschädigt. Eine Wolke mit radioaktivem Material zog über Skandinavien und Mitteleuropa. Im Gegensatz zu Reaktoren in anderen Ländern hatte dieser keine Sicherheitshülle und somit konnte radioaktives Material austreten. Ungefähr 135.000 Menschen wurden aus einem Gebiet von 1.600 Quadratkilometer evakuiert. Mehr als 30 Menschen starben in kurzer Zeit. Tausende von Menschen, besonders Kinder, leiden heute noch an den Folgen dieses Reaktorunfalles. Später wurde das Kernkraftwerk einbetoniert. Allerdings wurden 1988 die drei anderen Reaktoren wieder in Betrieb genommen. Auch der Unglücksreaktor wurde wieder angefahren. Erst durch den Widerstand des Westens konnten sich die führenden Industrieländer (G7) sowie Russland und die Ukraine darauf einigen, den Reaktor von Tschernobyl komplett stillzulegen.

Atomenergie in Europa.

Europaweit sind derzeit in 17 Ländern 218 Kernkraftwerke (weltweit 434) mit einer Leistung von 178 Millionen Kilowatt in Betrieb. 151 dieser Anlagen werden in den Staaten West- und Südeuropas sowie in Skandinavien zur Nuklearstromerzeugung eingesetzt. Die GUS-Länder (einschl. Armenien und Kasachstan) betreiben 49, die mittel- und osteuropäischen Länder insgesamt 18 Kernkraftwerke. Spitzenreiter in Europa ist im Ländervergleich Frankreich mit 56 Kernkraftwerken, die rund 75 Prozent des Strombedarfs decken. Deutschland erzeugt in 20 Anlagen rund ein Drittel des benötigten Stroms mit Kernenergie. Europaweit sind 25 Kernkraftwerke in Bau. In 15 der 17 europäischen Staaten mit eigener Kernenergiewirtschaft stammen mehr als 20 Prozent der Stromproduktion aus Kernenergie. In sieben Ländern liegt der Anteil sogar über 40 Prozent.

Schlussfolgerung

Nach derzeitigem Stand ist die Kernenergie eine nicht zu vertretbare Energieform. Obwohl die wirtschaftlichen Aspekte der Kernenergie durchaus interessant sind und die Kernenergie oftmals, als eine „umweltfreundliche" Energieform dargestellt wird, so stellen die Risiken, die man beim Betrieb eines Kernraftwerks eingeht, das Problem der Endlagerung und die Nutzung von Kernkraftwerken zur Herstellung von Kernwaffen, die „Vorteile" dennoch in den Schatten.

Die zuvor aufgezeichneten Entwicklungen der Atomgeschichte diente zur Einführung, um dem Leser ein besseres Verständnis und einen leichten Einstieg in die folgenden Kapitel zu geben.

Albert Einstein legte als Wissenschaftler bedeutende Grundsteine in der Forschung, und so möchte ich mit ihm und seinem Wirken beginnen.

Albert Einstein

Albert Einstein wurde am 14. März 1879 als erstes Kind der jüdischen Eheleute Hermann und Pauline Einstein, geb. Koch, in Ulm geboren. Im Juni 1880 siedelte die Familie nach München über, wo Hermann Einstein und sein Bruder Jakob die elektrotechnische Firma Einstein & Cie. gründeten. Am 18. November 1881 wurde **Albert Einsteins** Schwester Maria – genannt Maja – geboren. **Einsteins** Kindheit verlief, bis auf den für die Familie beunruhigenden Umstand, dass er erst sehr spät sprechen lernte, normal. Um ihn auf die Schule vorzubereiten, erhielt er ab 1884 Privatunterricht. Ein Jahr später begann er mit dem Violinunterricht. Ab 1885 besuchte er die Petersschule, eine katholische Volksschule, in München und wechselte 1888 ins dortige Luitpoldgymnasium. Da ihm aber die Art des Unterrichts in den meisten Fächern zuwider war und er Probleme mit dem Klassenlehrer hatte, verließ er 1894 vorzeitig und ohne Abschluss das Gymnasium und folgte seiner Familie nach Italien, wo sie sich inzwischen niedergelassen hatte.

Um an der eidgenössischen Polytechnischen Schule, der späteren ETH, in Zürich ein Studium absolvieren zu können, meldete sich Einstein im Oktober 1895 zur Aufnahmeprüfung an. Da aber einige seiner Prüfungsleistungen nicht ausreichend waren, folgte er dem Rat des dortigen Rektors und ging an die Kantonsschule in Aarau, um seine Wissenslücken zu schließen. Anfang Oktober 1896 machte er dort das Matur und immatrikulierte sich kurze Zeit später am Polytechnikum. Studienziel war das Diplom eines **Fachlehrers für Mathematik und Physik. Einstein begnügte sich damit, ein mittelmäßiger** Student zu sein, und beendete im Juli 1900 erfolgreich sein Studium mit der Diplomprüfung. Danach folgten erfolglose Bewerbungen um eine Assistentenstelle am Polytechnikum und an anderen Universitäten. Zwischenzeitlich bewarb sich Einstein, nachdem er 1896 die deutsche Staatsangehörigkeit aufgegeben hatte, formell um die Schweizer Staatsbürgerschaft. Am 21. Februar 1901 wurde er Schweizer Bürger.

Die Suche nach einer Anstellung ging weiter. Ab Mai 1901 bis Januar 1902 war er als Lehrer in Winterthur und Schaffhausen tätig. Danach zog **Einstein** nach Bern. Um dort seinen Lebensunterhalt bestreiten zu können, gab er Privatstunden in Mathematik und Physik. In diese Zeit fiel auch die Gründung der Berner „Akademie Olympia" durch **Albert Einstein**, Maurice Solovine und Conrad Habicht. In den abendlichen Akademiesitzungen wurden wissenschaftliche sowie philosophische Themen diskutiert. Nach **Einsteins** Worten hat diese – Akademie – seinen beruflichen Werdegang gefördert, und er ist ihr, auch als er schon in den USA lebte, treu geblieben.

Im Januar 1902 wurde Lieserl, die Tochter von Einstein und Mileva Maric, einer ehemaligen Kommilitonin, in Ungarn geboren. Dass Einstein ein uneheliches Kind hatte, wurde erst vor einigen Jahren bekannt, nachdem private Briefe an die Öffentlichkeit gelangten, aus denen die Existenz des Kindes hervorgeht. Über den weiteren Lebensweg von Einsteins Tochter weiß man heute nichts. Sie wurde wahrscheinlich zur Adoption freigegeben. Ende 1902 starb **Einsteins** Vater in Mailand. Am 6. Januar 1903 heiratete er, gegen den Willen der Familien, Mileva Maric, und im Mai 1904 wurde **Einsteins** erster Sohn, Hans Albert, geboren, im Juli 1910 sein zweiter Sohn, Eduard.

Durch die Vermittlung seines ehemaligen Kommilitonen Marcel Großmann bewarb sich **Einstein** im Dezember 1901 um eine Stelle am Berner Patentamt, zu der er dann auch, vorerst zur Probe, bestellt wurde. Ab dem 23. Juni 1902 war er technischer Experte dritter Klasse am Berner Patentamt. Trotz der Arbeit im Patentamt fand er die Zeit, weiter auf dem Gebiet der theoretischen Physik zu arbeiten.

Im April 1905 reichte Einstein seine Dissertation **„Eine neue Bestimmung der Moleküldimensionen"** an der Universität in Zürich ein, die im Juli 1905 akzeptiert wurde. Im gleichen Jahr veröffentlichte er vier bahnbrechende Arbeiten in der Fachzeitschrift „Annalen der Physik", die die Grundlagen der Physik um 1900 revolutionierten. Drei dieser Arbeiten sollen hier kurz erwähnt werden. In dem ersten Artikel **„über einen die Erzeugung und Verwandlung des Lichtes betreffenden heuristischen Gesichtspunkt"** stellte Einstein u.a. den „gewagten Satz" auf, dass elektromagnetische Strahlung aus Lichtquanten bzw. Photonen bestehen muss. Obwohl diese Theorie u.a. den fotoelektrischen Effekt erklärte, wurde sie von den Physikern, vorneweg vom Pionier der modernen Physik Max Planck, erst abgelehnt, später aber bestätigt. Mit dieser Arbeit wurde die Grundlage einer **Quantentheorie** der Strahlung gelegt, und ausdrücklich für sie erhielt Einstein den Nobelpreis für das Jahr 1921. Der Artikel **„Zur Elektrodynamik bewegter Körper"** legt die Prinzipien der speziellen **Relativitätstheorie** dar. Diese Theorie behandelt Fragen von sich gegeneinander mit konstanter Geschwindigkeit bewegenden Bezugssystemen. Sie führte zu einer Neufassung der Begriffe Raum und Zeit und beruht auf dem Prinzip der Konstanz der Lichtgeschwindigkeit und auf dem Relativitätsprinzip, das die Unmöglichkeit der Bestimmung einer absoluten Bewegung postuliert. Es folgt kurze Zeit später der Artikel **„Ist die Trägheit eines Körpers von seinem Energieinhalt abhängig?"** Er enthält die berühmte Formel von der Äquivalenz von:

$$\text{Masse und Energie } „E = mc^2".$$

Durch diese Arbeiten hat **Einstein** die wissenschaftliche Welt auf sich aufmerksam gemacht. Ende des Jahres 1906 veröffentlicht er den Artikel **„Die Plancksche Theorie der Strahlung und die Theorie der spezifischen Wärme"**, der als erste Veröffentlichung über die Quantentheorie des Festkörpers angesehen werden kann. Im April 1906 wurde Einstein im Berner Patentamt zum technischen Experten zweiter Klasse befördert. Mit Einsteins Habilitation lief es nicht so glatt. 1907 wurde sein erstes Habilitationsgesuch von der Universität Bern abgelehnt. Erst Anfang 1908 konnte er sich an der Berner Universität habilitieren, und Ende des Jahres hielt er seine erste Vorlesung. Da Einstein sich nun ganz der Wissenschaft widmen wollte, kündigte er im Oktober 1909 seine Stelle am Patentamt und nahm im gleichen Monat seine Tätigkeit als außerordentlicher Professor für Theoretische Physik an der Universität Zürich auf. 1911 wurde **Einstein** als ordentlicher Professor an die Deutsche Universität Prag berufen, dem er auch Folge leistete. Aber schon ein Jahr später, nachdem er einen Ruf an die ETH erhalten hatte, kehrte er in die Schweiz zurück.

Auf **Einsteins** Leistungen aufmerksam geworden, versuchten Max Planck und der Physikochemiker **Walther Nernst**, den jungen **Einstein** nach Berlin zu holen. Dort wollte man ihn zum Mitglied der preußischen Akademie der Wissenschaften machen, ihm eine Professur an der Universität Berlin ohne Lehrverpflichtung anbieten sowie ihn zum Direktor des noch zu gründenden Kaiser-Wilhelm-Instituts für Physik berufen. Für **Einstein** war dieses Angebot so verlockend – Berlin war in dieser Zeit die Hochburg der Naturwissenschaft – dass er zusagte und im April 1914 mit seiner Familie nach Berlin zog. Am 2. Juli 1914 hielt er seine Antrittsrede vor der preußischen Akademie.

Im Gegensatz zum beruflichen Aufstieg traten vermehrt Probleme in **Einsteins** Ehe auf. Sie führten dazu, dass seine Frau im Juli 1914 mit den Söhnen wieder nach Zürich zurückkehrte. Da Einstein die Ehe mit Mileva nicht aufrechterhalten wollte, wurde sie im Februar 1919 geschieden. Ab 1917 litt **Einstein** an verschiedenen Krankheiten und dadurch an einer allgemeinen Schwäche, die bis 1920 andauerte. Während dieser Zeit wurde er von seiner Cousine Elsa Löwenthal liebevoll gepflegt. Die beiden kamen sich näher, und am 2. Juni 1919 heiratete er Elsa, die ihre Töchter Ilse und Margot mit in die Ehe brachte. Nach der Hochzeit zog die Familie innerhalb Berlins um, in die Haberlandstraße 5.

Neben all der Arbeit fand **Einstein** auch immer Zeit für die Musik. Seit seiner Jugend spielte er Geige, und man sah ihn später oft mit dem Geigenkasten unter dem Arm durch die Straßen gehen. Er war ein Verehrer von Bach und Mozart, und durch ständiges Üben entwickelte er sich zu einem guten Geigenspieler. Neben der Liebe zur Musik war Einstein ein leidenschaftlicher Segler. Ohne sportliche Ambitionen betrieben, fand er hier Ruhe, um über physikalische Probleme nachzudenken.

In den Jahren 1909 bis 1916 arbeitete **Albert Einstein** an einer Verallgemeinerung der speziellen Relativitätstheorie, die er im März 1916 in dem Artikel **„Die Grundlage der allgemeinen Relativitätstheorie"** zusammenfasste. Diese Theorie untersucht relativ zueinander beschleunigte Bezugssysteme sowie den Einfluss von Gravitationsfeldern auf Uhren und Maßstäbe. War die spezielle Relativitätstheorie für den Laien noch zu verstehen, so galt dies nicht mehr für die allgemeine Relativitätstheorie. Auch war es schwierig, wegen der teilweise geringen relativistischen Effekte, diese Theorie im Experiment zu bestätigen. Einstein bzw. seine allgemeine Relativitätstheorie machte die Vorhersagen von der Perihelbewegung des Merkurs, der Gravitations-Rotverschiebung sowie von der Lichtablenkung im Gravitationsfeld. Er war davon überzeugt, dass die Lichtablenkung bei einer totalen Sonnenfinsternis im Gravitationsfeld der Sonne überprüft werden könnte. Nach mehreren gescheiterten Sonnenfinsternisbeobachtungen war es dann so weit. Am 29. Mai 1919 konnte der englische Astronom **Arthur Stanley Eddington** die von **Einstein** vorhergesagte Lichtablenkung bei einer Sonnenfinsternis, die er auf der Vulkaninsel Principe im Golf von Guinea in Westafrika beobachtet hatte, bestätigen. Eine zweite Expedition, unter der Leitung von Andrew Crommelin, beobachteten sie von Sobral in Brasilien aus. Am 22. September 1919 erhielt **Einstein** ein Telegramm des niederländischen Physikers und Nobelpreisträgers **Hendrik Antoon Lorentz** mit folgendem Inhalt: „Eddington fand Sternverschiebung am Sonnenrand, vorläufige Größe zwischen neun zehntel Sekunde und doppeltem Lorentz."

Einige Tage später, am 27. September, schrieb **Albert Einstein** eine Postkarte an seine Mutter: „Heute eine freudige Nachricht. **H. A. Lorentz** hat mir telegrafiert, dass die englischen Expeditionen die Lichtablenkung an der Sonne wirklich bewiesen haben."

„Während einer totalen Sonnenfinsternis wird die Sonne durch den Mond, welcher sich zwischen Sonne und Erde schiebt, vollständig verdeckt. Aufgrund der relativ strengen Bedingungen für die Konstellation des Mondes zwischen Erde und Sonne ist eine totale Sonnenfinsternis sehr selten."

Das offizielle Ergebnis dieser Sonnenfinsternis-Expeditionen wurde am 6. November 1919 auf einer gemeinsamen Sitzung der Royal Society und der Royal Astronomical Society in London bekannt gegeben. Damit hatte Einstein die Nachfolge des großen Newton angetreten, und der Präsident der Royal Society, Joseph John Thomson, erklärte feierlich: „Dies ist das wichtigste Resultat im Zusammenhang mit der Gravitationstheorie seit Newtons Tagen. Dieses Resultat ist eine der größten Errungenschaften des menschlichen Denkens." Diese Bestätigung der von der allgemeinen Relativitätstheorie vorhergesagten Lichtablenkung brachte **Einstein** über Nacht weltweiten Ruhm, und das nicht nur unter Wissenschaftlern. Die Perihelbewegung des Merkurs und die Gravitations-Rotverschiebung wurden ebenfalls glänzend im Experiment bestätigt.

Nun waren **Einstein** und die **Relativitätstheorie** in aller Munde. Er erhielt Einladungen und Ehrungen aus der ganzen Welt. Es gab kaum eine Zeitschrift, die nicht in den höchsten Tönen über ihn und seine Arbeit berichtete. Aber seit 1920 waren Einstein und seine Relativitätstheorie auch vermehrt heftigen, meist auf Antisemitismus begründeten Angriffen ausgesetzt. Dies ging so weit, dass sich sogar Physik-Nobelpreis-Träger wie **Philipp Lenard** und **Johannes Stark** öffentlich gegen **Einstein** und seine Theorie stellten und für eine „Deutsche Physik" plädierten.

Im Februar 1920 starb **Einsteins** Mutter in Berlin. In den Jahren 1921 bis 1923 reiste er, u. a. nach Amerika, England, Frankreich, Japan und Palästina. Seit dieser Zeit bezog er immer häufiger, von einem pazifistischen Standpunkt aus, auch zu politischen Fragen Stellung. 1922 wurde Einstein Mitglied der Völkerbundkommission für intellektuelle Zusammenarbeit, aus der er ein Jahr später wieder austrat, obwohl er die Ziele des Völkerbundes unterstützte. Durch den wiedererweckten Glauben an die Ideale des Völkerbundes trat Einstein aber im Mai 1924 wieder in die Völkerbundkommission ein. Als Gegner jeder Art von Gewalt förderte **Einstein**, wenn er die Möglichkeit dazu hatte, pazifistische Bewegungen. Weiterhin unterstützte er die Sache der Zionisten. Hier setzte er sich sehr für die geplante hebräische Universität in Jerusalem ein, der er auch in seinem Testament von 1950 seinen gesamten schriftlichen Nachlass vererbte. Im November 1952 erhielt Einstein sogar das Angebot, Staatspräsident von Israel zu werden, was er jedoch ablehnte.

Infolge körperlicher Überanstrengung zog **Einstein** sich 1928 eine Herzerkrankung zu, deren Genesungsprozess fast ein Jahr dauerte. 1929, nach seinem 50. Geburtstag, baute er sich in der Gemeinde Caputh ein Sommerhaus, in dem er bis zum Dezember 1932 jeweils vom Frühjahr bis in den Spätherbst hinein mit seiner Familie lebte.

Ab 1920 beschäftigte sich **Einstein** mit der Suche nach einer einheitlichen Feldtheorie, die neben der Gravitation auch die Elektrodynamik mit einschließen sollte. Die Lösung dieses Problems sollte ihn bis an sein Lebensende beschäftigen und erfolglos bleiben. Im ersten Jahrzehnt wurde er noch von Physikerkollegen bei seiner Arbeit zur einheitlichen Feldtheorie unterstützt, die sich dann aber, da sie nicht mehr an eine Lösung glaubten, anderen Aufgaben zuwandten, z. B. der neuen Theorie des Mikrokosmos, der Quantenmechanik. **Niels Bohr**, der Begründer der sogenannten Kopenhagener Schule, Max Born und aus der jungen Generation **Werner Heisenberg, Wolfgang Pauli** und andere waren die Physiker, die die Quantenmechanik entwickelt hatten. So wurde Einstein zum Einzelkämpfer und geriet mit der Zeit in eine wissenschaftliche Isolation, die ihn aber nicht sonderlich störte. Verstärkt wurde der Weg in die Isolation dadurch, dass sich Einstein mit der Quantenmechanik, so wie sie sich darstellte, nicht abfinden wollte und beharrlich konstruktive Kritik an ihr übte. Besonders störten ihn die Wahrscheinlichkeiten, die bei dieser Theorie zur Anwendung kamen. In diesem Zusammenhang ist auch das bekannte Zitat **Einsteins** zu verstehen, als er sagte: **„Der liebe Gott würfelt nicht".** In Bezug auf die Quantenmechanik hat sich Einstein aber geirrt, denn sie gehört heute genauso zum physikalischen Alltag wie z. B. seine Relativitätstheorien.

Als **Einstein** und seine Frau im Dezember 1932 Caputh verließen, um zu einer dritten Vortragsreise in die USA zu fahren, hatten sich die politischen Verhältnisse in Deutschland stark verändert. Bei den Wahlen 1932 etablierten sich die Nationalsozialisten als stärkste politische Partei, und im Januar 1933 kam es zur nationalsozialistischen Machtergreifung. Bedingt durch die politischen Machtverhältnisse und die damit verbundenen Geschehnisse im Nazi-Deutschland nach 1933, hat er danach nie wieder deutschen Boden betreten. Im März 1933 erklärte **Einstein** seinen Austritt aus der preußischen Akademie der Wissenschaften und brach alle Kontakte zu deutschen Institutionen ab, mit denen er jemals zu tun hatte.

Albert Einstein fand eine neue Heimat in den USA. Er arbeitete vom November 1933 an am Institut for Advanced Study in Princeton, New Jersey, wo er und seine Frau 1935 ein Haus in der Mercer Street 112 kauften. Im Dezember 1936 starb **Einsteins** Frau Elsa. 1939 zog seine Schwester Maja zu ihm in die Mercer Street und blieb dort bis zu ihrem Tod im Jahre 1951.

Seit 1939 wütete in Europa der Krieg. Aus Angst davor, dass in Deutschland an der Entwicklung einer Atombombe gearbeitet wird, unterzeichnete **Einstein** am 2. August 1939 einen Brief an den amerikanischen Präsidenten Franklin D. Roosevelt, um ihn auf die Möglichkeit einer atomaren Gefahr hinzuweisen. In dem Brief wies er den Präsidenten auf die militärische Bedeutung der Atomenergie hin und gab ihm die Anregung, dass auch die USA ihre kerntechnischen Forschungen forcieren sollten. Dies war die einzige Beteiligung **Einsteins** im Zusammenhang mit der Atombombe.

Am 1. Oktober 1940 wurde **Einstein** als amerikanischer Staatsbürger vereidigt, behielt jedoch die Schweizer Staatsbürgerschaft. 1946 schlug **Einstein** in einem offenen Brief an die Vereinten Nationen die Bildung einer Weltregierung vor, in der er die einzige Möglichkeit für einen dauerhaften Frieden sah. Diese Bestrebungen verstärkte er in den darauf folgenden Jahren.

Im August 1948 starb **Einsteins** erste Frau Mileva Maric in Zürich, er selbst musste sich im Dezember des gleichen Jahres einer Unterleibsoperation unterziehen. Im März 1950 verfasste er sein Testament, in dem er seine Sekretärin **Helen Dukas** und **Dr. Otto Nathan** gemeinsam zu Nachlassverwaltern einsetzte. Am 15. April 1955 wurde **Einstein** in das Krankenhaus in Princeton gebracht, da das schon früher diagnostizierte Aneurysma der Aorta geplatzt war. Am 18. April 1955 um 01:15 Uhr starb **Albert Einstein** im Alter von 76 Jahren. Auf seinen Wunsch wurde die Leiche noch am selben Tag eingeäschert und die Asche etwa zwei Wochen später an einem unbekannten Ort verstreut. **Damit hatte die Wissenschaft einen ihrer größten Denker und die Welt einen Kämpfer für Frieden und Freiheit verloren.**

Zweites Kapitel

Atom

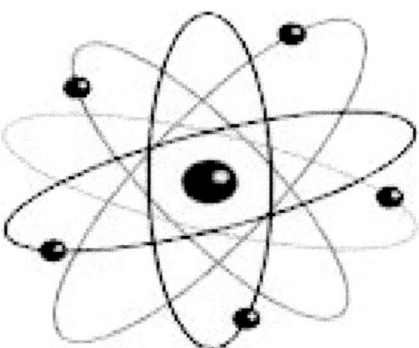

Die Entdeckung und Erforschung des Atoms stellen eine dramatische Veränderung in unserem Lebensablauf dar. Die erste Explosion einer Atombombe ist noch bei vielen von uns tief verwurzelt im Gedächtnis erhalten. Die an vielen Orten der Welt ausgeführten Atombombentests, verbunden mit gewaltiger Naturzerstörung und der Entstehung neuer Krankheiten, starker Zunahme von Krebsarten mit Todesfällen, den unbewohnbar gewordenen Inseln und Landstrichen, sowie den bekannten Gefährlichkeiten für Mensch, Tier und Umwelt, erfordern ein unmittelbares Umdenken der Menschen.

Wichtig erscheint mir zuerst eine Begriffserklärung über Atom sowie die Entstehungsgeschichte und Entdeckung des Atoms.

Als vor einigen Jahren der amerikanische Nobelpreisträger **Richard Feynman** gefragt wurde, was für ihn die bedeutendste Erkenntnis der Naturwissenschaften im 20. Jahrhundert sei, antwortete er: **„Materie ist aus Atomen aufgebaut."**

Heute ist allgemein bekannt, dass alle Stoffe aus diesen winzigen Teilchen, den sogenannten Atomen, wie sie Demokrit schon vor ca. 2.000 Jahren bezeichnet hatte, aufgebaut sind. Wir wissen einiges über Atombomben und Atomenergie, weniger bekannt ist, welche Physiker die künstliche Radioaktivität entdeckt haben. Warum wird das Thomson-Atommodell auch „Rosinenkuchen" bezeichnet? Wie kam **Albert Einstein** auf die Formel E=mc2, und was diese überhaupt bedeutet?

Ich möchte diese und noch andere Fragen beantworten. Zusätzlich habe ich mir vorgenommen, all jenen, die sich für Physik wenig interessieren, weil sie der Ansicht sind, dass Physik nur ein Unterrichtsfach für einseitig interessierte, mathematisch begabte Denker ist, zu beweisen, dass auch Physik sehr interessant und spannend sein kann. Meiner Meinung nach ist speziell die Atomphysik eine faszinierende Wissenschaft, die große Auswirkungen auf unser tägliches Leben hat.

Im Folgenden möchte ich die Theorien und Versuche, die zur Entdeckung und Erforschung der Atome führten, auf einfache Weise erklären, wobei es mir nicht darum geht, den Leser mit komplizierten, seitenlangen Formeln zu verwirren, sondern einen „Überblick" über die Geschichte der Entdeckung des Atoms zu geben.

Außerdem will ich versuchen, dem Leser nicht nur die Theorien, sondern auch die Persönlichkeiten einiger der bedeutendsten Physiker des 20. Jahrhunderts vorzustellen.

Es war nicht immer einfach, die Ereignisse zeitlich voneinander abzugrenzen, denn gelegentlich kam es zu „Überschneidungen" der wissenschaftlichen Entdeckungen. Dennoch hoffe ich, dass der Leser dem **„physikalischen Geschehen"** ohne große Probleme folgen kann, und dass ihn das Thema Atomphysik genauso fesselt wie mich.

Bereits in der Antike behaupteten die zwei Philosophen Demokrit (um 460 – 371 v. Chr.) und Leukipp (5. Jh. v. Chr.), dass die Materie körnige Struktur besitzt, das heißt, dass sie aus Atomen aufgebaut wird.

Eine kleine Gruppe von Männern beschäftigte sich im antiken Griechenland mit den Fragen:

Woraus ist die Materie aufgebaut?

Wie groß ist das Weltall?

Woraus ist die Welt aufgebaut, die uns umgibt?

Auf diese Fragen gab es mehrere Antworten. Viele griechische Naturphilosophen glaubten, dass hinter den wechselnden Phänomenen unserer irdischen Welt ein gemeinsamer Urstoff, sei es Wasser oder Luft, stehe. Andere wiederum versuchten, das irdische Treiben auf die Bewegung unvergänglicher Atome im leeren Raum zurückzuführen.

„Nur scheinbar hat ein Ding eine Farbe, nur scheinbar ist es süß oder bitter. In Wirklichkeit gibt es nur Atome und den leeren Raum" formulierte Demokrit die „zentrale Lehre" der Atomisten.

Demokrit glaubte, dass die Atome so klein seien, dass sie niemand sehen kann, Weiteres schrieb er den Atomen eine Vielfalt von Formen, Gestalten und Größen zu.

Er stellte sich vor, dass die einen hakenartige Bogen sind, andere muldenartig eingebuchtet, oder nach außen gewölbt sind.

Demokrit und auch sein Vorgänger Leukipp behaupteten, dass alle Körper aus Atomen aufgebaut sind, und sich alle Veränderungen, die wir in unserer Umwelt beobachten, durch die Bewegung der Atome erklären lassen.

Die Hypothese vom atomaren Aufbau der Materie setzte sich aber nicht durch, weil sie im krassen Gegensatz zum großartigen System Aristoteles stand, denn Aristoteles war der Ansicht, dass im leeren Raum keinerlei Bewegung möglich ist. Somit war die „ewige Bewegung der Atome im leeren Raum" unmöglich und absurd. Aber auch andere

Ansichten der Atomisten, die vielfältigen Formen, ihre Ausbuchtungen, die vielfältigen Häkchen und Ösen, mit denen sie zusammengehalten werden sollten, widersprachen der Lehre **Aristoteles**.

In der christlichen und wissenschaftlichen Denkweise der Methoden beschäftigte man sich vor allem mit der antiken Naturphilosophie, und die Ernennung Aristoteles, unter dem Einfluss des heiligen **Thomas von Aquin**, zum Philosophen schlechthin, dessen Widerlegung die Kirche nicht erlauben konnte, bedeutete die Niederlage der Atomisten. Die Ansicht vom atomaren Aufbau der Materie war gottlos und heidnisch, weil die Atomisten ein gottloses, mechanisches Universum lehrten, wenn sie behaupteten, „dass sich die Atome im leeren Raum so bewegen, wie es der Zufall gerade will, und von selber, infolge eines jeden Ordnung baren Antriebes, miteinander zusammenstoßen."

Erst im Laufe des 17. Jh. wurde die Diskussion um die Atome neu entfacht, doch zunächst mussten die Atome in den „göttlichen Plan" aufgenommen werden. **Pierre Gassendi** (1592-1655) benutzte dazu folgende Argumente:

„Im Folgenden müssen wir die Ansicht aufgeben, Atome würden von Ewigkeit her ziellos umherirren, und es immer noch tun. Wir können zwar zugeben, dass Atome in Bewegung sind: Sie werden bewegt durch eine treibende Kraft, die ihnen Gott bei der Schöpfung mitgegeben hat und durch die er mitwirkt, indem er bei allen Dingen so handelt, dass sie erhalten bleiben. Mit einem Schlag korrigiert das eine Fehlauffassung. Die Bewegung der Materie ist vom Schöpfer festgelegt worden."

Durch diesen „geschickten Feldzug" **Pierre Gassendis** durfte man sogar diskutieren, aus wie vielen Atomen sich ein Weihrauchkorn zusammensetzt, wie dies bei **Johann Chrysostomus** Magnien geschieht.

Im 19. Jh. haben Chemiker und andere moderne Naturwissenschaftler die Geduld verloren und gesagt, dass Atome in das Reich der Metaphysik gehören, und sie als kleiner, als alles Vorstellbare bezeichnet.

Feuer, Luft, Wasser und Erde waren laut Aristoteles die 4 Elemente, aus denen die irdische Welt aufgebaut ist. Verschiedene Mischungen dieser Elemente sollten die Fülle der Stoffe und den Reichtum der Chemikalien ergeben, die in unserer Welt existieren.

Schwerwiegende Einwände gegen die alte Elementlehre wurden in der zweiten Hälfte des 18. Jh. laut, als zahlreiche Experimente bestätigten, dass es verschiedene „Lüfte" gibt. Mit der Entdeckung des Wasserstoffes, des Sauerstoffes und des Chlorgases – wie wir sie heute bezeichnen – begann die Reform des alten Systems.

Den Durchbruch schaffte **Antoine Lavoisier** (1743-1794), der im Jahre 1789 eine neue Theorie der chemischen Elemente veröffentlichte. In seiner Theorie unterschied der französische Chemiker schon 23 verschiedene Elemente und diese Theorie zeigte auch, dass nicht nur 4 Elemente, sondern weit mehr Grundstoffe durch ihre Mischung die Vielfalt unserer Welt ausmachen. Außerdem erkannten die Chemiker bereits zu dieser Zeit, dass sich die neuen Grundstoffe, die einigen der heutigen chemischen Elemente entsprechen, sich in stets gleichen Mengenverhältnissen verbinden, und dass sich bei einer chemischen Reaktion konstante Mengenverhältnisse ergeben, wenn man diese im Volumen ausdrückt.

Es gelang **Amadeo Avogadro** (1776-1856) zu zeigen, „dass bei Gasen die Reaktionspartner stets in besonders einfachen Volumenverhältnissen stehen. Bei der Bildung von Wasser reagiert beispielsweise stets ein Volumen Sauerstoff mit dem doppelten Volumen Wasserstoff. Er vermutete, dass ein gegebenes Volumen eines Gases, bei konstanter Temperatur und konstantem Druck, stets die gleiche Anzahl von Atomen aufweist.

Trotz dieser neuen Erkenntnisse gab es immer noch Chemiker, die nicht an die Existenz der Atome glaubten. So versuchte zum Beispiel Sir **Benjamin Collins Brodie** (1817-1880), Professor der Chemie, an der Universität Oxford, zu beweisen, dass die Atome in der Chemie gar nicht notwendig sind. Er empörte sich über die Molekülmodelle aus Draht und Kugeln, die um diese Zeit in der organischen Chemie entstanden, und er sah in ihnen ein „durch und durch materialistisches Tischlerprodukt."

1887 hatte sich **Willhelm Ostwald** (1853-1932), als einer der ersten prominenten deutschen Chemiker, für den Antiatomismus ausgesprochen. Er war der Auffassung, alle wirklichen Phänomene ließen sich aus dem Wechselspiel der Energie und ohne Atome erklären. Erst in der Ausgabe seiner allgemeinen Chemie hat er seine Theorie widerrufen, nachdem ihn **J. J. Thomson** und **S. A. Arrhenius** in seiner Überzeugung erschüttert hatten.

Doch erst 1860, nachdem die Anzahl der Moleküle in einem Mol gemessen worden waren, und sich die Vertreter der Atomlehre bei einem großen Kongress der Chemiker in Karlsruhe durchgesetzt hatten, wurden die Atome zum unentbehrlichen Bestandteil der chemischen Lehre. Somit hatte die Chemie zu Beginn des 19. Jh. das Atom entdeckt, die Physik hingegen musste ihren Weg erst suchen. Obwohl die Chemie das Atom schon zu Beginn des 19. Jh. entdeckt hatte, musste die Physik ihren Weg, der über die Wärmelehre führte, noch suchen.

Francis Bacon, Lord of Verulam (1561-1626) hatte bereits im 17. Jh. die ersten Anhaltspunkte gefunden, dass Wärme eine Form der Bewegung ist. Die antiken Atomisten hatten ja ebenfalls eine unaufhörliche Bewegung der Teilchen, der Atome, vermutet. Doch erst im Laufe des 19. Jh. konnten die Spekulationen von **Francis Bacon** und seine unsystematischen Beobachtungen zu einer sinnvollen Theorie ausgedehnt werden.

Eine wichtige Theorie des 19. Jh., die die Existenz von Atomen voraussetzte, war die **kinetische Gastheorie**. Die ersten zaghaften Schritte in Richtung kinetischer Gastheorie machten die deutschen Physiker 1856. In den folgenden Jahren wurde die kinetische Gastheorie rasch weiterentwickelt. In England bewies **James Clerk Maxwell**, dass nicht alle Moleküle eines Gases die gleiche Geschwindigkeit besitzen, und **Ludwig Boltzmann** (1844-1906) schaffte es als Erster, die Verteilung der Molekülgeschwindigkeit allgemein zu berechnen. So konnte die kinetische Gastheorie um 1870 viele wichtige Erfolge aufweisen, dennoch stand ein eindeutiger Beweis für die Existenz der Atome aus, weil die Theorie die Existenz von rasch bewegten Atomen als Hypothese annahm, und daraus die Eigenschaften der Gase herleitete.

Da niemand zeigen konnte, dass die Eigenschaften der Gase nur durch die Annahme von Atomen erklärt werden könnten, gab es zahlreiche Physiker, die die kinetische Gastheorie verfochten. Doch warum war der Krieg um das Atom noch immer nicht zu Ende gekämpft? Es hatten sich zahlreiche Widersprüche ergeben, die die gesamte atomare Weltordnung gefährdeten.

Rudolf Clausius Theorie besagte, dass die Richtung aller Vorgänge der Wärmelehre mathematisch durch die Zunahme der Entropie und physikalisch durch den Satz **„Wärme kann, stets nur vom heißeren Körper zum kühleren Übergehen"** erklärbar ist. Das heißt also, dass die Vorgänge der Wärmelehre Beispiele für irreversible, nicht umkehrbare, Prozesse sind.

Die mechanische Bewegung der Atome musste umkehrbar sein, doch aus dieser Annahme ergibt sich eine völlig widersinnige Welt, ja der ganze Weltablauf müsste sich umkehren lassen. Die Idee, dass das Weltgeschehen umkehrbar sein könnte, oder dass es eine ewige Wiederkehr zu dem gleichen Anfangszustand gibt, versetzte Physiker, Chemiker und Philosophen in Aufruhr. Umkehr und Wiederkehr waren prinzipielle Einwände gegen den Atomismus und natürlich auch gegen die kinetische Gastheorie.

Der Kampf um das Atom betraf bald nicht nur die Physik, den Umkehreinwand, den Wiederkehreinwand und andere fachliche Einwürfe der Kollegen, sondern jeder sprach über Atome, obwohl sie niemand gesehen hatte. Gehörten die Atome der reinen Spekulation an?

Ernst Mach, der in Mähren geboren wurde, in Wien studiert hatte und Professor für Mathematik in Graz wurde, hielt die Atome für metaphysischen Unsinn. Der ausgezeichnete Physiker **Mach**, der 1895 nach Wien zurückkehrte, erntete Anerkennung und Lob für seine Forschungsarbeiten auf dem Gebiet der Überschallströmung. Für den Physiker und Philosophen **Mach** zählten nur messbare Größen und Sinnesempfindungen, während die unmessbaren und unsichtbaren Atome in das Reich der Dämonen, Engel, Feen und Hexen gehörten. Wurden Atome in Gegenwart Machs erwähnt, kam bald die höhnische Frage: **„Habens' schon eins gesehen?"** Mach, der an der Universität lehrte, war der Hauptgegner **Ludwig Boltzmanns**, der den Atomismus vertrat und ebenfalls an der Wiener Universität unterrichtete. Beide Parteien versuchten, für ihre Theorien Anhänger zu finden und zu einer Schlacht zu rüsten, deren Entscheidung schließlich auf der Lübecker Naturforscherversammlung am 17.9.1895 fiel.

Die Lübecker Versammlung beeinflusste das physikalische Geschehen weltweit und „Fortuna" stand auf der Seite der Atomisten, doch der endgültige Durchbruch zur Anerkennung des Atoms sollte erst einige Jahre später gelingen. **Ludwig Boltzmann** setzt sich besonders für die Atomistik ein. Physik, Politik, Philosophie und Theologie spielten eine entscheidende Rolle in der Frage um den Aufbau der Materie, die vor allem im letzten Drittel des 19. Jh. stattfand. Gegen Ende des 19. Jh. folgte ein wichtiges Ereignis dem anderen. Im Jahre 1895 entdeckte **Wilhelm Conrad Röntgen** (1845-1923) in Würzburg unbekannte Strahlen. Aufgrund dieser Strahlen war es möglich, Materie zu durchleuchten.

Wilhelm Conrad Röntgen, der Sohn einer Holländerin und eines Deutschen, studierte an der ETH und promovierte an der Universität Zürich. Anschließend kehrte er nach Deutschland zurück, wo er zunächst in Würzburg, später dann in Straßburg arbeitete. Bevor **Röntgen** mit seiner Entdeckung über Nacht berühmt wurde, hatte er schon 48 Arbeiten, die heute praktisch vergessen sind, publiziert.

Am Abend des 8.11.1895, als **Röntgen** in einem absolut dunklen Raum die Kathodenstrahlen untersuchen wollte, wozu er die Hittorf-Crookesschen Röhre, die ganz in schwarzes Papier eingehüllt war, und ein Papier, das mit Bariumplatincyamid behandelt worden war und als fluoreszierender Schirm diente, verwendete, entdeckte er eine eigenartige Strahlung, die Dinge **„durchsichtig"** erscheinen ließ.

Röntgens Behauptungen klangen unglaublich, doch die Handfotografien bildeten einen unantastbaren Beweis, den niemand ignorieren konnte.

Ein Jahr nach den X-Strahlen, gleich Röntgenstrahlen, wurden von **Henri Antoine Becquerel** (1852-1908) in Paris ebenfalls neue Strahlen, die von Uranerzen stammten, und die nicht nur Materie, wie die X-Strahlen durchdringen konnten, sondern auch in der Lage waren, fotografische Platten zu schwärzen.

Als **Röntgen** die X-Strahlen entdeckte, lehrte Henri, dessen Vater und Großvater bedeutende Physiker waren, am Museé d'histoire naturelle. Er war zu dieser Zeit bereits zum Professor der Physik an der Ecole Polytechnique ernannt worden und hatte schon einige Arbeiten über Phosphor- und Fluoreszenz geschrieben. Becquerel, der hinter das Phänomen der X-Strahlen kommen wollte, stellte Versuche an, bei denen er Uranylkaliumsulphat, das schon sein Vater untersucht hatte, verwendete. Becquerel war erfolgreich. Er entdeckte die Radioaktivität, doch **Becquerels** Entdeckung verursachte nicht die gleiche Aufregung wie die Sensation der X-Strahlen, viel mehr überließen die Zeitgenossen, die sich viel zu sehr für **Röntgens** Entdeckung und deren Untersuchung interessierten, **„Becquerels Strahlen"** seinem Entdecker. 1896 stellte Becquerel fest, dass man mit der Uranstrahlung nicht nur fotografische Platten schwärzen, sondern auch Gase ionisieren und sie leitend machen kann.

Doch nicht nur **Röntgen** und **Becquerel** sorgten in dieser Zeit für Aufsehen, auch **Joseph John Thomson** (1856-1940) untersuchte, ein Jahr nach **Becquerel**, in England eine andere Art von Strahlung, die Kathodenstrahlung.

J. J. Thomson war der Sohn einer Kaufmannsfamilie, die in Manchester lebte. Anstelle die Familientradition fortzuführen und ebenfalls Kaufmann zu werden, entschloss er sich, die wissenschaftliche Laufbahn einzuschlagen. Sein Studium beendete er als zweitbester, wie vor ihm schon **Maxwell**, bei dem er noch einige Vorlesungen hatte. Mit 28 Jahren bewarb er sich um den Professor-Posten am Cavendishlaboratorium, den er zu seiner Überraschung auch bekam. **J. J. Thomson** stattete das Labor neu aus, führte neue Lehrmethoden ein und war der Gründer einer höchst erfolgreichen Forschungsabteilung. In dieser Abteilung wurden sehr wichtige Entdeckungen gemacht: das Elektron, die Nebelkammer, erste Arbeiten über Radioaktivität und Isotope und natürlich viele, später sehr berühmte Schüler, wie **Rutherford, Wilson, G. P. Thomson**, arbeiteten in diesem Institut.

Im Jahre 1897 konnte Thomson in einer Reihe sorgfältiger Versuche mit elektrischen und magnetischen Feldern beweisen, dass die Kathodenstrahlung aus Teilchen besteht, den **„Elektronen"**, die elektrisch geladen sind. Es gelang ihm auch durch verschiedene Messungen die Verhältnisse von Ladungen und Masse, sowie die Geschwindigkeit der Kathodenstrahlteilchen zu bestimmen. Bei seinem Versuch erzeugte er mit einer Kathodenstrahlröhre und einem elektrischen oder magnetischen Feld eine seitliche Ablenkung, durch die er dann auf die Masse der Teilchen geschlossen hat. Außerdem schuf er das erste Atommodell. Bei seinem Modell, das auch „Rosinenkuchen" genannt wird, sind die negativen Elektronen im positiven Atom eingebettet. Er glaubte, dass die Elektronen vom Mittelpunkt des Atoms sehr stark angezogen werden, dass sie sich aber gegenseitig abstoßen. Daraus schloss er nun, dass sich die Elektronen nur an ganz bestimmten Stellen des Atoms aufhalten können. Weiteres vermutete er, dass ein Elektron, oder sogar mehrere Elektronen am Rand des Atoms sitzen und somit leicht abgegeben oder aufgenommen werden können: **Aus dem Atom wird ein Ion.**

Kurz, nachdem **Thomson** das Elektron entdeckt hatte, stellte Thomsons Freund und Partner **Rutherford**, der ein sehr bedeutender Mann in der Physik war, in zahlreichen Forschungsarbeiten sehr wichtige Untersuchungen zur Radioaktivität an.

Ernest Rutherford, der Sohn einer schottischen Auswandererfamilie, wurde am 13. August 1871 in Neuseeland geboren. Die Familie, die sich aus Vater, Mutter und 12 Kindern, von denen aber drei in der Kindheit starben, zusammensetzte, war in dem subtropischen Klima, gleich den Pionieren, ganz auf sich gestellt. Bereits mit 10 Jahren las der junge **Rutherford** die ersten Physikbücher, die ihn sehr faszinierten. Er besuchte dann das Canterbury College und widmete sich am Beginn seiner Karriere der Magnetisierung von Eisen. Mit 23 Jahren übersiedelte Rutherford dann nach England, wo er als Forschungsstudent, unter den Fittichen des jungen **J. J. Thomson**, anfangs seine Untersuchungen über den Magnetismus fortsetzte, doch nachdem Röntgen die X-Strahlen entdeckt hatte, wollte Rutherford zusammen mit Thomson diese neue Art von Strahlung **„genauer unter die Lupe nehmen".**

Nachdem **Rutherford** seine zeitaufwendigen Versuche beendet hatte, konnte er zwei verschiedene Strahlungsarten nachweisen, die von Uran emittiert werden, und er bezeichnete sie als Alpha- und Betastrahlen. **Rutherford** und auch andere Physiker, die sich mit diesem Gebiet der Physik beschäftigten, kamen zum einstimmigen Entschluss, dass die Betastrahlen Kathodenstrahlen, also Elektronen sind.

In Frankreich wies **P. V. Villard** die Gamma-Strahlen, die den X-Strahlen sehr ähnelten, in der radioaktiven Strahlung nach.

Doch weder **Rutherford**, noch die **Curies**, noch **Villard** konnten das **„Geheimnis der Alphastrahlen"** lüften.

Rutherford hatte die Vermutung, dass die Alpha-Strahlen Teilchen sind, elektrisch geladene Atome, die mit einer sehr hohen Geschwindigkeit ausgeschleudert werden, doch seine Vermutungen konnte er nicht beweisen. Bewiesen war nur, dass die Alpha-Strahlen ein Blatt Papier nicht durchdringen können, und dass sie von einem Magnetfeld leicht abgelenkt werden.

Obwohl **Rutherfords** Karriere noch lange nicht zu Ende war, und seine Erkenntnisse, in Bezug auf den Aufbau des Atoms, revolutionär und äußerst wichtig für die moderne Physik waren, möchte ich Rutherford kurz verlassen, damit die historische Abfolge der Ereignisse nicht „durcheinandergerät." Es kam nun zu den wichtigen Entdeckungen von **Max Planck. Max Planck** wurde am 23.4.1858 in Kiel geboren. Das „Geschlecht" **Planck** setzte sich vor allem aus Juristen und protestantischen Geistlichen zusammen. Max Eltern, die pflichtbewusst waren, vielleicht auch eine gewisse charakterliche Steifheit besaßen, interessierten sich nicht nur für die geistige Ausbildung ihres Sohnes, sondern unterstützten auch seine musikalischen Fähigkeiten und sein großes Hobby, das Bergsteigen.

Max Planck, der das Gymnasium in München besucht hatte, zog es vor, in Berlin Physik zu studieren, da er die Vorlesungen an der Münchner Universität für unbedeutend hielt. Nach Beendigung seines Studiums wurde **Planck** in Kiel, wo er sofort begann, die Strahlungsformel zu finden, angestellt. Am 14.Dezember 1900 stellte **Planck** sein Strahlungsgesetz der Deutschen Physikalischen Gesellschaft vor und begründete sein Gesetz, das in Übereinstimmung mit der Erfahrung stand.

Planck musste, um seine Theorie begründen zu können, die Theorie **Boltzmanns,** mit der er ja anfangs gar nicht übereinstimmte, und die er für unvereinbar mit der Theorie der Wärmelehre hielt, anwenden. Die Strahlungsformel besagt, dass die Menge der Energie, die im Laufe des Strahlungsprozesses abgegeben wird, nicht gleichmäßig, sondern stoßweise, in **„Energiepaketen"** anwächst. **Planck** bezeichnete die **„Energiepakete"** als Quanten. Weiteres konnte er feststellen, dass die Quanten umso reicher an Energie sind, je höher die Frequenz einer Strahlung ist. Das heißt also, dass die Strahlenfrequenz in einem direkten, proportionalen Verhältnis zur Energie eines Quants steht. Und so würde es der Mathematiker formulieren:

$E = h * f$

E: Strahlungsenergie (in Joule)

h: Plancksches Wirkungsquantum 6,62 10-34

f: Frequenz der Strahlung

Die Theorie von **„Energiepaketen"** war einzigartig, etwas ganz Neues und erschien so manchem als technischer Trick. Dass diese jedoch keine Einbildung war, demonstrierte später sein langjähriger Freund **Albert Einstein.**

Wenden wir uns aber nun wieder der experimentellen Physik, konkret der Forschung von Ernest Rutherford zu.

Im Jahre 1909 besuchte **Ernest Marsden**, ein junger neuseeländischer Student, seinen berühmt gewordenen Kollegen **Rutherford. Marsden** war aufgefallen, dass die Alphateilchen, das sind Teilchen, die beim radioaktiven Zerfall auftreten, anstelle geradeaus weiterzufliegen, manchmal, wenn man sie durch Materie schießt, abgelenkt werden und ihre Winkel stark ändern. **Rutherford**, der diese Beobachtung seines jungen Kollegen nicht ganz glauben konnte, ließ den Versuch, um ganz sicher zu gehen, wiederholen, doch er kam zum gleichen Ergebnis.

Warum wurden diese Teilchen abgelenkt? Zu dieser Zeit gab es mehrere Atommodelle, wie zum Beispiel das **Thomsonsche** Modell, das auch Rosinenkuchen-Modell genannt wird. Demnach sei das Atom eine Kugel, in der sich positive elektrische Ladungen diffus aufhalten, wobei dann die Elektronen wie Rosinen in einen Kuchen eingelagert sind. Dieses Atommodell konnte aber nicht richtig sein, denn nach diesem Modell konnten die Alpha-Teilchen nicht abgelenkt werden und ihre Bahn stark verändern.

Andere Naturwissenschaftler glaubten wiederum, dass ein Atom wie unser Planeten-system aufgebaut ist, doch diese Vermutungen waren rein spekulativ.

Rutherford, der es sich zum Ziel gesetzt hatte, die unbekannte Struktur der Atome zu erforschen, beschoss eine äußerst dünne Goldfolie mit Alpha-Teilchen. Da die Alpha-Teilchen viel schwerer sind als die Elektronen, vermutete Rutherford, dass die Elektronen nur leicht abgelenkt werden. Sein Versuch bewies aber das Gegenteil. Erst zwei Jahre später, im Jahre 1911, fand Rutherford eine Erklärung für dieses Phänomen. Er konnte sich die starke Ablenkung nur damit erklären, dass die positiven Ladungen nicht gleichmäßig im Kern verteilt sind, sondern in einem Atomkern konzentriert sind. Je näher die Teilchen nun dem Kern kommen, desto stärker werden sie abgelenkt. Die Entdeckung des Kerns änderte die Ansichten vom Aufbau der Atome.

Das Rutherfordsche Atommodell beruht darauf, dass die Elektronen viele 100 Billionen Mal pro Sekunde um den Kern kreisen, und durch den Ablenkungsradius der Alpha-Teilchen-Bahnen konnte man die Größe des Atoms bestimmen. Doch so einfach sollte die Lösung nicht sein:

Die Elektronen würden im Falle einer Kreisbahn um den Kern auf ihrer Bahn Lichtwellen aussenden, dadurch wäre der Energieverlust wiederum so groß, dass sie in einer Milliardstel Sekunde in den Kern stürzten.

Das Rutherfordsche Modell war also nicht ganz korrekt, doch **Nils Bohr** fand eine Lösung.

Niels Bohr erblickte am 7. 10. 1885 in Kopenhagen das Licht der Welt. Niels Vater war ein bekannter Physiologe, Niels Mutter stammte aus einer reichen jüdischen Bankier-Familie. Sie legten großen Wert auf eine akademische und kulturelle Erziehung. Niels und sein Bruder Harald, die einerseits beide sehr erfolgreiche Sportler, andererseits aber auch „Genies" in der Schule waren, wuchsen in der oberen Mittelschicht Dänemarks auf. Es war Niels Vater, der das Interesse an Physik bei seinem jüngeren Sprössling weckte, und so ist es nicht verwunderlich, dass Niels an der Universität in Kopenhagen Physik studierte. Er setzte sich vor allem mit Flüssigkeitsstrahlen und der Oberflächenspannung auseinander. In seiner Doktorarbeit behandelte er die Elektronentheorie der Metalle und ging kurz darauf in das Cavendishlaboratorium, um dort bei **J. J. Thomson** zu arbeiten.

Während seines Aufenthalts machte **Bohr** Bekanntschaft mit **Rutherford**, der ihn dann 1911 nach Manchester einlud, um an einem Kurs, der sich mit radioaktiven Messungen beschäftigte, teilzunehmen. Bohr beschäftigte sich in **Rutherfords** Labor zuerst mit dem Durchgang der Alpha-Teilchen durch Materie, und diesem Thema, das ihn so sehr interessierte, blieb er bis an sein Lebensende treu.

Im Jahre 1913, im Alter von 27 Jahren, veröffentlichte **Bohr** sein quantentheoretisches Atommodell, das Auskunft über das Verhalten der Elektronen in der Atomhülle gab. Um sein Gesetz zu formulieren, griff er auf die Theorien der gequantelten Energie von **Planck** und **Einstein** zurück:

Die Elektronen kreisen so um den Atomkern, dass ihre Fliehkraft gleich groß ist wie die elektrostatische Anziehungskraft. Im Gegensatz zum Rutherfordschen Atommodell, bei dem sich die Elektronen auf beliebigen, kreisförmigen Bahnen bewegen, können sich die Elektronen beim Modell **Bohrs** nur auf ganz bestimmten Bahnen aufhalten, die er Quantenbahnen nennt.

Die Elektronen bewegen sich auf ihren Bahnen, ohne dass sie Energie verlieren.

Es ist möglich, dass die Elektronen von einer Quantenbahn auf eine andere springen, wobei sich dann die „Energiestufe" des Atoms verändert. Springt ein Elektron auf eine Bahn, die weiter Außen liegt, muss Energie aufgenommen werden. Das kann nur geschehen, wenn das Atom ein Lichtquant absorbiert. Springt das Elektron hingegen auf eine Bahn, die weiter innen, also dem Kern näher liegt, wird Energie in Form eines Lichtquants freigesetzt.

Wenn also das Atom Energie abgibt, bzw. absorbiert, dann geschieht das immer in Portionen von der Größe von:

$$E = h * f.$$

Somit hatte **Bohr** bei seinem Atommodell das **Plancksche** Wirkungsquantum eingebaut.

Betrachten wir nun Bohrs Theorie an einem einfachen Beispiel, dem Wasserstoffatom. Das H-Atom besitzt ein Proton im Kern, das von einem negativ geladenen Elektron umkreist wird. Diesem Elektron stehen nun durch die Quantenbedingungen zahlreiche Bahnen zur Verfügung, in denen es den Kern umkreisen kann. Die innerste Bahn, also das unterste Energieniveau des Atoms bezeichnet der Physiker als Grundzustand. Führt man nun von außen Energie zu, so kann das Elektron auf eine Bahn, die weiter Außen liegt, springen. Dies nennt der Physiker Quantensprung des Elektrons. Auf dieser äußeren Bahn bleibt das Elektron nur für sehr kurze Zeit, genau gesagt für 1/108 Sekunden, dann springt es wieder auf eine innere Bahn oder in den Grundzustand zurück. Die Energiepakete, die bei diesem Vorgang frei werden, werden als sichtbare oder unsichtbare Lichtquanten ausgestrahlt. So hatte **Bohr** das **Rutherfordmodell** erneuert, da diese Versuchsergebnisse notwendig gemacht hatten, und so erneuerten andere Physiker wiederum Bohrs Modell, weil ihre Experimente ganz neue Resultate mit sich brachten.

Der französische Prinz **Louis de Broglie**, der 1892 geboren wurde und schon sehr früh seine Eltern verloren hatte, kam auf eine ganz neue Idee.

Ursprünglich widmete sich der junge **de Broglie** dem Geschichtsstudium, doch bald interessierte ihn das Fach Physik viel mehr, da sein älterer Bruder, der nach dem Tod der Eltern die Vaterrolle übernommen hatte und selbst Physiker war. Oft sprachen sie über die Beschaffenheit des Lichtes, der Strahlung und der Quanten.

Nach dem Ersten Weltkrieg entschloss er sich dann endgültig Physik zu studieren, wobei ihn die Doppelnatur des Lichts am meisten interessierte. Alle Experimente über Interferenz und Beugung hatten gezeigt, dass das Licht aus elektromagnetischen Wellen besteht, hingegen behauptete **Einstein**, dass auch das Licht aus „Lichtatomen" aufgebaut ist. Für beide Theorien gab es hieb- und stichfeste Beweise. **De Broglie** stellte sich nun eine sehr wichtige Frage: Warum können nicht auch Körper, gleich dem Licht, aus Atomen bestehen, aber auch Welleneigenschaften aufweisen?

Durch diese Vermutung, die er leider nicht beweisen konnte, ergab sich nun, dass alle Materie, die Atome und auch die Elektronen nicht nur Teilchen, sondern auch Wellen sein könnten. Auf diese neuen Erkenntnisse gestützt, entwickelte er ein neues Atommodell, das **Brogliesche Wellenmodell**.

De Broglie behauptete nun, dass jedes bewegte Elektron eine bestimmte Wellenlänge besitzt, und somit wird die Bewegung der Elektronen um den Kern durch Wellen gesteuert. Daraus ergibt sich nun, dass jedes Elektron, das sich in einer kreis- oder ellipsenförmigen Bahn um den Kern bewegt, von einer stehenden Welle begleitet wird. Obwohl **de Broglie** seine Theorie schon 1923 entwickelte, konnten erst zwei Amerikaner **C. L. Davisson** und **L. G. Germer**, sowie unabhängig von den beiden **Georg P. Thomson**, der Sohn des legendären **J. J. Thomson** im Jahre 1927 **de Broglies** Theorie beweisen. **Davisson** und **Germer** folgten dem Beispiel **Max von Laue**, der Röntgenstrahlen durch Kristalle schickte und so nicht nur den atomaren Aufbau der Materie bewies, sondern auch erkannte, dass sich die Wellen wechselseitig überlagern und so der typische Interferenzstreifen entsteht, und sie schickten Elektronen durch Kristalle, wobei dann tatsächlich Interferenzstreifen entstanden. Somit war nun endgültig bewiesen, dass Materie zugleich Teilchen- und Wellennatur zeigte.

Doch nun lassen Sie uns zurückkehren in das Jahr 1925, denn der Österreicher **Erwin Schrödinger** entwickelte mit seiner „allgemeinen Wellenmechanik" **de Broglies** Theorie weiter und konstruierte ein neues Atommodell.

Erwin Schrödinger, der Sohn eines Wiener Wissenschaftlers und einer Engländerin, wurde 1887 geboren. Nachdem er Physik studiert hatte und aufgrund seiner Artikel über Wärmelehre, Relativitätstheorie und über die **Bohrsche** Theorie ziemlich bekannt geworden war, arbeitete er an der Universität Zürich, an der er im Januar 1926 seine bedeutendste Theorie vollendete.

Er wollte eine neue physikalische Theorie formulieren, weil er sich, wie viele andere Physiker, nach einer einheitlichen Form der Weltbeschreibung sehnte. **Schrödingers** Theorie ist die mathematische Beschreibung von Elektronenwellen, die vor allem auf der Differenzialgleichung basiert. Von **Schrödingers** Wellengleichung der Materie kann man alle Gleichungen der Schallwellen, elektromagnetischen Wellen usw. ableiten, weil sie der **Schrödinger** Gleichung sehr ähnlich sind.

Die Materiewelle besteht aus Wellenzügen, die sich einerseits verstärken andererseits auch abschwächen können. Diese Wellenzüge bilden ein sogenanntes Wellenpaket. Die einzelnen Wellen bilden sich ständig vor und hinter dem Elektron. Im Zwischengebiet verstärken sich die Wellen, sodass stabile Strukturen entstehen, die über längere Zeit beibehalten werden. Dieses ziemlich stabile Gebilde bewegt sich nun genau mit der Geschwindigkeit des Elektrons.

Die Elektronenwellen, oder auch Psi-Wellen genannt, kann man sich wie Wellen vorstellen, die am Bug eines Bootes entstehen. Zwar können sich die einzelnen Wellen auf der Wasseroberfläche schneller oder langsamer als das Boot fortbewegen, dennoch bleibt das „ganze System" ständig beim Boot. So kann uns vielleicht das Bild der Bugwellen helfen, die Materiewelle einigermaßen zu verstehen.

Schrödinger behauptete, dass nur ganz bestimmte Schwingungsformen im Atom möglich sind, und jede dieser Schwingungsformen besitzt eine genau festgelegte Energie des Elektrons. Wenn ein Elektron von einer Schwingungsform in eine andere übertritt, dann wird entweder Energie frei oder Energie benötigt.

Die Energie wird in „Energiepaketen", in Form von elektromagnetischer Strahlung, aus dem Atom gesandt. Durch **Schrödingers** Theorie konnten auch die Gesetze von **Bohr** erklärt werden: Die Bahnen, auf denen sich laut **Bohr** die Elektronen aufhalten müssen, entsprechen den Eigenschwingungen der Elektronenwelle. Das „Bild" des Atoms ist dadurch um einiges genauer geworden.

Werner Heisenberg, der am 5.12.1901 in Würzburg geboren wurde, war der Sohn eines Universitätsprofessors für Griechisch. **Heisenberg**, der in München Physik studierte, beschäftigte sich vor allem mit der Hydrodynamik und der Atomphysik. Wenn **Heisenberg** einmal nicht arbeiten musste, dann betrieb er leidenschaftlich gerne Sport. Er war ein ausgezeichneter Skiläufer und Bergsteiger. Während seines Studiums in München- lernte **Heisenberg** den gleichaltrigen **Wolfgang Pauli** kennen, mit dem ihn eine lebenslange Freundschaft verband. **Pauli**, der Sport verabscheute und eher das Gegenteil von **Heisenberg** war, wurde aufgrund seines Artikels über die Relativitätstheorie schon im Alter von 21 Jahren sehr bewundert.

Eine seiner wichtigsten Entdeckungen ist sicher das sogenannte **Pauliprinzip**, das besagt, dass es in einem Atom nicht gleichzeitig zwei Elektronen mit gleichen Quantenzahlen geben kann, und dass sich in den kreis- bzw. ellipsenförmigen Quantenbahnen nie mehr als zwei Elektronen aufhalten können. Weiteres müssen die Elektronen entgegengesetzt kreiseln, d. h., dass sie keinen gleichartigen Spin besitzen. Das **Pauliprinzip**, oder auch **Ausschließungsprinzip** genannt, lieferte die Erklärung über das Verhalten von Elektronen in Metallen, später spielte es auch in der Kernphysik eine entscheidende Rolle. Denn nicht nur **Enrico Fermi**, sondern auch **Paul Adrien Maurice Dirac** verarbeiteten das **Pauliprinzip** in ihren Theorien.

Doch nicht nur **Pauli** beschäftigte sich mit den Elektronenbahnen im Atom, auch **Heisenberg** war daran interessiert.

Er versuchte eine Theorie zu formulieren, die nur auf beobachtbare Größen, wie zum Beispiel die Übergangswahrscheinlichkeiten für Quantensprünge aufgebaut ist und auf nicht beobachtbare Bahndarstellungen verzichtet. **Heisenberg** rechnete nicht wie andere Physiker mit dem „Ort" und der „Umlaufgeschwindigkeit" des Elektrons in der Hülle, denn für ihn waren das „Scheinbegriffe", die sinnlos sind. Das Ergebnis seiner neuen Quantenmechanik besaß eine außergewöhnliche mathematische Form, denn die physikalischen Größen wurden durch Zahlen ersetzt.

Das Geheimnis der komplizierten Zahlenanordnungen lüfteten **Max Born** und **Pascual Jordan**, die erkannten, dass es sich dabei um Matrizen handelte. Matrizen sind komplexe Zahlen, die mit zwei Indizes versehen sind und in einem endlichen oder unendlichen Quadrat angeordnet sind. Sie werden ähnlich wie gewöhnliche Zahlen addiert und subtrahiert, nur für die Multiplikation gibt es eine spezielle Rechenregel.

Die Matrizen waren schon aus anderen Bereichen der Mathematik bekannt. Sie besaßen unzählige Reihen und Spalten und somit wurden nun klassische Größen, wie Ort oder der Impuls eines Teilchens durch sehr lange Zahlenkombinationen ersetzt. Der erste Physiker, der diese neue Mechanik erfolgreich anwendete, war der Wiener **Wolfgang Pauli**. Er konnte am Wasserstoffatom, dem einfachsten aller Atome, aufzeigen, dass die komplizierten Rechnungen mit den Beobachtungen übereinstimmen. Überlassen wir die mathematischen Operationen mit den Matrizen den Fachmännern und lassen Sie uns dem zentralen Gedanken der neuen Quantenmechanik uns zuwenden, der **Heisenbergschen Unschärferelation**.

Die **Heisenbergsche Unschärferelation** liefert den Beweis, dass in der Tätigkeit eines Physikers gewaltige Einschränkungen existieren, die durch die experimentelle Apparatur entstehen. Will der Physiker zum Beispiel den Ort eines Elektrons bestimmen, so muss er das Elektron beleuchten und unter einem Mikroskop betrachten. Bei diesem Vorgang wird das Elektron von Lichtquanten getroffen und in seiner Bewegung, in seinem Impuls, gestört.

Heisenbergs Theorie zeigt, dass der Impuls eines Teilchens umso ungenauer feststellbar wird, je genauer der Ort bestimmt wird und natürlich umgekehrt. Will man nämlich den Ort des Elektrons genau bestimmen, benötigt man sehr kurzwelliges Licht, das aus energiereichen Lichtquanten besteht und somit die Bewegung des Elektrons deutlich stört. Je genauer man den Ort misst, desto mehr wird der Impuls gestört. Der Physiker kann also nur entweder Ort, oder Impuls des Elektrons genau bestimmen, wobei eine Genauigkeitsgrenze existiert, die die berühmte Unschärferelation ausdrückt. Nach **Heisenberg** gibt es keine absolute Genauigkeit der Messung: Weil der Physiker durch seine Experimente in die Natur eingreift, wird diese gestört und es entsteht eine „Genauigkeitsbarriere", die man nicht überschreiten kann, auch nicht mit den perfektesten Messapparaturen.

Mathematisch ausgedrückt lautet seine Theorie folgendermaßen:

x * p h

x: Ort des Teilchens

p: Impuls des Teilchens

h: Planksche Wirkungsquantum

An dieser Formel kann man nun sehen, dass sich das **Heisenbergsche Prinzip** umso stärker auswirkt, desto kleiner die Masse des Teilchens ist, das man beobachtet. Je schwerer ein Körper ist, desto größer ist sein „Beharrungsvermögen" und desto kleiner ist die Unschärfe. Beim Elektron hingegen, das nur eine Masse von $1/1027$ Gramm besitzt, hat die Unschärfe entscheidende Folgen:

+/- 1 Zentimeter kann sich die Position des Elektrons verändern, und um +/-1 Zentimeter pro Sekunde kann sich die Geschwindigkeit des Elektrons ändern. Somit ist es unmöglich, einem Elektron gleichzeitig einen genauen Ort und eine genaue Geschwindigkeit zuzuordnen.

Ein Jahr, nachdem **Heisenberg** seine berühmte Unschärferelation aufgestellt hatte, begründete der englische Physiker **Paul Adrian Dirac** eine merkwürdig klingende Theorie. Er versuchte nämlich, die Quantenmechanik und die Relativitätstheorie miteinander zu verbinden. Weder **Heisenbergs** noch **Schrödingers** Theorie stimmte mit den Prinzipien der Relativitätstheorie von **Einstein** überein. Ihre Theorien galten deshalb nur für Teilchen, die sich wesentlich langsamer als mit Lichtgeschwindigkeit bewegen. Im Atom gibt es aber Teilchen, die z. B. aus dem Zerfall von Atomkernen stammen, oder die in Teilchenbeschleunigern erzeugt werden, bei denen die Relativitätstheorie eine große Rolle spielt.

Im Jahre 1928, nachdem **Goudsmith** und **Pauli** das Phänomen des Spins in ihren Arbeiten geklärt hatten, veröffentlichte **Dirac** seine Wellengleichung des Elektrons. Seine Theorie erklärte den Spin bildhaft als Zitterbewegung eines punktförmigen Teilchens um einen virtuellen Punkt.

Dirac löste ein weiteres Rätsel: Er beobachtete, dass sich Teilchen auf wundersame Weise vermehren, aber auch verschwinden können, wenn sie in ein Gebiet mit starken Kraftfeldern gelangen.

Dirac vermutete nun, dass es ein Teilchen gibt, das die gleiche Masse wie ein Elektron besitzt, doch dessen Ladung positiv ist. Er nannte das Teilchen, welches das Spiegelbild des Elektrons ist, Positron.

Wenn Elektronen in ein starkes Kraftfeld geraten, dann können sie, wenn sie mit Positronen zusammentreffen, vernichtet werden, wobei Masse und Energie „zerstrahlen". Es ist aber genauso möglich, dass Paare von Elektronen und Positronen gleichsam aus dem Nichts entstehen, wenn die erforderliche Energie vom Kraftfeld geliefert wird. Der Physiker spricht von einer „Paarerzeugung".

Dieser Entstehungsprozess wird meistens durch Gammaquanten, die sehr energiereich sind, ausgelöst. Obwohl **Dirac** mit seiner Annahme recht hatte, glaubte ihm anfangs niemand, da noch kein Mensch Positronen nachgewiesen hatte.

Nachdem aber **Carl David Anderson** im Jahre 1932, den von **Dirac** beschriebenen Prozess experimentell in der kosmischen Strahlung nachgewiesen hatte, konnte niemand mehr an der **Diracschen Theorie** zweifeln.

Im Gegensatz zu den X-Strahlen, die an einem Abend entdeckt wurden, zog sich die Entdeckung des Neutrons über zwei Jahre hin.

Schon **Rutherford** glaubte, dass neutrale Teilchen, die die Masse eines Protons haben, existieren. Er stellte sich das Neutron wie ein Wasserstoffatom vor, bei dem das Elektron in den Kern gestürzt war und dessen Ladung somit neutral war.

Walther Bothe und sein Student **H. Becker** waren die ersten, die sich mit der Entdeckung des Neutrons beschäftigten. Sie beschossen Beryllium mit Polonium-Alphateilchen mit dem Ziel, die Theorie **Rutherfords** zu bestätigen und herauszufinden, ob bei diesem Vorgang sehr energiereiche Strahlen emittiert werden.

Die durchdringende Strahlung, die sie mithilfe von elektrischen Zählmethoden feststellen konnten, hielten sie für Gammastrahlen.

Die gleichen Versuche machten sie auch mit Lithium und Bor, und sie kamen schlussendlich zum Ergebnis, dass die beobachtbaren Gammastrahlen mehr Energie ausstrahlten als die Alphateilchen, mit denen sie die Atome beschossen hatten. Es gab keinen Zweifel: **Die Energie stammte aus der Kernspaltung.**

Um 1931 rückten zwei neue bedeutende Wissenschaftler ins Rampenlicht: **Irene Curie** und ihr Ehemann **Frederic Joliot**. Irene, die charakterlich ganz ihrer berühmten Mutter **Marie Curie** glich, arbeitete als Assistentin im Labor ihrer Mutter, wo sie dann auch **Frederic Joliot**, der außergewöhnliche technische Fähigkeiten besaß, kennenlernte.

Am 18.Januar 1932 machten die **Joliots** eine erstaunliche Beobachtung: Sie untersuchten **Bothes** neue Strahlung, indem sie eine unglaublich starke Poloniumprobe verwendeten.

Die neuen Strahlen waren imstande aus einer Paraffinschicht Protonen heraus-zuschlagen. Doch warum war es so unglaublich, dass **Bothes** Gammastrahlen Protonen herausschlagen konnten? Die rückgestreuten Elektronen waren viel schwerer, dennoch wurden sie leicht zurückgeschleudert. Es war dann der Physiker **James Chadwick** (1891-1974), der den scheinbaren Widerspruch beseitigte.

In den zahlreichen Versuchen, die er machte, bestätigte er den **Joliot-Curieschen Kernschleuder-Effekt**. Weiteres kam er zum Ergebnis, dass **Bothes** Gammastrahlen ein Geschossregen aus schnell bewegten Teilchen ist, die zwar die Masse eines Protons besitzen, elektrisch aber neutral geladen sind.

Somit war ein neues Elementarteilchen entdeckt: das Neutron.

Drei Neutronen auf einem Atom

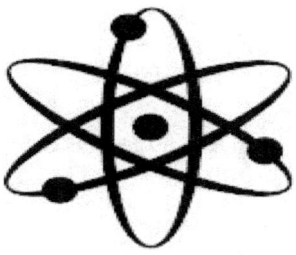

Anlässlich des siebten Solvay-Kongresses kamen die bedeutendsten Physiker zu-sammen, um über das zentrale Thema der Physik, den Atomkern zu diskutieren. Die ältere Generation wurde von **Marie Curie** und **Ernest Rutherford** vertreten, die neue Physikergeneration von **Chadwick, Irene Curie, Bothe** und **Fermi**. Nicht alle Probleme konnten gelöst werden, wie etwa das Rätsel des Betazerfalls.

Was ist ein Betazerfall? Es bedeutet die Abgabe von Elektronen aus instabilen, zerfallenden, Kernen. Das Ehepaar **Joliot-Curie** machte diese bedeutende Entdeckung:

Sie beschossen leichte Elemente wie Aluminium, Bor und Kalium mit Helionen, sogenannten Alphateilchen, und beobachteten dabei, dass die Schicht, die mit Helionen bombardiert wurde auch dann noch Positronen abgab, als die Bestrahlung eingestellt wurde. Eine genaue Untersuchung lieferte das unbezweifelbare Ergebnis: Das Ehepaar **Joliot-Curie** hatte die künstliche Radioaktivität entdeckt.

Das Ehepaar deutete seine Versuchsergebnisse folgendermaßen: Indem das Neutron ein Elektron abgibt, kann es sich in ein Proton verwandeln und damit einen stabilen Kernzustand erreichen. Das Gleiche funktioniert aber auch, wenn das Proton ein Positron abgibt und so zum Neutron wird. Natürlich wird bei solchen Prozessen Energie frei, aber eine Frage blieb im Raum stehen: Warum sind die Energiepakete bei gleichartigen Kernen nicht gleich groß? Warum besitzen die herausgeschleuderten Elektronen und Positronen sowohl sehr hohe als auch sehr niedrige Geschwindigkeiten und wohin geht die Energie, wenn es einen Unterschied zwischen dem Anfangs – und Endzustand der Energie gibt? Auf diese Fragen wusste das französische Ehepaar keine Antwort. Es war der italienische Physiker **Enrico Fermi**, der den Betazerfall so zu deuten versuchte, dass der Satz von der Erhaltung der Energie, der besagt, dass Energie nicht neu entstehen oder verloren gehen kann, in jedem Falle erhalten bleibt.

Enrico Fermi wurde am 29.September 1901, als Sohn eines Verwaltungsangestellten bei der Bahn und einer ehemaligen Lehrerin, geboren. Enrico wuchs in Rom auf und besuchte als ausgezeichneter Schüler die Oberschule. Schon bald zeigte sich sein großes Interesse für Mathematik und Physik. Nach der Matura beschloss **Fermi**, die Scuola Normale Superiore in Pisa zu besuchen, und natürlich war es für den ausgezeichneten Schüler kein Problem, die Aufnahmeprüfung zu bestehen.

Im Jahre 1922, nachdem er promoviert hatte, kehrte **Fermi** nach Rom zurück und baute mit **Franco Rasetti**, einem langjährigen Freund, ein Forschungsteam auf. Anfangs beschäftigten sie sich vor allem mit der optischen Spektroskopie und der Atomtheorie, doch bald erkannten die jungen Forscher, dass die Zukunft in der Kernphysik liegt, und sie änderten ihre Richtung.

Das Jahr 1933 war das große Jahr des **Enrico Fermi**, denn es gelang ihm, das Problem des Betazerfalls endgültig zu lösen. **Wolfgang Pauli** und **Enrico Fermi** erdachten sich ein hypothetisches Teilchen, dem sie den Namen **Neutrino** – kleines Neutron – gaben. Diese leichten neutralen Teilchen, die die Elektronen beim Betazerfall begleiteten, besitzen nur 1/1000 der Masse eines Elektrons, und können vom Beobachter gar nicht wahrgenommen werden. Dennoch sind die Neutrinos für die Erhaltung der Energie verantwortlich, weil sie die fehlende Energie auf eine nicht beobachtbare Weise abführen. **Fermi** hat aber nicht nur das Neutrino postuliert, das übrigens erst am Beginn der 50er Jahre experimentell nachgewiesen wurde, er führte auch eine neue Naturkraft, die schwache Wechselwirkung, ein. Die schwache Wechselwirkung ist eine Naturkraft wie die Schwerkraft und die Elektrizität und für diese neue Kraft führte er die universelle Konstante **g** ein, die aus den Betazerfallsexperimenten bestimmt werden konnte. Kurz ausgedrückt:

Die schwache Wechselwirkung ist dafür verantwortlich, dass ein Neutron in ein Proton und ein Elektron zerfallen kann.

Ein Jahr, nachdem er das Problem des Betazerfalls gelöst hatte und die schwache Wechselwirkung eingeführt hatte, machte er im Jahre 1934 eine weitere wichtige Entdeckung, die vor allem für die künstliche Radioaktivität entscheidend war.

Weil das Ehepaar **Jolio**t bei seinen Pionierversuchen mit der künstlichen Radioaktivität Aluminium mit Alphateilchen beschossen hatten und dabei aber nur eine Atomspaltung erzielten, obwohl sie den Kern mit circa 1 Million Alphateilchen bombardierten, kam **Fermi** auf den Gedanken, den Kern mit Neutronen zu beschießen. Er glaubte nämlich, dass die Ausbeute des französischen Physikerehepaares so gering ausfiel, weil der Aluminiumkern die Alphateilchen elektrostatisch abstieß und so verhinderte, dass die Teilchen den Kern spalteten. Bei Neutronen hingegen, die ja bekanntlich keine elektrische Ladung besitzen, konnte dieses Problem nicht auftreten.

Fermi und seine Mitarbeiter begannen nun, alle Elemente, die sie auftreiben konnten, mit Neutronen zu beschießen, und das italienische Forscherteam war sehr erfolgreich. Sie entdeckten rund 40 neue radioaktive Substanzen und förderten mit dem erheblichen Materialzuwachs die Untersuchungen über die Kernenergie.

Durch Zufall entdeckten die italienischen Physiker im Herbst 1934, dass sich langsame Neutronen für Kernreaktionen viel besser eignen als schnelle. Schnelle Neutronen rasen aufgrund ihrer hohen Geschwindigkeit viel leichter am Kern vorbei, langsame Neutronen halten sich viel länger in Kernnähe auf und die Wahrscheinlichkeit, von den anziehenden Kräften eingefangen zu werden, ist daher bei langsamen Neutronen viel größer.

Diese Entdeckung war der Schlüssel zur Erforschung der Kernenergie.

Für den japanischen Physiker **Hideki Yukawa** war die Sache ganz einfach und klar: Es mussten Kräfte existieren, die Protonen und Neutronen zusammenhalten, denn wenn diese Kräfte nicht existierten, dann könnten die Teilchen auch keinen massiven Kern bilden.

Versuche zeigten, dass die Kernkräfte, die zwischen den Protonen und Neutronen existieren, eine äußerst geringe Reichweite besitzen, und sie sich deshalb von den elektrostatischen Kräften, die eine weitgreifendere Wirkung besitzen, grundsätzlich unterscheiden. Diese neuartigen Kernkräfte sind nur über eine Distanz von 1/1013 cm wirksam.

Außerdem konnten die Kräfte zwischen Protonen und Neutronen nicht elektrischer Natur sein, da sie zu stark waren. Um nun den Zusammenhalt zwischen Proton und Neutron zu erklären, erdachte sich **Hideki Yukawa** ein neues Elementarteilchen, das **Meson**.

Das **Meson** bewegt sich mit Lichtgeschwindigkeit und jagt 5*1017-mal pro Sekunde zwischen Proton und Neutron hin und her.

Yukawa führte dieses Teilchen aufgrund theoretischer Überlegungen im Jahre 1935 ein. Weiteres vermutete er, dass die Masse seines neuen Teilchens zwischen der Masse des Protons oder des Neutrons und der Masse eines Elektrons liegen müsste und somit erhielt das Teilchen den Namen **Meson,** aus dem griechischen- **mesos=zwischen.** Das erste freie **Meson** wurde übrigens erst zwei Jahre, nachdem **Yukawa** es postuliert hatte, von einem Amerikaner namens **Charles Anderson** in der kosmischen Strahlung nachgewiesen. Es ist unmöglich, ein **Meson** zu beobachten oder zu messen, trotzdem können **Mesonen** mithilfe von Streuversuchen statistisch erfasst werden. Der Atomkern ist von einem **Mesonennebel** umgeben, wobei die virtuellen **Mesonen** positiv oder negativ geladen, aber auch neutral sein Können.

Über viele Jahre waren die Neutrinos nicht richtig erforscht, fast unbekannt. Ein Neutrino-Experiment aus den neunziger Jahren hat Forschern bis heute Kopfzerbrechen bereitet. Demnach müsste es eine spezielle Neutrino-Art geben, die das weithin akzeptierte Standardmodell der Elementarteilchen infrage stellt. Jetzt haben US-Physiker das Mysterium aufgeklärt.

Neutrinos gehören zweifellos zu den rätselhaftesten Elementarteilchen überhaupt. Sie besitzen **keine Ladung**, ihre Masse ist vermutlich **nicht null**, aber **extrem klein**. Sie gelten als mögliche Erklärung für die sogenannte **Dunkle Materie**, also jener Masse, die mehr als 20 Prozent der Masse des Universums ausmachen soll und allein anhand ihrer **Gravitationswirkung** nachgewiesen werden kann.

Neutrinos entstehen unter anderem bei der Kernfusion. So wird die Erde permanent mit Milliarden Neutrinos pro Quadratzentimeter Oberfläche bombardiert, die von der Sonne kommen. Die Elementarteilchen rasen jedoch praktisch ungestört durch den Erdball hindurch, weil sie kaum mit Materie wechselwirken. Dies erschwert auch ihren Nachweis und ihre Untersuchung.

Physiker unterteilen die extrem flüchtigen Teilchen in drei Typen: **Elektron-Neutrinos, Myon-Neutrinos und Tauon-Neutrinos.** Durch sogenannte Oszillation kann sich ein Teilchentyp in einen anderen wandeln und auch wieder zurück. Bei einem Experiment am Liquid Scintillator Neutrino Detector (LSND) am Los Alamos National Laboratory in den neunziger Jahren glaubten Forscher, erstmals eine Oszillation beobachtet zu haben. Allerdings passten die Messdaten nicht so recht zu den bekannten Neutrino-Modellen. Theoretiker schlugen deshalb vor, die Existenz eines vierten Neutrino-Typs anzunehmen, den sie als steril bezeichneten.

Dieses sterile Neutrino widersprach jedoch dem Standardmodell der Elementar-teilchenphysik – ein Ärgernis für die Wissenschaftler. Hinzu kam, dass Physiker beim Experiment Karmen in Großbritannien, vergeblich nach sterilen Neutrinos gefahndet hatten. „Wir haben von 1997 bis 2001 beim Experiment Karmen nach Oszillationen gesucht, aber keinen Hinweis darauf gefunden", sagte **Guido Drexlin** von der Universität Karlsruhe. Beide Experimente hätten vergleichbare empfindliche Detektoren gehabt. „Es war klar, dass nur einer Recht haben konnte." Es habe deshalb eine große Kontroverse unter den Teilchenphysikern gegeben.

So beschlossen Physiker verschiedener US-Universitäten 1998, die umstrittenen Ergebnisse des LSND-Experiments am Fermilab nahe Chicago erneut zu überprüfen. Von 2002 bis 2005 untersuchten sie im Rahmen des Miniboone-Experiments Neutrinos, die vom Booster-Beschleuniger am Fermilab erzeugt worden waren. Als Messapparatur diente eine knapp 1.000 Kubikmeter fassende Kugel, gefüllt mit hochreinem Mineralöl. 1.280 in der Kugel verteilte Sensoren maßen die Spuren der Kollisionen von Neutrinos mit den Kohlenstoffatomen der Ölmoleküle.

Um die Glaubwürdigkeit der Messdaten sicherzustellen, versagten sich die Forscher während des Experiments den Zugriff darauf. Erst vor drei Wochen begannen sie, die Daten auszuwerten – und fanden keinerlei Hinweise auf sterile Neutrinos.

„Die Möglichkeit einer Oszillation von sterilen Neutrinos, wie am LSND beobachtet, scheint ausgeschlossen", sagte Jonathan Link vom Virginia Tech College of Science. Es könne zwar trotzdem sterile Neutrinos geben, erklärte der Forscher, doch müssten diese dann andere Eigenschaften haben.

„Von unseren Daten her war klar, dass die Kollegen einen Untergrundeffekt gemessen hatten und keine Oszillation", sagte **Drexlin**, einer der leitenden Wissenschaftler am **Karmen-Experiment**. „Heute wissen wir, dass Oszillationen zwischen Myon-Neutrinos und Tauon-Neutrinos erst bei Weglängen von mehreren Hundert Kilometern auftreten und nicht auf kurzen Distanzen von 50 Metern, wie angeblich beim LSND-Experiment beobachtet." Oszillationen bei so kurzen Wegstrecken hätten bisherige Theorien infrage gestellt und als mögliche Erklärung ein steriles Neutrino erfordert.

„Es war sehr wichtig, die überraschenden LSND-Ergebnisse entweder zu bestätigen oder zu widerlegen", sagte **Robin Staffin**, Wissenschaftler vom US-Energieministerium. „Man weiß nie, welche Überraschungen die Natur für uns bereithält."

Einige der am Miniboone-Experiment beteiligten Forscher dürften enttäuscht gewesen sein über das Ergebnis, schließlich hatten sie damit ihre eigenen Messungen aus den 90er Jahren widerlegt. „Ich kann durchaus mit den Kollegen mitfühlen", sagte der Karlsruher Physiker **Drexlin**. **„Sie haben 20 Jahre Forschungsarbeit investiert und stehen jetzt quasi mit leeren Händen da. Aber so ist das in der Wissenschaft."**

Ganz so schlecht stehen die Chancen aber nun doch nicht, denn spätestens seitdem Experimente an Teilchen-Beschleunigern in Europa und den USA (LEP und Tevatron) indirekt Indizien für die Existenz des Higgs-Teilchens gefunden haben, bildet die Higgs-Jagd eine zentrale Aufgabe der modernen Teilchenphysik. Doch warum ersehnen viele Teilchenphysiker dieses neue Teilchen? Was lässt sich mit dem Higgs-Mechanismus erklären? Und wie kann man am Large Hadron Collider LHC nach langen Jahren der vergeblichen Suche endlich fündig werden?

„Was ist eigentlich „Masse"?

In der Physik unterscheiden wir zwei Arten von Masse. Schwere und träge Masse. Schwere Massen erkennen wir daran, dass sie sich anziehen. Körper mit schwerer Masse fallen daher beispielsweise auf den Boden, da sie von der schweren Masse der Erde angezogen werden. Träge Masse hingegen äußert sich darin, dass man Kraft aufwenden muss, um sie in Bewegung zu versetzen oder abzubremsen. Nach dem einsteinschen Äquivalenzprinzip sind allerdings die schwere Masse und die träge Masse eines Körpers identisch.

Die Beobachtung zeigt, dass fast alle bekannten Elementarteilchen eine träge Masse besitzen. Für die Beschreibung der Elementarteilchen und der zwischen ihnen wirkenden Kräfte stellt sich jedoch heraus, dass die Berücksichtigung ihrer Masse in den Bewegungsgleichungen ein massives Problem mit sich bringt: Die Eigenschaft Masse stört das Symmetrieprinzip, das sogenannte Eichprinzip, aus dem sich eben diese Bewegungsgleichungen herleiten lassen. Dieses Symmetrieprinzip funktioniert so wunderbar, dass sämtliche Messungen der Kräfte zwischen Elementarteilchen mit ihm erklärbar sind. Es fällt also schwer, dieses so gut funktionierende Konzept völlig aufzugeben. Und selbst wenn man hierzu bereit wäre, führt die Berücksichtigung der Masse in den Bewegungsgleichungen der Teilchen bei hohen Energien zu sinnlosen Ergebnissen: Die Wahrscheinlichkeit, dass zwei massive Teilchen miteinander wechselwirken, steigt dann über alle Grenzen, wird also irgendwann größer als eins, ein unmögliches Resultat.

Ausweg Higgs-Mechanismus

Auf den ersten Blick erscheint der Rettungsplan für das Eichprinzip bizarr: Es wird die Hypothese aufgestellt, dass die Elementarteilchen die Eigenschaft „Masse" gar nicht besitzen. In „Vogel Strauss"-Manier ignorieren wir ihre Masse: Das Eichprinzip ist gerettet und alle Kräfte zwischen den Teilchen werden korrekt und widerspruchsfrei beschrieben, auch bei hohen Energien.

Nun müssen wir „nur noch" erklären, warum unsere Messungen ergeben, dass sich die meisten Teilchen so verhalten, als hätten sie Masse, obwohl wir sie doch als masselos angenommen haben.

An dieser Stelle lohnt es sich, eine alternative Definition der Eigenschaft „Masse" anzuschauen: Da sich nur masselose Teilchen im Vakuum mit Lichtgeschwindigkeit bewegen, könnte man ein Teilchen mit Masse als ein Teilchen definieren, das sich im Vakuum langsamer als mit Lichtgeschwindigkeit bewegt. Der Trick liegt an der Einschränkung „im Vakuum": Die zentrale Hypothese des Higgs-Mechanismus ist die, dass das, was wir als „leeren Raum", also als Vakuum erfahren, gar nicht leer ist. Der gesamte „leere Raum", so wird postuliert, ist angefüllt mit einem Feld, dem Higgs-Feld. Alle Teilchen, die dieses Feld spüren, verändern ihre freie Bewegung, sodass sich die Teilchen eben nicht mehr mit Lichtgeschwindigkeit, sondern langsamer bewegen. Teilchen, die das Higgs-Feld spüren, verhalten sich also so, als hätten sie die Eigenschaft „Masse" obwohl sie eigentlich (d. h. in einem wirklich leeren Raum) masselos sind.

„Masse" ist in diesem Modell also nicht mehr eine Eigenschaft eines Teilchens, sondern das Resultat seiner Wechselwirkung mit dem Higgs-Feld. Je stärker die Wechselwirkung eines Teilchens mit dem Higgs-Feld ist, desto größer ist seine scheinbare Masse. Das lässt sich vergleichen mit einem Stein, der aufgrund des Auftriebs unter Wasser leichter erscheint als in Luft. Das Higgs-Feld sorgt jedoch nicht für eine scheinbare Abnahme der Gewichtskraft, sondern für eine scheinbare Zunahme der trägen Masse. Postuliert man nun, dass die verschiedenen Teilchen unterschiedliche Wechselwirkungsstärken mit dem Higgs-Feld haben, so lassen sich die verschiedenen (scheinbaren) Massen der Teilchen „erklären".

Der Preis: das Higgs-Teilchen

Es ist nicht schwer, im theoretischen Modell ein Feld einzuführen, das den leeren Raum so verändert, dass die Teilchen eine scheinbare Masse erhalten. Allerdings ergeben sich aus den naivsten Ansätzen schnell neue Widersprüche. Die Kunst bestand darin, das Higgs-Feld so in die Theorie einzufügen, dass es **selbst** dem grundlegenden Eichprinzip genügt. Denn dieses Prinzip will man ja gerade retten.

Peter Higgs

Die Eigenschaften eines solchen Feldes zu konstruieren, war die Leistung von **Peter Higgs** und anderen: Das Higgs-Feld hat einen sogenannten Vakuumerwartungswert. Es wechselwirkt im leeren Raum mit den Teilchen, aber gehorcht dabei dennoch dem Eichprinzip.

Der Preis für dieses Higgs-Feld: Es ist zwingend verbunden mit der Existenz eines neuen Elementarteilchens, des **Higgs-Bosons.**

Die Entdeckung des Higgs-Bosons würde das Phänomen „Masse" erklären und als Wechselwirkung mit dem (gefüllten) Vakuum enttarnen. Bislang hat niemand ein solches Higgs-Boson beobachtet. Das widerlegt jedoch die Hypothese des Higgs-Mechanismus noch nicht. Denn auch das Higgs-Boson hat eine Masse, die es aus der Wechselwirkung mit seinem eigenen Vakuumfeld erhält. Daher könnte das Higgs-Boson einfach zu massiv sein, um in bisherigen Teilchenphysikexperimenten nachgewiesen werden zu können.

Erste Anzeichen?

Leider kann die Masse des Higgs-Bosons nicht genau vorhergesagt werden. Aus den Experimenten am Beschleuniger LEP, einem der Vorgänger des LHC, wissen wir jedoch, dass seine Masse größer als 114 GeV/c^2 sein muss, so etwa die Masse eines Silberatoms. Ansonsten hätte es sich dort zu zeigen geben müssen.

Doch möglicherweise hat das Higgs-Boson schon bei LEP seine ersten Spuren hinterlassen. Denn die Messungen von Teilchenreaktionen, die an den LEP-Experimenten beobachtet wurden, waren so präzise, dass bei ihnen Beiträge eines etwaigen Higgs-Bosons berücksichtigt werden müssen. Die Messungen sind kompatibel mit einem Higgs-Boson, das leichter als etwa 200 GeV/c^2 ist. Sie stellen einen überzeugenden ersten Hinweis auf das Higgs-Boson dar. Denn Modelle, die ohne den Higgs-Mechanismus auszukommen versuchen, haben größte Schwierigkeiten, diese Präzisionsmessungen zu erklären, wenngleich die Messungen natürlich noch keinen Beweis für den Higgs-Mechanismus darstellen.

LHC: Jahre der Entscheidung

Allerdings wissen wir auch, dass das Higgs-Boson nicht schwerer als etwa 700 bis 1.000 GeV/c^2 sein kann, da es sonst die schon angesprochenen Probleme mit der Wahrscheinlichkeitserhaltung nicht lösen und somit seinen Sinn verlieren würde.

Am Large Hadron Collider LHC in CERN/Schweiz haben wir damit die Möglichkeit, das Higgs-Boson zu entdecken. Im Gegensatz zu allen anderen vorherigen Beschleunigern kann der LHC den gesamten theoretisch möglichen Massenbereich nach dem Higgs-Teilchen durchsuchen. Damit wird der Higgs-Mechanismus zur Erklärung des Phänomens „Masse" in den nächsten Jahren entweder bestätigt oder ein für alle Mal widerlegt.

Woran erkennt man ein Higgs-Boson?

Am LHC werden Protonen bei einer Energie von jeweils 7.000 GeV (7 TeV) zur Kollision gebracht. Da Protonen jedoch zusammengesetzte Objekte sind, stehen die Protonen nicht als Ganzes für die Erzeugung neuer Teilchen zur Verfügung. Vielmehr sind es die Bestandteile des Protons, die Quarks und Gluonen, die die eigentlichen Stoßpartner darstellen. In der weit überwiegenden Mehrheit aller Fälle werden bei diesen Kollisionen von Quarks und Gluonen bereits bekannte Prozesse stattfinden.

Sollte das Higgs-Boson existieren, so kommt es sehr selten vor, dass zwei Gluonen kurzzeitig zu einem Higgs-Boson verschmelzen. Dieser Prozess passiert in etwa 10 Milliarden Proton-Proton-Kollisionen nur einmal. Dabei ist das Problem nicht, dass zu wenige Higgs-Bosonen produziert würden. Die erwartete Erzeugungsrate beträgt immerhin ein bis zehn Higgs-Bosonen pro Sekunde. Vielmehr liegt die Schwierigkeit darin, ein Higgs-Ereignis aus den 10 Milliarden Nicht-Higgs-Ereignissen herauszufischen.

Woran erkennt man also ein Higgs-Boson? Higgs-Bosonen zerfallen praktisch sofort (nach etwa 10^{-22} Sekunden) wieder in bekannte Teilchen, im von den LEP-Experimenten bevorzugten Bereich für die Higgs-Masse, zu etwa 80 % in die schweren B-Quarks. Zwar lassen sich B-Quarks am LHC gut identifizieren, aber sie sind auch in anderen Prozessen so omnipräsent, dass B-Quarks aus Higgs-Zerfällen nicht zu isolieren sind.

Die Suche konzentriert sich daher auf gut identifizierbare Higgs-Zerfälle, die aber leider wesentlich seltener sind. Für leichte Higgs-Bosonen ist der Zerfall in ein Paar von hochenergetischen Photonen vielversprechend. Photonen lassen sich recht gut identifizieren und vor allem lassen sich sowohl ihre Energie als auch ihre Richtung genau messen. Aus diesen Informationen lässt sich die Masse des hypothetischen Mutterteilchens berechnen. Findet man also einen Überschuss solcher Photonenpaare, die alle auf die gleiche Masse eines Mutterteilchens hinweisen, so ist dies ein guter Hinweis auf die Produktion eines neuen Teilchens. In ähnlicher Weise wurde am CERN-Beschleuniger SppS im Jahr 1984 das Z-Boson im Zerfall in ein Elektron-Positron-Paar entdeckt. Leider passiert einer solcher Zerfall in ein Photonenpaar jedoch nur in etwa einem von 1.000 Higgs-Zerfällen, sodass man entsprechend lange Daten sammeln muss. Weitere Suchen nutzen den Zerfall des Higgs-Bosons in ein Paar von Tau-Leptonen aus. Sollte das Higgs-Boson schwerer als etwa 140 GeV/c^2 sein, so bietet der Zerfall in ein Paar von Z-Bosonen, die wiederum jeweils ein Elektron- oder Myon-Paar zerfallen, können eine sichere Signatur für die Higgs-Entdeckung.

Higgs-Zerfall

Schnell wird es mit der Entdeckung des Higgs-Bosons nicht gehen. Man rechnet mit einer Zeit von mindestens zwei bis drei Jahren der Datennahme, bis die nötige Kalibration der Detektoren abgeschlossen ist und genügend Daten gesammelt sind. Erst dann kann das Higgs-Boson entdeckt oder ausgeschlossen werden.

Alternativen?

Sollte sich das Higgs-Boson, so wie es vom Standardmodell in seiner einfachsten Form vorhergesagt wird, nicht finden, gibt es zunächst die Möglichkeit, dass sich die „Masse spendende" Eigenschaft auf mehrere neue Higgs-Bosonen verteilt. Es könnte also gleich eine ganze Familie von Higgs-Bosonen entdeckt werden. Viele solcher Szenarien wurden für den LHC untersucht, mit dem Ergebnis, dass meistens wenigstens eines dieser neuen Teilchen entdeckt werden kann. Eine hundertprozentige Entdeckungsgarantie gibt es in solchen Modellen allerdings nicht. Spekulativ wurde beispielsweise ein ganzes Kontinuum neuer Higgsartiger Zustände postuliert, ein Szenario, das sich wohl erst an einem neuen Elektron-Positron-Linearcollider ausschließen (oder bestätigen) ließe.

Wenn sich nun überhaupt keine Hinweise auf Higgs-Bosonen am LHC ergeben sollten, bleibt das oben angesprochene Problem mit der Wahrscheinlichkeitserhaltung. Nach mehreren Jahren der Datennahme kann am LHC auch untersucht werden, wie die Natur dieses Problem regelt.

Selbst wenn wir keine sehr überzeugenden Lösungsansätze für eine Higgslose (Higgsless) Natur haben, eines ist klar: Die Streuung von elementaren Teilchen bei den höchsten am LHC zugänglichen Energien (> 1 TeV) wird uns hierzu wichtige Einblicke geben. In diesem Sinne ist die „Entdeckung" der Abwesenheit des Higgs-Mechanismus sicher nicht nur eine gewisse Enttäuschung, sondern auch die spannende Möglichkeit, grundlegend Neues über die Mikrophysik zu lernen. Auch wenn die Theorie dann sicherlich großen Nachholbedarf hätte.

Sollte unser Universum aber in mehr als drei Raumdimensionen existieren, so ließen sich an Teilchenbeschleunigern wie dem LHC womöglich winzig kleine schwarze Löcher erzeugen. Die Entdeckung dieser exotischen Gebilde wäre eine wissenschaftliche Sensation.

Unser Alltagsempfinden ist diesbezüglich kategorisch: Die Welt, in der wir leben, besitzt drei Raumdimensionen – oben/unten, links/rechts, vorne/hinten. Zu diesen kommt die Zeit als vierte Dimension hinzu. Diese scheinbar unerschütterlichen Grundfeste unseres Weltbilds wird in jüngster Zeit jedoch zunehmend infrage gestellt: Einige Theorien jenseits des Standard-Modells der Teilchenphysik (z. B. die Stringtheorie) postulieren, dass unser Universum tatsächlich neben den uns bekannten auch zusätzliche Raumdimensionen besitzt, die uns nur bisher verborgen geblieben sind. Doch wie ließe sich die Existenz solcher Extra-Dimensionen experimentell nachweisen?

Extra-Dimensionen: Eine Chance für kleine schwarze Löcher

Eine exotisch anmutende Möglichkeit, den Schleier über den Extra-Dimensionen zu lüften, ergibt sich womöglich beim Forschungszentrum CERN in Genf am Protonen-beschleuniger **Large Hadron Collider LHC.**
Sollte es gelingen, in den hochenergetischen Teilchenkollisionen am LHC winzig kleine schwarze Löcher zu erzeugen, so würde das auf Möglichkeiten hinweisen, die bislang wie Science-Fiction anmuten: Unser Universum könnte sich in weit mehr Dimensionen erstrecken, als unser eingeschränktes Alltagsempfinden uns offenbart.
Der gängigen Theorie zufolge ist die Mindestenergie, die zur Erzeugung eines mikroskopisch kleinen schwarzen Lochs notwendig ist, die sogenannte **Planckenergie**, 15 Größenordnungen, also Zehnerpotenzen, höher als die Energien, welche die modernsten Teilchenbeschleuniger erreichen können. Schwarze Löcher im Labor zu erzeugen, wäre damit unmöglich.

In Theorien mit zusätzlichen, ausreichend großen Raumdimensionen sinkt diese **Planckenergie** jedoch auf weit kleinere Werte, die in Reichweite moderner Beschleuniger liegen. Mit der Existenz von Extra-Dimensionen ließen sich an Teilchenbeschleunigern wie dem LHC also möglicherweise kleine schwarze Löcher erzeugen.

Entstehung und Ende eines schwarzen Lochs

Im LHC prallen Protonen bei höchsten Energien aufeinander. Ein schwarzes Loch im Miniaturformat könnte dabei entstehen, wenn zwei hochenergetische „Bausteine" des Protons, Gluonen oder Quarks, einander so nahe kommen, dass die Gravitationskraft zwischen ihnen stark genug ist, um sie aneinander zu binden. Die Masse eines solchen schwarzen Lochs entspräche dann der Gesamtenergie der beiden Protonbausteine.
Was passiert nun mit den am LHC erzeugten mikroskopischen schwarzen Löchern? Saugen sie, ähnlich wie ihre riesigen Kollegen in den Tiefen des Weltalls, die umliegende Materie an, bis nichts mehr vorhanden ist? Werden sie, nachdem sie genügend Materie angesammelt haben, zu erdverschlingenden Monstern? Nein. Bereits 1974 hat **Stephen Hawking** vorhergesagt, dass schwarze Löcher aufgrund von Quantenfluktuationen auch Teilchen abstrahlen können. Dies geschieht, wenn am Rand eines schwarzen Lochs ein virtuelles Quantenpaar entsteht. Fällt ein virtuelles Teilchen eines solchen Paares in das schwarze Loch, so kann das andere dem Gravitationsfeld als reales Teilchen entkommen und so einen Teil der Masse des schwarzen Lochs wegtragen.
Hawking zufolge steigt diese Teilchenabstrahlung, die sogenannte **Hawkingstrahlung**, mit kleiner werdender Masse des schwarzen Lochs an. Kleine schwarze Löcher strahlen

also besonders intensiv und zerfallen deshalb in kürzester Zeit in eine Vielzahl von Teilchen. So beträgt die Lebensdauer eines schwarzen Lochs mit einer im Energiebereich des LHC-Beschleunigers liegenden Masse von etwa 10.000 GeV/c^2, also der Masse von rund 10.000 Protonen, weniger als 10^{-26} Sekunden. Dies ist so kurz, dass dem schwarzen Loch keine Zeit bleibt, um nennenswert Materie aus der Umgebung aufzusammeln.

Wie können wir ein schwarzes Loch nachweisen?

Der Nachweis von mikroskopisch kleinen schwarzen Löchern am LHC wäre aufgrund ihrer klaren Signatur, d. h. des charakteristischen Musters, das die Spuren der Zerfallsteilchen in den Nachweisgeräten bilden, tatsächlich relativ einfach. So zerfiele ein schwarzes Loch der Masse 10.000 GeV/c^2 in etwa 50 Teilchen mit einer Energie von jeweils etwa 150 bis 200 GeV. Dabei würden alle uns bekannten Elementarbausteine gleichermaßen gebildet, d. h., es würde eine Vielzahl von Quarks, sichtbar als „Teilchenjets" und Leptonen erzeugt, die mithilfe der verschiedenen Einzelkomponenten der LHC-Detektoren nachgewiesen werden könnten.

Sind kleine schwarze Löcher gefährlich?

Schwarze Löcher, von Menschenhand gemacht – das mag manchem beunruhigend erscheinen. Können wir wirklich sicher sein, dass die schwarzen Löcher keine Gefahr für die Erde darstellen?

Um die diesbezüglichen Risiken hochenergetischer Teilchenkollisionen abzuschätzen, wurden in den vergangenen zehn Jahren mehrere Studien durchgeführt, die letzte im Jahr 2003 mit Blick auf die Fertigstellung des LHC. Alle diese Studien ergaben, dass an Teilchenbeschleunigern erzeugte kleine schwarze Löcher – falls sie existieren – keine Bedrohung für die Menschheit darstellen. Die beiden überzeugendsten Argumente sind die Existenz der Hawkingstrahlung sowie das natürliche Vorkommen hochenergetischer Proton-Proton-Kollisionen in der kosmischen Strahlung:

Die Hawkingstrahlung ergibt sich theoretisch aus sehr grundlegenden physikalischen Annahmen, zu denen unter anderem die Existenz eines Ereignishorizonts gehört, durch den ein schwarzes Loch definiert ist. Der Ereignishorizont bezeichnet jene Grenze, innerhalb derer das Licht dem Gravitationsfeld eines schwarzen Lochs nicht mehr entweichen kann. Ohne Hawkingstrahlung würde es also keine schwarzen Löcher in der allgemein anerkannten klassischen Form geben. Existiert die Hawkingstrahlung aber, so müssen an Beschleunigern erzeugte mikroskopisch kleine schwarze Löcher, wie oben dargelegt, eben auch direkt wieder zerfallen.

Hochenergetische Teilchenkollisionen, wie sie am LHC erzeugt werden, kommen in der Natur seit Jahrmillionen vor, wenn z. B. energiereiche Protonen aus der kosmischen Strahlung auf die Erdatmosphäre treffen. Die täglich auf uns herabregnenden Teilchenschauer sollten, wenn diese tatsächlich existieren, dann auch kleine schwarze Löcher enthalten, die uns bis heute offensichtlich nicht geschadet haben.

Ebenso können zwei Protonen der kosmischen Strahlung im Weltraum aufeinanderstoßen. Für ausreichend hohe Energien der Protonen würden dabei dann wie am LHC kleine schwarze Löcher entstehen. Sollten die so erzeugten schwarzen Löcher gefährlich sein und Sterne verschlingen, würde man solche Ereignisse in Form einer riesigen Explosion ähnlich einer Supernova beobachten. Da man aber nur sehr wenige Supernovas beobachtet, kann man mithilfe unseres Wissens über die Zusammensetzung der kosmischen Strahlung abschätzen, dass man am LHC mehr als 10 Milliarden Jahre lang, eine Zeit, die etwa dem Alter unseres Universums entspricht, problemlos Proton-Proton-Reaktionen untersuchen kann, ohne dass ein einziges weltverschlingendes Ereignis auftritt.

Mittlerweile ist der LHC betriebsbereit und die Jagd nach dem Gottesteilchen beginnt

Der LHC-Beschleuniger in Genf wurde angeworfen. Ein Ziel des Milliarden-Projekts: der Nachweis des **Higgs-Bosons**, auch **Gottesteilchen** genannt. Sein Erfinder **Peter Higgs** könnte dafür den Nobelpreis bekommen – obwohl er nur ein mittelmäßiger Physiker war.

Anderthalb Seiten lang war der Fachartikel, den **Peter Higgs** 1964 beim Fachblatt „Physical Review Letters" einreichte. Ganze vier Gleichungen fanden sich in dem Text, in dem **Higgs** einen mathematischen Kniff beschrieb, der Teilchen Masse verlieh. Ein bis dahin in der Theorie ungelöstes Problem. Der schottische Physiker, in Wissenschaftlerkreisen ein unbeschriebenes Blatt, hatte die damals schon als etwas verstaubt geltende Quantenfeldtheorie für Elementarteilchen weiterentwickelt.

Die Gutachter des renommierten Fachblatts hielten zunächst wenig von der Idee. Im ersten Anlauf wurde der Artikel glatt abgelehnt. „Die fanden, das habe nichts mit Physik zu tun". Erst in einer zweiten Fassung stimmte die Zeitschrift dem Abdruck schließlich zu. Kurze Zeit später war **Higgs** Theorie in aller Munde.

Hätte der Physiker von der University of Edinburgh 1964 nicht diese eine Idee gehabt, kaum ein Wissenschaftler würde heute seinen Namen kennen. Er wäre womöglich nicht einmal Professor geworden, denn viel mehr als diese eine Publikation hat er nicht zustande gebracht, auch nach dem Durchbruch seiner Theorie nicht. **Higgs** war ein mittelmäßiger Physiker, und das bestreitet er nicht mal. „Wahrscheinlich hatte ich einfach Glück", erklärt er.

Die teuerste Theorie aller Zeiten

Die anderthalb Seiten von 1964 haben ihn jedoch nicht nur berühmt gemacht, sie hatten auch gewaltige Investitionen zur Folge. Mit immer größeren Teilchenbeschleunigern haben Wissenschaftler seitdem versucht, das von dem schottischen Physiker postulierte Higgs-Boson nachzuweisen. Bislang vergeblich. Das wohl teuerste Experiment der Erde startet nun am Kernforschungszentrum in Genf. Der Beschleuniger LHC (Large Hadron Collider) wird angeworfen, und im Teilexperiment „Atlas" geht es genau um diese ominösen Higgs-Partikel, die Teilchen Masse verleihen.

Tausende Techniker und Forscher arbeiten seit Jahren am Projekt LHC, mehr als zwei Milliarden Euro hat der Bau des 27 Kilometer langen Ringtunnels gekostet, durch den Protonen mit 99,9999991 Prozent der Lichtgeschwindigkeit rasen sollen. Pro Sekunde drehen sie mehr als 11.000 Runden. Erwartet werden fundamentale Erkenntnisse zum Urknall, zur Dunklen Energie und zur von **Higgs** theoretisch beantworteten Frage, woher Materie eigentlich ihre Masse hat.

Weil die von **Higgs** entwickelte Theorie für Laien kaum zu verstehen ist, startete der britische Wissenschaftsminister **William Waldegrave** 1993 einen Aufruf an Physiker, die Idee auf einer A4-Seite zu erläutern. **Waldegrave** wollte, dass jeder versteht, wofür die britischen Steuergelder ausgegeben werden, die in den Bau des LHC gesteckt werden.

Margaret Thatcher läuft durchs Higgs-Feld

Am populärsten wurde das Cocktailparty-Gleichnis des Londoner Physikers **David Miller**. Die Teilnehmer einer politischen Feier sind gleichmäßig im Raum verteilt. Plötzlich kommt Margaret Thatcher herein. Sie läuft durch die Menge, sofort bildet sich eine Traube um sie. Dadurch erhält sie eine größere Masse. Wenn sie weiter läuft, treten Partyteilnehmer, denen sie sich nähert, auf sie zu. Andere, von denen sie sich entfernt, wenden sich von ihr ab und wieder ihren ursprünglichen Gesprächspartnern zu. „In drei Dimensionen und mit allen Komplikationen der Relativität ist das der Higgs-Mechanismus", schreibt **Miller**. Um Teilchen Masse zu verleihen, werde ein Hintergrundfeld erfunden, das lokal verbogen werde, sobald ein Teilchen sich durch das Feld bewege.

Das Higgs-Boson vergleicht der Physiker mit einem Gerücht, das die Runde durch den Partyraum macht. Der Raum selbst ist das Higgs-Feld. Das Gerücht beginnt in einer Ecke, Leute stecken die Köpfe zusammen, um es zu hören. Dann wandert es in Richtung der anderen Ecke – als Zusammenballung von Menschen. Solche das Gerücht weitertragenden Zusammenballungen waren es letztlich auch, die Ex-Premierministerin **Thatcher** Masse verliehen haben. **Thatcher** war ein Teilchen, das Masse bekam. Das Gerücht, Symbol des Higgs-Bosons, bildet ebenfalls Cluster und muss demnach eine Masse haben.

„Das Higgs-Boson ist als eine solche Zusammenballung des Higgs-Feldes vorhergesagt", erklärt **Miller**. Physiker würden viel eher an die Existenz des Higgs-Feldes und an den Mechanismus der Masseverleihung glauben, wenn es gelänge, das Higgs-Boson nachzuweisen.

„Wir müssen irgendetwas finden"

Wissenschaftler sind sich sicher, dass sie mit den gewaltigen Kollisionen am LHC in Sachen Higgs-Feld weiterkommen. „Wir müssen irgendetwas finden", sagt **Wolfgang Mader** von der TU Dresden, der eine Detektorkomponente am „Atlas"-Experiment betreut und schon seit Monaten am LHC in Genf arbeitet. Das Standardmodell der Teilchenphysik sei bei Energien, die man bisher bei Experimenten erreicht habe, gültig.

„Mit dem LHC werden wir Energien erreichen, bei denen das Standardmodell Inkonsistenzen hat, wir werden auf jeden Fall neue Erkenntnisse gewinnen, ob es nun das Higgs-Boson ist oder nicht." Denkbar seien auch fünf Varianten des Higgs-Bosons, wie sie die Theorie der Supersymmetrie postuliere. Es könne auch sein, dass die Existenz von Higgs-Bosonen widerlegt werde, ergänzt **Otmar Biebel** von der Ludwig-Maximilian-Universität München, dessen Team ebenfalls am „Atlas"-Experiment mitarbeitet.

Wenn der Nachweis des sogenannten **Gottesteilchens** gelingt, dann wäre **Peter Higgs**, inzwischen viele Jahre alt und emeritierter Professor, ein heißer Kandidat für den Nobelpreis. Der bescheidene und schüchterne Mann stünde vor dem größten Auftritt seines Lebens.

Wer soll den Nobelpreis kriegen?

Dass ein Außenseiter wie **Higgs** die höchste Forscherehrung bekommen könnte, würde die beiden deutschen Physiker kaum verwundern. „Es ist nicht ungewöhnlich, wenn jemand in seiner Forscherlaufbahn nur eine richtig gute Idee hat", sagt **Biebel**. Man brauche Leute, die quer denken. „Womöglich sind Tausend solche Querdenker vonnöten, damit eine gute Idee dabei ist."

„Ich hätte kein Problem damit, wenn er den Nobelpreis bekommt", meint **Mader**. Für ihn stellt sich im Falle der Entdeckung des Higgs-Bosons eine ganz andere Frage: „Welcher Experimentator würde dafür den Nobelpreis kriegen? Der Sprecher des Experiments? Der wechselt öfter." Am „Atlas"-Experiment seien Hunderte Forscher beteiligt. „Ich würde es als ungerecht empfinden, zwei, drei Leute aus dieser Gruppe herauszuheben", sagt **Mader**. „Ich denke, in einem solchen Fall ist es gerechtfertigt, den ursprünglichen Autor der Idee, **Peter Higgs**, auszuzeichnen."

Wobei an dieser Stelle betont werden muss, dass außer **Higgs** auch andere Physiker an der Entwicklung der Higgs-Theorie mitgewirkt haben, etwa **Robert Brout** und **Francois Englert**. Welche Erkenntnisse auch immer am LHC in den nächsten Jahren gewonnen werden, der königlich Schwedischen Akademie der Wissenschaften werden sie einiges Kopfzerbrechen bereiten.

Nur einige Jahre nach Inbetriebnahme des LHC zeigen sich Physiker am Large Hadron Collider siegessicher. Der Fund des ominösen Higgs-Boson steht offenbar kurz bevor. Davon geht jedenfalls der Direktor des Kernforschungszentrums CERN aus. US-Forscher am Fermilab geben sich bei der Jagd nach dem Gottesteilchen aber noch nicht geschlagen.

Die Suche nach dem Gottesteilchen neigt sich offenbar ihrem Ende zu: Wie Sprinter im Zieleinlauf um hundertstel Sekunden kämpfen, streiten sich Teilchenphysiker dieser Tage darum, wer wohl das ominöse Higgs-Boson als Erster der Weltöffentlichkeit präsentieren darf. Das Higgs-Boson, gerne auch Gottesteilchen genannt, ist jenes Teilchen, das ein uraltes Problem in der Physik lösen soll:

Was verleiht Materie eigentlich Masse?

Der Generaldirektor des Kernforschungszentrums CERN in Genf verkündete: **Sein oder nicht sein?** Bald werde man eine Antwort auf die Shakespearefrage im Bezug auf das Higgs-Boson haben – und wissen, ob es das berühmte Teilchen nun gibt oder nicht. Sollte es tatsächlich existieren, so wie es die theoretische Physik vorhersagt, dann werde der Large Hadron Collider (LHC) am CERN das wundersame Partikel spätestens Ende 2012 detektiert haben.

Die Aufregung unter den Teilchenphysikern ist groß. In Grenoble traf sich nun die Elite, um die jüngsten Ergebnisse der Forscher am LHC zu diskutieren und zu interpretieren. Und diese klingen vielversprechend. Denn gleich zwei Experimente der Physiker liefern Hinweise auf die Existenz des Higgs Bosons: Die LHC-Detektoren „Atlas" und „CMS" registrierten eine ungewöhnliche Häufigkeit von leichteren Teilen im Massebereich von 130 bis 145 Giga-Elektronenvolt (GeV).

Wegen der bekannten Beziehung $E=m*c^2$ sind Masse und Energie austauschbar. Und aus früheren Experimenten war bereits bekannt, dass die Masse des Gottesteilchens größer als 114 und kleiner als 185 GeV sein muss. 100 GeV entsprechen etwa der 107-fachen Masse eines Protons. Außerdem hatten Physiker bereits mit 95-prozentiger Wahrscheinlichkeit ausschließen können, dass die Masse des Higgs-Bosons im Bereich zwischen 158 und 175 GeV liegt.

Aus dem Fenster gelehnt.

„Wir wissen, mit welcher Wahrscheinlichkeit dieses Teilchen produziert würde und mit welcher Effizienz die Detektoren es sehen würden", sagt CERN-Direktor **Rolf-Dieter Heuer.** Deshalb wage er es nun, sich aus dem Fenster zu lehnen und definitive Erkenntnisse zum Higgs-Boson bis zum Ende kommenden Jahres zu versprechen.

In 100 Meter Tiefe im Grenzgebiet zwischen der Schweiz und Frankreich beschleunigen die Teilchenphysiker des europäischen Kernforschungszentrums Protonen und Bleiatomkerne beinahe auf Lichtgeschwindigkeit. Mit großer Wucht prallen die Teilchen im 27 Kilometer langen Ringbeschleuniger, dem Large Hadron Collider (LHC), aufeinander. Seit März 2010 läuft der LHC stabil bei hoher Energie.

Auf jeden Fall sei der LHC eine Entdeckungsmaschine, sagt **Heuer.** „In einem ersten Schritt hat der LHC die bekannte Physik bestätigt. Alle Elementarteilchen, die wir kennen, konnten wir bei dieser hohen Energie erzeugen, so, wie wir es erwarteten." Zwar sei somit bisher im ersten Betriebsjahr noch nichts Neues entdeckt worden. Die Forscher hätten aber erst einen Bruchteil der Daten, weniger als ein Promille, zur Verfügung.

Aber auch auf der anderen Seite des großen Teichs hofft man auf die große Entdeckung: Wissenschaftler vermeldeten vom Fermilab, an dem der US-Teilchenbeschleuniger Tevatron steht, das der DZero-Detektor ein schwaches Signal registriert habe, bei dem es sich um das Higg-Boson handeln könnte. Im Bereich von 140 GeV geschehe etwas „Faszinierendes", erklärte der Tevatron-Sprecher.

Ein echtes Signal?

Allerdings gaben sich die Physiker vom Fermilab etwas zurückhaltender. Der Grund: Die Wahrscheinlichkeit, dass das Signal tatsächlich echt ist, liegt lediglich bei 68,3 Prozent.

Für gewöhnlich verkünden Physiker die Entdeckung eines Signals erst, wenn die Wahrscheinlichkeit bei 99,9999 Prozent liegt, dass das Signal echt ist.

Selbst **Rob Roser**, Projektleiter am Fermilab sagte über das vermeintliche Signal: „**Man** könnte es einen Hinweis nennen. Ich würde es aber nicht tun."

Dennoch glauben die US-Physiker, dass sie auf der richtigen Spur sind. Da zwei unabhängig voneinander arbeitende Gruppen Signale im gleichen Massebereich entdeckt hätten, sei die Wahrscheinlichkeit hoch, dass es sich um ein echtes Signal handle.

Aber auch am LHC ist Vorsicht noch angebracht: Die Forscher hätten erst ein Zehntel der nötigen Menge an Kollisionen geliefert, um die Higgs-Frage zu beantworten, sagt **Heuer**. „Das Higgs-Teilchen wäre eine große Entdeckung. Aber eine fast noch größere Entdeckung wäre seine Nichtentdeckung." Das gefundene Signal könnte sich trotz der insgesamt 100 Billionen Teilchenkollisionen bis Ende Juni als zufällig herausstellen. Deshalb sind Billionen weiterer Kollisionen nötig, um das Signal zu bestätigen.

Das Higgs-Boson sei das letzte fehlende Puzzleteil, so **Heuer**. „Wenn dieser Grundbaustein aber nicht existiert, dann hätten wir 40 Jahre nach Einführung dieses schönen Modells zum ersten Mal einen echten Bruch entdeckt. Was bliebe, wäre ein großes Loch, und wir müssten etwas anderes finden, um es auszufüllen."

Drittes Kapitel

Man hat nicht umsonst geforscht. Die lange Zeit rätselhaften **Neutrinos** geben allmählich ihre Geheimnisse preis. Ein internationales Team von Wissenschaftlern glaubt nun sichere Indizien dafür gefunden zu haben, dass auch der letzte von drei Parametern, die die Oszillation von Neutrinos beschreiben, größer als null ist. Für die Teilchenphysiker würde die Bestätigung dieses Befunds ganz neue Perspektiven eröffnen.

Neutrinos stecken seit ihrer Entdeckung voller Rätsel. Und bereits von der theoretischen Vorhersage ihrer Existenz bis zum experimentellen Nachweis 1956 vergingen 26 Jahre. Der Grund dafür ist einfach: Neutrinos interagieren nur über die schwache Wechselwirkung mit anderen Materieteilchen. Nähert sich ein kosmisches Neutrino der Erde, hat es beste Chancen, **ungehindert und damit unentdeckt den Planeten zu durchqueren.** Entsprechend schwierig ist ein direkter Nachweis der Neutrinos mithilfe eines Detektors.

Mit der experimentellen Entdeckung der Neutrinos begann auch die Diskussion um ihre Massen: Waren sie massenlos oder hatten sie doch eine, wenn auch nur geringe Masse? Inzwischen gilt als sicher, dass die „Geisterteilchen" massebehaftet sind, wenn auch in beinahe verschwindendem Maße: Kein Neutrino dürfte nach heutiger Kenntnis „schwerer" sein als 1 Elektronenvolt (zum Vergleich: ein Elektron „wiegt" rund 500.000 Elektronenvolt).

Die Physiker unterscheiden drei verschiedene Neutrino-Sorten, die sich im Rahmen des Standardmodells jeweils einer der drei Teilchenfamilien zuordnen lassen. Das Wissen um die Neutrino-Masse stammt von zahlreichen Experimenten, in denen sogenannte Neutrino-Oszillationen beobachtet wurden. Frei durch den Raum fliegende Neutrinos einer bestimmten Familie (etwa das Elektron-Neutrino) können sich spontan in ein Neutrino von anderer Familienzugehörigkeit (das Myon-Neutrino oder das Tau-Neutrino) verwandeln. Von einer Oszillation spricht man, weil das Neutrino seine Familienzugehörigkeit während einer ausgedehnten Reise periodisch wechseln kann. Möglich sind solche Oszillationen aber nur, wenn die Teilchen eine Masse haben.

Der experimentelle Nachweis der Neutrino-Oszillationen (und damit einer von null verschiedenen Neutrino-Massen) gehört zu den großen Durchbrüchen der modernen Teilchenphysik in den vergangenen 20 Jahren. Die Übergänge zwischen den unterschiedlichen Neutrino-Familien hängen von den drei sogenannten Mischungswinkeln theta 12, theta 23 und theta 13 ab. Sie und die Unterschiede in den Teilchenmassen bestimmen, wie häufig Übergänge zwischen den einzelnen Familien zu erwarten sind. Zwei der Mischungswinkel sind bereits bekannt, der Wert des verbleibenden Dritten, theta 13, ist derzeit Gegenstand der Forschung.

Bekannt war bisher lediglich, dass es sich um einen kleinen Wert handeln sollte, verglichen mit den beiden anderen; insbesondere konnte theta 13 gleich null nicht ausgeschlossen werden. Bereits mehrere unabhängige Projekte gingen in der Vergangenheit daran, den schwer zu bändigenden Parameter zu bestimmen, ohne Erfolg. Dem Chooz-Experiment in Frankreich gelang es, 1998 immerhin eine obere Grenze anzugeben: Die Forscher konnten damals zeigen, dass die von theta 13 verursachte Schwingung nicht größer als etwa ein Zehntel der beiden anderen Mischungsparameter sein kann.

Vor drei Jahren gelang einer Gruppe theoretischer Physiker, darunter **Antonio Palazzo**, heute am Exzellenzcluster Universe, ein weiterer wichtiger Schritt: Zusammen mit seinen damaligen Kollegen an der Universität und am INFN Bari (Italien) konnte **Palazzo** die ersten Hinweise auf einen endlichen Wert von theta 13 ausmachen. Grundlage für dieses Ergebnis war eine genaue Analyse aller bis dahin verfügbaren experimentellen Daten zur Neutrino-Oszillation. Mit den Experimenten MINOS und T2K konnten Wissenschaftler den Wert in der Zwischenzeit weiter eingrenzen. Auch hier deutet alles auf einen endlichen Wert von theta 13 hin; die Theoretiker sehen sich damit bestätigt.

Inzwischen haben die gleichen Wissenschaftler eine statistische Auswertung durchgeführt, in die sowohl ihre neuen Daten als auch frühere Ergebnisse des T2K- und des MINOS-Experiments eingeflossen sind. Danach beträgt die Wahrscheinlichkeit, dass theta 13 gleich null ist, nur noch 1:400.

Doch auch dieser Wert ist den Physikern noch zu unsicher: Ihr Ziel ist es, die Wahrscheinlichkeit, das theta 13 gleich null ist, auf mindestens 1:1 Millionen zu reduzieren. Aus diesem Grund starten die Forscher nun weitere Projekte. Eine wesentliche Rolle wird dabei das Reaktor-Experiment Double-Chooz spielen, an dem Physiker des Universe Clusters maßgeblich beteiligt sind. Mithilfe des Antineutrino-Flusses des Atomkraftwerks in der französischen Gemeinde Chooz soll der Wert von theta 13 mit bisher unerreichter Genauigkeit gemessen werden.

Das Prinzip des Double-Chooz-Experiments ist denkbar einfach: Unmittelbar nach ihrer Erzeugung im Reaktor trifft ein Teil der Antineutrinos auf einen nur 400 Meter entfernt gelegenen Detektor. Die räumliche Nähe stellt sicher, dass es zwischen Emission und erster Detektion zu keinen (oder nur äußerst wenigen) Oszillationen kommt. Der erste Detektor misst daher überwiegend Elektron-Antineutrinos, die noch keine Zeit hatten, sich in Myon- oder Tau-Antineutrinos zu verwandeln. Ein zweiter Detektor von identischer Bauweise liegt etwa 1.050 Meter vom Reaktor entfernt. Wenn der Wert des Mischungswinkels theta 13 groß genug ist, wird ein Teil der Elektron-Antineutrinos zu Myon- oder Tau-Antineutrinos. Damit wäre die am zweiten Detektor gemessene Elektron-Antineutrino-Rate deutlich geringer, als dies ohne Oszillationen zu erwarten wäre.

Beide Detektoren sind mit etwa 10 Tonnen einer Szintillationsflüssigkeit gefüllt. Tritt ein Elektron-Antineutrino in Wechselwirkung mit einem Proton innerhalb der Flüssigkeit, kommt es zum inversen Beta-Zerfall: Das Elektron-Antineutrino wird von einem Proton eingefangen, das sich unter Emission eines Positrons in ein Neutron umwandelt. Beide Teilchen erzeugen in der Flüssigkeit kurze Blitze, die einem festgelegten Zeitintervall folgen. 390 Foto-Sensoren an den Gefäßwänden registrieren die Geschehnisse. DasDouble-Chooz-Experiment läuft seit April 2011 und hält in den kommenden fünf Jahren nach entsprechenden Signalen Ausschau.

Erste Ergebnisse werden zum Ende des Jahres erwartet. Sollte sich die Hypothese, dass theta 13 wie die anderen Mischungswinkel größer null ist, bestätigen, hätten Neutrinos die größtmöglichen Freiheitsgrade, von einer Familie zur Nächsten zu wechseln. Das würde den Forschern interessante Perspektiven eröffnen und könnte beispielsweise klären helfen, wieso es im frühen Universum einen minimalen Überschuss von Materie gegenüber Antimaterie gegeben hat. Ohne diese Asymmetrie hätte sich alle Materie kurz nach dem Urknall in Strahlung verwandelt und das Weltall, wie wir es kennen, hätte gar nicht entstehen können.

Doch nicht nur in Frankreich ist man mit der Forschung über die Neutrinos beschäftigt, auch in der Schweiz wurden Hinweise darauf entdeckt, dass Neutrinos schneller als das Licht sind.

Am **Genfer Teilchenlabor CERN** wurden Hinweise darauf entdeckt, dass sich Neutrinos schneller bewegen können als das Licht:

Die subatomaren Partikel legten eine 730 Kilometer lange Strecke 60 Nanosekunden schneller zurück, als es Licht möglich gewesen wäre. Nun suchen die Wissenschaftlern nach Fehlern bei ihren Messungen, da sich eigentlich nichts schneller bewegen sollte als das Licht.

„Dieses Resultat ist eine komplette Überraschung", urteilt **Antonio Ereditato**, Professor für Hochenergiephysik an der Universität Bern und Leiter des OPERA-Projekts. Die Verblüffung des Wissenschaftlers ist verständlich, scheint das Resultat ihres Experimentes doch allem zu widersprechen, was man in den Lehrbüchern nachlesen kann. Die Teilchenphysiker haben nämlich herausgefunden, dass Neutrinos, die unterirdisch vom europäischen Kernforschungszentrum CERN in Genf losgeschickt werden und nach einer 730 Kilometer langen Reise durch die Erde schließlich das Untergrund-Labor Gran Sasso in den Bergen bei Rom erreichen, schneller unterwegs sind als das Licht. Nach **Einsteins Relativitätstheorie** sollte dies nicht möglich sein – **die Lichtgeschwindigkeit ist danach eine obere Geschwindigkeitsgrenze, die kein Teilchen überschreiten kann.**

„Die Neutrinos sind signifikante 60 Nanosekunden schneller am Ziel, als man dies mit Lichtgeschwindigkeit erwarten würde", so **Ereditato**. Da sich die Wissenschaftler über die mögliche Bedeutung dieser Entdeckung bewusst sind, haben sie sich entschieden, ihre Daten nun öffentlich vorzustellen, damit auch andere Wissenschaftler-Teams einen kritischen Blick darauf werfen können.

„Dieses Ergebnis kann große Auswirkungen auf die geltende Physik haben – so groß, dass zurzeit eine Interpretation schwierig ist. Weitere Experimente für die Bestätigung dieser Daten müssen unbedingt folgen."

Neutrinos sind winzige Elementarteilchen, die Materie praktisch widerstandslos durchdringen. Ihre Spuren sind schwierig aufzuspüren, da sie nicht geladen sind und kaum mit ihrer Umgebung interagieren. Neutrinos kommen in drei verschiedenen Typen vor: Elektron-, Myon- und Tau-Neutrinos. Sie können sich auf einer langen Flugstrecke von einem Typ in einen anderen verwandeln. In der Elementarteilchenphysik wird diese Umwandlung „Neutrino-Oszillation" genannt. Das OPERA-Projekt wurde 2006 gestartet, um die Umwandlung von verschiedenen Neutrino-Typen ineinander zu beweisen – was den Forschenden aus der Kollaboration von 13 Ländern auch gelang. Letztes Jahr wurde die Verwandlung von Myon-Neutrinos in Tau-Neutrinos nachgewiesen.

Die Daten, die im OPERA-Experiment in den letzten drei Jahren gesammelt wurden, weisen neben der Neutrino-Oszillation nun auch die Abweichung bei der erwarteten Geschwindigkeit der Kleinstteilchen nach: Eine aufwendige und hochpräzise Analyse von über 15.000 Neutrinos weist eine „winzige, aber signifikante Differenz zur Lichtgeschwindigkeit nach", so das CERN. Die 60 Nanosekunden Zeitunterschied auf der Strecke vom CERN nach Gran Sasso hat die OPERA-Kollaboration mit Fachleuten vom CERN sowie unter anderem mithilfe des nationalen Metrologieinstituts METAS in einer Hochpräzisions-Messserie überprüft: Mithilfe von GPS und Atomuhren wurde die Flugdistanz auf 10 Zentimeter genau bestimmt und die Flugzeit auf 10 Milliardstel einer Sekunde – **also auf Nanosekunden** – genau gemessen.

„Wenn man bei einem Experiment offensichtlich unglaubliche Ergebnisse erhält und keinerlei Fehler bei den Messungen finden kann, ist es üblich, die Daten einer breiteren wissenschaftlichen Öffentlichkeit zur Prüfung vorzulegen und genau dies tut die OPERA-Kollaboration jetzt – das ist gute wissenschaftliche Arbeitsweise", so **Sergio Bertolucci**, der Wissenschaftsdirektor des CERN. „Wenn sich diese Messungen bestätigen sollten, könnte es unseren Blick auf die Physik verändern. Wir müssen allerdings sicherstellen, dass es keine andere, banalere Erklärung für die Resultate gibt. Und dies kann nur durch unabhängige Messungen geschehen."

Die Relativitätstheorie ist auf dem Prüfstand.

Teilchen rasen schneller als Einstein es erlaubte, die Relativitätstheorie ist infrage gestellt.

Teilchen, die sich schneller bewegen als das Licht.

Nichts im Universum kann schneller fliegen als Licht. Seit **Albert Einstein** seine Allgemeine Relativitätstheorie (ART) veröffentlichte, gilt dies als ein unumstößliches Dogma der Physik. Jetzt wurde es erschüttert:
Die ART setzt dem Licht in Vakuum des Alls eine eherne Geschwindigkeitsgrenze. Sie liegt bei 300.000 Kilometern pro Sekunde. Schneller sollte sich nichts im All bewegen. Doch offenbar halten sich die Neutrinos nicht an dieses Naturgesetz. Jedenfalls ermittelten CERN-Physiker aus Daten des Forschungsprojekts Opera, dass die geisterhaften Partikel eine Winzigkeit schneller fliegen als die Lichtteilchen (Photonen).

Neutrinos entstanden im Urknall in großer Zahl, und sie werden bei den Fusionsreaktionen von Atomkernen im Sonneninnern emittiert. Mit normaler Materie reagieren sie jedoch kaum und können so den Erdball nahezu ungehindert durchdringen. Selbst eine Bleiplatte von einem Lichtjahr Dicke würde ein Neutrino nicht aufhalten. Die Suche nach den Geisterteilchen gleicht deshalb dem Versuch, mit einem weitmaschigen Netz Sandkörner zu fischen. Dazu bauten die Forscher in einigen Ländern riesige Detektoren. Sie stehen vorzugsweise im Untergrund, etwa in alten Bergwerksschächten, um die störende kosmische Strahlung abzuschirmen.
Eines dieser Geräte ist Opera. Es wurde im Untergrundlabor Gran Sasso installiert, das 1.400 Meter tief unter dem gleichnamigen Berg in den italienischen Abruzzen liegt. Der Neutrinofänger ragt so hoch auf wie ein Haus. An seiner Frontseite setzt sich von Zeit zu Zeit ein Roboter in Bewegung und räumt eine Reihe grauer Quader aus der Wand. Einen davon befördert er zu einer Übergabestation. Dann wissen die Physiker, dass die Messelektronik im Innern des Apparats ein Ereignis registriert hat. Die grauen Quader enthalten eine Reihe von Folien aus Blei und einer Fotoemulsion. Sie sind die Detektoren von Opera.
Mit ihrer Hilfe wollen die Forscher eine merkwürdige Eigenart der Neutrinos enträtseln. Es gibt nämlich drei Sorten von ihnen. Dem Standardmodell der Materie zufolge, das alle Elementarteilchen und die Wechselwirkungen zwischen ihnen beschreibt, sollten diese Neutrinos masselos sein wie die Photonen. Dann aber stellte sich heraus, dass sich die drei Teilchenarten bei ihrem Flug durch das All beständig ineinander umwandeln. Dazu

müssen sie jedoch eine Masse haben. „Es ist ein Phänomen der Quantenmechanik. Sie ermöglicht, dass sich im Neutrino drei Zustände überlagern", erläutert der Physiker **Manfred Lindner** vom Heidelberger Max-Planck-Institut für Kernphysik.

Mit Opera wollen die Forscher die Umwandlung sogenannter Muon-Neutrinos in einen anderen Typ, nämlich Tau-Neutrinos, beobachten. Dafür benötigen sie einen beständigen und definierten Neutrinostrom. Deshalb erzeugen sie die Teilchen in einem großen Partikelbeschleuniger des CERN und schicken sie quer durch die Erdkruste in Richtung Gran Sasso auf Reise. Für die 732 Kilometer lange Strecke benötigten die Teilchen rund 2,4 Millisekunden.

Doch bei genauer Untersuchung der Messdaten zeigte sich, dass die Neutrinos die Distanz 60 Nanosekunden schneller überbrücken als das Licht (1 Nanosekunde = eine milliardstel Sekunde). In die Messung gingen 15.000 Neutrino-Einfänge ein, die Messgenauigkeit liegt bei zehn Nanosekunden, und die Unsicherheit in der Entfernungsmessung zwischen CERN und dem Gran-Sasso-Labor beträgt gerade 20 Zentimeter. Diese Daten wurden mit hochpräzisen GPS-Empfängern und Atomuhren ermittelt. Deshalb blieb den Forschern angesichts ihrer Messergebnisse nur der Schluss, dass die Geisterteilchen das kosmische Tempolimit überschreiten.
Die von der ART aufgestellten Regeln würden damit verletzt. Das aber hätte für die Physik gravierenden Folgen. Denn die Lichtgeschwindigkeit gilt als Naturkonstante, die in ein System weiterer Konstanten eingebettet ist. Diese wiederum bestimmen weitere Eigenschaften der Materie, etwa die elektrische Ladung. Es wäre die erste Abweichung von **Einsteins** überragender Theorie, die bislang in Experimenten und durch astronomische Beobachtungen immer wieder glänzend bestätigt wurde.

Gerade deshalb aber misstrauen die CERN-Forscher ihren Resultaten. Das Ergebnis ist eine totale Überraschung. Nach vielen Monaten der Analyse und Überprüfung konnte kein instrumenteller Effekt gefunden werden, der die Messergebnisse erklären könnte.

Nun fordern die CERN-Forscher ihre Kollegen an anderen Forschungseinrichtungen auf, die Messdaten genau zu untersuchen und das Experiment unabhängig zu wiederholen. Dies ist allerdings nur an zwei weiteren Anlagen möglich, nämlich dem Teilchenbeschleuniger J-Park in Tokai, der die Teilchen auf eine knapp 300 Kilometer weite Reise zum Neutrino-Observatorium „Super-Kamiokande" in der Nähe der Stadt Kamioka schickt, und am US-amerikanischen Fermilab nahe Chicago, von dem aus die Neutrinos in Richtung Minnesota fliegen. J-Park steht seit dem Erdbeben vom März in Japan, dieses Jahres still, doch am Fermilab wird ein vergleichbares Experiment vorbereitet.

Fände sich kein Fehler und würden die Opera-Messungen bestätigt, wäre das eine Sensation. „Wenn ein Experiment ein scheinbar unglaubliches Resultat erzielt und sich kein Artefakt findet, das die Messungen erklären kann, ist die normale Prozedur, sie gründlich auf den Prüfstand zu stellen", erläutert CERN-Forschungsdirektor **Sergio Bertolucci**. „Bestätigen sich die Messungen dann, könnte das unsere Sicht auf die Physik ändern. Aber wir müssen sicher sein, dass es keine andere, profane Erklärung dafür gibt." Zwar bezweifeln viele Physiker, dass die Resultate real sind und die Neutrinos das kosmische Tempolimit doch einhalten. Bislang können sie dies aber nur mit ihrem Bauchgefühl begründen. Tatsächlich würden überlichtschnelle Neutrinos das Gebäude der modernen Physik nachhaltig erschüttern.

Für diesen Effekt gibt es indes eine theoretische Erklärung. Nicht so bei den Neutrinos. Warum sie schneller fliegen können als das Licht, stellt die Physiker vor ein Rätsel. Manche spekulieren, sie könnten eine Abkürzung durch eine andere Dimension nehmen. Opera-Sprecher **Ereditato** will sich solchen Überlegungen nicht anschließen. „Die möglichen Auswirkungen auf die Physik sind zu groß, um sofort Schlussfolgerungen zu ziehen oder physikalische Interpretationen zu liefern", konstatiert er.

„Meine erste Reaktion ist – Neutrinos verblüffen uns noch immer mit Geheimnissen."

Bereits im Jahre 1986, bei einem Italienurlaub in San Bernedotto del Tronto am adriatischen Mittelmeer, besuchte ich den italienischen **Nationalpark Grand Sasso.**

Dies ist das höchste Gebirge auf der Apenninen-Halbinsel, etwa in der Mitte Italiens gelegen und bildet den westlichsten und zugleich höchsten Teil der Abruzzen. Höchster Gipfel des Gran Sasso ist der Corno Grande mit 2.912 m. An seiner Nordseite befindet sich der südlichste Gletscher Europas, der Calderone-Gletscher. Nach Südosten geht das in der Eiszeit gebildete, markant geformte Gebirge in die 1.600 bis 2.200 m hoch gelegenen karstigen Hochebenen des Campo Imperatore über. Ich hatte einen dreitägigen Ausflug in die unberührte Natur, mit ihrer Vogelvielfalt und den verträumten alten und geschichtsträchtigen Städtchen unternommen.

Durch einen Unfall bei der Tunnelbohrung im Gran Sasso wurde einer der unterirdischen Seen angebohrt. Das Tiefenwasser lagert über 20 Jahre in verschiedenen Seen bis es mit über 7.000 Liter pro Sekunde, aus dem Fels tritt. In dieser Zeit war man am Ausbau der Autobahn nach Rom, mit dem Zugang zum **Laboratori Nazionali del Gran Sasso** (LNGS), der über den Autobahntunnel führt. Hier befinden sich die größten unterirdischen Versuchslabors für Elementarteilchenphysik. Mein Besuch galt der alten Stadt Teramo in den Abruzzen.

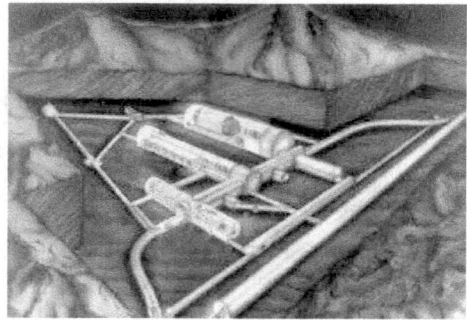

Laboratori Nazionali del Gran Sasso

In Teramo hatte ich mir sehr schöne Handarbeit aus Keramik auf dem Wochenmarkt erstanden. Der Marktplatz bot alles aus der Gegend zum Kauf an und ich fühlte mich zurückversetzt ins Mittelalter, besonders auch, da schöne, klassische Musik, zusammen mit den mittelalterlichen Gebäuden, die den Hintergrund bildeten. Die Menschen wirkten auf mich etwas verschlossener als an der Küste. Mit Begeisterung bewunderte ich die alten Häuser der mittelalterlichen Stadt. Bei einem abendlichen Glas Weißwein, einem sehr schmackhaften Montpulciano d'Abruzzo, auf dem Piazza Garibaldi, lernte ich Silvio kennen. Er hatte Arbeit gefunden bei dem Bau der Autobahn und des Tunnels. Er sprach bereits in dieser Zeit von der Versuchsanlage, die abgeschirmt von der Öffentlichkeit, tief im Gebirgsmassiv erbaut wurde. Natürlich wusste er nichts von Neutrinos, doch in seiner Gläubigkeit, sah er den Teufel in sein Gebiet einziehen. Auch ich wusste keine Antwort auf die unterirdische Großbaustelle und so erlabte ich mich an den kulinarischen Köstlichkeiten der Abruzzen und genoss den Blick Richtung Osten, wo ich das Gebirgsmassiv ausgesprochen eindrucksvoll bewundern konnte. Die Italiener aus Pescara bezeichnen den Grand Sasso als die schlafende Frau und nennen sie deshalb „la bella addormentata", die schlafende Schöne und man findet sie auf vielen Postkarten verewigt.

Heute führt unter dem Gran Sasso der Gran-Sasso-Tunnel hindurch, der mit 10.173 Metern der längste zweiröhrige Autobahntunnel Europas ist und in dem sich auch die Zufahrt zum unterirdischen Labor „Laboratori nazionali del Gran Sasso" (LNGS) für Elementarteilchenphysik befindet. Die dort betriebenen Experimente sind auf eine Abschirmung vor der **kosmischen** Strahlung angewiesen. Dies haben wir ja schon gelesen.

Anfang August 2011 lernte ich hier in Tonga, einen mit den Projekten im Grand Sasso LNGS sehr vertrauten Professor aus Italien, mit seiner Frau im Hotel meiner Tochter kennen. Er hatte nach einer Vorlesung in Amerika einen Segelurlaub auf unserer nördlichen Inselgruppe Vavau, mit Zwischenstopp in Tongatapu, eingeplant. Schon bei unserem ersten Zusammenkommen fanden wir uns sehr sympathisch und zum Abschluss seines Tonga-Urlaubs richtete ich mit meiner Frau ein tonganisches Seafoodfeast für die beiden Gäste aus Italien aus. Mit herrlichem Ausblick auf die vorgelagerten Felsen der Keletti Beach, mit ihren nie schweigenden Wellen, in schöner, privater Atmosphäre fand unser Abend seinen Anfang. Große Lobster, rote und weiße Schnapper, Tintenfisch, Rohfisch-Salat und eine, den Tisch überflutende Last von tonganischen Beilagen und Nachtischspeisen, erlaubten uns einen unvergesslichen Dinnerabend zu verbringen. Eisgekühlter, neuseeländischer Weißwein, ein 2009 Sauvignon Blanc, Marlborough Lodovico Antinori, rann durch unsere Kehlen, als Hintergrundmusik die kraftvollen Töne italienischer Tenöre.

Hier hörte ich einiges über die Versuche mit den Neutrinos, aber auch, dass man erst am Anfang der Erforschung stand. Es wird noch einige Zeit vergehen, bis das Geheimnis der „Gottesteilchen" entschlüsselt wird. Doch mit einem Beteiligten der Versuche zu sprechen, Erfahrungen zu sammeln und dabei noch in so gelöster Atmosphäre, es war ein Höhepunkt meines tonganischen Lebens.

Wenden wir uns nun von diesem **„Teilchenzoo"** ab und beschäftigen uns mit der **Kernspaltung.**

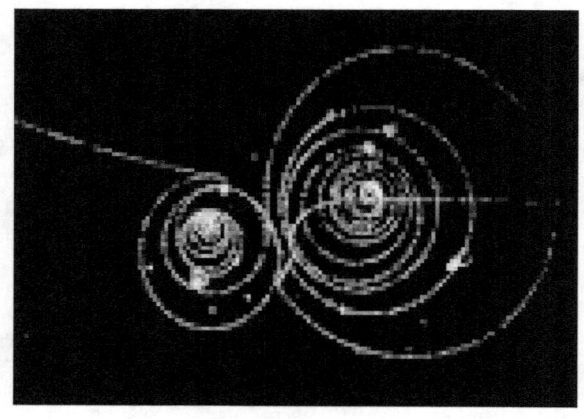

CERN Projekt-Schweiz

Viertes Kapitel

Zwei deutsche Chemiker, **Otto Hahn** und sein Schüler **Fritz Strassmann**, setzten im Jahre 1938 Versuche fort, die schon der Italiener **Enrico Fermi** und das Ehepaar **Joliot** mit Uran Atomen gemacht hatten: Sie beschossen Uran-Atome mit Neutronen und erwarteten sich dabei die Bildung von Uran-Isotopen.

Fermi, der ja diesen Versuch auch schon gemacht hatte, behauptete fälschlicherweise, dass bei diesem Experiment Transuranen entstehen, die eine höhere Ordnungszahl als das Uran haben und somit nicht natürlich vorkommen. Der neunundfünfzigjährige **Hahn** und sein Schüler **Strassmann** wiesen aber nach der Neutronenbestrahlung von Uran das Metall Barium, das die Kernladungszahl 56 besitzt, nach.

Es war eine österreichische Physikerin und langjährige Mitarbeiterin **Hahns**, die gemeinsam mit ihrem Neffen, **Otto Frisch**, die unerwarteten Versuchsergebnisse richtig deutete. Leider konnte die Jüdin **Lise Meitner** an den Untersuchungen **Hahns** nicht teilnehmen, da sie trotz aller Bemühungen **Hahns** und anderer bekannter Wissenschaftler aus Österreich, das ja im Jahre 1938 zu existieren aufgehört hatte, fliehen musste.

Monate zuvor, nach dem „Anschluss" Österreichs, mit dem die Rassengesetze des Dritten Reichs auf sie anwendbar wurden, mit **Hahns** Hilfe nach Schweden emigriert. Als **Hahn** ihr sein Ergebnis mitteilte, erkannte sie, gemeinsam mit ihrem Neffen, **Otto Frisch**, die physikalische Bedeutung: **Hahn** und **Strassmann** hatten die **Kernspaltung** entdeckt, bei der eine, für die winzige Uranmenge, große Energiemenge freigesetzt wurde.

Lise Meitner und Otto Hahn

Die **Entdeckung der Kernspaltung** im Dezember 1938 am Kaiser-Wilhelm-Institut für Chemie in Berlin ist eines der bedeutendsten und folgenreichsten Ereignisse in der Geschichte der Naturwissenschaften. Bei der Bestrahlung von Uran mit Neutronen entstanden Spaltprodukte des Urans, u. a. das zuerst nachgewiesene Barium. Dieses entscheidende Ergebnis eines kernphysikalischen und radiochemischen Experiments von **Otto Hahn** wurde durch exzellent durchdachte chemische Analysen, ausgeführt von seinem Assistenten **Fritz Strassmann**, gefunden und bewiesen. In interdisziplinärer Zusammenarbeit wurde dieses unerwartete Ergebnis im Januar 1939 durch **Lise Meitner** und **Otto Frisch** kernphysikalisch erklärt.

Den Ausgangspunkt bildeten die Versuche von **Enrico Fermi**, der 1934 Uran mit Neutronen bestrahlt hatte. In jahrelanger Arbeit versuchten **Hahn**, **Meitner** und **Strassmann**, die dabei beobachteten Vorgänge aufzuklären. Unabhängig hiervon widmete sich von 1937 an auch eine Arbeitsgruppe um **Irene Joliot-Curie** am Radium-Institut in Paris dem gleichen Thema. Anfangs verfolgten alle Arbeitsgruppen die Hypothese, dass bei den Bestrahlungen schwerere Elemente als Uran, sogenannte Transurane, entstehen. Im Dezember 1938 kam es zu einem unerwarteten Ergebnis: **Hahn** und **Strassmann** wiesen mithilfe spezieller chemischer Trenn- und Analysenverfahren nach, dass es sich bei den beobachteten Reaktionsprodukten um in der Natur nicht vorkommende radioaktive Bariumisotope handelte; es kam bei den Versuchen offenbar zu einem „Zerplatzen" des Atomkerns, das sie sich nicht erklären konnten.

Lise Meitner gelang im Januar 1939 gemeinsam mit ihrem Neffen **Otto Frisch** die kernphysikalische Deutung der chemischen Analysenergebnisse. Ihr Modell beschrieb den Urankern als elektrisch geladenen Flüssigkeitstropfen, der durch das Einfangen des Neutrons so in Schwingungen versetzt wurde, dass er sich in zwei annähernd gleich große Fragmente teilte, wobei eine hohe Energie freigesetzt wurde. **Frisch** gab der bisher unbekannten Kernreaktion den Namen **„nuclear fission"** (Kernspaltung). Die Veröffentlichung dieser Ergebnisse im Februar 1939 löste eine außerordentliche Resonanz unter den Naturwissenschaftlern aus, weil die Kernspaltung eine neue Energiequelle von bisher unbekannter Größenordnung erschloss, die **Kernenergie**.

Die Energie pro Kernspaltung ist sehr groß. Die Spaltung von einem Kilogramm Uran 235 zum Beispiel setzt 18,7 Millionen Kilowattstunden Energie frei. Außerdem setzt der Spaltvorgang, der durch die Aufnahme eines Neutrons in das Uran-235-Atom in Gang gesetzt wird, durchschnittlich etwa 2,5 Neutronen aus dem gespaltenen Kern frei. Die so freigesetzten Neutronen lösen unverzüglich die Spaltung weiterer Atome aus. Dadurch werden vier oder mehr zusätzliche Neutronen frei, und es beginnt eine sich selbst erhaltende Folge von Kernspaltungen, die Kettenreaktionen, die ständig Kernenergie freisetzten.

Natürlich vorkommendes Uran enthält nur wenig spaltbares Uran 235; der Rest ist das nicht spaltbare Isotop Uran 238. Natürliches Uran kann daher von selbst keine Kettenreaktion auslösen. Durch eine Reihe von elastischen Kollisionen des Neutrons mit leichten Kernen wie Wasserstoff, Deuterium oder Kohlenstoff kann die Kettenreaktion abgebremst werden. Dies ist sozusagen die Basis für die Gewinnung von Kernenergie.

Der Begriff Kernenergie

stellt die Energie dar, die bei der Spaltung oder Verschmelzung von Atomkernen freigesetzt wird. Die Energiemengen, die sich aus Kernumwandlungen gewinnen lassen, übertreffen bei Weitem die Mengen, die mithilfe anderer, konventioneller Verfahren erhältlich sind. Prinzipiell wird Kernenergie beim radioaktiven Zerfall, bei der Kernspaltung oder bei der Kernfusion frei. Bei diesen Vorgängen entsteht Wärme, die man dann zur Erzeugung von Wasserdampf nutzt. Mithilfe des Dampfes werden in anschließenden Schritten Dampfturbinen angetrieben und auf diese Weise elektrischer Strom gewonnen.

Als Begriff Atom

versteht man nach einem einfachen Modell die Grundstruktur von Atomen aus einem positiv geladenen Kern und einer negativ geladenen Atomhülle. Der Atomkern setzt sich aus den massereichen Nukleonen zusammen, den positiv geladenen Protonen und den elektrisch neutralen Neutronen. Er macht fast die gesamte Masse des Atoms aus. Im Gegensatz dazu sind die Elektronen der Atomhülle eher massearm. Die Nukleonen des Kernes werden durch starke Kernkräfte zusammengehalten. Dabei handelt es sich um starke Wechselwirkungen mit kurzer Reichweite, die sowohl zwischen gleichartigen Nukleonen, als auch zwischen unterschiedlichen Nukleonen wirken. Diese Wechselwirkungen sind viel größer als die Kräfte, die die Elektronen an den Kern binden. Die Zahl der Protonen in einem Atom ist gleich der Zahl der Elektronen und repräsentiert jeweils ein Element oder eine Atomart. Ein Element kann unterschiedlich viele Neutronen besitzen: Das sind die **Isotope** oder **Atomsorten**.

Aus Kernfusionen gewinnen auch Sterne, wie z. B. die Sonne, ihre Energie.

Atomwaffen entstanden, als es im Dezember 1942, dem italienischen Physiker **Enrico Fermi** gelang, die Auslösung der ersten nuklearen Kettenreaktion durchzuführen. Er verwendete dazu als Brennsubstanz natürliches Uran und als Bremssubstanz, dem sogenannten Moderator, Grafit.

Die Geschichte von Kernreaktoren entstand, als 1944 in den USA die ersten großen Kernreaktoren errichtet wurden. Sie wurden zur Gewinnung von Plutonium für den Bau von Atombomben gebaut. Auch hier war der Brennstoff natürliches Uran, der Moderator Grafit. In diesen Anlagen wurde durch die Vereinigung von Neutronen mit Uran 238 das Element **Plutonium** hergestellt. Die dabei entstehende Wärme wurde nicht genutzt.

In großen Schritten ging die Entwicklung von Kernreaktoren vorwärts. Elektrischer Strom aus Kernkraftwerken machte 1973 **weltweit** erst ein Prozent des Primärenergieverbrauchs aus, 1985 war der Anteil auf elf Prozent angewachsen. Der Anteil der Kernenergie an der gesamten Stromerzeugung lag 1988 in der Bundesrepublik bei 34 Prozent. 1990 waren in Deutschland 23 Kernkraftwerke in Betrieb.

Eine Vielfalt von Reaktortypen, die durch die Art des verwendeten Brennstoffs, Moderators und Kühlmittels charakterisiert werden können, hat man im Lauf der Entwicklung dieser Technik weltweit für die Erzeugung von elektrischem Strom gebaut.

In Deutschland sind **Siedewasser-**, **Druckwasser-** und **Hochtemperaturreaktoren** in Betrieb. Man unterscheidet ferner nach dem Zweck Leistungsreaktoren zur Energieerzeugung, Produktionsreaktoren zur Gewinnung von waffenfähigem Plutonium oder Uran sowie Forschungsreaktoren.

Meist wird als Kernbrennstoff Uranoxid verwendet, das auf etwa drei Prozent Uran 235 angereichert ist. Als Moderator und Kühlmittel zugleich kann dann Wasser, mit gewöhnlichem Wasserstoff, eingesetzt werden. Reaktoren dieses Typs werden als **Leichtwasserreaktoren** bezeichnet.

Reaktoren, die nicht angereichertes Natururan „verbrennen", können kein gewöhnliches Wasser als Moderator verwenden. In diesem Fall würden zu viele Neutronen durch das normale Wasser absorbiert werden und so die Kettenreaktion abbrechen. In diesen Reaktortypen wird mit reinem Grafit oder „so genanntem schwerem Wasser" (Deuteriumoxid) moderiert. Aufgrund dessen bezeichnet man sie auch als **Schwerwasserreaktoren.**

Im sogenannten **Druckwasserreaktor** steht das Kühlwasser unter einem Überdruck von etwa 150 Atmosphären. Das Kühlwasser wird durch den Reaktorkern gepumpt und dort auf 325°C erhitzt. Das auf diese Weise überhitzte Wasser, es kann aufgrund des Überdruckes nicht sieden, wird anschließend durch einen Dampfgenerator gepumpt, wo mithilfe von Wärmetauschern in einem Sekundärkreis Wasser erhitzt und in Dampf umgewandelt wird. Dieser Dampf treibt über Turbinen Generatoren an und kondensiert zu Wasser, das zurück zum Dampfgenerator gepumpt wird. Der Sekundärkreis ist vom Kühlwasser des Reaktors getrennt und daher nicht radioaktiv. Ein dritter Wasserstrom, gespeist von einem Fluss oder einem Kühlturm, dient der Dampfkondensation.

Im **Siedewasserreaktor** wird das Kühlwasser unter etwas geringerem Druck gehalten, sodass es im Reaktorkern siedet. Der im Reaktordruckbehälter entstehende Dampf wird direkt zur Turbine des Generators geleitet, kondensiert dann und wird zum Reaktor zurückgepumpt. Der Dampf ist dabei zwar radioaktiv, aber es gibt keinen Wärmetauscher zwischen Reaktor und Turbine, der den Wirkungsgrad verringert. Wie beim Druckwasserreaktor ist das Kühlwasser des Kondensators von diesem Kreislauf getrennt.

Beim **Hochtemperaturreaktor** dient Grafit als Moderator und Helium als Kühlmittel.

Die Betriebsleistung eines Reaktors wird von Messgeräten für Temperatur, Strömung und nukleare Vorgänge überwacht. Die Leistung wird durch das Einbringen oder Entfernen von Neutronen absorbierenden Steuerstäben im Reaktorkern gesteuert. Die Lage dieser Stäbe bestimmt das Leistungsniveau, bei dem die Kettenreaktion von selbst abläuft. Während des Betriebs und nach seiner Stilllegung enthält ein Reaktor mit einer Leistung von 1 Gigawatt Radioaktivität in großen Mengen. Die Radioaktivität, die der Reaktor während seines Betriebs abstrahlt, und die Spaltprodukte, die nach seiner Stilllegung zurückbleiben, werden von Betonwänden und meist einer zusätzlichen Hülle aus Stahlbeton um den Reaktor und um das Primärkühlsystem absorbiert. Eine weitere Sicherheitseinrichtung ist das Notkühlsystem, das bei einem Ausfall des Hauptkühlsystems ein Überhitzen des Reaktorkernes verhindern soll.

Obwohl sich Anfang der 80er Jahre in den Vereinigten Staaten über **100** Kernkraftwerke in Betrieb oder in Bau befanden, blockierten nach dem Unfall von Three Mile Island Sicherheitsbedenken und wirtschaftliche Faktoren jeden weiteren Ausbau der Kernenergie in den USA. Seit 1978 wurden keine Kernkraftwerke mehr in Auftrag gegeben, und einige fertiggestellte Anlagen erhielten keine Betriebserlaubnis. 1990 wurden etwa 20 Prozent des elektrischen Stromes in den Vereinigten Staaten von Kernkraftwerken erzeugt, in Frankreich stammten fast drei Viertel des Stromes aus Kernkraftwerken. Das kanadische System der Deuterium-Uran-Reaktoren (CANDU) funktioniert mit seinen 20 Reaktoren zufriedenstellend.

In Großbritannien und Frankreich wurden die ersten großen Kraftwerksreaktoren mit Stangen aus natürlichem Uranmetall als Brennstoff betrieben, wobei als Moderator Grafit und als Kühlmittel unter Druck stehendes Kohlendioxid verwendet wurde. Diese ursprüngliche Bauweise wurde in Großbritannien durch ein System ersetzt, das angereichertes Uran als Brennstoff verwendet, und ein verbesserter gasgekühlter Reaktortyp wurde eingeführt. Der Anteil der Kernenergie an der Stromerzeugung beträgt dort derzeit fast ein Viertel. In Frankreich wurde der ursprüngliche Reaktortyp durch den Druckwasserreaktor amerikanischer Bauart ersetzt, als angereichertes Uran zur Verfügung stand.

Russland und die anderen Nachfolgestaaten der UdSSR haben ein großes Kernenergieprogramm aufgelegt, das auf grafitmoderierten und Druckwassersystemen beruht. Weltweit befanden sich Anfang der 90er Jahre 120 Kernkraftwerke in Bau.

Antriebsreaktoren werden u. a. auch als Antrieb für große Schiffe, z. B. für Flugzeugträger, verwendet. Diese Aggregate sind meistens ähnlich konstruiert wie der Druckwasserreaktor.

Forschungsreaktoren sind kleinere Kernreaktoren, die für Ausbildungs- und Forschungszwecke verwendet werden oder radioaktive Isotope produzieren. Diese Reaktoren arbeiten in der Regel im Leistungsbereich von 1 Megawatt und können leichter angefahren und abgeschaltet werden als größere Reaktoren.

Für das **Brüterverfahren**, für das der größte Entwicklungsaufwand betrieben wurde, wird als Kühlmittel flüssiges Natrium verwendet und als sogenannter „**schneller Brüter**" bezeichnet. Diese schnellen Brüter, die mit flüssigem Natrium arbeiten, produzieren etwa 20 Prozent mehr Brennstoff, als sie verbrauchen. In einem großen Kernreaktor wird innerhalb von 20 Jahren genügend überschüssiger Brennstoff für das Beschicken eines anderen Reaktors gleicher Leistung produziert. In diesem Reaktortyp werden etwa 75 Prozent des Energiegehalts von natürlichem Uran genutzt.

Uran wird bergmännisch gewonnen, das Erz gemahlen und angereichert und dann zu einer Verarbeitungsanlage transportiert, wo aus Uran das Gas **Uranhexafluorid UF_6** hergestellt wird. In einer Anlage zur Isotopenanreicherung wird das Gas durch eine poröse Trennschicht gepresst, wobei das leichtere Uran 235 die Trennschicht leichter durchdringt als Uran 238. Bei diesem Vorgang erfolgt eine Anreicherung von 0,7 auf rund drei Prozent Uran 35. Das zurückbleibende Uran enthält etwa 0,3 Prozent Uran 235. Das angereicherte Produkt kommt in eine Brennstofffabrik, wo aus dem UF_6-Gas Uranoxidpulver hergestellt wird, das zu keramischen Tabletten gepresst wird, die dann in korrosionsbeständige Röhren gefüllt werden. Diese werden zu Brennelementen zusammengefasst und in die Kraftwerke gebracht.

Ein durchschnittlicher 1.000-Megawatt-Druckwasserreaktor besitzt etwa 200 Brennelemente, von denen jedes Jahr etwa ein Drittel wegen Erschöpfung des Urans 235 und der Bildung von Neutronen absorbierenden Spaltprodukten ersetzt wird. Nach seiner Nutzung im Reaktor ist der Brennstoff aufgrund der in ihm enthaltenen Spaltprodukte hoch radioaktiv und erzeugt daher noch eine große Menge Energie. Die entnommenen Brennelemente werden mindestens ein Jahr lang in Wasserbecken auf dem Reaktorgelände gelagert. Nachfolgend einiges über Wiederaufbereitung und Endlagerung von radioaktivem Abfall.

Die Brennstoffe, die in Kernreaktoren verwendet werden, sind wegen ihrer Strahlung hochgefährlich. Dies gilt insbesondere für verbrauchte Brennstoffe, die zwischen- und endgelagert werden müssen. Nach einer Abkühlzeit werden die abgebrannten Brennelemente entweder gleich in Endlager oder erst in Wiederaufbereitungsanlagen gebracht. Der verbrauchte Brennstoff enthält noch fast das gesamte ursprüngliche Uran 238, ungefähr ein Drittel des Urans 235 und einen Teil des im Reaktor produzierten Plutoniums 239. Bei der Wiederaufbereitung wird das Uran in der Diffusionsanlage wieder gewonnen, und das ebenfalls wieder gewonnene Plutonium 239 kann anstelle von Uran 235 in neuen Brennelementen verwendet werden. Plutonium 239 kann aber auch für die Produktion von **Atombomben** verwendet werden, weswegen die Wiederaufbereitung politisch umstritten ist. Die Risiken der heimlichen Produktion und unerlaubten Verbreitung von Plutonium 239 stellen ein großes Gefahrenpotenzial dar. Die Wiederaufbereitung von Brennstoffen stellt eine Kombination von Strahlungsrisiken dar. Ein Risiko ist das Entweichen von Spaltprodukten im Fall eines Leckes in der Anlage. Ein weiteres Problem ist die routinemäßige Freisetzung geringer Mengen radioaktiver Isotope der Edelgase **Xenon** und **Krypton.**

Der letzte Schritt der Brennstoffentsorgung ist die Endlagerung der hoch radioaktiven Abfälle, die wegen ihrer langen **Halbwertszeiten** über **Tausende** von Jahren für Lebewesen gefährlich bleiben. Bisherige Planungen technischer Anlagen bewegten sich stets, was die Garantie ihrer Funktionsfähigkeit betrifft, in sehr viel kürzeren Zeiträumen. Allein deshalb können alle vorgeschlagenen Lösungen keine völlige Sicherheit garantieren. Der wichtigste Gesichtspunkt ist dabei nicht so sehr die derzeitige Gefahr, sondern die Gefahr für zukünftige Generationen. Die Technologie der Abfallverpackung zur Vermeidung gegenwärtiger Gefahren ist relativ sicher.

Die derzeit favorisierte Lösung sieht eine Umwandlung in stabile Verbindungen vor, die in Keramik oder Glas eingeschlossen und anschließend in Behälter aus rostfreiem Stahl verpackt werden. Für die endgültige unterirdische Lagerung sind nur geologisch langfristig stabile Formationen mit sicherem Abschluss geeignet. Das Problem besteht darin, dass für keinen Ort in der Erdkruste absolute Stabilität sicher vorhersagbar ist. In Deutschland wird die Endlagerung in stillgelegten Salzbergwerken diskutiert. Lesen Sie hierzu auch mein Buch „Verlust des ewigen Eises".

Im Brennstoffkreislauf der schnellen Brüter wird das im Reaktor erzeugte Plutonium zu neuem Brennstoff aufbereitet. Der Rücklauf an die Brennelementefabrik besteht aus wieder gewonnenem Uran 238, Uranrückständen aus dem Lager der Isotopentrennanlage und einem Teil des wieder gewonnenen Plutoniums 239. Es muss kein zusätzliches Uran gefördert werden, da der Lagerbestand viele Brüter über Jahrhunderte versorgen könnte. Da Brüter mehr Plutonium 239 produzieren, als sie für ihre eigene Brennstoffversorgung benötigen, werden etwa 20 Prozent des wiedergewonnenen Plutoniums für die spätere Verwendung bei der Inbetriebnahme neuer Brüter auf Lager gelegt.

In den 50er Jahren wurde die Kernenergie als Lieferant einer billigen und unerschöpflichen Energie für die Zukunft angesehen. Die Energiewirtschaft hoffte, dass die Kernenergie die knapper werdenden fossilen Brennstoffe ersetzen und die Kosten für elektrischen Strom senken würde. Nach dieser anfänglichen Euphorie wurden Vorbehalte gegen die Kernenergie geäußert, als der Sicherheit der Anlagen und der möglichen Verbreitung von Material für Atomwaffen mehr Aufmerksamkeit geschenkt wurde. In den westlichen Industrieländern regte sich bald Widerstand gegen die Kernenergie. Österreich z. B. hat daraufhin sein Kernenergieprogramm abgebrochen, in Deutschland wurde 1989 nach intensiven Protesten das Projekt der Wiederaufbereitungsanlage aufgegeben. Die Kritik an der Nutzung der Kernenergie geht in zwei Richtungen:

Auch beim ungestörten Normalbetrieb können radioaktive Stoffe in die Umwelt gelangen.

Das beim Betrieb von Kernkraftwerken anfallende Uran 235 und Plutonium 239 können zur Herstellung von Kernwaffen verwendet werden. Im Prinzip besteht in jedem Stadium die Möglichkeit, dass radioaktives Material in die Umwelt gelangt. Die Belastung durch den Normalbetrieb eines Kernkraftwerkes scheint eher gering zu sein. Weitaus riskanter sind jedoch Katastrophenfälle durch technische Defekte und Bedienungsfehler im Kernkraftwerk, das Risiko von Sabotage, terroristischen Anschlägen oder kriegerischen Angriffen, ferner die nicht mit letzter Sicherheit zu kalkulierenden Risiken der Endlagerung. Nicht bedacht wurden auch die Gefahren starker Erdbeben mit nachfolgendem Tsunami.

Sicherheitsstudien haben wiederholt versucht, das trotz aller Sicherheitsvorkehrungen nicht auszuschließende Risiko abzuschätzen. Die erste dieser Risikoanalysen war der 1975 in den Vereinigten Staaten aufgestellte Rasmussen-Report, der mit einem Reaktorunglück in der Größenordnung einer Kernschmelze in 20.000 Reaktorbetriebsjahren rechnete. Deutsche Risikostudien ergaben Zahlen von 10.000 und 33.000 Jahren. Das letztlich nicht vermeidbare, sogenannte Restrisiko ist nach dem Urteil des Bundesverfassungsgerichts von 1978 dem Bürger zuzumuten. Dem Bürger ist ja eigentlich alles zuzumuten, was Profit verspricht. Die bisherigen Kernkraftwerksunfälle haben deutlich gezeigt, was unter Zumutbarkeit zu verstehen ist.

Radioaktive Strahlung schädigt lebendes Gewebe, man spricht von Strahlenschäden. Die Strahlenbelastungen des Menschen schwanken stark. Im Allgemeinen ist eine Ganzkörperbestrahlung für einen Menschen tödlich oder löst die **akute Strahlenkrankheit** aus. Nach einer international weitgehend anerkannten Annahme kann eine geringe Dosis Krebs bei 10 bis 13 Fällen pro 100.000 Personen auslösen.

Es entstehen Gefahren durch Plutonium, Jod und Cäsium. Die Hölle brennt und diesmal ist es in Japan. Das flüchtige Teufelszeug schraubt sich in die Hochatmosphäre. Jetstreams tragen die Radioisotope flugs rund um die Welt. Von kalkulierter Sicherheit wird geschwafelt. Diese muss ins Kalkül ziehen, dass der eine oder andere der 432 Kernreaktoren in der Welt mit an Sicherheit grenzender Wahrscheinlichkeit irgendwann in die Luft fliegt. Bewusst opferte man den anfänglich hohen Sicherheitsstandard auf dem Altar der gierigen Gewinnmaximierung. Längst überträgt man Verantwortung „verschmiert" auf windige Wartungsfirmen: Subunternehmen mit ungenügend ausgebildeten Leuten, die als Kernkraftnomaden laborierend von einem AKW zum nächsten ziehen. Preisgünstig versteht sich, denn die privaten Betreiber wollen eins: verdienen, verdienen und **nochmals verdienen**. Der Schutz der Bevölkerung ist zweitrangig.

Wer trägt hier die Verantwortung? Fukushima ist nicht das letzte Tschernobyl, sondern eher die furchtbare Fortsetzung einer makaberen Tragödie der Menschheit. All das führt auf die Frage: Auf welche Radionuklide müssen wir in Deutschland notfalls gefasst sein? Wie schützen wir uns vor Strahlenschäden relevanter Spaltprodukte, radioaktive Isotope? Lassen Sie mich unsere Odyssee mit den leichtesten Strahlenflüchtlingen beginnen, dem radioaktiven Jod 131 und Jod 133, die eine Kernschmelze in rauen Mengen freisetzen kann. Jod 133 hat die geringste Halbwertzeit von etwa einem Tag und erzeugt beim Zerfall eine **Betastrahlung**. Sie reicht in der Luft einige Meter weit, im menschlichen Körper einige Millimeter. Etwas langlebiger ist **Jod 131**. Hauptangriffsziel im Körper sind unsere Schilddrüsen. Diese Organspeicher sind das Sammelbecken für „normales" Jod, aber auch für radioaktives Jod, das sich z. B. über die Atmung und Nahrung Eintritt verschafft. Bedenken Sie, unser Körper kann die Strahlemänner nicht erkennen und abweisen. Die rechtzeitige Einnahme von Kaliumiodid-Tabletten soll aber verhindern, dass sich radioaktives Jod in den Schilddrüsen ansammelt. Man bezeichnet das als Jodblockade. Zeitlich richtig dosiert, kann die so mit Normaljod gesättigte Schilddrüse das gefährliche radioaktive Jod nicht mehr aufnehmen und einlagern. Gelingt der Schutz aber nicht, steigt die Wahrscheinlichkeit für einen späteren Schilddrüsenkrebs. Übrigens helfen Jod-Tabletten nicht gegen andere Spaltprodukte. Allein schon wegen der Laufzeit der **„Strahlenden Luftpost"** aus Japan und der kurzen Halbwertszeit, kann uns radioaktives Jod nicht erreichen. Aber wie steht es mit dem Isotop **Cäsium 137**? Kleiner Anhaltspunkt: Damals betrug die freigesetzte Gesamtmenge an Cäsium 137 durch die Tschernobylkatastrophe etwa eine Trillion Bq (Kernzerfalle). Durch den niedrigen Schmelz- und Siedepunkt des Cäsiums verflüchtigte sich dieses leicht bei einem beschädigten Kernreaktor, wegen der hohen Temperaturen. Cäsium 137 irritiert unseren Körper durch sein „Biomimikry", denn wegen der biologischen Ähnlichkeit mit Kalium wird es genau so im Magen-Darm-Trakt resorbiert und reichert sich in den Körperzellen an. Dabei zerstört es den Energiehaushalt der Zellen. Cäsiumbefallene Zellen sterben ab. Während das Leben mit einer Zelle startet, beginnt in diesem Fall das langsame stille Sterben aller Zellen. Cäsium 137 hat eine Halbwertszeit von 30 Jahren, indes eine biologische Halbwertszeit von etwa 110 Tagen, d. h., der menschliche Körper scheidet nach 110 Tagen die Hälfte aus, vor allem über die Leber und Galle. Allerdings führt der Darm Cäsium teilweise wieder in den Organismus zurück, **ein Teufelskreis**.

Wer hätte gedacht, dass ein Jahrhundert bekanntes Pigment in der Malerei gegen radioaktives Cäsium 137 hilft? Bereits **Pieter van der Werff** gebrauchte 1709 in seinem ersten Gemälde „Die Grablegung Christi" den berühmten Farbstoff Preußischblau. Heute ist das Farbpigment die Arznei gegen radioaktives Cäsium. Die Verbindung aus Eisen, Kohlenstoff und Stickstoff heißt allerdings anders, nämlich **Radiogardase**. Das Medikament schwemmt Cäsium und auch Thallium aus dem Körper und ist rezeptpflichtig. Der berühmte Farbstoff bindet Cäsium 137 im Körper. Er kann eine radioaktive Verseuchung zwar nicht verhindern, reduziert aber Schäden und Folgekrankheiten. Wundern Sie sich nicht über den blauen Stuhl, nachdem Sie den Farbstoff eingenommen haben. Preußischblau bindet Cäsium. Das Alkalimetall wird rascher ausgeschieden. Die biologische Halbwertszeit von Cäsium sinkt so auf 40 Tage.

Sofort angewendet würden 75 % des verschluckten Cäsiums direkt wieder ausgeschieden. Zur strahlenden Triade gehört **Plutonium 239**, ein hochgefährlicher Alpha-Strahler. Beginnen wir bei natürlichen Plutoniumisotope, die in den Mineralien Pechblende oder Monazit vorkommen. Im Uranerz entfallen auf 140 Milliarden Uranatome vielleicht ein Plutoniumatom. Aus der Entstehungszeit unseres Sonnensystems stammt das Mineral Bastnäsit: Es enthält das langlebigste natürliche Plutoniumisotop **Pu 244** mit 80 Millionen Jahre. Überhaupt ist Plutonium eines der seltensten Schwermetalle in der Erdkruste, weitaus seltener als Gold und sogar mit einer Dichte von 19,86 kg pro Liter etwas schwerer als das edle Metall. Erst mit verfeinerter Analysetechnik gelang es, geringste Spuren dieses Isotop nachzuweisen.

Das silberglänzende Schwermetall Plutonium zählt trotz seiner Seltenheit zu den natürlichen Spurenelementen. Der erste Frevel gegen die Menschheit mit künstlichem Plutonium 239 war die **Atombombe**; sie zerstörte Nagasaki. Heute strahlt Plutonium 230 „friedlich" in Kernreaktoren vor sich hin, bis sich sein Geist durch einen „Flüchtigkeitsfehler" aus der Flasche verflüchtigt. Gemeint sind Mischoxidbrennstäbe, so wie in Block 3 in Fukoshima. Zusammen mit angereichertem Uran wird es zu diesen MOX-Brennelementen verarbeitet und in Leichtwasserreaktoren schneller Brüter eingesetzt. Plutonium 239 hat eine Halbwertszeit von über **24.000 Jahren** und zerfällt überwiegend unter Aussenden von Alpha-Strahlung in **Uran 235**. Wie andere Schwermetalle ist Plutonium giftig und schädigt besonders die Nieren. Es dockt an Proteine im Blutplasma an und lagert sich unter anderem in den Knochen und der Leber ab. Wir strahlen dann von innen. Die für einen Menschen tödliche Dosis liegt im zweistelligen Milligrammbereich.

Viel gefährlicher als die chemische Schädigung ist seine Radioaktivität, die Krebs verursacht. Die von Plutonium 239 ausgesendete Alpha-Strahlung wird durch die Haut abgeschirmt. Schutzlos ist unser Körper dem Strahlenbombardement ausgeliefert, wenn wir Plutonium 239 als feinen Staub einatmen oder das Teufelszeug mit der Nahrung aufnehmen. Mir ist kein probates Mittel bekannt, wie man Plutonium 239 aus dem Körper entfernen könnte, außer die Menschheit beschließt, die AKWs und Atombomben für immer aufzugeben. Erst dann wäre Ruhe. Aber wohin mit dem gefährlichen Atomschrott, der ja bereits zu Tausenden von Tonnen in Meeren, Wüsten und geheimen Verließen vagabundiert. Übrigens könnte auch eine Atemschutzmaske das Eindringen nanogroßer Plutoniumpartikel nicht verhindern. Nachfolgend erlaube ich mir, die Gefährlichkeit der Strahlenkrankheit bis zum Strahlentod eines verstrahlten AKW-Arbeiters aus Japan zu schildern.

Die Haut löst sich, der Körper zerfällt, keine Zelle bildet sich mehr neu: Hisashi Ouchi wurde beim ersten Unfall in einer japanischen Atomanlage verstrahlt. Eine Dokumentation über den verzweifelten Todeskampf.

Der 30. September 1999 hätte ein ganz normaler Arbeitstag werden sollen. Hisashi Ouchi, 35, verheiratet, ein Sohn, kommt wie immer um 07:00 Uhr in die Atomanlage Tokai. Doch an diesem Tag arbeitet er nicht im Kernkraftwerk auf dem Gelände, sondern in der Wiederaufbereitungsanlage. Ouchi soll Uranoxid per Hand in einen Behälter füllen. Beim siebten Eimer Uranlösung hört Ouchi einen lauten Knall – und sieht das blaue Todeslicht, dass auch im Kühlbecken eines Reaktors zu sehen ist. In diesem Augenblick bohren sich Neutronenstrahlen, die mächtigste Form radioaktiver Energie, durch seinen Körper.

Innerhalb von Minuten wird er mit rund 20 Sievert beschossen – das ist das 20.000-fache dessen, was ein Körper pro Jahr verkraften kann. Eine tödliche Dosis.

Die Alarmsirene auf dem Gelände warnt vor einem Strahlungsleck, es ist das erste Nukleardesaster in Japan. Auf der internationalen Skala zur Bewertung von Atomunfällen ist es auf Stufe 4 gewertet worden – Tschernobyl auf der höchsten Stufe 7, zusammen mit dem japanischen Atomdesaster von Fukushima. Ich berichte später über die Katastrophe.

Ouchi und sein Arbeitskollege werden sterben, als erste Opfer ziviler Atomnutzung in Japan. Über den langsamen Strahlentod des Familienvaters hat der Journalist Hiroshi Iwamoto in der TV-Dokumentation **83 Tage** berichtet.

Ouchis Schicksal ist besiegelt, seine Chromosomen sind zerstört.

Bisher gibt es aus Fukushima keine offiziellen Todesmeldungen über Arbeiter, die an Radioaktivität gestorben sind. Immer wieder allerdings werden **Meldungen über verstrahlte Arbeiter** kolportiert, vielleicht werden auch sie gerade in Krankenhäusern behandelt. Das Desaster im AKW Fukushima begann vor mehr als 100 Tagen. Hisashi Ouchi wird 83 Tage nach der Verstrahlung sterben.

Nach dem Knall in der Wiederaufbereitungsanlage verlässt Ouchi eilig den Schauplatz. In einem Umkleideraum sucht er Zuflucht, erbricht sich und verliert das Bewusstsein. In der Umgebung der Atomanlage werden mehr als 300.000 Menschen aufgerufen, Schutz in ihren Häusern zu suchen. Nach fast einem Tag Neutronenstrahlung ist die Lage schließlich unter Kontrolle.

Doch Ouchis Schicksal ist bereits besiegelt. Durch den starken Strahlenbeschuss sind seine Chromosomen zerstört. Der Körper hat seine Blaupause verloren. Keine Zelle wird sich mehr regenerieren, der Körper ist zu einem langsamen Zerfall verurteilt. Seine weißen Blutkörperchen nehmen rapide ab, dabei schützen sie eigentlich den Körper vor Bakterien und Viren.

Sein schweigender Kampf beginnt am elften Tag.

Journalist Iwamoto beschreibt, wie die Ärzte verzweifelt versuchen, im Tokioter Uniklinikum das Leben des AKW-Arbeiters zu retten. Er liegt in einem sogenannten Reinraum, Apparate lassen sterile Luft zirkulieren und filtern kleine Partikel wie Bakterien und Pilzsporen, Kunststoffvorhänge decken den gesamten Raum ab.

Die Ärzte versuchen alles, Spezialisten aus der gesamten Welt werden eingeflogen, auch aus Deutschland. Das Problem: Es fehlt ihnen allen an **Erfahrung**. Das Team hat keine andere Wahl, als Methoden mit sehr geringer wissenschaftlicher Grundlage auszuprobieren. Es folgen Stammzelltransplantation, Sauerstoffmaske, Schmerzmittel. «Ich bin ziemlich müde, und ich fühle mich geschwächt», sagte Ouchi. Seine rechte Hand sieht rot aus, wie nach einem Sonnenbrand. Sie war dem Behälter, in dem die Kettenreaktion stattfand, am nächsten.

Nach elf Tagen ist Ouchi fertig mit den Nerven: «Ich bin doch kein Meerschweinchen», schreit er. Doch die Atemaussetzer werden stärker – und dem Strahlenopfer wird ein Schlauch in die Luftröhre eingeführt. Ouchis schweigender Kampf beginnt. **Der Tag, an dem er wieder mit seiner Familie sprechen kann – er soll nie kommen.**

Die Haut löst sich ab, sein Körper ist komplett in Verbänden eingewickelt. Dabei hat er, laut Ärzten, die Statur eines Rugby-Spielers und wiegt – für japanische Verhältnisse außerordentlich – mehr als 70 Kilo. Seine Haut sieht aus wie verbrannt, so beschreibt es der Journalist. Beim Entfernen von Pflaster beginnt die darunter liegende Haut, sich mit abzulösen, neue Hautzellen können nicht mehr gebildet werden. Die Verbände, die seinen Körper inklusive Gesicht bedecken, werden jeden Tag aufgeschnitten und erneuert.

Da Ouchi nicht in der Lage ist, Nahrung durch den Mund aufzunehmen, werden ihm Nährstoffe intravenös durch einen Schlauch zugeführt. Noch ist er immerhin bei Bewusstsein. Seine Familie besucht ihn täglich. Wenn sie nicht im Reinraum ist, sitzt sie im Besucherraum und faltet Papierkraniche. Es ist Tag 20, seine Ehefrau kommt ins Zimmer – und ist entsetzt: «Oh Schatz, sie haben einen Roboter aus dir gemacht.»

Dann beginnt der Durchfall, die Darmschleimhaut ist abgestorben, Nahrung kann nur noch eingeschränkt absorbiert werden. Selbst Wasser, das man Ouchi zu trinken gibt, wird in Form von Durchfall ausgeschieden. Pro Tag verliert er über Haut und Darm schließlich fast zehn Liter an Blut und Flüssigkeit.

Herzstillstand an Tag 83, die Ehefrau weint zum ersten Mal.

Der Körper zerfällt in Einzelteile, die Ärzte sind machtlos, auch Dialyse und Transfusionen helfen nicht mehr. Die Sprache, mit der Journalist Iwamoto den Strahlentod beschreibt, ist kühl, unemotional, klinisch. Die Eindringlichkeit des langsamen Strahlentods spricht allein für sich. Iwamoto beschreibt viele medizinische Details. Manchmal allerdings doppeln sich Fakten, manchmal könnte die Sprache packender sein.

Im Tokioter Uniklinikum bricht der 21. Dezember 1999 an. Die Ärzte beschließen in Abstimmung mit der Familie, beim nächsten Herzstillstand keine lebensverlängernden Maßnahmen durchzuführen. Die Ehefrau weint am Bett. «Oh, armer Liebling. Halte durch», schluchzt sie. Zum ersten Mal laufen Tränen über ihr Gesicht. Am Abend fällt Ouchis Blutdruck rapide. Kein Arzt greift mehr ein. Der erste zivile Strahlentote Japans stirbt um 23:21 Uhr.

Selbst die historische Dimension des japanischen **Super-GAU** mit den schier unübersehbaren Folgen wird die Menschen nicht in ihre Schranken verweisen und zum Umdenken bewegen. Allein die Halbwertzeit radioaktiver Substanzen ist extrem groß gegenüber dem nahen Verfallsdatum der ganzen Menschheit. Nur ein Wettlauf gegen Unvernunft, Gier und Arroganz könnte die Menschheit noch vor dem Schlimmsten bewahren. Laut und vernehmlich tickt die Atomuhr!

Und ich sah auf die Uhr:

Es war fünf Minuten vor zwölf.

Fünftes Kapitel

Lassen Sie mich kurz auf die Reaktorunfälle der Vergangenheit in Three Mile Island, USA, Tschernobyl und UdSSR zu sprechen kommen.

Trotz der oben beschriebenen Sicherheitseinrichtungen ereignete sich 1979 im Druckwasserreaktor von Three Mile Island in der Nähe von Harrisburg in Pennsylvania (USA) ein Unfall. Ein Wartungsfehler und ein defektes Ventil führten zu einem Unfall durch Kühlwasserverlust. Der Reaktor wurde durch ein Sicherheitssystem abgeschaltet, und das Notkühlsystem nahm kurze Zeit nach Beginn des Unfalls seinen Betrieb auf. Dann wurde jedoch aufgrund menschlichen Versagens das Notkühlsystem abgeschaltet, wodurch es zu einem schweren Schaden im Reaktorkern und zum Austritt von flüchtigen Spaltprodukten aus dem Reaktorbehälter kam.

Tschernobyl-Unglücksreaktor

Am 26. April 1986 beunruhigte ein weiterer ernster Zwischenfall die Welt. Einer der vier Kernreaktoren in Tschernobyl, 130 Kilometer nördlich von Kiew, explodierte und geriet in Brand. Einem offiziellen Bericht zufolge wurde der Unfall durch einen nicht genehmigten Test des Reaktors durch seine Betreiber verursacht. Der Reaktor geriet außer Kontrolle; es gab zwei Explosionen, der obere Teil des Reaktors wurde weggesprengt, der Reaktorkern entzündete sich und brannte bei einer Temperatur von 1.500°C. Radioaktive Strahlung schädigte Menschen in der Nähe des Reaktors, und eine Wolke radioaktiven Niederschlags zog nach Westen. Im Gegensatz zu Reaktoren in westlichen Ländern hatte der Reaktor von Tschernobyl keine Sicherheitshülle. Ein solches Gebäude hätte möglicherweise das Austreten von radioaktivem Material verhindert. Ungefähr 135.000 Menschen wurden aus einem Gebiet von 1.600 Quadratkilometer Größe evakuiert. Mehr als 30 Menschen starben in kurzer Zeit. Das Kraftwerk wurde einbetoniert, in einen als sogenannten Beton- und Blei-Sarkophag. 1988 wurden jedoch die drei anderen Reaktoren von Tschernobyl wieder in Betrieb genommen. Auch der Unglücksreaktor ging einige Zeit später, im Teilbetrieb, trotz der Bedenken von westlichen Experten wieder ans Netz. Erst auf dem Atom-Gipfeltreffen im April 1996 wurde beschlossen, den Reaktor von Tschernobyl spätestens im Jahre

2000 komplett abzuschalten. Die Gefahrenzone wird heute als Touristentreffpunkt angeboten.

Ein Blick in die Zukunft:

Wissenschaftler arbeiten mit Hochdruck an der **Kernfusion.**

Kernenergie kann durch die Verschmelzung von zwei leichten Kernen zu einem schwereren freigesetzt werden. Die Energie, die Sterne abstrahlen, stammt von solchen Fusionsreaktionen in ihrem Inneren.

Eine künstliche Kernfusion wurde erstmals in den 30er Jahren durchgeführt, indem ein Ziel, das Deuterium, in einem Zyklotron mit hochenergetischen Deuteriumkernen beschossen wurde, in einem Teilchenbeschleuniger. Für die Beschleunigung des Deuteronenstrahles war sehr viel Energie erforderlich, es wurde jedoch keine nutzbare Energie gewonnen. Bei den Tests von Atomwaffen in den Vereinigten Staaten, in der ehemaligen Sowjetunion, in Großbritannien und Frankreich wurden in den 50er Jahren erstmals große Mengen an Fusionsenergie unkontrolliert freigesetzt. Eine so kurze und unkontrollierte Freisetzung kann allerdings nicht für die Erzeugung von elektrischem Strom genutzt werden.

Bei Fusionsreaktionen haben beide Kerne eine positive elektrische Ladung, und die elektrische Abstoßung zwischen ihnen muss überwunden werden, bevor sie verschmelzen können. Dies ist möglich, wenn die Temperatur des reagierenden Gases ausreichend hoch ist: 50 bis 100 Millionen°C. In einem Gas aus den schweren Wasserstoffisotopen Deuterium und Tritium läuft bei dieser Temperatur die Fusionsreaktion ab, wobei ungefähr 17,6 Megaelektronenvolt pro Fusionsvorgang freigesetzt werden. Wenn der Druck des Gases ausreicht, nahezu Vakuum, kann der energiereiche Helium-4-Kern seine Energie auf das umgebende Wasserstoffgas übertragen, wodurch die hohe Temperatur erhalten bleibt und somit eine Kettenreaktion möglich wird: Man spricht dann von einer **Kernzündung.**

Die grundlegenden Probleme bei der Schaffung von Fusionsbedingungen sind:

Das Gas auf die erforderlichen hohen Temperaturen aufzuheizen und

eine ausreichende Anzahl von reagierenden Kernen lang genug einzuschließen, um die Abgabe von mehr Energie zu ermöglichen, als für die Aufheizung und den Einschluss des Gases verbraucht wird. Weitere Probleme sind die Entnahme dieser Energie und ihre Umwandlung in Elektrizität.

Bei Temperaturen über 100.000°C sind alle Wasserstoffatome vollständig ionisiert. Das Gas besteht aus einer nach Außen elektrisch neutralen Masse von positiv geladenen Kernen und negativ geladenen freien Elektronen. Dieser Zustand der Materie wird als Plasma bezeichnet.

Ein Plasma, das ausreichend heiß für eine Fusion ist, kann nicht mit gewöhnlichen Materialien zusammengehalten werden. Es würde sehr schnell abkühlen, und die Gefäßwände würden bei diesen Temperaturen verdampfen. Da jedoch das Plasma aus geladenen Teilchen besteht, kann es durch ein Magnetfeld zusammengehalten werden.

Ein weiterer möglicher Weg zur Gewinnung von Fusionsenergie ist der Trägheitseinschluss. Bei dieser Technik ist der Brennstoff – Tritium oder Deuterium – in einer winzigen Tablette enthalten, die aus allen Richtungen mit intensiven Laserstrahlen beschossen wird. Dadurch wird eine Implosion der Tablette verursacht, die eine thermonukleare Reaktion auslöst und so den Brennstoff zündet.

Wenn Fusionsenergie wirtschaftlich einsetzbar wird, bietet sie folgende Vorteile:

1. einen unbegrenzten Brennstoffvorrat in Form von Deuterium aus dem Meer,

2. Reaktorunfälle sind unwahrscheinlich, da die Brennstoffmenge im System sehr gering ist und

3. sind Abfallprodukte sehr viel weniger radioaktiv und einfacher zu handhaben als jene von Kernspaltanlagen. Die Fortschritte in der Fusionsforschung sind vielversprechend, aber die Entwicklung von nutzbaren Systemen wird wahrscheinlich noch Jahrzehnte dauern.

Lassen Sie uns rückblickend auf die Entwicklung der Atombombe sehen. Die Entdeckung des Atoms regte die Wissenschaftler unmittelbar zur Nutzbarmachung für kriegerische Verwendungszwecke an.

Am 2. August 1939, kurz vor dem Beginn des Zweiten Weltkrieges, schrieb **Albert Einstein** an **Franklin D. Roosevelt**, den damaligen Präsidenten der Vereinigten Staaten einen Brief, in dem **Einstein** selbst und führende andere Wissenschaftler der damaligen Zeit den Präsidenten darauf aufmerksam machten, dass Hitler-Deutschland große Anstrengungen unternahm, reines **U-235** herzustellen, das für den Bau einer Atombombe verwendet werden kann. Kurz darauf wurde von der amerikanischen Regierung das **Manhattanprojekt** ins Leben gerufen, welches ebenfalls den Bau einer funktions- und einsatzfähigen Atombombe zum Ziel hatte. Das schwierigste Unterfangen war die Produktion von signifikanten Mengen hochangereicherten U-235, das zum Aufrechterhalten der Kettenreaktion unbedingt notwendig war. Damals war es nur unter großen Anstrengungen möglich, die nötigen Mengen herzustellen: Zunächst erfolgte die Umwandlung von Uranerz in metallisches Uran in einem Verhältnis von 500:1. Das so raffinierte metallische Uran bestand zudem aus **99 % Uran-238**, welches für die Herstellung der Bombe praktisch nutzlos ist. Des Weiteren sind die beiden Isotope U-235 und U-238 chemisch völlig identisch, sodass keine chemische Reaktion sie zu trennen imstande ist. Schließlich gelang es mehreren Wissenschaftlern an der Universität von Columbia die beiden Isotope mechanisch zu trennen.

In Oak Ridge, Tennessee, wurde eine gewaltige Anreicherungsanlage errichtet. **H. C. Urey** und seine Mitarbeiter entwarfen ein System, das auf dem Prinzip der Gasdiffusion beruht. Im Anschluss an diesen Prozess kam ein Prozess zum Einsatz, der vom Zyklotron-Erfinder **Ernest O. Lawrence** an der Universität von Kalifornien in Berkley ersonnen wurde und die beiden Isotope auf magnetischem Wege trennte. In einem dritten Trennschritt sonderte eine Gaszentrifuge das leichtere U-235 vom nicht spaltbaren U-238 aufgrund der unterschiedlichen Masse ab.

Im Laufe der Jahre zwischen 1939 und 1945 wurden für das Manhattanprojekt mehr als 2 Milliarden Dollar ausgegeben. Die Gedankenleistungen die Uranraffinierung und die Konstruktion der Bombe betreffend wurden von den brillantesten Wissenschaftlern unserer Zeit erbracht und standen unter der Oberaufsicht und Leitung eines einzigen Physikers: **J. Robert Oppenheimer.** Seinen vortrefflichen Führungs-eigenschaften und seiner erstklassigen Qualifikation als Forscher war es zu verdanken, dass das hochgesteckte Ziel nach kurzen sechs Jahren erreicht werden konnte.

Ob die jahrelangen Anstrengungen eines ganzen Heeres von Forschern und Ingenieuren ans gewünschte Ziel führten, sollte sich an einem schicksalhaften Morgen im Sommer 1945 ergeben. Am 16. Juli um 05:29:45 Uhr bombte der unförmige Koloss namens „The Gadget" in einem grellen Blitz, der den noch dunklen Himmel über den Jemez Mountains in New Mexico erhellte, die Menschheit in das Atomzeitalter. Das Licht der Explosion nahm eine orange Farbe an, als der atomare Feuerball mit einer Geschwindigkeit von über 100 m/s pulsierend nach oben schoss, und wurde schließlich im Zuge der Abkühlung röter. Die charakteristische Wolke in Pilzform aus radioaktivem Dampf materialisierte in einer Höhe von knapp 10 Kilometern. Neben dieser tödlichen Wolke blieb am Explosionszentrum nur mehr grünliches radioaktives Gestein zurück, das aufgrund der enormen Hitze in amorphes Glas verwandelt wurde. Der Lichtblitz der Explosion war derart intensiv, dass angrenzende Bewohner einer weit entfernten Gemeinde von 2 Sonnen sprachen, die an jenem Tag aufgingen und ihn sogar ein blindes Mädchen aus knapp 200 Kilometer Entfernung sah.

Die Reaktion unter den beteiligten Wissenschaftlern war unterschiedlich. Doch vielfach wich die anfängliche Freude über den glänzenden Erfolg schweren Schuldgefühlen. **Isidor Rabi** sprach von einem gestörten Gleichgewicht in der Natur, in der der Mensch zur tödlichen Bedrohung seiner selbst wurde, **J. R. Oppenheimer** zitierte eine Stelle aus Bhagavad Gita: „Ich wurde zum Tod, den Zerstörer der Welten." **Ken Bainbridge**, der Testleiter, sagte zu **Oppenheimer**: „Wir alle sind nun Hurensöhne."
Einige weitere unterzeichneten sofort nach der Testexplosion Petitionen zur Ver-nichtung des „Monsters", ihre Proteste stießen aber auf tote Ohren. Wie sich später zeigen sollte, war Jornadas del Muerto in New Mexico nicht der letzte Ort auf dem Planeten Erde, der die Zerstörung durch eine Atomexplosion erleben durfte. Es wurde viel darüber berichtet, viel Zerstörung angerichtet und natürliche Lebensräume vernichtet.

Schließlich kam der Tag, an dem sich herausstellen sollte, ob der Mensch seine bislang furchtbarste Waffe gegen sich selbst einsetzen sollte, sei es um den in den letzten Zügen liegenden Krieg mit einem vernichtenden Schlag gegen den geschwächten Feind zu beenden oder um den fast undenkbar hohen finanziellen Aufwand im Nachhinein zu rechtfertigen.

Wie viele wissen werden, hat es in der bekannten Kriegsgeschichte des neuzeitlichen Menschen nur zwei Einsätze von Atombomben gegeben. Eine mehr als 4,5 t schwere Uranbombe mit dem Spitznamen **„Little Boy"** wurde am 6. August 1945 auf Hiroshima abgeworfen und verbreitete unsagbares, menschliches Leid.

Am 9. August 1945 erfuhr Nagasaki die gleiche Behandlung wie Hiroshima. Nur wurde diesmal eine Plutoniumbombe mit dem Spitznamen „Fat Man" auf die Stadt geworfen. Obwohl „Fat Man" die vorbestimmte Einschlagsstelle um mehr als 2,4 km verfehlte, wurde mehr als die Hälfte der Stadt eingeebnet. Die Bevölkerung Nagasakis fiel im Bruchteil einer Sekunde von 422.000 auf 383.000. 39.000 wurden getötet, über 25.000 verletzt. Nebenbei besaß die Explosion eine Äquivalenzsprengkraft von weniger als 22 kt.

Nach Schätzungen von den Physikern, die jedes Explosionsstadium studiert haben, wurde nur 1 Promille der Detonationskapazitäten der jeweiligen Bomben freigesetzt. Neuere Untersuchungen an den thermischen Neutronen nahe des sogenannten Hypozentrums, die senkrechte Projektion des Explosionsortes, des sogenannten Epizentrums, auf den Boden, liefern für Nagasaki und Hiroshima unterschiedliche Ergebnisse. Diese Diskrepanz führte in den letzten Jahren zur Vermutung, dass die Explosion der Hiroshimabombe „Little Boy" möglicherweise nicht planmäßig verlaufen sein könnte. Gestützt wird diese „Crack-Theorie" durch die Tatsache, dass eine Bombe gleicher Bauart weder vorher getestet noch hinterher auf dem Testgelände in Nevada gezündet worden war. Der Nagasakityp hingegen wurde bereits vor dem eigentlichen Einsatz in Japan am 16. Juli 1945 in der Wüste von Alamogordo getestet.

Bei den Explosionen von Atombomben entstehen atomare Nebenprodukte, es erscheint mir wichtig auch hierauf kurz einzugehen.

Während schon die bloße Explosion einer Atombombe tödlich genug ist, haben die zerstörerischen Fähigkeiten dort noch lange kein Ende. Radioaktiver Fallout stellt eine zusätzliche Gefahr dar. Der Regen, der jeder Atomdetonation folgt, ist mit radioaktiven Partikeln beladen. Viele Überlebende der Hiroshima- und Nagasaki-Explosionen erlagen dieser Sekundärstrahlung.

Little Boy wurde am 6. August 1945 auf Hiroshima abgeworfen

Jede Atomdetonation hat auch die versteckte lebensgefährliche Bedrohung zukünftiger Generationen. Leukämie gehört zu den größten Plagen, die den Nachkommen der Überlebenden geschickt werden. Während der Hauptzweck der Atombombe auf der Hand liegt, gibt es viele Nebenerscheinungen, die beim Gebrauch aller Atomwaffen in Erwägung zu ziehen sind. Mit einer kleinen Atombombe, die in einer gewissen Höhe zur Detonation gebracht wird, kann die gegnerische Kommunikation, Logistik und Maschinerie durch den sogenannten EMP (elektromagnetischer Impuls) zum Erliegen gebracht werden. Diese hoch gelegenen Explosionen sind kaum lebensgefährlich, dennoch setzen sie einen derart starken EMP frei, dass von einfachen Kupferleitungen bis hin zu Steuer-CPUs im Umkreis von 80 km alles außer Gefecht gesetzt wird.

In den frühen Zeiten des Atomzeitalters war es eine populäre Auffassung, dass eines Tages Atombomben bei Bergbauoperationen und möglicherweise der Errichtung eines anderen Panamakanals eingesetzt würden. Es ist wohl unnötig zu erwähnen, dass es nie dazu kam. Stattdessen wurde die Anwendung der Zerstörungskraft des Atoms auf alle militärischen Bereiche ausgedehnt. Atomtests im Bikini-Atoll und einigen anderen Orten waren an der Tagesordnung, bis der Vertrag über das Atomtestverbot eingeführt worden war. Fotos der Atomtestgelände in den Vereinigten Staaten können durch den FOIA (Freedom Of Information Act) eingesehen werden.

Lassen Sie mich kurz auf die Auswirkungen von Atomwaffentests seit dem Beginn im Jahre 1945 eingehen.

„Wir dachten, wir seien ein Land des Friedens, aber in Wirklichkeit hat unsere Regierung vierzig Jahre lang einen Atomkrieg gegen das eigene Volk geführt."

Dies sagte **O. Sulejmenov**, kasachischer Dichter und Politiker, im Jahre 1989 zu den Atomwaffentests der UdSSR in Kasachstan.

Am 16. Juli 1945 ist in der Wüste von New Mexico die erste amerikanische Atomwaffe „Frinity" explodiert. Nur drei Wochen später, am 6. August, wurde eine Atombombe über der japanischen Stadt Hiroshima abgeworfen, am 9. August wurde Nagasaki durch eine weitere Atombombe fast vollständig zerstört. Fast genau 50 Jahre nach den ersten und bislang einzigen Einsätzen von Atomwaffen in Kriegssituationen rückt vor allem das Thema **„Atomwaffentest"** wieder weltweit in den Blickpunkt des Interesses. Frankreich beabsichtigt, Atomwaffentests auf dem Mururoa-Atoll im Südpazifik durchzuführen. Neben Frankreich hat China 4 bis 5 Tests angekündigt, von denen bis Ende August 2 Tests bereits durchgeführt worden sind.

Man muss bei den seit 1945 durchgeführten Atomtests grundsätzlich zwischen zwei Arten unterscheiden: Auf der einen Seite wurden bis 1963 fast ausschließlich oberirdische oder atmosphärische Atomtests durchgeführt.

Im Jahre 1963 wurde von den Atommächten auch unter dem Eindruck der Kubakrise 1962 der Vertrag über ein Verbot von Kernwaffenversuchen in der Atmosphäre, im Weltraum und unter Wasser vereinbart. Damit war die Möglichkeit gegeben, zumindest die über alle Massen und offensichtlich gefährlichen oberirdischen Atomtests zu stoppen. Seit 1963 wurden demnach in der Mehrzahl unterirdische Tests durchgeführt. Bezeichnenderweise traten die beiden Atommächte, die im Jahre 1995 aktiv mit Atomtest's beschäftigt sind, diesem Vertrag nicht bei. Frankreich führte im Südpazifik bis 1974, China im eigenen Land gar bis 1980 oberirdische Atomwaffenversuche durch.

Wenn man über unterirdische Atomwaffentests spricht, dann kann man wiederum **vertikale** (vertikale Schächte werden in die Erde bzw. in den Meeresgrund bis zu 700 m Tiefe getrieben, in denen dann die Explosionen ausgelöst werden) und **horizontale** Atomwaffentests unterscheiden (horizontal verlaufende Tunnel werden z. B. in Bergmassive getrieben und umschlossen von der Erde und Steinmassen gezündet).

Gemeinsam ist beiden Methoden das Prinzip der Lagerung der Atomabfälle und damit die automatische Umschließung des Materials durch Erdmassen. Seit den 70er Jahren gibt es eine lange und überaus differenzierte politische Diskussion über den endgültigen und umfassenden Atomwaffenteststopp. Zwar war 1970 mit dem Inkrafttreten des Atomwaffensperrvertrages angekündigt worden, dass die Atommächte Zurückhaltung in Bezug auf weitere Atomtests üben sollten und auf einen endgültigen Stopp aller Versuchsexplosionen zu dem **„frühestmöglichen Zeitpunkt"** hinzuwirken hätten.

Bei den weiteren diplomatischen und politischen Verhandlungen in den 70er und 80er Jahren standen vor allem drei wichtige Aspekte im Mittelpunkt der Diskussionen:

Um die notwendige Vertrauensbasis für weiterreichende Verträge zu schaffen, müssen alle durchgeführten und geplanten Tests verifizierbar sein. Etwaige Tests müssen exakt kontrolliert, aufgenommen und lokalisiert werden. Daneben ist eine enge Kooperation der potenziellen Atommächte vonnöten, wenn man die Einhaltung von Verträgen und Vereinbarungen überprüfen will.

Genauso brisant ist die Frage, wie man in Zukunft mit sogenannten „Miniatomwaffen" umzugehen hat. In diesem Zusammenhang gab es eine lange und schwierige Diskussion um einen „Schwellenvertrag", der bedeuten könnte, dass nur noch Testexplosionen von „kleinen Atomwaffen" bis zu einer Sprengkraft bis zu 500 Tonnen genehmigt werden.

In der Diskussion über die Einstellung von Atomwaffentests wurde immer wieder das Argument geäußert, man müsse Atomexplosionen zu „friedlichen Zwecken" ausklammern. Die Ergebnisse und Auswirkungen der Tests sollen dabei angeblich friedlichen Zwecken zugeführt werden. Allgemein ist man sich darüber einig, dass es fast unmöglich sein wird, eine sichere Trennung und Beurteilung in der Frage vorzunehmen, ob eine seismisch aufgenommene Atomexplosion nun friedlichen Zwecken oder zur Überprüfung bzw. Weiterentwicklung bereits vorhandener Atomwaffen diente. Die großen Atommächte USA, die z. B. den Plan gefasst hatten, mit Atomexplosionen einen zweiten Panamakanal zu schaffen, und die ehemalige UdSSR jedenfalls haben alle Versuche, Atomwaffentests als „friedlich" zu deklarieren und zu nutzen, wegen zu großer nuklearer Verstrahlung der jeweiligen Umgebung wieder eingestellt.

Im Jahre 1992 wurde ein freiwilliges Atomwaffentestmoratorium zwischen den USA, Russland, Großbritannien und Frankreich vereinbart.

Im Mai 1995 wurde der Atomwaffensperrvertrag verlängert, in dem weitere Verhandlungen mit dem Ziel eines endgültigen Stopps der Atomwaffentests Ende 1996 angekündigt wurden. In der Zwischenzeit wurde „äußerste Zurückhaltung" bei weiteren Atomwaffentests vereinbart. Soweit man dies zum jetzigen Zeitpunkt beurteilen kann, beschäftigen sich momentan die USA, Großbritannien und Russland vor allem mit den Computersimulationen von Atomwaffenexplosionen in den Laboren.

Grundsätzlich von Bedeutung auch für das Problem, wie man einen umfassenden Atomwaffenteststopp erreichen kann, ist die Frage nach den Motiven, die Atommächte veranlassen, derartige Tests durchzuführen. Es stehen von offizieller Seite vor allem drei Aspekte im Vordergrund:

Atomwaffentests dienen zur Überprüfung der Effektivität und Funktionsfähigkeit der Waffen.

Durch Atomwaffentests soll die Sicherheit der Waffensysteme überprüft werden.

Atomwaffentests dienen jedoch vor allem der Entwicklung und Erprobung neuer atomarer Waffensysteme.

Nationen, welche Atomwaffentests durchgeführt haben.

USA

So erschreckend es klingt, wird man unbedingt auch die Abwürfe der Atombomben auf die japanischen Städte Hiroshima und Nagasaki im Jahre 1945 zu den Atomwaffentests zählen können. In den letzten Jahren haben zeitgeschichtliche Forschungen über den Verlauf und die Hintergründe des Jahres 1945 ergeben, dass man den Atombombenabwurf der Amerikaner über den japanischen Großstädten wesentlich differenzierter betrachten muss. Heute gilt im wesentlich als gesichert, dass der nach dem Tod

Roosevelts gerade erst in das Amt gelang Präsident **Truman** seine Entscheidung, auch unter dem Druck der Militärs und Wissenschaftlern getroffen hat, die nur wenige Wochen nach dem ersten erfolgreichen Test auf den Einsatz drängten, um die Auswirkungen einer Bombe in einer realen Kriegssituation zu beobachten.

Pazifik Marschall-Inseln

Insgesamt haben die USA im Pazifik 106 Atomtests auf den Marschallinseln, die von 1885 bis 1918 als „Deutsch-Mikronesien" zum Deutschen Reich gehörten, durchgeführt. Im Jahre 1946 wurden die ersten Tests auf dem Bikini Atoll durchgeführt. Im Vorfeld der Tests musste die Bevölkerung das Atoll verlassen und wurde in dem Glauben gelassen, nach Beendigung der Tests wieder auf ihre Heimatinseln zurückkehren zu können. Die Bewohner mussten auf das Rongerik Atoll übersiedeln, 200 Kilometer östlich von Bikini. Der Umzug der Mikronesier auf eine erheblich kleinere Insel brachte immense soziale und kulturelle Nachteile mit sich.

Nach zwei Explosionen in Bikini wurden auch auf der Enewetok-Atoll-Kette und auf anderen Inseln in der Umgebung Atomtests durchgeführt. Als sicher kann heute gelten, dass die Tests zu erheblichen Umweltschäden auf den Inseln, Lagunen und Atollen geführt haben. Im Pazifikatoll Enewetok soll gar eine kleinere Insel infolge eines Atomtests regelrecht **„verdampft"** und damit für alle Zeit verschwunden sein.

Die Fallouts nach Atomexplosionen verseuchten die Bewohner der umliegenden Inseln und Atolle vor allem bei widrigen Windverhältnissen. In einigen Fällen war die Verstrahlung der Bevölkerung so groß, dass diese evakuiert werden musste. Die Langzeitfolgen für die Gesundheit der Bewohner waren immens: Viele Menschen starben nach einigen Jahren an Krebs und Leukämie, schwangere Frauen mussten häufig unter Fehl- und Frühgeburten leiden, eine erhöhte Zahl von behinderten Kindern kamen zur Welt. Besonders erschreckend sind die sogenannten **„Quallenkinder"**, die auf den Pazifikinseln geboren wurden: Säuglinge ohne Knochengerüst und ohne Gesicht, die häufig nur wenige Stunden zu Leben haben.

Eine große Gefahr bestand auch für die Fischerei, die in der Umgegend betrieben wurde, ganze Fischereischiffe wurden durch Atomwaffentests verseucht, im Meer machen sich erhöhte Strahlendosen bemerkbar, auch die gefangenen Fische sind zu einem beträchtlichen Teil verseucht, gelangen somit in die Nahrungskette der Menschen.

Bei ihren Atomversuchen hatten die USA den Strahlentod von 241 Menschen eingeplant.

Dieser Bericht war am 6. April 1994 in der Berliner Zeitung erschienen.

Das nukleare Mentekel des Kalten Krieges lässt die USA nicht los. Nach den Enthüllungen über Versuche mit verstrahlten Substanzen wurde jetzt bekannt, dass das US-Militär bei Atomtests wissentlich den Tod von über 200 Menschen in Kauf nahmen. Am 1.März 1954 um 05.50 Uhr Ortszeit detoniert auf dem Bikini-Atoll in einem gleißenden Feuerball die Wasserstoffbombe „Bravo" und hinterlässt einen Krater von 400 Meter Tiefe und einem Kilometer Durchmesser. Die Sprengkraft der bis dato größten Bombe entspricht der von 17 Millionen Tonnen konventionellem Sprengstoff TNT oder tausend Hiroshimabomben. In den folgenden Stunden treibt der für diese

Jahreszeit ungewöhnliche Nordwestwind Wolken mit radioaktivem Staub auf die rund 200 Kilometer entfernten Inseln Ailingnae, Utirik und Rongelap zu.

Wasserstoffbombe „Bravo"

Als die insgesamt 241 Bewohner der Inseln zwei Tage später von der US-Marine evakuiert werden, haben sie Strahlendosen von bis zu **20.000 Rem** aufgenommen. Zum Vergleich: Hierzulande wird die zulässige Höchstbelastung von Bediensteten in Kernkraftwerken mit **1,5 Rem pro Jahr** angegeben. Man bringt sie zum US-Stützpunkt Kwajalein, wo sie unter ärztliche Aufsicht gestellt werden. Die meisten der Evakuierten haben Verbrennungen und schwere Hautreizungen, die auf die Strahlenbelastung zurückzuführen sind; viele verlieren zumindest einen Teil ihrer Haare. In den folgenden Jahren treten überdimensional viele Fälle von Leukämie, Schilddrüsen- und anderen Krebsarten sowie eine Häufung von Fehl- oder Totgeburten auf. Noch heute stehen die Nachkommen der Strahlenopfer unter regelmäßiger medizinischer Aufsicht.

Nach Bekanntwerden der Katastrophe berief sich das US-Militär darauf, dass die Änderung der Windrichtung nicht abzusehen gewesen sei. 1985 mussten sie einräumen, vier bis sechs Stunden vor Testbeginn von der Drehung des Windes informiert gewesen zu sein. Ein Journalist hatte herausgefunden, dass zum besagten Zeitpunkt ein Schiff der US-Marine, dessen Identität noch immer unbekannt ist, Wetterbeobachtungen in der Zone durchführte und entsprechende Ergebnisse unter dem Funkcode „5020" an zwei US-Wetterstationen durchgab.

Atombombentest im Bikini-Atoll

Greenpeace hat jetzt die Originalwetterkarten aus dem Jahre 1954, auf denen auch die Messungen von „5020" vermerkt sind, von einem Wissenschaftler des Hamburger Seewetteramtes auswerten lassen und kam zu ganz anderen Ergebnissen. Danach zeichnete sich die **„nicht absehbare"** Änderung der Windrichtung bereits seit dem 24. Februar ab. Spätestens seit dem 27. Februar war klar, dass der Wind die radioaktive Wolke nicht nach Westen auf die offene See, sondern nach Südosten auf das Rongelap-Atoll zutreiben würde.

Nach diesen Kenntnissen, so der Hamburger Wissenschaftler, hätten das US-Militär spätestens 28 Stunden vor Testbeginn den Countdown abbrechen müssen. Stattdessen zogen sie die „5020" in sichere Gewässer ab, ehe sie „Bravo" explodieren ließen, was beweist, dass sie sich im Klaren waren über die Folgen der Explosion. Die Inselbewohner aber wurden wissentlich der Verstrahlung überlassen, ein Menschenversuch, der **„wichtige Erkenntnisse über die Auswirkungen von Strahlen auf den Menschen"** lieferte, wie ein Beamter der Atomenergiebehörde 1956 zynisch in aller Öffentlichkeit zugab.

Doch schon während des Zweiten Weltkrieges arbeiteten die amerikanischen Wissenschaftler mit Hochdruck an der Entwicklung der Atombombe. Ziel war es, vor den Deutschen und Russen über die **„Wunderwaffe"** zu verfügen.

Als 1945 die Atombombe fertiggestellt und einsatzbereit ist, ist auch der Zweite Weltkrieg beinahe zu Ende. Deutschland kapituliert bedingungslos, Japan jedoch kämpft erbittert weiter. Schließlich werfen die Amerikaner am 6. August 1945 die erste Atombombe über Hiroshima ab, um die Kapitulation des japanischen Kaiserreiches zu erzwingen.

Als erstes Land, das die Atombombe einsetzt, begehen die Vereinigten Staaten von Amerika ein noch nie da gewesenes Verbrechen gegen die Menschlichkeit. **In Hiroshima sterben ca. 150 Tausend unschuldige Zivilisten durch die Atombombe.**

Der Physiker **Leo Szilard**, in Ungarn aufgewachsen und später in die USA ausgewandert, hatte unter Nazi-Deutschland stark gelitten. Als er von dem gelungenen Versuch **Otto Hahns** hörte, Uran mittels Neutronenbeschuss zu spalten, drängte sich ihm das Schreckensbild eines atomar bewaffneten Nazi-Deutschlands auf. Er bewog deshalb den Begründer der Relativitätstheorie, **Albert Einstein**, dazu, einen Brief an den damaligen Präsidenten der Vereinigten Staaten, **Franklin D. Roosevelt**, mit zu unterzeichnen, der **Roosevelt** die Anregung geben sollte, die Atombombe zu entwickeln, die **Szilard** und **Albert Einstein** als eine notwendige vorbeugende Maßnahme verstanden.

Obwohl sich später herausstellte, dass das Dritte Reich weder in der Lage gewesen war, noch ernsthafte Versuche unternommen hatte, die Kernspaltungsbombe zu bauen, lösten diese beiden Atomphysiker mit ihrer Initiative die Atomrüstung aus.

Doch als die Niederlage des Hitlerregimes sich Monate vor den ersten Atomwaffentests abzeichnete, war es dann wieder **Leo Szilard**, der zusammen mit **Einstein** in einem Brief an Präsident **Roosevelt** diesen warnen wollte, die Bombe gegen Japan einzusetzen. **Roosevelt starb jedoch am 12. April 1945, ohne die besorgten Wissenschaftler empfangen zu haben.** Sein Nachfolger im Präsidentenamt, **Harry Truman**, beauftragte seinen Außenminister **Jimmy Byrnes** damit, sich **Szilards** Anliegen anzuhören. **Byrnes** speiste **Szilard** ab: Erstens gebe es in Russland keine Uranvorkommen, sodass die Russen nicht die Möglichkeit hätten, ebenfalls eine Atombombe zu bauen und zweitens habe der Kongress ein Recht darauf, die Wirkung der Bombe vorgeführt zu bekommen, nachdem zwei Milliarden Dollar in das Manhattanprojekt investiert worden waren.

Der erste Test einer Plutoniumbombe fand am 16. Juli 1945 in der Wüste von New Mexico statt. Der erste Test einer Uranbombe war der Abwurf über der japanischen Stadt Hiroshima am 6. August 1945. Vor dem Einsatz in Hiroshima einen Test durchzuführen, war nicht möglich gewesen, da das Material für eine zweite Uranbombe nicht zur Verfügung stand. Davon abgesehen hielten die am Manhattanprojekt beteiligten Wissenschaftler das Prinzip der Uranbombe für so narrensicher, dass ihnen ein vorheriger Test auch nicht notwendig erschien. Die Plutoniumbombe indessen war wesentlich schwieriger zu zünden. Der Test am frühen Morgen des 16. Juli 1945 übertraf nahezu alle Erwartungen. Die Sprengkraft der ersten Atombombe entsprach 20.000 Tonnen Trinitrotoluol (TNT).

„Ich bin zum Tod geworden, zum Zerstörer der Welten", soll **Robert Oppenheimer,** Leiter des Manhattanprojekts, gesagt haben, als er die Explosion von „Trinity," was Dreifaltigkeit bedeutet, der ersten Atombombe überhaupt, sah.

Knapp einen Monat nach der ersten Versuchsexplosion begann der Atomkrieg. Die Zahl der Menschen, die durch die Bombe **„Little Boy"** am 6. August 1945 in Hiroshima sofort getötet wurden, ist auch heute noch, umstritten. Sicher ist, dass weit über **150.000** Menschen durch **„Little Boy"** verbrannten, oder durch seine Druckwelle, Strahlung und andere Einwirkungen, getötet wurden. Noch heute sterben Menschen an den Folgeschäden und werden missgebildete Kinder geboren. Dass zumindest Hiroshima als weiterer Atomversuch angesehen wurde, beweist die Auflistung der vom Energieministerium veröffentlichten amerikanischen Atomtests, in der die Explosionen von Hiroshima und Nagasaki unumwunden in die Serie der Tests an den Stellen zwei und drei eingereiht werden. Die Explosionsstärken werden in dieser Statistik mit 13 und 23 Kilotonnen TNT angegeben.

Vom Pentagon wurde der Kameramann **Herbert Sussan** engagiert, der in der Vorweihnachtszeit 1945 das Grauen in der zerstörten Stadt filmte. **Sussan** war fest davon überzeugt, das Material solle als Mahnung gegen den Atomkrieg verwendet werden. Doch die Filme wurden nicht veröffentlicht. Sie dienten lediglich als Anschauungsmaterial für die Strategen, die sich so das Ausmaß der Katastrophe vom Fernsehsessel aus anschauen konnten. **Sussan** leidet heute an Leukämie.

Ende der 60er Jahre forderten die Bewohner des Bikini Atolls, die seit 1946 im Exil lebten, die Rückkehr auf ihre Heimatinsel. Die amerikanische Regierung gab daraufhin die Anweisung, das Atoll wieder bewohnbar zu machen. Die Sicherheit der Bewohner freilich konnte man nicht gewährleisten. 1972 konnten die Mikronesier nur unter großen Belastungen zurückkehren. Unter anderem mussten die Bewohner in den nächsten Jahren zu einem Großteil mit importierten Lebensmitteln versorgt werden, weil sie auf die Produkte vor Ort aufgrund der hohen Strahlenbelastung nicht zurückgreifen konnten. Im Jahre 1978 war es notwendig geworden, die Bewohner erneut zu evakuieren. Eine groß angelegte Dekontaminierungsmaßnahme wurde angekündigt und in die Wege geleitet.

Auch in anderen Atollen wurden Rückführungsmaßnahmen durchgeführt. Es wird jedoch gemutmaßt, dass diese Maßnahmen unter großem finanziellen Aufwand auch deswegen in die Wege geleitet wurden, um den Wissenschaftlern die Möglichkeit zu geben, die Zurückkehrenden quasi als Testpersonen zu betrachten, um zu testen, wie Menschen z. B. Radioaktivität absorbieren. Spätere medizinische Untersuchungen scheinen dies zu bestätigen.

Eine weitere Bedrohung der Menschen vor Ort, im gesamten Südpazifik, auch im Mururoa-Atoll, resultiert aus der sogenannten „Ciguatera" Vergiftung, einem großen Problem für das Gesundheitswesen des Südpazifiks. Atomwaffentests könnten nämlich die Produktion von Toxinen in einzelligen Meereslebewesen, die in den Korallen leben, anregen, somit das spezifische Ökosystem in den Lagunen stören.

Wenn diese Giftstoffe in die Nahrungskette gelangen, dann bestehen erhebliche Gefahren für die Bewohner der Atolle, deren Nahrung zu einem Großteil aus Fisch besteht. Die Marschallinseln sind in diesem Zusammenhang besonders betroffen.

Untersuchungen haben offensichtlich ergeben, dass seit Beginn der Atomwaffentests die „Ciguatera" Erkrankungen erheblich angestiegen sind. Exakte Hinweise auf Auslöser sind bislang nicht ermittelt worden. Man sollte aber darauf hinweisen, dass allein die mit den Atomwaffentests verbundenen logistischen und militärischen Aktivitäten latente Störungen in dem überaus sensiblen Ökosystem mit hervorgerufen haben.

Wenn „Ciguatera" Vergiftungen epidemieartig auftreten, dann sind bisweilen Fischfangverbote erlassen worden. Die Menschen, für die der Pazifikfisch den Haupteiweißlieferanten darstellt, leiden infolge solcher Maßnahmen unter Armut und Unterernährung oder besser gesagt, als MANGELERNÄHRUNG.

Auch bei unterirdischen Tests in den USA soll immer wieder radioaktiver Niederschlag auf die Erdoberfläche gelangt sein. Bei Zwischenfällen und regelrechten Unfällen sollen mehrfach radioaktive Stoffe freigesetzt worden sein. So gibt es sichere Hinweise darauf, dass routinemäßig für Sprengungen benutzte Tunnelanlagen und Bohrlöcher entlüftet wurden. Radioaktivität wird freigesetzt, die durch Fallouts oder Rainouts die nähere und weitere Umgebung des Testgebietes belastet. Wie überall auf der Welt muss man auch in Bezug auf die Folgen der Tests der USA betonen, dass wissenschaftliche Untersuchungen und Messungen behindert und verzögert wurden. Informationen von staatlicher Seite wurden zudem nur unzureichend bereitgestellt.

Sicher ist aber, dass immense Belastungen für Soldaten, Techniker und Arbeiter, die an den Tests teilgenommen haben bzw. im Testgebiet tätig waren, aufgetreten sind. In den 80er Jahren verklagten Soldaten und zivile Testbeobachter, die bis 1962 an den oberirdischen Tests teilgenommen haben, die amerikanische Regierung.

Besonders stark betroffen sind in den USA die Western Shoshone Indianer in der Nevadaregion, in deren traditionellem Gebiet die Versuche stattfanden. Ab 1987 formierte sich ein politischer Widerstand der Indianer, die für einen Atomteststopp und eine Rückkehr in ihr traditionelles Stammesgebiet bis heute kämpfen.

Großbritannien

Nachdem sich die USA entschlossen hatten, Atomwaffengeheimnisse nicht mit anderen Ländern zu teilen, bauten auch die Engländer eigene Atomwaffen.

Die ersten Atomwaffentests der Briten fanden in Australien statt, seit 1901 unabhängiges Mitglied des Commonwealth, aber immer noch mit engen Verbindungen zu Großbritannien. Zwölf oberirdische Atomwaffentests wurden zwischen 1952 und 1957 an drei verschiedenen Orten durchgeführt. Die Orte Maralinga 7 und Woomera Emu 2 Tests und Monte Bello Islands, 3 Tests. Dies sind kleine Inseln vor der Nordwestküste Australiens. Die Leitung war eindeutig den Briten übertragen worden, es gab keine australische technische Mitarbeit, nur logistische Hilfestellungen. Ab 1956 wurde der Protest in Australien immer lauter. Es gab vor allem auch heftige Kritik an dem damaligen australischen Premier **Sir Robert Menzies**, der ohne wirkliche demokratische Legitimierung und ohne Befragung des Kabinetts die britischen Atomwaffentests genehmigte.

Das am stärksten belastete Gebiet in Australien ist die Umgebung von Maralinga, der Ort, an dem die meisten Tests durchgeführt worden sind. Bei einigen britischen Atomtests in Australien soll auch der Lebensraum der australischen Aborigines von Fallouts nach Atomexplosionen direkt betroffen worden sein. Seit den 70er Jahren wird über eine umfassende Dekontaminierung des Gebiets nachgedacht. Anfang der 90er Jahre wurden mehrere 100 Millionen Dollar teure Programme vorgelegt, die eine Rückkehr der australischen Aborigines in ihren traditionellen Lebensraum ermöglichen könnten.

Ein zentrales Thema in der australischen Öffentlichkeit waren immer wieder die Krankheiten von Militärangehörigen, die infolge von Strahlenbelastungen aufgetreten sind. Mitte der 80er Jahre sind vonseiten der Betroffenen einige Schadensersatzklagen angeregt worden. Dabei besteht, wie in anderen Ländern auch, ein grundsätzliches Problem darin, den direkten Zusammenhang zwischen einer Teilnahme an Atomwaffentests und späteren Krebserkrankungen nachzuweisen. Forderungen wurden laut, die auf die Notwendigkeit verwiesen, alle Untersuchungsergebnisse bekannt zu geben und vor allem Schadensersatzzahlungen auch an Zivilpersonen zu leisten. Zudem wurden in Australien Stimmen laut, die von Großbritannien eine Beteiligung an den Kosten für die umfassenden geplanten Entseuchungsmaßnahmen forderten.

Australian Aboriginalboys

In sechs Fällen jedoch wurde vonseiten der Gerichte zugunsten der Veteranen entschieden. Insgesamt sollen ca. 15.000 Menschen an den Atomtests mitgearbeitet haben. Mehrfach ist es zu erheblichen Zwischenfällen gekommen, in deren Folge sowohl Aborigines als auch Militärangehörige radioaktiven Strahlungen ausgesetzt waren. 1986 kündigte die australische Regierung auch die Zahlung von Entschädigungen an Aborigines an, die umgesiedelt worden waren.

Auch in London klagen Veteranen gegen das Verteidigungsministerium wegen erlittener Strahlenschäden.

Die Veteranen: **„Wir waren wie Meerschweinchen".**

Fährt man den Stuart Highway, der sich über 2.735 Kilometer zwischen Port Augusta in Südaustralien und Darwin an der Küste des Nordterritoriums durch den Backofen des Outbacks schneidet, nach Norden, tauchen ab der Höhe von Woomera plötzlich Warnschilder auf. Man fahre durch eine militärische Sperrzone, heißt es, und dürfe den Highway keinesfalls verlassen.

In jenem Sperrgebiet, eineinhalb Mal so groß wie Österreich, werden Raketen und andere Waffen getestet. Blickt man vom Highway gen Westen, sieht man in die Richtung, wo in den 50er-Jahren künstliche Sonnen aufgingen. Hier, wenige Hundert Kilometer entfernt bei Maralinga, machten die Briten ihre ersten Atomtests – und zwar **oberirdisch**.
Nun haben die Explosionen ein spätes Nachspiel: Der High Court in London berät derzeit über Klagen britischer Veteranenverbände, wonach das Militär an Soldaten die Wirkung der Radioaktivität nach A-Tests studiert habe, und zwar in Kenntnis ihrer Gefährlichkeit.

Bei den Testserien, das ist dokumentiert, sahen Briten, Australier, Neuseeländer und Fidschianer teils aus wenigen Kilometern Distanz zu. Viele bekamen Krankheiten, die in der Regel durch Strahlen verursacht sind, wie Krebs, manche wurden unfruchtbar. **„Wir waren wie Meerschweinchen Teil eines Experiments",** so **Douglas Hern** von der „Nuclear Tests Veteran Association". Tatsächlich zeigten Studien der Universität Dundee (Schottland), dass Soldaten mit unterschiedlicher Kleidung durch Explosionskrater gingen, um studieren zu können, was Schutz bietet.

Bis Ende der 80er führten die Briten 45 Tests durch: 21 in Australien, den Rest in Nevada. Die erste Bombe mit 25 Kilotonnen Sprengkraft, etwa wie die von Nagasaki, ging Oktober 1952 bei den Montebello Islands vor Westaustralien hoch; sie war an Bord der Fregatte HMS „Plym", da man testen wollte, wie eine im Schiff geschmuggelte Bombe wirkt. Man fürchtete, russische Frachter könnten so etwas in die Themse bringen. Die „Plym" war danach nicht mehr da – dafür ein 6 Meter tiefer, 300 Meter weiter Krater im Meeresboden.

Weitere Tests in der Region neben Montebello gab es bis 1958 bei Emu Field (2), Maralinga (7), auf Christmas Island im Indischen Ozean und Malden Island in Kiribati im Pazifik (9). Explosionen in Maralinga drückten Staubwolken weit ins Outback, die Aborigines, etwa vom Stamm der „Spinifex People", einhüllten; viele starben, Australien zahlte in den 90ern umgerechnet sieben Mio. Euro Entschädigung.

Ob die britischen Veteranen entschädigt werden, ist ungewiss: Laut Gesetz könnten ihre Ansprüche verjährt sein; andernfalls könnten sich aber Forderungen von bis zu 1.000 Veteranen an das britische Verteidigungsministerium auf viele Millionen Pfund belaufen.

Die Pazifik Christmas Islands, von der Landfläche her das größte Korallenatoll des Pazifiks, liegen in der Nähe des Äquators, zwischen Tahiti und Hawaiii. Die britischen Tests fanden von 1950 bis 1962 statt, insgesamt wurden 9 Atomwaffen oberirdisch getestet. Die erste Wasserstoff-Bombe explodierte im Jahre 1957. Zeitweise gab es auf den Christmas Islands eine Kooperation zwischen Großbritannien und den USA, die dort zusätzlich noch 24 Atomwaffentests durchführten.

Auf den Christmas-Islands lebten ca. 300 Mikronesier in z. T. geringer Entfernung zu den Inseln, auf denen die Tests durchgeführt wurden. Im Jahre 1964 wurden die Inseln evakuiert.

Umweltverseuchungen dürften vor allem durch die „Fallouts" und „Rainouts" mit radioaktivem Niederschlag herbeigeführt worden sein.

Besonders gefährdet waren auch die britischen und neuseeländischen Militärangehörigen, die während der Tests in der Nähe der Inseln oder auf den Inseln selbst in unterschiedlichen Funktionen stationiert waren. Bei den britischen „Nuklearveteranen" wurde u.a. eine enorm hohe Rate von Leukämieerkrankungen festgestellt.

Im Jahre 1963 stoppten die USA und Großbritannien ihre Atomwaffentests im Pazifik. Ein Grund waren die Gefahren, die auch unterirdische Versuche in den Atollen mit sich gebracht hatten. Auch aus ökologischen Gründen verzichteten die USA und Großbritannien auf weitere Versuche im Pazifik, die künftigen Tests der USA und Großbritanniens fanden fast ausschließlich in dem US amerikanischen Testgelände in der Wüste von Nevada statt.

UdSSR bzw. Russland, Weißrussland, Kasachstan und Ukraine

Vor 60 Jahren testete die Sowjetunion in Kasachstan ihre erste Atombombe. Noch heute leiden die Menschen unter der Radioaktivität, die Nuklearforscher dabei freisetzten.
Der Stolz der sowjetischen Kernphysiker ruht auf einem 30 Meter hohen Turm. Wenn die Nuklearexperten ihre Mission erfüllen, dann wird dort in wenigen Minuten nur noch ein Loch sein. Die Wissenschaftler sind aufgeregt und genauso unruhig wie die 1.538 Tiere, die rund um das Experimentierfeld unter und über der Erde in ihren Käfigen sitzen. Um sie herum stehen Attrappen von Häusern, Panzern und Flugzeugen. Die Menschen ziehen sich in Schutzräume zurück, die Versuchstiere bleiben in der Gefahrenzone. Dann zündet das sowjetische Atomteam in Semipalatinsk-21 die Bombe.

Am 29. August 1949 explodiert auf dem Testgelände in der Steppe Kasachstans, fast 3.000 Kilometer östlich von Moskau, die erste sowjetische Atombombe. Sie hinterlässt eine tellerförmige Mulde. Das Stahlgerüst verschwindet, ist ebenso wie die Attrappen pulverisiert, verdampft und mit der Explosionswolke verweht. Die Tiere in den Käfigen sind tot. Die Wissenschaftler haben ihren Auftrag erfüllt. **Stalin** ist begeistert.

Der Diktator hat die Forschung an der neuen Waffe noch während des Zweiten Weltkrieges befohlen. Der sowjetische Geheimdienst hatte zuvor herausgefunden, dass Physiker in Nazideutschland und den USA um die Wette an der Strahlenwaffe forschten. **Josef Stalin** will nicht zurückstehen.

Am 6. und am 9. August 1945 bewiesen die USA mit zwei schrecklichen Machtdemonstrationen, dass ihre Forscher erfolgreich gewesen waren. Amerikanische Flugzeuge warfen eine Uranbombe auf Hiroshima und eine Plutoniumbombe auf Nagasaki ab. Mehr als 210.000 Japaner starben sofort durch die Flammenwolken, Druckwellen oder die Strahlen. Hunderttausende weitere Menschen wurden schwer verstrahlt.

Das Sicherheitsinteresse der Sowjetunion wird durch den amerikanischen Rüstungsvorsprung massiv bedroht. **Stalin** will dieses Massentötungsinstrument ebenfalls unbedingt haben. Er befiehlt seinen Wissenschaftlern, so schnell wie möglich zu liefern. Kernphysiker, Rüstungsexperten und Ingenieure werden in „geschlossene Städte" gesperrt, dort arbeiten sie im Auftrag des „Ministeriums für mittleren Maschinenbau" mit unbegrenzten Mitteln an der Plutoniumbombe. Das Ministerium dient als Tarnung für das sowjetische Atomprogramm und untersteht indirekt **Stalins** Geheimdienstchef **Lawrentij Berija**.

Er beauftragt den russischen Physiker **Igor Kurtschatows** mit dem Bau der Bombe. Abgeschottet von der Außenwelt arbeiten er und sein Team in Aramaz-16, Tscheljabinsk-70 und anderen geheimen Orten unter Hochdruck an der Atomwaffe. Sie kopieren die amerikanische A-Bombe Fat Man, deren Baupläne sowjetische Spione liefern.
1948 nehmen die Sowjets in Sibirien den ersten Uran-Grafit-Reaktor in einem Werk namens „**Majak**", russisch für Leuchtturm, in Betrieb. In der Anlage gewinnen die Forscher waffenfähiges Plutonium für den Bombenbau. Strahlenschutz und Sicherheit spielen eine geringe Rolle, es geht um den Fortschritt. Die Strahlenbelastung der Mitarbeiter liegt 100-fach über der empfohlenen Dosis. „Wir arbeiteten bis zum Umfallen", sagt einer der Wissenschaftler später. „Von der Strahlung wurde uns oft übel."
Tatjana, wie die erste A-Bombe der Sowjetunion genannt wird, liegt technisch noch weit hinter dem amerikanischen Vorbild **Fat Man** zurück. Stalin lässt weiter rüsten. 1950 besitzt die UdSSR bereits fünf Atombomben, ein Jahr später sind es bereits 25. Die Fachzeitschrift Bulletin of Atomic Scientist, die jährlich eine Einschätzung der Weltsicherheitslage mit einer Uhr darstellt, dreht die Zeiger auf **drei vor zwölf**. Die Experten schreiben, es drohe der Atomkrieg.
Die amerikanischen Verteidigungspolitiker und Militärplaner sehen die Lage ähnlich. Sie stellt der sowjetische Atomtest vor ein großes Problem: Die USA sind nicht mehr die einzige Kernwaffen-Macht. Das strategische Konzept muss komplett überdacht werden. Die amerikanische Antwort: neue, effektivere Atomwaffen entwickeln.
Der Kalte Krieg beginnt, das nukleare Abschreckungspotenzial beider Supermächte versetzt die Welt in Angst, verhindert jedoch auch eine militärische Auseinandersetzung. Doch nach einem Gleichgewicht der Kräfte sieht es in den 50er Jahren nicht aus – ein gewaltiges atomares Wettrüsten setzt ein.

Die Nuklearforscher beider Blöcke forschen immer weiter. 1952 zündet Großbritannien in Australien eine Plutoniumbombe und steigt als drittes Land zur Atommacht auf. Kurz darauf testet Amerika die erste Wasserstoffbombe. Die Sowjets ziehen ein Dreivierteljahr später, im August 1953, nach. Ihre Wasserstoffbombe hat zwar eine geringere Sprengkraft, ist dafür aber deutlich kleiner und kann vom Flugzeug abgeworfen werden.

In Kasachstan testen die sowjetischen Atomforscher weiter. 455 weitere Nuklearexplosionen folgen auf den ersten Test, Ende August 1949. Nicht nur die Strahlung der Bomben verseucht das Gebiet. Denn die Forscher lassen auch den Abfall aus der Plutoniumproduktion bis 1951 in den Flüssen ab, radioaktiver Staub weht einfach davon.

Noch mehr als 50 Jahre später ist das Erdreich so verstrahlt, dass westliche Geheimdienste befürchten, Terroristen könnten die Erde zum Bau einer schmutzigen Bombe benutzen. Die USA bezahlen die Betonierung einer riesigen Fläche in Kasachstan. Unter dem Beton ruht nun das verstrahlte Erdreich und wird noch unzählige Generationen daran erinnern, wie leichtfertig die Atomwissenschaftler unter **Stalin** mit der ungeheuren Macht der Strahlen umgingen.

Auch heute noch verharmlosen die Machthaber die Gefahr: Die Menschen in der verstrahlten Region bauen wie seit Jahrhunderten Getreide an, ziehen Gemüse in den Gärten, sie fischen in den „Atomseen" und trinken das belastete Wasser. **Jedes dritte Kind** kommt dort behindert zu Welt, jeder zweite Erwachsene ist unfruchtbar. Das Erbgut der Menschen ist geschädigt, nukleare Abspaltprodukte wie Jod 131, Cäsium 137 und Strontium 90 haben sich in den Körpern abgelagert.

Die Alten erinnern sich noch an die Explosionspilze, den grellen Lichtblitz nach jeder Detonation und ihre Kopfschmerzen danach. Doch die Zeugen der ersten russischen Atomtests werden immer weniger, die meisten starben bereits an Krebs.

Russland fühlt sich für die Angelegenheiten Kasachstan heute nicht mehr zuständig – 1992 zog Moskau den letzten Nuklearsprengkopf aus der Region ab. **Die Strahlung bleibt.**

Das zentrale Atomtestgebiet in der ehemaligen UdSSR befindet sich in Kasachstan. Jedoch ist ein wichtiges Charakteristikum der Atomwaffentests in der ehemaligen UdSSR, das an einer Vielzahl von verschiedenen Orten, ca. 50, verteilt auf das gesamte Gebiet der ehemaligen UdSSR, zumindest jeweils ein bis drei unterirdische Tests durchgeführt worden sind.

Das zentrale Testgelände in Kasachstan, wo im Jahre 1949 der erste Atomwaffentest durchgeführt wurde, mit der Basisstadt Kurtschatow, liegt in West-Kasachstan in der Nähe der größeren Stadt Semipalatinks.

Vor allem die Bevölkerung in Kasachstan war in der Vergangenheit immensen radioaktiven Belastungen ausgesetzt. Aufgrund der breiten Streuung der Testorte ist jedoch die umfassende Belastung für eine Vielzahl von Menschen in der ehemaligen UdSSR besonders groß.

Eine Besonderheit der Atomtests in Kasachstan liegt in der Tatsache, dass die unterirdischen Versuche in relativ geringer Tiefe durchgeführt wurden. Oberirdische Kontaminierungen auch nach unterirdischen Atomwaffentests sind dort eher die Regel.

Ein weiteres Problem in der UdSSR wirkt sich darin aus, dass in der Öffentlichkeit kaum Informationen über die Auswirkungen der Tests verfügbar sind.

Neueste Berechnungen haben u. a. ergeben, dass die Bevölkerung in Kasachstan jährlich mit **100 bis 200 rem** verseucht wurde. Im Vergleich dazu kann man die Verstrahlung der Bewohner von Tschernobyl nach der Katastrophe im dortigen Kernkraftwerk im Jahre 1986 mit **25 rem** heranziehen.

Ab 1989 hat sich in Kasachstan eine aktive Antiatomtestbewegung formiert. Im Jahre 1991 unterschrieb der kasachische Präsident **Nesarbajew** einen Erlass über die Schließung des Testgeländes.

Seit Beginn der Glasnost in der UdSSR sind erschreckende Informationen bekannt geworden. So sollen in Semipalatinks während der Wasserstoffbombentests ab 1953 Dorfbewohner bewusst den Tests ausgesetzt worden sein. Bei einer militärischen Übung im Südural soll 1954 eine Atombombe absichtlich gezündet worden sein, um die an der Übung teilnehmenden Soldaten der Strahlung auszusetzen.

Daneben wurden Atomwaffen ab 1954 auf der unbewohnten Arktisinsel Nowaja Semlja, im Nordmeergebiet durchgeführt. Von den Atomwaffentests im Nordmeer besonders betroffen ist das Volk der Tschuktschen, das hauptsächlich von der Rentierzucht lebt. Die Tschuktschen sollen in der Vergangenheit hohen Strahlendosen ausgesetzt gewesen sein.

Die Ukraine ist die zurzeit drittstärkste Atommacht, noch stärker gerüstet als China, und in der Lage, Interkontinentalraketen zu bauen. Zwar hat der Präsident der Ukraine, **L. Krawtschuk** 1992 angekündigt, sein Land werde alles dafür tun, dass es sich zu einem „atomwaffenfreien" Staat entwickeln werde, konkrete Schritte, auch in den internationalen Vertragswerken, sind bislang jedoch nicht in die Wege geleitet worden. Zudem wird befürchtet, dass gerade im Falle der Vernichtung der Waffen Nuklear-materialien aus der Ukraine in alle Welt verkauft werden.

Auch Kasachstan muss nach dem Zusammenbruch der UdSSR als Atommacht betrachtet werden. In Kasachstan ist eine vollständige atomare Infrastruktur vorhanden, darunter auch das wichtigste Atomtestgelände der ehemaligen UdSSR. Belorus ist die kleinste Atommacht, die aus der UdSSR hervorgegangen ist. Der Staat besitzt keine Anlagen, die zur Entwicklung und Produktion weiterer Atomwaffen dienen könnten.

Frankreich

Am 1. Juli 1946 zündeten die USA ihre erste Atombombe mit dem Codenamen „Able" in Mikronesien auf dem Bikini-Altoll (Marshallinseln). Fast genau 20 Jahre später, am 2. Juli 1966, begann die französische Regierung ihre Testreihe auf den Atollen Moruroa und Fangataufa in Französisch-Polynesien. Dorthin musste ausgewichen werden, da das bisherige Testgebiet in der Sahara in Algerien nach der Unabhängigkeit von Frankreich 1962 als Übungsgelände wegfiel. Fast 200 der insgesamt über 300 Atomwaffentests im Pazifik fanden in dem französischen Überseeterritorium statt.

Nachdem die USA bereits in den 60ern ihre Tests im Pazifik beendet hatten, testete Frankreich bis 1996 weiter. Die 1995 vom neu gewählten Staatspräsidenten **Jacques Chirac** angeordnete neue Atomtestreihe musste 1996 frühzeitig abgebrochen werden.

Weltweit gingen die Menschen auf die Straße, um gegen die Tests zu demonstrieren. Mit einem Boykott französischer Waren wurde der Wirtschaft des Landes Schaden zugefügt.

Die Menschen auf den abgelegenen pazifischen Inseln wurden von den europäischen Mächten nicht über die Gefahren der Atombombentests aufgeklärt. Es wurde sogar in Kauf genommen, dass die Bewohner einiger Inseln schutzlos dem radioaktiven Fallout der Tests ausgesetzt wurden. Aus offiziellen Dokumenten der US-amerikanischen Regierung ging in den 80er Jahren hervor, dass beispielsweise die Bewohner von Rongelap und anderen Inseln unweit vom Bikini-Atoll entfernt, bei der Explosion der **„Bravo"**-Bombe gezielt dem Fallout ausgesetzt wurde, um die Wirkung atomarer Bomben auf Menschen zu testen. Die Wasserstoffbombe mit dem Codenamen **„Bravo"** wurde am 1. März 1954 gezündet und hatte eine Sprengkraft von ca. **1.300 Hiroshimabomben.**

Bis heute warten die Opfer der Nukleartests im Pazifik auf die Anerkennung der durch die Tests an ihrer Gesundheit und ihrem Land angerichteten Schäden und auf angemessene Kompensationszahlungen. Viele Menschen erkrankten in der Folge der Tests an Krebs und anderen Krankheiten, die mit den Tests in Verbindung gebracht werden können. Manche Inseln wurden durch die nukleare Verseuchung für immer unbewohnbar. Die Menschen verloren ihre Heimat, ihre kulturellen Wurzeln und ihre wirtschaftliche Unabhängigkeit.

Im Pazifik kämpfen heute Privatpersonen und Organisationen wie **„Moruroa e tatou"** in Französisch-Polynesien um Gerechtigkeit und Anerkennung. Das Pazifik-Netzwerk setzt sich seit über 20 Jahren mit dem Thema Atombombentests im Pazifik auseinander und betreibt Lobby- und Aufklärungsarbeit.

Die französische Nationalversammlung hat der Entschädigung der Opfer von Frankreichs Atomwaffentests in Algerien und Polynesien letztendlich zugestimmt. Für den Gesetzentwurf stimmte in erster Lesung die Regierungsmehrheit, die sozialistische Opposition enthielt sich wegen der ihrer Meinung nach ungenügenden Einbeziehung der Opferverbände. Die Abgeordneten der Kommunistischen Partei stimmten gegen den „rein symbolischen Gesetzestext", der noch den Senat passieren muss.

Frankreich hatte zwischen 1960 und 1996 insgesamt 210 Atomwaffentests in Algerien und auf den zu Frankreich gehörenden Inseln Muroroa und Fangataufa in Polynesien vorgenommen. Daran waren rund 150.000 Militärangehörige und zivile Angestellte beteiligt; hinzu kommt die Bevölkerung um die Testgebiete. Seit Jahren klagen viele Opfer über gesundheitliche Folgen wie Leukämie und andere Krebsarten. Verteidigungsminister **Hervé Morin** schätzt, dass „mehrere Hundert" Menschen betroffen sind. Die französische Regierung hatte einen Zusammenhang zwischen den Tests und den gehäuften Erkrankungen lange Zeit zurückgewiesen.

Die ersten Atomtests der Franzosen fanden im Jahre 1960 in Algerien, damals noch Kolonie, in der Wüste Sahara statt. Die ersten vier Tests wurden überirdisch durchgeführt. Nach heftigen Protesten der afrikanischen Anrainer wurde ab 1961 nur noch unterirdisch getestet, bis 1965 wurden 10 unterirdische Atomwaffentests durchgeführt, in einer Zeit, in der Algerien und Frankreich sich schon in einem heftigen Unabhängigkeitskrieg befanden. Über die Auswirkungen der Tests in Algerien ist wenig bekannt. Es gibt aber Gerüchte über einige Zwischenfälle und eine Verstrahlung weiter

Teile der Wüste Sahara. Auch in diesem Fall hatte im Besonderen eine ethnische Minderheit, das Nomadenvolk der Berber, unter den Atomtests zu leiden.

Die Planungen und Vorbereitungen für französische Atomtests im Südpazifik waren schon Anfang der 60er Jahre begonnen worden. Im Jahre 1966 fand der 1. atmosphärische Test statt. Bis zum Jahre 1974 testete Frankreich 41 Atomwaffen überirdisch, 34 in Mururoa, 4 in Fangataufa, 3 über dem Südpazifik. Die Sprengladungen wurden entweder von Flugzeugen oder Fesselballons abgeworfen oder auf Booten gezündet.

Das Lebensparadies Tahiti

Der Beginn der Zerstörung

Das Mururoa-Atoll und Fangataufa waren vor den Tests nicht bewohnt, die nächste bewohnte Insel, Tureia ist 100 km, Tahiti 1.200 km von Mururoa entfernt. Mururoa wurde wohl vor allem deswegen ausgewählt, weil im Umkreis von 1.000 km nur ca. 5.000 Menschen wohnten. Tureia mit 60 Bewohnern wurde 1968 evakuiert, nachdem mehrfach atomarer Fallout auf die Insel niedergegangen war. Über die Reichweite der Fallouts wird diskutiert. Es gibt jedoch berechtigte Befürchtungen, dass erhöhte atomare Dosen in einem sehr weiten Radius, u. a. in Tahiti, aufgetreten sein könnten. Zudem gibt es Informationen über einige Zwischenfälle, ausgelöst durch „Rainouts", die Samoa, 1964 in Anwesenheit von **Charles de Gaulle** und Tahiti (1976) besonders belastet haben.

Insgesamt leisteten die Polyneser lange Zeit nur geringen Widerstand, auch weil durch die Anwesenheit der Franzosen vor allem in Tahiti große Summen investiert wurden, sodass sich Arbeitsbedingungen und auch der allgemeine Lebensstandard der einheimischen Bevölkerung verbesserten. Letztendlich profitierte jedoch dauerhaft nur eine kleine Schicht von Geschäftsleuten und Einwanderern. Ab Mitte der 80er Jahre formierte sich jedoch der Widerstand der insgesamt 190.000 Bewohner von Französisch-Polynesien.

Man muss kurzfristige und langfristige Folgen der unterirdischen Tests unterscheiden.

Die Explosionen können jederzeit direkt Erdrutsche, Bodenabsenkungen, unterseeische Verschiebungen, Flutwellen und Erdbeben auslösen. Im Jahre 1979 hat ein Zwischenfall eine immense Flutwelle und einen Erdrutsch ausgelöst, als eine geplante Detonation der Franzosen in 800 m nicht zustande kam und der Sprengkopf in nur 400 m Tiefe stecken blieb.

Zu den langfristigen Folgen zählt sicher die latente Bedrohung der Umwelt durch die riesige Atommüllhalde, die der Sockel des Atolls darstellt. Bei den unterirdischen Tests der Franzosen in den Atollen werden Bohrlöcher bis zu 1.200 m tief in das Basaltfundament getrieben (sog. vertikale Tests). Die Sprengladungen werden in den Tunneln versenkt, die anschließend zubetoniert werden. Bei der Explosion entsteht eine Hohlkammer, das gesamte Sprengmaterial vermischt sich mit dem umschließenden Basaltgestein und wird mit diesem zusammen anschließend insgesamt verschlossen. Im Prinzip besteht heute Einigkeit darüber, dass das Atoll ein höchst anfälliges geologisches Gebilde darstellt, das kaum geeignet ist, atomare Rückstände auf Dauer sicher zu verschließen.

Es gilt heute als weitgehend sicher, dass Radioaktivität bereits frei getreten und Spaltmaterial in die Biosphäre gelangt ist. Zudem ist gelöstes Plutonium im Meer nachweisbar und kann auf diese Weise in die Nahrungskette gelangen. Durch Grundwasseraustritt sind zudem im Meer erhöhte Tritium-Werte registriert worden. Es besteht des Weiteren die Wahrscheinlichkeit, dass gasförmige und flüchtige Spaltprodukte ausströmen und freigesetzt werden. Zudem haben Untersuchungen ergeben, dass Risse und Klüfte im Basaltkalkstein schon vorhanden sind, die bei weiteren Atomwaffentests größer werden könnten, sodass letztendlich ein Auseinanderbrechen des Atolls droht.

Auf der Landfläche des Mururoa Atolls selbst wird radioaktiver Müll gelagert. Sicherheitstests auf dem Atoll selbst haben u. a. Plutonium 239 freigesetzt. Bestandteile der auf dem Land gelagerten atomaren Substanzen sollen im Lauf der Zeit ins Meer geraten sein.

Auch über die Bedingungen und die Einflüsse der Atomwaffentests auf Mensch und Umwelt in Französisch-Polynesien gibt es bislang nur unzureichende Informationen. Das Gesundheitswesen in Französisch-Polynesien z. B. steht unter französischer Kontrolle, sodass über die möglicherweise durch atomare Verseuchung verursachten Krankheiten keine verlässlichen Daten vorliegen. Zudem ist zu betonen, dass Frankreich bemüht ist, eine wissenschaftliche Erforschung vor Ort zu behindern. Mehrere Berichte, darunter 1987 der bekannte J. Cousteau Bericht, konnten nur unter großem Zeitdruck und Behinderungen durchgeführt werden.

Im Jahre 1985 ist der im Jahre 1986 in Kraft getretene Vertrag von Rarotonga (Vertragspartner: Australien, Neuseeland, Cookinseln, Niue, Fiji, Tuvala, Kribati, West Samoa und den Salomonen) vereinbart worden, in dem u. a. das Testen von Atomwaffen im gesamten Südpazifik verboten wird. Auch hier hat Frankreich eine Ablehnungsstrategie verfolgt, indem man dem Vertrag nicht beitrat und weiter auf Atomtests in Mururoa setzte. Mitte Oktober 1995 ließen die USA, Großbritannien und Frankreich verkündigen, dass sie nach Abschluss der französischen Atomtests den Vereinbarungen zustimmen werden, die zum Ziel haben, den Südpazifik zu einer atomwaffenfreien Zone zu machen. Aufgrund dieser überaus erschreckenden Situation klingt es schon menschenverachtend, wenn in den Medien erklärt wurde, dass man nach dem angekündigten endgültigen Verzicht auf Atomtests vonseiten Frankreichs auf den Atollen entweder Feriendörfer oder Umweltbeobachtungsstationen errichten wolle.

Am Dienstag, den 5.9.1995, um 22:30 MEZ ließ die französische Regierung den ersten von ca. 8 geplanten Atomtests auf dem Mururoa Atoll durchführen. Die Bombe war unterirdisch gezündet worden und hatte eine Sprengkraft von weniger als 20 Kilotonnen.

Nach der Explosion der Atombombe wurde Frankreich mit einer Welle von Protesten überhäuft, wobei sich auffälligerweise die Atommächte USA, Russland, England, aber auch die deutsche Regierung merklich zurückhielten, eine Tatsache, die von der französischen Administration durchaus wohlwollend registriert wurde. In der französischen Überseeprovinz Tahiti kam es in den Tagen nach der Durchführung des Atomtests zu schweren Unruhen, die Frankreich erst durch den Einsatz von aus Mururoa herbeigeholten Fremdenlegionären beenden konnte.

Als eine der ersten Maßnahmen hatte sich der Nachfolger von **F. Mitterrand** im Amt des französischen Staatspräsidenten, **J. Chirac** für eine Wiederaufnahme der unterirdischen Atomtests im Südpazifik entschieden. Nach eigenem Bekunden sollten die begrenzte Versuchsreihe Belege dafür liefern, dass in Zukunft die Weiterentwicklung der Atomwaffen durch Simulationsanlagen im Labor gewährleistet werden kann. Ob diese Ziele wirklich im Vordergrund des französischen Vorhabens stehen, kann nach Durchführung der ersten beiden Atomtests im Südpazifik ernsthaft bestritten werden.

Die EU-Kommission prüfte in der Zwischenzeit, ob Frankreich nicht gegen den seit 1957 existierenden Euratom-Vertrag, da besonders gegen die Artikel 34 und 35 verstoßen wurde. Die bestehenden Verträge bieten jedoch zurzeit offensichtlich keine rechtliche Handhabe, um die französischen Atomtests im Südpazifik zu stoppen.

Dass die deutsche Politik sich auch unter einer außen- und verteidigungspolitischen Perspektive mit den Atomtests der Franzosen intensiv beschäftigen muss, machte eine Ankündigung der französischen Regierung durch den Regierungschef **A. Jupp** deutlich, dass man in Zukunft einen europäischen Atomschirm in enger Kooperation mit Großbritannien auf ganz Europa, im Besonderen auf Deutschland ausdehnen könne. Zwar wird man die taktische Stoßrichtung derartiger Verlautbarungen in der aktuellen Diskussion nicht unterschätzen dürfen. Dennoch reicht in einer ernsthaften politischen Auseinandersetzung der besorgte Blick auf den Pazifik und das Schicksal der Atolle keineswegs aus. Alle politischen Anstrengungen im außenpolitischen Bereich sollten unternommen werden, dass endlich ein umfassender Atomteststopp zustande kommt, die Weiterverbreitung von Atomwaffen weltweit effizient verhindert wird und umfassende Abrüstungsmaßnahmen in die Wege geleitet werden. Zudem ist dringend notwendig, dass auch auf europäischer Ebene ein gemeinsamer politischer Standpunkt gesucht wird.

Am Montag, den 2. Oktober 1990, 0:30 MEZ, führte Frankreich den zweiten Atomwaffentest in diesem Jahr im Südpazifik durch. Im Gegensatz zu dem ersten Atomwaffentest vor wenigen Wochen, der auf dem Mururoa Atoll stattfand, wurde die 2. Atombombe auf dem ca. 40 Kilometer entfernten Fangataufa Atoll gezündet.

Die Atombombe, die auf dem Fangataufa Atoll getestet wurde, war mit 110 Kilotonnen der viertstärkste Atomsprengsatz, den Frankreich je gezündet hat. Während und nach der Sprengung wurden im Südpazifik Erdstöße gemessen, die die Stärke von 5,9 auf der Richterskala aufwiesen.

Experten vermuten, dass der getestete TN (thermonucleare) Atomsprengkopf zur Bestückung der M-5 Raketen dienen kann, die mit einer Reichweite von 6.000 Kilometern auf den französischen Atom U-Booten stationiert werden sollen.

Wiederum sah sich Frankreich direkt nach der Durchführung des Atomtests mit weltweiten Protesten konfrontiert, im Besonderen vonseiten der Regierungen von Australien, Neuseeland und Japan.

Eine neue Wendung in der aktuellen Diskussion über die Auswirkungen der Tests, auf die Südpazifik- Atolle brachte, ein spektakulärer Artikel in der französischen Tageszeitung „L 'Monde". Dort wurde eine französische Militärkarte aus dem Jahre 1980 publiziert, auf der ersichtlich wird, dass schon vor 15 Jahren lange Risse den Basaltsockel des Mururoa Atolls durchzogen haben. Diese Risse waren anschließend mit Zementfüllungen von den französischen Militärs verschlossen worden. Dabei muss betont werden, dass bis 1980 erst 30 unterirdische Atomtests in Mururoa durchführt worden waren. Heute beträgt die Zahl der durchgeführten Tests ca. 100. Auf z. T. 3 m breite Risse im Atoll hat auch im Jahre 1987 eine Unterwasserexpedition unter der Leitung **Jacques Cousteaus** hingewiesen. Ähnliche Informationen wurden Mitte Oktober von der australischen Zeitschrift „Sydney Moming Herald" mitgeteilt. Zudem wurde darauf hingewiesen, dass große Fischbestände infolge der von den Franzosen ausgelösten Atomtests regelrecht **„zerrissen"** worden seien.

Auf diese Artikel reagierten offizielle Regierungsstellen und Regierungsmitglieder Frankreichs in aller Öffentlichkeit äußerst gereizt. Die in „L 'Monde" veröffentlichte Karte wird als Fälschung bezeichnet, der Zeitung gar mit rechtlichen Schritten gedroht.

Offensichtlich ist von französischer Seite erkannt worden, dass die Belege, die die französische Zeitung vorgelegt hat, einen Beweis dafür liefern, dass die Bedrohung der Atolle im Südpazifik durch die Atomwaffentests doch weit größer ist, als dies die französische Regierung der Weltöffentlichkeit Glauben machen will.

Der Raum für Spekulationen ist in der Tat groß. Vor allem stellt sich die Frage, ob eine Verlegung der Atomtests von Mururoa nach Fangataufa auch mit Blick auf die offenkundig brüchige Struktur des Mururoa Atolls vorgenommen wurde.

Damit steht zu befürchten, dass bei weiteren Atomwaffentests auf den Atollen Mururoa und Fangataufa Teile der Vulkansockel aufgerissen werden können. Durch das im Vulkansockel von Mururoa nach den französischen Atomwaffentests eingeschlossene radioaktive Material ist das Atoll **weltweit eine der größten Lagerstätten.** Ob überhaupt diese Lagerstätte für radioaktives Material wasserdicht im Wesentlichen abgeschlossen bleibt, kann wohl niemand zurzeit mit Sicherheit beantworten.

In der ersten Oktoberwoche wurden zudem Spekulationen in der Öffentlichkeit laut, die andeuteten, dass möglicherweise die aktuelle Erdbebenserie in verschiedenen Teilen der Erde mit den Atomtests in Beziehung stehen könnte. Zwar ist es durchaus denkbar, dass durch die Tests ausgelöste Kettenreaktionen verschiedene Erdbeben nach sich ziehen können, ein wissenschaftlicher Beleg dafür kann jedoch nicht erbracht werden. Doch sollte nicht vergessen werden, dass die Struktur des Atolls so stark geschädigt ist, dass bei einem stärkeren Erdbeben der Sockel in sich zusammenbricht, den gelagerten Atommüll freisetzt und einen Tsunami von bisher unbekannter Wellenhöhe auslöst, mit dem Ergebnis, dass der gesamte Südpazifik in eine Katastrophe gezogen wird, deren Ausmaß selbst Computer noch nicht errechnen können.

Am 13. Oktober wurde der Friedensnobelpreis 1995 an die sogenannte „Pugwash-Konferenz" verliehen, einer Konferenz von Wissenschaftlern, die sich schon seit vielen Jahren gegen den Atomkrieg engagiert hat. Dieses Engagement hat durch die gegenwärtige Versuchsreihe der Franzosen besondere Aktualität bekommen.

Zur ungefähr gleichen Zeit meldeten die Nachrichtenagenturen, dass Frankreich angeblich den Bau von atomar bestückbaren Marschflugkörpern als Ersatz für veraltete Atomraketen plant. Diese Marschflugkörper könnten mit einer geplanten Reichweite von 900 Kilometern von Kampfbombern abgeschossen werden.

Der dritte Atomtest im Südpazifik fand am Freitag, den 27. Oktober 22:30 Uhr MEZ statt. Der Atomtest wurde diesmal wieder im Mururo Atoll durchgeführt. Die Explosion mit der Sprengkraft von 60 Kilotonnen Sprengstoff herkömmlichen TNT löste Erdstöße mit der Stärke von 5,4 auf der Richterskala aus. Der französische Präsident **Chirac** hat anschließend angekündigt, dass die Franzosen bis zum Frühjahr 1996 statt der geplanten 8, nur noch 3 weitere Atomtests durchführen werden.

Wie bei den vorhergehenden Atomtests so sollte auch dieser Test nach offizieller französischer Darstellung dazu dienen, „in Zukunft die Sicherheit und Zuverlässigkeit der Waffen zu garantieren".

Erneut sah sich die französische Regierung mit weltweiten Protesten konfrontiert. In Paris überreichten dem Präsidenten in Paris Greenpeace-Aktivisten insgesamt 7 Millionen Unterschriften von Atomtestgegnern aus aller Welt, die auf diese Weise ihren Protest deutlich machen wollten.

Am 30. Oktober trat in Den Haag zum ersten Mal der von der Weltgesundheitsorganisation (WHO) und der UN-Vollversammlung eingesetzte Internationale Gerichtshof zusammen, der darüber befinden soll, ob die französischen Atomtests rechtmäßig sind.

Der 4. französische Atomtest wurde am 27. November 1995 um 22:30 MEZ, wiederum im Mururoa Atoll, durchgeführt. Die Bombe hatte nach den französischen

116

Informationen eine Sprengkraft von 40 Kilotonnen herkömmlichen TNT. In der vorhergehenden Woche war Frankreich durch eine UN-Resolution zum sofortigen Stopp weiterer Atomtests aufgefordert worden. Die Tatsache, dass einige Mitgliedstaaten für die Resolution gestimmt hatten, führte zu Spannungen innerhalb der EU. Ein für die nächsten Tage geplantes französisch-italienisches Gipfeltreffen wurde abgesagt, ein Treffen zwischen **Chirac** und dem belgischen Ministerpräsidenten wurde verschoben.

Frankreich hat seinen EU-Partner mangelnde Loyalität vorgeworfen. Deutschland, Spanien und Griechenland hatten sich bei der Abstimmung über die EU-Resolution der Stimme enthalten, Großbritannien als einziges EU-Mitglied hat das Vorgehen Frankreichs ausdrücklich unterstützt. Das Verhalten der deutschen UN Vertretung wurde anschließend von **J. Chirac** lobend erwähnt. Welch ein Lob für eine demokratische Regierung, wo doch die Bevölkerung eigentlich eine klarere Haltung der Bundesregierung erwartet hatte.

Direkt nach der Durchführung des 4. Atomtests auf dem Mururoa Atoll beriefen die Regierungen von Australien, Neuseeland und Japan die jeweiligen französischen Botschafter ein und überreichten Protestnoten. In Tahiti, dem Ort, in dem nach dem ersten Atomtest heftige Unruhen ausgebrochen waren, gab es diesmal offensichtlich keine Zwischenfälle, da die eingeflogenen Sicherheitskräfte bestens ausgerüstet waren.

Wenn man den Ankündigungen der Franzosen folgt, dann war bis zum Frühjahr 1996 noch mit 2 weiteren Atomtests zu rechnen. In Zukunft, so die offizielle französische Darstellung, werde man Atomexplosionen in Computern simulieren.

Doch bevor die französische Regierung den Beschluss fasste, in Zukunft Simulationen mit Computern durchzuführen, sollten wir etwas über die französische Nuklearpolitik und deren Folgen in Algerien wissen.

Vor 50 Jahren wurde in Algerien die erste französische Atombombe gezündet. Die gesundheitlichen und psychischen Folgen wirken noch in der heutigen Generation weiter, doch die Politik tut sich, eigentlich wie immer und für alles, schwer in der Aufarbeitung.

Mitten in der algerischen Sahara, zweieinhalb Fahrtstunden von Tamanrasset entfernt, stehen ein gutes Dutzend Jeeps und ein Reisebus. Die algerische Regierung hat eine internationale Delegation eingeladen, die ehemalige französische Atomtestbasis zu besichtigen. Zum 50. Jubiläum des ersten Nuklearversuchs 1960. Die Fahrzeuge parken direkt neben der zweispurigen Wüstenstraße, über die Laster über Laster mit großen Staubwolken donnern. Den Straßenrand säumen einen Meter breite Rohre, die gerade verbuddelt werden. Durch diese Leitungen soll bald Wasser aus 700 Kilometer Entfernung fließen, zur wirtschaftlichen Entwicklung der Region. Dahinter steigt der tan Affela 1.000 Meter in den Himmel. Der Zugang zum Berg ist weiträumig von einem hohen Drahtzaun versperrt. Arabische Schilder warnen: Gefahr! Vor dem Portal hat Ammar Mansouri vom staatlichen algerischen Atominstitut eine Gruppe Journalisten um sich versammelt:

Bis 1966 hat Frankreich hier insgesamt 13 unterirdische Atomtests im Berggestein durchgeführt. Vier gingen schief. Am 1. Mai 1962, zwei Monate vor der algerischen Unabhängigkeit, passierte der schlimmste Unfall. Es war weltweit der erste Gau vom Typ Tschernobyl. Dabei schmolz Gestein, es wurde viel hochverstrahlte Lava aus dem Berg geschleudert. Radioaktive Gase formten eine mächtige schwarze Wolke, die weit über das Land zog. Ein Soldat erzählt, dass er damals mit acht anderen französischen Wehrpflichtigen auf Wachpatrouille war, einige Kilometer entfernt. Wie sie sich plötzlich mitten in der Wolke wiederfanden und jeglicher Kontakt zum Rest der Truppe abgebrochen war. Dass sie nach langem Irrmarsch von Männern in Schutzkleidung empfangen und sofort in ein eilends errichtetes Dekontaminierungslager gebracht wurden. Eine Woche später wurden sie in die Heimat ausgeflogen und in ein Militärkrankenhaus gebracht. Es ist der Aufklärungsarbeit von Vereinen zu verdanken, dass die Öffentlichkeit heute überhaupt von diesem schweren atomaren Unfall weiß. Jahrzehnte beharrte Paris auf dem Mythos der **„sauberen Atomtests"**. Der Soldat sagt, er verspüre keine gravierenden gesundheitlichen Folgen. Aber dennoch hätten die Schrecken dieses Tages bei ihm unauslöschbare Spuren hinterlassen. Auch am Unglücksort sind die Spuren längst noch nicht beseitigt. **Ammar Mansouri** zeigt auf die Risse im Berg: Der algerische Atomphysiker fürchtet, sie könnten weiter aufreißen und noch mehr Strahlung freisetzen. Am Fuße des tan Affela begrenzt er die Besichtigung strikt auf eine Viertelstunde: aus Sicherheitsgründen. Dabei heißt es in zwei Studien der französischen Regierung und der Internationalen Atomenergiebehörde, die radioaktive Belastung sei gering. Gefahr für Mensch und Umwelt bestünde nicht. Den Geigerzähler in der Hand, straft **Ammar** die Behörden Lügen. Seit über zwei Jahrzehnten kämpfen einige Franzosen mit einem Vereinsnetzwerk dafür, dass Frankreich sich seiner Verantwortung für die Folgen seiner Atomtests stelle. Er zitiert die kürzlich veröffentlichte Vorstudie eines unabhängigen französischen Strahlenmessinstituts. Deren Ergebnis: Die radioaktive Strahlung der Lavaschicht ist tausend Mal höher als die normale Hintergrundstrahlung in der Region. Ammars Geigerzähler schrillt beängstigend.

„Jetzt kommt der Geigerzähler nicht mehr mit. Da lassen sich die Werte nur noch im Labor bestimmen. Nur so viel: Wenn Sie zehn Stunden hier verbringen, haben Sie die höchstzulässige Strahlendosis für ein Jahr weg. Es ist also sehr gefährlich hier. Vor allem auch, weil Kamele und Ziegen Lücken im Zaun finden und zum Weiden herkommen. Über deren Fleisch, deren Milch gelangt die Radioaktivität dann in die menschliche Nahrungskette."

Die schweren Baumaschinen zum Tunnelbau, die mal auf dem Bergplateau standen, sind spurlos verschwunden. Die Explosionswelle schleuderte sie wie Spielzeug durch die Luft. Und Schrotthändler räumten nach dem Abzug der Franzosen illegal bis auf die letzte Schraube ab. Sie buddelten auch einen Gutteil des verstrahlten Materials aus, das nach den Tests im Wüstensand vergraben wurde. Wo noch was liegt, weiß in Algerien heute keiner. Die entsprechenden Karten ebenso wie die Unterlagen zur Sprengkraft der gezündeten Bomben nahmen die Verantwortlichen der Atomtests mit nach Frankreich. Dort liegen sie nun in den Militärarchiven. Und mit dem neuen Archivgesetz aus dem Jahr 2008 hat Frankreich diese Akten als Geheimdokumente eingestuft, damit sind sie auf ewig unter Verschluss. So tut sich Algerien schwer, das strahlende Erbe der Nuklearversuche in der Wüste zu beseitigen. Bis heute gibt es allenfalls erste Erkenntnisse über das wahre Ausmaß der Folgen der Atomtests. 2007 veranstaltete die Regierung in Algier erstmals ein Kolloquium zu diesem Thema. Und lädt nun, zum 50. Jahrestag des ersten Atomtests der ehemaligen Kolonialherren, zu einer neuen Bilanz. Dazu fliegt auch **Meloui Zina** ein. **Zina** kam vor fünf Jahren in die Wüste. Als sie im Krankenhaus von Tamarasset als allererste Hämatopathologin den Dienst antrat.

„Anfangs wusste ich gar nicht, dass in der Region Atomtests durchgeführt worden waren. Doch im Laufe meiner Arbeit wurde ich hellhörig. Denn ich war mit sehr vielen

Fällen von Schilddrüsenkrebs konfrontiert. Ich war sehr schockiert und habe darüber mit Professoren in Algier gesprochen. Sie bestätigten mir, dass es im Süden weit mehr Patienten mit Schilddrüsenkrebs gibt als in Algier."

„In meiner Statistik steht bei unseren weiblichen Patienten der Brustkrebs, wie gewöhnlich, an erster Stelle. Nicht normal hingegen ist: An zweiter Stelle folgt Hautkrebs, bei Männern und bei Frauen, quer durch alle Altersgruppen. An dritter Stelle findet sich der Schilddrüsenkrebs. Und normalerweise ist das zweithäufigste Krebsleiden bei Frauen der Gebärmutterhalskrebs. In Tamanrasset jedoch ist es der Schilddrüsenkrebs, der strahlenbedingt sein kann. Das bedeutet: Unsere Region unterliegt einem ganz eigenen Umweltfaktor. Und dabei kann es sich eigentlich nur um die Folgen der radioaktiven Strahlung aus den Atomtests handeln. Zum einen brauchen wir eine vertiefte Studie, um alle Krebserkrankungen bei uns genau zu bestimmen. Und zum anderen brauchen wir ausreichende Mittel, um die Kranken anständig zu versorgen."

Zur Eröffnung des internationalen Kolloquiums in Algier ertönt die Nationalhymne. Eingeladen hat das Ministerium für die Mudschahedin. Auf dem Podium sitzen, neben Experten aus Australien und Großbritannien, auch Vertreter der beiden französischen Opfervereine, die sich 2001 mit jeweils mehreren Tausend Mitgliedern gründeten. „Aven" in Frankreich versammelt ehemalige Wehrpflichtige und Militärs, die bei den Nuklearversuchen Dienst taten. „Moruroa e Tatou" gehören Arbeiter der französischen Atomtestbasis in Polynesien an. Ihre gemeinsame Lobbyarbeit führte zur sogenannten Loi Morin, zum französischen Entschädigungsgesetz, das zu Jahresbeginn in Kraft trat, benannt nach dem Verteidigungsminister, Hervé Morin. Beim Kolloquium in Algier kommentieren die Präsidenten der Opfervereine den französischen Gesetzestext. **Ammar Belkacem** lauscht ihnen aufmerksam. Der Endvierziger ist groß, stämmig gebaut, doch sein Antlitz wirkt, wie aus den Fugen geraten: Die beiden Gesichtshälften sind völlig ungleich:

„Ich bin ein Opfer der französischen Atomtests in Algerien. Als junger Mann wog ich 60 Kilo und war rundum gesund. Dann wurde ich beim Armeedienst in der Region von Tamanrasset eingesetzt, zum Bau der Wüstenstraße. Ab 1987 war ich zwei Jahre lang direkt am ehemaligen Atomtestgebiet. Drei Monate nach meiner Ankunft ging mein Körper plötzlich auf wie ein Hefekuchen, bis ich 120 Kilo wog. Meine Knochen wucherten. Später erstarrte mein rechter Arm, er ist heute völlig gelähmt. Auch meine Beine machen Probleme. Und als man mich endlich mal richtig untersuchte, in einem Krebszentrum in Algier, fand man eine ganze Latte von Krankheiten: Drüsenkrebs, Herzprobleme, Cholesterol. Alle Leiden, die sich auf der Liste strahlenbedingter Krankheiten wiederfinden, die in Frankreich für das Entschädigungsgesetz erstellt wurde."

Belkacem fühlt sich als spätes Opfer der Atomversuche. Doch selbst wenn dies wahr sein sollte: Einen Anspruch auf Entschädigung hat er laut der Loi Morin nicht. Denn er war nicht unmittelbar während der Nuklearversuche am tan Affela, sondern erst ein Vierteljahrhundert später. Doch die Loi Morin verspricht nur denen Entschädigung, die zum Zeitpunkt der Bombenversuche auf der Testbasis waren. Damit dürfte es auch vielen anderen potenziellen Opfern in Algerien schwerfallen, gesundheitliche Schäden anerkannt zu bekommen. Das Dringendste für die Regierung in Algier sind vorerst zwei Punkte: Paris soll Details zur damaligen Strahlung offenlegen. Und angeben, wo der radioaktive Müll entsorgt wurde, denn der strahlt bis heute weiter. Die algerische Presse berichtet ausführlich über das zweitägige Kolloquium. Und in derselben Woche druckt die Tageszeitung El Watan ein ganzseitiges Interview mit Jurien de la Gravière ab. Dem Verantwortlichen der Pariser Kommission, die sich seit fünf Jahren um die Folgen der französischen Atomtests kümmert. Gravière macht im El-Watan-Interview erstmals publik, dass seit Ende 2007 eine französisch-algerische Arbeitsgruppe in Geheimverhandlungen zum Thema tagt. Mit dem Ziel, eine ausführliche Expertise zu erstellen. Immerhin kündigt Jurien de la Gravière Mitte März in einer Diskussionssendung im französischen Fernsehen knapp an, dass Paris Hilfestellung beim Aufräumen leisten wolle.

„Warten wir ab, dass die Expertise fertig ist. Und dann können wir uns anschauen, wie genau zu verfahren ist."

Da hakt die Moderatorin nach. Dass alles so lange dauert, ist nicht meine Schuld. Die beiden Staatspräsidenten, **Sarkozy** und **Bouteflika**, haben sich im Dezember 2007 erstmals getroffen und auch die Atomtests angesprochen. Das ist ja noch nicht so lange her."
Zweifelsohne ist das Atomtestdossier ein Stachel in den franko-algerischen Beziehungen. Aber bei Weitem nicht der Einzige meint **Dominique David**. **David** leitet in Paris das „Ifri", das „Institut français des relations internationales". Eine der wichtigsten Denkfabriken des Landes.

„Die beiden Staaten haben es bislang auf beiden Seiten selbst am Minimum an intellektueller Verantwortung fehlen lassen, um ihre historischen Probleme aus der Kolonialzeit zu regeln. Die diplomatischen Beziehungen sind geprägt von tiefem Groll, der auf beiden Seiten instrumentalisiert wird. Aus innenpolitischen Gründen will Frankreich bestimmte Dinge nicht anerkennen, um einen Teil seiner politischen Elite und gewisse Praktiken in der Vergangenheit nicht bloßzustellen. Selbst wenn wir mittlerweile eingestanden haben, dass wir einen Kolonialkrieg gegen Algerien führten. Die Regierung in Algier ihrerseits sieht sich im Erbe der Generation, die Algerien in die Unabhängigkeit führte. Und sie setzt auf eine antifranzösische Stimmung, um ihre Politik und die Machtkontrolle zu steuern."

Am 13. Februar 1960, nach dem ersten Nuklearversuch in der damaligen Kolonie Algerien, jubelt **General de Gaulle**, Frankreich sei nun eine Atommacht. 50 Jahre später unterlassen es das Verteidigungsministerium und das Kommissariat für Atomenergie wohlweislich, das Jubiläum zu zelebrieren. Die gesundheitlichen Folgen der Atomtests, die endlich aufgedeckt wurden, sind dabei ein Grund. Ein anderer, so **Dominique David** vom Forschungsinstitut „Ifri", sei die laufende Debatte um nukleare Abrüstung und Nichtverbreitung von Atomwaffen. Was die Vorschläge des US-Präsidenten betrifft, steht Paris auf dem Standpunkt, sein Soll schon mehr als erfüllt zu haben. Tatsächlich hat Frankreich nach weltweiten Protesten seine Nukleartests unter Präsident **Chirac** 1996 beendet. In dieselbe Zeit fiel die Reduktion der nuklearen Sprengköpfe um ein Drittel. Doch **„Global Zero"**, wie es Obama als Vision mit seiner Rede in Prag formuliert hat, die komplette atomare Abrüstung, steht für Frankreich nicht an, meint Militärexperte **David:**

„Frankreichs Einstellung zur Atombombe ist einfach und unverändert. Erstens: Wir sind eine Atommacht. Wären wir das nicht, würden wir eventuell anders denken. Aber wir sind nun mal eine Atommacht. Zweitens: Es ist nicht vorhersehbar, was in der Welt passieren kann. So ist Frankreichs Standpunkt folgender: Solange wie die Welt unberechenbar ist, wie das Gleichgewicht der Mächte langfristig nicht absehbar ist, wie das Proliferationsproblem nicht gemeistert ist – solange haben die Atomwaffen für die Sicherheit unseres Landes noch ihre Rolle zu spielen."

Im kommenden Mai geht es bei den Vereinten Nationen in New York, wie alle fünf Jahre, um eine Überprüfung im Rahmen des Atomwaffensperrvertrags. Die letzte Runde, 2005, scheiterte. Vor allem an der starren Haltung der Vereinigten Staaten, der Bush-Regierung. Diesmal könnte der „Schwarze Peter" Frankreich zukommen. Atomwaffengegner wie der in Lyon ansässige Verein „Observatoire des armements", Beobachtungsstelle für Nuklearwaffen, hoffen, Paris wenigstens zu einigen Zugeständnissen bewegen zu können. Wie beispielsweise, dass die atomaren Sprengköpfe nicht automatisch einsatzfähig montiert werden, sondern erst im Falle einer unmittelbaren Bedrohung. Den Vorsitz des „Observatoire des armements" führte lange Jahre **Bruno Barilllot**. Heute dokumentiert er im Auftrag der Regionalregierung in Polynesien, dem französischen Überseedepartement in der Südsee, die Folgen der dortigen Atomtests. Gleichfalls setzt er sich mit einem internationalen Netzwerk für ein Ziel ein. Die Schaffung weltweiter Normen für den Umgang mit den Folgen der Nuklearversuche. Eine Idee, für die **Bruno Barilllot** auch beim Atomtestkolloquium der algerischen Regierung im Februar wirbt:

„Um solche internationalen Normen einzuführen, müssen wir meiner Meinung nach denselben Weg gehen wie bei unserer früheren Initiative gegen die Landminen. Da konnte ein großes Netzwerk von Nichtregierungsorganisationen das Thema weltweit publik machen. Und wir brachten Norwegen, Kanada und Belgien auf unsere Seite. Deren diplomatischer Einsatz führte 1997 zum Ottawa-Abkommen, zum Verbot der Landminen."

Auch **Lynn Anderson** strebt solche Normen an, um politisch Druck machen zu können. Jahrelang setzte sich die Australierin in ihrem Parlament für angemessene Mittel ein, die Folgen der britischen Atomtests im australischen Busch zu beseitigen. Nach dem Vorbild der Vereinigten Staaten, die einen Teil ihres Testgebietes in Nevada und ein Südseeatoll rehabilitierten. Doch wo sonst rund um den Globus Atomtests in der Atmosphäre für radioaktiven Fallout sorgten, sind die Gebiete bis heute überall Sperrbezirk. Unbrauchbar gewordenes, gefährliches Land. In Algier resümiert **Lynn Anderson**:

„Die australische und die britische Regierung haben beide entschieden, den Fall als abgeschlossen zu betrachten. Im vergangenen Dezember haben sie einen Teil des ehemaligen Testgebietes gesäubert seinen Besitzern, den Ureinwohnern, zurückgegeben. Doch Atomtests wirken ewig nach. Irgendwann wird man feststellen, dass man nicht genug getan hat, und dann muss man erneut anfangen, die Umwelt zu säubern."

Immerhin: Die Opfer der französischen Atomtests nutzen das Kolloquium zum symbolischen Schulterschluss. Vor seinen Kollegen aus Frankreich und Algerien stimmt **John Doom**, Präsident des polynesischen Vereins, bei einer kleinen Feier ein gerührtes Dankeslied an:

„Seit Langem warten wir auf diese internationale Solidarität, und nun ist sie Realität. Jetzt geht es erst richtig los. Heute sind wir drei Vereine nichts als Sandkörner. Aber gemeinsam wollen wir einen Sandsturm auslösen. Um unser Ziel zu erreichen: Wahrheit und Gerechtigkeit für die Opfer der Atomtests, in Algerien, in Polynesien – und überall in der Welt, wo Atomtests stattfanden."

China

Lop Nor, Testgelände in der Wüste Gobi, ca. 265 Kilometer südöstlich von Urumqi in der Region Xinjiang

China hat den ersten Atomwaffentest im Jahre 1964 und bis zum Jahr 1980 oberirdische Explosionen durchgeführt. China verweist vor allem darauf, dass ein Verzicht auf Atomwaffentests zurzeit nicht möglich sei, weil die technischen Möglichkeiten im Vergleich zu den USA z. B. in China nicht ausreichend sind, die Tests umfassend mit Computern in den chinesischen Labors zu simulieren.

Über die Folgen der Atomtests in China gibt es kaum Informationen. Von daher kann man über Auswirkungen möglicher Fallouts, die Zahl des an den Tests teilnehmenden Personals, über Dosiswerte der Downwinds oder sog. „Ausbläser", die nach unterirdischen Atomtests auftreten können, nur spekulieren. Das Testgelände Lop Nor hat ungefähr die Größe der ehemaligen DDR und ist nicht bewohnt.

Während der Tests soll es einmal Tote gegeben haben; in der Umgebung des Testgeländes soll eine regelrechte Krebsepidemie unter der Bevölkerung grassieren. Vonseiten der betroffenen Bevölkerung soll es zudem Demonstrationen gegen die enorme Zunahme von Krebserkrankungen gegeben haben; diese Proteste sind von staatlicher Seite mit dem harten Eingreifen des Militärs beendet worden. Wie in den meisten Testgebieten auf der Erde ist auch in China von den Atomtests eine Minderheit besonders betroffen, das in der autonomen Region Xinjiang lebende Volk der turkmenischen Uiguren.

Immer und überall können wir hören, wie Regierungen gegen Menschen vorgehen, die unmittelbar Betroffene sind. Welches Recht gilt in diesen Fällen? Gibt es überhaupt ein Recht für die Betroffenen? So lange Zeit habe ich die schwingenden Gummiknüppel, Tränengas sprühenden, brutal zuschlagenden und Wasserwerfer einsetzenden Sicherheitskräfte erleben müssen, dass mir heute noch schlecht wird, wenn ich mit ansehen muss, wie gelebte Demokratie mit den Füßen getreten wird. Ich muss mich wiederholen. Wir benötigen die Sicherheitskräfte, um uns vor den Politikern zu schützen. Deren Selbstbedienungsmentalität und deren Ausgabenpolitik gehören einer starken, übergeordneten Kontrolle zugeführt und nicht, wie wir heute sehen können, deren Politik und Unfähigkeit, zum totalen Kollaps des Europäischen Währungssystems führen.

Indien

Thar-Wüste, in Westindien in der Grenzregion zu Pakistan.

Indien gilt heute sicher als hoch entwickelte Atomwaffenmacht mit einer autarken atomaren Infrastruktur. Zudem muss man Indien in eine höchst gefährliche und konfliktbelastete geopolitischen Situation in direkter Nachbarschaft zu China und Pakistan einordnen.

Im Jahre 1974 fand in Indien der erste und bislang einzige, wohl unterirdische Atomwaffentest in der Thar-Wüste, in Westindien in der Grenzregion zu Pakistan statt. Offiziell wurde dieser Versuch jedoch als „friedlicher" Atomtest deklariert, der nicht zur

Erprobung und Entwicklung von Atomwaffen gedient habe. Über den Verlauf des Tests und über Stärke und Art der getesteten Bombe sind keine weiteren Informationen erhältlich.

Auch über die negativen Auswirkungen des Atomwaffentestes im Jahre 1974 existieren keine verwertbaren Informationen. Ein offenes Geheimnis stellen jedoch die bekannt gewordenen schweren, wohl auf atomare Verseuchung zurückzuführenden Krankheiten in der indischen Bevölkerung dar, die in der Nähe von Uran- und Thoriumabbaugebieten und Reaktoren sowie anderer nuklearer Anlagen leben.

Pakistan

Seit 1990 kann man mit einiger Sicherheit davon ausgehen, dass auch Pakistan über Atomwaffen verfügt. In der deutschen Öffentlichkeit ist die Involvierung deutscher Firmen, hier besonders die Hanauer Firma „Transnuklear" in Atomwaffengeschäfte seit der Einsetzung eines Untersuchungsausschusses des Deutschen Bundestages hinreichend bekannt.

Bezeichnenderweise in den indischen Medien wurde mehrfach behauptet, dass schon im Jahre 1983 Pakistan Atomwaffen getestet habe. Zudem gibt es durchaus ernst zu nehmende Gerüchte darüber, dass Pakistan möglicherweise in Lop Nor in China Atomtests durchgeführt haben könnte. Es ist also zum jetzigen Zeitpunkt nicht möglich, mit Sicherheit festzustellen, ob Pakistan überhaupt Atomtests durchgeführt hat. Experten halten es jedoch für denkbar, dass mögliche pakistanische Tests nicht als derartige wahrgenommen werden konnten bzw. als chinesische Tests registriert wurden.

Südafrika

Im Jahre 1993 gab der damalige Staatspräsident **F. W. de Klerk** bekannt, dass Südafrika, das über wichtige Uranvorkommen verfügen kann, seit 1974 an Atomwaffen gearbeitet habe und über 6 Sprengköpfe verfüge. Diese seien jedoch 1990 vernichtet worden. Er bestritt zwar, dass Südafrika Atomwaffenversuche durchgeführt hat; es gilt jedoch weitgehend als sicher, dass 1979 von einem US-Satelliten im Südatlantik, südwestlich des Kaps der Guten Hoffnung, Signale aufgenommen wurden, die auf eine Atomwaffenexplosion der Südafrikaner hinweisen könnten, und zwar auf der zu Südafrika gehörigen Prince Edward Insel im Indischen Ozean. Dieser Test könnte auch ein gemeinsamer Versuch von Israel und Südafrika gewesen sein, der beiden Länder, die seit den 70er Jahren eng in Sachen Entwicklung und Bau von Atomwaffen zusammenarbeiteten.

Zudem gibt es Gerüchte über einen unterirdischen Atomwaffenversuch der Südafrikaner in der Wüste Kalahari im Jahre 1977. Es wird jedoch vermutet, dass der Versuch Südafrikas, die Bombe zu zünden, fehlgeschlagen sei. Über die Motive der Regierung **de Klerk,** diese „Selbstanklage" 1993 an die Öffentlichkeit zu bringen, ist viel gerätselt worden: Zum einen wird angenommen, dass der Druck der US Regierung die Verantwortlichen in Johannisburg zum Handeln getrieben habe. Wichtig aber ist auch der Versuch der damaligen Regierung, Südafrika aus der auch ökonomischen weltweiten Isolation herauszuführen. Es gibt jedoch auch ernst zu nehmende Stimmen, die darauf hinweisen, dass **de Klerk** bei einem wahrscheinlichen künftigen Wahlsieg des ANC alles daransetzen wollte, zu verhindern, dass Atomwaffen in „schwarze Hände" geraten könnten.

Israel

Eine besondere geopolitische Rolle im Nahen Osten in einer äußerst kritischen strategischen Position macht eine kritische Bewertung Israels in Bezug auf die Atomwaffenstrategien besonders schwierig. In zeitweiser Kooperation und Unterstützung Frankreichs, der USA und Südafrikas verfügen die Israelis seit den 60er Jahren über Atomwaffen. Im Jom-Kippur Krieg von 1973 war die Gefahr akut, dass in dem Konflikt Atomwaffen eingesetzt werden könnten. Auch im Golf-Krieg hatte Israel die Atomwaffenanlagen in Alarmbereitschaft versetzt. Es gibt Spekulation darüber, dass auch Israel Mitte der 60er Jahre in einer Höhle in der Nähe der Grenze zu Ägypten eine kleine Atombombe gezündet haben könnte.

Zusammenfassend ist zu sagen, dass Atomwaffentests grundsätzlich zur Modernisierung und zur Herstellung neuer Atom-Waffensysteme dienen. Von daher ist ein umfassender Atomteststopp für weitere Abrüstungsmaßnahmen notwendige Voraussetzung. Es muss vor allem darauf geachtet werden, dass die sogenannten Schwellenländer, d. h. die Staaten, die atomwaffenfähiges Material besitzen oder aber herstellen können, effektiv von einer Entwicklung von Atombomben abgehalten werden. Auch in diesem Zusammenhang wäre ein umfassender Atomwaffenteststopp ein wichtiges Signal. Schwellenländer sind vor allem: **Der Iran**, von dem schon vermutet wird, er habe in der ehemaligen SU Atomwaffen gekauft. **Der Irak**, von dem nach dem Golfkrieg bekannt wurde, dass dieser südlich der Hauptstadt Bagdad ein Atomtestgebiet ausgesucht hatte und 1995 auch öffentlich zugab, im Zusammenhang mit der Invasion in Kuwait an der Produktion von Kernwaffen gearbeitet zu haben. **Nordkorea**, von dem Südkorea bisweilen angenommen hat, es verfüge über Atomwaffen, zudem ist Nordkorea 1993 aus dem Atomwaffensperrvertrag ausgetreten. **Südkorea** ist in der zivilen Nuklearentwicklung weit fortgeschritten, und durchaus in der Lage, Atomwaffen zu bauen. **Brasilien** verfügt über kerntechnisches Know-how und die dazugehörige Ausrüstung und hat auch schon zugegeben, an Atomwaffen gearbeitet zu haben. Ein im Amazonas-Bundesstaat vorbereiteter etwa 320 m tiefer Schacht, in dem eine Atomwaffe gezündet werden sollte, wurde wieder zugeschüttet. Es wird jedoch vermutet, dass Brasilien weiter an Atomwaffen arbeitet. Auch **Argentinien** verfügt über die technischen Fähigkeiten zum Bau von Atomwaffen. Im Jahre 1982, im sogenannten Falklandkrieg, hatte Großbritannien nach der Zerstörung britischer Kreuzer durch argentinische Raketen mit einem Atomangriff auf die argentinische Stadt Córdoba gedroht. Des Weiteren gibt es zum Teil durchweg sichere Hinweise darauf, dass aktiv auch **Algerien, Ägypten, Syrien, Libyen, Chile und Taiwan** mit dem Bau von Atomwaffen beschäftigt waren bzw. immer noch sind.

Wenn man sich diese erschreckende Auflistung vor Augen hält und dazu noch bedenkt, in wie vielen regionalen Konfliktgebieten der Einsatz von Atomwaffen möglich ist, dann erscheint es in der Bundesrepublik dringend geboten, in der politischen Öffentlichkeit wieder verstärkt über die Rolle der Bundesregierung und der deutschen Wirtschaft, bei der Verbreitung von Geräten und Materialen nachzudenken, die zur Nutzung von Atomkraft im weitesten Sinne angewendet werden können. Im Prinzip hat die Bundesrepublik mit latenten Verstößen gegen den Atomwaffensperrvertrag in der Vergangenheit eine durchaus problematische Rolle gespielt. Diese Aufarbeitung wäre ein aktiver und notwendiger Beitrag zur Verhinderung der Verbreitung von Atomwaffen.

Vor allem das Beispiel Frankreich zeigt, dass auch in der Bundesrepublik keinesfalls eine Idealisierung des Prinzips der atomaren Abschreckung Platz greifen sollte. In einer sich ständig verändernden Welt seit dem Ende des Ost-West Konflikt besteht die große Gefahr, dass vor allem in den zahlreichen regionalen Konflikten besonders der Einsatz von sogenannten „kleinen" Atomwaffen jederzeit denkbar erscheint.

Der Arzt und Friedensnobelpreisträger **Albert Schweizer** hatte schon, 1957 darauf hingewiesen, dass der einfachste Weg, das Wettrüsten zu beenden, darin bestehe, alle Atomwaffentests einzustellen. Dieser Hinweis ist heute noch grundsätzlich gültig.

Lassen Sie uns auch die Folgen für die Menschheit, Tiere und Pflanzen beleuchten.

Atomwaffentests gehen auf Kosten der einheimischen Bevölkerungen, besonders aber zulasten ethnischer Minderheiten: Die Shoshone-Indianer in den USA, Kasachen in der ehemaligen UdSSR, die Mikronesier und Polynesier im Südpazifik mussten in der Vergangenheit unter Zwangsumsiedlungen, Zerstörung der Gebiete und dem Leben in verseuchten Gebieten leiden. Zudem muss man die tief greifenden Eingriffe in soziale, kulturelle und auch ökonomische Strukturen dieser Bevölkerungsgruppen bedenken, die zu einer ernst zu nehmenden Gefährdung der Identität dieser Gruppen führen.

Bei vielen Atomwaffenversuchen mussten militärische Beobachter, Soldaten und Bewohner den Tests beiwohnen. In Ost und West wurden 100.000 de von Menschen von ihren Regierungen absichtlich immensen Strahlungen ausgesetzt. Soldaten und zivile Testbeobachter sind bisweilen als Versuchspersonen missbraucht worden.

Unabsichtlich, aber durchaus wissentlich, wurden Millionen von Zivilpersonen auf der ganzen Welt radioaktiven Strahlungen ausgesetzt. Die Folgen der „klassischen" oberirdischen Atomtests waren vor allem strahlenbedingter Krebs, der häufig erst viele Jahre nach der Durchführung der Atomwaffentests ausgebrochen ist. Hinzu kommen eine Vielzahl von Fehl- und Todgeburten und schwerwiegendsten Missbildungen bei Neugeborenen.

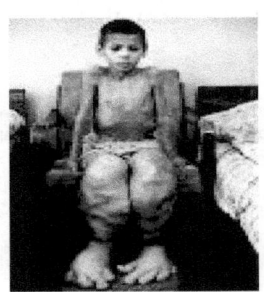 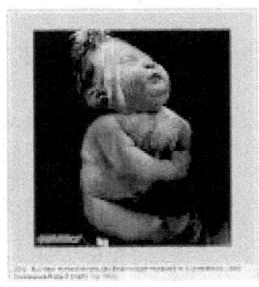

Missbildungen bei Kindern nach Tschernobyl

Die nähere und weitere Umgebung der Atomtestgelände ist auf viele Jahre radioaktiv verseucht worden. Besonders problematisch ist auch die Tatsache, dass Grundwasser und Nahrungsmittel aus dem Agrarsektor in diesen Gebieten zum Teil über alle Massen hoch radioaktiv belastet sind.

Aus dem Vorhandensein von radioaktiven Substanzen in den Weltmeeren resultiert eine immense Gefährdung des Lebens in den Ozeanen. Ein Großteil der radioaktiven Verseuchung der Weltmeere ist unmittelbar mit den Atomtests in der ganzen Welt in Verbindung zu bringen.

Wissenschaftler arbeiten z. Z. unermüdlich an der Kernfission und Kernfusion. Hierzu sind **Uran und Plutonium** erforderlich. Wir sollten etwas Kenntnis über diese Stoffe haben.

Uran ist ein natürliches radioaktives Element der Kernladungszahl 92. Die in der Natur vorkommenden Isotope sind das spaltbare ^{235}U, das mit thermischen Neutronen nicht spaltbare ^{238}U und das ^{234}U, ein Folgeprodukt des radioaktiven Zerfalls des ^{238}U. Die beim Zerfall der sehr langlebigen natürlichen Radionuklide ^{238}U (Halbwertszeit 4,5 Mrd. Jahre), ^{235}U (Halbwertszeit 0,7 Mrd. Jahre) und ^{232}Th (Thorium, Halbwertszeit 14 Mrd. Jahre) entstehende Nuklide sind wieder radioaktiv, sodass sie ihrerseits wieder zerfallen. So entstehen sogenannte Zerfallsreihen, die erst enden, wenn ein stabiles Nuklid entsteht. Vom ^{238}U geht die Uran-Radium-Zerfallsreihe aus, die über 18 Zwischenstufen beim stabilen ^{206}Pb (Blei) endet. ^{235}U steht am Anfang der Uran-Actinium-Zerfallsreihe, die über 15 Radionuklide zum ^{207}Pb führt. Mit zehn Zwischenstufen ist die bei ^{232}Th ausgehende und zum ^{208}Pb führende Thorium-Zerfallsreihe die kürzeste.

Plutonium ist das 94. Element im Periodensystem und wurde 1940 von den amerikanischen Forschern **Seaborg, McMillan, Wahl** und **Kennedy** als zweites Transuran-Element in der Form des Isotops ^{238}Pu beim Beschuss von ^{238}U mit Deuteronen entdeckt. Heute sind 15 Pu-Isotope bekannt. Besondere Bedeutung hat wegen seiner Eigenschaft als spaltbares Material das Isotop ^{239}Pu (Halbwertszeit 24.110 Jahre) erhalten. Die auf das 92. Element im Periodensystem – das Uran – folgenden Elemente 93 und 94 erhielten analog dem nach dem Planeten Uranus benannten Uran ihre Namen „Neptunium" (Np) und „Plutonium", nach den auf Uranus folgenden Planeten Neptun und Pluto. Plutonium entsteht durch Neutroneneinfang in ^{238}U und zwei darauf folgende β-Zerfälle nach folgendem Schema:

$$^{238}\text{U}+\text{n} => {}^{239}\text{U} => \beta\text{-Zerfall} => {}^{239}\text{Np} => \beta\text{-Zerfall} => {}^{239}\text{Pu}$$

$$^{238}\text{U}+\text{n} => {}^{239}\text{U} => \beta\text{-Zerfall} => {}^{239}\text{Np} => \beta\text{-Zerfall} => {}^{239}\text{Pu}$$

In der Natur kommt ^{239}Pu in verschwindend kleinen Mengen in uranhaltigen Mineralien (Pechblende, Carnotit) – ein Atom Pu auf 1 Billion und mehr Atome Uran – vor. Es bildet sich aus ^{238}U durch Einfang von Neutronen, die bei der Spontanspaltung des ^{238}U frei werden. Durch oberirdische Kernwaffentests wurden schätzungsweise Tonnen ^{239}Pu in die Atmosphäre freigesetzt und weltweit verteilt, sodass z. B. in Mitteleuropa rund 60 Bq ^{239}Pu pro m^2 abgelagert wurden. Plutonium ist ein radiotoxischer Stoff; seine chemische Giftigkeit als Schwermetall ist demgegenüber vernachlässigbar. Die radiotoxische Wirkung des Plutoniums kommt besonders bei der Inhalation feinster Pu-Aerosole zum Tragen; Verschlucken (Ingestion) von Plutonium ist etwa 10.000-mal ungefährlicher, dass Plutonium von der Darmschleimhaut nur zu etwa 1/100 Prozent aufgenommen wird, 99,99 % werden sofort wieder ausgeschieden.

Zum besseren Verständnis der folgenden Ausführungen gehe ich kurz auf den Aufbau eines Atomkerns ein. Er besteht aus den sogenannten Nukleonen, die als Sammelbezeichnung für Protonen und Netronen eingeführt wurde. Ein spezieller Kern ist durch die Angabe der Protonenzahl Z (Ladungszahl) und der Neutronenzahl N vollständig definiert. Die Gesamtzahl der Nukleonen (Massenzahl) ist A=N+Z. Aus präzise vermessenen Kernmassen für verschiedene Atome lassen sich eine Reihe sehr wichtiger Schlüsse ziehen. Zunächst kann man feststellen, dass die Masse eines Kerns der Nukleonenzahl A=N+Z stets etwas kleiner ist als die Summe der Massen von N Neutronen und Z Protonen. Dieser Massendefekt entspricht der Bindungsenergie, die frei wird, wenn die einzelnen Nukleonen zu einem Kern vereinigt werden. Umgekehrt ausgedrückt ist der Massendefekt äquivalent der Energie, die aufgebracht werden müsste, um den Kern in seine einzelnen Nukleonen zu zerlegen, wobei man die Nukleonen räumlich so weit trennen muss, dass sich keines mehr innerhalb der Reichweite der Kernkräfte eines anderen befindet.

Die Kernfission oder Kernspaltung wurde 1938 erstmals von **O. Hahn** und **F. Strassmann** entdeckt. **Liese Meitner** und **R. O. Frisch** gaben als erste eine korrekte Interpretation des zugrunde liegenden Prozesses, und wenig später wurde von **Bohr** und **Weehler** die theoretische Behandlung der Spaltung mithilfe des Tröpfchenmodells entwickelt. Am 2. Dezember 1942 setzte **E. Fermi** in Chicago die erste kontrollierte Kettenreaktion in Gang.

Bei der Kernspaltung wird in einem vereinfachten Bild jene Energie freigesetzt, welche dem Unterschied in der Bindungsenergie der Spaltprodukte und des Ausgangskerns entspricht. Sie beträgt für Uran rund 200 MeV/Spaltereignis. Hiervon werden etwa 160 MeV als kinetische Energie auf die Spaltbruchstücke übertragen. Bei der Abbremsung der Spaltbruchstücke wird jene Wärme erzeugt, die technisch nutzbar ist. Der Rest der Spaltungsenergie verteilt sich auf die Energien von Neutronen, Gamma-Quanten, Elektronen und Neutrinos, die als Folge der Spaltung emittiert werden.

Technisch genutzt wird die neutroneninduzierte Spaltung. Da beim Spaltprozess selbst Neutronen freigesetzt werden, können sich die Spaltungsreaktionen bei geeigneten Bedingungen mit konstanter Rate selbst aufrechterhalten (Reaktor) oder explosionsartig entwickeln (Kernsprengstoff). Als Brennstoff steht zunächst natürliches Uran zur Verfügung. Es besteht aus einem Gemisch von etwa 0,7 % ^{235}U und 99,3 % ^{238}U. Die beiden Isotope unterscheiden sich in ihrer Spaltbarkeit durch Neutronen. Um die Spaltung einzuleiten, muss die Spaltschwelle überwunden werden. Sie ist in beiden Fällen ungefähr gleich hoch, nämlich 5,8 bzw. 6,3 MeV. Diese Energie wird durch die Bindungsenergie des eingefangenen Neutrons und durch dessen kinetische Energie aufgebracht. Bei ^{235}U ist die Bindungsenergie mit 6,4 MeV größer als die Schwellenenergie. Daher kann die Spaltung mit thermischen Neutronen ausgelöst werden. Die hohe Bindungsenergie kommt daher, dass in ^{236}U ein gepaarter Neutronenzustand entsteht. Bei ^{238}U+n wird dagegen ein ungerades Neutron eingebaut. Die Bindungs-energie liegt mit 4,8 MeV entsprechend niedriger, sodass die Spaltung erst bei einer Neutronenenergie von ca. 1,5 MeV merklich einsetzt.

Betrachten wir nun beispielsweise den Spaltprozess an ^{235}U. Nach der Spaltung entstehen die Bruchstücke **X** und **Y** sowie im Mittel n Neutronen mit Energien in der Größenordnung von 1MeV, also ^{235}U+n (thermisch) => ^{236}U => X+Y+nn (schnell). Damit die Kettenreaktion einsetzen kann, muss offenbar **n** >1 sein. In diesem Fall ist n=2,43.

Da ^{235}U auch durch schnelle Neutronen gespalten wird, ist ein Stück ^{235}U explosiv, sofern es eine kritische Masse überschreitet, unterhalb derer die Neutronenverluste durch die Oberfläche das Einsetzen der Kettenreaktion verhindern.

Ist **n**>1, setzen die Neutronen aus der ersten Spaltung neue Spaltneutronen frei, die wiederum für weitere Reaktionen zur Verfügung stehen. Innerhalb einer μs schaukelt sich dieser Effekt lawinenartig auf, es kommt zur Explosion.

^{239}Pu initiiert die Kettenreaktion nicht aus eigenen Stücken, vielmehr übernimmt eine eigene starke Neutronenquelle diese Ausgabe. In gewissen Bombentypen wird eine Mischung aus Beryllium und Polonium verwendet, um diese Reaktion zu erhalten. Dabei sind nur geringe Mengen dieser Materialien erforderlich, dass die eigentliche Spaltung wie bei einem Katalysator nur getriggert werden muss.

^{238}U hat die Eigenschaft, durch inelastische Stöße Neutronen abzubremsen und zu absorbieren. Dies wird manchmal in Atombomben ausgenutzt, um in Form eines Schildes eine unbeabsichtigte Kettenreaktion zu vermeiden.

Bei der Kernfusion wird Energie gewonnen, indem 2 Atomkerne zu einem neuen verschmolzen werden, sodass der Unterschied in der Bindungsenergie als Fusionsenergie zur Freisetzung kommt. Im Sonneninneren wird Energie durch Fusionsprozesse freigesetzt. Fusionsenergie stellaren Ursprungs ist daher die primäre Energiequelle der Erde. Die technische Nutzung künstlich ausgelöster Fusionsprozesse ist jedoch schwierig. In unkontrollierter Form wird die Fusionsenergie bei der Explosion von Wasserstoffbomben freigesetzt.

Der bei einer einzelnen Fusionreaktion frei werdender Energiebetrag folgt unmittelbar aus den Massen der beteiligten Reaktionspartner. Er hat seine Ursache letztlich in den Eigenschaften der Kernkräfte.

Wenn ein kontinuierlicher Fusionsprozess in Materie aufrechterhalten werden soll, müssen bestimmte Bedingungen erfüllt sein. Es muss nämlich erstens die kinetische Energie der Reaktionspartner groß genug sein, um eine hinreichende Wahrscheinlichkeit für das Durchdringen des Coulombwalls sicherzustellen. Dies ist bei ganz leichten Kernen für Energien oberhalb 1 keV entsprechend einer Temperatur von mehr als 10^7 K der Fall. Die zweite Bedingung ist, dass die Dichte der Materie bei diesen Temperaturen groß genug sein muss, um eine Reaktionsrate zu erzeugen, die nicht nur die Temperatur aufrechterhält, sondern einen Überschuss an Energie liefert. Diese Bedingungen sind im Inneren der Sonne oder im Zentrum einer Atomexplosion erfüllt. Für die technisch genutze Fusion in Wasserstoffbomben kommt reiner Wasserstoff als Brennstoff nicht in Frage, dass die Reaktionsraten wegen der Verknüfung über einen β-Zerfallsprozess zu klein sind. Statt dessen bieten sich folgende Reaktionen an:

$$d+d => {}^3H+p+4MeV$$
$$d+d => {}^3He+n+3MeV$$
$$d+{}^3H => {}^4He+n+17{,}6 \text{ MeV}$$

Nun kommen wir zum Aufbau von Atombomben und ihrer technischen Ausstattung. Ein gewöhnlicher Flugzeughöhenmesser benutzt eine Art Aneroid-Barometer, welches Luftdruckänderungen in unterschiedlichen Höhen misst. Allerdings können Wetteränderungen auf den Luftdruck Einfluss nehmen und so die Messwerte des Höhenmessers nachteilig beeinflussen. Aus diesem Grunde ist es von Vorteil, einen Radar- oder Radio-Höhenmesser zu verwenden, wenn die Bombe „**Ground Zero**" erreicht.

Obwohl FM-CW, frequency modulation und continuous wave, technisch anspruchsvoller ist, übertrifft es an Genauigkeit jede andere Art von Höhenmesser bei Weitem. Wie bei einfachen Impulssystemen werden die Signale von einer Radarantenne der Bombe abgestrahlt, vom Boden wieder zurückgeworfen und im Höhenmesser der Bombe wieder empfangen. Dieses Impulssystem findet auch bei den höher entwickelten Höhenmessgeräten Anwendung, nur wird das Signal ununterbrochen ausgestrahlt und um eine Hochfrequenz von 4.200 MHz zentriert. Dieses Signal fährt mit Intervallen von 200 MHz eine Frequenzrampe hoch, um dann wie eine Sägezahnschwingung wieder bei der ursprünglichen Frequenz anzufangen. Wenn das Absinken der Bombe beginnt, sendet der Transmitter des Höhenmessers einen Impuls aus, der bei einer Frequenz von 4.200 MHz startet. Bis der Impuls zurückreflektiert wird, strahlt der Transmitter eine höhere Frequenz ab. Der Frequenzunterschied ist von der Impulslaufzeit in der Luft und damit von der Höhe der Bombe abhängig. Wenn diese zwei Frequenzen elektronisch gemischt werden, ergibt sich die Differenz als eine neue Frequenz, welche ein direktes Maß für die Laufzeit und damit für die tatsächliche Höhe ist. In der Praxis würde ein typisches FM-CW-Radar mit einer Sägezahnfrequenz von 120 Hz arbeiten. Sein Messbereich würde 3.000 m über Land und 6.000 m über Wasser abdecken, dass Reflexionen auf Wasser sauberer erfolgen. Die Genauigkeit dieser Höhenmesser liegt bei 1,5 m für die höheren Bereiche. Da **„Ground Zero"** für Atombomben normalerweise mindestens bei 600 m liegt, ist dieser Fehler nur von untergeordneter Bedeutung. Die hohen Kosten dieser Radar-Höhenmesser haben ihren Gebrauch in kommerziellen Anwendungen verhindert, aber die sinkenden Kosten für elektronische Bauelemente sollten sie in absehbarer Zeit in direkte Konkurrenz zu barometrischen Höhenmessern setzen.

Eine andere, verwendete Art von Zündern für die Bomben, stellt der Luftdruckzünder dar. Er kann eine sehr komplizierte Einheit darstellen, aber für alle praktischen Zwecke ist ein einfacheres Modell bereits zielführend. In großen Höhen ist der Luftdruck niedrig, bei abnehmender Höhe steigt er. Ein einfaches Stück sehr dünnes magnetisiertes Metall kann als Luftdruckzündkappe benutzt werden. Eine extrem dünne Blase aus magnetisiertem Metall wird in der Mitte des Metallstreifens leitend befestigt und direkt unter dem elektrischen Kontakt platziert, der die konventionelle Detonation auslöst. Vor dem Anbringen des Streifens wird die Metallblase einfach eingedrückt.
Sobald der Luftdruck die gewünschte Stufe erzielt hat, springt die magnetische Luftblase in ihre Ausgangsstellung zurück und schlägt gegen den Kontakt, der Stromkreis schließt sich, die Detonation wird eingeleitet.
Die konventionelle Zündkapsel, mehrere bei einer Plutoniumbombe, sitzt in der Sprengladung und ist der Standard-Ausfertigung einer Zündkapsel sehr ähnlich. Sie dient als Katalysator, um die eigentliche Explosion zu triggern. Die Kalibrierung dieser Einheit ist wesentlich. Eine zu kleine Dimensionierung kann zu einem kolossalen Blindgänger führen, der doppelt gefährlich ist, da jemand die scharfe Kernwaffe deaktivieren und mit einer neuen Sprengladung versehen muss. Zudem kann der herkömmliche Explosivstoff mit unzulänglicher Kraft zur Detonation gebracht worden sein, sodass die radioaktiven Materialen ineinander verschweißt wurden. Dieser Vorgang kann zu einer überkritischen Masse und einer ungewollten Kettenreaktion führen. Die Zündung der konventionellen Sprengladung wird, abhängig von der Art des benutzten Systems, entweder durch die Luftdruckzündkapsel oder vom Radarhöhenmesser ausgelöst.

Konventionelle Sprengladungen werden benutzt, um die getrennten Teile der Kernladung zu vereinen und zu verschweißen. Die genaue Höhe des Verschweißdrucks ist unbekannt, und möglicherweise aus Gründen der nationalen Sicherheit von der US-Regierung klassifiziert.
Plastiksprengstoffe sind in diesem Zusammenhang gut geeignet, da sie leicht manipuliert werden können, um den unterschiedlichen Erfordernissen einer Uran- oder Plutoniumbombe zu entsprechen. Ein weitverbreiteter Sprengstoff ist Harnstoffnitrat. Dieser Sprengstoff muss durch einen Zünder zur Detonation gebracht werden.

In letzter Zeit wurde der Neutronendeflektor entwickelt. Er besteht ausschließlich aus ^{238}U. ^{238}U ist zwar nicht thermisch spaltbar, es besitzt aber die Fähigkeit, Neutronen zu reflektieren. Der Neutronendeflektor kann zwei verschiedenen Zwecken dienen. In einer Uran-Bombe dient er als Schutz, um nicht versehentlich eine überkritische Masse zu erzeugen. Die Streuneutronen werden nämlich vom „Uran-Geschoss" und seinem kugelförmigen Gegenstück abgehalten. Der Neutronendeflektor in einer Plutonium-bombe hilft den Plutoniumkeilen ihre Neutronen beizubehalten, indem es die Streu-partikel in das Zentrum der Anordnung zurückreflektiert.

Plutonium ist schwieriger spaltbar als Uran. Während Uran durch eine einfache 2-teilige Gewehr-Anordnung zur Detonation gebracht werden kann, muss Plutonium in einer komplizierteren Anordnung und mit einem stärkeren herkömmlichen Sprengstoff, einer größeren Aufprallgeschwindigkeit und einer simultan triggernden Einheit für die konventionellen Ladungssätze zur Explosion gebracht werden. Über diese erweiterten Anforderungen hinaus muss während dieser Abläufe im Zentrum zusätzlich eine feine Mischung aus Beryllium und Polonium angebracht werden. Die kritische Masse für ^{235}U liegt bei 50 kg reinem Uran, die für Plutonium hingegen bei 16 kg, wobei diese durch Ummantelung des Plutoniums mit ^{238}U noch auf 10 kg verringert werden kann.

Sechstes Kapitel

Unsere Atomlobby lässt uns täglich wissen, wie sicher die Atomenergie ist. Auf der anderen Seite stehen die nicht überzeugten und selbstkritischen Bürger, die gegen den Ausbau und den Weiterbetrieb der Kernkraftwerke schon über sehr lange Zeiträume hin demonstrieren. Nachfolgend möchte ich aufzeigen, wie sich Strahlenschäden beim Menschen äußern und mit welchen Krankheiten zu rechnen ist.

Die Kritiker bezweifelten nicht nur die Sicherheit der Atomenergie, sondern auch die Behauptung, sie sei billiger als andere Formen der Stromerzeugung. Der Streit ist bis heute kaum zu lösen, hängt er doch unter anderem von Annahmen über die Kosten der immer noch ungelösten Frage der Beseitigung des Atommülls ab. Tatsächlich traten die erhofften Kostenvorteile großer Anlagen nicht ein, Bauprobleme führten zu Verzögerungen, und damit zu Kostensteigerungen – über zwei Drittel aller Bestellungen von Atomkraftwerken nach 1970 wurden schließlich storniert. Steigende Kosten hatten dabei eine mindestens ebenso große Bedeutung wie der Widerstand der Atomkraftgegner, wobei erstrittene und gestiegene Sicherheitsanforderungen zu den steigenden Kosten beigetragen haben. In den USA endete der Neubau von Atomkraftwerken weitgehend schon 1977, zwei Jahre vor dem Atomunfall von Harrisburg.

Als bewiesen ist anzusehen, das erhöhte Strahlung nicht nur die Luft belastet, sondern auch das Wasser, Milch und Gemüse. Es besteht die Gefahr, dass sich die Bewohner mit kleinen Dosen Radioaktivität auf Dauer vergiften.

Ich habe dem werten Leser, zum allgemeinen Verstehen, die wichtigsten Atom-Fachbegriffe aufgelistet und bezeichne die Liste als:

Von Becquerel bis Strahlenkrankheit

Becquerel

Becquerel (Bq) ist ein Maß dafür, wie aktiv eine radioaktive Substanz ist. Sie gibt die Anzahl der Atomkerne an, die pro Sekunde radioaktiv zerfallen und dabei radioaktive Strahlung aussenden. Ein Becquerel entspricht einem Zerfall pro Sekunde. Dabei spielt die Art der Strahlung keine Rolle.

Borsäure

Borsäure ist eine Sauerstoffsäure mit einem hohen Absorptionskoeffizient für thermische Neutronen. Das heißt, dass die Säure dazu benutzt werden kann, die nukleare Kettenreaktion zu unterbinden. In Druckwasserreaktoren wird sie deshalb dazu eingesetzt, die Leistung des Reaktors zu steuern, in Siedewasserreaktoren dagegen nur im Notfall --wie jetzt in Fukushima.

Brennstab

Brennstäbe sind Röhren, die mit zur Kernspaltung vorgesehenem Brennstoff gefüllt sind. Die Brennstabhülle besteht aus Metall und verhindert, dass der Kernbrennstoff und Spaltprodukte in das Kühlmittel gelangen.

Cäsium

Das Element Cäsium kommt in geringen Mengen in der Natur vor. Natürliches Cäsium 133 ist ein goldglänzendes Metall im Gestein. Das radioaktive Isotop Cäsium 137 entsteht bei der Kernspaltung. Cäsium 137 kann bei einem schweren Reaktorunfall wie jetzt in Japan oder vor 25 Jahren in Tschernobyl über die Abluft oder das Abwasser aus dem Reaktorkern in die Umwelt entweichen. Aus der Luft wird es von Tieren und Pflanzen aufgenommen. So gelangt es auch in Milch, Fleisch und Fisch. Hohe Konzentrationen von Cäsium 137 können Muskelgewebe und Nieren des Menschen schädigen. Es verteilt sich im Körper, sodass seine Strahlung den ganzen Organismus trifft. Cäsium 137 wird auch zur Strahlenbehandlung in der Krebstherapie, bei Materialprüfungen oder zum Betrieb von Atomuhren eingesetzt. Es zerfällt mit einer Halbwertszeit von 30 Jahren, das ist die Zeitspanne, die vergeht, bis die Hälfte der ursprünglichen Menge einer radioaktiven Substanz zerfallen ist.

Containment

Als „Containment" (Eindämmung) wird der Sicherheitsbehälter bezeichnet, der den Reaktordruckbehälter umschließt. Er soll in Störfällen den Austritt von Radioaktivität verhindern. Er besteht aus Stahl und ist meistens in das Reaktorgebäude aus meterdickem Beton eingebaut. Oft gibt es auch mehrere solcher Behälter, deshalb „Containment 1" und „Containment 2".

GAU

Ein **GAU** ist der **„größte anzunehmende Unfall"**. Kommt es infolge eines schweren Störfalls in einem Kernkraftwerk zu einer Katastrophe, die nicht mehr beherrscht werden kann, ist umgangssprachlich oft von einem **„Super-GAU"** die Rede. Dies ist der Fall, wenn der Reaktorkern schmilzt oder der Druckbehälter birst, wie bei dem bislang größten bekannt gewordenen Unfall in einem Atomkraftwerk 1986 in Tschernobyl in der Ukraine.

Gray

In der Einheit **Gray** (gy) wird angegeben, wie intensiv die Bestrahlung ist. Sie findet vor allem Anwendung in der Medizin, wo sie die angewendete Strahlungsdosis bei der Strahlentherapie und der nuklearmedizinischen Therapie angibt. Über die biologische Wirkung sagt dieser Wert allerdings nicht viel aus.

INES

Störfälle oder schwere Unfälle in kerntechnischen Anlagen werden mithilfe einer internationalen Bewertungsskala eingestuft. Diese Skala für nukleare Ereignisse heißt **INES (International Nuclear Event Scale)**. Sie reicht von 0 (keine oder sehr geringe sicherheitstechnische Bedeutung) bis 7 (schwerste Freisetzung mit Auswirkungen auf Gesundheit und Umwelt in einem weiten Umfeld).

Jod

Natürliches Jod ist sehr wichtig für den menschlichen Organismus. Vor allem Meerestiere und Fische enthalten viel Jod. Die Schilddrüse ist das Organ, dass das natürliche Jod verarbeitet. Bei der Kernspaltung im Atomreaktor oder bei der Kernwaffenexplosion entsteht das radioaktive Isotop Jod 131. Dieser Stoff reichert sich, wenn er in die Umwelt gelangt und vom Menschen aufgenommen wird, in der Schilddrüse an. Es handelt sich um eine sehr flüchtige Substanz, die rasch über weite Entfernungen in der Luft transportiert werden kann. So war in den ersten Wochen nach Tschernobyl Jod 131 die Hauptbelastungsquelle von Lebensmitteln. Es wird hauptsächlich mit Frischmilch aufgenommen. Die Halbwertszeit von Jod 131 beträgt 8,2 Tage. Für den Fall eines Atomunfalls mit der Freisetzung radioaktiver Jod-Isotope bevorraten Bund und Länder in der Umgebung der deutschen Atomkraftwerke insgesamt 137 Millionen Kaliumiodid-Tabletten (meist als **„Jod-Tabletten"** bezeichnet), die im Kontaminierungsfall durch eine Jodblockade die Aufnahme der radioaktiven Jod-Isotope in der Schilddrüse verhindern sollen.

Kernschmelze

Wenn die Kühlung im Reaktor durch einen Unfall ausfällt, kann es zur Kernschmelze kommen. Das heißt: Die Brennstäbe, in denen sich der radioaktive Brennstoff befindet, erhitzen sich so stark, dass sie schmelzen. Die Schmelzmasse kann sich bei weiterer Erhitzung durch die Stahlwände des Reaktorkerns fressen. Damit wird eine große Menge Radioaktivität im Schutzgebäude freigesetzt. Im schlimmsten Fall bahnen sich die Reste des geschmolzenen Kerns ihren Weg nach Außen. Radioaktive Stoffe gelangen so in die Umwelt.

Moderator

„Moderatoren" sind Stoffe, die „schnelle" Neutronen abbremsen können. Schnelle Neutronen lösen nur selten eine Kernspaltung aus. Auf thermische Energie abgebremste, sogenannte thermische Neutronen dagegen lösen mit einer höheren Wahrscheinlichkeit eine neue Kernspaltung aus. Ein moderierter Reaktor verbraucht daher eine geringere Menge an Kernbrennstoff. In den meisten Reaktortypen wird Wasser als Moderator benutzt.

Nachzerfallswärme

Die **Nachzerfallswärme** entsteht nach dem Ende der Kernspaltung. Sie bezeichnet die Wärme, die der radioaktive Zerfall der Spaltprodukte nach dem Abschalten des Reaktors produziert. Die Hitze entspricht am Anfang etwa 5 bis 10 Prozent der thermischen Leistung des Reaktors im Normalbetrieb und nimmt weiter ab. Die Nachzerfallswärme ist allerdings zusätzliche Energie im System. Daher ist Kühlung unbedingt notwendig. Bei einem Ausfall der Kühlsysteme kann es deshalb zu einer Kernschmelze kommen.

Plutonium

Das radioaktive und hochgiftige Schwermetall **Plutonium** wird in Atomreaktoren als Brennstoff eingesetzt. Es kommt in der Natur nur in Spuren vor. Es entsteht aber in jedem Atomreaktor und auch bei Atomwaffentests als „Nebenprodukt" der Spaltung von Uran-Atomen. Brisant ist Plutonium vor allem, weil wenige Kilogramm zum Bau einer Atombombe genügen. Es hat eine Halbwertzeit von 24.000 Jahren. Nach dieser Zeit ist also erst die Hälfte der Radioaktivität abgeklungen. Gerät der Stoff in den Körper, kann Krebs entstehen. Nicht zu vernachlässigen ist die hohe Toxizität von Plutonium.

Radioaktivität

Radioaktivität ist die Eigenschaft mancher Atomkerne (Radionuklide), sich unter Freisetzung von Energie spontan in andere Atomkerne umzuwandeln. Diese Energie wird in Form von Alpha-, Beta- oder Gammastrahlung abgegeben. Radioaktive Stoffe kommen in geringen Konzentrationen in der Natur vor, sie sind aber auch Produkt von Kernumwandlungen in Kernreaktoren. Durch die Atomwaffentests in den 50er Jahren sind eine Reihe radioaktiver Stoffe in die Atmosphäre gelangt, die man heute noch nachweisen kann. Radioaktivität (von lateinisch Radius, Strahl) kann man nicht schmecken, fühlen, sehen oder riechen, wohl aber durch ihre ionisierende Wirkung nachweisen. Zu starke radioaktive Strahlung, insbesondere, wenn sie in den Körper gelangt, kann das Erbgut schädigen und damit Krebs auslösen.

Reaktor

Reaktoren sind technische Anlagen eines Kernkraftwerks, in der Atomkernspaltungen in einer kontrollierten Kettenreaktion zur Energiegewinnung ablaufen. Missverständlich ist der synonyme Gebrauch von „Reaktor" für Atomkraftwerke, Reaktorblöcke und den Reaktordruckbehälter. Ein Reaktor ist Bestandteil eines Reaktorblocks. In der Regel mehrere Reaktorblöcke bilden ein Atomkraftwerk. Der Reaktordruckbehälter wiederum enthält den Reaktorkern mit den Brennelementen. Er besteht aus 20 bis 25 Zentimetern dickem Stahl und bildet mit den angeschlossenen Rohrleitungen ein geschlossenes Kühlsystem.

Siedewasserreaktor

Siedewasserreaktoren sind mit leichtem Wasser „moderierte" Reaktoren (siehe Moderator). Er hat nur einen Wasser- und Dampfkreislauf. Dadurch breitet sich die Radioaktivität bis in die Turbinen aus, weil die Dampfturbine direkt von dem im Reaktordruckbehälter erzeugten Wasserdampf betrieben wird. Die Nachzerfallswärme kann mittels Dampf in den Turbinenkondensator oder in einen Kondensationsbehälter abgeleitet werden. Trotz hoher Energieabfuhr über den Dampf benötigt der Siedewasserreaktor eine anhaltende Wassernachspeisung zum Abführen der Nachzerfallswärme.

Sievert

Die Maßeinheit **Sievert** (Sv) gibt die biologische Wirkung der radioaktiven Strahlung auf Menschen, Tiere oder Pflanzen an. Sie setzt die Masse des betroffenen Objekts in Bezug zur aufgenommenen Strahlungsenergie. Nach Angaben des Bundesumweltministeriums und des Bundesamts für Strahlenschutz (BfS) beträgt die natürliche Strahlenbelastung in Deutschland mehr als 2 Millisievert pro Jahr. Radioaktive Stoffe in Böden und Gesteinen – etwa Radon – strahlen natürlicherweise. Wer hohen Strahlendosen ausgesetzt ist, kann, auch viele Jahre später, leichter an Krebs erkranken. Bei extrem hohen Dosen, wie sie die

Arbeiter am explodierten Reaktorkern in Tschernobyl ausgesetzt waren, tritt der Tod sofort oder binnen weniger Tage ein. Als Folgen eines Strahlenunfalls nennt das BfS für einen Dosisbereich von 1 bis 6 **Sievert** unter anderem Übelkeit, Erbrechen, Fieber und Haarausfall als Symptome. Bei 5 bis 20 Sievert können etwa Schock und Blutungen auftreten. Nur im unteren Dosisbereich ist laut BfS ein Überleben möglich. Bei mehr als 20 **Sievert** tritt der Tod demnach innerhalb von zwei Tagen ein. Ein **Millisievert** sind 0,001 **Sievert**. Sievert hat die früher übliche Einheit Rem als Maßeinheit für die biologische Wirkung der radioaktiven Strahlung abgelöst.

Strahlenkrankheit

Radioaktive Strahlen können Körperzellen zerstören und tödlich sein. Die Schäden hängen von der Dauer, Art und Stärke der Strahlung ab. Experten unterscheiden zwischen akuten Strahlenschäden und Spätfolgen. Bereits niedrig dosierte Strahlen können das Erbgut verändern und damit langfristig Krebs auslösen, etwa Leukämie und Schilddrüsenkrebs. Hohe Strahlendosen führen zu Fieber, Übelkeit, Verbrennungen von Haut und Mundraum, Haarausfall, inneren Blutungen und schlimmstenfalls zum Tod.

Nach dem Jahrhunderterdbeben mit anschließendem Tsunami in Japan wächst die Gefahr durch radioaktiv belastetes Trinkwasser und verstrahlten Lebensmitteln. Die Reaktoren in Fukushima wurden stark beschädigt, sodass für vier Präfekturen die Regierung ein Lieferverbot für Milch und mehrere Gemüsesorten und nun auch für Rindfleisch, verhängte. Die Menschen in den Dörfern in der Fukushimaregion dürfen kein Leitungswasser mehr trinken, weil es den Grenzwert von radioaktivem Jod um das Dreifache übersteigt, so die offiziellen Angaben. Messungen von neutralen Institutionen ergaben weit höhere Werte.
Radioaktive Stoffe finden sich in Böden, Gesteinen, der Atmosphäre, aber auch im menschlichen Körper. Medizin, Forschung und Technik nutzen natürliche radioaktive Stoffe gezielt oder erzeugen sie künstlich. Die Einheit **Sievert** misst die Strahlenbelastung des Menschen und berücksichtigt die unterschiedliche biologische Wirksamkeit verschiedener Strahlenarten. Ein **Sievert** ist bereits eine relativ hohe Dosis, üblicherweise vorkommende Werte liegen im **Millisievert**-Bereich. Zur Orientierung: Die Strahlung, der ein Bundesbürger pro Jahr ausgesetzt ist, beträgt durchschnittlich 4 **Millisievert**. Hier fließen die Werte natürlicher Strahlenexposition, die regional stark schwanken können, und medizinische Werte zusammen. Außerdem werden manche Berufsgruppen mit höheren Dosen ionisierender Strahlung belastet.
Dazu gehört beispielsweise fliegendes Personal. In Deutschland betrug für sie im Jahr 2008 die durchschnittliche Strahlenbelastung zusätzlich 2,3 **Millisievert**. Bei beruflich strahlenexponierten Mitarbeitern gilt nach der deutschen Strahlenschutzverordnung ein jährlicher Grenzwert von 20 **Millisievert**.
Nach heutigem Kenntnisstand gibt es keinen unteren Grenzwert, ab dem ein gesundheitliches Risiko ausgeschlossen werden kann. Das gesundheitliche Risiko hängt von vielen Faktoren ab: von der Art der Übertragung, extern über die Luft oder einverleibt über die Nahrung, aber auch vom Alter des Betroffenen. Für Kinder ist die Strahlenbelastung riskanter als für Erwachsene, weil sie sich im Wachstum befinden und sich ihre Zellen noch viel häufiger teilen. Was man aber sicher sagen kann, ist, dass das gesundheitliche Risiko mit zunehmender Dosis ansteigt.
Sehr hohe Dosen ionisierender Strahlung führen zuerst einmal zu Symptomen wie Kopfschmerz, Übelkeit oder Erbrechen. Zur akuten Strahlenkrankheit kommt es laut Bundesamt für Strahlenschutz (BFS) ab einer Dosis in Höhe von etwa 500 **Millisievert**

für Erwachsene. Kinder zeigen die Symptome schon bedeutend früher, etwa ab der Hälfte dieses Werts.

Nach einem Reaktorunfall wirken hohe Dosen ionisierender Strahlen auf die Körperzellen ein. Sie zerstören Zellbausteine und bringen Körperzellen zum Absterben. Die Strahlenkrankheit ist die Folge eines massiven Zellsterbens in einem Organ- oder Gewebesystem, das auf einen dauernden Zellnachschub aus dem Stammzellenvorrat des Körpers angewiesen ist. Dazu gehören insbesondere das blutbildende System (Knochenmark), die Haut und die Schleimhaut des Magen-Darm-Trakts.

Aber auch schon niedrigere Dosen schädigen das Erbgut (DNA). Es drohen Veränderungen der Erbinformation, die mit der nächsten Zellteilung an die Tochterzellen weitergegeben werden. Je größer die Schäden an der DNA sind, desto höher ist langfristig das Risiko für Krebs.

Zu den Symptomen eines akuten Strahlenschadens zählen unter anderem Rötungen und verbrennungsähnliche Erscheinungen der Haut, Haarausfall, Beeinträchtigung der Fruchtbarkeit und Blutarmut (Anämie). Eine allgemeine Therapie existiert für diese Probleme nicht, es gibt lediglich die Möglichkeit, die zerstörte Haut durch Transplantationen zu ersetzen oder mit einer Stammzelltherapie die Funktion des Knochenmarks und damit des blutbildenden Systems wiederherzustellen.

Überschreitet das Ausmaß des Zelltods in einem Gewebe oder Organ ein gewisses Maß, geht es zugrunde. Ein Wert von etwa 4 bis 5 **Sievert** gilt als LD-50 für ionisierende Strahlung. Der Wert bezeichnet die tödliche Dosis, mit der die Hälfte der Menschen stirbt, die damit bestrahlt wurde. Die absolut tödliche Dosis ionisierender Strahlung beträgt etwa 8 **Sievert**. Atombombenopfer starben bereits, nachdem sie eine höhere Dosis als 6 **Sievert** hinnehmen mussten, es gab aber auch schon einzelne Strahlenunfälle, bei der manche Opfer noch eine bestimmte Zeit überlebten.

Bleibt die Strahlendosis unter dem Schwellenwert von etwa 500 **Millisievert**, dann tritt laut BFS zwar kein akuter Schaden auf. Experten vermuten aber spätere Gesundheitsprobleme, darunter Tumore, Leukämien, aber auch Herz-Kreislauf-, Magen-Darm- oder Augenleiden. Nach dem **Super-GAU** von Tschernobyl bekamen beispielsweise bedeutend mehr Kinder Schilddrüsenkrebs. Üblicherweise erkrankt ein Kind von einer Million daran. In den am stärksten kontaminierten Regionen von Weißrussland und der Ukraine traf es danach 100 bis 150 Kinder von einer Million. Die gleichen Umstände liegen nun in Japan vor, doch hat man die Langzeitfolgen sowie die tägliche Berichterstattung stark gekürzt oder ganz gestoppt.

Ein weiteres langfristiges Gesundheitsrisiko besteht in der Inkorporation der radioaktiven Elemente, also darin, dass Menschen über längere Zeit immer wieder kontaminierte Lebensmittel essen und belastetes Wasser trinken. Das war beispielsweise nach der Reaktorkatastrophe in Tschernobyl der Fall. Die Bewohner der betroffenen Gebiete tranken weiter die Milch der Kühe, die das verseuchte Gras aßen, jagten Wild und sammelten belastete Pilze. Sie hatten keine andere Wahl, denn andere Nahrung gab es nicht. Hier haben die Menschen in Japan eine Chance: In dem Land reichen vermutlich die finanziellen Mittel, um auf importierte Lebensmittel auszuweichen.

Die Folgen ionisierender Strahlen

Strahlendosis	Auswirkung	Symptome
1 bis 5 mSv pro Jahr (= 0,001 bis 0,005 Sv)		Durchschnittliche jährliche radioaktive Belastung deutscher Bundesbürger durch natürliche (uranhaltiger Boden), medizinische (Röntgen) und kosmische Strahlung (Flugreisen).
bis 0,2 Sv		Je nach Dauer der Bestrahlung mit dieser Dosis gelten Krebs und Erbgutveränderungen als mögliche Spätfolgen.
0,2 bis 0,5 Sv		Keine spürbaren Symptome, aber Reduktion der roten Blutkörpchen messbar.
0,5 bis 1 Sv		Leichter Strahlenkater mit Kopfschmerzen, Übelkeit, Abgeschlagenheit und erhöhtem Infektionsrisiko.
1 bis 2 Sv	leichte Strahlenkrankheit	10 % Todesfälle nach 30 Tagen: Nach 3 bis 6 Stunden nach Bestrahlung leichte bis mittlere Übelkeit mit gelegentlichem Erbrechen. Symptome klingen in einer Erholungsphase ab, kommen aber nach 10 bis 14 Tagen zurück in Form von Appetitlosigkeit, Unwohlsein und Ermüdung, verzögerter Wundheilung. Verlust von weißen Blutkörperchen, stark gestiegenes Infektionsrisiko.

2 bis 3 Sv	mittlere Strahlenkrankheit	35 % Todesfälle nach 30 Tagen: Nach 1 bis 6 Stunden nach der Bestrahlung schwere Übelkeit, häufiges Erbrechen, Symptome halten bis zu zwei Tage an. Massiver Verlust von weißen Blutkörperchen, stark gestiegenes Infektionsrisiko. Ein- bis zweiwöchige Erholungsphase. Danach erneut Symptome wie Unwohlsein, Ermüdung, dazu Haarausfall am ganzen Körper. Genesung dauert bis zu mehreren Monaten.
3 bis 4 Sv	schwere Strahlenkrankheit	50 % Todesfälle nach 30 Tagen: Nach 1 bis 6 Stunden nach der Bestrahlung schwere Übelkeit, häufiges Erbrechen, Symptome halten bis zu zwei Tage an. Massiver Verlust von weißen Blutkörperchen, stark gestiegenes Infektionsrisiko. Nach der Erholungsphase treten als zusätzliche Symptome Durchfall, unkontrollierte Blutungen im Mund, unter der Haut und in den Nieren auf.
4 bis 6 Sv	akute Strahlenkrankheit	Bis zu 90 % Todesfälle nach 30 Tagen: Anfangssymptome und Symptome nach der Erholungsphase wie bei 3 bis 4 Sv, aber verstärkt. Der Tod tritt in der Regel 2 bis 12 Wochen nach der Bestrahlung durch Infektion und Blutung auf.
6 bis 10 Sv	akute Strahlenkrankheit	100 % Todesfälle nach 14 Tagen: Anfangssymptome treten innerhalb von 15 bis 30 Minuten auf und dauern bis zu zwei Tagen. Danach setzt eine 5- bis 10tägige Erholungsperiode ein, Walking-Ghost-Phase genannt. Danach folgt die Sterbephase mit

raschem Zelltod in Magen-Darm-Trakt, der zu massivem Durchfall, Darmblutungen und Wasserverlust führt. Der Tod erfolgt mit Fieberdelirium und Koma durch Kreislaufversagen.

20 bis 80 Sv	akute Strahlenkrankheit	100 % Todesfälle mit Symptomen wie durch 6 bis 10 Sv, jedoch schneller, massiver und mit kürzerer Dauer bis zum Tod.

Sievert (Sv)= Die Einheit gibt die biologische Wirkung radioaktiver Strahlung auf Lebewesen an. 1 Millisievert (mSv) ist ein tausendstel Sievert (0,001 Sv).

Es erscheint mir wichtig auch über die radioaktiven Stoffe zu sprechen, da diese aus dem Krisenkraftwerk Fukushima 1 inzwischen entweichen und große Mengen radioaktiver Stoffe freigesetzt werden. Cäsium, Plutonium oder Strontium können massive gesundheitliche Schäden verursachen.

Die Lage im havarierten japanischen Kernkraftwerk bei Fokushima ist nach dem verheerenden Erdbeben und dem Tsunami alles andere als unter Kontrolle. Im Gegenteil: Techniker maßen, die verzweifelt an der Wiederherstellung der Kühlung arbeiten, erstmals Strahlenwerte, die potenziell tödlich sein können. Einzig logische Kosequenz war die fluchtartige Evakuierung des Geländes.

Es gibt verschiedenste Stoffe, die aus einem Kernkraftwerk austreten können. Jeder Einzelne birgt eigene Risiken, nicht nur für Techniker im Kraftwerk, sondern auch für Menschen in Hunderten Kilometern Entfernung. Werden radioaktive Stoffe in die Luft gepustet, etwa bei einer Explosion, verteilt der Wind die radioaktive Wolke über das Land – mit verheerenden Folgen für die Bevölkerung. Die Wahrscheinlichkeit von Spätfolgen, etwa Krebsleiden oder Herz-Kreislauf-Erkrankungen, steigt. Besonders gefährdet sind Kinder im Wachstum, denn sie sind strahlenempfindlicher als Erwachsene. Auch Sterilität oder Missbildungen und Gehirnschäden bei den Nachkommen können eine Spätfolge von ionisierenden Strahlen sein.

Radioaktive Stoffe sind unsichtbar und geruchsfrei. Und doch können sie einen Menschen krankmachen – oder sogar töten. Seit der Atomkatastrophe in Tschernobyl wissen Forscher, zumindest bei einigen Substanzen, ziemlich genau, welche Schäden sie im menschlichen Organismus verursachen können.

Radioaktives **Cäsium** mit physikalischen Halbwertszeiten von zwei bzw. 30 Jahren zum Beispiel verhält sich chemisch wie das ungefährliche **Kalium**. Gelangt es über die Nahrung oder das Trinkwasser in den Körper, wird es überwiegend in Muskel- und Organgewebe gespeichert. Die Strahlung verteilt sich mehr oder weniger gleichmäßig im ganzen Körper.

Durch den natürlichen Stoffwechsel wird der Stoff abhängig von Alter und Geschlecht mit einer Halbwertszeit von etwa 110 Tagen wieder ausgeschieden. Bei sehr hohen aufgenommenen Dosen kann die Ausscheidung durch aufwendige medizinische Maßnahmen beschleunigt werden, um die Strahlenbelastung durch Cäsium zu senken. Sinnvoller ist es jedoch, Lebensmittel und Trinkwasser regelmäßig auf ihre Strahlenwerte zu testen und – je nach Ergebnis – die Aufnahme auf diesem Wege zu verhindern. Der beste Schutz, den es im Moment gibt, ist eine möglichst große Entfernung vom havarierten Reaktor, also die Evakuierung. Dadurch wird die direkte Strahlenexposition minimiert. Die Aufnahme von radioaktivem Material, etwa über Stäube und Aerosole, kann durch Schutzmaßnahmen wie Atemschutzmasken, Handschuhe oder Kleidung weiter verringert werden. Die handelsüblichen Hygienemasken, die viele Japaner tragen, bieten jedoch nur einen geringen Schutz.

Der Aufenthalt in geschlossenen Räumen ist eine weitere effektive Notmaßnahme. Wichtig ist es dann allerdings, dass sämtliche Fenster gut abgedichtet und die Klimaanlagen ausgeschaltet sind.

Cäsium 137 hat eine Halbwertszeit von 28,8 Jahren. Gelangt es über die Nahrung oder das Trinkwasser in den Körper, hält es sich dort – abhängig von Alter und Geschlecht des Betreffenden – etwa 110 Tage.
Grundsätzlich ist natürliches **Jod für den menschliche Körper ausgesprochen wichtig** – die Schilddrüse baut es in Hormone ein, die für den Stoffwechsel im gesamten Körper unverzichtbar sind. Bei der Kernspaltung im Atomreaktor entsteht allerdings das radioaktive Jod-Isotop 131. Und dessen Resorption im menschlichen Körper ist alles andere als gesund.
Jod 129 und 131 sind sehr flüchtige Substanzen, die sich über die Luft schnell großflächig verbreiten und von den Menschen eingeatmet werden können. Da sich diese radioaktiven Stoffe auch auf Pflanzen ablagern und von Tieren aufgenommen werden, gelangen sie in Milch, Fleisch und Fisch und so in die Nahrungskette.
Bei Menschen, die radioaktives Jod über die Atmung oder die Nahrung aufnehmen, reichert sich der Stoff in der Schilddrüse an und wird dort nur langsam abgebaut. Insbesondere bei Kindern wurde in diesen Fällen ein erhöhtes Risiko für Schilddrüsenkrebs nachgewiesen.
Um die Risiken für die Bevölkerung zu mindern, hat die japanische Regierung inzwischen damit begonnen, Jodtabletten an die Bevölkerung zu verteilen. Die Pillen enthalten ungefährliches, nicht radioaktives Jod. Diese blockiert für das radioaktive Jod die Transportwege in die Schilddrüse; der Jodstoffwechsel innerhalb des Organs kommt zum Erliegen. Die Folge: Das radioaktive Jod wird nicht mehr in die Schilddrüse eingelagert, sondern relativ schnell über die Nieren ausgeschieden; das Risiko von Folgeschäden verringert sich. Nuklearmediziner empfehlen, das Präparat zu schlucken, kurz bevor die Atomwolke die Betroffenen erreicht. Je später die Einnahme der Tabletten, desto geringer ist der Effekt.
Eine vorbeugende Einnahme von Jodtabletten – etwa in Deutschland – ist allerdings nicht zu empfehlen. Im Gegenteil. Experten raten ausdrücklich von einem solchen Schritt ab, da sich dadurch das Risiko für Schilddrüsenerkrankungen sogar erhöhen kann. Nur eine radioaktive Wolke direkt über Deutschland würde die Einnahme von hoch dosierten Jodpräparaten rechtfertigen.
Jod 131 hat eine Halbwertszeit von 8,02 Tagen.
Strontium 90 ähnelt in seiner chemischen Zusammensetzung dem Kalzium. Der Körper lagert es deshalb vorwiegend in den Knochen und im Knochenmark ein. Und genau das

140

ist das Problem: Denn in unmittelbarer Nähe zum blutbildenden Gewebe steigern die radioaktiven Substanzen die Gefahr, Tumore zu entwickeln oder an Leukämie zu erkranken.

Der Stoff wird in Staubpartikeln gebunden und fliegt damit durch die Luft. In den Körper gelangt Strontium deshalb entweder über die Atmung oder durch die Strahlung, die die Teilchen in der Atemluft aussenden. Besonders tückisch: Mit einem herkömmlichen Geigerzähler lässt sich Strontium 90 im Körper nicht nachweisen.

Die Halbwertszeit der Substanz liegt bei 28,8 Jahren. Die biologische Halbwertszeit beträgt 17,5 Jahre. Das bedeutet: Erst nach dieser Zeit hat der Körper die Hälfte des radioaktiven Elements auf natürlichem Weg wieder ausgeschieden.

Plutonium zählt, wie zum Beispiel auch Quecksilber, zu den Schwermetallen. Und es ist genauso giftig. Schon zwanzig Milligramm können einen Menschen töten. Dennoch liegt die eigentliche Gefahr, die von dem Stoff ausgeht, in der Strahlung, die er aussendet.

Der Austritt von Plutonium aus dem Unglücksreaktor Fukushima 1, auf dessen Probleme ich später zu sprechen komme, zählt deshalb zu den größten Sorgen der Verantwortlichen. Der Stoff zählt zu den sogenannten **Ultra-Umweltgiften** und schädigt den menschlichen Körper in vielfältiger Weise. Die Reichweite der Strahlung beträgt zwar weniger als einen Millimeter und ist damit so gering, dass Haut oder Kleidung nicht durchdrungen werden. Ausgesprochen gefährlich wird es allerdings, wenn der Stoff, der an Staubpartikel gebunden in die Luft gelangt, vom Menschen eingeatmet wird. In diesem Fall reichen schon winzigste Mengen, um das Risiko von Lungenkrebs signifikant zu steigern. Aber auch eine Anreicherung in den Knochen, der Leber und den Lymphknoten ist in einem solchen Fall denkbar. Das Risiko von Krebserkrankungen oder Schäden am Erbgut kann signifikant steigen. Der Stoff bleibt wegen der langen biologischen Halbwertszeit lebenslang im Körper. Die physikalische Halbwertszeit von Plutonium beträgt 24.000 Jahre. Plutonium kann zudem über die Nahrung oder Wunden in den Körper gelangen. Zwar dürfte in diesem Fall ein großer Teil des Stoffes über den Magen-Darm-Trakt wieder ausgeschieden werden. Experten gehen davon aus, dass nur etwa ein Prozent der aufgenommenen Menge im Körper verbleibt. Doch selbst dann ist eine Schädigung von Zellen und Erbgut nicht ausgeschlossen.

Edelgase, wie Xenon 133 und Krypton 85, die aus dem Reaktor austreten, sind radioaktiv und können vom Menschen über die Atmung aufgenommen werden, dadurch ins Blut gelangen und im schlimmsten Fall eine akute Strahlenkrankheit auslösen. Die Symptome reichen, je nach Dosis und Intensität der Strahlung, von Blutbildveränderungen aufgrund einer Schädigung des Knochenmarks über Magen-Darm-Probleme bis hin zum akuten Herzversagen.

Allerdings sind diese Gase ausgesprochen flüchtig, ab einer Entfernung von einigen Kilometern vom Reaktor besteht, im Hinblick auf diese Stoffgruppe, relativ wenig Anlass zur Sorge.

Problematisch ist allerdings, dass selbst in der Evakuierungszone rund um das Kraftwerk Fukushima 1 noch etwa 140.000 Menschen vermutet werden, die aufgrund des Erdbebens ohne Strom, und daher auch ohne Informationsmöglichkeiten sind. Sie sind daher den schädlichen Auswirkungen der Gase direkt ausgesetzt.

Das große Erdbeben in Japan

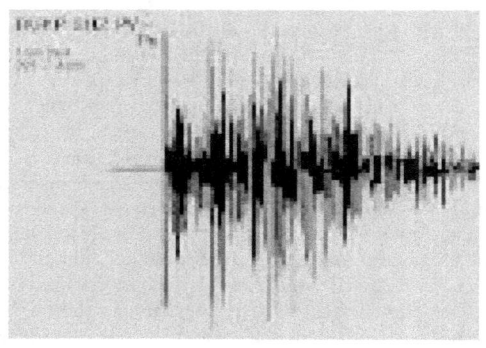

Atomkraftwerk

Siebtes Kapitel

An einem herrlichen Herbsttag, in den end 60er Jahren, fuhr ich erstmals mit meinem Auto an einem Atomkraftwerk vorbei. Von der Straße aus besah ich mir das neu gebaute Kernkraftwerk, schön am Neckar gelegen, mit viel Grün in den Außenanlagen und kein Smog und Dampf störte den Blick auf den schönen Neckar. In meiner Unwissenheit fand ich diese neue Entwicklung als Fortschritt auf dem weiteren wirtschaftlichen Weg in die Zukunft. Ich muss aus dieser Unwissenheit heraus auf die Grundlagen der Atomkraft zu sprechen kommen.

Seit den 60er Jahren spielen Atomkraftwerke (AKW) weltweit eine bedeutende Rolle in der Energiegewinnung. Zunächst hatte die Atomkraft das Image einer sicheren, sauberen und unerschöpflichen Energiequelle. Doch dieses positive Bild ist schon seit Langem angekratzt. Besonders das ungelöste Problem des Atommülls und die Katastrophe von Tschernobyl haben aus der Atomkraft einen umweltpolitischen Zankapfel gemacht.

Ein Atomkraftwerk (AKW) wird unter anderem oft als Atombrenner, Kernreaktor oder Atomofen bezeichnet. Diese Bezeichnungen meinen zwar verschiedene Teile der Atomkraftgewinnung, spielen aber alle auf die grundlegende Funktionsweise an – **die Atomspaltung**. Entdeckt wurde sie 1938 von den deutschen Chemikern **Otto Hahn** und **Friedrich Wilhelm Strassmann**. Sie merkten schnell, dass dabei immense Energien freigesetzt werden. In Atomkraftwerken wird diese Energie benutzt, um Wasserdampf, also Wärmeenergie zu erzeugen. Die Turbinen eines Generators wandeln die Wärmeenergie schließlich in die nutzbare elektrische Energie um, die an die Haushalte weitergeleitet wird. Das Atomkraftwerk ist also im Grunde ein Dampfkraftwerk, das mithilfe der Atomspaltung betrieben wird.

Das spaltbare Material, welches in den Kraftwerken benutzt wird, ist in der Regel Uran, ein radioaktives Schwermetall. Es befindet sich in Brennstäben, die zu Brennelementen zusammengebündelt werden. Durch den Beschuss mit Neutronen wird das Uran in kontrollierten Kettenreaktionen gespalten. Dies geschieht im Kernreaktor. Dieser ist von einer dicken Betonkammer umhüllt, die verhindern soll, dass radioaktive Strahlung nach Außen dringt.

So wurden uns in dieser Zeit die AKWs als sauber, leistungsstark und kostengünstig verkauft, dies waren die wichtigsten Argumente der Atomkraftbefürworter. Mit einem Kilogramm Uran lassen sich etwa 350.000 Kilowattstunden (kWh) Strom erzeugen. Zum Vergleich: Ein Kilogramm Öl reicht für etwa zwölf kWh. Besonders die „Schnellen Brüter" erreichen eine sehr hohe Brennstoffausnutzung, weil sie auch die normalerweise unspaltbaren Bestandteile des Urans verwenden können. Im „Schnellen Brüter" werden diese in Plutonium umgewandelt. Das führt dazu, dass in diesen Werken mehr Spaltstoff hergestellt wird, als zur Wärmerzeugung nötig ist.

Während ein Braunkohlekraftwerk pro erzeugter Kilowattstunde Strom 1,040 Kilogramm des Treibhausgases Kohlenstoffdioxid (CO_2) ausstößt, ist der Wert bei Atomkraftwerken mit 25 bis 50 Gramm gering.

Lässt sich also mit Atomenergie die Klimaerwärmung stoppen?

.Nach Angaben des „Infokreises Kernenergie Bonn" setzten im Jahr 2006 weltweit 31 Länder Atomkraftwerke zur Stromproduktion ein. Von insgesamt **437** Werken wurden allein **104** in den **USA**, **59** in **Frankreich** und **56** in **Japan** betrieben. Wissenschaftler des „Öko-Instituts" haben errechnet, dass weltweit also mit Atomenergie rund 15 Prozent des Strombedarfs produziert werden, insgesamt rund sechs Prozent des globalen Primärenergie-Verbrauchs. Um einen wirklich spürbaren Klimaeffekt zu erreichen, müssten etwa 1.000 bis 1.500 neue AKWs weltweit gebaut werden. Doch Uran ist ein endlicher Rohstoff und die Reserven sind begrenzt: Bei einer Verdopplung der Nuklearkapazitäten in den nächsten 40 Jahren wären die Uranvorräte bald erschöpft.

Den Vorteilen der Atomenergie steht ein hohes Risiko gegenüber. Durch die Spaltung des atomaren Materials wird neben der gewünschten Energie radioaktive Strahlung erzeugt. Welche verheerenden Auswirkungen diese auf Mensch und Umwelt haben können, ist seit dem Abwurf der ersten US-Atombomben auf die japanischen Städte Hiroshima und Nagasaki ins öffentliche Bewusstsein gelangt. Atomkraftwerke aber, **so wurde jahrelang beteuert, seien absolut sicher.** Dieses Vertrauen wurde am 26. April 1986 zum ersten Mal erschüttert. Rund **600.000 Menschen** wurden infolge eines Reaktorunfalls in Tschernobyl in der heutigen Ukraine starken radioaktiven Strahlungen ausgesetzt. Allein unter den Bergungsmannschaften gab es circa **7.000 Tote**, **Hunderttausende** Menschen mussten umgesiedelt werden. Die Umwelt war verseucht, Menschen erkrankten in Folge der Bestrahlung und starben.

Doch auch im Normalbetrieb sind Atomkraftwerke gesundheitlich nicht vollkommen unbedenklich. Im Jahr 2001 sorgte eine Studie vom „Umweltinstitut München" für Aufsehen, die erhöhte Kinderkrebsraten in der Umgebung von Atomkraftwerken nachwies. Das Bundesamt für Strahlenschutz bestätigte nach anfänglichen Zweifeln die Richtigkeit der Untersuchung. In gleicher Weise versucht man die Tatsache unter den Tisch zu schieben, dass die Krebserkrankungen in unmittelbarer Nähe von Aufbereitungsanlagen um ein Vielfaches höher sind, als in normalen Wohngebieten.

Ein weiteres Problem und Gefahrenpotenzial stellt der anfallende atomare Müll dar, für den bis heute weltweit kein geeignetes Endlager gefunden wurde. Hinzu kommt die Angst vor terroristischen Anschlägen auf Atomanlagen. Außerdem befürchten Atomgegner die Verbreitung von atomwaffentauglichem Material, das zum Beispiel Terroristen in die Hände fallen könnte.

Als 1986 die Bevölkerung Europas von dem **Super-GAU** in Tschernobyl überrascht wurde, wusste eigentlich niemand so recht mit den Gefahren für die Menschen und der Natur umzugehen. Zu wenig Aufklärung war betrieben worden. Die Kernkraft wurde als sicher und ungefährlich dargestellt, sodass in der ersten Phase der Katastrophe nur sehr ungenaue Berichte zur Bevölkerung gelangten. Die Machtlosigkeit der Regierungen und der Atomexperten zeigte sich in Schweigen und unklaren Aussagen. Es erscheint mir hier wichtig über die anzunehmenden Störfälle und ihrer Einstufung zu berichten.

Der **„größte anzunehmende Unfall" (GAU)** ist der schlimmste denkbare Störfall beim Betrieb eines Atomkraftwerkes, für den die Sicherheitssysteme der Anlage ausgelegt sein müssen. Durch den Normalbetrieb eines Atomkraftwerkes ist die Belastung durch radioaktive Strahlungen eher gering, sodass zu Beginn der Atomenergienutzung Einrichtungen zum Abschalten der Reaktoren quasi die einzigen Sicherheitsvorkehrungen waren. Nachbesserungen kamen mit einem US-Konzept, das als **GAU** den plötzlichen Bruch einer Hauptkühlmittelleitung festlegte. Die Notkühlung und die äußere Schutzhülle des Reaktorgebäudes, eine große Umhüllung aus Metall oder Beton, wurden damit zu gängigen Sicherheitssystemen. 1979 kam es im amerikanischen Atomkraftwerk „Three Mile Island" (Pennsylvania) zum ersten Mal zum **GAU**. Die Brennstäbe konnten nicht mehr gekühlt werden, und es setzte die sogenannte Kernschmelze ein. Bei der Kernschmelze erhitzen sich die Brennstäbe im Kraftwerk so stark, dass sie schmolzen und die Gefahr einer Explosion bestand. Diese trat im amerikanischen Kraftwerk aber nicht ein. So blieben die Gefahren durch austretende radioaktive Substanzen für die Bevölkerung relativ gering.

Ist eine Reaktorkatastrophe dagegen nicht mehr beherrschbar, spricht man von einem **Super-GAU**. Im April 1986 trat er in Tschernobyl in der heutigen Ukraine ein. Während eines Experiments geriet Block 4 des Atomkraftwerkes außer Kontrolle. Die Hitze verbog Metall und Reaktorstäbe und der Kern konnte nicht mehr gekühlt werden. Wie zuvor in „Three Mile Island" kam es zur Kernschmelze. In Tschernobyl konnte die Situation aber nicht mehr unter Kontrolle gebracht werden. Durch die folgende Explosion gerieten innerhalb des Reaktors 1.500 Tonnen Grafit in Brand. Ein regelrechter Feuersturm riss radioaktive Materialien kilometerhoch in die Atmosphäre, wo sie von starken Winden erfasst wurden. Die radioaktive Wolke verteilte verseuchtes Material über weite Teile Europas. Nach Schätzungen wurden 600.000 Menschen einer starken Strahlenbelastung ausgesetzt, unter den Bergungsmannschaften gab es circa 7.000 Tote. 125.000 Helfer erkrankten nach Informationen der Weltgesundheitsorganisation schwer. Ein Gebiet, halb so groß wie die Bundesrepublik, wurde in der Ukraine, Weißrussland und Russland verseucht, 375.000 Bewohner mussten umgesiedelt werden. 3,5 Millionen Menschen sind allein in der Ukraine offiziell als Opfer des Unglücks registriert.

In Tschernobyl waren verschiedene Umstände daran schuld, dass aus dem **GAU** ein **Super-GAU** wurde. Als schwerwiegendstes Merkmal des Unfalls wurde später der Grafitbrand bezeichnet, der die radioaktiven Substanzen weiträumig verteilte. Der offiziellen Version zufolge führten eine Reihe menschlicher Irrtümer zum Unfall. So wollten die Techniker des Kraftwerkes am Tag des Unglücks einen Turbinentest bei noch laufenden Reaktoren durchführen und legten dafür das automatische Steuerungssystem und die Notkühlung still. Außerdem hatte das Kraftwerk keine Schutzhülle um das Reaktorgebäude, die möglicherweise das Austreten radioaktiven Materials hätte verhindern oder begrenzen können.

Viele von uns haben die Katastrophe selbst erlebt und festgestellt, dass Atomkraft nicht sicher ist, wie von den Befürwortern dargestellt. Die protestierende Bevölkerung wurde als linke Revoluzzer mit terroristischem Hintergrund abgestempelt. Für mich war es besser ein „grüner Spinner" zu sein, als Unterstützung lebensgefährlichem Material zu erteilen.

Wie wird also die Zukunft der Atomkraft aussehen?

Viele Jahre sind die Atomforscher bereits damit beschäftigt, die Verschmelzung von Atomkernen herbeizuführen. Hierzu sollten wir wissen, dass die Sonne ihre ungeheure und schier unerschöpfliche Energiemenge aus der Kernfusion, der Verschmelzung von Atomkernen, bezieht. Die Verlockung, das Sonnenfeuer auch auf der Erde zu entzünden, ist groß. Das dafür benötigte Brennmaterial, Wasserstoff, ist auf unserem „Blauen Planeten" reichlich vorhanden.

Im Vergleich zur Kernspaltung hat die Kernfusion einige Vorteile. Bei beiden Techniken entstehen nur wenig Treibhausgase. Fusionskraftwerke wären sicherer und radioaktiver Abfall entsteht in geringeren Mengen. Der gilt zudem als erheblich ungefährlicher. Schon nach etwa 100 Jahren soll keine Gefahr mehr von ihm ausgehen, während die Abfälle aus der Kernspaltung uns eine „strahlende Zukunft" auf Jahrtausende hinaus bescheren und das Endlagerproblem nach wie vor ungelöst ist. Der Brennstoff für ein Fusionskraftwerk ließe sich aus Meerwasser und dem häufig vorkommenden Metall Lithium gewinnen. Bei der Kernfusion verschmelzen Wasserstoffisotope (Deuterium und Tritium) zu Helium. Dabei wird ungeheuer viel Energie frei. Der Haken: Wasserstoffatome verschmelzen nicht freiwillig. Man muss sie auf 100 Millionen Grad erhitzen, sie in ein sogenanntes Plasma überführen.

Die enorme Hitze, die man für das Plasma braucht, ist ein Problem. Mit gewaltigen Elektromagneten muss man das Plasma von den Reaktorwänden fernhalten, weil es sich sonst zu stark abkühlt und das Fusionsfeuer wieder ausgeht. In bisherigen Testanlagen kann der Fusionsprozess deshalb nur kurze Zeit am Laufen gehalten werden. Etwa eine Minute und man muss auch noch mehr Energie reinstecken, als bei der Fusion wieder frei wird. Deshalb wurde 2005 der Bau des internationalen Forschungsreaktor „ITER" (lateinisch: „der Weg") beschlossen, der seit 2008 im französischen Cadarache gebaut wird. Japan, Russland, die USA, Südkorea, Indien und die Europäische Union sind Partner in dem „Weltprojekt". Damit soll es erstmals gelingen, die technischen Probleme in den Griff zu bekommen. Und der Reaktor soll, auch zum ersten Mal, mehr Energie produzieren, als zu seinem Betrieb notwendig ist. Die Anlage wird etwa zehn Milliarden Euro verschlingen und soll 2018 in Betrieb gehen. Ziel des Projekts ist es, die wissenschaftliche und technische Machbarkeit der Energieerzeugung aus Kernfusion zu demonstrieren. Kritiker bezweifeln, dass dies gelingt, und selbst wenn, ist mit einem kommerziellen Fusionskraftwerk nicht vor dem Jahr 2060 zu rechnen. Die beteiligten Forscher und Ingenieure indes sehen bislang keinen wissenschaftlichen Grund, warum diese Form der Energieerzeugung nicht erfolgreich sein sollte.

Seit rund 50 Jahren betreiben Wissenschaftler Fusionsforschung, und es wird mindestens noch weitere 50 Jahre dauern, bis ein kommerziell erfolgreicher Reaktor ans Netz gehen könnte. Wer auf Kernfusion setzt, braucht einen langen Atem. Als energiepolitische Option kommt die Technik aller Wahrscheinlichkeit nach zu spät. Bis der erste Fusionsreaktor läuft, könnten erneuerbare Energiequellen wie Sonne, Wind und Biomasse längst den Hauptteil der Stromerzeugung übernommen haben.

Eines der Hauptprobleme der Atomenergie, die Endlagerung, ist nach wie vor ungelöst. Wieder können wir unsere Politiker den Eiertanz üben sehen, um durch Umschiffung der Tatsachen der Bevölkerung weiterhin die Ungefährlichkeit der Produkte der Hölle zu verkaufen.

Über lange Jahre schon werden Rechtstreitigkeiten ausgetragen, Unmengen an Geld verschwendet, Schlagstöcke und Tränengas eingesetzt, Haftbefehle ausgestellt, Landbesitzer enteignet, Gegner versucht mundtot zu machen und die Gefährlichkeit für die Zukunft schöngeredet.

Nachfolgend zeige ich die Problematik der Endlagerung in Deutschland auf und bitte den werten Leser nicht zu vergessen, dass weltweit 437 Atomkraftwerke operieren. Ein Vielfaches an Nuklearmüll, als für Deutschland beschrieben, warten auf eine sichere Entlagerung.

Unter **radioaktiven Abfällen**, die umgangssprachlich mit dem Begriff Atommüll belegt werden, versteht man alle beim Umgang mit radioaktiven Stoffen in Kerntechnik, Medizin und Industrie und anfallende radioaktive Stoffe, die nicht mehr bzw. noch nicht genutzt werden können. Ob eine sichere Entsorgung oder ein sicherer Wiederverwertungszugriff zu gewährleisten ist, hängt von der Art des Abfalls ab.

Der mengenmäßig überwiegende Teil der Abfälle entsteht durch die **Uranwirtschaft**. Der größte Teil mit rund 80 % der radioaktiven Abfälle stammt aus dem **Uranabbau** und wird in der Nähe des jeweiligen Uranbergwerks gelagert. Weitere Teile stammen aus Kernkraftwerken. Weltweit rund **12.000 t hoch radioaktive** Abfälle pro Jahr, aus Kernforschungszentren, aus der Wiederaufarbeitung abgebrannter **Brennelemente** und in Kernwaffenstaaten aus militärischen Aktivitäten im Zusammenhang mit der Herstellung von **Atomwaffen**. Ein mengenmäßig geringer Anteil hat seinen Ursprung in der Anwendung radioaktiver Substanzen in **Medizin, Industrie und Forschung**.

Neben abgebrannten Brennelementen aus Kernkraftwerken und Abfällen aus der Wiederaufarbeitung, die den meistbeachteten, aber von der Stoffmenge geringsten Teil der radioaktiven Abfälle ausmachen, sowie den oben genannten „Tailings" gehören zu den radioaktiven Abfällen auch alle Materialien, die beim Umgang mit radioaktiven Stoffen in Kernkraftwerken, Medizin, Industrie und Forschung **kontaminiert** oder durch Neutronenstrahlung **aktiviert** wurden und die nicht wieder verwertbar sind. Dies umfasst eine breite Palette von Materialien, wie zum Beispiel:

Spritzen und Kanülen sowie Präparate und Abwässer aus der Nuklearmedizin, Putzlappen und Behälter, Verdampferkonzentrat (z. B. konzentrierte Putzwasser), demontierte metallische Rohrleitungen, Betonschutt und Betonstahl aus Umbaumaßnahmen, Isolierstoffe, alte Prüfstrahler, Arbeits-, Schutzkleidung sowie sämtliche in einem Reaktorbereich getragene sonstige Kleidung, defekte Werkzeuge und Geräte- und viele weitere Materialien und Substanzen. Prinzipiell kann alles, was in einem Betrieb, in dem mit radioaktiven Stoffen umgegangen wird, zu radioaktivem Abfall werden.

Radioaktive Abfälle werden abhängig vom jeweiligen Zweck der Betrachtung nach verschieden Kriterien unterschieden, nämlich nach dem Gehalt an radioaktiven Stoffen, der Wärmeentwicklung, dem physikalischen Zustand und den enthaltenen Radionukliden. Radioaktive Abfälle werden international in schwach-, mittel- und hochradioaktive Abfälle eingeteilt, bezeichnet als low- (LLW), intermediate- (ILW) und high-level waste (HLW). In Deutschland wird im Hinblick auf die geplanten Endlager Salzstock Gorleben, für Wärme entwickelnde Abfälle und Konrad, für alle anderen, zusätzlich eine Unterscheidung in Wärme entwickelnde und nicht Wärme entwickelnde Abfälle vorgenommen. Als Wärme entwickelnd sind in der Regel die Abfälle aus der Wiederaufarbeitung einzustufen, in denen zu großen Teilen die hochaktiven und damit eher kurzlebigen Spaltprodukte enthalten sind.
Vorwiegend fallen radioaktive Abfälle als Feststoffe an, in geringerem Umfang, so z. B. bei der Wiederaufarbeitung und in der Forschung, auch als Flüssigkeiten. Vor einer Endlagerung müssen Flüssigkeiten in eine chemisch stabile, feste Form überführt werden, die sogenannte Konditionierung. Radioaktive Gase wie Radon kommen im Zuge der Kernenergienutzung nur in sehr geringem Maße vor und werden nicht in dieser Form gelagert, sondern in der Regel in anderen Stoffen physikalisch oder chemisch gebunden.
An Radionukliden kommen in radioaktiven Abfällen aus Kernkraftwerken die folgenden wesentlichen Stoffgruppen vor:
Spaltprodukte, also die bei der Kernspaltung entstehenden **„Bruchstücke"**. Diese sind zum größten Teil sehr kurzlebig (Iod 131 etc.), jedoch sind auch einige längerlebig (Cäsium 137, Strontium 90 etc.) oder langlebig (Iod 129 etc.).

Aktivierungsprodukte, dies sind ursprünglich nichtradioaktive Materialien aus dem Reaktor oder dessen Umgebung, die durch Neutroneneinfang von Spalt-Neutronen in radioaktive Nuklide umgewandelt wurden, prominentestes Nuklid ist hier Cobalt 60.

Erbrüteter Kernbrennstoff, z. B. Plutonium 239, das durch Neutroneneinfang und zwei anschließende Betazerfälle aus Uran 238 gebildet wird, sowie das aus Plutonium 239 durch zwei Neutroneneinfänge erbrütete Plutonium 241.

Erbrütete weitere Transurane, z. B. Neptunium 237 entsteht, wenn Uran 235 durch Neutroneneinfang nicht gespalten wird, sondern das entstehende Uran 236 sich durch einen weiteren Neutroneneinfang in Uran 237 umwandelt, das sich anschließend durch Betazerfall das Neptuniumisotop umwandelt. Ein weiteres Beispiel ist Americium 241, das durch mehrfachen Neutroneneinfang aus Plutonium 239 über Plutonium 240 und 241 mit nachfolgendem Betazerfall entsteht.

Unverbrauchter ursprünglicher Brennstoff (Uran 235, Plutonium 239 und -241).

Nicht in Plutonium umgewandeltes Uran 238.

Wiederaufbereitungsanlagen sollen unverbrauchten und erbrüteten Brennstoff zur Wiederverwendung vom radioaktiven Abfall abtrennen. Der Gehalt an Radionukliden und deren Mischungsverhältnis ist von vielen Faktoren abhängig, insbesondere von der Art, Herkunft und Vorgeschichte des Abfalls.

Nach Angaben der World Nuclear Assoziation entstehen Jahr für Jahr **12.000 Tonnen hoch radioaktiver Abfälle.** Bis Ende 2010 sind weltweit etwa **300.000 Tonnen hoch radioaktiven Abfalls** angefallen, davon etwa **70.000** in den USA. In den deutschen Atomkraftwerken werden jährlich rund **450 Tonnen hoch radioaktive abgebrannte Brennelemente** erzeugt.

In Russland lagerten 2008 mehr als **700.000 Tonnen radioaktiven Mülls** unterschiedlicher Strahlung, davon **140.000 Tonnen aus europäischen Meilern.** An der Hanford Site in den USA müssen etwa **200.000 Kubikmeter radioaktiven Materials** entsorgt werden.

Die Entsorgungsfrage ist bisher weltweit nur unbefriedigend gelöst, obwohl seit Jahrzehnten technische Verfahren zur Konditionierung und Endlagerung erprobt werden. Insbesondere mittel- und hoch radioaktive Abfälle stellen große Herausforderungen an die Entsorgung. Aufgrund der langen Halbwertszeiten vieler radioaktiver Substanzen muss eine sichere Lagerung sichergestellt werden. Die Halbwertzeit von Plutonium 239 beträgt 24.000 Jahre. In Deutschland wird analog zur Entsorgung nichtradioaktiver toxischer Stoffe das Konzept der Endlagerung in tiefen geologischen Formationen favorisiert. Eines der Hauptargumente, mit dem Atomkraftgegner schon seit Jahren den Ausstieg aus der Atomtechnologie fordern, ist die nicht gesicherte Entsorgung der radioaktiven Abfälle, während die Entsorgung großer Mengen hochtoxischer nicht-radioaktiver Abfälle in Untertagedeponien ohne größere Beachtung durch die Öffentlichkeit seit Jahrzehnten Praxis ist. Auch Atommülltransporte geben immer wieder Anlass zu Demonstrationen für einen Atomausstieg. In Europa warten 8.000 m³ HLW in Zwischenlagern auf die Endlagerung, jährlich werden es 280 m³ mehr.

Für die Kernenergie in Deutschland ist das Verursacherprinzip nicht gegeben, da ein Großteil der Kosten für die Entsorgung von radioaktivem Abfall nicht von den Kernkraftwerk-Betreibern, sondern vom Bund bzw. Steuerzahler übernommen wird.

Die Betreiber der Atomkraftwerke haben bis zum **Ende der Einlagerung etwa 900.000 Euro** Gebühren bezahlt, wogegen für die Schließung der Schachtanlage Asse **Kosten von zwei bis sechs Milliarden Euro** erwartet werden, für die Schließung des Endlagers Morsleben **2,2 Milliarden Euro.**

Dazu kommen weitere Kosten wie beispielsweise die öffentlichen Ausgaben für Atommülltransporte in Höhe von drei Milliarden Euro.

In den Verträgen zwischen Staat und Industrie zum Zwischenlager Nord (Lubmin) ist definiert, dass die Entsorgung des Atommülls nicht nach dessen Umwelt belastender Strahlenaktivität, sondern pro Tonne Gewicht berechnet wird. Man ordnete 40 Prozent des Mülls der Industrie zu und 60 Prozent dem Staat (als „Forschungsmüll"). Laut Bundesumweltministerium werden jedoch 70 Prozent der einzulagernden strahlenden Aktivität von den kommerziellen Kernkraftwerken produziert, sodass eine Kostenaufteilung von 70 zu 30 angemessen gewesen wäre.

Für die Entsorgung des Mülls und den gesamten Rückbau der Wiederaufarbeitungs-anlage Karlsruhe fallen nach einer Kalkulation aus 2011 zusätzlich **1,6 Milliarden Euro** an, die komplett vom Staat zu tragen sind.

Es ist schon erstaunlich, wie Politiker mit den Steuergeldern des Staates umgehen und dabei noch unfähig sind, eine Entscheidung für die Zukunft des Landes, für das sie dienen, zu treffen. Ohne rot zu werden, entscheiden sie über die Zukunft unserer Kinder und Kindeskinder, wissend, dass es fünf Minuten vor zwölf ist.

Gewinne erzielen die Energiekonzerne durch die Beteiligung an der **Deutschen Gesell-schaft zum Bau und Betrieb von Endlagern für Abfallstoffe** (DBE). Die Entsorgung ihres eigenen Mülls beschert den vier großen Energiekonzernen durch die Beteiligung an dieser Gesellschaft aufgrund einer einseitigen Vertragslage eine **hohe Rendite zulasten der Steuerzahler.**

Für die Errichtung einer Verglasungsanlage zur Aufbereitung von hoch radioaktivem Atommüll aus dem Karlsruher Institut für Technologie wurden 1996 umgerechnet rund **200 Millionen Euro** veranschlagt, die von Bund und Land zu tragen wären.

British Nuclear Fuels und Cogema verlangten im Jahr 2000 bei Abschluss von Wieder-aufarbeitungs-Verträgen mit deutschen Stromkonzernen umgerechnet zwischen **850 und 900 Dollar je Kilogramm** Strahlenabfall.

Die USA zahlen **jährlich** über **zwei Milliarden US-Dollar** an private Konzerne für die erforderliche Dekontamination der Hanford Site.

Durch werkliche Anpassung werden die radioaktiven Abfälle in einen chemisch stabilen, in Wasser nicht oder nur schwer löslichen Zustand überführt und den Anforderungen von Transporten und Endlager entsprechend verpackt. Je nach Material werden dazu unterschiedliche Verfahren verwendet.

Hoch radioaktive Spaltproduktlösungen, die bei der Wiederaufarbeitung abgebrannter Brennelemente anfallen, werden in Glas eingeschmolzen. Die dabei entstehenden Glaskokillen sind korrosionsfest und unlöslich in Wasser. Zusätzlich werden sie wasserdicht in Edelstahlbehälter verpackt.

Forscher entdeckten jedoch, dass die Actinoide (Uran, Neptunium, Plutonium) im Atommüll mit dem Borglas, aus dem die Kokillen bestehen, unter Wassereinfluss reagieren können, wenn die Edelstahlumhüllung durch Korrosion undicht wird. Die dabei entstehenden Kristalle könnten theoretisch das Glas zerstören. Andere Forscher halten jedoch die Zerstörung des Glases, trotz der Reaktionen, für unmöglich, weil im realen Atommüll die Konzentration der Actinoide dafür zu gering wäre.

Alternativ hierzu wird an der Einbindung in Keramik gearbeitet; hier ist ebenfalls eine chemisch stabile Lagerung gewährleistet.

Andere radioaktive Abfälle werden, je nach Art, durch unterschiedliche Verfahren (zum Beispiel Verbrennen, Verpressen) in eine möglichst Raum sparende, chemisch stabile Form gebracht und anschließend in der Regel in einer chemisch stabilen, wasserunlöslichen Matrix (Zement, Bitumen) fixiert. Hierbei können teilweise radioaktive Stoffe verwertet werden, unter anderem finden radioaktive Lösungen zum Anmischen von Zement bei der Fixierung anderer Abfälle Verwendung und aus schwach radioaktivem Stahlschrott werden beispielsweise Abschirmplatten für Behälter gefertigt.

Aufgrund der langen Zeiträume sowie durch die Radioaktivität sind die Lagermaterialien nicht notwendigerweise dauerhaft in der Lage, die eingebundenen Stoffe zurückzuhalten. Daher ist die sichere Lagerung des verarbeiteten Mülls entscheidend. Selbst nach Zerfall der Lagerbehälter soll ein Transport der radioaktiven Substanzen durch das Gestein sehr langsam erfolgen. Die geologischen Eigenschaften des Gebirges müssen dabei den sicheren Einschluss der radioaktiven Stoffe gewährleisten, sodass diese nicht in die Biosphäre gelangen können. Die Untersuchungen zur Schaffung von Warnzeichen und Warnsymbolen, die über Jahrtausende auf die eingelagerten radioaktiven Stoffe hinweisen, werden unter dem Begriff Atomsemiotik zusammengefasst.
An die Erkundung, Einrichtung, den Betrieb und auch die Sicherung von Endlagern für radioaktive Stoffe sind prinzipiell die gleichen Anforderungen zu stellen, wie an Endlager für nicht-radioaktive hochtoxische Stoffe. Als Endlagerstätten werden etwa Salzstöcke in geologisch stabilen Gesteinsschichten diskutiert.
Auch Granit, Tongestein oder Tuff kommen als Wirtsgesteine infrage. Die seit 1979 andauernde Erkundung des Standortes im Salzstock Gorleben in Norddeutschland wurde im Oktober 2000 durch das BMU unterbrochen. Der Arbeitskreis Auswahlverfahren Endlagerstandort (AkEnd) wurde beauftragt, wissenschaftlich fundierte Kriterien für ein relativ sicheres Endlager aufzustellen. Der Bericht des AKEnd war bereits 2002 vorgelegt worden.

Zwischen 1967 und 1978 wurden in der Schachtanlage Asse 46.930 m^3 überwiegend nicht Wärme entwickelnde radioaktive Abfälle eingelagert. Nach Bekanntwerden größerer Salzlaugenzuflüsse zum Bergwerk wurde die Schachtanlage Asse zum 1. Januar 2009 vom Bundesamt für Strahlenschutz übernommen. Die Abfälle müssen voraussichtlich zurückgeholt werden. Von 1971 bis 1998 wurden auch im Endlager für radioaktive Abfälle Morsleben (ERAM) 36.754 m^3 derartige Abfälle eingelagert. Derzeit wird für das Endlager der Schacht Konrad vorbereitet und sollte nach Einschätzungen im Jahr 2008 Ende 2013 in Betrieb gehen. Nach Angaben des beauftragten Unternehmens Deutsche Gesellschaft zum Bau und Betrieb von Endlagern für Abfallstoffe (DBE) im Jahr 2010 wird von einer Fertigstellung und Inbetriebnahme nicht vor 2019 ausgegangen.

Unter Umständen kann aber auch eine gewollte Bergung von endgelagerten intakten Behältern mit den radioaktiven Resten der Kernspaltung sowie eventuell zwischenzeitlich durch den andauernden radioaktiven Zerfall angereicherten Stoffen in der fernen Zukunft planmäßig durchgeführt werden, da sowohl unter den Spalt- als auch den Zerfallsprodukten wertvolle Stoffe wie Rhodium, Ruthenium und das radioaktive Metall Technetium sind. Insbesondere sind direkt (ohne Wiederaufarbeitung) endgelagerte Brennelemente wegen ihres erheblichen Gehalts an unverbrauchten Kernbrennstoffen unter Umständen für nachfolgende Generationen eine wertvolle Ressource.

Viele radioaktiv kontaminierte Stoffe können, soweit wirtschaftlich sinnvoll, gereinigt (Dekontamination) und bei erwiesener Kontaminationsfreiheit bzw. Grenzwertunterschreitung (Freimessen) normal weiter genutzt werden. Des Weiteren können radioaktive Reststoffe in der Kerntechnik weiterverwendet werden, so wird z. B. schwachradioaktiver Stahlschrott zu Abschirmungen für Abfallbehälter verarbeitet.

Ein seit den 50er Jahren in Entwicklung befindliches Konzept zur energetischen Wiederverwertung von radioaktiven Abfällen ist der Laufwellen-Reaktor. Wie beim Brutreaktor erbrütet dieser seinen Brennstoff, kann aber unter anderem auch mit Rohuran oder bereits abgebranntem Kernbrennstoff betrieben werden und so die Rückstände seiner eigenen Produktion wiederverwerten. Theoretisch ist es so möglich, Material als Brennstoff zu verwenden, das im Moment als radioaktiver Abfall angesehen wird. Dies würde eine aufwendige Lagerung erübrigen und somit zur effizienteren Nutzung von Kernbrennstoff beitragen. Weiter gibt es Vorschläge, die atomaren Abfälle im Weltraum zu entsorgen. Neben der Lagerung in Asteroiden und auf anderen Planeten gibt es auch Überlegungen, den Müll direkt in die Sonne zu schießen. Gelänge dies, wäre der Atommüll tatsächlich wirksam von der Biosphäre isoliert. Diese Vorschläge verwundern mich immer wieder aufs Neue. Erst vernichten wir unser eigenes Lebensumfeld, um anschließend noch das Universum zu einem Friedhof der Atome zu gestalten. Zum Glück stehen dem allerdings die beim gegenwärtigen Stand der Technik immensen Kosten der Raumfahrt entgegen, die schon allein für das Erreichen der Erdumlaufbahn anfallen würden. Beispielsweise mit einer Proton-Rakete betragen die Kosten etwa 4.000 Euro für ein Kilogramm Nutzlast. Um die jährlich anfallende Menge von 12.000 Tonnen hoch radioaktiven Abfalls ins Weltall zu befördern, müssten jedes Jahr 2.000 Raketen starten, etwa sechs pro Tag. Die etwa 300.000 Tonnen, die bis heute schon weltweit angefallen sind, müssten zusätzlich entsorgt werden. Weiterhin bestünde ein enormes Risiko, da viele Starts jährlich erfolgen müssten und bei einem Fehlstart, der bei allen existierenden Trägersystemen mit einer Wahrscheinlichkeit von 1 % auftritt, mit einer Freisetzung der radioaktiven Fracht auf der Erde oder durch Verglühen in der Atmosphäre zu rechnen wäre. Folge wäre eine großflächige Kontamination. Eine notwendige sichere Verpackung der Fracht, wie sie z. B. bei den für Raumsonden verwendeten Radionuklidbatterien verwendet wird, wäre zwar in der Lage, einen Fehlstart mit hoher Wahrscheinlichkeit ohne Leckage zu überstehen, würde allerdings die zu befördernde Masse vervielfachen und die Entsorgungskosten vollends utopisch machen.

Obwohl an Verbesserungen der Antriebstechnologien gearbeitet wird, dem „Advanced Propulsion Concepts", welche die Transportkosten merklich verringern sollen, sind bis auf Weiteres keine Entwicklungen in Sicht, die eine solche Lösung auch nur annähernd wirtschaftlich erscheinen lassen.

Die sowjetischen RORSAT-Satelliten trugen mit Uran 235 betriebene Kernreaktoren. Normalerweise wurden die Reaktorkerne am Ende ihrer Lebenszeit auf eine hohe Umlaufbahn, eine sogenannte **„Beseitigungsbahn"** geschossen. Wenn keine weiteren Maßnahmen ergriffen werden, kehren die hoch radioaktiven Objekte nach einigen Hundert Jahren wieder in die Erdatmosphäre zurück. Besonders die kapitalschwache Sowjetunion in der kommunistischen Ära ging mit der Beseitigung von Radioaktivität sehr unbedarft um. So liegen mehrere Atomreaktoren im nördlichen Eismeer und rosten vor sich hin. Die austretende Strahlung hat bereits den Fischfang eingestellt und eine bevorstehende Umweltkatastrophe tickt als Zeitbombe vor sich hin.

Wissenschaftler arbeiten mit Hochdruck an verschiedenen Verfahren, so gibt es Vorschläge, die langlebigen Nuklide aus hoch radioaktiven Abfällen in geeigneten Anlagen, in speziellen Reaktoren, Spallations-Neutronenquellen, durch Neutronenbeschuss in kurzlebige Nuklide umzuwandeln, was die notwendige Dauer des Abschlusses von der Biosphäre erheblich verkürzen und evtl. sogar eine Wiederverwertung der entstehenden Materialien ermöglichen würde. Die entsprechenden Forschungen in der Transmutation sind jedoch noch in den Anfängen. Bisher wurde weltweit noch keine produktive Transmutationsanlage zur Beseitigung nuklearer Abfälle verwirklicht, lediglich im Rahmen von Forschungsprojekten wurden kleine Anlagen realisiert.
Als weitere Entsorgungsmöglichkeit wurde die Endlagerung unter dem Eisschild der Antarktis besprochen. Dadurch wäre es prinzipiell möglich, den Abfall sehr sicher von der Biosphäre zu trennen. Nachteilig wäre die Wärmeentwicklung mancher Abfälle, die sich auf die Stabilität der Lagerkammern oder ähnliches negativ auswirken könnte. Auch kann eine radioaktive Verseuchung des fragilen Ökosystems Antarktis, zum Beispiel durch Unfälle, nicht ausgeschlossen werden. Der Antarktisvertrag schreibt zudem hohe Umweltschutznormen für den sechsten Kontinent vor; eine Verwendung als Endlager für radioaktive Stoffe ist damit nach internationalem Recht nicht möglich. Es ist schon sehr erstaunlich, welche Planspiele durchdacht werden, selbst die Antarktis in den Prozess mit einzubeziehen.

Es ist umstritten, in welchem Maß die langfristige Isolation der Abfälle gesichert ist. Einerseits könnten durch den Treibhauseffekt die Eiswände schmelzen, andererseits wird der gegenteilige Effekt beobachtet. Radioaktive Abfälle konnten legal im Meer verklappt werden, bis diese Vorgehensweise zumindest für Feststoffe 1994 von der International Maritime Organisation (IMO) verboten wurde. Sämtliche Atommüll produzierenden Länder haben bis dahin in weniger als 50 Jahren mehr als 100.000 Tonnen radioaktiven Abfall im Meer versenkt. Die Briten haben hierbei mit 80 % den größten Anteil beigesteuert, gefolgt von der Schweiz, die bis 1982 schwach- und mittelaktive Abfälle sowie radioaktive Abfälle aus Medizin, Industrie und Forschung unter der Führung der OECD im Nordatlantik versenkt hat. Die USA haben gegenüber der Internationalen Atomenergieorganisation eingeräumt, von 1946 bis 1970 über 90.000 Container mit radioaktivem Abfall vor ihren Küsten versenkt zu haben. Aus Deutschland wurden einige Hundert Tonnen Atommüll im Meer entsorgt.

Die direkte Einleitung von radioaktiven Abwässern in das Meer ist jedoch nach wie vor **legal** und wird auch noch praktiziert: Die Wiederaufarbeitungsanlage La Hague spült über ein viereinhalb Kilometer langes Rohr täglich 400 Kubikmeter radioaktives Abwasser in den Ärmelkanal. Auch in Sellafield werden ganz legal radioaktive Abwässer in die Irische See eingeleitet. Diese Einleitungen übersteigen die Einleitungen aus La Hague für fast alle Nuklide.

Im Oktober 2009 wurde durch die Berichterstattung um den Film Albtraum Atommüll öffentlich bekannt, dass Frankreich seit den 90er-Jahren heimlich einen nicht unerheblichen Teil seines Atommülls nach Sibirien transportiert. In der Stadt Sewersk, in der mehr als 100.000 Menschen leben, lagern knapp 13 Prozent des französischen radioaktiven Abfalls in Containern unter freiem Himmel auf einem Parkplatz. Zudem wurde öffentlich, dass Deutschland sogar in noch größerem Maße radioaktiven Abfall nach Russland exportiert.

Die Lagerung wird vom zuständigen Sicherheitsbeamten dort unkritisch gesehen. Er gestand in einem Interview jedoch ein, dass im Falle eines Flugzeugabsturzes oder eines ähnlichen Unfalles in der Nähe der Container ein Problem bestünde.

Die kirgisische Stadt Mailuussuu ist umgeben von 36 nicht gesicherten Lagern von Uranabfällen und zählt zu den zehn am schlimmsten verseuchten Gegenden der Erde. Seit mindestens 2009 droht der Abrutsch von 180.000 Kubikmetern Uranschlamm in einen Fluss, wodurch das Trinkwasser in Kirgisistan und Usbekistan radioaktiv verseucht würde. Es ist sehr schwer zu verstehen, dass demokratisch gewählte Politiker Geheimverträge unterzeichnen, erlauben, dass andere Länder verseucht werden und die Bevölkerung von all dem kriminellen Handeln nicht in Kenntnis gesetzt wird. Das Wohl und die Zukunft der Menschen interessieren nicht mehr, nur Profit zählt.

Im September 2009 wurde 28 Kilometer vor der Küste Süditaliens das Wrack eines 110 Meter langen Frachters mit 120 Behältern Atommüll an Bord entdeckt. Damit wurde der seit Jahrzehnten bestehende Verdacht bestätigt, dass die italienische Mafia Giftmüll im Mittelmeer entsorgt. Mindestens 32 Schiffe mit Gift- und Atommüll sollen auf diese Weise in der Adria, dem Tyrrhenischen Meer und vor den Küsten Afrikas versenkt worden sein. Die Herkunft des radioaktiven Materials ist bislang nicht geklärt. Es soll nicht nur die calabrinische Mafia beteiligt gewesen sein, sondern auch der Geheimdienst und die Politik – manche damaligen Ermittler dürfen „aus institutionellen Gründen" nicht über die Vorfälle sprechen, es gibt ungeklärte Todesfälle, die mit diesen Fällen in Zusammenhang gebracht werden. Auch chemischer Giftmüll ist offenbar so entsorgt worden. Millionen von sonnenhungrigen Urlaubern aus der ganzen Welt belagern die Strände der Adria. Die Wahrscheinlichkeit statt eines schönen Badeurlaubs, mit Hautgeschwüren und Allergien nach Hause zurückzufahren, oder gar später an einer Krebsart zu erkranken, dies sollte verantwortungsbewusste Politiker aufwecken und umgehend Änderungen hervorrufen. Im Jahr 1990 ist das Schiff „Jolly Rosso" an der Küste Kalabriens gestrandet. Die Ladung wurde nie identifiziert, jedoch vermutlich in der Nähe der Gemeinde Amantea illegal vergraben. Nachdem sich in den Folgejahren die Krebsfälle in der Region häuften, fanden Techniker in der Nähe die vermeintliche Schiffsladung und stellten dort erhöhte Radioaktivität und eine Erwärmung des Erdreichs um sechs Grad fest.

In der Ostsee wurden zwischen 1991 und 1994 radioaktive und chemische Altwaffen aus sowjetischen Beständen illegal versenkt.

Als Abfallprodukt bei der Anreicherung von Uran für die Energieerzeugung oder Waffenproduktion fällt abgereichertes Uran an. Dieses wird zum Teil genutzt, um damit Uranmunition zu produzieren. Neben dem militärisch erwünschten Zerstör-Enden Effekt entfaltet diese Munition sowohl wegen der Radioaktivität als auch wegen der chemischen Giftigkeit des Urans eine schädliche Wirkung auf den menschlichen Organismus. Über das tatsächliche Ausmaß der Bedrohung herrscht Uneinigkeit. Von Gegnern dieser Waffen, wie der Organisation Ärzte für die Verhütung des Atomkrieges, wird Uranmunition für Krebserkrankungen, Missbildungen und Folgeschäden wie das Golfkriegssyndrom verantwortlich gemacht.

Beispielsweise wurden während eines dreiwöchigen Einsatzes im Irakkrieg 2003 von der Koalition der Willigen zwischen 1.000 und 2.000 Tonnen Uranmunition eingesetzt. Die Perversität des Einsatzes und der unkontrollierten Lagerung von Atomabfall hat weltweit einen starken Anstieg der Krebshäufigkeit hervorgerufen. Atomgegner rufen für ein Ende der Atomnutzung, Befürworter für einen weiteren Ausbau und Gebrauch der Atomenergie.

Entsorgung ohne genauen Nachweis

Im Dezember 2009 wurde der Öffentlichkeit bekannt, dass bei der Erdöl- und Erdgasförderung jährlich Millionen Tonnen radioaktiv verseuchter Rückstände anfallen, für dessen Entsorgung größtenteils der Nachweis fehlt. Im Rahmen der Förderung an die Erdoberfläche gepumpte Schlämme und Abwässer enthalten **NORM-Stoffe** (Naturally occurring radioactive material), u. a. das hochgiftige und extrem langlebige **Radium 226** sowie **Polonium 210**. Die spezifische Aktivität der Abfälle beträgt zwischen 0,1 und 15.000 Becquerel (Bq) pro Gramm. In Deutschland, wo etwa 1.000 bis 2.000 Tonnen Trockenmasse im Jahr anfallen, ist das Material laut der Strahlenschutzverordnung von 2001 bereits ab einem Bq pro Gramm überwachungsbedürftig und müsste gesondert entsorgt werden. Die Umsetzung dieser Verordnung wurde der Eigenverantwortung der Industrie überlassen, wodurch die Abfälle letztlich über Jahrzehnte hinweg sorglos und unsachgemäß beseitigt wurden. Es sind Fälle dokumentiert, in welchen Abfälle mit durchschnittlich 40 Bq/g ohne jede Kennzeichnung auf einem Betriebsgelände gelagert wurden und auch nicht für den Transport besonders gekennzeichnet werden sollten.

In Ländern mit größeren geförderten Mengen von Öl oder Gas entstehen deutlich mehr Abfälle als in Deutschland, jedoch existiert in keinem Land eine unabhängige, kontinuierliche und lückenlose Erfassung und Überwachung der kontaminierten Rückstände aus der Öl- und Gasproduktion. Die Industrie geht mit dem Material unterschiedlich um: In Kasachstan sind weite Landstriche durch diese Abfälle verseucht, in Großbritannien werden die radioaktiven Rückstände in die Nordsee geleitet. In den Vereinigten Staaten gibt es in fast allen Bundesstaaten aufgrund der radioaktiven Altlasten aus der Erdölförderung zunehmend Probleme. In Martha, einer Gemeinde in Kentucky, hat das Unternehmen Ashland Inc. Tausende kontaminierte Förderrohre an Farmer, Kindergärten und Schulen verkauft, ohne diese über die Kontamination zu informieren. Es wurden bis zu 1.100 Mikroröntgen pro Stunde gemessen, sodass die Grundschule und einige Wohnhäuser nach Entdeckung der Strahlung sofort geräumt werden mussten.

Umweltschutzorganisationen warnen seit Jahren, dass es nie eine sichere Lagerung von Atommüll für Hunderttausende von Jahren geben werde. Greenpeace fordert daher u.a. eine Beendigung der Atommüll-Produktion und ein gesetzlich festgelegtes Atommüll-Exportverbot.

In einer französischen Studie von 1997 wurde der Zusammenhang zwischen den radioaktiven Einleitungen aus La Hague und einer erhöhten Blutkrebsrate bei Kindern und Jugendlichen nachgewiesen. Im Vergleich zum Landesdurchschnitt ist die Blutkrebsrate innerhalb eines Umkreises von 10 Kilometern um die Anlagen um den Faktor drei erhöht.

In der Nordsee wurde Anfang der 70er Jahre ein Anstieg der Aktivitätskonzentration von ^{137}Cs nachgewiesen. Messungen haben gezeigt, dass auch die Wiederaufarbeitungsanlage im englischen Sellafield für diese Kontamination verantwortlich war. In den 80er Jahren nahmen die Einleitungen ab, sodass diese Reduzierung auch in der Nordsee messbar wurde. Mit der Ernte von Blasentang in der Irischen See, das zu Nahrungs-, Futter- und Düngemittel verarbeitet wurde, gelangte radioaktiv belastetes Material in die Nahrungskette. Nach Untersuchungen des Öko-Instituts sind die aufgenommenen Dosen über diesen Pfad allerdings relativ gering. Nach dieser Studie lagen die effektiven Dosen für den Abwasserpfad dieser Anlage bei 7,9 mSv/a (**Millisievert** pro Jahr) für den Erwachsenen und 7,7 mSv/a für das Kleinkind, während vergleichbare Werte für La Hague bei 2,3 bzw. 0,83 mSv/a lagen. Deutsche Grenzwerte der Strahlenschutzverordnung wären damit für Sellafield überschritten.

Eine Reihe von Vorfällen ereignete sich, als radioaktives Material nicht korrekt entsorgt wurde – beispielsweise auf einem Schrottplatz, von wo es zum Teil sogar gestohlen wurde – oder die Abschirmung während des Transportes defekt war.

In der Sowjetunion wurde Abfall aus der kerntechnischen Anlage Majak, der im Karatschai-See entsorgt wurde, während eines Sturms in der Umgebung verteilt, nachdem der See teilweise ausgetrocknet war.

In einer Entsorgungsfabrik für schwach-radioaktive Materialien in Maxey Flat, Kentucky, sind Entsorgungsgruben, die nur mit Erde anstelle von Stahl oder Zement bedeckt waren, durch starken Regen eingestürzt und füllten sich mit Wasser. Das eingedrungene Wasser wurde kontaminiert und musste in der Entsorgungsfabrik selbst behandelt werden.

In anderen Vorfällen mit radioaktivem Abfall sind Seen oder Teiche mit Atommüll während außergewöhnlich starker Stürme überflutet worden. Radioaktives Material gelangte dabei in Flüsse. Dies passierte beispielsweise in Italien, wobei auch als Trinkwasser geeignetes Wasser verseucht wurde. In Frankreich ereigneten sich im Sommer 2008 eine Reihe von Vorfällen, einer davon in der Nuklearanlage Tricastin, wo während einer Entleerungsaktion Flüssigkeit mit unbehandeltem Uran aus einem defekten Tank floss und dabei ungefähr 75 kg des radioaktiven Materials zunächst in den Boden sickerten und von dort in zwei nahegelegene Flüsse. In einem anderen Fall wurden 100 Mitarbeiter kleinen Dosen von Strahlung ausgesetzt. Der Tag dieses Ereignisses fiel in einen 15-tägigen Zeitraum, in welchem bei vier Fehlfunktionen in vier verschiedenen französischen Kernkraftwerken insgesamt 126 Arbeiter verstrahlt wurden.

Die Plünderung von altem, mangelhaft bewachtem radioaktivem Material war die Ursache für mehrere andere Vorfälle, bei denen Menschen gefährlicher Strahlung ausgesetzt wurden. Diese ereigneten sich meist in Entwicklungsländern, die weniger Vorschriften für den Umgang mit gefährlichen Stoffen haben, weniger generelle Aufklärung über Radioaktivität und deren Gefahren betreiben und zudem einen Markt für Metallschrott und geplünderte Güter besitzen. Sowohl die Plünderer selbst als auch die Käufer des Materials sind sich meist nicht bewusst, dass das Material radioaktiv ist, zumal es auch oft wegen seines ästhetischen Wertes ausgewählt wird. Unverantwortlichkeit auf der Seite der ursprünglichen Besitzer des radioaktiven Materials – üblicherweise Krankenhäuser, Universitäten oder das Militär – sowie das Fehlen oder die nicht konsequente Umsetzung von Vorschriften zum Umgang mit Atommüll sind maßgebliche Faktoren, die zu derartigen Unfällen führen.

Beispiele für solche Vorfälle sind der Goiania-Unfall und der Nuklearunfall von Samut Prakan.

In den Nachfolgestaaten der UdSSR wurden zur Stromerzeugung in abgelegenen Gebieten seit 1976 1.000-1,500 Radioisotopengeneratoren (RTGs) hergestellt, in welchen oft große Mengen (bis zu über 100 kg) radioaktiven Materials, meist Strontium, eingesetzt wurden. Alle diese Geräte haben mittlerweile ihre Lebensdauer überschritten. Aufgrund der schleppenden Demontage und Entsorgung durch die zuständigen Behörden sowie der meist unzureichenden Sicherung dieser Anlagen kam es mindestens bis 2006 zu Freisetzungen strahlenden Materials durch Korrosion und insbesondere durch Metall-Diebstähle.

Auch aus Georgien wurde berichtet, dass Holzfäller in Wäldern die zurückgelassenen Bestandteile der Isotopenbatterien ehemaliger mobiler militärischer Funkanlagen fanden. In Georgien wird von der IAEA und der georgischen Regierung aktiv nach sogenannten Orphan-Strahlern („herrenlose Strahler") gesucht, da es bereits zu schwerwiegenden Verletzungen kam. Neben den Strontium enthaltenden RTGs sind das vor allem [137] Cäsium-Quellen aus militärischer und landwirtschaftlicher Nutzung.

Mit den atomgetriebenen RORSAT-Satelliten passierten diverse Unfälle, bei denen mehrere Reaktorkerne zurück auf die Erde fielen und beispielsweise in einem Fall eine Fläche von 124.000 Quadratkilometern der kanadischen Nordwest-Territorien mit Atommüll kontaminiert wurde.

Transportunfälle mit ausgedienten Brennstäben von Kernkraftwerken haben aufgrund der Stärke der Transportbehälter selten ernsthafte Konsequenzen.

Ein dauerhaftes Endlager für **hoch radioaktive** Abfälle aus der Kernenergienutzung ist weltweit noch nirgendwo verwirklicht worden. In Finnland ist ein solches Endlager im Bau, das Endlager Olkiluoto. Für Transuranabfälle aus der Kernwaffenproduktion besteht ein Lager in New Mexico. In Deutschland wird nach einer Versuchsendlagerung in Asse geschaut und seit Langem der Salzstock Gorleben diskutiert; 2011 wird dieses Thema im Zusammenhang mit dem Atomausstieg wieder diskutiert. Kurzlebige radioaktive Abfälle (Halbwertszeit < 30 Jahre) werden in tiefen geologischen Formationen endgelagert oder oberflächennah deponiert. In Deutschland befindet sich dafür Schacht Konrad in der Errichtung.

Für die Endlagerung radioaktiver Stoffe entscheidend sind vor allem die Menge der hoch radioaktiven sowie der alphastrahlenden Abfälle und der zeitliche Verlauf ihrer Radioaktivität. Beides hängt wesentlich vom Vorgehen ab: Im Falle der direkten Endlagerung der abgebrannten Brennelemente fallen bei einem großen Kernkraftwerk etwa 50 m³ hoch radioaktive Abfälle pro Jahr an (das entspricht etwa einem Würfel mit knapp 4 m Seitenlänge) und im Falle der Wiederaufarbeitung sind es etwa 7 m³ pro Jahr (das entspricht einem Würfel von knapp 2 m Seitenlänge); dafür ist die Menge der schwach- und mittelaktiven Abfälle in diesem Fall allerdings deutlich größer als bei der direkten Endlagerung.

Wie die Erfahrungen im Falle des Naturreaktors in Oklo zeigen, kann es unter speziellen standortspezifischen Adsorptions- und Desorptionsprozessen an Umgebungsmaterialien zu einer geringen Ausbreitung in der Umgebung (in Oklo in den 2 Milliarden Jahren bis heute weniger als 50 m) kommen. Die Radiotoxizität nimmt (zum Unterschied von der Toxizität vieler chemischer Abfälle, die zeitlich konstant bleibt) entsprechend der Halbwertszeiten ab. Wenn die Radiotoxizität das entsprechende rechnerische Niveau eines Uranerzlagers vor dem Abbau durch den Menschen erreicht, wird eine mögliche Gefährdung von manchen Personen akzeptiert. Ein fehlendes Risiko liegt dann jedoch immer noch nicht vor. Bei einigen der endzulagernden Radionuklide (z. B. J 129, Np 237) beträgt der Gefährdungszeitraum viele Millionen Jahre:

Der Betastrahler Iod ^{129}I hat eine Halbwertszeit von 15.700.000 Jahren; Neptunium 237 hat eine Halbwertszeit von 2,144 Millionen Jahren.

Im Falle der Wiederaufarbeitung, bei der im Wesentlichen nur Spaltprodukte endgelagert werden, wird dies nach etwa 1.000 Jahren erreicht. Allerdings müssen auch die langlebigen Radionuklide irgendwann endgelagert werden. Insofern ist das Problem nur aufgeschoben. Bei der direkten Endlagerung, bei der auch die langlebigen Stoffe Uran und Plutonium endgelagert werden, dauert das mehr als 1.000 Mal länger. Es ist anzumerken, dass bei der Wiederaufarbeitung zwischen 0,1 % und 1 % der langlebigen Nuklide im Abfallprodukt verbleiben. Eine Endlagerung über die oben genannten 1.000 Jahre hinaus ist somit auch dort zwingend erforderlich.

Diese anhand von Uranerzlagerstätten vorgenommenen Berechnungen weisen allerdings eine große Unsicherheit auf. So kann je nach Art der betrachteten Uranerzlagerstätte ein wesentlich längerer oder auch kürzerer Isolationszeitraum herauskommen. Heute geht man deshalb davon aus, dass für alle Arten radioaktiver Abfälle, mit Ausnahme kurzlebiger Abfälle, ein Isolationszeitraum von mindestens einer Million Jahre benötigt wird: „In Anlehnung an Anforderungen des AkEnd (2002) sowie der Sicherheitskriterien (Baltes et al. 2002) wurde von einem notwendigen Isolationszeitraum, d. h. der Zeitraum, für den die Schadstoffe im einschlusswirksamen Gebirgsbereich des Endlagers zurückgehalten werden müssen, in der Größenordnung von 1 Mio. Jahre ausgegangen." Für diesen Zeitraum ist ein naturwissenschaftlich exakter Nachweis der Dichtheit eines Endlagers jedoch nicht möglich. Diesbezüglich ist man vielfach auf Plausibilitätsaussagen und Indiziennachweise angewiesen. Zur Illustration der Probleme zwei Zeitvergleiche: Die letzte Eiszeit in Norddeutschland, die die Berg- und Seenlandschaft entscheidend gestaltet hat, liegt weniger als 20.000 Jahre zurück; die geologische Sicherheit eines Endlagers muss also für das 50-fache der Zeit seit der letzten Eiszeit gesichert werden. Und die menschliche Kultur lässt sich kaum mehr als 4.000 Jahre zurückverfolgen; menschliche Sprachen ändern sich im Laufe weniger Jahrhunderte. Dennoch müssen nachfolgende Generationen über das Tausendfache der Lebensdauer von Sprachen und Sicherheitskennzeichen über die Gefahren gewarnt und informiert werden.

Durchgerostete Atommülltonne

Planung und Vorgehensweise bei der Endlagerung liegen in der Verantwortung eines jeden Staates, es gibt aber klare international verbindliche Grundanforderungen durch die Internationale Atomenergieorganisation (IAEO). Im Allgemeinen werden die radioaktiven Abfälle in Abhängigkeit von Aktivitätsgehalt und Halbwertszeit der Radionuklide in Gruppen eingeteilt, für die dann jeweils unterschiedliche Regelungen festgelegt werden. Meist wird zwischen schwach-, mittel- und hochaktiven Abfällen unterschieden. In Deutschland unterscheidet man zwischen stark Wärme entwickelnden und nicht beziehungsweise nur gering Wärme entwickelnden Abfällen. Im Übrigen sagt die Einteilung der Abfälle nach schwach-, mittel- und hoch radioaktiv nicht unbedingt etwas über die Gefährlichkeit der Abfälle aus. Auch schwachaktive Abfälle können, ebenso wie gering Wärme entwickelnde Abfälle, eine starke Radiotoxizität aufweisen (z. B. durch Alpha-Strahler), die für extrem lange Zeiten isoliert werden muss.

Ein Endlager für hoch radioaktive Abfälle ist bisher noch in keinem der 41 Kernenergie nutzenden Staaten in Betrieb, obwohl entsprechende Planungen und Vorarbeiten in vielen Ländern seit etwa vier Jahrzehnten laufen. Aufgrund der geleisteten Vorarbeiten sehen viele der damit befassten Experten die Machbarkeit als gegeben an; andere Experten und Kernenergiegegner dagegen bezweifeln sie nach wie vor.

In den vergangenen zehn bis fünfzehn Jahren entdeckte man erhebliche neue Probleme, so z. B. Gasentwicklung im Endlager oder Probleme mit dem Nachweis der Langzeitsicherheit.

Für kurzlebige schwach- und mittelradioaktive Abfälle existieren oberflächennahe Endlager (in etwa 5 bis mehrere 10 m Tiefe) in vielen Ländern, z. B. in Frankreich, Großbritannien, Spanien, Tschechien und in den USA.

In einigen wenigen Ländern laufen Forschungsarbeiten zur Abtrennung der langlebigen Nuklide und Umwandlung dieser durch Neutronenbeschuss (Transmutation) in kurzlebige oder stabile Isotope. Ob und wann diese Arbeiten zu einem Erfolg führen, kann nicht vorhergesagt werden. Die bisherigen Erkenntnisse deuten darauf hin, dass

Abtrennung und Transmutation keine Lösung für die Endlagerproblematik sein werden. Verändert werden lediglich Art und Umfang der endzulagernden Abfälle.

Neben den naturwissenschaftlich-technischen Problemen gibt es auch politische Probleme – in der Regel fehlt die Akzeptanz der Bevölkerung in den betroffenen Regionen für ein Endlager, wie sich beispielsweise beim Salzstock Gorleben zeigte und bis heute zeigt. Über viele Jahre besteht Protest in allen Bereichen der genutzten Kernenergie. Besonders in Deutschland haben sich starke Gegenpole gebildet, die einen sofortigen Ausstieg aus der Atomkraft fordern. Ich möchte später auf diese Entwicklungen eingehen, doch vorher noch kurz die Endlagerung radioaktiver Abfälle in Deutschland beleuchten.

Das deutsche Entsorgungskonzept sieht vor, alle Arten radioaktiver Abfälle, aus Kernkraftwerken, Medizin und Technik, in tiefen geologischen Formationen endzulagern. Umstritten ist, ob dies in einem einzigen Endlager oder getrennt für Wärme entwickelnde und nicht oder nur schwach Wärme entwickelnde Abfälle in unterschiedlichen Endlagern geschehen soll. Für Wärme entwickelnde Abfälle besteht ein Endlagerbedarf frühestens ab etwa 2030. Die Nachzerfallswärme erfordert einige Jahrzehnte Abkühlung, um zu große Wärmeeinbringung zu vermeiden, für nicht Wärme entwickelnde Abfälle **früher**.

Weltweit werden Salz-, Ton- und Granitformationen auf ihre Eignung als Endlager untersucht. In Deutschland kommen die Salzstöcke Zwischenahn, Gorleben, Wahn (Hümmling), Gülze-Sumte und Wattekatt in Betracht.

Bei den Tonformationen konzentriert man sich ebenfalls auf norddeutsche Standorte, weil die süddeutschen Formationen entweder in seismisch aktiven Gebieten oder in Karstregionen liegen (Schwäbische Alb), die aufgrund des hohen Wasserzutritts nur bedingt geeignet erscheinen. Beachtenswert erscheint mir zu erwähnen, dass in Deutschland, selbst Gebiete wie die Schwäbische Alb als Risiko angesehen werden, während man unmittelbar im „Ring des Feuers", so z. B. in Japan eine unverantwortliche Nummer von AKWs gebaut hat und betreibt, ohne hinreichend die naturellen Gefahren durch Erdbeben und Tsunamis, einzukalkulieren. Nachfolgend gehe ich auf diese Disaster näher ein. Im Gegensatz zu den wenig gestörten Graniten Finnlands und Schwedens, die dort im Hinblick auf eine Nutzung als Endlager untersucht werden, sind die in Deutschland auftretenden Formationen in Süddeutschland, Sachsen, Thüringen und in der Oberpfalz nach Aussagen der Bundesanstalt für Geowissenschaften und Rohstoffe (BGR) stärker zerklüftet und damit weniger geeignet. Der Vorteil von Salzformationen ist deren Verformbarkeit, mit denen sie auf mechanische Beanspruchung reagieren und das Endlager gegen die Umgebung abschirmen. Die möglichen Schäden durch eine Radiolyse des Salzes, wie sie von der Ionic Materials Group des Zernike Institute der Universität Groningen um den niederländischen Physiker **H. W. den Hartog** erzeugt wurden, sind nach Ansicht der Reaktorschutzkommission vernachlässigbar, werden jedoch in der Wissenschaft noch kontrovers diskutiert. Allerdings hat Salz den gravierenden Nachteil, dass es wasserlöslich ist. Bei Zutritt von Wässern besteht die Gefahr, dass das Barrierensystem im Salz versagt und die Radionuklide freigesetzt werden. Tonformationen haben wie Salz den Vorteil der Verformbarkeit. So wird die Uranlagerstätte Cigar Lake in Saskatchewan seit mehr als einer Milliarde Jahre durch Tonschichten von der Umgebung abgeschirmt. Bei tiefen Temperaturen können radioaktive Isotope zudem in den Zwischenschichten der Tonminerale adsorbiert werden. Durch die Wärmeentwicklung beim radioaktiven Zerfall des Atommülls geht diese Fähigkeit allerdings verloren. Dem könnte aber durch eine genügend große Entfernung zwischen den verschiedenen Wärme abstrahlenden Containern vorgebeugt werden. Ein gewisser Nachteil von Tonformationen ist die im Vergleich zu Salz geringere Standfestigkeit. Ein großer Vorteil von Tonstein gegenüber Salz ist seine Nicht-Löslichkeit.

Mit Forschungs- und Entwicklungsarbeiten wurde frühzeitig begonnen. Im Rahmen des zweiten Atomprogramms der Bundesregierung (1963 bis 1967) wurden dann konkrete Schritte zur Realisierung einer Beseitigung der Abfälle unternommen. Im Salzbergwerk Asse wurden Forschungs- und Entwicklungsarbeiten für die Endlagerung durchgeführt und von 1967 bis 1978 im Rahmen von Versuchs- und Demonstrationsprogrammen auch radioaktive Abfälle eingelagert.

Das Bundesamt für Strahlenschutz (BfS) stellte im Januar 2010 einen Plan vor, alle 126.000 Fässer mit radioaktiven und chemotoxischen Abfällen aus Asse zurückzuholen. Zuvor waren die katastrophalen Standortverhältnisse und jahrelangen Fehleinschätzungen der beteiligten Institutionen bekannt geworden.

Eigentlich sollte viel mehr über diese Problematik bekannt sein. Doch wie in vielen anderen Bereichen auch, versteht es die Atomlobby sehr geschickt die Menschen im Unklaren zu lassen. Erst durch Umweltschutzgruppen, wie „Greenpeace" und viele andere kommt die Wirklichkeit der Gefahren, weltweit ins Bewusstsein der Menschen.

Die Verantwortlichen stellen unsere, meist demokratisch gewählten Volksvertreter dar. Obwohl die Gefahren für die Welt bekannt sind, wird bei Demos rücksichtslos von den Schlagstöcken der Sicherheitskräfte Gebrauch gemacht, Wasserwerfer und Tränengas stehen bereit, die Meinungen der Bevölkerung zu unterdrücken.

Bei Protesten gegen eines im Bau befindlichen Zwischenlagers im September 1982 verursachten Wasserwerfer bei sitzenden Demonstranten Rippenbrüche, Rückenprellungen und Nierenverletzungen; Klagen gingen bis vor das Bundesverfassungsgericht.

Die Proteste gegen die Atomenergienutzung und die Entsorgungspläne erreichen ihren Höhepunkt beim Transport von Castor-Behältern nach Gorleben. Hiervon besonders stark betroffen ist zum einen die Eisenbahnstrecke von Lüneburg bis zur Verladestation Dannenberg, zum anderen die Straßentransportstrecke. Von der Verladestation fahren die Lkws bis zum Atommülllager Gorleben noch etwa 20 Kilometer über Landstraßen und durch Dörfer. Die Nordroute führt über Ouickborn, Kacherien, Langendorf, Grippel, Pretzetze und Laase nach Gorleben, die Südroute von Dannenberg über Splietau, Gusborn, Pretzetze und Laase nach Gorleben. Die Transporte werden von einem großen Polizeiaufgebot begleitet. Polizeiaufgebote, die von den Steuerzahlern bezahlt werden. Für mich erscheint es verwunderlich, wie entgegen unserer bestehender Gesetze, bestimmte Unternehmen geschützt werden, obwohl eigentlich eine Gefahr für die Öffentlichkeit von ihnen ausgeht. In meinem Rechtsverständnis bezeichne ich dies als Rechtbeugung. Verkaufen Sie doch mal Eiscreme mit Salmonellen. Schon Stunden später ist Ihr Betrieb geschlossen und ein Strafverfahren wird gegen Sie eingeleitet. Der Schaden beläuft sich auf einige Durchfallerkrankungen, bei der Atomgeschichte, auf ausufernde Krebserkrankungen und menschliche Ganzzerstörung, schon bei Kindern. Missbildungen und Kinderlosigkeit sind die Folge, abgesehen von dem unsagbaren Leid der Behandlungen der Patienten. Willkommen im Land der Zombies.

Bisher (Stand November 2010) wurden mit 12 Transportern 102 Atommüll-Behälter in das Zwischenlager transportiert. Der erste Transport fand im April 1995 statt, der bisher letzte im November 2010. Die Transporte wurden von großen Protesten begleitet und mussten von starken Polizeikräften begleitet werden. Waren es beim ersten Transport (April 1995) nur 4.000 Demonstranten und 7.600 Polizisten, so steigerte sich die Zahl der eingesetzten Polizeikräfte auf bis zu 30.000 beim dritten Transport (März 1997).

Neben Sitzblockaden setzten die Atomkraftgegner immer wieder auf Barrikaden aus Traktoren, Baumstämmen und anderen Materialien sowie auf Ankettaktionen. So ketteten sich beispielsweise 2001 fünf Aktivisten aus dem wendländischen Widerstand sowie von **Robin Wood** bei Süschendorf an der Bahnstrecke Lüneburg – Dannenberg an einen im Gleisbett eingelassenen Betonblock. Eine ähnliche Aktion fand 2008 bei Berg an der Bahnstrecke Lauterbourg-Wörth statt. Dort ketteten sich drei Demonstranten an. Beim selben Transport kletterten später drei Demonstranten auf den Zug mit den Containern. Mehrere Stunden Verspätungen entstanden durch eine Blockade, bei der sich jeweils vier Demonstranten an eine Betonpyramide auf der Straße angekettet hatten. Es ist schon sehr interessant, wie sich unsere Politiker um die Sicherheit einiger Castor-Container kümmern. Bevölkerungsnähe wäre ein Verbot dieser Transporte, um die Bevölkerung zu schützen.

Beim achten Castor-Transport im November 2004 wurde der französische Anti-Atom-Aktivist **Sebastien Briat** nahe Avricourt in Frankreich vom Zug des Atommüll-transports nach Gorleben erfasst und tödlich verletzt. Dies geschah im Rahmen einer versuchten Blockade mit dem Ziel, den Transport von La Hague nach Gorleben zu stoppen.
In der Regel finden die Transporte jährlich statt. Von diesem Turnus gab es folgende Abweichungen:
Zwischen Mai 1998 und Januar 2000 wurden Castor-Transporte wegen gemessener radioaktiver Verunreinigungen ausgesetzt.
2009 fand kein Transport statt, da die neuen Container noch nicht genehmigt waren. Hintergrund waren erforderliche Vorkehrungen wegen der höheren Temperatur des geplanten Transportguts.
Am 9. November 2010 erreichte nach 92 Stunden ein Castortransport mit elf Containern mit hoch radioaktivem Atommüll aus La Hague das Zwischenlager. Durch die massiven Protestaktionen war dies die längste Transportzeit bislang.
2011 werden weitere elf Container aus La Hague erwartet, und ab 2014 sollen 21 Behälter aus Sellafield aufgenommen werden.

Gegenwärtig sind in 19 der 41 Länder, die Kernenergie nutzen, Endlager für schwach- und mittelradioaktive Abfälle in Betrieb. Zumeist werden dabei Abfälle mit kurzer Halbwertszeit (< 30 Jahre) in oberflächennahe Kammern in bis zu 10 m Tiefe eingelagert. Nach Beendigung des Einlagerungsbetriebs schließt sich eine ca. 300 Jahre lange Überwachungsphase an, während deren die Nutzung des Geländes normalerweise eingeschränkt ist. In 300 Jahren lebt absolut niemand mehr von den Verursachern auf dieser Erde und ich kann nur hoffen, dass unsere Nachkommen den Kontrollen in Zukunft auch nachkommen werden. In Schweden und Finnland gibt es Endlager in Form von oberflächennahen Felskavernen in Tiefen von etwa 70 bis 100 m unter der Erdoberfläche.

Für hoch radioaktive und langlebige Abfälle wird weltweit die Endlagerung in tiefen geologischen Formationen angestrebt. In Yucca Mountain (USA), Olkiluoto (Finnland) und in Forsmark (Schweden) sind entsprechende Endlager konkret geplant. In Forsmark geht man dabei auch von der in Schweden gültigen Prämisse aus, abgebrannte Brennelemente so wenig wie möglich transportieren zu wollen. Geplante Endlager für verschiedenste Arten radioaktiver Abfälle sowie bestehende Endlager für schwach- und mittelradioaktive Abfälle nennt die folgende doch unvollständige Liste.

Land	Name des Endlagers bzw. Region	Abfallklasse	Zustand
Argentinien	Sierra del MedioSierra	hochradioaktive Abfälle	geplant
Bulgarien	Nowi Chan	schwachradioaktive Abfälle	in Betrieb
China	Kernwaffentestgelaende Lop Nor	hochradioaktive Abfälle	geplant
Finnland	Loviisa	schwach-und-mittelradioaktive Abfälle	in Betrieb
Finnland	Olkiluoto	schwach-und-mittelradioaktive Abfälle-(hoch radioaktive Abfälle in Bau)	in in Betrieb
Frankreich	Bure (Felslabor)	mittel-und-hochradioaktive Abfälle(reversible Versuchseinrichtung)	geplant
Frankreich	Centre de l'Aube	schwach-und-mittelradioaktive Abfälle	in Betrieb
Frankreich	Centre de la Manche	schwach-und-mittelradioaktive Abfälle	stillgelegt
Japan	Rokkasho	schwachradioaktive Abfälle	in Betrieb

Norwegen	Himdalen		in Betrieb
Schweden	SFR Forsmark	schwach-und-mittelradioaktive Abfälle-(hoch radioaktive Abfälle in Planung)	in Betrieb
Schweden	Oskarshamn		geplant
Schweiz	Zuerich-Nord-Ost (Weinland)	schwach-,mittel-und hoch radioaktive Abfälle	in Evaluation
Schweiz	Suedranden	schwach-und-mittelradioaktive Abfälle	in Evaluation
Schweiz	Noerdlich Laegern	schwach-,mittel-und hoch radioaktive Abfälle	in Evaluation
Schweiz	Jura Suedfuss	schwach-und-mittelradioaktive Abfälle	in Evaluation
Schweiz	Wellenberg	schwach-und-mittelradioaktive Abfälle	in Evaluation
Schweiz	Jura Ost (Boezberg)	schwach-,mittel-und hoch radioaktive Abfälle	in Evaluation
Spanien	El Cabril	schwach-und-mittelradioaktive Abfälle	in Betrieb
Tschechien	Bratrstvi	Abfälle-mit-natürlichen Radionukliden	in Betrieb
Tschechien	Dukovany	schwach-und-mittelradioaktive Abfälle	in Betrieb
Tschechien	Richard	Abfälle mit künstlich erzeugten Radionukliden	in Betrieb

Ungarn	Puespoekszilagy	schwach-und-mittelradioaktive Abfälle	in Betrieb
Vereinigte Staaten	WIPP	Transuranabfälle	in Betrieb
Vereinigte Staaten	Yucca Mountain	hochradioaktive Abfälle	geplant

Endlagerung fester konventioneller Abfälle

An die Sicherheit eines Endlagers für besonders schädliche konventionelle Abfälle kann man die gleichen Anforderungen wie für atomare Endlager stellen. Ihre Gefährlichkeit nimmt nicht ab, weil sie keinem radioaktiven Zerfall unterliegen.

In Deutschland existieren an vier Standorten Möglichkeiten, konventionelle Abfälle langzeitsicher von der Biosphäre abzuschließen:
Herfa-Neurode (Hessen) mit der UTD Herfa-Neurode,
Heilbronn (Baden-Württemberg),
Zielitz (Sachsen-Anhalt),
Untertagedeponie Niederrhein in Borth, Nordrhein-Westfalen,
Untertagedeponie Niedersachsen in Riedel,
Untertagedeponie Sondershausen im stillgelegten Kaliwerk Glückauf
Sondershausen, Thüringen.
In Herfa-Neurode und Zielitz werden Grubenbaue von Kalibergwerken als Endlager genutzt.

Eingebracht werden können unter anderem folgende Abfälle:

Arsen-, Cyanid aus der Rauchgasreinigung von Haus- und Sondermüllverbrennung (dioxinhaltig) - oder quecksilberhaltige Abfälle Filterstäube.

PCB-haltige Transformatoren und Kondensatoren, Abfälle aus der chemischen Industrie, verfestigte Metallhydridschlämme.

Die jährliche Kapazität dieser Lagerstätten beträgt mehrere Hunderttausend Tonnen, die bisher eingelagerte Menge an Giftmüll hat die Menge von 2,5 Mio. Tonnen schon überschritten. Ich sehe mich oft in einem neuen Flugzeug sitzen, als geladener Gast für den Jungfernflug, doch hat man bei aller Gier vergessen, einen Flugplatz, mit entsprechender Landebahn, für das neue Modell zu bauen. Wie kann es möglich sein, unserer Nachfolgegeneration Pflichten aufzuerlegen, wo doch schon heute keine ausreichende Kontrolle mehr besteht.

Neben der Endlagerung radioaktiver Abfälle spielt zunehmend die Lagerung oder Speicherung von Kohlenstoffdioxid, meist Kohlendioxid genannt, eine Rolle. Inwieweit die bisherigen Konzepte als Endlagerung bezeichnet werden können, ist wissenschaftlich noch unsicher. Im Zuge der Bemühungen um Klimaschutz und der Verminderung des CO_2-Ausstoßes bei der Verbrennung von Kohle wird die Möglichkeit einer dauerhaften Lagerung von Kohlenstoffdioxid untersucht. Bergwerkshohlräume oder künstliche Kavernen in Salzstöcken haben hierzu keine ausreichende Kapazität. Auch der Raum in ausgebeuteten Gaslagerstätten scheint in Deutschland zu gering. Zumindest entsteht bei der Stromerzeugung aus Kohle hier neben der Reichweitenproblematik auf der Versorgungsseite ein ebensolches auf der Entsorgungsseite. Die ebenfalls in Erwägung gezogene Endlagerung oder Co2 Abscheidung und Speicherung in tiefen Grundwasserträgern scheint Umweltprobleme zu beinhalten und steht in Widerspruch zu anderweitiger Nutzung dieser Grundwasserleiter, zum Beispiel zur Stromerzeugung aus Geothermie. Die Lagerung in Meeren oder Ozeanen, in der Wassersäule oder im Meeresboden, ist noch ein Forschungsgegenstand, die Lagerung in der Wassersäule derzeit untersagt.

Es gibt einige größere natürliche Co2-Vorkommen in der Tiefsee, in der Regel nahe bei Hydrothermalfeldern, die je nach vorherrschenden Druck- und Temperaturverhältnissen große Kohlendioxid-Seen, flüssiges CO2 oder Lagerstätten (CO/2-Hydrat bzw. „Co/-Eis bilden.

Lesen Sie mein Buch **„Die Wirklichkeit des Lebens",** hier zeige ich einiges von den Zukunftsenergiequellen der Zukunft auf, besonders das in den Weltmeeren gelagerte, in großen Mengen vorhandene, Eis-Hydrat.

Von Ewigkeit zu Ewigkeit – Atomkraft

NEIN DANKE

Achtes Kapitel

Es ist mir ein inneres Anliegen, einige Ausführungen über Japan zu machen. Das Land, welches eng mit Deutschland verbunden ist und durch seine alte Kultur schon immer etwas Besonderes, nicht nur für mich, bedeutete. Im Land der „aufgehenden Sonne" ereignen sich des Öfteren Erdbeben und Tsunamis, doch am 11. März 2011 wurde der Sonnenaufgang durch ein Jahrhunderterdbeben stark gestört. Der nachfolgende Tsunami richtete unbeschreibliche Zerstörungen an, mit vielen Toten und Vermissten. Aus diesem Grunde möchte ich etwas über die Geschichte dieses traditionsreichem Land bemerken.

Die Geschichte Japans ist geprägt durch ein Wechselspiel von Isolation und äußeren Einflüssen. Einerseits führten sowohl die geografische Isolation als auch eine gewollte Abschließung gegen die Außenwelt zu einer räumlich begrenzten, in sich geschlossenen Entwicklung auf den japanischen Inseln. So ist die Geschichte Japans nach Auffassung mancher Historiker beinahe ein Modell für die Entwicklung von der Urzivilisation zur Moderne. Dieser Isolation gegenüber steht der Einfluss Chinas. Der große Nachbar beeinflusste Japans Schrift und Sprache; der Konfuzianismus und die chinesischen Staatstheorien prägten seine politische Kultur entscheidend mit. Aber auch der Westen nahm Einfluss auf Japans Geschichte: Gewaltsam erzwang das Ausland im Jahre 1854 nach über 200-jähriger Isolation die Öffnung und Modernisierung des Landes. Das Japanische Kaiserreich wurde nicht nur die erste asiatische Industrienation, sondern strebte alsbald eine Ausdehnung seiner Einflusssphäre, vor allem im Pazifikraum, an. Die Expansion endete mit der Niederlage im Zweiten Weltkrieg und mit der Besetzung durch die Vereinigten Staaten. Heute ist Japan ein moderner Industriestaat, aber die traditionsreiche, vielfältige Geschichte des Inselreichs ist in vielerlei Hinsicht noch immer lebendig.

Über den Zeitpunkt der ersten Besiedlung der japanischen Inseln liegen noch keine exakten Erkenntnisse vor, sie begann vor ca. 30.000 Jahren. Vermutlich kamen Menschen aus **drei** Regionen nach Japan:

Eine Gruppe wanderte aus der Gegend des heutigen Sibirien über eine Landbrücke vom asiatischen Festland nach Hokkaido ein. Die Wanderung dieser sogenannten Nordgruppe ist heute archäologisch und sprachwissenschaftlich recht gut belegt.
Eine zweite Einwanderung erfolgte ebenfalls über eine Landbrücke von der Koreanischen Halbinsel nach Zentraljapan.
Der Süden Japans wurde von Menschen aus Südostasien auf dem Seeweg erschlossen. Bei diesen Siedlern handelte es sich möglicherweise um Angehörige der prähistorischen Sunda-Land-Kultur.

Jomon-Zeit

Das Halbdunkel der japanischen Ur- und Frühgeschichte wird erst mit dem Auftreten der Jomon-Kultur erhellt. Die Jomon-Zeit umfasst etwa den Zeitraum von 10.000 bis 300 v. Chr. Ihr Name leitet sich von den mit Schnüren und Kordeln erzeugten Mustern in der damaligen Keramik ab. Die Menschen jener Zeit waren Jäger und Sammler und lebten in lockeren Verbänden zusammen. Um diese Zeit eroberte das Kaiserreich China der Han-Zeit die Koreanische Halbinsel. Der chinesische Kulturkreis war dicht an Japan herangerückt, die Grundlagen eines auch in den folgenden Jahrhunderten bedeutenden Kulturaustauschs waren gelegt.

Yayoi-Zeit

Der technologische Fortschritt führte zum Übergang in eine neue Epoche, die Yayoi-Zeit, welche sich etwa von 300 v. Chr. bis 300 erstreckte. In der Yayoi-Zeit kamen Nassreisanbau und Metallverarbeitung nach Japan. Benannt ist diese Zeit nach dem Tokioter Vorort Yayoi, in dem Keramik gefunden wurde, die einerseits deutlich schlichter war als die der Jomon-Zeit, die andererseits aber von höherer Qualität war und die Zunahme handwerklichen Geschicks illustrierte. Aus der Kulturstufe der Yayoi-Zeit mit ihren Dorfgemeinschaften trat die Zeit der ersten Staaten in Japan hervor unter denen Yamatai der Mächtigste war. Der Schritt zur Staatsbildung leitet das japanische Altertum ein.

Kofun-Zeit

Die Kofun-Zeit (um 300–552) ist benannt nach den schlüssellochförmigen Hügelgräbern jener Zeit, den Kofun. Zu jener Zeit ist in chinesischen Chroniken bereits die Rede von einem Königreich Yamato auf den japanischen Inseln, wobei auch fünf Könige genannt werden. Dieses mischte sich im 4. Jahrhundert auch in Konflikte auf der Koreanischen Halbinsel ein, wo nach dem Abzug der Chinesen während der Wei-Zeit drei Reiche (Koguryo, Paekche, Silla) um die Herrschaft kämpften. In der Kofun-Zeit entstanden rege Beziehungen nach China und Korea, Kulturtechniken wurden importiert. Wesentlich war der Buddhismus, der im 6. Jahrhundert nach Japan kam. Er wurde nach heftigen Konflikten Staatsreligion. In diesem Kampf gelangte die Familie Soga zu erheblichem Einfluss. Die nun folgende Phase der japanischen Geschichte heißt nach der damaligen Hauptstadt Asuka-kyo **Asuka-Zeit**, sie beginnt etwa 592 und dauert bis 710 an.

Asuka-Zeit

Obwohl die Asuka-Zeit zeitlich mit der Kofun-Zeit überlappt, denn 552 markiert das Jahr der Übernahme des Buddhismus als Staatsreligion, wird sie gesondert betrachtet, da in diesem Zeitraum Weichenstellungen für Japans Geschichte stattfanden. Die Soga errichteten eine Herrschaft, die weit vom buddhistischen Ideal entfernt war. Dennoch leitete die Thronbesteigung Suikos, einer Nichte des Soga-Familienvorstandes, einen großen Wandel in Japans Geschichte ein. Suikos Prinzregent **Shotoku Taishi** war gläubiger Buddhist. Er schuf 604 mit den „17 Artikeln" eine Schrift zur ethischen Ausübung der Herrschaft. Weiterhin übernahm er das chinesische System der Hofränge, schuf ein erstes Wegenetz und befahl die Anfertigung von Chroniken.

Obwohl die folgenden Jahre für Japan ungünstig verliefen, z. B. geriet es in Korea militärisch unter Druck durch ein erstarktes China, folgten weitere Reformen von großer Tragweite. Nach dem Tod **Shotoku Taishis** 622 kam es zu schweren politischen Machtkämpfen innerhalb Japans, die in einem Putsch der Reformpartei unter Führung von **Naka-no-Oe**, Taishis Sohn, im Jahre 645 resultierte. Daraufhin wurden 646 eine Reihe von Gesetzen erlassen, die als Taika-Reform, was die große Wende bedeutet, in die Geschichte eingehen sollte.

Die Taika-Edikte unterstellten alles Land dem Kaiser, ordneten den Bau einer Hauptstadt an, verfügten Landvermessungen, Volkszählungen und Steuererhebungen. Mit den Taiho-Erlässen des Jahres 701 wurde die Neugestaltung des japanischen Kaiserreichs abgeschlossen. Es war nun ein Zentralstaat mit einer gesetzlichen Ordnung, die um den Kaiser herum aufgebaut war. Aufgrund des japanischen Glaubens, dass jeder Tod den Ort des Versterbens verschmutzt, musste die Residenz im Verlauf der Asuka-Zeit einige Male gewechselt werden, befand sich aber die meiste Zeit in Asukakyo.

Narazeit

Erst im Jahr 710 wird Heijo-kyo für längere Zeit Hauptstadt. Das japanische Altertum, auch japanische Klassik genannt, beginnt. Insgesamt war die Narazeit geprägt von Frieden und kultureller Blüte. Gefahr drohte zwar in Form einer Invasion aus China oder Korea, aber ein Wehrpflichtsystem garantierte bemannte Verteidigungswälle. Ansonsten sicherten die Errungenschaften der Asuka-Zeit den kaiserlichen Hof ab, der aus einem weitgehend befriedeten und geordneten Land Steuereinkünfte erhielt. Allerdings entstanden fast unbemerkt von den Herrschenden neue Probleme, weil Land in den Besitz von Klöstern und Großfamilien geriet und so der Hof geschwächt wurde.

Diese Entwicklungen und die ungünstige geografische Lage Naras erzwangen eine Verlegung der Hauptstadt nach Heian-kyo, das spätere Kyoto.

Heian-Zeit

Nach dieser Stadt ist auch die Heian-Zeit (794–1185) benannt. Zu Beginn der Heian-Zeit gelang es Kammu-Tenno noch einmal die kaiserliche Herrschaft zu stabilisieren. Aber nach und nach gelang es der Familie **Fujiwara** die Herrschaft auszuüben. Durch geschickte Heiratspolitik sicherte der Clan seinen Einfluss. Erst Kaiser **Go-Sanjo** (Thronbesteigung 1068) brach die Herrschaft der Fujiwara, aber zu einem hohen Preis. Er ging ins Kloster und regierte von dort indirekt, eine Praxis, die das Kaiserhaus dann eine Weile beibehielt. Aber dieses Vorgehen hatte die kaiserliche Macht stark eingeschränkt und dem Ansehen des Kaiserhauses nachhaltig geschadet. Literatur und Dichtung gelangten trotz oder gerade wegen der widrigen Zustände zu hoher Blüte, so wurde das **Genji Monogatari** in der Heian-Zeit verfasst. Aber die kulturelle Blüte konnte den Verfall der Ordnung nicht aufhalten. Der Kaiser war keine mächtige Ordnungskraft mehr, andere nahmen den Kampf um die Herrschaft auf.

Mit dem Zerfall der zentralstaatlichen Ordnung begann das japanische Mittelalter, das sich von 1185 bis etwa 1600 erstreckt.

Kamakura-Zeit

Die erste Phase des Mittelalters ist die Kamakura-Zeit von 1185 bis 1333. Ihr zentrales Motiv ist der Konflikt zwischen den Familien **Taira** und **Minamoto**. Diese Kriegerfamilien hatten für den Hof in Heiankyo Polizeiaufgaben erledigt und Feldzüge durchgeführt. Mit dem Zerfall der Ordnung spitzte sich die Situation zu einem Kampf um die Herrschaft zwischen den beiden Familien zu. Nachdem die Taira die Minamoto vernichtend geschlagen hatten, ließ **Taira no Kiyomori** aber die Führer der Minamoto am Leben. Ein folgenschwerer Fehler, denn unter der Führung der Brüder **Yoritomo** und **Yoshitsune** schlugen die Streitkräfte der Minamoto die Taira vernichtend. Dieser als **Gempei-Krieg** bekannt gewordene Konflikt ist ein beliebtes Motiv in Japans Literatur, Dichtung und Film.

Yoritomo zwang seinen Bruder nach Differenzen zum Selbstmord und errichtete dann in Kamakura das erste Shogunat. Er errichtete parallel zur alten kaiserlichen Herrschaftsstruktur eine straffe, militärisch organisierte Verwaltung. Folgerichtig hieß seine Regierung auch Bakufu, das bedeutet in etwa Zeltregierung und deutet den militärischen Charakter der Führung an. Nach **Yoritomo,** der, so will es die Legende, nach einem Sturz vom Pferd verstarb, den der Geist seines Bruders **Yoshitsune** ausgelöst haben soll, regierten noch zwei seiner Söhne, doch dann verlagerte sich die Macht auf die Familie **Hojo.**

Die Herrschaft der Hojo

Unter ihrer Anführerin Masako (1156-1225) wurde noch einmal ein relativ friedlicher Zustand erreicht. Doch von außen drohte Gefahr: 1274 und 1281 kam es zu versuchten Mongoleninvasionen in Japan. Die Regierung wusste um diese Bedrohung und errichtete auf Kyushu eine Wallanlage, um der Invasion zu begegnen. Dennoch hätten Japans Streitkräfte die Mongolen vermutlich nicht aufhalten können. Aber beide Male kamen heftige Stürme den Verteidigern des Inselreichs zu Hilfe und zerstreuten die Invasionsflotten. Dies war der Ursprung des Begriffs **„Götterwind"** bzw. **Kamikaze.**

Die Abwehr der Angriffe der Mongolen destabilisierte die Herrschaft des Shogunats erheblich. Zwar war die unmittelbare Bedrohung vorüber, doch es gab keine Möglichkeit, diejenigen Vasallen zu entlohnen, die Truppen gestellt und die Festungsanlagen besetzt hatten. Üblicherweise erhielten bei innerjapanischen Kriegen die Sieger die Ländereien der besiegten Familien als Entlohnung. Bei den mongolischen Angreifern gab es aber nichts zu erobern, sodass sich Unmut breitmachte.

Im Jahr 1333 endete das Kamakura-Bakufu mit der Vernichtung der Hojo durch Truppen der Familien Ashikaga und Nitta. Diese waren auf Betreiben Kaiser **Go-Daigos** gegen das Shogunat zu Felde gezogen, das die Kaiser vollends entmachtet und ins Exil geschickt hatte. **Go-Daigo** hoffte, mithilfe der Ashikaga wieder an die Macht zu kommen.

Muromachi-Zeit

Anders als geplant errichteten aber die Ashikaga ein neues Shogunat und leiteten die Muromachi-Zeit (1333-1568) ein. Muromachi war ein Stadtteil von Heiankyo, dort, in der alten Hauptstadt, hatten die Ashikaga auch einen ihnen genehmen Kaiser eingesetzt. Dies führte zu einem zeitweiligen Schisma der kaiserlichen Linie, da **Go-Daigo** an seinem Anspruch festhielt. 1392 gab **Go-Daigos** Nachfolger dieses Ansinnen allerdings auf.

Die Herrschaft der Ashikaga nahm ein jähes Ende. Nach einer kurzen Hochphase unter **Ashikaga Yoshimitsu,** den sogar Ming-China als Herrscher Japans anerkannte, zerfiel das Shogunat im Onin-Krieg (1467-1477). Dieser Konflikt tobte in der Hauptstadt und führte zu deren nahezu vollständiger Zerstörung. Mit der Hauptstadt war auch die Zentralgewalt endgültig zerschlagen.

Die Zeit der streitenden Reiche

Japan war ein Flickenteppich aus Herrschaftsgebieten einzelner Fürsten und Familien. In die folgenden blutigen und ereignisreichen Zeiten fällt die Ankunft der Portugiesen in Japan, die auch die ersten Feuerwaffen mitbrachten. Zudem begann die christliche Missionierung Japans. Trotz aller Unruhe und Gewalt jener als Sengoku-jidai, die Zeit der streitenden Reiche bekannter Zeit, kam es auch zur Herausbildung eines Handels zwischen den einzelnen Regionen, zum ersten Europakontakt und zum prägenden Kontakt mit dem Christentum. Selbst die Feuerwaffe, die keine technische Weiterentwicklung erfuhr, sollte wenige Jahrzehnte später in der Schlacht von Nagashino sehr bedeutsam werden.

Ein vom grausamen Bürgerkrieg geschütteltes Japan erhielt erst in der Azuchi-Momoyama-Zeit (1568-1600) neue Hoffnung. Es war die Zeit der drei Reichseiniger, Oda Nobunaga, Toyotomi Hideyoshi und Tokugawa Ieyasu. Oda Nobunaga, ein kleiner Daimyo aus der Provinz Owari gelangte durch geschicktes Taktieren, militärische Begabung und brutalen Durchsetzungswillen zu Einfluss über ganz Japan.

Toyotomi Hideyoshi, der als einfacher Soldat in Nobunagas Heer begann, setzte dessen Einigungswerk fort, wobei sein Invasionsversuch in Korea 1592 mehr als 200.000 Mann das Leben kostete. Umstritten ist, ob er nicht vorrangig potenzielle Unruhestifter in dieses militärische Abenteuer entsandte. Er trieb Japans Einigung vor allem mit diplomatischem Geschick voran.

Nach **Toyotomi Hideyoshis** Tod 1598 trat aus den großen des Landes **Tokugawa Ieyasu** hervor. In der Schlacht von Sekigahara im Jahr 1600 besiegte er Ishida Mitsunari und wurde unumschränkter Herrscher Japans.

Mit der Tokugawaherrschaft beginnt Japans frühe Neuzeit, die etwa von 1600-1868 andauert und auch als Edozeit, nach der Hauptstadt Edo bekannt ist.

Edo-Zeit

Die Tokugawa herrschten als vom Kaiser mit umfassenden Machtbefugnissen ausgestattete Shogune und als mächtigste Fürsten über die rund 250 übrigen japanischen Fürsten, die in ihren jeweiligen Herrschaftsgebieten, inoffiziell und abwertend **Han** genannt, weitgehend autonom waren und von denen etwa ein Viertel in den in Edo ansässigen Regierungsapparat der Tokugawa in unterschiedlichen Funktionen eingebunden war. Die dritte Konstante des politischen Systems war der kaiserliche Hof in Kyoto.

Ständesystem

Der kaiserliche Hof wurde von der Machtausübung völlig ausgeschlossen und isoliert. Die Bevölkerung war theoretisch nach konfuzianischem Modell in die vier Stände eingeteilt, die auch in China und Korea bekannt waren: Krieger-Gelehrte, Bauern,

Handwerker und Kaufleute **-shi-no-ko-sho-**. Ein Wechsel des Standes war nahezu unmöglich. In der Praxis war allerdings sozialer Status wichtiger als die Zugehörigkeit zu einem Stand: In jedem Stand gab es zahlreiche Differenzierungen, die nicht zuletzt auf wirtschaftlichem Vermögen beruhten. Die Samurai bewirtschafteten den ihnen gehörigen oder zugewiesenen Grundbesitz zumeist nicht mehr selbst, sondern verrichteten in den Burgstädten ihrer Herren Dienste in der zivilen und militärischen Verwaltung. Sie durften nur wenige kommerzielle Tätigkeiten ausführen und waren überwiegend auf die Erträge ihrer Amts- und Rentenlehen angewiesen.

Ähnlich wie in China und Korea bemühten sich auch die frühmodernen Herrscher Japans aus Furcht vor sozialer Instabilität und Unruhen um eine gründliche Kontrolle ihrer Untertanen. Bauern, Handwerker und Händler waren von politischen Ämtern und Entscheidungen ausgeschlossen. Es wurde jedoch von ihnen erwartet, ihre eigenen Angelegenheiten im Rahmen der lokalen und ständischen Selbstverwaltung zu regeln. Die Zugehörigkeit zu einer Standesorganisation galt als Voraussetzung für ein ehrbares Leben. In Japan galt der Haushalt, meist identisch mit einer Kleinfamilie, im Falle der höheren Statusgruppen als mit dem europäischen ganzen Haus vergleichbare Abstammungsgemeinschaft, als kleinste soziale Einheit und Verantwortungsgemeinschaft. In den Dörfern und städtischen Wohnvierteln wurden mehrere Haushalte in Gruppen gebündelt, die sich an der Verwaltung und Kontrolle des Dorfes bzw. Wohnviertels beteiligten. Verfehlungen eines Gemeinschaftsmitgliedes zogen oft die Bestrafung der ganzen Gruppe nach sich. Wer wegen schwerer Vergehen aus seinem Stand ausgeschlossen wurde, galt als obdach- und weitgehend rechtlos und fand sich am untersten Rand der Gesellschaft wieder.

Außenbeziehungen

Probleme mit Piraterie und dem aggressiven Vordringen westlicher Mächte führten in ganz Ostasien am Ende des 16. Jahrhunderts zu drastischen Einschränkungen des Überseehandels. Die Tokugawa konzentrierten den Handel mit China und Europa in der Stadt Nagasaki. Ihre einzigen europäischen Handelspartner waren die Niederländer, die eine Handelsstation auf der künstlichen Insel Dejima unterhielten.

Mit der Zeit lernte man von dort auf dem Weg über Übersetzungen westliche Ideen und Konzepte kennen, die durch die neuen Rangaku, Hollandstudien, vermittelt wurden. Die diplomatischen- und Handelsbeziehungen mit Korea wurden vom Fürstentum Tsushima gepflegt. Das Fürstentum Matsumae auf der Insel Ezo unterhielt Kontakte zu den Ainu und indirekt über diese zu Russland, während das Fürstentum Satsuma, das lange Zeit als Drehscheibe des pazifischen Handels wirkenden Königreichs der Ryukyu-Inseln in seiner Gewalt hatte.

Gesellschaft und Kultur

Die Edozeit ist gekennzeichnet von zunehmender Urbanisierung und Durchdringen marktwirtschaftlicher Prinzipien in den meisten Lebensbereichen. Die in den Städten wohnenden Kaufleute und Händler schufen einen eigenen, bürgerlichen Lebensstil. Die ebenfalls in den Städten siedelnden Samurai gerieten wegen der mit diesem Lebensstil verbundenen hohen Kosten in Abhängigkeit von Kaufleuten, oftmals waren sie hoch verschuldet. Selbst die Daimyos waren oft gezwungen, Kredite aufzunehmen. Die japanische Kultur und das ästhetische Empfinden waren seit dem Ende der Heian-Zeit immer durch den Kriegerstand geprägt worden. Konservative Stile in Architektur und Literatur, das ästhetische Empfinden des Zen, das klassische No-Theater und verschiedene ritualisierte Handlungen, so zum Beispiel die auch im Bürgertum beliebte Teezeremonie bestimmten das Bild. Die bürgerlichen Städter entwickelten mit zunehmendem Wohlstand und zunehmender Bildung jedoch eine eigene, von stark wechselnden Moden geprägte Kultur, die in den großen Städten zum Entstehen von Vergnügungsvierteln führte. Hervorzuheben sind die bekannten Malereien des Ukiyo-e sowie das Kabuki als neue Form des Theaters und zahlreiche neue Musikstile.

Das Ende der Ära Tokugawa

Die Endphase der Edozeit wird auch als Bakumatsu-Zeit bezeichnet. Seit dem Ende des 18. Jahrhunderts verlangten westliche Mächte immer stärker Zugang zu Japan und seinen Märkten, allen voran Russland, England und die USA. Mitte des 19. Jahrhunderts kam es zu Bauernaufständen, viele Samurai waren hoch verschuldet. Dem Shogunat entglitt zunehmend die Kontrolle. 1853 landeten amerikanische Schiffe unter Commodore **Matthew Perry** in der Bucht von Edo, um bei Shogunat Konzessionen und die Öffnung von Vertragshäfen zu erreichen. Nach vier Jahren zähen Ringens gab **Shogun Tokugawa Iesada** schließlich nach, und es kamen erstmals Handelsbeziehungen zwischen den USA und Japan im Vertrag von Kanagawa zustande. Das Nachgeben des **Shoguns** führte im weiteren Verlauf zu starken Widerständen verschiedener Fürstentümer gegen die Herrschaft der **Tokugawa** und gegen die ins Land gekommenen Europäer, die ihren Ausdruck in der Sonno joi-Bewegung fanden **„Verehrt den Kaiser, vertreibt die Barbaren."** Der **Shogun** war mit seinen Anhängern politisch und militärisch nicht mehr in der Lage, diese Bewegung zu unterdrücken. Dies führte mit Beginn des Jahres 1868 zur Meijirestauration, die im Namen des Tenno die Herrschaft der Tokugawa beendete.

Von der Meijirestauration im Jahr 1868 bis zum Ende des Zweiten Weltkrieges im Jahr 1945 war Japan ein Kaiserreich, das vom **Tenno** beherrscht wurde. Diese 77 Jahre waren die Zeit des Imperialismus und Kolonialismus.

Meijizeit

In der Meijizeit unter Kaiser **Mutsuhito** wurden umfassende Reformen eingeleitet. Das Ständesystem wurde abgeschafft, Geld- statt Naturalsteuern eingeführt und eine Wehrpflichtarmee aufgestellt. Nach der Meijirestauration wurde die politische Macht wieder offiziell dem Tenno zugesprochen, wobei die tatsächliche Macht bei ehemaligen Samurai lag, den sogenannten Meiji-Oligarchen. Zwar unternahmen mit dem Satsuma-Aufstand von 1877 feudalistische Kräfte eine Rebellion, die aber scheiterte.

Russischer Krieg, (8. Februar 1904 – 5.September 1905)

Inspiriert durch die Iwakura-Mission, einer Studienreise hochrangiger Politiker nach Nordamerika und Europa, erhielt das Land eine Verfassung. Japan übernahm das deutsche Bürgerliche Gesetzbuch in nahezu unveränderter Form. Es sollte eine moderne Konstitutionelle Monarchie werden und durch rasche technologische Entwicklung dem Westen auf Augenhöhe begegnen können, was auch sehr schnell gelang. Explosionsartiges Wirtschaftswachstum und effiziente Rüstungspolitik machten aus dem unterlegenen Inselreich einen Machtfaktor in Asien. 1895 gelang Japan ein Sieg über China im Kampf um die Vorherrschaft in Korea **(Chinesisch-Japanischer-Krieg)** und 1905 schlug Japans Marine die russischen Streitkräfte in der Seeschlacht bei Tsushima vernichtend **(Russisch-Japanischer Krieg).**

Mit dem Tod Kaiser **Mutsuhitos** im Jahre 1912 endete die Meijizeit. Die Restauration der Kaiserherrschaft und die wirtschaftliche, gesellschaftliche und militärische Neuorganisation des Landes in dieser Epoche markieren Japans Eintritt in die Moderne. Die Japan 1855 aufgezwungenen „Ungleichen Verträge" bzw. die Exterritorialität der Vertragshäfen hätten schon 1894/1911 aufgehoben werden können.

Japanischer Imperialismus

Am 17. November 1905 wurde Korea ein Protektorat von Japan und 1910 offiziell annektiert. Auch die Mandschurei gelangte unter japanischen Einfluss, der sich aber bis zur Mandschureikrise auf die wirtschaftliche Ausbeutung der Mandschurei beschränkte und auch dem Bau der südmandschurischen Eisenbahn diente.

Im Ersten Weltkrieg kämpfte Japan aufseiten der Alliierten und profitierte wirtschaftlich. Mit dem Versailler Vertrag übernahm es die deutschen Kolonien in China, was zu massiven Protesten in China führte, der Bewegung des vierten Mai. In den 20er Jahren des Zwanzigsten Jahrhunderts wurde Japan stark von der Weltwirtschaftskrise gebeutelt. Die Wirtschaft wurde umstrukturiert und eine erstarkte Schwerindustrie und einflussreiche Finanzgruppen traten in den 30er Jahren hervor. Diese Gruppen hatten starkes Interesse an Aufrüstung und weiterer Expansion.

Gestärkt von diesen Erfolgen, versuchte Japan 1918 in Sibirien Fuß zu fassen. An die Oktoberrevolution schlossen sich internationale Interventionen auf Seite des „weißen", antikommunistischen Widerstandes an. So landeten bei Wladiwostok 70.000 Japaner und 9.000 US-Truppen, Japan hielt Wladiwostok, Teile der Pazifikküste und Gebiete entlang der Transsibirischen Eisenbahn in der fernöstlichen Republik besetzt. 1920 wurden die mit den Truppen des weißrussischen Generals **Semjonow** allein verbliebenen japanischen Intervenienten auf Wladiwostok und den Küstenstreifen zurückgedrängt, Wladiwostok erst am 25. Oktober 1922 zurückerobert. Dieses Scheitern führte in Japan zu Aufständen, die einen Regierungswechsel ins bürgerliche Lager verursachten.

Von 1912 bis 1926 regierte mit dem Taisho-Tenno Yoshihito ein psychisch kranker Mann, wodurch sich die Macht vom Tenno und seinen Vertrauten, den Genro, auf das Parlament und die neu gegründeten Parteien verschob.

Japanisches Zeichen für Hoffnung

1926 begann mit Hirohitos Inthronisierung die Showa-Zeit. Er regierte ein Land, in dem seit dem Ende des Ersten Weltkrieges nationalistische Kräfte zunehmend an Einfluss gewannen. Japan war in diversen internationalen Verhandlungen, insbesondere beim Vertrag von Portsmouth, nicht gleichberechtigt behandelt worden. Obschon sein Anspruch in Korea anerkannt wurde, fanden die Expansionspläne in China keine Unterstützung im Westen. Weltwirtschaftskrise, Naturkatastrophen wie die Zerstörung Tokyos durch ein Erdbeben 1923 und soziale Probleme führten zu einer politischen Radikalisierung des Landes. Mehrere Putschversuche und eine massive Sozialistenverfolgung führten schlussendlich zur Machtergreifung einer ultranationalen Gruppierung aus Militärs.

Der Tenno und seine göttliche Abstammung wurden ins Zentrum der politischen Ideologie gerückt, andere als die ultranationale Meinung wurden verfolgt. Im Jahr 1940 war der Mehrparteienstaat tot, eine Zentralorganisation namens Taisei Yokusankai übernahm alle Funktionen. Schon vor dieser endgültigen Machtergreifung hatten die Militärs bereits ohne Einflussnahme der Politik in China operiert, so in der Mandschurei.

Am 27. März 1933 trat Japan nach dem für ihn negativen Bericht der Lytton-Kommission aus dem Völkerbund aus. 1937 wurde der Zwischenfall an der Marco-Polo-Brücke zur Initialzündung des Zweiten Japanisch-Chinesischen Krieges. Es kam mit dem Massaker von Nanking zu einem drastischen Kriegsverbrechen. Mit den Achsenmächten Deutschland unter Hitler und Italien unter Mussolini verband Japan sein aggressives Expansionsstreben. Eingebettet in die Achse Berlin-Rom-Tokio und einen Nichtangriffspakt mit der Sowjetunion (1941) begann das Militär unter dem Motto **Asien den Asiaten** einen Eroberungsfeldzug in Ostasien, der innerhalb weniger Monate die Kolonialreiche der Niederländer, Engländer und Amerikaner zusammenbrechen ließ. Japan ersetzte diese durch die so genannte **„großostasiatische Wohlstandssphäre".**

Japan im Zweiten Weltkrieg

Der Angriff auf Pearl Harbor Ende 1941 bedeutete den formellen Eintritt in den Zweiten Weltkrieg. Japan errang bei der Besetzung Chinas Erfolge und konnte sein Einflussgebiet in ganz Südostasien ausdehnen, sodass sogar Australien bedroht war. Auf

174

dem Weg zu diesen militärischen Erfolgen geschahen in den besetzten Gebieten Gräueltaten, es kam zum Einsatz biologischer und chemischer Kampfstoffe und zu Menschenversuchen an Kriegsgefangenen.

Japan beherrschte die Philippinen, Neuguinea und Birma sowie zahllose Inselgruppen, mit Indonesien war ein erdölreiches Land Kolonie des Kaiserreichs geworden. Erst im Juni 1942 mit der Schlacht um Midway wendete sich das Blatt im Pazifikkrieg. Die japanische Marine verlor vier Flugzeugträger. Im August 1942 verloren die Japaner bei Guadalcanal, Solomon Islands, eine weitere wichtige Schlacht.

Die kaiserliche Armee war weit verteilt über das Riesenreich, ihr Nachschub anfällig für Angriffe durch Unterseeboote. Bis 1944 konnte sich die kaiserliche Armee dennoch gut halten. Aber mit zunehmendem Eintreffen von Truppen vom europäischen Kriegsschauplatz und aus den Vereinigten Staaten kam die alliierte Gegenoffensive ins Rollen. Südostasien wurde schrittweise befreit und in einer Reihe amphibischer Operationen, die als **„Island Hopping"** bekannt geworden sind, bewegten sich die US-Streitkräfte auf die japanischen Hauptinseln zu.

Trotz erbittertem Widerstand fielen 1945 in den Schlachten um Iwojima und um Okinawa die wichtigsten Verteidigungsstellungen der japanischen Streitkräfte. Trotz dieser aussichtslosen militärischen Lage und permanenter Bombardierungen waren die japanischen Militärs nicht bereit, die bedingungslose Kapitulation zu erklären. Wenig später erfolgten die umstrittenen Atombombenabwürfe auf Hiroshima und Nagasaki (6. und 9. August 1945), die Sowjetunion erklärte Japan am 8. August 1945 den Krieg. Diese Ereignisse erzwangen die bedingungslose Kapitulation Japans, die Kaiser **Hirohito** am 15. August in einer Rundfunkrede verkündete.

Nach der Niederlage im Zweiten Weltkrieg im Jahr 1945 wurde Japan in einen demokratischen Staat umgewandelt. Seit der Kapitulation des kaiserlichen Japan herrscht in Japan Friede, Japan wurde zu einem Staat mit bedeutender Wirtschaftskraft.

Besatzungszeit und Neubeginn

Von 1945 bis 1952 wurde Japan von den Alliierten besetzt. Die Potsdamer Verträge reduzierten das japanische Territorium wieder auf die Hauptinseln, die Ryukyu-Inseln wurden US-amerikanisches Hoheitsgebiet und blieben dies bis 1972.

Während der von General **Douglas MacArthur**, dem Oberkommandierenden der Pazifik-Streitkräfte, geleiteten Besatzungszeit wurden umfassende Demokratisierungs- und Entmilitarisierungsmaßnahmen durchgeführt. Dadurch konnte sich die Kommunistische Partei erstmals legal betätigen. Im Zuge des Kalten Krieges wurde sie jedoch kurz darauf durch eine „politische Säuberung", dem Red Purge, wieder ausgeschaltet.

Dem Kaiser blieb eine Anklage in den Tokioter Prozessen erspart und ein Teil der alten Eliten wurde für die Errichtung einer neuen gesellschaftlichen Ordnung herangezogen. Dieses Vorgehen führte zwar zur Errichtung eines stabilen neuen Staatsgefüges, unter Beibehaltung des Kaisertums als tragendem Element, aber auch gleichzeitig zu einer mangelnden Aufarbeitung der Kriegsgeschehnisse und -verbrechen.

Anders als in Deutschland war, und ist dieses Thema in Japan tabuisiert und die Schuld einer kleinen Riege von Militärs angelastet worden. Alles in allem war die Erneuerung Japans aber ein Erfolg; große Konzerne, die am Krieg verdient hatten, wurden zerschlagen, eine neue Verfassung, die Demokratie und Frieden zu ihren zentralen Themen machte, trat 1947 in Kraft. Reformen im Schul- und Hochschulwesen sollten die Reste der ultranationalen Gleichschaltung beseitigen. Hinsichtlich der Streitkräfte gab die Verfassung vor, dass nur Selbstverteidigungsstreitkräfte unterhalten werden dürfen. Die USA und Japan sind seither in einem Sicherheitspakt verbunden, der die Vereinigten Staaten zur Unterstützung Japans verpflichtet. 1951 schlossen im **Friedensvertrag von San Francisco** 48 Staaten offiziell wieder Frieden mit Japan, die Besatzung endete 1951/52.

Von 1952 bis heute

Im Jahr 1956 nahmen auch die Sowjetunion und die Volksrepublik China wieder diplomatische Beziehungen auf und ein rehabilitiertes Japan wurde Teil der Vereinten Nationen. 1955 etablierte sich ein stabiles System zweier Parteien, der Liberaldemokratischen Partei (LDP) und der Sozialistischen Partei Japans. Das politische Gefüge ähnelte somit dem zahlreicher westlicher Demokratien. Mit Inkrafttreten des **Grundlagenvertrags zwischen der Republik Korea und Japan** am 18. Dezember 1965 kam es zur Normalisierung der diplomatischen Beziehungen zu Südkorea.

Das Land blieb nunmehr außenpolitisch zurückhaltend, aber sein wirtschaftlicher Aufstieg war unaufhaltsam. Automobil- und Schiffbau, später Elektronik wurden die Branchen, deren Exporte das japanische Wirtschaftswachstum der Jahre 1960 bis 1970 entscheidend befeuerten. Japan wurde in die Gruppe der G8-Staaten aufgenommen. 1985 wurde der bis dato vom Devisenmarkt getrennte Yen freigegeben, es kam zu einer Aufwertung des Yen gegenüber dem US-Dollar. Diese Entwicklung dämpfte die japanische Wirtschaftsentwicklung, da die USA hauptsächlicher Absatzmarkt japanischer Exporte waren und sind.

1989 starb Kaiser **Hirohito**. Sein Sohn **Akihito** wurde 1990 Kaiser und damit begann die **Heisei-Zeit**, die von Beginn an überschattet wurde vom Platzen der **Bubble Economy.** Japan kam im folgenden Jahrzehnt nicht zur Ruhe. Die Wirtschaft geriet in eine tiefe Krise, mehrere Regierungen und Ministerpräsidenten scheiterten. In den Jahren 2000/2001 gab es erstmals eine Stabilisierung der Situation. Die 2001 gewählte Regierung um Premierminister **Junichiro Koizumi** war bis September 2006 an der Macht. Nachfolger **Koizumis** ist sein ehemaliger politischer Zögling **Shinzo Abe**. Japan ist nach der inneren Stabilisierung, beginnend mit der UNTAC-Mission von 1992, nun auch weltweit im Rahmen von friedenserhaltenden Maßnahmen der Vereinten Nationen aktiv.

2011 wurde erstmals in der Geschichte Japans der **nukleare Notfall** ausgerufen, nachdem im **Kernkraftwerk Fukushima 1** infolge eines schweren **Erdbebens**, mit nachfolgendem **Tsunami**, ein Störfall aufgetreten war.

Nachfolgend beschäftige ich mich mit der Entstehung von Erdbeben und den oftmals nachfolgenden Tsunamis. Eine Übersicht soll Einblick in die Situation der gefährdeten Gebiete auf unserer Erde geben und uns bewusst machen, in welcher Gefahr wir leben.

Das Erdbeben in Japan war das stärkste seit 1.200 Jahren.

Das Erdbeben der Stärke 9,0, das weite Teile Japans erschütterte, war das stärkste in Japan seit 1.200 Jahren. Nach bisher bestätigten Meldungen der Einsatzkräfte und Behörden haben das Beben und der darauf folgende Tsunami viele Tote und Vermisste gefordert. Es entstanden enorme Schäden, Tausende sind obdachlos. Die Bergungsarbeiten und Katastropheneinsätze laufen auf Hochtouren, die Aufmerksamkeit konzentriert sich aber vor allem auf die Lage in den zwei beschädigten AKWs Fukushima 1 und 2. Das verheerende Erdbeben war nach Angaben eines Experten des Geologischen Instituts der USA das stärkste in der Region seit beinahe 1.200 Jahren. Laut des Instituts brach die Erdkruste durch das Beben der Stärke 9,0 auf 240 Kilometer Länge und 80 Kilometer Breite auseinander. Der Erdstoß dürfte der schwerste in der Geschichte Japans gewesen sein und weltweit Wissenschaftlern zufolge der fünftstärkste, der jemals gemessen wurde.

Honshu um 2,4 Meter verrückt.

Nach Angaben von Wissenschaftlern hat das Erdbeben mit seiner Wucht große Landmassen verschoben und den Lauf der Welt verändert. Die japanische Hauptinsel Honshu sei um 2,4 Meter verrückt worden, so die US-Geologiebehörde. Das italienische Institut für Geophysik und Vulkanologie ermittelte nach eigenen Angaben außerdem, dass das Beben die Achse der Erdrotation um rund zehn Zentimeter verschoben hat. Das wäre wahrscheinlich die größte Verschiebung durch ein Erdbeben seit 1960, als Chile erschüttert wurde.

Eine Stunde nach dem Beben kam die Tsunamiwelle

Das Erdbeben ereignete sich am Freitag gegen 14:45 Uhr Ortszeit. Das Epizentrum lag 130 Kilometer östlich der Stadt Sendai und knapp 400 Kilometer nordöstlich von Tokio. Rund eine Stunde später traf dann die Tsunamiwelle auf die Ostküste. Fernsehbilder zeigten eine gewaltige Flutwelle, die auf die Strände traf und weit ins Landesinnere rollte. Sie spülte Häuser und Land fort, Boote wurden fortgetragen, Autos ins Meer gezogen. Augenzeugen berichteten von Fußgängern und vielen Kindern, die ins Meer gespült worden seien. Weiter im Landesinneren traten mehrere Flüsse durch das einströmende Meerwasser über die Ufer.
Fernsehbilder zeigten das Chaos nach dem Beben und die große Verzweiflung in den Gesichtern der Menschen an der Ostküste. Bewohner schwenkten große weiße Tücher aus den Fenstern ihrer Häuser, um Hilfe zu bekommen. Hunderte waren in den oberen Etagen der vollständig von Wasser umgebenen Häuser gefangen.

Die Millionenstadt Tokio stand still.

In der Hauptstadt Tokio, wo das starke Erdbeben deutlich spürbar war und selbst die an Erdstöße gewohnten Einwohner in Panik versetzte, gerieten zahlreiche Hochhäuser ins Wanken, Menschen liefen verängstigt auf die Straße. Das öffentliche Leben war in der Millionenmetropole praktisch lahmgelegt. Der Nahverkehr funktionierte nicht, die Menschen harrten meist auf den Straßen aus, weil keine Züge fuhren, hieß es in Fernsehberichten. Als es dunkel wurde, suchten viele Zuflucht in Notschlafstellen. Am Stadtrand von Tokio gerieten mehrere Industriegebäude in Brand, in einer Ölraffinerie in Chiba nördlich der Hauptstadt brach ein großes Feuer samt mehrerer Explosionen aus.
Durch das Beben waren in ganz Japan acht Millionen Haushalte ohne Strom, Dutzende Flughäfen in der betroffenen Region wurden geschlossen. Der Airport in Tokio konnte erst in der Nacht wieder geöffnet werden. Laut den Behörden sind im Tokioter Umland Dutzende Menschen bei Hauseinstürzen getötet und verletzt worden, angesichts des Ausmaßes der Katastrophe rechnet man mit Opferzahlen, die in die Tausende gehen.
Eine Augenzeugin, die im Tokioter Goethe-Institut arbeitet, berichtete über die minutenlangen Erschütterungen: „Erst dachte ich, das wäre ein normales Beben, wie es

oft vorkommt, aber dann hörte es gar nicht mehr auf und wurde immer schlimmer." Eine japanische Kollegin habe sie sofort angewiesen, einen Helm aufzusetzen und sich unter den Schreibtisch zu setzen. „Die Japaner sind zum Glück auf so etwas vorbereitet." Als ihre Kollegen aber gesagt hätten, das sei das schlimmste Beben, dass sie je erlebt hätten, sei sie „ziemlich beunruhigt" gewesen.

Der österreichische Judo-Kämpfer und Olympiasieger Ludwig Paischer, der sich derzeit für einen Trainingsaufenthalt in Tokio aufhielt, berichtete am Freitag von chaotischen Zuständen. „Ich bin gerade vom Training heimgekommen und wollte mich ein bisschen hinlegen. Zuerst dachte ich, ich bilde mir das ein, als das Wasser in der Mineralwasserflasche zu schaukeln angefangen hat. Doch dann hat der Fernseher gewackelt, und es ist Vollgas losgegangen", schilderte Paischer.

Auch aus anderen Städten wurden schwere Schäden gemeldet. In Chiba geriet eine Stahlfabrik in Brand, über Teilen der Stadt Yokohama stiegen schwarze Rauchwolken auf. In Iwate wurden Dutzende von Neuwagen von den Wassermassen weggerissen, in Kamaishi stürzten Brücken ein, die Straßen sind vielerorts zerstört.

Im Hafen der Oarai in der Präfektur Ibaraki erzeugte die Tsunami-Flutwelle einen riesigen Wasserwirbel. Nach einem Erdrutsch in der Präfektur Fukushima werden Hunderte Menschen vermisst. Der Betrieb des Hochgeschwindigkeitszugs Shinkansen im Norden wurde eingestellt. In der Präfektur Miyagi dürfte indes ein ganzer Regionalzug samt einer unbekannten Anzahl von Passagieren von der Flut mitgerissen worden sein. Der Zug war demnach auf dem Weg von Sendai nach Ishinomaki und wurde in der Nähe des Bahnhofs von Nobiru von der Flutwelle erfasst. Der öffentlich-rechtliche Fernsehsender NHK hatte zuvor berichtet, dass ein Schiff mit etwa Hundert Menschen an Bord von einer Flutwelle fortgetragen worden sei. Das Schicksal der Menschen an Bord sei unklar.

Viele Gebiete warten auf das große Beben.

Dieses Jahrhundertbeben hat uns klar vor Augen geführt, wie machtlos wir gegen die Urgewalt der Erde und des Meeres sind. In vielen Teilen unseres Planeten warten die Wissenschaftler auf nicht vorherzubestimmende, große Beben. In Istanbul ist es längst überfällig, genauso wie in Los Angeles oder Tokio: Viele Metropolen sind von einem großen Erdbeben bedroht.

Die Gefahr ist allgegenwärtig. Irgendwann wird sich die Spannung, die sich über Jahrzehnte im Erdinneren aufgebaut hat, entladen. Dann werden starke Beben die Metropolen erschüttern und wahrscheinlich große Zerstörung anrichten. Einer UN-Studie zufolge liegen **acht** der **zehn** bevölkerungsreichsten Städte der Welt in einer geologischen Verwerfungslinie – und zwar **Tokio, Mexiko-Stadt, New York, Mumbai, Neu-Delhi, Schanghai, Kalkutta und Jakarta.**

Doch obwohl unter Experten Einigkeit darüber besteht, wo starke Beben mit großer Wahrscheinlichkeit auftreten werden – wenn die Erde erzittert, dann überraschend, ohne Vorwarnung. Denn die Ursache für die gewaltigen Kräfte, die den Boden unter unseren Füßen beben lassen, liegt Hunderte Kilometer unter der Erdoberfläche, für uns nicht sichtbar.

Das Geophysikalische Institut der Universität Karlsruhe zieht einen Vergleich zur Meteorologie. Hier gebe es zahlreiche Möglichkeiten, Messungen in der Atmosphäre vorzunehmen. Etwa durch Wetterballons, Flugzeuge, Satellitendaten und Messstationen auf der Erde. Trotzdem ist es unmöglich, Hagelschlag oder Starkniederschläge vorherzusagen. Das System ist einfach zu komplex.

Das beste Instrument, auf das Geophysiker für ihre Berechnungen zurückgreifen können, ist die Statistik. Seit Anfang des 20. Jahrhunderts werden Erdbeben gemessen.

Sie werden in einem Katalog zusammengefasst und bilden die Basis für die Berechnung der Wahrscheinlichkeit, mit der in Zukunft in bestimmten Bereichen ein Beben auftritt. Auch historische Daten fließen in diesen Katalog mit ein. Überlieferungen zufolge fand etwa das stärkste Beben, das in Zentraleuropa aufgetreten ist, 1356 in Basel statt und wird auf eine Magnitude von sechs bis sieben geschätzt.

Die Forscher sind über das Internet weltweit vernetzt. Die seismischen Stationen senden die Daten in Echtzeit in die Welt hinaus. In diesem Bereich arbeiten die Experten schon lange weltweit zusammen, denn Erdbeben stoppen nicht an politischen Grenzen. Auch der Kalte Krieg stand der Zusammenarbeit nicht im Weg.

Forscher vom Geoforschungszentrum Potsdam veranschaulichen, wie die Wahrscheinlichkeit eines Bebens berechnet wird. In einen Laden ist zwischen 2002 und 2009 viermal eingebrochen worden. Das bedeutet, es gab statistisch gesehen alle zwei Jahre ein Einbruchsereignis oder auch 0,5 Ereignisse pro Jahr. Nun schreiben wir das Jahr 2011, wir können also wieder mit einem Einbruch rechnen. Findet dieser in 2011 **nicht** statt, so ist er in 2012 schon **überfällig**.

Bei der Berechnung der Wahrscheinlichkeit eines neuen Bebens spielt auch die Stärke des vergangenen Bebens eine Rolle. Man vergleicht das Prinzip mit einem Holzklotz, der an einer elastischen Feder hängt und über eine unebene Fläche gezogen wird. Der Klotz verhakt sich, löst sich dann mit einem Ruck und bewegt sich ein Stück, bis er sich wieder verhakt. Je stärker das aktuelle Beben, desto mehr Spannung hat sich bereits entladen und umso unwahrscheinlicher ist es, dass es an dieser Bruchstelle in der nächsten Zeit wieder zu einem Beben kommt.

Die Lithosphäre, die aus der Erdkruste und der oberen Schicht des Erdmantels besteht, ist in Platten aufgeteilt. An ihren Grenzen treten über 90 Prozent aller Beben sowie vulkanische Aktivität auf.

Driften Platten auseinander, sprechen Geologen von einer divergenten Plattengrenze. Hier dringt Magma aus dem Inneren der Erde hervor und bildet eine neue Kruste, den Mittelozeanischen Rücken. Diese Rücken sind in fast allen Weltmeeren zu finden.

Doch das große Rumpeln verursachen die Platten, die sich aufeinander zu bewegen, die konvergenten Plattenränder. In den sogenannten Subduktionszonen sinkt eine Platte unter die andere. Ältere und dichte Gesteine des Meeresbodens werden unter die leichteren Gesteine der kontinentalen Platte geschoben und wieder eingeschmolzen. Eine solche Subduktionszone existiert etwa vor Japans Küste. Dort ereignete sich auch das Beben am 11. März.

Prallen zwei kontinentale Platten aufeinander, entsteht keine Subduktionszone, da die Platten ungefähr die gleiche Dichte besitzen. Durch die Kollision deformieren sich die Kontinente und es faltet sich ein Gebirge auf. Ein Beispiel ist der Himalaja, der durch den Zusammenstoß des indischen Kontinents mit der Eurasischen Platte entstand.

Manchmal gleiten die Platten auch horizontal aneinander vorbei. Es handelt sich dabei um konservative Plattenränder. Durch so eine „Transformationsstörung" entstand etwa die San-Andreas-Verwerfung an der Westküste Nordamerikas. Auch hier können sich die Gesteine ineinander verhaken und Spannungen verursachen.

Die Kontinentalplatten bewegen sich meist um einige Millimeter, manchmal legen sie bis zu zehn Zentimeter im Jahr zurück. Dabei verhaken sich die Platten, es entsteht

Spannung, die sich ruckartig lösen kann. Je schneller sie sich bewegen, desto schneller kann sich auch wieder Spannung aufbauen.

Im „Ring of Fire", dem Pazifischen Feuerring, treffen mehrere tektonische Platten aufeinander. Der mehr als 40.000 Kilometer lange Feuerring reicht von der süd- und nordamerikanischen Westküste über Alaska, Russland, Japan bis hin nach Südostasien. Wegen der hohen tektonischen Aktivität kommt es hier besonders häufig zu Erdbeben, Tsunamis und Vulkanausbrüchen.

Schon länger erwarten Experten ein Beben, dass das japanische Ballungsgebiet Tokai treffen soll, und damit auch Tokio. Durch Erdbeben gefährdet sind außerdem Mexiko City, Chile und Vancouver. Viele Städte in Indonesien, China, dem Iran und den Philippinen liegen ebenfalls in Gefahrenbereichen. Schon lange warnen Experten außerdem vor den Kräften, die sich in der San-Andreas-Verwerfung in den USA aufstauen und San Francisco sowie Los Angeles bedrohen. Auch in Europa steht ein großes Beben bevor, und zwar in Istanbul. Hier bereiten den Experten vor allem die Gebäude Sorgen. Viele werden den starken Erdstößen wohl nicht standhalten können.

Vanuatu ganz oben, Katar unten: Eine Rangliste der Universität der UNO zeigt, wie stark Länder von Naturgewalten bedroht sind. Drei hoch entwickelte Staaten finden sich an heikler Position. Deutschland steht scheinbar gut da – doch zwei Ereignisse könnten für extreme Katastrophen sorgen. Die makabre Tabelle ist von eindringlicher Schlichtheit: Je weiter oben ein Land steht, desto eher kommt man dort bei einer Naturkatastrophe ums Leben. Der Weltrisikobericht, den Wissenschaftler der Universität der Vereinten Nationen (UNU) und Entwicklungshelfer veröffentlicht haben, zeigt die weltweite Bedrohung durch Naturgewalten. Die Rangliste offenbart ein fatales Gesetz: Katastrophen suchen meist arme Länder heim. Denn Stürme, Erdbeben, Fluten oder Dürren werden oft erst dann zum Desaster, wenn Bewohner sich nicht ausreichend gegen die Gefahren geschützt haben oder sich aus Geldmangel nicht schützen können.

Ganz oben auf der Liste finden sich Pazifikinseln: **Vanuatu und Tonga** erwarten Erdbeben und Tsunamis, die Philippinen müssen zudem noch mit Vulkanausbrüchen und Erdrutschen rechnen. Am sichersten vor Naturgewalten ist man in Katar und Malta; Deutschland liegt auf Rang 150 von 173 bewerteten Staaten. Manche Länder wurden wegen Datenmangels nicht berücksichtigt.
Von den hoch entwickelten Staaten steht Japan mit Platz 35 am höchsten auf der Liste und damit unter den besonders bedrohten Ländern – obwohl die Industrienation bei den Sicherungsmaßnahmen an der Weltspitze liegt. Doch Japan wird von geologischen Kräften in die Zange genommen, wie das extreme Tsunami-Beben am 11. März diesen Jahres gezeigt hat.
Als zweites westliches Land folgen die Niederlande auf Rang 69, die von Deichen geschützt, großteils unter dem Meeresspiegel liegen. Doch der anschwellende Meeresspiegel bedrohe das Land zunehmend, heißt es im Unu-Risikobericht. Der Bericht legt allerdings mit einem erwarteten Meeresanstieg von 90 Zentimetern bis 1,60 Meter in den kommenden 90 Jahren Extremwerte neuer Studien zugrunde – der UNO-Klimareport von 2007 erwartet in diesem Zeitraum höchstens 59 Zentimeter Anstieg. Gleichwohl: Zwei Drittel der Menschheit leben weniger als 50 Kilometer von einer Küste entfernt – für sie könnte sich das Sturmflutrisiko in Zukunft erhöhen.
Griechenland auf Platz 79 ist dem Report zufolge das dritte westliche Land, das mit einem größeren Risiko leben muss – vor allem Beben und Tsunamis gefährden den südeuropäischen Staat.

Die Rangliste mit ihren exakten Zahlen suggeriert zwar wissenschaftliche Präzision, doch die Kalkulationen des Weltrisikoreports fußen eigentlich auf groben Abschätzungen, es bietet sich folglich nur ein ungefährer Überblick. Verdeutlicht wird, in welchen Ländern besondere Schwierigkeiten bei der Bewältigung von Naturkatastrophen auftreten können, so die wissenschaftliche Leitung des Projekts, vom Institut für Umwelt und menschliche Sicherheit der UNU.

Jederzeit könnte jedoch das Rheinland von einem Beben der Stärke 6,5 erschüttert oder ganz Deutschland von einem schweren Orkan heimgesucht werden – dann wäre der gute Ranglistenplatz für Deutschland Makulatur: Versicherungen kalkulieren für jedes dieser Ereignisse mit Schäden von rund hundert Milliarden Euro und vielen Toten. Die Wissenschaftler der UNU haben für den Weltrisikobericht unter anderem Daten aus folgenden Bereichen ausgewertet:

a.) die von Naturgefahren betroffene Bevölkerung
b.) Anfälligkeit von Verkehrswegen, Wohnungen und Versorgung
c.) Wirtschaft, Ernährung, medizinische Versorgung
d.) politische Lage, soziale Absicherung
e.) Bildung, Forschung, Warnsysteme

Ein Katastrophenrisiko ist sowohl auf die Gefährdung durch Naturgefahren als auch auf die Verwundbarkeit der Gesellschaft zurückzuführen. Extreme Naturereignisse müssen nicht unbedingt zu Katastrophen werden, denn das Risiko hängt nicht allein von der Gefährdung ab, sondern wird ganz wesentlich durch soziale und wirtschaftliche Faktoren bestimmt.

Dieses Gesetz zeigte sich im vergangenen Jahr, als nacheinander Großstädte in Haiti und Neuseeland von Erdbeben gleicher Stärke getroffen wurden. Auch sonst ähnelten sich beide Beben verblüffend: Sie ereigneten sich flach unter der Erde nahe einer Großstadt und entstanden auf ähnliche Weise. Doch einen entscheidenden Unterschied gab es: In Haiti starben Hunderttausende Menschen, in Neuseeland blieb es bei Gebäudeschäden. Erst bei einem weiteren Beben in diesem Jahr starben in Neuseeland dann doch Menschen – geologische Spezialeffekte hatten die Erschütterungen verstärkt.

In Neuseeland werden Häuser seit Jahrzehnten auf Erschütterungen vorbereitet. Viele Bauten sind sogar aus Holz, selbst ihr Kollaps ist nicht zwingend tödlich. In Haiti hingegen wurden selbst grundlegende Sicherungsmaßnahmen ignoriert, die Häuser krachten bei den Erdstößen sofort zusammen.

In wirtschaftlich starken Nationen wie Japan oder den USA werden seit Jahrzehnten hohe Summen in die erdbebensichere Architektur der Gebäude investiert. Dort wurden etwa Hochhäuser auf Hartgummiklötzen errichtet, die einen Teil der Energie eines Bebens aufnehmen können und die Schwingung damit dämpfen. Auch in ärmeren Ländern existieren Vorschriften für erdbebensichere Bauweisen. Gleichwohl hapert es an ihrer Umsetzung.

Insbesondere größere Gebäude wie Krankenhäuser, Schulen, Hotels und Geschäftsgebäude müssen gesichert werden. Denn große offene Räume im Erdgeschoss müssen viele Stockwerke tragen, schon leichte Erschütterungen können solche Hochhäuser einstürzen lassen.

Eine Studie der Vereinten Nationen hatte bereits vor zehn Jahren gewarnt, dass ein Schulkind in der pakistanischen Hauptstadt 400-mal wahrscheinlicher ums Leben kommt als ein Schüler im gleichermaßen erdbebengefährdeten japanischen Kobe – tatsächlich wurden bei einem Beben in Pakistan 2005 Hunderte Schulkinder von Betondecken ihrer Schulen erschlagen.

In Katmandu würden bei einem schweren Beben, laut UNO-Studie, siebenmal mehr Menschen sterben als in der japanischen Hauptstadt, deren Großraum 20-mal mehr Einwohner hat. Was hätte ein Beben der Stärke 9 wie am 11. März in Japan also erst in armen Ländern angerichtet?

Allerdings schützt selbst Top-Technologie nicht immer vor Katastrophen, das zeigte das extreme Seebeben vor Japan im März. Japans Vorkehrungen gegen Erdbeben und Tsunamis gelten als die fortschrittlichsten der Welt. Dennoch kam es zur ganz großen Katastrophe: **einem Super-GAU** in einem Atomkraftwerk. Vom **„unberechenbaren Risiko Atomenergie"** schreibt der Weltrisikobericht. AKWs in weniger entwickelten Ländern seien sogar schon bei schwächeren Beben als in Japan in Gefahr. Ob das Erdbebenrisiko für deutsche AKWs **korrekt eingeschätzt wird, erscheint Geoforschern ebenfalls zweifelhaft.**

Experten schlagen diverse Vorkehrungen vor: Größere Neubauten wie Schulen sollten etwa in Bangladesch zu Notunterkünften für Wirbelsturm-Betroffene umfunktioniert werden können. Straßen müssten bei einem Taifun auch als Entwässerungskanäle fungieren – wie bereits mancherorts in Japan oder Malaysia.

Ein anderes, kostengünstiges Mittel gegen Personenschäden bei Naturkatastrophen seien Gesetzesänderungen wie etwa die Stärkung von Besitzrechten, konstatierte die Weltbank jüngst in ihrem Jahresbericht: Sind Menschen sich ihres Eigentums sicher, kümmerten sie sich mehr um dessen Zustand und Unterhalt. Dieses ist in der Tat der Fall. In meiner neuen Heimat Tonga kann Land nicht käuflich erworben werden. Nur eine zeitlich begrenzte Miete ist möglich. Bei eintretenden Naturzerstörungen dauert es sehr lange, bis ein, zumindest wieder menschenwürdiges, Haus oder Unterkunft errichtet wird. Der gemeinschaftliche Zusammenhalt bezieht sich überwiegend auf die Familie, Gemeinde- und Landeseigentum stehen an letzter Stelle. Eine Stärkung der Besitzrechte würde vieles in unserem gemeinschaftlichen Zusammenleben verbessern und den guten Seiteffekt??? haben, internationales Investment in unser Königreich zu spülen.

Behörden sollten Bürger zudem umfassender vor Gefahren warnen, um Schäden durch Naturgewalten zu verringern. Doch die Realität sieht selbst in Europa oft anders aus: Ein Tsunami-Warnsystem im Mittelmeer etwa scheitert an Bürokraten der Anrainerstaaten, die sich nicht auf eine Aufteilung der vergleichsweise geringen Kosten einigen können.

Auch in den USA geht die Angst vor einem großen Erdbeben um, in Kalifornien liegt die Wahrscheinlichkeit bei 99,7 Prozent. Menschen, Häuser und Schnellstraßen sind in Gefahr – und zahlreiche Atomkraftwerke, die dicht an tektonischen Spalten stehen.

Das kalifornische Atomkraftwerk San Onofre steht zwischen dem Freeway I-5 und dem Strand. Seine zwei Kuppeln ragen über die Pazifikbrandung, flankiert von einer Steilküste, an der Surfer herunterklettern. Vor 42 Jahren nördlich von San Diego erbaut, ist die Anlage eines der ältesten und größten AKW in den USA. San Onofre hat aber auch noch eine andere Besonderheit: Es liegt in unmittelbarer Nachbarschaft mehrerer tektonischer Verwerfungen. Eine davon, die Cristianitos-Verwerfung, ist sogar sichtbar. Wenige Hundert Meter von den Reaktoren entfernt klafft eine Spalte im Felsen, Holzschilder markieren einen Wanderweg für Hobby-Geologen.

Keine Sorge versicherte der AKW-Betreiber, der Stromkonzern Southern California Edison. Erstens seien die Verwerfungen entweder „nicht aktiv" oder zu weit entfernt. Zweitens könne die Anlage einem Erdbeben der Stärke 7.0 widerstehen. Drittens sei sie von einer acht Meter hohen Tsunami-Schutzmauer abgesichert.

Seit der Katastrophe im bebenerprobten Japan glaubt solchen Beschwichtigungen hier jedoch keiner mehr. Japan könnte auch Kalifornien sein.

In der Tat wirkt das von Verwerfungen gemaserte Kalifornien wie ein Symbol für Amerikas Erdbebenangst. Einige der traumatischsten Beben der westlichen Welt ereigneten sich dort: 1906 in San Francisco (7.9), 1933 in Long Beach (6.4), 1989 in

Loma Prieta (6.9), 1994 in Northridge (6.7). Die Frage ist nicht, **ob** die nächste Katastrophe komme, sondern **wann**.

Diese Prophezeiung ist altbekannt. Doch die Geschehnisse in Japan jagen den Amerikanern neuen Schrecken ein. Es wimmelt von US-Nachrichtensender, die vor Gefahren einer ähnlichen Katastrophe in den USA warnen.

Denn die USA sind, trotz ihrer fast manischen Besessenheit mit Erdbeben, relativ ungewappnet: Im Vergleich zu Japan ist Amerika nicht annähernd so gut vorbereitet. Die Katastrophenexperten von der Columbia University drückten es sogar noch krasser aus: **Wir sind gänzlich unvorbereitet.**

So existiert ein Vorwarnsystem wie in Japan in den USA bisher nur als Prototyp für Kalifornien. Eine Einführung an der Westküste würde 150 Millionen Dollar kosten.

Dabei weiß in den USA jeder: Das schlimmste Beben kommt noch. Die Geologen verweisen auf den ominösen Zusammenhang zwischen den jüngsten Mega-Beben im Pazifikraum. Japan (11. März), Neuseeland (22. Februar), Chile (27. Februar 2010): Alle ereigneten sich in derselben Gruppe geologischer Falzungen, die den Pazifik umranden – der **„Ring of Fire"**. Drei Seiten dieses Rings bebten unlängst. Die vierte Seite: **Kaliforniens San-Andreas-Spalte.**

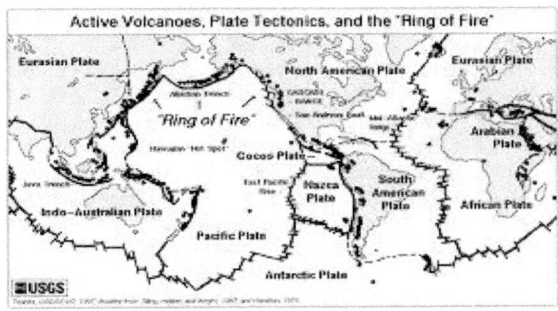

Der „Ring of Fire"

Diese Verwerfung läuft parallel zur US-Westküste und trennt die Pazifische von der Nordamerikanischen Platte, die hier aneinander vorbeischrammen. Der Druck wächst täglich. Die Spalte ist geladen und entsichert. Für San Francisco, wo die San-Andreas-Verwerfung zuletzt beim historischen Beben 1906 aufbrach, schätzen Geologen die Wahrscheinlichkeit **eines sehr zerstörerischen Erdbebens** mit einer Stärke von **mehr als 6.7** bis zum Jahr 2032 inzwischen auf **62 Prozent**. Für **Südkalifornien** erhöht sich diese Wahrscheinlichkeit auf **99,7 Prozent.**

Wenn es dann knallt, wird das nach Berechnung der US-Erdbebenbehörde USGS „ein 200-Milliarden-Dollar-Desaster" werden. Von den fünf Atomreaktoren im Einzugsbereich der San-Andreas-Spalte ganz zu schweigen.

Das ist nicht die einzige Gefahrenzone. Unter der Moloch-Metropole Los Angeles verlaufen gleich mehrere tektonische Verwerfungen, die den Wissenschaftlern Sorge bereiten: die Puente-Hills-Verwerfung (unter der Downtown von L. A.), die Newport-Inglewood-Verwerfung (unter Long Beach), die Hollywoodverwerfung (unter dem Sunset Boulevard). Und das sind nur die bekannten.

183

Nicht weit vor der Nordküste Kaliforniens erstreckt sich die unterseeische Cascadia-Subduktionszone, die entlang der Bundesstaaten Oregon und Washington bis hoch nach Kanada führt und das Potenzial zu Mammutbeben mit einer Stärke von mehr als 9.0 hat. Das letzte große Beben ereignete sich da um 1700. Die Wahrscheinlichkeit eines neuen in den nächsten 50 Jahren: 37 Prozent.

Auch außerhalb Kaliforniens arbeitet es unter dem Erdboden. Die **„seismische Gefahrenkarte"** des USGS offenbart Dutzende US-Regionen als Bebenherde – etwa der Nordosten (samt New England und New York), South Carolina und eine Ballungszone an der Grenze von Mississippi, Arkansas, Missouri, Illinois, Kentucky und Tennessee.

Erst im Februar erschütterte ein Beben der Stärke 4.7 Arkansas – das letzte in einer Reihe von mehr als 700 Beben dort seit September. In den letzten fünf Jahren bebte es unter anderem auch in Nevada (6.0), Alaska (5.8), Hawaii (5.4), Illinois (5.4), Montana (4.5), Maine (3.8), Colorado (3.7) und New Jersey (3.0). Eine Verwerfung verläuft direkt unter der 125th Street im New Yorker Stadtteil Harlem und ist so tief, dass die U-Bahn an dieser Stelle auf Stelzen fahren muss.

Zwar führt das US-Katastrophenamt Fema in Schulen und Gemeinden regelmäßige Erdbeben-Übungen durch, „Shakeouts" genannt. Aber die erschöpfen sich meist im alten Mantra **„drop, cover, hold on" – auf den Boden, unter den Tisch, festhalten.**

Die Bauordnungen in den betroffenen Regionen sind streng, doch bei weitem nicht so streng wie in Japan. Kalifornien hat Hunderttausende „Softstory buildings", die bei einem Beben zusammenfallen würden. Die Leute, die in diesen Gebäuden leben und arbeiten, haben keine Ahnung. Es ist fast sicher, dass Kalifornien in der Zukunft eine Tragödie erleben wird.

Wahrer Bebenschutz ist aber sündhaft teuer – und die US-Staaten, allen voran Kalifornien, stecken tief in der Finanzkrise. Allein die momentane Beben-Nachrüstung der kalifornischen Krankenhäuser kostet 24 Milliarden Dollar, das ist fast so viel wie das komplette Haushaltsdefizit. Die Maßnahme wurde bereits 1994 nach dem Northridge-Beben in Angriff genommen. Geplante Fertigstellung: 2013.

Anfällig ist auch die Infrastruktur. Eine hochgelegte Freeway-Kreuzung im kalifornischen San Fernando Valley stürzte 1971 beim Sylmar-Beben ein, wurde wiederaufgebaut und fiel 1994 beim Northridge-Beben erneut in sich zusammen.

Die US-Regierung versicherte erneut, dass die Atomreaktoren bebensicher seien. „Wir halten die nuklearen Kraftwerke in diesem Land für zuverlässig und sicher", so der Chef der Atombehörde NRC, im weißen Haus. „Alle unsere Anlagen sind so entworfen, dass sie bedeutsamen Naturphänomenen widerstehen können, darunter Erdbeben, Tornados und Tsunamis." Sehr bewundernd nehme ich immer die Stellungnahmen der sogenannten Spezialisten wahr. Beim Eintritt eines Desasters waren es immer andere Umstände, die die Katastrophe ausgelöst haben.

Trotzdem fordern die Demokraten im US-Kongress jetzt Anhörungen über die Erdbebensicherheit der AKWs: „Die Atomindustrie hat die Bedeutung der Ereignisse in Japan heruntergespielt." Nicht nur heruntergespielt sondern die Wirklichkeit und Tatsachen unterdrückt, die Bevölkerung im Unklaren gelassen, welche Gefahren von den Atommeilern ausgehen. Andere fordern sogar eine Wende in der Energiepolitik.

Alle US-Atomreaktoren bekommen ein **„SQ"-Zertifikat** ausgestellt, ein **„Seismic Qualification".** Kritiker behaupten jedoch, dass dabei oft geschummelt werde. „Die einfachste Weise, ein SQ zu bekommen, ist zu lügen", schreibt der investigative Reporter Greg Palast.

Etliche US-Reaktoren stehen auf oder an seismischen Verwerfungen, nicht nur San Onofre in Kalifornien. Weiter nördlich an der Küste Kaliforniens befindet sich zum Beispiel das in den siebziger Jahren erbaute AKW El Diablo Canyon – fünf Kilometer von einer Spalte entfernt, die erst 1927 ein Beben der Stärke 7.1 verursacht hatte.

184

Und so bleibt den Amerikanern zunächst nur, sich an die müden Ratschläge der Behörden zu klammern. Die „Los Angeles Times" erinnerte die Bewohner der Millionenstadt daran, wenigstens eine **„Erdbeben-Ausrüstung"** im Schrank zu haben: **„Wasser, Lebensmittel, Bargeld."**

Wenn die Erdkruste knistert, hilft kein Bargeld, nur starke Nerven.

In Japan ist eingetreten, was Wissenschaftler schon lange befürchteten. Ein Jahrhunderterdbeben hat die Küste von Honshu heimgesucht und ein nachfolgender Tsunami sehr starke Verwüstungen und zahlreiche Tote hinterlassen. Tausende werden vermisst.

Tausende von Nachbeben zerren an den Nerven der japanischen Bevölkerung. Die ruckartigen Ausgleichsbewegungen der Erde entstehen nach dem Prinzip eines Dominoeffekts. Vermutlich werden sie Jahrzehnte andauern.

Seit Freitag wurden an der Küste von Honshu Tausende Nachbeben registriert. Fast 50 von ihnen hatten eine Magnitude von mehr als sechs, einige überstiegen sogar den Wert sieben auf der Magnitudenskala. Die mit diesen Nachbeben verbundenen Erschütterungen zerren nicht nur an den Nerven der Bevölkerung. Sie gefährden auch die Arbeiten der Rettungsmannschaften und behindern die Bemühungen, die Lage in den havarierten Kernreaktoren in den Griff zu bekommen.

Nachbeben treten nach jedem Erdbeben auf. Für ihre Entstehung gibt es im Wesentlichen zwei Ursachen. Die erste lässt sich durch einen einfachen Versuch veranschaulichen. Dazu zerknüllt man eine Zeitungsseite mit beiden Händen zu einer kleinen Kugel. Wenn man den Papierball anschließend auf den Tisch legt und einige Minuten aufmerksam beobachtet, wird man nicht nur sehen, dass sich der dichte Ball im Laufe der Zeit wieder etwas ausdehnt. Man wird dabei auch ein leises Knistern hören. Die in den Papierfasern steckende Spannung wirkt dem Zerknüllen entgegen und führt dazu, dass sich der Papierball ein wenig entspannt und dabei ausdehnt.

Nachbeben sind so etwas wie das Knistern der Erdkruste

Das geschieht nicht gleichförmig, sondern ruckartig – und bei jedem Ruck knistert es ein wenig in der zerknüllten Zeitung. Ähnlich verhält es sich mit Nachbeben. Auch sie sind ein Zeichen der Entspannung der Erdkruste nach einem schweren Beben. Wie bei der Zeitung läuft auch diese Entspannung nicht gleichförmig ab, sondern ruckartig. Nachbeben sind so etwas wie das Knistern der Erdkruste. Nachbeben können aber auch entstehen, weil der Bruch im Gestein, der das Hauptbeben verursacht, nie ganz gleichförmig und glatt abläuft. Bei dem Beben am 11. März 2011 brach oder verschob sich das Gestein im Grenzgebiet zwischen der pazifischen und der eurasischen Erdkrustenplatte auf einer Länge von mindestens 400 Kilometern. Die Bruchfläche erstreckte sich dabei etwa 60 Kilometer tief in den Erdmantel. Diese Fläche von 24.000 Quadratkilometern – das entspricht der Fläche Mecklenburg-Vorpommerns – brach aber nicht überall gleichmäßig. An manchen Stellen war das Gestein fester und kompakter als anderswo und der Bruch blieb örtlich stecken. Nach einem derart großen Beben brechen aber im Laufe der Monate auch diese Stellen, und es kommt zu Nachbeben.

Es gibt noch eine dritte Ursache dafür, dass einem schweren Erdbeben immer weitere folgen. So hat das Beben am 11.3.2011 die durch die Plattenbewegung in der Erdkruste verursachte mechanische Spannung entlang des Japan-Grabens weitgehend ausgeglichen.

Das führte aber dazu, dass das Gleichgewicht der Kräfte in den unmittelbar angrenzenden Gebieten innerhalb der Erdkruste gestört wurde. Als Folge kann die Spannung in diesen Nachbarregionen nun beträchtlich steigen. Wenn sie dabei die Bruchfestigkeit des Gesteins übersteigt, kommt es auch dort zu Erdbeben.

Man lernte den Dominoeffekt von dem schweren Beben vor Sumatra kennen.

Diesen Dominoeffekt konnten Seismologen nach dem schweren Erdbeben vor Sumatra am zweiten Weihnachtstag 2004 im westlichen Indonesien verfolgen. In den vergangenen fünf Jahren haben sich nämlich in mindestens drei Regionen der Erdkruste, die dem ursprünglichen Herdgebiet benachbart sind, solche ruckartigen Ausgleichsbewegungen ereignet – und jeweils waren Erdbeben mit Magnituden von mehr als 8 die Folge. Mit solchen Nachbeben ist in den kommenden Jahren auch in Japan zu rechnen, allerdings lässt sich ihr Auftreten nicht vorhersagen. In der Regel gilt, dass Nachbeben stets kleiner sind als das Hauptbeben. Je stärker der ursprüngliche Erdstoß war, desto mehr Nachbeben gibt es und umso länger hält ihr Auftreten an. Bei einem Beben der Magnitude 8,9 kann das Jahrzehnte dauern.

Ein Erdstoß der Stärke 8,9 hat sich nun am 11.3.2011 in Japan ereignet, die nördliche Insel Honshu erschüttert. In Tokio kamen zahlreiche Hochhäuser ins Wanken, Riesenwellen überschwemmten die Küste. Ein schweres Erdbeben der Stärke 8,9 hatte den Nordosten Japans erschüttert. Eine zehn Meter hohe Tsunami-Welle traf auf die Küste. Nach Angaben der Polizei und lokaler Behörden gibt es Dutzende Tote. Medien berichteten von Hunderten Toten. Die wirkliche Zahl lag Wochen nach dem Tsunami bei fast 30.000. Zahlreiche Menschen in weiten Gebieten im Osten des Landes wurden verletzt. Die US-Erdbebenwarte zählte mindestens 23 größere Nachbeben. Das schwerste erreichte 40 Minuten nach dem ersten Erdstoß einen Wert von 7,1 auf der Richterskala.

Zahlreiche Häuser seien eingestürzt. Mehrere Kinder sollen ins Meer gespült worden sein. Das Erdbeben ereignete sich gegen 14:45 Uhr Ortszeit (06:45 Uhr MEZ). Das japanische Meteorologieamt erklärte, das Beben sei das stärkste, das je in Japan gemessen worden sei.

Fernsehbilder zeigten eine gewaltige Flutwelle, die auf die Ostküste traf. Boote wurden gegen die Küste geschleudert und Autos ins Meer gespült. Die japanischen Behörden riefen die Menschen an der Küste auf, sich in höher gelegene Gebiete oder in ihren Häusern in die oberen Stockwerke zu begeben. Es drohten weitere Tsunamis. Auch könne es weitere starke Nachbeben geben. Für mich war es das erste Mal, dass ich die Möglichkeit hatte, Live am japanischen Fernsehen die Aufnahmen der heranrollenden Tsunamiwelle zu sehen. In CNN hatte ich die Breaking News gesehen und sofort auf das japanische Fernsehen umgeschaltet. Unglaubliche Bilder konnten direkt, vom Hubschrauber aus aufgenommen, gesehen werden. In der ersten Sekunde war mir klar, hier entwickelt sich eine der größten Katastrophen für Japan. In den ersten Stunden darf man nicht den Aussagen der Berichterstatter glauben. Zu viel Unwissenheit und bewusste Zurückhaltung der tatsächlichen Verwüstungen mit Todesopfern wurden versucht schönzureden. Die Liveübertragung zeigte dann doch die wirkliche Katastrophe in ihrem vollen Ausmaß. Die hereinbrechenden Tsunamiwellen rissen alles mit sich, was im Wege stand. Fluchtwege der Menschen wurden unterbrochen, Tiere in den Fluten mitgerissen und in Autos eingeschlossene Bürger wie Spielzeug weggespült. Diese, am Fernsehen verbrachte Nacht, hat sich tief in mein Gedächtnis eingegraben.

Das Epizentrum lag 130 Kilometer östlich der Stadt Sendai und knapp 400 Kilometer nordöstlich der Hauptstadt Tokio. In weiten Teilen des Landes wurde der Flug- und Zugverkehr eingestellt, so auch am Hauptstadtflughafen Narita. In Tokio gerieten zahlreiche Hochhäuser ins Wanken. Gebäude waren in Brand geraten, berichtete der Rundfunksender NHK. Die gesendeten Fernsehbilder zeigten das volle Ausmaß der Verwüstungen und das große Unverständnis, verbunden mit dem Leid der Menschen.

Die japanische Millionenmetropole war praktisch lahmgelegt. Der öffentliche Nahverkehr war zusammengebrochen. Die Menschen harrten meist auf den Straßen aus, weil keine Züge fuhren. Beim Einsturz eines Daches während einer Zeugnisübergabe mit 600 Teilnehmern wurden in Tokio mehrere Menschen verletzt, wie die Feuerwehr mitteilte. Eine Ölraffinerie in Chiba nördlich von Tokio ging in Flammen auf. Atomkraftwerke an der Pazifikküste in den Präfekturen Miyagi und Fukushima schalteten sich bei dem Erdbeben automatisch ab. An einem Turbinengebäude eines Atomkraftwerks im Nordosten des Landes war ein Feuer ausgebrochen. Dies sagte der Betreiber der Anlage, Tohoku Electric Power. Demnach trat aus dem Gebäude Rauch aus, die Ursache werde untersucht. Berichte über einen Austritt von Radioaktivität oder Verletzte lägen nicht vor. Das vom Brand betroffene Gebäude ist vom Reaktorgebäude getrennt. Der Yen geriet stark unter Druck. Die japanische Währung fiel gegenüber dem Dollar auf ein Tagestief von 83,29 Yen, nachdem sie zuvor bei 82,80 Yen gelegen hatte. Der Nikkei-Index schloss 1,7 Prozent schwächer auf einem Fünfmonatstief von 10.254 Punkten. Dies sind die ersten Reaktionen der Geschäftemacher. Die Verwüstungen werden heruntergespielt, Berichte geschönt und eigentlich ist ja alles nicht so schlimm, obwohl man überhaupt nicht unterrichtet ist über die echten Schäden. Genau dies war die Einstellung der Kraftwerksbetreiber. Nur sehr unklare Aussagen kamen an die Öffentlichkeit und es blieb dabei, bitte bleiben Sie in Ihren Häusern und schließen die Fenster. Hatten wir dies doch schon bei dem russischen **Super-GAU** gehört.

Ministerpräsident Naoto Kan sprach von großen Schäden, rief die Bevölkerung aber zur Ruhe auf. Die japanischen Verteidigungsstreitkräfte wurden für Rettungsarbeiten in die schwer betroffene Präfektur Miyagi geschickt. Die Vereinten Nationen bereiteten sich auf die Entsendung von 30 Einsatzteams zur Katastrophenhilfe für Japan vor.

Bundeskanzlerin Angela Merkel sagte Japan deutsche Hilfe zur Bewältigung der Katastrophe zu. In einem Telegramm an den japanischen Ministerpräsidenten **Naoto Kan** schrieb sie: „Seien Sie versichert, dass Deutschland in diesen tragischen Stunden an der Seite Japans steht und zur Hilfe bereit ist." Sie habe die Nachricht von dem Tsunami „mit Bestürzung" aufgenommen. Den Angehörigen der Toten sprach Merkel ihr „aufrichtiges Beileid" aus, den Verletzten wünschte sie baldige Genesung.

Indonesien, Russland, die Philippinen und Taiwan gaben Tsunami-Warnungen heraus. Das US-Tsunamiwarnzentrum dehnte die Warnung auf praktisch alle Küstengebiete am Pazifik aus. Dies gelte auch für Australien und Südamerika.

Der Tsunami ist nach Angaben des Roten Kreuzes die größte Sorge nach dem Erdbeben im Pazifik vor Japan. Die Welle sei höher als manche Inseln in dem Ozean.

Die Behörden auf den Philippinen haben die Evakuierung von Ortschaften an der Ostküste angeordnet. Im äußersten Osten Russlands wurden mehr als 10.000 Menschen in Sicherheit gebracht. Auf der Inselgruppe der Südkurilen sowie auf der Insel Sachalin wurden mehrere Siedlungen in Ufernähe evakuiert. Die pazifischen Inseln, Tonga eingeschlossen, erlebten einen Tag der Angst. Glücklicherweise entstand in Polynesien keine Tsunami-Welle.

Immer, wenn es zu spät- ist, beginnt das große Fragen. Auch ich muss nachfragen, denn in einer Wikileaks-Depesche wurde Einiges, Ungeheures behauptet.

Wusste Japan seit mehr als zwei Jahren, dass seine Atommeiler nicht erdbebensicher sind?

Eine Wikileaks-Depesche behauptet, dass die Internationale Atomenergiebehörde die Regierung auf die Gefährlichkeit der Reaktoren hingewiesen hat. Die Internationale Atomenergiebehörde (IAEA) hat in Japan bereits vor mehr als zwei Jahren auf mögliche Probleme bei der Erdbebensicherheit seiner Atomkraftwerke hingewiesen. Die Anlagen seien starken Beben nicht gewachsen, wird ein IAEA-Experte in einer diplomatischen US-Depesche vom Dezember 2008 zitiert.

Der namentlich nicht genante Vertreter der Internationalen Atomenergie-Organisation habe beim Treffen der G8 Nuclear Safety und Security Group (NSSG) vom 3. bis 4. Dezember 2008 in Tokio darauf hingewiesen, dass die Sicherheitsrichtlinien zum Schutz der japanischen Atomanlagen vor Erbeben in den vergangenen 35 Jahren lediglich dreimal überprüft worden seien.

In der Vergangenheit hätten Erdbeben aufgezeigt, dass in manchen Fällen das Grunddesign der Anlagen nicht geeignet sei, stärkeren Erdstößen zu widerstehen.

Japan hatte auf die Hinweise mit dem Bau eines Notfallschutzzentrums reagiert. Die Anlagen selbst waren aber nur für Erdbeben der Stärke 7 ausgelegt.

Ein Gericht hatte deshalb entschieden, den Weiterbetrieb des Reaktors zu untersagen. Die Begründung lautet, dass Anwohner im Falle eines Erdbebens möglicherweise radioaktiver Strahlung ausgesetzt werden könnten.

In einer Depesche aus dem Jahre 2006 schildert ein US-Diplomat, dass die japanische Atomaufsichtsbehörde offenbar nicht dieser Meinung war. Sie hatte die entsprechenden Gutachten geprüft. Sie „glaubt, dass der Reaktor sicher ist und alle Sicherheitsanalysen nach den Vorschriften abliefen", heißt es in der Depesche.

Im Jahr 2009 erreichte die japanische Regierung, dass das Gerichtsurteil aufgehoben wurde. Das Beben vom vergangenen Freitag, das nun zu einer atomaren Katastrophe werden könnte, hatte die Stärke 9.

Die Welt erbebt

Knapp 66 Jahre nach den Atombomben-Abwürfen auf Hiroshima und Nagasaki kämpft Japan verzweifelt gegen eine neue nukleare Katastrophe. In mehreren vom Erdbeben schwer getroffenen Kernkraftwerken spitzte sich die Lage dramatisch zu. Nach dem wahrscheinlichen Einsetzen einer Kernschmelze im Reaktor 1 des AKWs Fukushima I schien auch der Reaktor 3 der Anlage außer Kontrolle zu geraten. Techniker versuchten nach dem Ausfall der Kühlsysteme mit dem Einleiten von Meerwasser einen GAU, den größten anzunehmenden Unfall, zu verhindern. Ob die inneren Stahlbehälter den immer heißer werdenden Brennelementen standhalten, halten Experten für ungewiss.

Ministerpräsident Naoto Kan bezeichnete die Lage in Fukushima als alarmierend. Auch im Reaktor Tokai fiel eines der Kühlsysteme aus. Die Radioaktivität in der Region stieg auf das 400-fache der normalen Strahlung an. In einem Umkreis von 20 Kilometern um Fukushima mussten rund 210.000 Menschen ihre Häuser verlassen. An viele wurden vorsorglich Jod-Tabletten ausgegeben. Bei 160 Menschen stellten Ärzte bereits Verstrahlungen fest.

Für Millionen Japaner im Nordosten der Insel Honshu waren die Tage wie ein Albtraum. Am Freitag hatte eine bis zu zehn Meter hohe Welle nach einem Monsterbeben, Stärke 9 auf der Richterskala, eine Küstenlinie auf Hunderten Kilometern Länge in eine Trümmerlandschaft verwandelt. Im besonders betroffenen Gebiet etwa 300 Kilometer nördlich der Hauptstadt Tokio zerstörte der Tsunami viele Städte und Dörfer fast vollständig. Allein in der Provinz Miyagi werden mehr als 10.000 Einwohner vermisst. Wie viele Menschen der Naturkatastrophe tatsächlich zum Opfer fielen, ist noch völlig unklar. Die rund 100 000 Helfer von Armee, Feuerwehr und zivilen Rettungsorganisationen, darunter auch das deutsche THW, konnten viele Orte wegen unpassierbarer Straßen noch nicht erreichen. Nach Schätzungen der Behörden waren bei Nachttemperaturen um den Gefrierpunkt mindestens 1,4 Millionen Haushalte ohne Wasser und 2,5 Millionen Haushalte ohne Strom. Vielerorts wurden Benzin und Lebensmittel knapp.

Für viele ist es die Hölle, denn die Hölle von Sendai gibt ihre vielen Toten nicht frei.

Rauchsäulen steigen den Himmel empor, Helikopter kreisen im Tiefflug über der Schlammlawine, der gallige Hauch des Todes liegt in der Luft in der verwüsteten Desaster-Zone von Sendai im Nordosten der japanischen Hauptinsel Honshu. Tausende hat der Horror-Tsunami allein hier mit sich gerissen. Und das nächste **Mega- (Nach) Beben** ist wohl nur eine Frage der Zeit.

Ein dünner Stecken, voll mit Schlamm, ein anderes Werkzeug ist **Sato Sambunska** nicht geblieben, um im Vorgarten seines Hauses in Sendai nach Erinnerungen seiner vormaligen Existenz zu stochern. Schicksale wie seines gibt es seit Freitag zu Tausenden, der Tsunami hat alles verschlungen. Gnadenlos. Dort, wo Blumentöpfe standen, ist jetzt nichts als eine Schlammmoräne, Autoreifen, Kisten und umgeknickte Baumstämme treiben vereinzelt darin. Vom Dach hängen die Balken, am Horizont steigen die Rauchschwaden empor, ein beißender Geruch liegt über der Desaster-Zone. Das Wort Apokalypse war für die Menschen bisher nichts als ein abstrakter Begriff. Jetzt sind sie mittendrin.

„Wir wissen nicht, wie es weitergeht" – apathisch sucht der 22-jährige Arbeiter nach seinen Habseligkeiten. „Alles, was wir uns aufgebaut haben, wurde von einer Sekunde auf die andere vernichtet. Wir wissen nicht, wie es weitergehen soll." Seine Stimme zittert, als er die Reste eines Fußballs aus der braunen Masse zieht.

Doch im Vergleich zu anderen hatte Sato noch Riesenglück – seine Familie überlebte die Apokalypse weitgehend unbeschadet. „Wie viele Leichen sich derzeit unter dem Morast befinden, weiß niemand", erzählt ein erschöpfter Retter. Heerscharen von Einsatzkräften durchforsten die küstennahen Gebiete der Hafenstadt. In orangefarbenen Uniformen, weißen Helmen und mit Schutzmasken vor dem Mund waten die Helfer durch die gefluteten Reisfelder, auf denen sich mancherorts bereits ein dicker Ölfilm gebildet hat. Mit Sensorgeräten und Stangen suchen sie nach Überlebenden, seilen sich von Brücken zu den Opfern ab, doch allzu oft stoßen sie nur auf Leichen. Denn selbst tonnenschwere Fahrzeuge wurden hier wie Matchbox-Autos durch die Luft gewirbelt und von den Fluten in die Tiefe gezogen. Nun, vom Tsunami wieder freigegeben, versperren sie als bizarre Gebilde den Weg.

„Alleine in der Miyagi-Präfektur rund um Sendai gibt es 2.000 Todesopfer zu beklagen", berichtet ein Behördensprecher. 10.000 gelten noch als vermisst, die meisten von ihnen Strandbewohner. Eine halbe Million Menschen verloren von einem Augenblick zum Nächsten alles – das Dach über dem Kopf und den Lebensmut.

Beinahe unfassbar in Anbetracht der unvorstellbaren Zerstörung dieser Anblick: Nur wenige Kilometer vom Epizentrum entfernt, im Geschäftszentrum der Metropole, blieben die meisten Häuser und Wolkenkratzer von den Horror-Schüben der Stärke 9 auf der Richterskala verschont.

Strom wird immer wieder abgeschaltet.

Rund um den Bahnhof ist die Gegend mit Menschen überfüllt – Flüchtlinge, die es von der Küste hierher geschafft haben, und jene unzähligen Verletzten, die über ihr nacktes Leben hinaus nicht allzu viel retten konnten. Viele tragen Verbände auf den Köpfen, in den Händen halten sie Plastiksäcke mit blitzartig zusammengerafften Habseligkeiten. Stücke, die ihnen die Katastrophe gelassen hat und die sie an ein besseres Leben erinnern.

Immer wieder muss der Strom abgeschaltet werden. Supermärkte und Lokale sind verriegelt, nichts geht mehr. Vor den wenigen offenen Geschäften bilden sich kilometerlange Schlangen. Betagte Pensionistinnen stellen sich ebenso an wie Mütter mit Kindern oder Studenten. Disziplin ist angesagt, dann jedoch, einmal an der Reihe, wird zusammengepackt, was geht. Brot, Wasser, Toilettenpapier. „Nach dem Öl-Schock damals waren das die Dinge, die rasch knapp wurden. Das haben die Leute nicht vergessen", zeigt **Tadao Nakamura** Galgenhumor. Der 76-jährige Professor für Computerwissenschaften aus Tokio wurde von den Erschütterungen bei einer Taxifahrt überrascht. „Das Fahrzeug sprang auf und ab, obwohl der Fahrer gleich die Handbremse gezogen hatte. Die Stahlträger in den Gebäuden haben minutenlang fürchterlich geknirscht. Ich wurde zu Boden geschleudert, habe immer noch Kopfschmerzen", so der Akademiker.

„Der Tsunami rollte direkt auf uns zu."

Der Schock ihres Lebens steht auch der Neuseeländerin **Kayla** und ihrem Partner **Finnbarr** ins Gesicht geschrieben. Die Pferdezüchter waren gerade in ihrem Stall in Shinochi, als der Tsunami direkt auf sie zurollte. Das Paar: „Wir konnten die Flut von der Küste her sehen. Der Lärm war ohrenbetäubend. Sekunden später stand alles unter Wasser. Wir sind so froh, dass wir auch unseren Hund retten konnten."

Jetzt wollen die beiden nur so schnell wie möglich weg von hier, wie Tausende andere auch. Ob ihnen die Flucht gelingt, werden die nächsten Stunden und Tage zeigen. Denn in der Präfektur wird die Wahrscheinlichkeit eines vernichtenden Nachbebens mit „mehr als 70 Prozent" bewertet …

Die größte Sorge aber gilt den Atomreaktoren. Am Sonnabend hatte es im Kernkraftwerk Fukushima eine gewaltige Explosion gegeben, nachdem Meerwasser in den überhitzten Reaktor 1 eingeleitet worden war. Die äußere Hülle des Reaktors wurde abgesprengt, eine unbekannte Menge an Radioaktivität freigesetzt. Mit einer ähnlichen Detonation müsse man auch im Reaktor 3 rechnen, sagte ein Regierungssprecher. Noch sei es aber nicht zu einem Durchschmelzen der stählernen Sicherheitsbehälter gekommen. In einem solchen Fall befürchten Experten ein unvorstellbares Desaster. Ein Strahlenbiologe aus München sagte: **„Ich gehe davon aus, dass es schlimmer wird als in Tschernobyl 1986."** Japan sei viel dichter besiedelt als die Ukraine und Weißrussland. Greenpeace-Experten wiesen darauf hin, dass der Reaktor 3 in Fukushima mit Mischoxid-Brennelementen betrieben werde, die auch das hochgiftige Plutonium enthielten. Für Deutschland allerdings besteht nach übereinstimmenden Angaben auch im Falle eines **GAUs** keine Gefahr. Die Entfernung sei einfach zu groß, hieß es.

In der Bundesrepublik entbrannte unter dem Eindruck der Katastrophe von Neuem die Diskussion um die Nutzung der Kernenergie. Bundeskanzlerin **Angela Merkel** (CDU) sagte, die deutsche Politik dürfe **„nicht einfach zur Tagesordnung übergehen"**. Alle deutschen Reaktoren müssten jetzt auf ihre Sicherheit noch einmal streng überprüft werden. Der Umweltminister sprach von einer **„Zäsur"**. Es stelle sich die Frage der **Beherrschbarkeit der Atomtechnik.**

SPD, Grüne und Linke verlangten eine Kehrtwende der Regierung und einen schnellen Atomausstieg. Die Entscheidung zur AKW-Laufzeitverlängerung sei falsch gewesen. Der SPD-Chef forderte, die nicht gegen Flugzeugabstürze geschützten Reaktoren in Brunsbüttel, Biblis oder Neckarwestheim müssten sofort vom Netz genommen werden. Die Landtagswahlen in Baden-Württemberg und Rheinland-Pfalz würden zur Abstimmung über den Atomkurs. Die deutsche Kernenergiebranche warnte dagegen vor **„übereilten Schlussfolgerungen"**. „Jeder deutsche Reaktor ist auf jeden Fall besser ausgerüstet als der in Fukushima", sagte der Präsident des Atomforums. Naturkatastrophen wie in Japan seien in Deutschland **„nicht vorstellbar"**.

Doch ohne Wasser droht in Fukushima die Kernschmelze. Weil die Retter Unmengen davon in die Reaktoren pumpen, staut sich die radioaktive Brühe. In einem Akt der Verzweiflung werden nun Tausende Tonnen in den Ozean gepumpt.

Wasser, immer wieder geht es in Fukushima ums Wasser. Erst wurde das Nass dringend herbeigesehnt, um das Horrorszenario einer Kernschmelze im AKW Fukushima 1 zu verhindern. Doch was einst die Rettung bringen sollte, entwickelt sich nun zu einem der größten Probleme für den Betreiber Tepco. Denn die enormen Wassermengen, die Tepco-Arbeiter von oben in die Reaktorblöcke hineinschütten, kommen dort mit radioaktivem Material in Kontakt. So verwandeln sie sich in eine teilweise hoch radioaktive Brühe, die eigentlich kontrolliert abgepumpt und entsorgt werden müsste. Eigentlich. Inzwischen sind die Wassermengen zu groß, das Volumen der zur Verfügung stehenden Auffangbecken zu klein.

Hinzu kommt: Ausgerechnet dort, wo sich das Wasser am meisten sammelt, in den Turbinenhallen, verhindert es die Wiederinbetriebnahme der Kühlsysteme. Nur wenn diese funktionieren, kann es gelingen, die erhitzten Brennelemente zu stabilisieren.

Jetzt hat Tepco keine andere Wahl mehr. Nicht nur, dass Wasser durch Risse und Lecks in Wänden und Schächten ungehindert ins Meer fließt. Angesichts der angestauten Mengen öffnet der Konzern jetzt selbst die Schleusen. Bereits am Montagabend soll Tepco nach Angaben der japanischen Agentur Kyodo damit begonnen haben, insgesamt 11.500 Tonnen der radioaktiven Brühe kontrolliert in den Ozean abzuleiten. Nun drängen sich die ersten Fragen auf. Wie schwer ist das Wasser belastet? Und was bedeutet das möglicherweise für die Umwelt? Durch die Verschleierungstaktik werden keine Angaben über den Grad der Verstrahlung gemacht, doch das radioaktive Wasser wird ja kontrolliert in den Pazifik eingeleitet. Sollte es hier anders sein als in Tschernobyl, als aus 1.000 Kilometern entfernten Seen keine Fische mehr gegessen werden konnten?

Auf der Anlage Fukushima I gibt es inzwischen verschiedene Quellen, aus denen das Wasser sickert. Nur wissen die Arbeiter nicht, wo genau sie zu finden sind. Ein milchig-weißer Farbstoff – Tepco zufolge handelt es sich um kiloweise Badesalz – soll helfen, die Wege der Wasseradern aufzuspüren und weitere Lecks zu finden. Eines davon, ein zwanzig Zentimeter langer Riss in einem Kabelschacht des Turbinengebäudes von Reaktorblock 2, versuchen die Techniker derzeit verzweifelt zu stopfen. Bisher ohne Erfolg. Dennoch macht die jetzt anberaumte Notmaßnahme Sinn. Vor allem, weil zunächst weniger radioaktiv belastetes Wasser in den Ozean gepumpt wird. Dadurch schafft man Platz für jene Brühe, die so stark strahlt, dass man sich nicht lange in ihrer Nähe aufhalten könnte, ohne gesundheitliche Schäden zu erleiden. 1.000 Millisievert pro Stunde wurden etwa im Wasser in den Schächten unter Reaktor 2 gemessen. Wer sich sechs Stunden dieser Strahlung aussetzt, ist fast sicher dem Tod geweiht.

Die 11.500 Tonnen, die Tepco nun derzeit in den Pazifik pumpt, stammen zum einen aus Auffangbecken, zum anderen wurden sie aus den Sickergruben im Keller der Reaktorblöcke 5 und 6 gepumpt. Wie die japanische Zeitung „Sankei Shimbun" meldet, beträgt die Kontamination durch Jod 131 in dem Wasser aus dem Auffangbecken 6,3 Becquerel pro Kubikzentimeter. Im Wasser aus den Sickergruben 5 und 6 sind es demnach 16 und 20 Becquerel pro Kubikzentimeter.

Es ist kaum möglich, diese Angaben zu überprüfen. Aber ein Vergleich macht deutlich, dass die Kontamination des kontrolliert ins Meer gepumpten Wassers tatsächlich geringer sein dürfte, als jenes aus anderen Quellen auf dem AKW-Gelände: 1.200.000 Becquerel pro Kubikzentimeter betrug laut Tepco die Kontamination durch Jod 131 in dem Wasser, mit dem drei Arbeiter in Berührung gekommen waren und sich dabei Verbrennungen zugezogen hatten.

Nach Angaben des Ministeriums für Arbeit und Gesundheit beträgt der Grenzwert in Japan für Jod 131 im Trinkwasser pro Liter 300 Becquerel. Das sind 0,3 Becquerel pro Kubikzentimeter. Wer einen Liter Wasser trinkt, das mit 300 Becquerel Jod 131 kontaminiert ist, bekommt eine Strahlendosis von 0,0066 Millisievert ab. Mich verwundert die Angabe „in Japan". Leben denn hier andere Menschen als auf dem Rest der Erde. Wieso besteht nicht weltweit eine einheitliche Grenzwertskala?

Tepco erklärt, dass die Strahlung, die von den 10.000 Tonnen aus den Auffangbecken ausgehen, das 500-fache der erlaubten Höchstgrenze betragen haben soll. Das Wasser aus dem Riss unter Reaktor 2 übersteigt die Höchstgrenze dagegen um das 10.000-fache. Zumindest droht nach Einschätzung von Experten Fischen, Muscheln und anderen Bewohnern des Meeres vor der japanischen Küste zunächst kaum eine Gefahr vom radioaktiven Wasser aus Fukushima. Der Tsunami vor mehr als drei Wochen zerstörte das Ökosystem unmittelbar vor dem havarierten Atomkraftwerk, wie Fischereiökologen des Johann Heinrich von Thünen-Bundesinstituts in Hamburg erklärten. **Strömungen** verdünnen das Wasser und verteilen die radioaktiven Teilchen. Auch hat das radioaktive Jod 131 eine Halbwertszeit von acht Tagen. Nach rund 80 Tagen gilt die Menge als abgeklungen. Dass große Fischereigebiete wie das Beringmeer vor Alaska verseucht werden, sei relativ unwahrscheinlich. Allerdings betonen die Forscher, dass radioaktive Stoffe im Plankton aufgenommen und so in die Nahrungskette gelangen können. Langfristige Auswirkungen sind derzeit jedoch schwer abschätzbar.

Dass Tepco jedoch kaum eine andere Wahl hat, als radioaktiv verseuchtes Wasser ins Meer zu pumpen, hatten Experten schon befürchtet. Nun hat auch die japanische Regierung dem zugestimmt. „Es handelt sich um eine unvermeidliche Notfall-maßnahme", sagte Kabinettssekretär **Yukio Edano**. Wie die Zeitung „Sankei Shimbun" schreibt, sei das Ableiten in den Ozean durch das Atomreaktorkontrollgesetz geregelt. Es sei das erste Mal, dass Tepco gezielt radioaktives Wasser ins Meer leite.

Die Zeit auf dem havarierten AKW drängt: „Obwohl die Kontamination im Ozean schnell verdünnt wird, wird die Zahl der radioaktiven Partikel immer größer, je länger das weitergeht, und umso größer werden die Auswirkungen auf den Ozean", sagte **Edano**. Nun werden Maßnahmen ergriffen, die teilweise auch an die Ölkatastrophe der Deepwater Horizon erinnern. Tepco hat Barrieren bestellt, die normalerweise zum Auffangen von ausgetretenem Öl genutzt werden. Man hoffe, dass man so weitere Kontaminationen verhindern könne, sagte Tepco-Manager Teruaki Kobayashi.

Trotz aller Beteuerungen der Manager von Tepco weitet sich die radioaktive Belastung rund um die Atomruine von Fukushima immer mehr aus. Erstmals fanden die Behörden in der nordöstlichen Präfektur Miyagi weit außerhalb der Sperrzone deutlich überhöhte Strahlenwerte in Weidegras. Indes haben Erdbeben, Tsunami sowie die Katastrophe von Fukushima die Wirtschaft des Landes schwerer als erwartet getroffen.

Die Experten fanden rund 60 Kilometer nördlich des zerstörten Atomkraftwerks eine Belastung des Grases, die das Fünffache des erlaubten Grenzwertes überschritt. Ein Kilo der Probe war mit 1.530 Becquerel Cäsium belastet, wie Behördensprecher Inao Yamada sagte. Gesetzlich erlaubt seien in Japan für die Fütterung von Milchkühen maximal 300 Becquerel.

Der Fundort liegt deutlich außerhalb der 20-Kilometer-Sperrzone um das AKW Fukushima, die um den Unglücksort eingerichtet wurde. Diese gesperrte Zone darf nur mit staatlicher Sondergenehmigung und unter Sicherheitsauflagen betreten werden. Auch einige Orte außerhalb der Zone wurden bereits gesperrt.

Erstmals betraten Arbeiter auch den havarierten Reaktor 3. Ziel sei die Einschätzung der Schäden nach der Wasserstoff-Explosion wenige Tage nach dem Erdbeben und Tsunami am 11. März. AKW-Betreiber Tepco wurde in diesem Zusammenhang erneut wegen seiner Informationspolitik kritisiert. Die Atomaufsichtsbehörde sei erst zwei Tage später über das Betreten von Reaktor 3 unterrichtet worden. Tepco habe sich entschuldigt, hieß es. Beim Betreten von Reaktor 2 hätten die Arbeiter keine größeren Schäden an der Technik gefunden.

Erdbeben, Tsunami und die Katastrophe von Fukushima haben die Wirtschaft des Landes schwerer als erwartet getroffen. In den Monaten Januar bis März sei das auf das Jahr hochgerechnete Bruttoinlandsprodukt um 3,7 Prozent geschrumpft, teilte die Regierung auf Grundlage vorläufiger Daten mit. Damit sei die Wirtschaftsleistung im ersten Quartal wesentlich schlechter ausgefallen als erwartet. Volkswirte hatten zuvor einen Rückgang um 1,8 Prozent erwartet. Im Vergleich zum Vorquartal sank das BIP den Angaben zufolge um 0,9 Prozent.

Im April hat sich zudem die Zahl der ausländischen Touristen in Japan massiv verringert. Im Vergleich zum Vorjahresmonat sank sie auf 296.000, das entspricht einem Minus von 62,5 Prozent, teilte der japanische Tourismusverband mit. Aus Südkorea, dem wichtigsten Markt für den japanischen Tourismus, kamen 63.700 Touristen (minus 66,4

Prozent). Noch 2010 waren 8,6 Millionen Besucher aus dem Ausland nach Japan gekommen, so viele wie nie zuvor.

Die eigentliche Katastrophe war die Katastrophe nach der Katastrophe.

Es zeigten sich Rekord-Strahlungswerte, Erdbeben, Dauerregen. Die Menschen im japanischen Katastrophengebiet erleben dauernd und bis heute, neue Plagen. Doch die Hauptprobleme der Bevölkerung sehen anders aus.

Radioaktivität. Sie ist unsichtbar. Sie ist gefährlich, beschädigt das Erbgut, löst Mutationen aus und Krebs. Sie steckt in den Ruinen des Atomkraftwerks Fukushima. Gerade erst hat man hier Rekordwerte von bis zu zehn Sievert pro Stunde gemessen, an einem Austrittsrohr zwischen den Reaktoren 1 und 2. Ein Arbeiter, der sich hier eine halbe Stunde aufhält, muss mit den Symptomen einer akuten Strahlenkrankheit rechnen, die ab einer Dosis von etwa einem Sievert auftritt. Wer sich noch länger in der Nähe aufhält, muss mit einer tödlichen Wirkung binnen Wochen rechnen.

Die Messung zeigt zwei Tatsachen: Kraftwerksbetreiber Tepco hat die Lage in der Reaktorruine nach wie vor **ganz und gar nicht im Griff.** Und es wird noch lange Zeit dauern, bis von einer Beherrschung des Unfalls die Rede sein kann. Immer wieder gibt es Meldungen von neuen Störungen in der Kraftwerksruine, immer wieder fällt das Kühlsystem aus, noch immer wird an einer Optimierung der Kühl-Anlage gebaut, noch immer entwickeln die Brennstäbe enorme Hitze.

Die Radioaktivität hat sich inzwischen auch in den Nahrungskreislauf eingenistet, sie steckt in Gemüse, Meeresfrüchten und Teeblättern. Auch bei ein paar Rindern wurden jetzt zu hohe Cäsiumwerte gemessen, sie hatten wohl Heu gefressen, das während des **GAUs** auf den Wiesen lag. Deshalb hat die japanische Regierung den Transport von Schlachtrindern aus der Präfektur Iwate verboten. Rund 36 000 Stück Vieh wurden aus dieser Gegend im Jahr geliefert.

Die Strahlenwerte in und um Bildungseinrichtungen in Fukushima liegen nach wie vor über internationalen Sicherheitsstandards. Wie **Greenpeace-**Messungen ergaben, seien in einem Schulgebäude bis zu 1,5 Mikrosievert pro Stunde gemessen worden, hochgerechnet auf ein Jahr überschreite die Strahlung damit den Grenzwert von einem Millisievert pro Jahr um mehr als das **13-**fache. Kinder sind durch radioaktive Strahlen besonders gefährdet, unter anderem, weil sie sich noch im Wachstum befinden.

Im Rahmen einer Pressekonferenz in Tokio appellierten Greenpeace-Mitarbeiter an die japanische Regierung, sofort zu handeln und den offiziellen Schulbeginn am 1. September zu verschieben sowie eine wirkungsvolle Dekontaminierung in die Wege zu leiten. Der von der Regierung vorgelegte Dekontaminierungsplan sei eine zu späte und nicht ausreichende Maßnahme, urteilten die Umweltschützer.

Vom 17. bis 19. August 2011 hatte ein Greenpeace-Team Strahlenmessungen an einer Mittelschule, einer Volksschule und an einem Kindergarten sowie an einigen öffentlichen Plätzen in Fukushima durchgeführt. Man zeigte sich von den Ergebnissen schockiert: „Die Messungen unserer japanischen Kollegen in einem Schulgebäude, das bereits als von den öffentlichen Behörden dekontaminiert galt, ergaben Strahlenwerte von bis zu 1,5 Mikrosievert pro Stunde. Es ist unverantwortlich, unter solchen Umständen den Schulbetrieb wieder aufzunehmen und damit die Kinder einer derart gesundheitsgefährdenden Strahlenbelastung auszusetzen."

In einem öffentlichen Park im Stadtzentrum stellte das Greenpeace-Team nach eigenen Angaben sogar eine radioaktive Strahlung von bis zu zwei Mikrosievert pro Stunde fest.

194

„Die gemessenen Strahlenwerte bewahrheiten leider unsere Befürchtungen, dass die Bewohner in Fukushima, trotz erster erfolgter Dekontaminierungsarbeiten, nach wie vor einer viel zu hohen Strahlenbelastung ausgesetzt sind", so Greenpeace.

„Es darf nicht sein, dass Eltern vor die Wahl zwischen Gesundheit und Bildung ihrer Kinder gestellt werden", empörte sich auch die japanische Greenpeace-Atomexpertin **Kazue Suzuki**. „Der längst überfällige Dekontaminierungsplan der Regierung wird leider zu spät umgesetzt und greift außerdem zu kurz. Deshalb muss der neue Premierminister den bevorstehenden Schulbeginn verschieben und die Menschen aus den Hochrisikogebieten umsiedeln."

Nach der Atomkatastrophe waren die zulässigen Höchstwerte für Kinder und Erwachsene von der japanischen Regierung auf 20 Millisievert pro Jahr erhöht worden, was in der Bevölkerung große Empörung ausgelöst hatte. Letztendlich lenkte Japan ein und setzte die Höchstwerte der zulässigen radioaktiven Belastung in Schulen nach Forderungen besorgter Eltern herab. Das Bildungsministerium erteilte allen Schulen im Land die Anweisung, dass die Belastung maximal ein Millisievert im Jahr betragen dürfe.

Erstmals nach der Katastrophe wurde indes Bewohnern aus einem Umkreis von drei Kilometern der Atomanlage erlaubt, für kurze Zeit in ihre Häuser zurückzukehren. Rund 150 Menschen in Schutzanzügen konnten für zwei Stunden in ihre Häuser in den Städten Futaba und Okuma zurückkehren, um Besitzgegenstände abzuholen. Das Gebiet könnte über Jahrzehnte hinaus unbewohnbar bleiben.

Noch schlimmer als die Radioaktivität ist im allergrößten Teil Japans **die Angst** vor der Radioaktivität. Ihretwegen ist das Flugzeug, in dem wir vier Monate nach dem Erdbeben der Stärke 9,0 in Tokio landeten, nur mit Japanern besetzt. Auf Einladung der japanischen Regierung sollte ich mir, mit einer dreiköpfigen Delegation aus Tonga, ein eigenes Bild der Sachlage verschaffen und in entsprechender Weise, möglichst positiv über die Situation in Japan berichten. Japan ist mit diplomatischen Beziehungen eng mit unserem Königreich verbunden. Japan ist der größte Entwicklungshelfer in Tonga und viele Projekte entstammen den Zeichenbrettern japanischer Architekten. Man ist sich sehr wohlgestimmt untereinander, aus diesem Grunde sollten erst keine Unstimmigkeiten über die Radioaktivität aufkommen.

Es gibt natürlich beruhigendere Ziele, als ausgerechnet jetzt nach Tokio zu fliegen. Das haben wohl auch andere gedacht. In der normalerweise ausgebuchten Boeing 777 sind rund 40 Sitzplätze frei. An Bord der Maschine: vor allem japanische Männer. Viele tragen einen dunklen Anzug zu hellem Hemd, die meisten, so scheint es, waren geschäftlich in Europa oder Asien und fliegen nun zurück in die Heimat. Unsere Gruppe ging in Singapore an Bord für den Flug nach Tokio. Schon kurz nach dem Start haben sich die meisten in ihre Decken gewickelt. Mit einem Kopfhörer auf den Ohren starren sie auf den Bildschirm vor sich. Einige haben die Lederschuhe gegen mitgebrachte Pantoffeln eingetauscht. Das Bordprogramm zeigt unter anderem „Black Swan", eine Harry-Potter-Verfilmung und „The Social Network", den neuen Film über die Online-Plattform Facebook. Abgesehen von den Motorengeräuschen ist es in der Kabine relativ ruhig, wie meist auf einem Flug nach Japan. Doch niemand hier kann sich wohl freimachen von der Frage, ob es gefährlich sein könnte, in ein paar Stunden in Tokio aus dem Flugzeug zu steigen.

45°C ist der Sitzplatz von **Itsuki Kitani**. Der 33 Jahre alte Japaner reist zurück zu seiner Familie. Er ist beunruhigt: „Das Wasser soll kontaminiert sein. Und das Kernkraftwerk ist noch immer außer Kontrolle, die Radioaktivität steigt jeden Tag an", sagt der 33-

Jährige. „Naja, und deswegen mache ich mir auch Sorgen und ich frage mich, ob ich Reis essen kann, Gemüse, Tiere, was man überhaupt essen soll."

Kitani steckt in einer dunkelblauen Jeans und einem weißen Hemd, darüber ein grauer Strickpulli. Er trägt eine schwarze Hornbrille und wirkt, wie so viele Japaner, auf eine lässige Art gepflegt gekleidet. Dreieinhalb Jahre lang hat er in England an seiner Doktorarbeit geschrieben. Die wurde endlich vor einer Woche fertig. Bereits da wollte er direkt zurück zu seiner Familie. Aber die rieten ihm ab.

„Meine Eltern sagten, ich solle wegbleiben von Japan, also habe ich noch eine Woche in Deutschland verbracht. Aber leider verschlimmert sich die ganze Angelegenheit in Fukushima ja von Tag zu Tag, und deshalb hatte ich keinen Grund mehr, jetzt nicht nach Japan zu kommen. Denn zum Guten scheint sich die Situation insgesamt ja nicht zu wenden."

Die Nachrichten vom Erdbeben und von dem gigantischen Tsunami verfolgte **Kitani** am 11. März in England. „Ich habe geweint, als ich die Bilder sah, ich habe die Gegend gut gekannt. Es war eine ländliche Region, und es war so traurig zu sehen, dass diese Tsunamiwelle alles mit sich riss und unter schwarzem Schlamm begrub", sagt der sympathisch wirkende Japaner. „Weg von zu Hause fühlte ich mich so hilflos, weil ich gar nichts tun konnte."

Ein Steward der ANA erzählt während des Fluges, dass normalerweise 30, 40 Ausländer mit nach Tokio fliegen. Doch zwischen all den Japanern bin ich der einzige Europäer, meine Begleiter sind ja Tonganer und polynesischer Herkunft. Auch die Crew bleibt nicht in Tokio. Die Flugbegleiter fliegen direkt weiter und verbringen die Nacht in einem Hotel in Osaka. Ein Anflug von Panik macht sich in mir breit. Hatte ich nicht noch am Flughafen in Singapore die Fernsehbilder gesehen, die vor „Strahlenalarm in Japan" warnten? Doch dann beruhige ich mich wieder: In Tokio wollen wir uns ausgiebig informieren und außerdem erleben, wie die Japaner mit der Katastrophe umgehen. Auch Itsuki Kitani fliegt mit einer klaren Bestimmung jetzt zurück, er will den Menschen Mut machen.

„Ich will japanischen Schülern Englisch beibringen, denn die junge Generation ist die Hoffnung des japanischen Volkes. Ich will ihnen helfen, unabhängig zu werden und einen eigenen kritischen Geist auszubilden. Mit Englisch kommen sie besser in der Welt zurecht, und sie können sich trauen, auch mal im Ausland zu studieren. Ich bin froh, dass ich diese Erfahrung machen konnte, und ich will sie auch anderen ermöglichen. Ich bin so froh, dass ich diese Erfahrung machen konnte. Das ist meine Art, Hilfe beizusteuern." Dass **Kitani** selbst ein gesundheitliches Risiko eingeht, sollte er in einigen Wochen tatsächlich in der Nähe von Fukushima zu unterrichten beginnen, diesen Einwand wischt er lachend mit der Bemerkung beiseite, Japaner würden sowieso immer 100 Jahre alt, wenn er da 30 Jahre früher stürbe, sei das doch immer noch ein langes Leben. Doch dann wird er wieder ernst und in sich gekehrt, und nach einer kurzen Pause meint er schließlich: „Es ist sehr symbolisch. 1945 wurden zwei Atombomben auf Japan abgeworfen, damals sind mehr als 100.000 Menschen gestorben. Jetzt hat der Tsunami fast 30.000 Menschen in den Tod gerissen, und wir haben schon wieder hohe Radioaktivität."

Die jetzige Situation ähnele der von damals, auch heute sehe die Zukunft nicht gut aus: „Es ist eine zweite Stunde Null für Japan. Und jetzt müssen wir uns wieder zusammenschließen und die Katastrophe gemeinsam überstehen. Aber es ist auch eine Chance für einen Neuanfang. Genauso wie nach dem Krieg, als man das Land ganz neu aufgebaut hat. Ich glaube, dass die Japaner die Kraft haben, das zu tun. Und ich will auch meinen Beitrag dazu leisten."

Während des Fluges nicken wir zwischendurch ein, dann blättern wir wieder in Zeitungen. Jede Unterhaltung endet unweigerlich bei der Sorge vor der Strahlenbelastung in

Japan. Nach 7 Stunden landet unsere Maschine schließlich pünktlich in Tokio. **Ankunft in einem Land in der Krise.**

Die Katastrophe, sie macht bis heute Schweißausbrüche, weil die Klimaanlagen in S-Bahnen und öffentlichen Gebäuden zwecks Stromsparens auf halbe Kraft gedrosselt wurden. Sie treibt die Japaner zur Verzweiflung, selbst in den Orten, die so weit vom zerstörten AKW entfernt sind wie München von Berlin: In der alten Kaiserstadt Kyoto etwa bleiben die für die Wirtschaft so wichtigen Besucher aus. „Hier gibt es keine Strahlung", sagt eine Stadtteil-Bürgermeisterin beinahe weinend, die wir im Rathaus treffen. „Schreiben Sie das bitte, wir brauchen die Touristen." Das mitgebrachte Dosimeter bestätigt die Aussage – wie es auch in Tokio still bleibt. Und in der Stadt Fukushima, wo die Hintergrundstrahlung niedriger ist als in München ist.

In der Großstadt, die durch den 70 Kilometer entfernten Reaktor weltweit bekannt wurde, geht das Leben seinen gewohnten Gang. Nur die hellhäutigen Besucher werden etwas staunend betrachtet. In der Millionenstadt Sendai fallen vor allem die blauen Planen auf, die so manches der traditionellen Häuser bedecken. Roberto, ein schon ewig hier lebender Italiener, gibt zu, dass ihm das havarierte Kraftwerk Sorgen bereitet. Bleich wird er, wenn er von seinen Erlebnissen am Tag des Erdbebens erzählt, vom 11. März. Die Monsterwelle stoppte erst 50 Meter vor dem Haus, das seiner japanischen Frau gehört. Seitdem, witzelt er bemüht, habe man freien Blick aufs Meer.

Der Scherz, für den er sich sofort entschuldigt, zeigt die Dimension der Katastrophe. Strahlung ist hier, auf einem über 500 Kilometer langen Küstenstreifen nördlich des Kraftwerks, kaum zu messen, wie uns eine zweitägige Jeep-Tour durch das Gebiet zeigt. Doch der Gestank, er ist überall, als habe der Ozean seinen Mageninhalt über einen bis zu acht Kilometer tiefen Landstreifen erbrochen. Was der bis zu 15 Meter hohen Welle im Wege stand, wurde zerstört, zermahlen, zerrissen, zerdrückt. Dreistöckige Häuser liegen hilflos auf dem Bauch, strecken Abwasserrohre wie Arme zur Seite. Doch es ist beeindruckend zu sehen, wie schnell das Aufräumen vorangeht. Fast alle Straßen sind vom Schlamm befreit, Strommasten stehen wieder, man versucht nun, auch die Wasserversorgung wieder zu stabilisieren. Die Reste der Zivilisation haben die Bagger auf riesige Berge geschichtet.

Shizuka Katakura, die wir in einem am stärksten betroffenen Orte treffen, berichtet von ihren Erlebnissen. Erst vier Tage nach dem Tsunami hatte sie wieder Kontakt zu ihrem Mann, der sich auf das Dach der Bierfabrik retten konnte, in der er arbeitet. Sie hatte Glück – keiner ihrer Verwandten ist unter den über **15.000 Todesopfern.** Fast **8.000 Menschen** werden noch **vermisst.** Ihr Hauptproblem ist die Unsicherheit: Seit der Katastrophe fühlt sie sich von der Regierung im Stich gelassen, Freunde im Ausland waren stets besser informiert. Es wird stets nur zugegeben, was nicht mehr zu bestreiten ist. Das betrifft auch die Lebensmittel-Sicherheit: Die Kontrollen, das Bestätigen auch ausländische Experten, sind lückenhaft.

Shizuka hat Angst, wie sie ihre beiden Kinder ernähren kann. Und sie ist unsicher, was ihre Zukunft betrifft: Ihre Kunden sind zum großen Teil fortgespült, die Fabrik, in der ihr Mann arbeitet, hat die Produktion eingestellt. Die Regierung hatte das Arbeitslosengeld zunächst auf drei Monate verlängert – doch in naher Zukunft stehen nicht nur die Bewohner der über 100.000 zerstörten Gebäude vor großen Problemen. 120.000 zusätzliche Arbeitslose werden erwartet – und darin sind durch den ausbleibenden Tourismus in ganz Japan gefährdete Jobs noch gar nicht eingerechnet. Die Besitzer der zerstörten Häuser haben meist keine Gebäudeversicherung abgeschlossen, müssen die Evakuierungszentren aber in diesen Tagen verlassen. Und wie soll man die Existenz eines der fast 8.000 Vermissten beweisen, wenn alle Papiere fortgeschwemmt sind?

197

Im Gespräch sagen viele Japaner, dass sie ihren Glauben an den Staat verloren haben. Zu dilettantisch, zu geheimnistuerisch begegnet er der nationalen Katastrophe. Doch viele Japaner bleiben dennoch still, denn sie kämpfen mit so existenziellen Problemen, dass Politik seltsam abstrakt erscheint. Am Wochenende protestierten deshalb gerade einmal 17.00 Menschen in Fukushima gegen Atomkraft. In der Millionenstadt Tokio kamen im Mai 15.000 Menschen zu solchen Demos zusammen.

Was vielen Japanern von ihrer Vergangenheit bleibt, ist Schutt, Müll und die Gewissheit, nie mehr nach Hause zurückzudürfen. Wer die Katastrophe überlebt hat, kämpft um Hilfe, Würde und Normalität. So lässt sich leicht vorstellen, dass in der Megacity Tokio die Angst vor der Strahlung umgeht.

Viele Tage konnten wir TV-Aufnahmen sehen, die Japaner, die ruhig und gefasst auf die apokalyptisch anmutenden Katastrophen in ihrem Land reagierten. Doch jetzt ist auch den vielen Millionen Menschen in Tokio die Angst anzumerken: Denn während sie das Erdbeben vergleichsweise glimpflich überstanden haben und vom Tsunami verschont blieben, fürchten sie nun, dass Radioaktivität aus dem 250 Kilometer nördlich gelegenen, schwer beschädigten Atomkraftwerk in Fukushima die Hauptstadt erreichen könnte. Laut Experten wäre eine Evakuierung der Megacity **„völlig unmöglich"**.

Tokio ist in den letzten Tagen bereits eine andere Stadt geworden. Die sonst geschäftige Metropole, in deren Großraum rund 35 Millionen Menschen leben, ist ungewöhnlich ruhig. Die Einwohner kleben an ihren Fernsehgeräten, und wer doch in die Innenstadt geht, kann auf Großbildleinwänden die Nachrichten verfolgen.
Nachdem jeden Tag neue Schreckensmeldungen kommen, kann sich niemand mehr in Sicherheit wähnen. Es wurden bereits erhöhte Strahlenwerte gemessen. Die Belastung sei um das 22-fache höher als üblich, berichtete der Fernsehsender NHK. Was nun passieren wird, ist nicht abzuschätzen. Vieles hängt davon ab, ob der Wind eine stark radioaktive Wolke vom AKW Fukushima bis nach Tokio trägt. Laut den Behörden könne diesbezüglich jedoch keine genaue Vorhersage für die kommenden zwei bis drei Tage abgegeben werden.
Die Tokioter wappnen sich seit Tagen für den Ernstfall, kaufen Wasser, haltbare Lebensmittel und Atemschutzmasken. In den Kaufhäusern sind die Überlebensausrüstungen längst ausverkauft. Mit Hamsterkäufen stellen sich die Hauptstadtbewohner darauf ein, längere Zeit in ihren Häusern bleiben zu müssen. „Ich decke mich mit Getränken, Reis, Snacks und Fleisch ein", erklärt uns **Mariko Kawase**. Die Nachrichten verfolge sie aufmerksam, sagt die 34-jährige Hausfrau, während sie zwischen fast leeren Regalen in einem Supermarkt Waren in ihren Korb füllt.
Inzwischen sind die bei Touristen besonders beliebten Plätze gespenstisch leer, wie 1995, nach dem Giftgas-Anschlag auf die Tokioter U-Bahn. Großer Andrang herrscht dagegen an den Ticketschaltern der Bahn. So wie es bereits viele Ausländer getan haben, versuchen zahlreiche Tokioter, aus der Stadt zu gelangen, in Richtung Süden zu fahren, möglichst weit weg. Am Bahnhof Shinagawa, von wo aus die Züge Richtung Süden wegfahren, warten Menschen dicht gedrängt auf den Bahnsteigen. An Kinder und Koffer geklammert, hoffen sie, der Megacity entfliehen zu können.
Kumiko Yoshida dagegen will bleiben, obwohl die Besitzerin eines Schönheitssalons derzeit kaum Kundinnen hat. Die 54-Jährige denkt nun auch an die Opfer des Bebens

und des Tsunamis im Nordosten Japans. „Mir kommen die Tränen, ich will ihnen helfen", sagt sie. Beim Thema Radioaktivität fühlt sich **Yoshida** an die US-Atombombenabwürfe auf Hiroshima und Nagasaki am Ende des Zweiten Weltkriegs erinnert: **„Japan hat Atombomben erlebt, daher sind wir sensibel beim Thema Strahlung. Ich mache mir Sorgen um Japans Zukunft."**

Im Großraum Tokio leben auf ungefähr 13.000 Quadratkilometern rund 35 Millionen Menschen, das sind etwa viermal so viele wie in Österreich und ein Viertel aller Menschen in Japan. Die Megacity umfasst neben dem Kernbereich Tokio mit rund neun Millionen Einwohnern die Millionenstädte Yokohama, Kawasaki, Chiba, Saitama und die Region Tama, in der vier Millionen Menschen leben, sowie mehrere weitere Städte mit Hunderttausenden Einwohnern. Allein die Tokioter U-Bahn transportiert **acht Millionen Menschen – täglich.**

Eine Evakuierung von Tokio zum Schutz vor einer radioaktiven Verstrahlung ist nach Einschätzung eines deutschen Experten „völlig unmöglich": „In so kurzer Zeit so viele Menschen aus Tokio rauszuholen, ist undenkbar. Eine Evakuierung von solcher Dimension hat es nie zuvor irgendwo auf der Welt gegeben. Eine Metropole wie Tokio zu räumen, überfordert auch ein gut vorbereitetes Land. Denn man muss die Leute ja nicht nur rausbringen, man muss sie auch unterbringen, ihre elementarsten Bedürfnisse wie Wasser, Sanitäranlagen oder Unterkunft decken. Das ist mehr als eine Herkulesaufgabe, das ist in so kurzen Fristen einfach nicht zu schaffen", so der Experte.

„Wir haben es mit drei Katastrophen gleichzeitig zu tun, dem Erdbeben, dem Tsunami und dem Atomunglück. Das Land ist ohnehin total gestresst. Wenn die Wolke tatsächlich über Tokio runterkommen sollte, dann fällt einem nichts mehr ein, man möchte es nicht zu Ende denken. Japan kann Tokio nur in eine strahlungsfreie Zone evakuieren, das heißt, es bleibt nur der Süden: Aber wo sollen dort Millionen Menschen aufgenommen werden?" Vor allem die Kranken könnten nicht in Sicherheit gebracht werden. „Man bräuchte viele Feldhospitäler und das entsprechende Personal, einfach undenkbar."

Die Wetterprognosen seien weiter sehr wichtig für das Geschehen in der Stadt. Die Gefahr steige, wenn der Wind die radioaktiven Teilchen nicht aufs Meer, sondern in Richtung Tokio wehe. Sollte es zu ersten Verstrahlungen kommen, müsse jeder einzelne Betroffene dekontaminiert werden. Schon das ist eine logistische Herausforderung und würde eine Evakuierung zusätzlich erschweren." Würden die Behörden die ersten Menschen wegbringen oder ausfliegen, wäre laut dem Experten zudem eine Massen-panik zu befürchten.

„Die Regierung steht vor einer extrem schwierigen Abwägung."

Am zweiten Tag unseres Besuches in Tokio besuchten wir sehr früh am Morgen Tsukiji, es ist der größte Fischmarkt der Welt. Doch die aktuelle Krise rund um Fukushima macht auch hier nicht Halt. Es kommen viel weniger Kunden.

Morgens um sechs auf dem Tokioter Fischmarkt Tsukiji. Es ist bereits hell, die Sonne scheint, aber noch ist es kühl, meine Begleiter frieren. Zwischen den überdachten Hallen herrscht reger Verkehr. Auf kleinen Gefährten sausen die Händler von einer Halle in die andere, hinten auf der Ladefläche Styroporkisten mit Fisch und Muscheln. Eine Besonderheit hier sind die ganzen Thunfische. Jeden Morgen um halb fünf werden sie versteigert. Ein besonders fetter Thunfisch kann schon mal mehrere Tausend Euro erzielen, die Tiere werden dann, noch tief gefroren, an einer Bandkreissäge in mehrere Stücke zerteilt. Kurz darauf liegen sie in der Auslage. Viele Sushi-Meister in Tokio kommen morgens noch immer höchstpersönlich auf den Tsukiji, um sich eigens von der Qualität des Fisches zu überzeugen.

Doch die aktuelle Krise rund um Fukushima macht auch vor dem größten Fischmarkt der Welt nicht halt. Seit den Problemen im Atomkraftwerk kommen viel weniger Kunden. Und die, die weiterhin Fisch kaufen, wollen genau wissen, woher die Tiere stammen.

Fischmarkt Tsukiji in Tokio

Susumu Tachioka arbeitet schon seit mehr als 50 Jahren als Fischhändler auf dem Tsukiji. 1958 hat er den Stand von seinem Vater übernommen. Nun steht er vor den weißen Styroporkisten, die auf dem Boden gestapelt sind, und deutet auf die verschiedenen Arten. Der da kommt aus Nagasaki, das liegt im Süden Japans, der aus Kyushu, und der da aus Aomori, erklärt er.

„In Tokio ist die Radioaktivität ja noch nicht so hoch, noch ist alles gut in Tokio. Aber es macht einem viel Angst. Wenn man mit Fisch Geld verdient, muss man an die Zukunft denken."

Jeden Morgen um halb vier klingelt **Tachiokas** Wecker, so erklärt er uns. Eine Stunde später ersteigert der 75-Jährige dann auf dem Tsukiji den Fisch, den er im Laufe der nächsten Stunden verkaufen will. Um sich gegen die Kälte zu schützen, trägt er eine dunkelblaue Fleecejacke und auf dem Kopf eine blaue Mütze. Die Arbeit hier auf dem Fischmarkt scheint ihn geprägt zu haben, er redet gerne und man merkt, dass ihm der Schalk im Nacken sitzt. Immer wieder lässt er während unseres Gesprächs einen Witz fallen, über den lacht er selbst dann am lautesten. Dass er 75 Jahre alt ist, sieht man ihm nicht an, er wirkt kräftig und kerngesund. Doch die aktuelle Krise im Atomkraftwerk, die beunruhigt ihn sehr.

„Ich habe Angst, und ich mache mir Sorgen. Die Strahlung ist gefährlich, und jetzt ist ja auch schon das Meerwasser kontaminiert. Man weiß nicht, wie es weitergeht, das Gemüse ist bereits belastet und wer weiß, wie sich die Sache im nächsten Jahr entwickelt."

Tachioka sorgt sich nicht nur um seine Gesundheit. Ihm geht es auch ums Geschäft. Noch hat er keine finanziellen Einbußen, weil seine Kunden derzeit Fisch aus anderen Regionen kaufen. Aber sollte stark kontaminierter Fisch gefunden werden, dann würden vielleicht auch die Japaner, die derzeit noch unbesorgt weiter Fisch essen, ängstlich und vorsichtig werden. Und dann käme Japans gesamte Fischereiindustrie in eine massive Krise. Japaner essen so ziemlich alles, was aus den Gewässern vor ihren Küsten stammt: Fisch, Muscheln, Algen, Seetang. Schon jetzt sind auf dem Tsukiji die Folgen des Erdbebens zu spüren, denn ein Drittel des japanischen Fisches kam aus der Region, die vom Tsunami verwüstet wurde. Die Kleinstadt Sanriku war als japanisches Zentrum der Fischerei bekannt, doch sowohl der Ort als auch die Zuchtbestände sind komplett zerstört.

„Die Muscheln aus der Präfektur Miyagi waren gerade in dieser Jahreszeit immer eine Besonderheit hier in Japan, aber jetzt gibt es keine einzige hier auf dem Markt. Und Sanriku war für seinen fetten Fisch bekannt, der sich besonders gut für Sushi eignet. Der schmeckt besser, aber die Kunden wissen, dass es nun keinen Fisch mehr von da oben gibt, es fragt auch niemand mehr danach."

Unterkriegen lässt sich **Tachioka** von der aktuellen Situation aber nicht.

„Nihonjin tsuyoi, strong, strong, ganbaru."

Nihinjin tsuyoi: Japaner sind stark, sagt er und **ganbaru:** Strengen wir uns an. **Tachikoa** ist stolz auf Japan, das ist ihm anzumerken, und er glaubt fest daran, dass das Land die aktuelle Krise verkraften wird. Wie zur Bestätigung seinen Stolzes reicht er uns eine Platte mit dem herrlichsten Sushi. Natürlich sei die Gefahr der Radioaktivität schlimm. Aber er vertraue darauf, dass die Regierung das in den Griff bekommen wird. Auch nach dem Erdbeben in Kobe habe man sich schnell wieder erholt, dort sei es heute wieder ganz normal. **Nihonjin tsuyoi** wiederholt er dann noch einmal: **Japaner sind stark.** Und fast hat man den Eindruck, als müsse er sich selbst das ein bisschen einreden. Mit vielen und tiefen Verbeugungen verabschieden wir uns von ihm.

Unser nächster Tag brachte uns, unter Umgehung der Schutzzone um Fukushima, weiter ins nordöstliche Katastrophengebiet. Was wir sahen, ist schwerlich wiederzugeben. Ich fühlte mit den Menschen, besonders deren Verhalten verwunderte mich und gab mir sehr viel zu denken.

Denn auch Wochen nach der Erdbebenkatastrophe in Japan leben die Menschen nordöstlich von Tokyo noch immer in Notunterkünften und warten auf Lebensmittel, Wasser und Strom.

Die Situation vor Ort hat sich bisher kaum gebessert, unter den Trümmern werden noch Tausende Tote vermutet. Wochen, eine lange Zeit für ein Land, das als drittgrößte Wirtschaftsnation in der Welt technisch vorne weg schreitet.

Warum passiert so wenig im zerstörten Krisengebiet, fragten wir uns? Die Antwort war so simpel wie schrecklich. Weil die japanische Regierung mit der Atomreaktor-Katastrophe in Fukushima alle Hände voll zu tun hat. Diese Aufgabe bindet einen Großteil der ihr zur Verfügung stehenden Mittel. Zum Beispiel die japanische Armee, die sogenannten „Selbstverteidigungsstreitkräfte."

Die Evakuierungszone muss geräumt und überwacht, Menschen mussten aus dem direkten Radius der AKWs an weniger gefährliche Orte gebracht werden. Damit sind Hilfskräfte unabkömmlich, die bei einer „reinen" Naturkatastrophe längst die Autobahnen räumen und den Weg in die vom Tsunami verschütteten Dörfer hätten freimachen können. Doch waren wir verwundert über die gegenseitige Gemeinschaftshilfe der Japaner untereinander. Hier in den ländlichen Küstengebieten hilft jeder jedem, so anders, als was wir in Tokio gesehen hatten.

Doch die unzureichende Hilfe im Erdbebengebiet ist nicht einfach mit fehlenden Hilfskräften zu erklären. Denn japanische und ausländische Freiwillige haben sich reichlich gemeldet. Es fehlt schlicht an der nötigen flexiblen Koordination. Ein Problem, das in Japan bekannt ist. Japan ist eine Kultur, die großen Wert auf Hierarchie legt. Probleme in einem japanischen Wirtschaftsunternehmen zum Beispiel werden zunächst ausführlich auf allen Abteilungs-Ebenen besprochen und mögliche Lösungen vom nächsthöheren Vorgesetzten bestätigt, der sich wiederum das OK von seinem Vorgesetzten einholt und so weiter. Das Ergebnis dieses sogenannten „Bottom to top"-

Management-Stils ist eine Entscheidung, die von allen Beteiligten mitgetragen wird. Im Gegensatz zum „Top down"-Managementstil westlicher Unternehmen, bei dem der Vorgesetzte bestimmt und alle anderen diese Entscheidung akzeptieren müssen. Japan ist nämlich auch eine Kultur, die sehr viel Wert auf Konsens legt.

Diese „Von unten nach oben"-Lösung nimmt jedoch sehr viel Zeit in Anspruch, japanischen Geschäftspartnern wird deshalb hierzulande häufig mangelnde Flexibilität unterstellt. Die japanische Regierung fällt ihre Entscheidungen ebenso, auch hier ist Konsens entscheidend. Als Konsequenz müssen die vom Tsunami betroffenen Japaner nun wieder einmal erleben, dass rasche und flexible Hilfe des Staates nicht zu seinen Stärken zählt. Die Weitergabe von Information übrigens auch nicht. Denn wer wieweit informiert wird, resultiert letztendlich auch aus einer Konsensentscheidung.
Mittlerweile macht sich Unmut breit, nicht nur im zerstörten Nordosten, sondern auch in der Hauptstadt Tokyo. Anfangs hatten die Menschen noch Verständnis für die unklare Informationslage, sie wussten, dass weder Regierung noch AKW-Betreiber Tepco auf die Schnelle genaue Informationen preisgeben konnten, aber alles Nötige taten, um den **GAU** noch verhindern zu können.

Dieses Verständnis schwindet mit jeder neuen Messung von Radioaktivität, mit jeder neuen Beschwichtigung der Regierung, dass keine gesundheitliche Gefahr für die Bevölkerung bestehe. Und das macht den Menschen Angst. Sie zeigen es vielleicht nicht so in die Kamera, wie wir das aus anderen Krisenregionen der Welt gewöhnt sind, denn Japaner wollen auch noch in der größten Not ihr Gesicht wahren. Deshalb sehen wir lächelnde Menschen, die vor den Trümmern ihrer Häuser stehen.

Aber die Angst ist da. Wasser in Flaschen ist mittlerweile auch in Tokyo ausverkauft, vor den Tankstellen haben sich lange Warteschlangen gebildet. Jeder möchte, so gut es eben geht, vorsorgen für die Katastrophe, die in Form einer radioaktiven Wolke aus Fukushima herüberwehen könnte.

Was könnte man tun, sollte die Wolke kommen? Würde die Metropolregion Tokyo mit den Städten Yokohama und Kawasaki evakuiert werden können?

35 Millionen Einwohner aus den Städten herauszubringen ist logistisch schier unmöglich. Und wenn doch, was dann? Wo sollen diese Menschen leben? Fragen, die sich kaum jemand in Tokyo zurzeit stellen mag. Vielleicht tut die Regierung doch ganz gut daran, die Bevölkerung mit ihrer dünnen Informationspolitik zu beschwichtigen.
Die konkret benötigte Hilfe für das Tsunami-Gebiet muss der japanische Staat jedoch endlich mit vollem Einsatz angehen. Es kann nicht sein, dass Menschen, die sich vor Erdbeben und Tsunami retten konnten, nun in ihren Notunterkünften verhungern und verdursten, weil nach Wochen immer noch keine Straßen geräumt wurden. Konsens hin oder her.
Seit dem 11. März gibt es keinen einzigen Tag ohne schlechte Nachrichten. Nun klafft ein 20 Zentimeter langer Riss in einer Reaktorwand des Katastrophen-AKWs. Das ausfließende **hoch radioaktiv verseuchte Wasser strahlt lebensbedrohlich** und verhindert alle Versuche, das Kühlsystem des AKWs in Gang zu bringen. Die Regierung gesteht ein, dass aus der Atomruine noch monatelang radioaktive Partikel entweichen können.
Trotzdem ist die Sperrzone, auch Wochen nach dem **GAU**, nur auf 20 Kilometer rund um den Atommeiler ausgelegt. Dahinter bestehe **„keinerlei Gesundheitsgefahr"** versichert Ministerpräsident **Naoto Kan**. Trotzdem müssen auch außerhalb dieses

Radius Ernten vernichtet und Kuhmilch auf dem Ackerboden verschüttet werden. „No return for the time being" – vorerst keine Rückkehr möglich – lautet die offizielle Anweisung. Und Kabinettssekretär **Yukio Edano** fügt hinzu, „solange zumindest, bis die Regierung wieder grünes Licht gibt". Für die Menschen in dieser Sperrzone wird es nie wieder ein Zurück geben.

Viele hatten schon in der ersten Woche nach der Reaktorexplosion versucht, heimlich in ihre Häuser zu gehen, um wenigstens etwas von ihrem Hab und Gut zu retten. Doch dafür ist es jetzt zu spät. Die Bulldozer sind dabei, die ehemaligen Fischerstädte mit ihren Hallen, Fabriken, Krankenhäusern, Kindergärten, die Autos und Privathäuser zu einem riesigen Geröllhaufen zusammenzuschieben. Gouverneur **Yoshihiro Murai** rechnet mit 15 bis 18 Millionen Tonnen – das entspricht dem Hausmüll von 23 Jahren in seiner Präfektur Miyagi, nur dieser Müll ist verstrahlt.

In drei Jahren sollen die Aufräumarbeiten erledigt sein. Die Schäden an Brücken, Häfen, Kläranlagen und Schulen belaufen sich auf mehr als eine Milliarde Dollar, sagt er. Auch die Schadensersatzansprüche privater Haushalte belaufen sich bislang auf diese Summe. „Es wird noch mehr werden. Städte und Industrien können nicht wieder in bisherigem Ausmaß aufgebaut werden", schätzt **Mitsumaru Kumagai**, Chefökonom beim Forschungsinstitut Daiwa. Zum Vergleich: Bei dem großen Hanshin-Erdbeben wurde 1995 eine dicht bevölkerte Industrielandschaft getroffen, die entsprechend wiederaufgebaut wurde. Doch diesmal, sagt **Kumagai**, habe die Katastrophe viel größere Ausmaße und die Industriestruktur sei anders.

Im Klartext: Politik und Privatsektor müssen entscheiden, welche Stadtteile gerettet und welche ihrem Schicksal überlassen werden, um einen Neuanfang zu beginnen. Manche haben alles verloren, jetzt bleibt nicht mal das Grundstück, auf dem die Familie über Generationen gelebt hat.

Wie schwer sich die Suche und die Bergung nach Vermissten und Toten darstellt, lässt sich aus der Aussage ableiten:

„Wir müssen sicherstellen, dass die Polizisten geschützt sind."

Die Polizisten tragen bei ihrer Suche Strahlenmessgeräte. Sobald der Alarm schlägt, sind sie angehalten, die Sperrzone zu verlassen. Immer wieder muss die Suche daher unterbrochen werden. „Wir wollen die Leichen schnellstmöglich bergen, aber wir müssen sicherstellen, dass die Polizisten ausreichend gegen die radioaktive Strahlung geschützt sind", sagte ein Einsatzleiter.

Anfang der Woche wurde ein Toter rund fünf Kilometer vom AKW Fukushima entfernt gefunden. Das Messgerät piepte. Der Leichnam war derart verstrahlt, dass die Polizisten ihn in einen Sack wickelten und in ein leer stehendes Gebäude in der Nachbarschaft brachten, wie die Zeitung „Mainichi" berichtete. Dort soll er nun erst einmal bleiben.

Die Polizei kündigte an, man werde sich des Problems grundsätzlich annehmen. Doch auch dies wird dauern. Rund 1.000 Todesopfer konnten nach Angaben der Behörden bislang noch nicht geborgen werden.

Und Lösungen sind schwierig: Eine Dekontaminierung der Leichen hätte zur Folge, dass die Toten später kaum mehr identifiziert werden können. Eine Übergabe der Toten an die Angehörigen birgt weitere Gefahren, ebenso wie die in Japan übliche Einäscherung. Durch das Verbrennen der Leichen könnten sich die radioaktiven Partikel weiter verteilen.

„Wir finden die Leichen überall, in Autos, in Flüssen, unter Geröll oder auf den Straßen", sagte ein Polizist aus der Präfektur Fukushima. Die Behörden gehen inzwischen davon aus, dass insgesamt 19.000 Menschen durch das Erdbeben und den Tsunami ums Leben gekommen sind.

Der meterhohe Schutt, den die Riesenwelle zurückgelassen hat, erschwert die Arbeit der Helfer. Nun haben Tausende japanische und amerikanische Soldaten mit einer Suche nach Tsunami-Opfern vor der nördlichen Pazifikküste Japans begonnen. 120 Flugzeuge und Hubschrauber und 65 Schiffe waren im Einsatz. Die Zeitung „Yomiuri Shimbun" schreibt, insgesamt seien 17.000 japanische und 7.000 US-Soldaten beteiligt.

Mindestens 4.000 Menschen konnten im Katastrophengebiet außerhalb der Sperrzone bislang nicht identifiziert werden. Die Autopsien gestalten sich mehr als schwierig. Die Toten werden in provisorische Leichenschauhäuser gebracht, doch viele Identifizierungsmerkmale sind nicht mehr vorhanden. Der Tsunami hat die Kleidung zerrissen, die persönlichen Gegenstände wie Handy oder Führerschein wurden fortgespült. Manche Leichen sind öl- oder schlammbedeckt. Sie müssen erst einmal gesäubert werden, damit Merkmale wie Narben oder Muttermale ausgemacht werden können.

Teilweise werden die Menschen fernab von ihrem eigentlichen Aufenthaltsort gefunden. Manche Familien wurden gänzlich ausgelöscht. Es gibt schlicht niemanden mehr, der die Toten identifizieren könnte. Und je weiter die Zeit voranschreitet, desto schwieriger wird es.

Die 58 Jahre alte Frau aus Minamisoma suchte zwei Tage lang gemeinsam mit ihrem Mann nach dem Bruder. Sie fanden seinen völlig zerstörten Kleinlaster. Dann kam der Evakuierungsbefehl. Auf dem Weg zur Notunterkunft gingen sie und ihr Mann zum Leichenschauhaus in Soma. Dort erfuhr sie nur, dass man in ihrem Stadtteil nicht nach Opfern suchen könne.

„Ich möchte, dass sie die radioaktiven Strahlen in den Griff bekommen", sagte die 58-Jährige unserer Delegation. „Ich möchte, dass man nach meinem Bruder sucht. Nicht, dass ich glaube, er könnte überlebt haben. Aber trotzdem ..."

Jin Sato, Bürgermeister von Minamisanriku in der Präfektur Miyagi, hatte sich mit seinem Stab auf das Dach des Rathauses geflüchtet, als der Tsunami hereinbrach. Die Welle schlug über seinem Kopf zusammen, und als er wieder sehen konnte, war seine Gruppe zehn Menschen kleiner. Vermisste, Obdachlose, zerstörte Verwaltung und weggewaschene Bürgerdaten sind sein Alltag. „Was wir brauchen ist Hoffnung", sagt **Sato**. Die Hilfs- und Wiederaufbauarbeiten steuert er von einem provisorischen Container aus.

In den vom Tsunami betroffenen Regionen Miyagi, Iwate und Fukushima fehlt es immer noch nach der Katastrophe am Nötigsten. Japanische Soldaten versuchen Schritt für Schritt, die wichtigsten Straßen wiederherzustellen und Brücken zu reparieren, 20.000 US-Soldaten unterstützen sie. „J-Help", eine Gruppe von Freiwilligen, braucht vor allem mehr Helfer, die Nachschub bringen: 20-Liter-Benzinkanister, Wasserflaschen, Konserven, Schlafsäcke, Wasserkocher, Kaffee, Tee, Pulvermilch, Zelte und Reis.

In vielen zu Notunterkünften umgewandelten Dorfgemeinschaftshäusern und Sporthallen sind die hygienischen Verhältnisse nach wie vor angespannt; außerdem ist es nachts sehr kalt. Lebensnotwendige Medikamente gibt es oft gar nicht, es ist ein Wettlauf gegen die Zeit. In entlegene Gegenden kommen übermüdete Ärzte nur per Fahrrad, wenn es nicht weitergeht, schleppen sie ihre Ausrüstung zu Fuß.

Unsere Delegation ist erst nach drei Tagen Anreise in der am schwersten getroffenen Region Minamisanriku angekommen. „Es gibt nicht genug Medizin und wir werden in den kommenden Tagen sicher noch mehr Patienten bekommen", sagt ein Arzt, der im Schnitt 300 Menschen am Tag versorgt. Alte und Kinder leiden am meisten. Allein eine Viertelmillion Pflegebedürftige gibt es in der Region und erst 2.500 von ihnen haben die dringend benötigte Hilfe erhalten. Altersheime haben 300 Angestellte in die Region geschickt, zusammen mit Windeln und Gerät. Wenn möglich, werden die Hilfsbedürftigen in intakten Altersheimen untergebracht. Immerhin, ein Betreiber dieser Pflegeanstalten hat gerade zwölf Einrichtungen in der Miyagi-Präfektur wiedereröffnet.

Tsunami-Schäden in der Miyagi-Präfektur

In Tokio, so können wir sehen, haben sich vor der Zentrale des Kraftwerksbetreibers Tepco erneut Atomkraftgegner versammelt. Rund um das Konzerngebäude stehen Polizisten zum Schutz gegen Demonstranten, alle zehn Meter einer. Eine Atomkraftgegnerin wirkt angesichts der Polizeipräsenz etwas eingeschüchtert: „Ich hatte immer Bedenken wegen der vielen Atomkraftwerke, aber wir haben bisher nichts gesagt – doch wann sonst, wenn nicht jetzt?"

54 Atomkraftwerke sind auf dem erdbebenaktiven Archipel am Netz. Japan hat über 127 Millionen Einwohner. Die Ökopartei **„Greens Japan"**, die einzige Bewegung dieser Art, zählt 592 eingetragene Mitglieder. Heute demonstrieren nur etwa 300 Menschen vor der Tepco-Zentrale. Doch nun werden es täglich mehr und immer mehr gehen auf die Straße.

Nie mehr Fukushima. In Tokio haben Zehntausende an Anti-Atomkraft-Demonstrationen teilgenommen. Laut Veranstalter waren 60.000 Menschen beteiligt, so viele wie nie zuvor. Zehntausende Menschen haben in Tokio für ein Ende der Nutzung der Atomenergie in Japan demonstriert. Die Polizei gab die Zahl der Teilnehmer zunächst mit knapp über 20.000 an, die Organisatoren sprachen jedoch von 60.000 Demonstranten.

Die Teilnehmer zogen mit Plakaten durch das Zentrum von Tokio und forderten die Regierung zum Atomausstieg auf. Es war eine der größten Kundgebungen seit der Tsunami- und Atomkatastrophe am 11. März. „Keine Atomkraftwerke mehr!", „Keine Fukushimas mehr", riefen die Demonstranten, zu denen auch Bürger aus der Evakuierungszone rund um das schwerbeschädigte Kraftwerk im Nordosten des Landes zählten.

Japans neuer Ministerpräsident **Yoshihiko Noda** hatte angekündigt, ein neues Energiekonzept mit Schwerpunkt auf erneuerbaren Energien vorstellen zu wollen. Zu einem Ende der Nutzung der Atomenergie in Folge der Katastrophe in Fukushima bekannte er sich aber nicht.

Seit der Atomkatastrophe von Fukushima hat sich das Verhältnis der Japaner zur Atomkraft gewandelt. Nach Fällen von radioaktiv verseuchtem Wasser und Lebensmitteln ist die Angst vor Verstrahlung Teil des täglichen Lebens in Japan geworden.

Bis heute wird nicht strafrechtlich gegen das Tepco-Management ermittelt. Wir finden das einfach unglaublich, als wir bei einem Restaurantbesuch in Tokio hiervon erfahren. Wir hatten im Norden der Insel die gewaltigen Zerstörungen gesehen, mit Menschen deren Leid besprochen, menschlichen Trost versucht zu übermitteln und sind tief betroffen von dem Leid unserer japanischen Freunde.

Das berühmte Neon-Panorama in Tokios geschäftigem Viertel Shinjuku liegt im Halbdunkel, als wir hier einen Besuch abstatten. Regierungsgebäude und die Zentralen der Topkonzerne stimmen ein ins demonstrative Stromsparen vor dem bevorstehenden langen, heißen Sommer, der ohne Klimaanlagen kaum zu ertragen ist. Einige Krankenhäuser stellen sich auf weniger Operationen ein, um den Energieverbrauch auf einem Minimum zu halten, heißt es. Im japanischen Fernsehen laufen Energiespar-Spots der Regierung auf vollen Touren. Sogenannte „talentos", bekannte Showstars, rufen zum Stromsparen auf. Aber vieles davon ist Fassade.

Einige Bewohner in Tokio regen sich auf, denn die Lampen in den Großraumbüros brennen wie eh und je den ganzen Tag, und solange auch nur ein Kollege abends noch da ist, bleiben alle Lichter an. In vielen Stadtteilen Tokios wird der Strom nach wie vor nicht rationiert. Und wenn es nicht überwacht wird, sparen nur wenige Bürger ernsthaft Energie. So laufen auch trotz Benzinknappheit die Motoren der Autos weiter, wenn Taxifahrer im Fahrzeug schlafen oder McDonalds-Besucher vor der Filiale im Auto ihren Hamburger essen. In der Hauptstadt, wo die Erde durch das große Beben über drei Minuten wackelte, kam die kleine Keiko viel zu früh zur Welt. Mutter Emiko zittert jedes Mal bei den Nachbeben, denn die dauern auch in Tokio an und setzen die junge Mutter unter Dauerstress.

Das Schlimmste aber ist die Angst vor der Radioaktivität, die Sorge, ihr Baby könnte Strahlung abbekommen. Oma und Tante stehen jeden Morgen in der Schlange am Supermarkt und ziehen dann weiter zu den sogenannten „Kombinis", Kiosken, in denen die Chance auf Wasserflaschen besteht – denn die sind immer noch Mangelware. Immerhin bieten einige Märkte wieder Brot, Milch und frische Windeln an. Wie viele andere japanische Mütter hat Emiko Angst, aber sie bleibt wie auch die anderen Frauen bei ihrem Mann in Tokio.

Wenn sich die Lage verschlimmern sollte, haben die meisten einen Notfallplan und wollen weiter südlich unterkommen, oft bei Verwandten oder auf der Insel Kyushu. Das Wetter und eventuelle radioaktive Wolken im Blick, bemühen sich die Hauptstadt-bewohner um Normalität. Auch einige Deutsche laden demonstrativ zum „Hanami der Daheimgebliebenen", zum Kirschblütenfest, bei dem man unter Bäumen sitzt und den nahenden Frühling feiert. Die Angehörigen der deutschen Botschaft wie auch anderer Ländervertretungen werden nicht dabei sein. Sie harren, wie auch viele Angestellte deutscher Firmen, in Osaka, Kyoto oder weiter noch in Singapur oder Seoul aus.

Dass viele Ausländer **„wie Ratten das sinkende Schiff verlassen"** hätten, hörten wir häufig. Wut, Enttäuschung und der Stolz, die Stellung in Tokio und anderswo gehalten zu haben, verbindet die „Daheimgebliebenen" wie die Japaner. „Es wird Zeit brauchen, das zu kitten," meint ein Angestellter der Deutschen Handelskammer zu uns.

Beim Besuch des staatlichen Fernsehsenders „Nippon Hoso Kyokai" (NHK) bedankt sich Programmdirektor **Satoshi Kubo** für die „unermüdliche Hingabe" der Nachrich-tenredakteure in den vergangenen Wochen. Die Angestellten von NHK World haben teils mehrere Schichten am Stück durchgearbeitet und Tage im Sender verbracht. In Tonga hatte ich in der Nacht der Katastrophe live am Fernseher die heranrollenden Tsunamiwellen sehen können. Auch die erfahrensten Berichterstatter wurden sprachlos. Sie hätten in kleinen Schlafzellen übernachtet, jenen Plastik-Schlafkojen, die typisch sind für japanische „Kapselhotels".

Ein Angestellter von NHK World lobt, wie man „dem Rest der Welt den nuklearen Störfall und die Zerstörung vor Augen geführt" habe. Ausländische Medien hätten die Bilder genutzt und den „objektiven und unemotionalen Stil des Hauses gelobt". Vor allem aber sei es gelungen, die Aufgeregtheit zu dämpfen, die Japan aus dem Ausland entgegengeschlagen sei. NHK World sendet für das Ausland, im Inland kann man die Station nicht empfangen.

Die japanischen Angestellten haben die Stellung gehalten, während die meisten ausländischen freien Mitarbeiter nach der Reaktorexplosion überwiegend das Weite suchten. Ein bisschen Galgenhumor ist dabei, wenn sich die „Unverdrossenen", ich sage die nicht Wissenden, zum Biertrinken treffen. Der Stammtisch trägt den Titel **„Sievert & Becquerel", auf die Gemütlichkeit – Prost.**

Doch gerade Sievert & Becquerel sind die Werte, die über Leben und Tod in naher Zukunft entscheiden. Bei unserem Aufenthalt wurde bekannt, dass die Atomruine in Fukushima viel stärker verstrahlt ist, als bisher bekannt. Nach Höchstwerten auf dem Gelände wurde nun auch innerhalb des Kraftwerks ein neuer Rekordwert gemessen.

Wie wir vom Fernsehsender NHK erfuhren, wurden im Reaktorgebäude von Block 1 der Anlage eine Strahlung von fünf Sievert pro Stunde gemessen. Dies sei der höchste innerhalb eines Kraftwerksgebäudes ermittelte Wert seit Beginn der Reaktorkatastrophe im März.

Bereits in der zurückliegenden Zeit seit der Katastrophe, hatte Tepco Messwerte von mehr als zehn Sievert pro Stunde auf dem Gelände des havarierten Atomkraftwerks gemeldet. Diese waren jedoch außerhalb, an einem von den Reaktorgebäuden wegführenden Rohr gemessen worden. Werte dieser Größenordnung gelten als lebensgefährlich, die japanischen Behörden haben den betroffenen Bereich mittlerweile gesperrt.

Woher die extrem hohen Strahlenwerte kommen und ob möglicherweise neue Lecks an der zerstörten Anlage dafür verantwortlich sind, ist noch unklar. Tepco machte keine Angaben zur Quelle der Strahlung. **Sven Dokter**, Sprecher der Gesellschaft für Anlagen- und Reaktorsicherheit (GRS), hält es für unwahrscheinlich, dass aus einem neuen Leck Radioaktivität austritt. „Die anderen hohen Messwerte auf dem Gelände haben sich seit Tagen nicht verändert", so **Dokter**. „Das deutet darauf hin, dass Tepco einfach an dieser Stelle zum ersten Mal gemessen hat und dass es da schon seit März so gestrahlt hat." Bei einer Pressekonferenz mit internationalen Atomexperten bezeichneten diese, die extrem hohen Strahlenwerte als „schockierend, aber nicht überraschend". Der britische Berater für Atomenergie **Shaun Burnie** sagte, er sei eher überrascht darüber, dass nach den heftigen Explosionen in Fukushima noch nicht früher solche Werte gemessen worden seien.

Der in Paris lebende Energie- und Atomexperte Mycle Schneider fordert schon seit Monaten eine Ausweitung der Messungen. „Man kann nur Radioaktivität feststellen, wo und wenn man misst. Nicht nur Tepco misst nicht genug, alle Beteiligten messen nicht genug", beklagte **Schneider**. „Die Anzahl der Messstellen und Labors müsste dramatisch ausgeweitet werden." Als wir diesbezüglich nachfragten, bekamen wir als Erklärung, dass an vielen Stellen des Geländes, gerade wegen der hohen Strahlung, keine Messungen vorgenommen werden können.

Durch die unklare und nicht ausreichende Aufklärung der Bevölkerung durch die Betreiberfirma, hat sich knapp ein halbes Jahr nach der Reaktorkatastrophe von Fukushima die Regierung endlich entschlossen, Klartext zu sprechen. Die einstigen Bewohner der Gegend um das zerstörte AKW werden **nicht in ihre Häuser zurückkehren können – für sehr lange Zeit.**

Das Gebiet rund um die Atomruine Fukushima wird wohl noch auf lange Sicht unbewohnbar bleiben. „Wir können nicht ausschließen, dass es einige Gegenden geben könnte, wo es für die Bewohner für lange Zeit schwer sein dürfte, in ihre Häuser zurückzukehren", sagte Regierungssprecher **Yukio Edano**. Der unter Rücktrittsdruck stehende Regierungschef **Naoto Kan** will das nach eigenen Worten möglicherweise den Menschen in Fukushima vor Ort selbst erklären.

Die Gegend im Umkreis von 20 Kilometern um das Atomkraftwerk ist Sperrgebiet und darf nur mit staatlicher Genehmigung und Strahlenschutzkleidung betreten werden. Der

Betreiber der havarierten Atomanlage, Tepco, will die Reaktoren bis Januar unter Kontrolle bringen. Nach jüngsten Angaben des Energiekonzerns ist die aus dem Atomkraftwerk weiterhin austretende Radioaktivität in den vergangenen Wochen weiter gesunken. Zuletzt waren aber auch an einzelnen Stellen Rekordwerte gemessen worden.

Seit dem verheerenden Erdbeben der Stärke 9.0, dem anschließenden Tsunami und der Atomkatastrophe in Fukushima am 11. März, leben noch immer mehr als 85.000 Menschen in Notunterkünften oder Fertigbauten ohne jegliche Gewissheit, ob sie in ihre Häuser zurückkehren können. Eine Untersuchung der Regierung zeigte kürzlich, dass einige Gebiete in der 20-Kilometer-Sperrzone um das Atomkraftwerk eine Strahlung von mehr als 500 Millisievert pro Jahr aufwiesen. Das ist 25 Mal mehr als der jährliche Grenzwert. Dem Akw-Betreiber Tepco zufolge ist die Strahlung aus der Atomruine allerdings deutlich zurückgegangen, zudem sei eine Entgiftung des Bodens in dem Gebiet geplant.

Nach Angaben von Regierungssprecher Edano will der Staat zunächst weitere genaue Strahlenmessungen und Dekontaminierungsschritte abwarten sowie sich mit den betroffenen Gemeinden beraten, bevor eine endgültige Entscheidung über Dauer und Umfang der Sperrzone gefällt wird, wie die Nachrichtenagentur Kyodo berichtete.

Unsere Informationstour öffnete meine Augen sehr viel mehr über die, nicht nur friedliche Nutzung von Atomkraft und endete mit dem Ergebnis:

Nein danke zu sagen zur Atomkraft. Besonders auch deshalb, weil mein Zuhause nun der Südpazifik geworden ist.

Leider sind über Jahrzehnte auch große Teile des Pazifik zu einer atomaren Spielwiese der Atommächte geworden.

Während Japan derzeit gegen die drohende atomare Katastrophe ankämpft, hat **Matashichi Oishi** seinen persönlichen **Super-GAU** schon lange hinter sich. Am 1. März 1954 war der Fischer Augenzeuge der Explosion der ersten Wasserstoffbombe – gezündet von den USA auf dem **Bikini**-Atoll. Die Vereinigten Staaten, Frankreich und Großbritannien bedienten sich nach dem Zweiten Weltkrieg ungeniert des Pazifiks, um ihre Bomben zu testen. Russland wiederum versenkte nahe der japanischen Küste über Jahrzehnte hinweg massenweise seinen Atommüll im Ozean.

Als **Oishi** im März 1954 nach zwei Wochen mit seinen Kollegen in den Hafen von Okinawa einlief, hatten einige der Männer bereits die Haare verloren, Verbrennungen auf der Haut und waren ausgebleicht. Japan war nach Hiroshima und Nagasaki neuerlich Zeuge militärisch eingesetzter Atomkraft geworden. Der sogenannte Bravo-Test hatte eine tausendmal höhere Sprengkraft als die Bombe von Hiroshima.

Die Fischer litten an Durchfall, die Zahl ihrer weißen Blutkörperchen war gefährlich niedrig. Der Funker des Fischerboots starb sechs Monate später, Überlebende erkrankten an Krebs. Die USA zahlten 1955 zwei Millionen Dollar Entschädigung an Japan, womit auch die Kosten für medizinische Behandlung und Schäden für die Fischerei-Industrie abgegolten wurden. **Oishi**, der selbst seit damals mit gesundheitlichen Problemen kämpft, startete nach all diesen Erfahrungen in den 80er-Jahren eine viel beachtete Vortragsserie über Atomtests an Schulen, in Museen und bei Versammlungen in ganz Japan.

Die USA führten von 1946 bis 1958 66 Atomtests rund um die mikronesischen Marshallinseln durch, zu denen auch das Bikini-Atoll gehört. Washington hat inzwischen **offiziell eingestanden,** dass die Inselbewohner teils **bewusst der radioaktiven Strahlung ausgesetzt wurden,** um die Folgen eines Atomkrieges zu untersuchen. 1983 ließen die Vereinigten Staaten dann den inzwischen unabhängigen Marshallinseln 184 Millionen Dollar Schadensersatz zukommen. Ehemalige Bewohner des Bikinis benachbarten Rongelap-Atolls, die bei dem Test im Jahr 1954 erst 48 Stunden nach der Explosion evakuiert wurden, kämpfen jedoch immer noch um die Anerkennung ihrer Schäden. Die Atom-Flüchtlinge kehrten drei Jahre später zurück und mussten ihre verstrahlten Inseln 1985 neuerlich verlassen, nachdem sich Folgen der Atomtests gezeigt hatten:

Krebserkrankungen und Tot oder mit Missbildungen geborene Kinder.

Seit damals leben die Menschen auf dem Kwajalein-Atoll – und im Oktober 2011 läuft eine Frist aus: Entweder sie kehren auf Rongelap zurück oder die USA stellen ihre Finanzhilfe ein. 45 Millionen Dollar hat Washington in das Atoll investiert, die Strahlung ist nach ihren Angaben nunmehr niedriger als die Normalwerte in den USA und Europa. Die früheren Bewohner des Atolls kontern hingegen, nur die Hauptinsel sei gesäubert worden, nicht aber die rund 60 kleinen Inseln, von denen einige landwirtschaftlich genutzt wurden.

Frankreich nutzte polynesische Atolle von 1964 an über 30 Jahre lang für Atomtests, die zuvor bis zur Unabhängigkeit Algeriens im Jahr 1962 in der nordafrikanischen Kolonie durchgeführt worden waren. Auf den Atollen Mururoa und Fangataufa fanden **41** Explosionen in der Atmosphäre und **149** unterirdische Kernversuche statt. Erst 1996 stellte der Staat unter Präsident **Jacques Chirac** nach weltweiten Protesten die Versuche ein. Ein Jahr zuvor versenkten französische Agenten des Auslandsnachrichtendienstes sogar das Greenpeace-Forschungsschiff **„Rainbow Warrior"**, dessen Besatzung weitere Atomtests auf Mururoa verhindern wollte und in einem neuseeländischen Hafen vor Anker lag. Dabei kam ein Fotograf ums Leben, als er versuchte, seine Ausrüstung aus der Kabine zu retten. Mururoa ist längst Sperrgebiet, in Bohrschächten lagern nach wie vor große Mengen radioaktiven Abfalls. Das Magazin „New Scientist" berichtete 1998 unter Berufung auf einen Forschungsbericht der Internationalen Atomenergieorganisation, **„mehrere Kilogramm" Plutonium** lagerten im Sediment der Lagunen von Mururoa und Fangataufa. Radioaktives Tritium gelange aus Höhlen, die bei den unterirdischen Tests entstanden, ins Meereswasser.

Angesichts dieser Fakten und Zahlen war Großbritannien in seinem Umgang mit dem Pazifik vergleichsweise **„rücksichtsvoll"**: Neun Atomtests wurden auf den damaligen Christmas Islands und auf Malden Island durchgeführt, ehe das Land sich dem Verbot oberirdischer Tests anschloss und seine Versuche in Kooperation mit den USA unterirdisch im Bundesstaat Nevada durchführte.

Russland stand als pazifischer Atom-Sünder erst in den 90er-Jahren am Pranger: Damals wurde bekannt, dass mindestens drei Jahrzehnte lang radioaktiver Abfall unter anderem im Pazifischen Ozean nahe der japanischen Küste entsorgt wurde. Die Pazifikflotte Moskaus hatte laut 1993 erschienenen Medienberichten fast **7.000 Container** im Meer versenkt, große Mengen flüssiger radioaktiver Stoffe sollen direkt in den Ozean geleitet worden sein. Im Jahr 2001 wurde ein russischer Journalist wegen seiner Berichte über die Lagerung von Atommüll im Pazifik zu vier Jahren Haft verurteilt. Schuldig gesprochen wurde er von einem Militärgericht in Wladiwostok wegen Spionage und Hochverrats. Der frühere Marine-Offizier hatte 1997 Informationen an das staatliche japanische Fernsehen weitergegeben. Viele der Container befinden sich auf dem Weg des Durchrostens und eine Zeitbombe tickt unaufhörlich im Nordpazifik.

Abgesehen von radioaktiven Abfällen lagern aber auch Atom-U-Boote in den Tiefen des Ozeans. 1968 wurde nach Erkenntnissen der USA ein sowjetisches U-Boot mit Atomraketen an Bord nordwestlich von Hawaiii von einer Explosion zerrissen, dabei starben 80 Menschen. 1980 sank dann ein sowjetisches U-Boot der „Echo"-Klasse mit 100 Mann Besatzung 140 Kilometer östlich von Okinawa. Und 1983 schließlich ging ein ebenfalls sowjetisches Atom-Unterseeboot mit 90 Besatzungsmitgliedern vor der Halbinsel Kamtschatka unter. Doch nicht nur U-Boote lagern auf dem Meeresgrund Russlands, sondern ganze Atomreaktoren, deren Entsorgung für die Betreiber zu teuer ist.

Trotz der bekannten Problematik in der Kernenergie geben mehrere Nationen nicht auf, ihrer Bevölkerung Atomkraft als sicher und preiswert zu verkaufen, wohl wissend, dass sie sich zu einem Tanz auf dem Vulkan einlassen. In Südostasien gibt es kein einziges Atomkraftwerk, aber das soll sich schon bald ändern: Vietnam, Malaysia und die Philippinen haben ehrgeizige Pläne, um ihren Energiehunger zu stillen. Indonesien plant allein vier Meiler – der erste soll ausgerechnet am Fuß eines Vulkans entstehen.

Die Pläne klingen waghalsig: Seit Jahren schon will Indonesien ins Atomzeitalter vorstoßen, dabei wird das Land immer wieder von Naturkatastrophen heimgesucht. Mal bebt die Erde, mal brechen Vulkane aus, im Dezember 2004 zerstörte ein Tsunami die indonesische Provinz Aceh. Die Riesenwelle fegte durch den gesamten Indischen Ozean und riss in 14 Ländern 230.000 Menschen mit in den Tod. Aber Indonesiens Regierung will die Atomkraft, auch wenn das Land ähnlich wie Japan im heiklen tektonischen Bereich des pazifischen Feuerrings liegt. Noch ist der Inselstaat ein Entwicklungsland, aber die Wirtschaft wächst schnell und der Energieverbrauch steigt rasant. Seit Ende 2010 gibt es ein Abkommen für den Bau von zwei Atomkraftwerken auf der Hauptinsel Java: Muria 1 und Muria 2 – am Fuß des schlafenden Vulkans Mount Muria. Auch nach der Katastrophe in Japan gibt es bisher keine Reaktion der indonesischen Regierung, die auf eine Änderung der Pläne hindeutet.

Andere Staaten in der Region verfolgen ähnlich ehrgeizige Ziele. Vietnam will 2014 sein erstes Atomkraftwerk bauen. Bis 2020 soll es dort sechs Meiler geben. In Thailand, Malaysia, auf den Philippinen: Überall laufen Planspiele, wie man in den kommenden Jahren an eigene Atomkraftwerke kommen könnte.

Indonesien setzt darauf, dass schon bald der erste Atommeiler südkoreanischer Bauart ans Netz gehen kann: 2015 oder 2016 soll es so weit sein, wie Vertreter der indonesischen Atombehörde Batan auf einem Workshop der Internationalen Atomenergiebehörde IAEA in Wien im vergangenen Juni darlegten. Insgesamt sollen es vier Atomkraftwerke werden.

Das Land wolle mit Atomstrom seine Abhängigkeit von fossilen Brennstoffen und den Ausstoß klimaschädlicher Gase reduzieren, heißt es in dem 36-seitigen Batan-Papier „Nuclear Energy Development in Indonesia". Für den AKW-Bau kommen demnach drei mögliche Standorte infrage: neben Muria noch Banten in West-Java und Bangka im Süden Sumatras.

Laut der World Nuclear Association hat die Regierung insgesamt bereits acht Milliarden Dollar eingeplant, um bis 2025 vier Nuklearanlagen mit einer Leistung von insgesamt sechs Gigawatt laufen zu haben.

Indonesien betreibt bereits drei Forschungsreaktoren: Bandung Triga in West-Java, Kartini in Zentral-Java und GA Siwabessy in West-Java. Der 1987 in Betrieb genommene Forschungsreaktor GA Siwabessy ist mit 30 Megawatt die größte Anlage.

Bereits frühzeitig kam in Indonesien breiter Protest gegen die Atompolitik auf. Tausende Anwohner gingen in der Region auf die Straßen. Sie wiesen vor allem auf die Erdbebengefahr hin. Manche Umweltschützer warnten auch davor, dass durch das Bauvorhaben möglicherweise der Vulkan Mount Muria wieder ausbrechen könnte. Die Umweltschutzorganisation Greenpeace demonstrierte an der Zentrale des Energiekonzerns Medco in Jakarta.

Eine Gruppe islamischer Gelehrter verhängte 2007 eine **Fatwa**, gemeint ist eine Todesdrohung gegen den Bau der Anlagen am Muria-Berg. Die Geistlichen hatten Wissenschaftler, Leute aus der Energieindustrie und Umweltschützer befragt. Am Ende kamen sie in ihrem Rechtsgutachten zu dem Schluss, dass Atomkraft verboten ist. „Wir bezweifeln vor allen Dingen, dass der Betreiber in der Lage sein wird, die Anlage sicher zu unterhalten", zitierte die „Jakarta Post" damals einen der Gelehrten.

Selbst der damalige Vizepräsident **Jusuf Calla** begann zu grübeln. Dem „Tagesspiegel" sagte der Politiker damals: „Vielleicht sollten wir noch ein oder zwei Generationen warten, bis die Technologie sicherer ist." Doch die Grübelei führte zu keiner Änderung der Pläne. Calla ist seit 2009 nicht mehr im Amt – für das Atomkraftwerk gibt es noch kein Aus.

Innerhalb weniger Tage erzittert die Erde vor der Küste Japans zum zweiten Mal. Doch während das erste Beben noch relativ glimpflich ablief, war der Erdstoß hundertmal stärker. Das Beben erreichte eine Magnitude von 8,9 und löste eine gewaltige Flutwelle aus. Diese überspülte die Ostküste der Insel Honshu. Eine zehn Meter hohe Flutwelle traf die Küste rund um die Hafenstadt Sendai. Es handelt es sich wohl um das bislang schwerste Erdbeben in der Geschichte Japans. Möglich wäre, dass das erste Beben ein Vorläufer der jetzigen Katastrophe war, doch lässt sich das erst hinterher feststellen. Denn bisher gibt es noch keinen Weg, ein Beben genau vorherzusagen.

Die Lithosphäre, die aus der Erdkruste und die obere Schicht des Erdmantels besteht, ist in Kontinentalplatten aufgeteilt. **90 Prozent der Erdbeben ereignen sich an den Grenzen der Platten,** denn unter der Erdoberfläche brodelt es. Im Erdmantel, der bis in 2900 Kilometer Tiefe reicht, herrschen Temperaturen bis zu 3.500 Grad. Diese Wärme ist der Motor, der die Erde bewegt. Die Wärmeströme drängen dabei an die Oberfläche, vergleichbar mit Milch, die in einem Topf erwärmt wird. Die riesigen Materialströme bewegen ganze Landmassen.

Dabei bleiben Zusammenstöße nicht aus. Es entsteht Reibung, teilweise rutschen die Platten untereinander oder verhaken sich. Im mehr als 40.000 Kilometer langen „**Feuerring**", der von der süd- und nordamerikanischen Westküste über Alaska, Russland, Japan bis hin nach Südostasien reicht, treffen verschiedene Platten aufeinander. Das ist der Grund, warum hier gehäuft Vulkanausbrüche, Erdbeben und Tsunamis auftreten.

Vor der Küste Japans stoßen die Pazifische und die Eurasische Platte aufeinander. Die Pazifische Platte bewegt sich mit zwölf Zentimetern pro Jahr, das sind zwölf Meter in hundert Jahren. Dabei wird die Pazifische Platte unter die Eurasische gedrückt. Es handelt sich um eine sogenannte Subduktionszone.

Wird die Spannung zu groß, bricht das Gestein, die Oberfläche reißt auf. Die Eurasische Platte, die durch die Pazifische mit nach unten gezogen wurde, schnellt wieder nach oben. Dabei werden auch die Wassermassen über den Platten bewegt. Da das Beben relativ flach war, betraf die Erschütterung wahrscheinlich eine sehr große Region des Meeresbodens, vermuten die Experten. Der gewaltige Wasserberg rast so schnell wie ein Passagierflugzeug durch das offene Meer. An der Küste, wo der Untergrund flacher ist, türmt sich dann die riesige Welle auf.

Die aufgetürmte Wassermasse breitet sich vom Zentrum des Bebens in verschiedene Richtungen aus. Es gibt auch reflektierende Wellen, die von einer Küste zurückgeworfen werden. Daher sind auch andere Inseln im westlichen Pazifik gefährdet. Diese kann der Tsunami innerhalb von Stunden erreichen. Wassermauern von bis zu 40 Metern Höhe, Wellen mit Spitzengeschwindigkeiten von über 700 Kilometern – Tsunamis sind wohl die verheerendsten Naturkatastrophen, die die Menschheit heimsuchen können.

Schon das Geräusch ist unheilvoll. Mit ohrenbetäubendem Dröhnen rasen die Wellen eines Tsunamis über das Meer – oft mit Geschwindigkeiten von bis zu 700 Kilometern pro Stunde. Zwar verlieren sie auf dem Weg zur Küste deutlich an Tempo; ihre zerstörerische Kraft wird dadurch allerdings nicht gemindert. Im Gegenteil. Denn was die Monsterwellen an Fahrt verlieren, wandeln sie in Höhe um. Treffen die Wassermassen dann auf die Küste, entladen sich unter dem gewaltigem Druck unzählige Tonnen Wasser, strömen oft kilometerweit ins Landesinnere und reißen alles mit sich.
Das Wort „Tsunami" stammt ursprünglich aus dem Japanischen und bedeutet „große Welle im Hafen". Wenn Fischer mit ihren Booten von der See heimkehrten und ihre Häuser zerstört vorfanden, glaubten sie, das Ereignis hätte nur ihren Hafen heimgesucht. Auf dem offenen Meer hatten sie nichts von der Urgewalt gespürt. Beobachtungen, die sich mit Messungen von Frühwarnsystemen decken: Auf hoher See sind die Flutwellen nicht größer als zwei oder drei Meter. Der Abstand zwischen den Wellenkämmen beträgt bis zu 100 Kilometern.
Das tückische der Tsunamis zeigt sich meist erst, wenn die Welle ins flache Uferwasser läuft. Zuerst legt sie den Meeresboden auf großer Strecke trocken. Wenig später folgt eine riesige Flutwelle, die zu einem mehr als 40 Meter hohen Wasserberg anwachsen kann. Da das nachfolgende Wasser jedoch weiterdrängt, wächst die Welle immer mehr in die Höhe. Wegen ihrer extremen Länge bricht sie nicht sofort, wenn sie die Küste erreicht. Stattdessen dringt sie unaufhaltsam weiter an Land und verschlingt alles in ihrer Reichweite. Ein tektonisches Pulverfass.

Wie kraftvoll dieses tektonische Pulverfass wirklich ist, konnte man daran erkennen, dass Japans Tsunami Eisberge entstehen ließ.

Der verheerende Tsunami vor Japans Küste hat in der Antarktis neue Eisberge entstehen lassen. Satellitenbilder zeigen nach Angaben der europäischen Raumfahrtagentur (ESA), dass die Riesenwellen mehr als 13.000 Kilometer durch den Pazifik rasten und im Süden das Sulzberger Eisfeld trafen. Obwohl sie kaum noch höher als 30 Zentimeter waren, reichten die aufeinanderfolgenden Wellen aus, um mehrere große Stücke Eis abzubrechen. Diese treiben nun in die Rosssee, berichtete die ESA, deren Radarbilder ihres Envisat-Satelliten von einem NASA-Team ausgewertet wurden. Die größten Eisberge sind demnach rund 80 Meter dick und haben eine Oberfläche von 6,5 mal 9,5 Kilometern. Der Satellit sammelt täglich Radarbilder der Antarktis.

Satellitenbild der ESA

Der Tohoku-Tsunami verwüstete nicht nur die Küste Japans. Die Welle wirkte sich auch **14.000 Kilometer** entfernt bis in die Antarktis aus. Eisberge, doppelt so groß wie Manhattan, brachen vom Sulzberger-Schelfeis ab.

Es dauerte 18 Stunden, dann traf die Welle auf das Schelfeis in der Westantarktis, knapp 14.000 Kilometer südlich ihres Epizentrums in Japan. Das blieb nicht ohne Folgen. Die Flutwelle brach Eisberge von der zweifachen Größe Manhattans vom Sulzberger-Schelfeis ab. Das haben Forscher der US-Raumfahrtbehörde NASA mittels Satellitenaufnahmen festgestellt. Als die Welle die auf dem Meer aufliegende Eisplatte erreichte, sei der Tsunami zwar nur noch 30 Zentimeter hoch gewesen. Doch die anhaltende Belastung durch den Wellengang habe gereicht, um das an dieser Stelle 80 Meter dicke Eis brechen zu lassen, berichten die Wissenschaftler im Fachmagazin „Journal of Glaciology".

Es sei das erste Mal, dass ein Tsunami „in flagranti" als Auslöser für Eisbergabbrüche beobachtet worden ist. „In der Vergangenheit haben wir bei solchen Ereignissen immer wieder nach der Ursache gesucht, diesmal hatten wir sie", sagt eine Glaziologin am Goddard Space Flight Center der NASA in Greenbelt. Das Geschehen sei gleichzeitig ein weiterer Beleg dafür, wie eng die verschiedenen Komponenten des **„Systems Erde"** miteinander verbunden sind. Schon in den 70er Jahren spekulierten Forscher, dass besonders viele Eisberge entstehen könnten, wenn ein Eisschelf durch Wellen wiederholt gedehnt wird und schließlich zerbricht. Mit Modellen und Wasserstandsmessungen berechneten Glaziologen in mehreren Studien den möglichen Einfluss des Wellengangs auf das Eis. Die direkte Beobachtung eines solchen Ereignisses gelang jedoch noch nicht.

Als vor Japan die Erde bebte und einen Tsunami auslöste, war dies die Chance für die Wissenschaftler. „Wir wussten sofort, dass dies eines der größten Ereignisse in der jüngsten Geschichte ist", sagt die Wissenschaftlerin. „Wir wussten, es würde genügend Wellengang entstehen." Ihr Team nutzte Tsunamimodelle der amerikanischen Meeresforschungsbehörde NOAA, um den Weg der Wellen über den Pazifik und das Südpolarmeer zu ermitteln. Das Sulzberger-Eisschelf habe sich dabei als wahrscheinlichstes Ziel erwiesen, sagen die Forscher. Zur berechneten Ankunftszeit des Tsunamis in der Antarktis sei es dort bewölkt gewesen, berichtet Brunt. Deshalb gelang es nur den Radarinstrumenten des Envisat-Satelliten der Europäischen Raumfahrtbehörde ESA, den Abbruch der Eisberge am Sulzberger-Eisschelf klar abzubilden.

Der Tsunami ließ zwei Eisberge von etwa sechs Mal zehn Kilometer Größe abbrechen, dazu zahlreiche kleinere Brocken. Der Vergleich mit historischen Satellitenaufnahmen ergab, dass das Schelfeis an dieser Stelle 46 Jahre lang nahezu unverändert geblieben war. Nach Ansicht der Glaziologen könnte das normalerweise vor dem Schelf liegende Meereis dieses geschützt haben. Dadurch habe vermutlich auch der Tsunami im Dezember 2004 keine größeren Auswirkungen auf das antarktische Eis gehabt. Im März 2011 habe es dagegen kaum Meereis in dieser Region gegeben.

Doch nicht nur in der Antarktis richtete die Tsunamiwelle Schaden an.

Die Tsunami-Wellen nach dem schweren Erdbeben in Japan haben an der kalifornischen Küste Hafenanlagen und Dutzende Boote zerstört. Tausende Menschen mussten zeitweise gefährdete Regionen verlassen.
Der kalifornische Gouverneur **Jerry Brown** rief in den betroffenen Gebieten den Notstand aus. Ein junger Mann wurde von einer Welle mitgerissen und ertrank. Gefährliche Wasserhochstände und schwerste Schäden blieben aber aus. Crescent City im Norden des Westküstenstaates wurde von mehr als zwei Meter hohen Wellen getroffen. Über 30 Boote im Hafen wurden beschädigt, Anlegestellen waren zu Bruch gegangen. Mehr als 4000 Einwohner waren in der Nacht vorsichtshalber in Sicherheit gebracht worden. Nach einem Beben 1964 waren in Crescent City elf Menschen in einer Flutwelle ums Leben gekommen.

Auch im Hafen von Santa Cruz, südlich von San Francisco, gingen zahlreiche Boote zu Bruch. Die Flutwellen drückten Jachten in die Holzstege, Boote wurden losgerissen und trieben führerlos im Hafenbecken. Hunderte Schaulustige schauten sich das Spektakel an. Viele ignorierten Warnungen, vom Wasser Abstand zu halten. Drei junge Männer, die an einem Strand nahe Crescent City Fotos machten, wurden von einer Welle ins Meer gespült. Nur zwei konnten sich an Land retten. Die Suche nach ihrem 25-jährigen Freund wurde nach Stunden aufgegeben. Für die gesamte Westküste der USA war nach dem Beben in Japan, Tausende Kilometer entfernt, eine Tsunami-Warnung herausgegeben worden. Einwohner in besonders gefährdeten Küstenabschnitten wurden aufgerufen, in höher gelegenen Regionen Schutz zu suchen. Einige Küstenstraßen, Strände und Häfen waren vorsichtshalber gesperrt worden.

Am häufigsten werden Tsunamis von unterseeischen Erdbeben ausgelöst. Besonders gefährdet ist der Pazifik mit seinen Küstengebieten in Indonesien, Japan oder im Westen der USA. Hier befindet sich der seismisch aktivste Teil der Erde. Tief unter dem

Meeresboden, überlagern sich die Erdplatten der Kontinente und bilden ein tektonisches Pulverfass, ideal für die Entstehung von Vulkanen und Erdbeben.

Nach dem verheerenden Erdbeben in Japan sehen Forscher eine erhöhte Gefahr für weitere schwere Erdstöße in anderen Teilen des Landes. Sowohl südwestlich des Erdbebengebiets, wo weitere Atomkraftwerke stehen, als auch im weniger dicht besiedelten Nordosten Japans ist die Erdbebengefahr gewachsen.

Nach der Datenlage sieht es immer mehr danach aus, dass es einen Koppelungseffekt gibt. Genau an den Ruptur-Enden ist die Wahrscheinlichkeit größer, dass noch einmal ein Beben auftritt. Es ist wie ein Riss in der Windschutzscheibe eines Autos. Der fängt klein an, und wenn das Auto über ein Schlagloch fährt, wird er größer. Es ist ein latentes Potenzial. Nimmt die Spannung in der Erdkruste zu, bricht der Riss irgendwann weiter. Man warnte dabei vor der Möglichkeit neuer extrem starker Beben vor Japan: Ein Magnitude irgendwo zwischen acht und neun ist auf jeden Fall möglich, die Schwierigkeit ist, dass man nach wie vor zeitlich keine Vorhersage machen kann.

Wären die unterirdischen Bruchflächen glatt, wäre das Bruchmuster relativ einfach und damit besser vorhersehbar. Aber es stellt sich heraus, dass die Flächen Rauigkeiten aufweisen, dabei kann es zu Verhakungen kommen. Hält eine solche Verhakung, die etwa aus einem Vulkan unter der Meeresoberfläche bestehen kann, fällt das Beben schwächer aus. Bricht sie aber, bekommt es umso mehr Dynamik. Die Forscher können Japan somit keine konkrete Prognose für die Zukunft geben, sondern nur vor der Gefahr warnen. Man kann den Bruch nur vorhersagen, wenn man die Rauigkeiten kennt.

Die Erde wackelt ständig, oft merkt man es kaum.
Monsterbeben aber bleiben in schrecklicher Erinnerung.

Das Erdbeben in Japan ist eines der heftigsten, das weltweit je gemessen wurde. Die schwersten Beben seit 1900:

Chile im Mai 1960: Stärke 9,5 mit 1.655 Toten.

Das **große Chile-Erdbeben** stellte den Höhepunkt einer ganzen Reihe von Erdbeben dar, die die südliche Mitte Chiles innerhalb weniger Tage erschütterten. Professoren der Universidad de Chile sprachen von der **„schwersten Erdbeben-Serie, die in Chile jemals beobachtet worden ist"**.

Die Beben begannen am Morgen des 21. Mai bei Curanilahue und Concepcion. Die Erschütterungen mit einer Stärke von jeweils M_W 7,25 unterbrachen die Verkehrs- und Telefonverbindung von der Hauptstadt Santiago in den Süden des Landes und lösten zahlreiche Brände aus. Präsident **Jorge Alessandri** sagte seine Teilnahme an den traditionellen Feierlichkeiten zum Gedenken an die Seeschlacht von Iquique 1879 ab, um sich vor Ort einen Überblick über die Schäden und die Hilfsmaßnahmen zu verschaffen.

Die Organisation der Hilfsmaßnahmen für das Gebiet um Concepcion war gerade angelaufen, als am Nachmittag des folgenden Tages ein weiteres heftiges Erdbeben weiter im Süden die Gegend um Valdivia erschütterte. Etwa eine halbe Stunde später, um 15:11 Uhr Ortszeit folgte schließlich das schwerste je aufgezeichnete Erdbeben. Dessen Hauptherdbewegung hielt vier Minuten an und erschütterte Chile zwischen Talca und der Insel Chiloe.

In den Tagen nach dem Hauptbeben kam es in der Region zu Hunderten Nachbeben, davon alleine elf der Stärke 6 bis 7.

Das Erdbeben von Valdivia am 22. Mai 1960, auch großes Chile-Erdbeben genannt, war das Erdbeben mit der weltweit größten jemals aufgezeichneten Magnitude und das schwerste Erdbeben des 20. Jahrhunderts. Um 15:11 Uhr Ortszeit erreichte das Beben auf der Momenten-Magnituden-Skala einen Wert von M_w 9,5. Die topografische Gestalt großer Gebiete des Kleinen Südens Chiles wurde verändert, besonders betroffen war das Gebiet um die Provinzhauptstadt **Valdivia**.

Das Erdbeben löste einen Tsunami aus, der im gesamten Pazifikraum schwere Zerstörungen anrichtete. Ersten Schätzungen zufolge forderten das Erdbeben und der Tsunami insgesamt 5.700 Menschenleben. Eine Schätzung des United States Geological Survey (USGS) geht von etwa 1.655 Toten, 3.000 Verletzten und zwei Millionen Obdachlosen aus.

Das vom großen Chile-Erdbeben betroffene Gebiet liegt wie ganz Chile im sogenannten Pazifischen Feuerring, einer Zone hoher seismischer und vulkanischer Aktivitäten, die sich rund um den Pazifischen Ozean erstreckt. In den Küstenregionen Chiles sind starke Erdbeben deshalb nicht ungewöhnlich, das Land gehört sogar zu den am stärksten von Erdbeben betroffenen Gebieten im zirkumpazifischen Raum.

Chile befindet sich am Westrand der südamerikanischen Platte, an der konvergierenden Plattengrenze zur Ozeanischen Nazca-Platte. Die beiden Platten bewegen sich im Jahr durchschnittlich etwa 63 Millimeter aufeinander zu, die Nazca-Platte wird dabei unter die kontinentale Platte geschoben. Die dabei im Untergrund auftretenden Spannungen entladen sich in starken Erdbeben. Seit 1950 ereigneten sich in Chile 27 Erdbeben mit einer Mindestmagnitude von 7, das letzte im Februar 2010 vor der Küste der Region Maule.

Alaska (USA) im März 1964: Stärke 9,2 mit 125 Toten.

Das **Karfreitagsbeben**, auch **großes Alaskabeben** genannt, war das bisher stärkste einzelne Erdbeben in der Geschichte der USA. Nach dem Erdbeben von Valdivia 1960 ist es das Erdbeben mit der zweithöchsten Magnitude seit Beginn der ab etwa 1950 durchgeführten regelmäßigen Aufzeichnungen von Erdbeben.

Es ereignete sich am 27. März 1964 um 17:36 Uhr lokaler Zeit und hatte eine Momenten-Magnitude von M_w=9,2. Das Epizentrum lag im Prinz-William-Sund im südlichen Zentral-Alaska. Die meisten Sachschäden gab es in Anchorage, 120 Kilometer nordwestlich des Epizentrums.

Durch das Beben starben 125 Menschen. Fast alle Todesfälle wurden durch Tsunamis verursacht, die die Fjorde des Prinz-William-Sund und der Halbinsel Kenai heimsuchten und eine **maximale Höhe von etwa 67 Metern erreichten**. Opfer wurden auch aus Kalifornien und Oregon gemeldet. Das Beben dauerte in Anchorage beinahe drei Minuten. Die größten Zerstörungen in der Stadt wurden durch Erdrutsche und massive

Landverschiebungen verursacht. Beinahe jedes Haus in der Nähe der Turnagain Heights wurde durch das Beben zerstört.

Sumatra (Indonesien) im Dezember 2004.

Vor Sumatra, den Nikobaren und den Andamanen schiebt sich die indisch-australische Platte, die einen großen Teil des Indischen Ozeans umfasst, in einer circa 1.000 Kilometer langen Bruchzone mit etwa sieben Zentimetern pro Jahr in Richtung Nordosten unter die Eurasische Platte.

Aufgrund des Unterwanderns der Plattengrenzen baute sich in der Subduktionszone ein sehr hoher Druck der indoaustralischen auf die Eurasische Platte auf, der sich schlagartig entladen hat.

Direkter Auslöser dieses Erdbebens war möglicherweise ein Beben zwei Tage zuvor am anderen Ende der indoaustralischen Platte. Dieses „seit 1924 stärkste Beben in der Region" hatte die Stärke 8,1; das Epizentrum lag zwischen Australien und der Antarktis, rund 500 Kilometer nördlich von der Macquarieinsel. Man kann vermuten, dass das Beben auf der einen Seite der Platte eine **unausgeglichene** Situation auf der anderen Seite verursacht hat, was zu diesem riesigen unterseeischen Erdbeben in Asien geführt hat, doch darüber sind sich die Experten immer noch nicht ganz einig.

Das Erdbeben vor Sumatra ist mit einer Stärke von 9,1 und einer freigesetzten Energie von rund 475 Megatonnen TNT das drittstärkste aufgezeichnete Beben in der Geschichte. Im Februar 2005 sprachen sich Geologen der Northwestern University nach Analyse von weltweiten Seismografen-Aufzeichnungen für eine Korrektur der Bebenstärke von 9,0 auf 9,3 aus. Damit wäre das Beben dreimal stärker als bisher angenommen und das zweitstärkste seit Beginn seismischer Messungen. Jedoch sind die früheren Messungen, damals auf der Richterskala, mit den heutigen Verfahren der Momenten-Magnitude nur bedingt vergleichbar. Von offiziellen Behörden, wie etwa der USGS, wurde diese Korrektur jedoch nicht bestätigt.

Nachdem in vielen Gebieten zuerst ein Wellental die Küste erreichte, trafen mindestens zwei, an einigen Orten bis zu sechs Flutwellen mit steigender Wellenhöhe auf die Küsten und drangen unter teilweise großer Zerstörungswirkung ins Landesinnere vor. Zwischen den Einzelwellen flutete das Wasser zum Meer zurück und entfaltete auch dabei typische Wirkungen durch das Schieben: Mitnehmen von schwimmfähigen Gegenständen und Personen. Die meisten groben Zerstörungen an Häusern wurden allerdings von den vorrückenden Wellen verursacht. Die Straßen in bebauten Gebieten wurden regelrecht zu Kanälen, in denen ein Konglomerat aus Wasser, Autos und Gebäudetrümmern erst landeinwärts und dann wieder Richtung Meer floss.

In den nächsten Tagen folgten täglich etwa 25 Nachbeben mit Stärken um 5,5. Bei den Nikobaren ereignete sich drei Stunden nach dem Hauptbeben ein Nachbeben der Stärke 7,1. Ein großes Nachbeben in der Region ereignete sich am 28. März 2005 um 17:09 MEZ mit einer Stärke von 8,7 auf Sumatra, wenig später auch auf Nias.

Forscher des Jet Propulsion Laboratory der NASA vermuten, dass sich durch die Verlagerung der tektonischen Platten die Erdrotation beschleunigt haben könnte. Aufgrund der bei dem Beben bewegten Erdmasse komme man rechnerisch darauf, dass **die Länge eines Tages** um 2,68 Mikrosekunden kürzer geworden sei. Außerdem habe sich **die Erdachse** bei dem Beben durch die geänderte Masseverteilung um rund zweieinhalb Zentimeter verlagert. Die Veränderungen werden von den Experten aber als nicht bedeutsam eingestuft, da die Erdpole ohnehin eine variable Kreisbahn von rund zehn Metern zögen. Ferner wurde die Eurasische Platte um einen Zentimeter emporgehoben und um zwei Zentimeter nach Norden verschoben, rutschte aber nach wenigen Minuten wieder in ihre Ausgangslage zurück.

Eine weitere Folge der Verschiebung der tektonischen Platten ist das Versinken von 15 kleineren der 572 Inseln der Andamanen und Nikobaren unter den Meeresspiegel. Darüber hinaus wurden die Nikobaren und die vor der Nordwestküste Sumatras, und damit dem Epizentrum, an der nächstgelegenen Simeulue-Insel messbar etwa 15 Meter in südwestliche Richtung verschoben.

Das Erdbeben im Indischen Ozean.

Auch **Sumatra-Andamanen-Beben** genannt – am 26. Dezember 2004 um 07:58 Uhr Ortszeit in West-Indonesien und Thailand hatte eine Stärke von 9,1 mit Epizentrum 85 km vor der Küste Nordwest-Sumatras. Die ausgelösten Flutwellen verursachten verheerende Schäden in Küstenregionen am Golf von Bengalen, der Andamanensee und Südasien. Auch in Ostafrika kamen Menschen ums Leben. Insgesamt starben durch das Beben und seine Folgen etwa 230.000 Menschen, davon allein in Indonesien rund 165.000. Über 110.000 Menschen wurden verletzt, über 1,7 Millionen Küstenbewohner rund um den Indischen Ozean wurden obdachlos. Durch die Verbreitung von Videokameras und den Umstand, dass die Flutwelle in touristisch viel besuchten Gebieten hereinbrach, wo viele Urlauber eine Kamera zur Hand hatten, wurde das Ereignis außergewöhnlich gut dokumentiert. Die genaue Zahl der Toten lässt sich nicht feststellen. Aus Furcht vor Seuchen wurden viele Opfer ohne genaue Zählung rasch in Massengräbern beerdigt. Sowohl der direkten Einwirkung der Flutwellen als auch ihren Folgeerscheinungen fielen Menschen zum Opfer. So wurden fast alle Trinkwasserquellen der betroffenen Gebiete durch das Unglück verunreinigt. Experten kritisierten nach dem Beben, dass es im Indischen Ozean kein Tsunami-Warnsystem gab, wie es im Pazifischen Ozean zu diesem Zeitpunkt bereits existierte. Ihren Angaben zufolge hätten mit einem solchen Warnsystem einige Tausend Menschen gerettet werden können. Die Tatsache, dass das pazifische Tsunami-Warnzentrum auf Hawaiii bereits Minuten nach dem Beben eine Flutwelle voraussagte, half niemandem. In den Ländern fehlten sowohl mögliche Ansprechpartner als auch Kommunikationsinfrastrukturen. Außerdem wurden, Berichten aus Thailand zufolge, Warnungen mit Rücksicht auf den Tourismus nicht weitergeleitet, sodass viele Menschen keine Chance mehr hatten, zu fliehen. Bei weiteren Nachbeben in der Region konnten die Behörden, dank der verstärkten Aufmerksamkeit, jedoch Warnungen schneller verbreiten.

Kurz nach der Katastrophe bot die Bundesrepublik Deutschland technische Unterstützung bei der Entwicklung und dem Aufbau eines Tsunami-Frühwarnsystems im Indischen Ozean an. Seit dem 14. März 2005 arbeiten Deutschland und Indonesien offiziell zusammen an der Installation dieses Systems. Es nahm am 11. November 2008 den Betrieb auf.

Kamtschatka-Russland Erdbeben am 24.4.2006 – keine Todesopfer.

Ein schweres Erdbeben auf der Halbinsel Kamtschatka zerstört Dörfer. Ein Erdbeben der Stärke 9 auf der Richterskala hat den Norden von Kamtschatka heimgesucht. To-

desopfer gab es nicht, aber 900 Menschen aus drei zerstörten Siedlungen wurden evakuiert.
Das gewaltige Erdbeben geschah im extrem dünn besiedelten autonomen Korjaken-Kreis im Norden der Pazifikhalbinsel. Besonders betroffen wurden die drei abgelegenen Dörfer Korf, Chailino und Tilitschiki. 38 Menschen wurden dort verletzt, Todesopfer gab es keine. Allerdings sind in den Orten zahlreiche Häuser, Schulen und Infrastruktureinrichtungen zerstört worden, sodass die Menschen dort nicht mehr bleiben können. Eine Versorgung auf dem Landweg ist unmöglich, da es im Korjakengebiet keinerlei Straßen gibt. Die entstandenen Schäden wurden mit 1,5 Milliarden Rubel, ca. 45 Mio. Euro, beziffert.

Eine Evakuierungs-Aktion war in Gang gekommen. Mit Hubschraubern wurden die Menschen aus den betroffenen Siedlungen abgeholt und in Ferienlagern, Kindergärten und Schulen der Provinz provisorisch untergebracht. Es wurden 500 Menschen aus dem Katastrophengebiet ausgeflogen. Ein zentrales Aufnahmelager für die Erdbebenopfer wurde eingerichtet, in dem die Versorgung besser gebündelt wurde. „Die Evakuierten brauchen dringend Schuhe, warme Kleidung, Wäsche und Hygieneartikel", hieß es im Katastrophenstab. Decken, Medikamente, Lebensmittel und Elektrogeneratoren wurden in den 200 Kilometer von den zerstörten Orten entfernten Sammelpunkt Ossora eingeflogen. Auch wurden Hilfslieferungen aus verschiedenen Regionen des russischen Fernen Ostens auf den Weg gebracht. Ein Fluss, nahe des EPI-Zentrums, rieche jetzt stark nach Schwefelwasserstoff. **Alexej Oserow**, ein Wissenschaftler des Vulkanologie- und Seismologie-Instutes der Akademie der Wissenschaften erklärte, dass die Ursache hierfür in Gesteinsrissen liegen könnte, die durch heiße und Wasser führende Schichten gehen. Im letzten Sommer hatten Geologen für die Halbinsel Kamtschatka eine Erdbebenwarnung gegeben. Mit 70 Prozent Wahrscheinlichkeit sollte es bis zum Jahresende zu einem schweren Erdbeben kommen. Der russische Katastrophenschutz verlegte daraufhin Hilfsmaterial in die Region und stationierte zusätzliche Bergungsfachleute auf der unwegsamen Vulkan-Halbinsel. Das Beben blieb im prognostizierten Zeitraum allerdings aus – kam aber doch vier Monate später.

Chile im Februar 2010: Stärke 8,8 mit 524 Toten.

Ein mächtiges Erdbeben hatte kurz zuvor das ganze Land erschüttert. Um 03:34 Uhr Ortszeit hatte es Millionen Menschen aus dem Schlaf gerissen, viele stürzten in Panik auf die Straßen. Infolge des Erdstoßes, dessen Epizentrum nach Angaben der US-Erdbebenwarte 90 Kilometer vor der Küste Zentralchiles lag, sind nach offiziellen Angaben mindestens 122 Menschen ums Leben gekommen. Allerdings hieß es, dass diese Zahl wohl noch steigen werde, da wohl viele Menschen unter dem Schutt begraben wurden. Die südchilenische Küstenstadt Concepcion, die immerhin ungefähr 200.000 Einwohner hat, traf es am härtesten, sie liegt in Trümmern. Staatspräsidentin Michelle Bachelet rief die Menschen auf, Ruhe zu bewahren und zu Hause zu bleiben. Die betroffene Region wurde zum Katastrophengebiet erklärt. Die gewaltigen Erdstöße im Meer verursachten außerdem einen Tsunami mit bis zu 1.32 Meter hohen Wellen. Die Behörden hatten daher Alarm für alle Küstenorte bis hinauf nach Peru ausgelöst. Nach Angaben von Innenminister **Edmundo Perez Yoma** blieb es jedoch bei einer mittleren Flutwelle, die keine nennenswerten Schäden anrichtete. Aber auch so weit entfernte Gebiete wie die zu Chile gehörende Osterinsel mit den weltberühmten Moai-Steinfiguren, Hawaii oder Japan richteten sich vorsorglich auf eine Flutwelle ein, die derzeit quer über den Pazifik rollte. Auf der Inselgruppe Juan Ferandez etwa 600 Kilometer vor der Küste Chiles überspülte die Flutwelle bereits die Hälfte eines kleinen

Ortes. „Der Tsunami wird sich über den gesamten Pazifik ausbreiten", so ein Erdbebenexperte vom Geoforschungszentrum in Potsdam. „Man vermutete allerdings, dass die Zerstörungen nicht so stark sein würden. Um auf der gegenüberliegenden Seite des Pazifik anzukommen, braucht der Tsunami viele Stunden."

Es handelte sich weltweit um eines der stärksten jemals registrierten Erdbeben. Das stärkste je gemessene hatte eine Magnitude von 9,5 und ereignete sich 1960 ebenfalls in Chile. Damals starben mehr als 1.600 Menschen. Chile liegt am sogenannten „Pazifischen Feuerring", einem hufeisenförmigen Vulkangürtel am Rande des Pazifiks. Etwa 90 Prozent der Erdbeben weltweit ereignen sich innerhalb des Feuerrings. Die Richterskala, auf der die Stärke angegeben wird, ist nicht metrisch – ein Punkt mehr auf der Skala bedeutet eine zehnfach höhere Stärke. Nach Angaben des Leiters des Seismologischen Instituts der Universität von Chile waren die Stöße mit einer Stärke von 8,8 etwa 50-mal stärker als diejenigen, die am 12. Januar Haitii in die Katastrophe stürzten. Dennoch kamen glücklicherweise viel weniger Menschen ums Leben. Und das trotz mehrerer Nachbeben mit Stärken von bis zu 6,9 auf der Richterskala. Die wesentlich solidere Bauweise in dem hoch entwickelten Land konnte offensichtlich die Wiederholung einer Totalzerstörung wie in Haiti verhindern. Die Schäden an der Infrastruktur jedoch sind enorm. Historische Bauten wie Kirchen oder alte Kolonialhäuser, aber auch der moderne internationale Flughafen in Santiago wurden schwer beschädigt. Der Flugbetrieb wurde für mindestens drei Tage unterbrochen. Neben Autobahnbrücken, die wie von Riesenhand verbogen und zerschlagen erschienen, lagen Autos auf dem Dach. Wohnhäuser stürzten ein und geborstene Gasleistungen sorgten für Explosionsgefahr. Auch ein wichtiges Glasfaserkabel für die Datenübertragung wurde zerstört und behinderte den Internetzugang sogar bis in die ferne argentinische Hauptstadt Buenos Aires. In Santiago wurden Teile der Altstadt in Trümmer gelegt. «Ich spürte die Erdstöße und konnte mit meinem Sohn gerade noch ins Freie rennen, bevor ein Teil des Hauses zusammenstürzte», sagte eine Frau in der Avenida Matta, einer der ältesten Straßen der Hauptstadt. Die Reste der einst stolzen Gebäude vom Anfang des 20. Jahrhunderts sind nun im Trümmerstaub eingehüllt. Eine andere Frau steht in Tränen aufgelöst vor ihrem Haus. «Die Fassade ist weggebrochen, plötzlich waren die Türen und die Fenster weg.» Sie kann ihre Wohnung zwar noch sehen, aber wegen Einsturzgefahr wohl nicht mehr betreten. Am schwersten betroffen war hingegen nach Fernsehberichten die Stadt Concepcion, wo kaum eine Straße ohne Zerstörungen blieb. Auch in anderen Landesteilen gab es Zerstörungen, deren genaues Ausmaß aber zunächst nicht bekannt war. Aus Temuco, der Hauptstadt der Region Araucania, gab es Berichte über zusammengestürzte Häuser. Das örtliche Krankenhaus musste evakuiert werden. Das Beben hat auch die Zugänge zu mindestens einem Bergwerk verschüttet. Die Straßen zur Los-Bronces-Mine seien unpassierbar, teilte das dortige Sicherheitspersonal mit. Sprecher für die staatlichen Gruben El Teniente und Andina waren zunächst nicht zu erreichen. Chile stellt 34 Prozent der weltweiten Kupferproduktion her und ist damit der größte Kupferproduzent. Viele der wichtigsten Bergwerke liegen im Norden, während das Beben eher den Süden des lang gestreckten Staates traf.

Die Europäische Union war zu rascher Hilfe für die Opfer des Erdbebens in Chile bereit. In einer Erklärung der zuständigen EU-Kommissarin in Brüssel heißt es, die Kommission stelle derzeit fest, welche Art von Hilfe benötigt werde. Aus Angst vor weiteren Nachbeben trauten sich viele Menschen nicht mehr in ihre Wohnungen. Dabei kann diese Gefahr noch länger anhalten. In den kommenden Wochen, Monaten, wenn nicht sogar Jahren muss mit zum Teil schweren Nachbeben gerechnet werden. Einige davon können noch stärker als das Beben von Haiti sein. An den Rändern der tektonischen Platten hatten sich über einen langen Zeitraum starke Spannungen aufgebaut, die sich nun schlagartig entladen haben. Dabei sind enorme Bewegungen in Gang gesetzt worden.

Sumatra-Erdbeben vom März 2005, Stärke M_W = 8,6, 1.300 Todesopfer.

Das **Sumatra-Erdbeben vom März 2005** ereignete sich am 28. März 2005 um 23:09:36 Uhr Ortszeit vor der Küste der Insel Sumatra. Das Hypozentrum lag etwa 200 Kilometer westlich von Sibolga auf Sumatra, etwa 1.400 km nordwestlich von Djakarta, im Indischen Ozean in 30 Kilometer Tiefe, etwa auf halbem Weg zwischen den Inseln Nias und Simeulue. In diesem Gebiet zwingt Subduktion die Indische Platte entlang des Sundagrabens unter die Burmaplatte bzw. unter die Eurasische Platte.

Das Beben hatte eine Magnitude von M_W = 8,6. Die Auswirkungen waren noch in der 1.000 km entfernten thailändischen Hauptstadt Bangkok zu spüren.

Durch das Erdbeben wurden etwa 1.300 Personen getötet, zumeist auf der Insel Nias. Das Ereignis verursachte in der erst durch das Seebeben im Indischen Ozean 2004 betroffenen Region Panik und Furcht vor einem Tsunami. Für zahlreiche Regionen wurden Tsunamiwarnungen ausgelöst. Es entstand jedoch lediglich eine drei Meter hohe Flutwelle bei Simeulue, die keinen großen Schaden anrichtete. Das Beben selbst richtete jedoch erhebliche Schäden auf den Inseln vor Sumatra an, vor allem auf Nias.

Das Erdbeben dauerte ungefähr zwei Minuten. In den vierundzwanzig Stunden direkt nach den Erderschütterungen gab es acht größere Nachbeben mit einer Stärke von M_W= 5,5 und M_W = 6,0. Unter Seismologen entstand eine Debatte, ob das Erdbeben als Nachbeben des Ereignisses vom Dezember 2004 zu bewerten sei oder es sich um ein „ausgelöstes Erdbeben" handele, da es erheblich stärker war, als die üblichen Nachbeben entlang der Verwerfung.

Auf der indonesischen Insel Nias vor der Küste Sumatras wurden durch das Erdbeben Hunderte von Gebäuden zerstört und mindestens eintausend Bewohner getötet, davon allein 220 in Gunungsitoli, der größten Stadt der Insel. Etwa die Hälfte der Stadtbevölkerung von 27.000 Personen floh.

Das Erdbeben war auf ganz Sumatra deutlich bemerkbar und verursachte ausgedehnte Stromausfälle in Banda Aceh, das bereits durch den Tsunami vom Dezember 2004 schwer geschädigt worden war. Viele Bewohner flohen aus ihren Häusern und suchten höher liegendes Gelände auf. Die Erdstöße wurden auch an der Westküste Thailands und Malaysias verspürt. In Kuala Lumpur/Malaysia wurden Hochhäuser evakuiert. Weniger bemerkbar war das Erdbeben auf den Malediven, in Indien und Sri Lanka.

Das Erdbeben weckte Befürchtungen rund um den Indischen Ozean vor einem Tsunami, der dem katastrophalen Tsunami vom 26. Dezember 2004 ähnlich sei. Warnungen vor einem Tsunami waren durch das von der National Oceanic und Atmospheric Administration (NOAA) der Vereinigten Staaten betriebene Pacific Tsunami Warning Center und die Regierung Thailands ausgegeben worden, da ein großer Tsunami befürchtet wurde, der sich insbesondere vom Hypozentrum aus in südlicher Richtung bewegt hätte.

Die Südküste von Thailand, Küstengebiete in den nördlichen Staaten Malaysia, Penang und Kedah, sowie die Ostküste Sri Lankas wurden evakuiert. Aufgrund der Verwirrung bei der Evakuierung kamen auf Sri Lanka zehn Personen ums Leben. Auch für die südlichen Küstenstaaten Indiens wurde Alarmbereitschaft verkündet. Alle diese Gebiete hatten durch den Tsunami vom 26. Dezember 2004 wesentliche Schäden davongetragen. Das Erdbeben verursachte jedoch relativ niedrige Flutwellen. Ein drei Meter hoher Tsunami verursachte leichte Schäden am Hafen und an Flughafeneinrichtungen auf Simeulue und eine zwei Meter hohe Flutwelle wurde an der Westküste von Nias aufgezeichnet. Erheblich niedrigere Flutwellen wurden rund um den Indischen Ozean gemessen, die meisten davon waren nur durch spezielle Flutmesseinrichtungen feststellbar; beispielsweise in Colombo, Sri Lanka, wurden 25 cm gemessen.

Die Flutwelle erreichte die zu Australien gehörenden Kokosinseln in einer Höhe von 30 cm, woraufhin die Inselstaaten Mauritius, Madagaskar und die Seychellen ihre jeweiligen Bevölkerungen warnten.

Australien entsandte medizinisches Personal und Ausrüstung nach Nias. Das australische Kriegsschiff HMAS Kanimbla, das erst kurz zuvor aus der Region Aceh abgezogen worden war, wurde von Singapur aus in die Region zurückgeschickt. Am 2. April 2005 stürzte einer der beiden zur Kanimbla gehörenden Sea-King-Hubschrauber mit dem Rufzeichen „Shark 02" auf der Insel Nias beim Transport von medizinischem Personal ab. Dabei wurden neun Personen an Bord getötet.

Kolumbien und Ecuador im Januar 1906: Stärke 8,8 mit 1.000 Toten.

Es liegen keine Aufzeichnungen oder Berichte vor.

Alaska im Februar 1965: Stärke 8,7 keine Toten

Starkes Erdbeben der Stärke 8,7 auf Rat-Island, Alaska, in dünn besiedeltem Land.
Alaska im März 1957: Stärke 8,6, keine Toten,
9. März 1957, starkes Erdbeben der Stärke 8,6 auf Andreanof Island. Kaum besiedeltes Land, daher wenig Sachschaden.

Assam (Indien) im August 1950: Stärke 8,6 mit 1.526 Toten

Das Erdbeben verursachte starke Schäden in Tibet wie auch im benachbarten indischen Bundesstaat Assam und zog den Tod von 1526 Menschen nach sich. In den Arbor Hills wurden 70 Dörfer zerstört, dort wurden 156 Opfer aufgrund von Erdrutschen gezählt. Einige der Rutschmassen erzeugten Dämme und stauten Nebenflüsse des Brahmaputra auf. Während ein solcher Damm im Dibang-Tal ohne weitere schwere Folgen brach, forderte der Subansiri-Dammbruch acht Tage nach dem Hauptbeben 532 Opfer. Möglicherweise war die Opferzahl weitaus höher als berichtet, da Zweifel daran bestehen, ob die Opfer in Tibet bei der Angabe der Zahl der Opfer berücksichtigt wurden. Es wurde von Sandvulkanen, Erdspalten und großflächigen Landrutschen berichtet. Im Medog-Gebiet rutschte das Dorf Yedong in den Yarlung Zangbo, Brahmaputra und wurde weggespült. Das Beben wurde noch in Kalkutta, Lhasa, Sichuan und Yunnan gespürt, und erzeugte noch in England und Norwegen Seiche in einigen Seen.

Im Vergleich zum vorigen starken Erdbeben in Assam im Jahr 1897 waren die materiellen Verluste deutlich höher. Im Verein mit den Bewegungen des Erdbodens richteten Flutereignisse großen Schaden an, weil die Flüsse anstiegen und ein Gemisch von Sand, Schlamm, Bäumen und sonstigem Schutt heranführten. Bei Überfliegungen berichteten die Piloten von großen Veränderungen des Geländes, die vor allem auf Erdrutsche zurückzuführen waren. Der einzige vorliegende Augenzeugenbericht ist der von **Francis Kingdon-Ward**, einem Botaniker, der sich zur Zeit des Erdbebens in Rima aufhielt. Er hatte nur wenig Zeit für detaillierte Beobachtungen, da er ganz von seinen Versuchen in Anspruch genommen war, die Gegend zu verlassen und nach Indien zurückzukehren. Dennoch bestätigte er heftige Bodenerschütterungen in Rima, starke Geräusche, ausgedehnte Erdrutsche und das Ansteigen der Flüsse.

Es gab zahlreiche Nachbeben, viele davon mit Magnituden oberhalb von sechs, die auch von weit entfernten Erdbebenstationen registriert wurden. Der indische Erdbebendienst konnte aus den empfangenen Daten eine große geografische Verbreitung der Nachbeben-Aktivität bestimmen, die sich zwischen 90 und 97° östlicher Länge ereigneten. Das große Erdbeben lag am östlichen Ende des so bestimmten Verbreitungsgebietes. Eines der westlichen Nachbeben, das sich einige Tage nach dem Hauptbeben ereignete, wurde in Assam stärker wahrgenommen als dieses.

Das **Assamerdbeben von 1950** oder **Assam-Tibet-Erdbeben von 1950**, auch einfach **Assamerdbeben** oder **Medog-Erdbeben** nach dem tibetischen Kreis Metog Dzong, ereignete sich am 15. August 1950. Es hatte eine Magnitude M_W von 8,6.

Das Epizentrum lag in der Nähe der Ortschaft Rima in einem sowohl von China als auch von Indien beanspruchten Grenzgebiet. Die nächstgelegen Ortschaft Rima liegt in Tibet; dennoch ist das Erdbeben als Assamerdbeben bekannt. Das Beben war eines der wenigen instrumentell registrierten Erdbeben mit einer Magnitude größer als 8,5. Ursprünglich wurde die Magnitude mit 8,7 angegeben, nachfolgende Auswertungen korrigierten die Zahl auf 8,6.

Doch lassen Sie uns zurückkommen auf die Chronologie des Horrors in Japan.

Nach dem Eintritt der Katastrophe vor der Nordinsel Honshu in Japan schaut die Welt und leidet die Welt mit Japan. Im Atomkraftwerk Fukushima kämpfen die Arbeiter gegen den drohenden **Super-GAU**. Im Norden Japans herrschen Chaos und Verwüstung. Im ganzen Land trauern die Menschen um die Opfer von Erdbeben und Tsunami. So viel Grauen, so viel Leid. Hier bebte die Erde mit einer Stärke von 9,0.

Mehr als über 25.000 Tote und Vermisste forderten die Katastrophen bislang. Bestätigt sind 6.405 Tote, von 10.259 Menschen fehlte jede Spur. Es gibt 2.409 Verletzte.

Die Helfer haben so gut wie keine Hoffnung mehr, unter den Trümmern noch Überlebende zu finden. Die Zerstörungen sind enorm: Ganze Landstriche sind verwüstet, Städte und Dörfer wurden dem Erdboden gleichgemacht. Hunderttausende harren in Notunterkünften aus, es fehlt an Nahrungsmitteln und Trinkwasser.

Nach Explosionen liegen in mehreren Reaktoren die Brennstäbe frei. Kernschmelzen und die atomare Verseuchung unvorstellbaren Ausmaßes drohen. Schon jetzt ist die radioaktive Strahlung extrem hoch. Mit Wasserwerfern und Hubschraubern versuchen die Helfer verzweifelt zu retten, was zu retten ist.

Die Katastrophe, die nachhaltig die Welt veränderte:

Freitag, 11. März 2011

14:45 Uhr: In Japan heulen die Sirenen. Häuser stürzen ein, Straßen reißen auf, Tausende sterben in den Trümmern. Das Land erlebt das schwerste Erdbeben seiner Geschichte. Seine Stärke wird zunächst mit 8,9 beziffert und später auf 9,0 korrigiert. Das Epizentrum liegt 130 Kilometer östlich der Stadt Sendai im Meer.

15:00 Uhr: Mehrere Hundert Tote werden gemeldet, doch ist abzusehen, dass die tatsächliche Zahl der Opfer weit höher liegt. Für den gesamten Pazifikraum wird Tsunami-Alarm ausgelöst, die Wellen bleiben in den folgenden Stunden aber niedriger als befürchtet.

20:00 Uhr: Eine etwa zehn Meter hohe Flutwelle trifft die Ostküste, reißt Schiffe, Häuser, Autos und Menschen mit.

21:00 Uhr: Die Lage in den Atomkraftwerken sei normal, erklärt Ministerpräsident Naoto Kan, die Anlagen seien automatisch heruntergefahren worden.

22:30 Uhr: In einem Reaktor des AKW Fukushima 1 fällt die Kühlung aus, im AKW Onagawa bricht ein Feuer aus. Es kann Stunden später gelöscht werden.

Samstag, 12. März 2011

00:35 Uhr: Die Regierung ruft den atomaren Notfall aus und bezeichnet dies als Vorsichtsmaßnahme.

01:30 Uhr: Rund 2000 Bewohner in der Umgebung des AKW Fukushima 1 werden zum Verlassen ihrer Häuser aufgefordert.

05.40 Uhr: Das Notkühlsystem im AKW Fukushima 1 läuft nur noch im Batteriebetrieb.

06:25 Uhr: Auf Fernsehbildern sind Verwüstungen und Schlammlawinen zu sehen. Völlig unklar ist, wie viele Opfer es gab.

10:40 Uhr: Im Reaktor 1 von Fukushima 1 wird kontrolliert Druck abgelassen. Erhöhte Radioaktivität in der Umgebung. Innerhalb des AKW steigt die Strahlung auf das Tausendfache des Normalwerts.

11:00 Uhr: Ausweitung der Evakuierungszone auf zehn Kilometer; 45.000 Menschen sind betroffen. Atomenergiebehörde IAEA teilt mit: Kühlsystem im Reaktor 2 (Fukushima 1) beschädigt.

13:00 Uhr: Neben zwei Reaktoren in Fukushima 1 gibt es auch Probleme mit der Kühlung von drei Reaktoren im neueren AKW Fukushima 2 (Daini).

18:00 Uhr: Die Atomsicherheitsbehörde teilt mit, dass in Fukushima 1 möglicherweise eine Kernschmelze begonnen habe.

20:00 Uhr: Wasserstoffexplosion im Block 1. Dach und Wände des Außengebäudes zerstört, Rauch steigt auf. Mehrere Arbeiter werden verletzt.

22:30 Uhr: Immer neue Nachbeben erschüttern die Region. Das volle Ausmaß der Zerstörung ist noch immer nicht abzusehen.

23:45 Uhr: Ausweitung der Evakuierungszone auf 20 Kilometer rund um Fukushima 1. Hunderttausende Menschen sind betroffen.

Sonntag, 13. März 2011

02:30 Uhr: Betreiber Tepco will Reaktor 1 mit Meerwasser fluten.

03:00 Uhr: 9.500 Menschen werden in der Hafenstadt Minamisanriku vermisst. Die offizielle Zahl der Todesopfer steigt auf mehr als 1.000.

05:30 Uhr: Kühlungsausfall im Reaktor 3 (Fukushima 1). Laut Nachrichtenagentur Kyodo wurden 15 Menschen verstrahlt.

06:00 Uhr: Die Atomaufsicht gibt Alarm auch für Block 3.

07:30 Uhr: 400-fach erhöhte Radioaktivität in der Umgebung des AKW Onagawa. Die Strahlung soll aber von der Anlage Fukushima 1 kommen.

12:00 Uhr: In viele Gebiete konnten Rettungsmannschaften noch nicht vordringen. Tausende Erdbebenopfer verbrachten eine weitere kalte Nacht in Notunterkünften. Millionen Haushalte sind seit dem Beben ohne Strom oder Wasser.

12:30 Uhr: Im ganzen Land wird der Strom knapp. Mehr als 1.800 Tote sind bestätigt, die Behörden gehen aber von deutlich mehr als zehntausend Opfern aus. Ministerpräsident **Naoto Kan** spricht von der schlimmsten Krise seit dem Zweiten Weltkrieg.

13:00 Uhr: Ministerpräsident **Kan** spricht von einer alarmierenden Lage im Atomkraftwerk Fukushima.

15:00 Uhr: Bundeskanzlerin **Angela Merkel** sieht für Deutschland keine Gefahr. Nach einem Krisentreffen in Berlin kündigt sie sicherheitshalber eine Überprüfung der deutschen Atommeiler an.

17:00 Uhr: Auch im AKW Tokai fällt das Kühlsystem aus.

18:45 Uhr: Lage im AKW Tokai entspannt sich nach Angaben der Betreiberfirma. Eine von zwei Pumpen ist noch im Betrieb.

Montag, 14. März 2011

02:00 Uhr: Nachbeben der Stärke 6,2 erschüttert Hauptinsel Honshu.

03:00 Uhr: Zweite Wasserstoffexplosion in Fukushima 1. Betroffen: Reaktorblock 3, Außengebäude stark beschädigt. Sieben Arbeiter sind verletzt, davon fünf verstrahlt. Tepco erklärt, der eigentliche Reaktorbehälter sei unversehrt.

04:00 Uhr: Die Tokioter Börse gibt am ersten Handelstag nach der Naturkatastrophe kräftig nach. Die Zentralbank pumpt Milliarden in die Geldmärkte. Eine Tsunami-Warnung nach einem heftigen Nachbeben bleibt falscher Alarm.

05:00 Uhr: 1.000 angeschwemmte Leichen im Katastrophengebiet bringen die Bestatter an ihre Grenzen: Särge und Leichensäcke gehen aus, die Krematorien sind überlastet.

06:00 Uhr: US-Flugzeugträger „USS Ronald Reagan" und weitere Schiffe der US-Marine unterbrechen Hilfseinsatz vor Japans Küste wegen leichter Verstrahlung. Später setzen sie ihn fort.

08:00 Uhr: Kühlungsausfall in Reaktor 2.

08:30 Uhr: Tepco bereitet Einleitung von Meerwasser in den Reaktor 2 vor.

12:00 Uhr: Angesichts des Dramas in Japan vollzieht die schwarz-gelbe Bundesregierung eine plötzliche Wende in ihrer Atompolitik: Die erst Ende November beschlossene Laufzeitverlängerung für die deutschen Kernkraftwerke wird für drei Monate ausgesetzt.

14:00 Uhr: In Fukushima 1 droht Kernschmelze in drei Reaktoren, räumt die Regierung ein.

16:15 Uhr: Brennstäbe in Reaktor 2 nicht mehr von Wasser bedeckt in Reaktor 2. Gefahr einer Kernschmelze steigt.

16:30 Uhr: Tepco registriert am Haupttor von Fukushima 1 eine deutlich erhöhte Strahlung.

22:15 Uhr: Dritte Explosion im AKW Fukushima 1, betroffen ist Reaktor 2. Der Reaktor könnte beschädigt sein, heißt es vom Betreiber.

23:00 Uhr: In den drei Reaktoren ist nach Worten eines Regierungssprechers eine Kernschmelze mittlerweile „höchst wahrscheinlich". Bislang wurden rund 190 Menschen verstrahlt.

Dienstag, 15. März 2011

00:54 Uhr: Die Lage in Fukushima 1 gerät völlig außer Kontrolle: In Block 4 brennt es. Es gibt eine Wasserstoffexplosion. Es ist die vierte Explosion in Fukushima 1.

03:00 Uhr: Feuer in Block 4 gelöscht, aber Außenwand des Reaktorgebäudes mit zwei großen Löchern.

04:16 Uhr: Regierungssprecher Edano sagt: „Wir reden jetzt über eine Strahlendosis, die die menschliche Gesundheit gefährden kann." Regierung: Bei der dritten Explosion wurde erstmals die innere Schutzhülle des Reaktors 2 beschädigt.

08:15 Uhr: Die Zahl der Einsatzkräfte in Fukushima 1 wird nach Tepco-Angaben von bislang 800 auf 50 Experten reduziert. Auch in Tokio wird erhöhte Radioaktivität gemessen.

12:00 Uhr: Rund 140.000 Menschen in einem Umkreis von 30 Kilometern um das Kraftwerk werden aufgefordert, in ihren Häusern zu bleiben.

13:00 Uhr: Wasserpegel im Block 5 sinkt.

15:00 Uhr: Lage in Fukushima auch für die internationale Atombehörde IAEA „beunruhigend".

21:45 Uhr: Weiteres Feuer wird im Block 4 entdeckt.

Mittwoch, 16. März 2011

15:00 Uhr: Der japanische Kaiser **Akihito** ruft in einer seiner seltenen Fernsehansprachen dazu auf, die Hoffnung nicht zu verlieren.

15:30 Uhr: Die radioaktive Strahlung am AKW Fukushima 1 erreicht neue Höchstmarken. Die Regierung ruft zum Energiesparen auf.

16:40 Uhr: Löschhubschrauber werfen Wasser über Reaktor 3 ab.

17:00 Uhr: Das Dach von Reaktor 4 ist weitgehend zerstört.

18:00 Uhr: Zur Minimierung der Strahlenbelastung arbeiten die rund 180 Mitglieder des Notteams in rotierenden Schichten im Gefahrenbereich.

19:00 Uhr: Die Regierung erhöht die maximal zulässige Strahlenbelastung für Mitarbeiter in Atomanlagen auf mehr das Doppelte. Die Erhöhung des Grenzwerts von 100 auf 250 Millisievert sei **„unter den Umständen unvermeidbar".**

21:00 Uhr: Der Chef der US-Atomsicherheitsbehörde NRC, **Gregory Jaczko**, erklärt, in einem Abklingbecken in Fukushima 1 befinde sich kein Wasser mehr. Ohne Wasser könnten die Brennstäbe nicht mehr gekühlt werden.

23:35 Uhr: Die offizielle Zahl der Todesopfer steigt auf 4.164, mindestens 12.000 Vermisste. 430.000 Menschen leben in Notunterkünften.

Donnerstag, 17. März 2011

05:20 Uhr: IAEA-Chef **Yukiya Amano** nennt die Lage **„sehr ernst"** und kündigt einen baldigen Besuch in Japan an.

08:00 Uhr: Techniker bereiten die Wiederherstellung der Stromversorgung im AKW Fukushima vor, damit die Kühlung wieder in Betrieb genommen werden kann.

12:30 Uhr: Die abgebrannten Kernbrennstäbe im Reaktor 4 stehen kurz vor dem Siedepunkt.

13:30 Uhr: Am Reaktor 3 werden sagenhafte **3.782 Mikrosievert** radioaktive Strahlung gemessen.

13:50 Uhr: Armee-Hubschrauber schütten tonnenweise Wasser auf den Reaktor 3.

20:00 Uhr: Die Zahl der Toten oder Vermissten nach der Naturkatastrophe steigt auf mehr als 15.000. Offiziell ist von mehr als 5.600 Toten die Rede.

22:50 Uhr: Die Zahl der Verletzten beim AKW-Bedienungspersonal steigt auf 46, davon wurden 20 verstrahlt.

23:35 Uhr: Wasserwerfer der Streitkräfte kühlen Reaktor 3.

Freitag, 18. März 2011

02:30 Uhr: Am Reaktor 2 steigt erneut Rauch auf.

04:40 Uhr: Die deutsche Botschaft in Japan wird wegen der Atomkatastrophe vorübergehend von Tokio nach Osaka verlegt.

05:00 Uhr: In Deutschland werden mehrere alte Atommeiler vom Netz genommen, darunter Biblis A und Neckarwestheim 1.

08:00 Uhr: Zum ersten Mal sind dramatische Bilder von den Reaktoren in Fukushima 1 aufgetaucht. Aufgenommen von einem Hubschrauber aus. Sie zeigen das schreckliche Ausmaß der Zerstörung: Von den einst hellblauen Gebäuden sind nur noch Trümmer, verbogene Stahlträger und Steine zu sehen.

12:40 Uhr: Die Lage wird angesichts eines Wintereinbruchs immer dramatischer. In Turnhallen ohne Heizung kauern Menschen eng aneinander, um sich gegenseitig Wärme zu spenden, wie der TV-Sender NHK zeigte.

13:40 Uhr: Aus den Reaktorblöcken 2, 3 und 4 steigt nach Angaben weißer Rauch auf.

17:10 Uhr: Die Stromleitung zum Atomkraftwerk Fukushima 1 ist nach Angaben von Tepco fast fertig gestellt.

18:00 Uhr: Straßen, Flughäfen und Häfen sind wieder so weit intakt, dass Rettungskräfte in die Katastrophengebiete vordringen können. Die Nachrichtenagentur Kyodo berichtet, dass rund 90.000 Helfer im Einsatz sind.

18:45 Uhr: Genau eine Woche nach dem verheerenden Erdbeben und Tsunami haben Menschen überall in Japan in einer Schweigeminute der Opfer der Katastrophe gedacht.

20:30 Uhr: Die Zahl der Toten steigt auf mehr als 6.400.

20:40 Uhr: Tepco erwägt erstmals öffentlich, das Kraftwerk Fukushima unter einer Schicht aus Sand und Beton zu begraben.

22:50 Uhr: Explosionsgefahr in Reaktor 4 gestiegen. Über dem Abklingbecken von Reaktor 4 des AKW Fukushima wurde Wasserstoff festgestellt.

23:30 Uhr: Der Wind am japanischen Unglücksreaktor soll zu Beginn kommender Woche wieder in Richtung Tokio drehen und könnte damit radioaktive Partikel in die 35-Millionen-Metropole tragen.

Samstag, 19. März 2011

15:48 Uhr: Die Strahlendosis im japanischen Leitungswasser übersteigt nicht die gesetzlich vorgeschriebenen Grenzwerte, so sagt jedenfalls die japanische Regierung. Sie betrage ein Drittel des Erlaubten. Normalerweise würde jedoch kein Jod im Trinkwasser der betroffenen Regionen gefunden. „Die Messergebnisse liegen unter dem festgelegten Grenzwert, das Wasser ist sicher", sagt **Masayuki Kubo**, für Umweltschutz zuständiger Beamter in der Präfektur Tochigi, wo die höchsten Werte im Wasser festgestellt werden. „Man kann soviel man will von dem Wasser trinken." Die Wasserproben wurden bereits am Freitag entnommen, dem ersten Tag, an dem die Regierung landesweite Radioaktivitäts-Messungen angeordnet hatte. Im Wasser Tokios sowie fünf weiterer Präfekturen waren erhöhte Werte festgestellt worden.

16:58 Uhr: Nach den Atomreaktorunfällen in Fukushima streben Japan, Südkorea und China eine engere Zusammenarbeit beim Katastrophenmanagement und der Nuklearsicherheit an. Mit seinen beiden Amtskollegen habe er sich darauf geeinigt, dass die drei Länder bei ihrem nächsten Dreier-Gipfeltreffen „sichtbare Ergebnisse" in diesem Bereich erzielen sollten, wird Südkoreas Außenminister **Kim Sung Hwan** von der südkoreanischen Nachrichtenagentur Yonhap zitiert. **Kim** hatte gemeinsam mit dem japanischen Außenminister **Takeaki Matsumoto** und dem chinesischen Kollegen **Yang Jiechi** in Japans alter Kaiserstadt Kyoto über die Lage in Fukushima und das umstrittene nordkoreanische Atomprogramm gesprochen.

17:12 Uhr: Nun also doch: Japanische Behörden geben bekannt, dass in der Präfektur Fukushima radioaktives Jod im Trinkwasser festgestellt wurde, dessen Strahlung über dem gesetzlichen Höchstwert liegt. Zuvor war bereits in Tokio radioaktive Belastung im Leitungswasser gemessen worden, dort allerdings nach offiziellen Angaben unterhalb der Grenzwerte. Doch die Behörden warnen vor verseuchtem Trinkwasser.
Die Kernschmelze im AKW Fukushima ist teilweise eingetreten. Jetzt warnt das japanische Gesundheitsministerium eindringlich vor dem Gebrauch von Regenwasser zur Herstellung von Trinkwasser. Dabei ist die Versorgung derzeit ohnehin schon problematisch.
In Tokio sind Hamsterkäufe von Wasser an der Tagesordnung, in den Tsunami-Gebieten des Landes ist die Trinkwasserversorgung ohnehin schon schwierig. Jetzt kommt ein weiteres Problem auf die Bevölkerung zu: Japans Gesundheitsministerium hat Wasseraufbereitungsanlagen im ganzen Land angewiesen, kein Regenwasser mehr zu verwenden und Becken mit Plastikplanen abzudecken. Die Sorge vor radioaktiver Strahlung in der Umwelt nimmt kontinuierlich zu, erst recht nach der Bestätigung, dass es im Reaktor 2 des havarierten Atomkraftwerks Fukushima 1 teilweise zu einer Kernschmelze gekommen sei. Nach Einschätzung der japanischen Regierung kam radioaktives Material mit dem zur Kühlung eingesetzten Wasser in Berührung. Vermutlich deshalb sei das Wasser verstrahlt, das in dem Reaktor entdeckt wurde, sagte Regierungssprecher **Yukio Edano**. Die erhöhte Strahlung sei offenbar auf den Block

begrenzt. Die Regierung gehe davon aus, dass die Kernschmelze lediglich vorübergehend sei, so der Sprecher.

Da radioaktive Partikel aus dem schwerbeschädigten AKW nun über das Regenwasser in Flüsse gelangen könnten, sollte aus Flüssen kein Trinkwasser mehr entnommen werden, sagte ein Ministeriumssprecher der Nachrichtenagentur AFP.

Allerdings sollten diese Maßnahmen nur in dem Maße umgesetzt werden, wie sie nicht die Trinkwasserversorgung gefährden. Und so stehen die Japaner nun vor einer weiteren Unsicherheit: Werden sich die Betreiber der Wasseraufbereitungsanlagen an die Anweisungen des Gesundheitsministeriums halten, oder aus Angst vor einer Wasserunterversorgung radioaktiv kontaminiertes Regenwasser in Kauf nehmen?

Vergangene Woche waren im Trinkwasser der Hauptstadt Tokio und mehreren anderen Städten erhöhte Werte von radioaktivem Jod 131 gemessen worden. Seitdem ist die Belastung aber wieder zurückgegangen.

Noch immer ist unklar, wie viel Radioaktivität bereits in die Umwelt gelangt ist und wie viel noch seinen Weg aus dem Reaktor hinaus finden wird. Maßgeblich ist dabei die Menge sowie die Art radioaktiver Partikel, die etwa durch das Öffnen von Notventilen oder mit verdampftem Kühlwasser in die Atmosphäre gelangen und sich später dann als radioaktiver Niederschlag in Seen und Flüssen sammeln können. Ein Teil der Partikel kann dabei sogar in das Grundwasser gelangen.

Wie nachfolgend bekannt gemacht wurde, ließ Tepco die Not-Systeme des AKW nicht ordnungsgemäß warten.

Tepco-Generaldirektor **Akio Komori** schluchzte, als wolle er mit seinen Tränen die Reaktoren von Fukushima kühlen. Vielleicht dachte er aber auch an seine bisher unerwähnt gebliebene Korrespondenz mit der japanischen Atomsicherheitsbehörde wenige Tage vor der Katastrophe. Denn aus dieser geht hervor:

Wichtige Notsysteme waren nicht ordnungsgemäß gewartet.

Nach Außen hin benehmen sich die Tepco-Chefs, wie man es von ihnen gemäß japanischen Gepflogenheiten im Krisenmanagement erwartet. Sie geben ihre Statements nicht in luxuriösen Hotelkonferenzsälen ab, meistens zu dritt oder zu viert drängen sie sich irgendwo unter einer Neonleuchte an einen kleinen Tisch, Blaumann statt Nadelstreif, stets demütig den Blick zu Boden gerichtet. Nur wer das Wort hat, darf den Kopf zum Publikum heben. Zufrieden sind die Japaner mit den Vertretern des Stromerzeugers aber deswegen noch lange nicht. Zehn Tage nach Beginn der Unfallserie im Atomkraftwerk Fukushima 1 spielen sie das tägliche **„könnte sein"**, **„möglicherweise"**, **„vielleicht"** und **„die Werte stellen keine Gefahr für die menschliche Gesundheit dar"** noch immer. Am liebsten wäre es ihnen wohl gewesen, man hätte das Ganze vertuschen können. Die Taktik wurde anfangs wohl tatsächlich verfolgt. Selbst angefertigte Bilder vom AKW-Gelände gab Tepco nur auf Druck nach den ersten Explosionen in Fukushima 1 frei.

Die japanische Regierung sowie die Atomsicherheitsbehörde machen in der Rolle des Informationsgebers allerdings keine bessere Figur, zumal man hier offenbar viel Gewicht darauf legt, nicht mit vorschnellen Hiobsbotschaften eine Panik zu verursachen.

Der Grat zwischen vorsichtiger Krisenkommunikation, Vorenthaltung von Informationen und handfester Lüge ist für Tepco, aber auch die Regierung und die Behörden ein schmaler. Zumindest in Bezug auf den Zustand des Kraftwerks vor dem Erdbeben wird der Stromgigant aber jetzt diesen Grat überschritten. Bei den Inspektionen in Fukushima 1 hat es offenbar massive Unregelmäßigkeiten gegeben.

33 Geräte und Maschinen der Notsysteme waren nicht gewartet.

Japanische Medien zitierten aus einem Schreiben Tepcos an die Atomsicherheitsbehörde, in dem das Unternehmen elf Tage vor dem Erdbeben und dem Tsunami Unzulänglichkeiten eingesteht. Insgesamt 33 Geräte und Maschinen seien seit längerer Zeit nicht untersucht worden, teilte Tepco am 28. Februar in dem Schreiben an die Behörde mit. Darunter ausgerechnet die Notstromgeneratoren, Pumpen und andere Teile des Kühlsystems, die dann vom Tsunami beschädigt wurden und deren Totalausfall zu den massiven Problemen in dem Kraftwerk führte. Ein laut Schreiben nicht überprüften Motor der Notstromversorgung in Block 1 sollte Tepco später sogar als Teil-Verursacher für die Überhitzung des Reaktors in dem Block ausmachen.

Japanische Zeitungen druckten allerdings auch die Antwortschreiben der Atombehörde ab, die ebenfalls Zündstoff bergen und Fragen bezüglich der Vorschriften für AKW-Betreiber aufwerfen: Die Atomaufsicht gab Tepco nämlich bis 2. Juni 2011 Zeit, einen Korrekturplan auszuarbeiten und die Inspektionen durchzuführen. In ihrem Schreiben vom 2. März äußerte sich die Behörde allerdings überzeugt, dass die ausgefallenen Inspektionen kein unmittelbares Risiko für die Sicherheit des AKWs haben würden. Die vergessene Wartung blieb für Tepco also ohne Konsequenzen.

Tepco: Die Tsunamiwelle war zu hoch für die Unglückskraftwerke.

Indes teilte Tepco mit, die zwei beschädigten Atomkraftwerke in Fukushima seien von einer 14 Meter hohen Flutwelle getroffen worden. Das sei mehr als doppelt so hoch, wie Experten bei der Planung der Anlagen erwartet hatten, berichtete der Fernsehsender NHK unter Berufung auf die Betreiberfirma. Das Unternehmen hatte demnach die Wände der beschädigten Kraftwerke Fukushima 1 und 2 am Montag untersucht.

Nach Angaben von Tepco sei die Anlage Fukushima 1 auf einen Tsunami von 5,70 Metern ausgelegt worden, Nummer 2 für eine Höhe von 5,20 Metern. Die Gebäude mit den Reaktoren und Turbinen wurden nach NHK-Angaben 10 bis 13 Meter über den Meeresspiegel errichtet. Bei der Katastrophe wurden sie teilweise überschwemmt. Tepco hatte bereits zugegeben, dass die Kraftwerke nur für ein Beben der Stärke 8,0 bis 8,3 ausgelegt worden waren. Das Erdbeben am 11. März hatte aber die Stärke 9.

Die Tokyo Electric Power Company ist eines der größten Unternehmen Japans. Der Energieerzeuger mit Hauptsitz in Tokio wurde 1951 gegründet und beschäftigt mehr als 38.000 Mitarbeiter. Knapp 260 Firmen gehören zum Tepco-Verbund. 2009 wurden nach Unternehmensangaben 280.000 Gigawattstunden Strom verkauft. Fukushima ist das mit den beiden Kraftwerken Fukushima-Daiichi (Fukushima 1) und Fukushima-Daini (Fukushima 2) das Herz von Japans Atomindustrie, hier gibt es zehn Reaktoren.

Störfälle und Vertuschungsaffären prägten die Geschichte der Anlagen 200 Kilometer nordöstlich von Tokio. Zuletzt schwappte nach einem Erdbeben im Juni 2008 radioaktives Wasser aus einem Becken, in dem verbrauchte Brennstäbe lagerten. 2006 trat radioaktiver Dampf aus einem Rohr, 2002 wurden Risse in Wasserrohren entdeckt. Im Jahr 2000 musste ein Reaktor wegen eines Lochs in einem Brennstab abgeschaltet werden. 1997 und 1994 gab es ähnliche Vorfälle. Im September 2002 räumte Tepco ein, Berichte über Schäden jahrelang gefälscht zu haben.

„Wir haben das AKW-Unglück selbst verursacht."

Der Chef der Betreiberfirma des schwerbeschädigten japanischen Atomkraftwerks Fukushima hat sich im Parlament der Kritik der Abgeordneten gestellt. **Masataka Shimizu** sagte vor der Haushaltskommission, der riesige Tsunami am 11. März sei **„jenseits unserer Erwartungen"** gewesen. Auf die Frage eines Abgeordneten zur mangelnden Vorbereitung des Konzerns gab er jedoch zu, dass Tepco das Unglück in diesem Ausmaß letztlich selbst verursacht habe.

Das Eingeständnis bezieht sich vor allem darauf, dass die Folgen des Tsunamis bei besserer Vorbereitung auf ein solches Unglück und besserer Wartung der Notsysteme nur minimal gewesen wären. Im Laufe der Befragung hielt ihm der Abgeordnete **Shuichi Kato** der oppositionellen Neuen Komeito Partei dann noch ein Exemplar der Tepco-Sicherheitsregeln entgegen: „Dies sagt aus, dass der Präsident die nukleare Sicherheit als seine oberste Priorität ansieht. Mit dieser Aussage im Kopf, lassen Sie mich fragen, wie Sie sich fühlen." **Shimizu** sagte: „Als die Person, die die endgültige Verantwortung für die Sicherheitsstrategie für das Atomkraftwerk trägt", könne er **„nicht genug Worte finden"**, sein Bedauern auszudrücken.

Japaner stellen ihrem Ministerpräsidenten Kan ein miserables Zeugnis aus.

Auch Ministerpräsident **Naoto Kan** musste sich der Befragung durch das Parlament stellen. Die Umfragewerte des ohnehin angeschlagenen Regierungschefs stiegen jüngst wieder. 67 Prozent der Befragten sind jedoch weiter unzufrieden mit seiner Arbeit und stellen **Kan** ein miserables Zeugnis für seinen Umgang mit der Atomkatastrophe aus.

Greenpeace kritisiert Schutz der Bevölkerung vor Strahlung.

Kritik gab es auch einmal mehr von Greenpeace. Die Umweltschutzorganisation hat der japanischen Regierung vorgeworfen, die Bevölkerung nicht ausreichend vor der Radioaktivität aus den zerstörten Reaktoren vor Fukushima zu schützen. Die Informationspolitik der Behörden sei **„katastrophal"** und setze die Menschen einem **„hohen Risiko"** aus, so der Leiter des Atom- und Energiebereichs bei Greenpeace Deutschland, nach seiner Rückkehr aus dem betroffenen Gebiet. Greenpeace-Teams messen dort die Strahlung.

Japans Regierung erwägt, die Evakuierungszone über 20 Kilometer hinaus partiell auszuweiten. In einer Zone zwischen 20 und 30 Kilometern um das Werk sind Bewohner aufgerufen, sich freiwillig in Sicherheit zu bringen. In den von radioaktivem Fallout betroffenen Regionen, die außerhalb des offiziellen Evakuierungsradius von derzeit 20 Kilometern rund um das zerstörte Kraftwerk lägen, seien nicht einmal einfachste Schutzmaßnahmen, wie die Sperrung von Kinderspielplätzen oder Parks, getroffen worden, kritisierte er. Die Strahlenbelastung sei aber auch weit außerhalb dieser Zone teils bedenklich. Zumindest die am stärksten versuchten Orte müssten evakuiert werden, andere so gut wie möglich dekontaminiert und gereinigt werden.

In dem Atomkraftwerk Fukushima 1 waren nach der verheerenden Erdbeben- und Tsunamikatastrophe am 11. März mehrere Atomreaktoren außer Kontrolle geraten. Es kam zu Explosionen und Bränden, es trat massiv Radioaktivität aus. Inzwischen stufen die Behörden das Atomunglück auf der höchsten Stufe der internationalen INES-Störfallskala ein. Es liegt damit gleichauf mit der Reaktorkatastrophe in Tschernobyl 1986.

Unterdessen fiel der Börsenwert der Betreibergesellschaft Tepco um 17,73 Prozent. Das Unternehmen steht wegen des Krisenmanagements in dem Kraftwerk, das bei dem schweren Erdbeben und dem anschließenden Tsunami am 11. März beschädigt worden war, in der Kritik. Am Sonntag hatte Tepco Angaben zur Höhe der radioaktiven Belastung des aus dem Reaktor 2 ausgetretenen Wassers korrigiert. Regierungssprecher **Yukio Edano** nannte daraufhin den Fehler des Unternehmens **„völlig inakzeptabel"**.

17:26 Uhr: Bei den verzweifelten Rettungsarbeiten in Fukushima haben sechs Arbeiter zu viel radioaktive Strahlung abbekommen. Bei den Männern wurden mehr als 250 Millisievert gemessen, wie die Nachrichtenagentur Kyodo mit Verweis auf den Kraftwerksbetreiber Tepco mitteilt. Welche Aufgaben die Arbeiter hatten, teilt Tepco nicht mit. Wegen der Katastrophe hatte das japanische Gesundheitsministerium den Grenzwert für Arbeiter an dem zerstörten Kraftwerk von 100 auf 250 Millisievert hochgesetzt. In Deutschland gilt für Menschen, die beruflich etwa in einem Atomkraftwerk Strahlung ausgesetzt sind, ein Grenzwert von 20 Millisievert pro Jahr. Für alle anderen Menschen, die beruflich künstlicher Strahlenbelastung ausgesetzt sind, liegt die erlaubte Jahresdosis bei 1 Millisievert.

18:11 Uhr: Angesichts erwarteter Regenfälle mit einer möglichen Belastung durch radioaktive Partikel hat die japanische Atomenergiekommission die Bevölkerung der Krisenregion aufgerufen, in ihren Häusern zu bleiben. Im Nordosten des Landes werden Niederschläge erwartet. Nach Angaben der Behörde besteht keine Gesundheitsgefahr, selbst, wenn Menschen dem Regen ausgesetzt seien. Dennoch wurde die Bevölkerung aufgerufen, nur in Notfällen bei Regen das Haus zu verlassen und Haare und Haut zu bedecken.

18:38 Uhr: Die Internationale Atomenergiebehörde IAEO hegt große Hoffnungen, dass die schlimmstmögliche Katastrophe in Fukushima verhindert werden kann. „Die Dinge entwickeln sich in die richtige Richtung", sagt der IAEO-Experte **Graham Andrew** bei einer Pressekonferenz in Wien. Man könne nun die Wiederherstellung der Stromzufuhr zu den Reaktoren und die Bemühungen um die Kühlung beobachten. Damit reduziere sich das Risiko in Fukushima Tag für Tag. Die Kühlung mit Meerwasser verhindere momentan eine Überhitzung der Reaktoren. Eine Eskalation schließt er dennoch nicht aus: **„Kann etwas Unerwartetes passieren?" „Auf jeden Fall!"**

19:09 Uhr: Der russische Ministerpräsident **Wladimir Putin** erklärt, japanische Unternehmen könnten sich an der Erdgasförderung in Russland beteiligen. Außerdem werde der staatliche Energiekonzern Gazprom einen Teil seiner für Europa geplanten Flüssiggaslieferungen nach Japan umleiten und seine Lieferungen an Europa erhöhen, um die Änderungen wieder auszugleichen. Moskau hat bereits angeboten, Japan mit Kohle und Strom zu beliefern.

19:49 Uhr: Russlands Regierungschef **Wladimir Putin** versucht mit einem demonstrativen Besuch der russischen Insel Sachalin nördlich von Japan, seinen Landsleuten Sorgen vor einer radioaktiven Gefahr zu nehmen. Die Katastrophe in etwa 1.500 Kilometern Entfernung sei keine Bedrohung für Russland, sagt er.

Sonntag, 20. März 2011

13:07 Uhr: Die Lage in den Flüchtlingslagern ist weiter angespannt. Nach neun Tagen sind die Menschen, vor allem die vielen Alten, sichtlich erschöpft. Sie leiden weiter unter der bitteren Kälte. Vielerorts mangelt es noch immer an Heizöl und Lebensmitteln. In den neun Märkten des deutschen Metrokonzerns im Großraum Tokio werde das Warenangebot langsam knapp, sagte ein Metro-Sprecher. Reis, Milch, Wasser, Brot und Fertiggerichte seien „weitgehend ausverkauft".

14:11 Uhr: Rettungsmannschaften haben am späten Sonntagabend erneut Wasser auf den Reaktorblock 3 des Kernkraftwerkes Fukushima 1 gesprüht. Das berichtet die Nachrichtenagentur Kyodo. Die in Block 3 verwendeten Brennelemente sind gefährlich, weil es sich dabei um Plutonium-Uran-Mischoxide (MOX) handelt. Plutonium ist ein hochgiftiger Stoff.

14:50 Uhr: In der japanischen Präfektur Tochigi ist Spinat mit hoch radioaktiven Substanzen entdeckt worden. Das berichtete die Nachrichtenagentur Kyodo.

15:01 Uhr: Verantwortliche des Atomkomplexes Fukushima haben bekannt gegeben, dass in zwei von sechs Abklingbecken für verbrauchte Brennelemente die Lage wieder unter Kontrolle sei. Die Temperatur in den Becken sei in einen normalen Bereich gefallen. In den anderen Blöcken wird an der Kühlung der Reaktoren und Abklingbecken weiter mit Hochdruck gearbeitet.

15:17 Uhr: Die Temperatur in allen Abklingbecken im havarierten Atomkraftwerk Fukushima erreichte nach Informationen der japanischen Nachrichtenagentur Kyodo am Sonntag Werte von unter 100 Grad.

15:44 Uhr: Stardirigent **Kent Nagano** erklärt bei einem Konzert in der Berliner Philharmonie seine Solidarität mit dem japanischen Volk. Bei dem Auftritt des Deutschen Symphonie-Orchesters Berlin sprach er auch dem anwesenden japanischen Botschafter sein Mitgefühl aus, teilte das DSO mit.

15:57 Uhr: Die Vereinigten Arabischen Emirate wollen die Sicherheitsstandards für das erste Atomkraftwerk im Land nach der Katastrophe von Fukushima überprüfen. Das erklärte der Generaldirektor der staatlichen Atomaufsichtsbehörde, William Travers. Das Land plant die Inbetriebnahme seines ersten Kernkraftwerks für 2017.

16.27 Uhr: In Japan sind offensichtlich mehr Agrarprodukte radioaktiv verseucht als bisher bekannt. Wie das Gesundheitsministerium in Tokio mitteilt, hätten Messungen bei Raps **„bedeutende Dosen an Strahlung"** ergeben. Die Proben stammten aus Regionen, die bislang mit erhöhter Radioaktivität nicht in Zusammenhang gebracht worden seien. Zuvor war Belastung in Milch und Spinat aus der Umgebung des Atomkomplexes festgestellt worden. Außerdem waren Spuren im Trinkwasser von Tokio entdeckt worden.

Montag, 21. März 2011

00:23 Uhr: Ein weiteres Erdbeben hat die Präfektur Fukushima erschüttert. Wie die Nachrichtenagentur Kyodo meldet, hatte es eine Stärke von 4,7. Angaben zu Verletzten oder Schäden gab es nicht. Demnach war das Beben auch in unmittelbarer Nähe des havarierten Atomkraftwerks Fukushima 1 zu spüren.

01:27 Uhr: In einem Dorf nahe der havarierten japanischen Atomanlage Fukushima 1 ist eine stark erhöhte Radioaktivität im Trinkwasser gemessen worden. Der Grad von radioaktivem Jod im Wasser von Iitatemura sei drei Mal so hoch wie der von der Regierung festgesetzte Grenzwert, teilt das japanische Gesundheitsministerium mit. Iitatemura liegt rund 40 Kilometer von Fukushima 1 entfernt und hat etwa 4.000 Einwohner.

01:31 Uhr: Die Einsatzkräfte im Atomkraftwerk Fukushima setzen die Kühlung der beschädigten Reaktoren mit Wasserwerfern fort. Die Feuerwehrmänner und Soldaten der japanischen Streitkräfte besprühen die Reaktorblöcke 3 und 4 mit Meerwasser, wie der Fernsehsender NHK berichtet. Im Reaktorblock 2 richten sich die Bemühungen darauf, nach der Wiederherstellung der Stromversorgung zentrale Funktionen im Kontrollraum in Gang zu bringen. Zunächst die Beleuchtung und dann vor allem die reguläre Kühlung des Reaktors und des Abklingbeckens für abgebrannte Kernbrennstäbe.

03:39 Uhr: Die japanische Polizei rechnet inzwischen mit mehr als 18.000 Toten durch die Erdbeben- und Tsunami-Katastrophe. Ein Sprecher der Polizei der Präfektur Miyagi sagt, alleine in seinem Bereich rechne man mit mehr als 15.000 Toten. Sprecher anderer verwüsteter Regionen wollten keine Schätzung über die letztendliche Zahl der Toten abgeben, bestätigten aber, dass bei ihnen bisher mehr als 3.300 Leichen geborgen worden seien. Die Nationale Polizeibehörde teilte mit, es seien 8.649 Leichen bisher geborgen worden. 12.877 Menschen würden vermisst.

04:09 Uhr: Japanische Soldaten setzen ihre Bemühungen fort, Reaktorblock 4 zu kühlen. In den Reaktorblöcken 5 und 6, den am wenigsten Beschädigten, läuft seit dem Anschluss ans Stromnetz die Kühlung wieder. Sie gelten als sicher. Ebenfalls wieder am Stromnetz sind die Blöcke 1 und 2.

04:57 Uhr: Der Druck in Reaktor 3 steigt wieder derart, dass Techniker einen Druckablass in Erwägung ziehen. Dabei hatte es in den ersten Tagen der Atomkrise Explosionen gegeben.

05:58 Uhr: Die Entsorgung der Reaktoren des havarierten AKW Fukushima 1 könnte nach Einschätzung eines Experten bis zu zehn Jahre dauern, das berichtet die Zeitung „Asahi Shimbun" in ihrem Facebook-Profil. Sie beruft sich auf einen Informanten des AKW-Betreibers Tepco. Wegen radioaktiver Strahlung sei es sehr wahrscheinlich, dass die beschädigten Brennelemente in den Reaktordruckbehältern der Blöcke 1, 2 und 3 nicht abmontiert werden könnten. Die Blöcke 5 und 6 hätten dagegen keinen großen Schaden davongetragen. Theoretisch könnten sie wieder in Betrieb genommen werden. Mit Blick auf die Gefühle der Anwohner wäre es allerdings schwierig, den Betrieb wieder aufzunehmen. Die Entsorgung aller sechs Reaktoren ist daher unvermeidlich.

07:24 Uhr: Die Weltgesundheitsorganisation nennt die radioaktive Verseuchung japanischer Lebensmittel ernst. Es handele sich nicht um ein örtlich einzugrenzendes Problem.

07:53 Uhr: Der japanische Staat wird nach Einschätzung aus der Regierungspartei wegen der Erdbebenkatastrophe kräftig in die Tasche greifen müssen. „Es ist unausweichlich, dass wir bis Juni zwei große Nachtragsetats verabschieden müssen", sagt **Jun Azumi**, ein Spitzenvertreter der Demokratischen Partei, nach einer Meldung der Nachrichtenagentur Kyodo. Die Nachtragshaushalte dürften zu einem Großteil über neue Schulden finanziert werden. Das Defizit der drittgrößten Volkswirtschaft der Welt liegt derzeit bei neun Prozent ihres Bruttoinlandsprodukts.

08:33 Uhr: Der Kraftwerksbetreiber Tepco erklärt, dass alle sechs Reaktorblöcke nun an Starkstromleitungen angeschlossen seien. In den Blöcken 1 und 2 haben die Schalttafeln der Anlage bereits Strom, der Wasserstand kann kontrolliert werden. In den Reaktoren 3 und 4 wird das System noch überprüft. In Block 5 funktionieren die Schalttafeln und eine Pumpe, in Block 6 gibt es sogar Licht.

08:53 Uhr: Den beiden am Sonntag geretteten Erdbebenopfern **Sumi** und **Jin Abe** geht es nach Angaben der behandelnden Klinik in Ishinomaki wieder gut. Sie waren neun Tage nach dem Erdbeben in ihrem zerstörten Haus in der Präfektur Miyagi entdeckt worden. Der japanische Regierungssprecher **Yukio Edano** sagt zu ihrer Rettung: „Ich ziehe meinen Hut vor ihnen. Ich glaube ein Wunder wie dieses kann alle Opfer inspirieren, die jetzt schwierige Zeiten durchmachen." Voller Bewunderung sprachen auch die Rettungskräfte von der 80-jährigen **Sumi Abe** und ihrem 16 Jahre alten Enkel **Jin**. „Ich bin so froh und erstaunt, dass Menschen so lange überlebt haben", sagte der Polizist **Yoichi Seino** von der Polizeistation in Ishinomaki der Nachrichtenagentur Kyodo.

09:05 Uhr: Vom Reaktor 3 des havarierten japanischen Atomkraftwerks Fukushima sind die Einsatzkräfte abgezogen worden, wie der Betreiber Tepco bekannt gibt. Sie suchten Schutzräume auf. Grauer Rauch stieg aus Block 3 der Anlage auf. In den Brennelementen dieses Reaktors befindet sich hochgefährliches Plutonium. Zuvor war von erhöhtem Druck die Rede gewesen.

10:01 Uhr: Nach einem Bericht der „Yomiuri"-Zeitung ist der Rauch in die Zentrale der Arbeiter des Werks eingedrungen. Es heißt, er kommt aus den Abklingbecken. Der Betreiber Tepco informierte auch die Feuerwehr. Der Rauch wurde laut Berichten über dem Flachdach des Blocks sichtbar, er zieht Richtung Südosten ab.

10:19 Uhr: Die Ursache für die Rauchentwicklung ist noch unklar. Die Ermittlungen laufen, wie ein Sprecher der Atomsicherheitsbehörde sagt.

10:21 Uhr: Nach Warnungen über wahrscheinlich erhöhte Strahlenwerte in Lebensmitteln aus den verseuchten Gebieten verbietet die Regierung die Lieferungen von Frischmilch aus der Präfektur Fukushima sowie von Spinat aus mehreren angrenzenden Bezirken.

11:08 Uhr: Die Strahlungsbelastung im direkten Umkreis von Reaktorblock 3 ist nach Angaben der japanischen Atomaufsichtsbehörde nicht gestiegen. Zur Ursache des gräulichen Rauchs, der seit etwa drei Stunden aus Block 3 aufsteigt, machte die Behörde auf einer Pressekonferenz keine Angaben. Bisher sei es auch noch nicht gelungen, die Stromversorgung in Block 3 wiederherzustellen.

11:37 Uhr: Kaum hat sich die Rauchwolke aus Block 3 verzogen, steigt nach Angaben der Nachrichtenagentur Kyodo nun über dem havarierten Reaktor Nummer 2 Rauch auf. Dieser ist seit Sonntag wieder an das Stromnetz angeschlossen. Ob die Wasserpumpen funktionieren, ist aber unklar.

11:55 Uhr: Die Lage in Japan bleibt infolge der Probleme in Fukushima nach Einschätzung der Internationalen Atomenergieorganisation IAEO „sehr ernst". Man habe aber keine Zweifel, dass die Krise gemeistert werde.

12:33 Uhr: Als Reaktion auf die Katastrophe müssen aus Sicht der IAEO internationale Richtlinien zur Nuklearsicherheit überarbeitet werden. „Eine Lehre ist bereits klar: Das momentane internationale Rahmenwerk zur Reaktion auf Notfälle braucht Überarbeitung", sagte IAEO-Chef **Amano**.

12:37 Uhr: Betreiber Tepco will womöglich eine Entschädigung an Bauern in der Region um Fukushima zahlen. Für vier Präfekturen hat die Regierung ein Lieferverbot für Milch und mehrere Gemüsesorten verhängt.

12:50 Uhr: Die Regierung teilt mit, Reaktorblock 4 werde sehr bald mit Strom versorgt. Es wird gehofft, dass so die Kühlanlage wieder anspringt.

13:37 Uhr: Zwei Kampfpanzer vom Typ 74 sind in Fukushima eingetroffen. Sie sollen wie Bulldozer eingesetzt werden, um Zugangswege für die Einsatzfahrzeuge der Feuerwehr zu den Reaktorblöcken 3 und 4 freizumachen. Nach Angaben des Verteidigungsministeriums könne die vierköpfige Besatzung auch bei hoher Strahlenbelastung arbeiten.

13:55 Uhr: Beim weißen Qualm über Block 2 handelt es sich wahrscheinlich um Dampf und nicht um Rauch. Das meldet die japanische Nachrichtenagentur Kyodo. Der Dampf komme vermutlich auch nicht aus dem Abklingbecken. Die genaue Ursache war weiter unklar. Zuvor war über Block 3 grauer Rauch aufgestiegen, der mittlerweile aber wieder verschwunden ist.

14:24 Uhr: Die chinesischen Behörden haben einen Blogger zu zehn Tagen Gefängnis verurteilt, weil er vor radioaktiv verseuchtem Trinkwasser im Zuge der Atomkatastrophe in Japan gewarnt hatte. Der Verdächtige habe im Polizeiverhör gestanden, das Gerücht im Internet aufgeschnappt und dann ohne weitere Prüfung weiterverbreitet zu haben, berichtete die staatliche Zeitung „Renmin Ribao".

14:59 Uhr: Im Katastrophengebiet um das Atomkraftwerk Fukushima bleibt es weiterhin kalt. Die Temperaturen liegen deutlich im einstelligen Bereich, nachts blieben sie sogar unter null. Der Wind weht noch leicht aus Nord und damit in Richtung der Hauptstadt Tokio. In den nächsten Tagen drehe er aber auf eine günstige West- bis Nordwest-Richtung.

15:43 Uhr: Die Stahlbetonhüllen der Reaktoren 1, 2 und 3 in Fukushima sind nach Aussage der US-Atomsicherheitsbehörde NRC intakt. Der verantwortliche NRC-Direktor **Bill Borchardt** erklärt, zwar gebe es in den drei Anlagen Schäden an den Reaktorkernen, die sogenannten Containments seien aber nicht gebrochen. Die Situation stehe offenbar kurz vor der Stabilisierung.

16:00 Uhr: Durch das Erdbeben und den anschließenden Tsunami ist Experten zufolge ein Schaden in dreistelliger Milliardenhöhe entstanden. Die Kosten für die japanische

Wirtschaft würden sich ersten Schätzungen zufolge insgesamt voraussichtlich auf 200 bis 300 Milliarden Dollar belaufen, teilte die Risikobewertungsgesellschaft RMS mit.

17:52 Uhr: Das US-Militär hat damit begonnen, Jodtabletten an in Japan stationierte amerikanischen Soldaten und deren Familien zu verteilen. Nach US-Medienberichten werden die Pillen zum Schutz vor Schilddrüsenkrebs durch radioaktive Strahlung auf vier verschiedenen Stützpunkten ausgegeben.

17:58 Uhr: In den Pazifikgewässern nahe dem Unglücksreaktor Fukushima 1 ist dem Betreiber Tepco zufolge eine geringe Menge Radioaktivität nachgewiesen worden. Eine unmittelbare Gefahr gehe davon nicht aus, teilt das Unternehmen mit.

20:01 Uhr: Die Wassermassen des Tsunamis haben an der Nordostküste Japans wohl mehr Menschen getötet als das starke Erdbeben. Dies jedenfalls gilt für die Stadt Rikuzentakata. Ungefähr 90 Prozent der Menschen, die bei der Naturkatastrophe in der Küstenstadt ums Leben kamen, seien ertrunken. Zu diesem Schluss kommt ein Professor der Gerichtsmedizin an der Chiba University laut einem Bericht der Tageszeitung „Yomiuri Shimbun".

Dienstag, 22. März 2011

00:34 Uhr: Tokios Gouverneur **Shintaro Ishihara** beschuldigt einen nicht näher bezeichneten japanischen Minister, Einsatzleuten in der Atomanlage Fukushima 1 zur Arbeit gezwungen zu haben. „Er befahl den Feuerwehrmännern, sofort an die Arbeit zu gehen, sonst würden sie bestraft. Er wusste nicht einmal, wie die Lage vor Ort für die Arbeiter war und welche Kapazitäten sie hatten", sagte **Ishihara**, der sich darüber bei Regierungschef **Naoto Kan** beschwert habe. **Kan** entschuldigte sich für das Verhalten des Ministers: **„Es tat ihm sehr leid."**

01:01 Uhr: Das Meerwasser in der Nähe des Atomkraftwerks Fukushima ist nach Messungen der Betreibergesellschaft Tepco stark radioaktiv belastet. Bei Jod 131 sei ein Wert gemessen worden, der das gesetzliche Maximum um den Faktor 126,7 übersteige, berichtete der Fernsehsender NHK. Bei Cäsium 134 sei die Verstrahlung 24,8 Mal so hoch wie zulässig. Tepco kündigte weitere Tests vor der Ostküste der japanischen Insel Honshu an.

01:19 Uhr: Der Unglücksreaktor Fukushima 1 ist wieder an das Stromnetz angeschlossen. Der Meiler beziehe Energie vom Netz, berichtete die Nachrichtenagentur Kyodo unter Berufung auf Tepco, den Betreiber des Meilers.

02:07 Uhr: Die Lage am Unglückskraftwerk Fukushima hat sich weiter verschlechtert. Erneut stiegen Dampf und Rauch über Reaktoren auf, die genaue Ursache blieb zunächst unbekannt. Japans Wirtschaftsminister **Banri Kaieda** sprach von einer angespannten Situation. Aus Block 3 trete weißer Rauch und über Block 2 weißer Dampf auf, berichtete die Nachrichtenagentur Kyodo. Bereits am Montag war über Block 2 Dampf und über Block 3 grauer Rauch aufgestiegen, der bis zum Abend verschwand. Die Einsatzkräfte und Arbeiter wurden in Sicherheit gebracht.

02:41 Uhr: An den Blöcken 1, 2, 3 und 4 des Unglückskraftwerks Fukushima 1 sind die Arbeiten zur Installation der Stromversorgung wieder aufgenommen worden. Das meldete die Nachrichtenagentur Kyodo. Die Helfer hoffen, damit das reguläre Kühlsystem wieder in Gang zu bringen und eine Kernschmelze zu verhindern.

03:30 Uhr: Der Rauch, der über dem beschädigten Block 3 von Fukushima aufstieg, könnte von brennenden Trümmerteilen stammen. Dies teilte der japanische Verteidigungsminister **Toshimi Kitazawa** mit. Bei dem weißen Dampf über Block 2 handle es sich um Wasserdampf. Das deutet auf eine anhaltende Wärmeentwicklung im Abklingbecken mit verbrauchten Brennstäben hin. Aufgrund der Nachwärme in den Reaktoren verdampft das bisher zugeführte Wasser.

04:31 Uhr: Die Regierung weitet die Sicherheitszone rund um die Unglücksreaktoren nicht aus. „Im Moment ist dies nicht nötig", sagt ein Regierungssprecher.

05:22 Uhr: Im Meerwasser nahe des AKW Fukushima wurde eine erhöhte Radioaktivität gemessen.

05:59 Uhr: Der japanische Industrie- und Wirtschaftsminister soll Feuerwehrmänner aus Tokio gezwungen haben, stundenlang Wasser auf den radioaktiv strahlenden Reaktor im Atomkraftwerk Fukushima 1 zu sprühen. Minister **Banri Kaieda** soll den Männern eine Strafe angedroht haben, falls sie die Aufgabe nicht ausführten, wie die Nachrichtenagentur Kyodo berichtete. Der Gouverneur von Tokio, **Shintaro Ishihara**, habe sich bei Regierungschef **Naoto Kan** darüber beschwert. Der Wirtschaftsminister sagte daraufhin auf einer Pressekonferenz: „Wenn meine Bemerkungen Feuerwehrmänner verletzt haben, möchte ich mich in diesem Punkt entschuldigen." Er ging allerdings nicht näher darauf ein, ob die Vorwürfe gerechtfertigt seien.

06:26 Uhr: Über eine Woche nach dem Tsunami hat das Betreiberunternehmen Tepco des AKW Fukushima neue Erkenntnisse zum Unglücksverlauf veröffentlicht. So sollen die Atomkraftwerke von einer 14 Meter hohen Flutwelle getroffen worden sein. Das sei mehr als doppelt so hoch, wie Experten bei der Planung der Anlagen erwartet hatten, berichtete der Fernsehsender NHK.

07:59 Uhr: Der havarierte Block 3 des Atomkraftwerks Fukushima 1 wird wieder mit Wasser besprüht. Das berichtete die Nachrichtenagentur Kyodo. Der Block gilt als besonders gefährlich, da er Brennstäbe aus einem Plutonium-Uran-Mischoxid (MOX) enthält.

08:07 Uhr: Im Kampf gegen die atomare Katastrophe könnte Japan bald Unterstützung aus den USA erhalten. Nach einem Bericht der Nachrichtenagentur Kyodo liegt Verteidigungsminister **Toshimi Kitazawa** ein Hilfsangebot des amerikanischen Militärs vor, ein Team von Atomexperten ins havarierte Kraftwerk Fukushima 1 zu schicken. **Kitazawa** wolle in den nächsten zwei Tagen entscheiden, ob er dieses Angebot annehme.

08:33 Uhr: Alle sechs Reaktoren des japanischen Atomkraftwerks Fukushima 1 sind wieder an die Stromversorgung angeschlossen. Als letzte wurde eine Leitung zu den Reaktoren 3 und 4 gelegt, wie die japanische Atomaufsicht mitteilte. Die übrigen vier Reaktoren waren bereits zuvor an die Stromversorgung angeschlossen, allerdings wurden bislang nur die Reaktoren 5 und 6 mit Strom versorgt. Zunächst müssten die Anlagen geprüft werden, bevor die Stromzufuhr freigegeben werden könne, sagte ein Sprecher der Behörde.

09:03 Uhr: Die japanische Regierung hat zwei Atomexperten als Berater eingestellt. „Wir erwarten, dass die zwei Experten uns die richtigen Ratschläge geben", sagte Regierungssprecher **Yukio Edano**. Die Berater gehörten zu Japans besten Nuklearingenieuren. **Edano** sagte, dass es wichtig sei, das verfügbare Fachwissen zu bündeln. Die nukleare Krise nach dem Erdbeben werde die Regierung noch lange beschäftigen.

09:15 Uhr: Die Regierungspartei will wegen der gewaltigen Wiederaufbaukosten nach dem Jahrhundertbeben den Staatshaushalt aufstocken. „Wir erwägen einen ersten Nachtragshaushalt von April bis Mai", sagte der Generalsekretär der Demokratischen Partei, **Katsuya Okada**, in Tokio. Mindestens ein weiterer werde folgen. Auch die Rücklagen für das laufende Haushaltsjahr sollen angezapft werden.

09:59 Uhr: Der japanische Aktienmarkt setzt seine Erholung fort und ist nach dem Feiertag mit deutlichen Gewinnen in die Handelswoche gestartet. Der Nikkei-Index für 225 führende Werte schloss mit einem Plus von 401,57 Punkten bei 9.608,32 Punkten und damit um 4,36 Prozent.

10:23 Uhr: Die Kühlung der Kernbrennstäbe in der Nuklearanlage Fukushima 1 ist weiter instabil und unterliegt deutlichen Schwankungen. Ein Sprecher der japanischen Atomaufsichtsbehörde NISA sagt, die Brennstäbe in zwei Reaktoren seien weniger mit Wasser bedeckt als in den vergangenen Tagen.

10:27 Uhr: Am Reaktor 2 ist nach Regierungsangaben weiterhin eine kleine Wolke weißen Rauchs zu beobachten. Über dem Reaktor 3 stehe kein Rauch mehr.

10:38 Uhr: Die japanische Armee soll nun täglich über das Kraftwerk Fukushima 1 fliegen, um in der Anlage die Temperatur zu messen. Das sagt Verteidigungsminister **Toshimi Kitazawa** nach Angaben des Fernsehsenders NHK. Bisher hätten die Messflüge zweimal in der Woche stattgefunden.

11:09 Uhr: Ein Vertreter der japanischen Regierung erklärt, es sei äußerst unwahrscheinlich, dass die Abklingbecken erneut einen kritischen Zustand erreichten.

11:11 Uhr: Der Energiekonzern Tepco entschuldigt sich bei Flüchtlingen aus der Region Fukushima für die Katastrophe. **Norio Tsuzumi**, ein Mitglied der Unternehmensspitze, sagt bei einem Besuch in einem Notlager: „Es tut uns leid, dass wir Ihnen so viel Mühe bereitet haben." Das meldet die japanische Nachrichtenagentur Kyodo.

11:37 Uhr: Angesichts des anhaltenden Drucks auf den Yen schließt die japanische Regierung weitere Währungsverkäufe nicht aus. Die sieben führenden Industriestaaten G-7 hätten beschlossen, die Devisenmärkte aufmerksam zu beobachten und würden nötigenfalls gemeinsam eingreifen, betont Japans Finanzminister **Yoshihiko Noda**.

11:52 Uhr: Der Temperaturanstieg um den Kern des Reaktors 1 stellt nach Ansicht des Betreibers einen Grund zur Besorgnis dar. Die Blöcke 1, 2 und 3 müssten zudem durch zusätzliche Wasserzufuhr weiter gekühlt werden.

12:19 Uhr: Im Atomkraftwerk Fukushima 1 haben nun alle sechs Reaktoren eine externe Verbindung zur Stromversorgung. Das meldet die Nachrichtenagentur Kyodo.

12:58 Uhr: Das Abklingbecken in Reaktor 2 ist nach Angaben der japanischen Atomaufsicht wieder mit Wasser gefüllt.

13:07 Uhr: Elf Tage nach dem Jahrhundertbeben ist gut die Hälfte aller Schüler der Deutschen Schule Tokyo Yokohama zurück in Deutschland. Viele Jungen und Mädchen lernen jetzt in Klassenzimmern verteilt hierzulande.

13:11 Uhr: In den nächsten Tagen dreht der Wind in eine für Tokio eher ungünstige Richtung. Derzeit wehe er schwach vom Land aufs Meer und weg von der Hauptstadt, sagt **Uwe Baumgarten** vom Deutschen Wetterdienst (DWD) in Offenbach. In den nächsten Tagen drehe der Wind aber leicht auf Nordwest und wehe Schadstoffe möglicherweise in Richtung Tokio.

13:15 Uhr: Die Behörden haben vor weiteren schweren Nachbeben in der Krisenregion im Nordosten Japans gewarnt. Die Erdstöße könnten die Stärke 7 oder mehr haben, berichtet die japanische Wetterbehörde nach Angaben des Senders NHK. Die Beben könnten bereits beschädigte Gebäude zum Einsturz bringen oder einen weiteren Tsunami auslösen, hieß es bei NHK.

13:21 Uhr: Die Lage im japanischen Erdbebengebiet bessert sich nach Angaben der Caritas allmählich. Der Flughafen der Stadt Sendai konnte demnach zumindest zeitweise wieder angeflogen werden. Weiterhin seien aber mehrere Dörfer im Tsunami-Gebiet von der Außenwelt abgeschnitten. Hubschrauberflüge würden durch andauernden Regen und Schneefall stark beeinträchtigt. Immerhin seien rund 90 Prozent der Straßen in den heimgesuchten Regionen wieder passierbar.

14:30 Uhr: Die Behörden haben immer größere Probleme, die Erdbebenopfer zu bestatten. Zwei Gemeinden in der Präfektur Miyagi haben deswegen begonnen, identifizierte Tote vorübergehend in Massengräbern beizusetzen. Dafür müsse aber die Zustimmung der Familien vorliegen, wie die Nachrichtenagentur Kyodo berichtet.

15.25 Uhr: Die Zahl der Todesopfer steigt weiter fast stündlich. Am Dienstagabend (Ortszeit) lag die Totenzahl nach Angaben der Polizei bei 9099. Mehr als 13 786 Menschen würden noch vermisst. Das berichtet die Nachrichtenagentur Kyodo.

15:34 Uhr: Japanischen Technikern ist es gelungen, im Kontrollraum von Block 3 im Katastrophenkraftwerk Fukushima Licht zu machen. Dies berichtet die Nachrichtenagentur Kyodo unter Berufung auf die Betreiberfirma Tepco.

16:54 Uhr: Die Internationale Atomenergie-Behörde (IAEO) ist besorgt, dass der genaue Status von Reaktor 1 unbekannt ist. IAEO-Vertreter **Graham Andrew** sagte, es lägen auch keine Informationen über die Temperaturen in den Abklingbecken der Blöcke 1, 3 und 4 vor. Allgemein sei die Situation weiter **„sehr ernst".**

16:55 Uhr: Japans Reis- und andere Getreidefelder haben nach Einschätzung der UN-Lebensmittelbehörde FAO keinen schweren Schaden durch das Erdbeben und den Tsunami erlitten.

17:40 Uhr: Ministerpräsident **Naoto Kan** hat der EU-Transparenz in der Atomkrise versprochen. In einem Telefongespräch mit EU-Ratspräsident **Herman Van Rompuy** habe er zugesagt, die internationale Gemeinschaft über die Entwicklung im beschädigten

Kernkraftwerk Fukushima auf dem Laufenden zu halten, meldet die Nachrichtenagentur Kyodo.

19:17 Uhr: Die Internationale Atomenergiebehörde IAEO ist wegen eines möglichen Lecks im Fukushimareaktor 1 besorgt. Außerhalb der Anlage gebe es weiterhin hohe Strahlungswerte, teilte die IAEO mit. Man habe bisher nicht herausfinden können, ob der Sicherheitsbehälter des Reaktors beschädigt sei. Insgesamt verbessere sich die Lage in dem havarierten AKW weiter, auch wenn sie noch immer „sehr ernst" sei, sagte IAEA-Experte **Graham Andrew** bei einer Pressekonferenz in Wien.

19:27 Uhr: In immer mehr Lebensmitteln entdecken japanische Behörden radioaktive Partikel. In der Präfektur Fukushima wurden bei Brokkoli die gesetzlichen Grenzwerte überschritten, in der angrenzenden Region Ibaraki bei Rohmilch. Dies teilte das japanische Gesundheitsministerium am Mittwochmorgen (Ortszeit) mit, wie die Nachrichtenagentur Kyodo meldete. Seit Tagen mehren sich die Berichte über eine radioaktive Belastung von Blattgemüse, Milch und Trinkwasser im Umkreis des Kernkraftwerks Fukushima.

19:43 Uhr: Die Schutzhüllen der Unglücksreaktoren von Fukushima 1 sind nach Einschätzung der IAEO nicht schwer beschädigt. Es lägen ausreichend Informationen vor, um sagen zu können, dass es in den Sicherheitsbehältern der Reaktoren keine großen Löcher gebe, sagte der IAEO-Verantwortliche für Reaktorsicherheit, **James Lyons,** in Wien. Auch trete aus den Sicherheitsbehältern keine große Menge Radioaktivität aus. Es entweiche aber immer noch Radioaktivität aus der Anlage, sagte Lyons.

23:38 Uhr: Ein heftiger Erdstoß hat den Nordosten Japans erschüttert – betroffen war auch die Region um den Unglücksreaktor Fukushima. Eine Tsunami-Gefahr bestehe nicht, hieß es. Das Beben hatte eine Stärke von 6,0. Angaben über Schäden lagen zunächst nicht vor.

Mittwoch 23.März 2011

01:47 Uhr: Die japanische Hauptinsel Honshu ist erneut von einem Erdbeben erschüttert worden. Das Zentrum des Erdstoßes der Stärke 4,9 lag in der Präfektur Ibaraki, südlich der Region Fukushima mit dem havarierten Atomkraftwerk und 58 Kilometer nordöstlich von Tokio, wie der staatliche japanische Wetterdienst und die US-Erdbebenwarte USGS mitteilen. Eine Tsunami-Warnung wurde nicht ausgelöst.

02:03 Uhr: Nach einer fast eintägigen Pause werden die Arbeiten am Unglücksreaktor Fukushima 3 wieder aufgenommen. Die Ingenieure seien auf das Gelände zurückgekehrt, meldet die Nachrichtenagentur Kyodo am Donnerstag. Die Arbeiten waren ausgesetzt worden, nachdem am Mittwochnachmittag (Ortszeit) schwarzer Rauch aus dem Reaktor aufgestiegen war.

03:09 Uhr: Nach Australien setzt auch Singapur die Einfuhr von Milch und Fleisch aus dem Gebiet der japanischen Unglücksreaktoren aus. Zudem dürfen Obst, Gemüse und Meeresfrüchte aus der Region nicht mehr importiert werden, wie die Lebensmittelaufsicht mitteilt.

03:14 Uhr: Auch in einer Nachbarregion zu Tokio ist das Trinkwasser verstrahlt. In einer Wasseraufbereitungsanlage in Kawaguchi seien erhöhte Werte festgestellt worden, meldet die Nachrichtenagentur Kyodo. Demnach überschreitet die Strahlung mit 120 Becquerel an radioaktivem Jod leicht die für Säuglinge erlassenen Grenzwerte.

05:08 Uhr: Der Kontrollraum des ersten Reaktors im weitgehend zerstörten Atomkraftwerk Fukushima 1 ist zumindest teilweise wieder an die Stromversorgung angeschlossen worden. Am Donnerstag sei in der dortigen Schaltzentrale die Beleuchtung wieder angegangen, sagt ein Vertreter von Japans Atomaufsicht der Nachrichtenagentur AFP. Es sei aber noch nicht klar, ob damit auch das Kühlsystem des Reaktors 1 wieder in Betrieb gehen könne.

05:33 Uhr: In der japanischen Hauptstadt Tokio ist die Belastung des Leitungswassers mit radioaktivem Jod wieder unter den für Säuglinge festgelegten Grenzwert gesunken. Dies meldet die Nachrichtenagentur Kyodo. Am Vortag hatten die Behörden deutlich erhöhte Werte registriert und daraufhin empfohlen, Kinder unter zwölf Monaten kein Leitungswasser trinken zu lassen. In den Geschäften war kaum noch abgefülltes Wasser in Flaschen zu bekommen.

05:45 Uhr: China hat an einem Flugzeug aus Japan erhöhte Strahlenwerte festgestellt. Die Frachtmaschine sei vor einer Woche in der Hafenstadt Dalian in der nordöstlichen Provinz Liaoning gelandet und kontrolliert worden, meldete die staatliche Nachrichtenagentur Xinhua.

06:28 Uhr: Auch Hongkong verbietet den Import von Gemüse und Milch aus der Gegend um das havarierte Atomkraftwerk in Japan. Ab sofort dürfen keine Milchprodukte, Gemüse, Früchte, Fleisch, Eier und Meeresfrüchte mehr eingeführt werden, die seit dem 11. März in den fünf Präfekturen im weiten Umkreis des AKW Fukushima geerntet, hergestellt oder abgepackt wurden. Davor verschärften bereits die USA, Singapur und Australien die Einfuhrbestimmungen.

07:35 Uhr: Drei Arbeiter im AKW Fukushima haben eine außerordentlich hohe Strahlendosis abbekommen. Nach Angaben der Atomsicherheitsbehörde wurden sie 170 bis 180 Millisievert ausgesetzt. Zwei von ihnen seien mit Verbrennungen an den Beinen ins Krankenhaus gebracht worden. Sie hatten an Reaktor 1 gearbeitet. Die Regierung hatte die zulässige Strahlenbelastung auf 250 Millisievert pro Jahr hochgesetzt.

07:59 Uhr: Gelber Regen hat Menschen im Großraum Tokio in Aufregung versetzt, wie die Nachrichtenagentur Kyodo berichtet. Demnach riefen 200 Menschen am Mittwoch beunruhigt bei der japanischen Wetterbehörde an, nachdem sich ein gelblicher Film in manchen Gegenden auf Dächer und Straßen gelegt hatte. Am Donnerstag gab die Behörde Entwarnung: Die gelbe Farbe komme von Pollen in der Luft.

08:01 Uhr: Mehr Details zu den drei verstrahlten Arbeitern: Sie sind radioaktiven Elementen ausgesetzt gewesen, als sie Stromkabel verlegten.

08:50 Uhr: Die Lage am Reaktor Fukushima stabilisiert sich nach Angaben der Betreiberfirma Tepco.

09:31 Uhr: Die japanische Regierung erwägt, die Bauern in der Gegend um das havarierte Atomkraftwerk Fukushima zu entschädigen. „Natürlich denken wir jetzt über eine Entschädigung nach", sagt Regierungssprecher **Yukio Edano**. Das betreffe Bauern und Erzeuger in den Präfekturen, für die der Lieferstopp für bestimmtes Gemüse gelte.

09:32 Uhr: Der TV-Sender NHK meldet ein weiteres Nachbeben in Nord-Japan. Die Stärke des Erdstoßes wird vorläufig mit 6,1 angegeben.

09:43 Uhr: Im Problemreaktor 3 in Fukushima sind einige Arbeiter abgezogen worden. Zuvor hatten dort drei Männer eine sehr hohe Strahlendosis abbekommen. Die Betreiberfirma Tepco habe Arbeiter im Erdgeschoss und Untergeschoss des Reaktors angewiesen, sich in Sicherheit zu bringen. Das meldet die japanische Nachrichtenagentur Kyodo.

11:59 Uhr: Helfer haben in der Gegend um das Atomkraftwerk in Fukushima bisher kaum nach Vermissten suchen können. Die nukleare Gefahr behindere die Suche nach Erdbeben- und Tsunamiopfern, sagt ein Retter nach Angaben der Nachrichtenagentur Kyodo.

12:16 Uhr: Knapp zwei Wochen nach der Katastrophe ist die Zahl der Toten und Vermissten auf mehr als 26.000 gestiegen. Bislang seien 9.737 Todesopfer bestätigt worden, teilte die Polizei mit. 16.423 Menschen wurden noch vermisst. Verletzt wurden durch das Beben und die Flutwellen 2.777 Menschen.

12:41 Uhr: Der Wind in Japan steht weiter günstig und treibt mögliche Schadstoffe aus dem havarierten Atomkraftwerk Fukushima nach Osten auf das offene Meer. Der Wind weht schwach aus Nordwest, sagt **Stefan Külzer** vom Deutschen Wetterdienst (DWD).

13:21 Uhr: Zwei japanische AKW-Betreiber kündigen Konsequenzen aus der Fukushimakatastrophe an. Chubu Electric Power will einen, Kyushu Electric Power zwei stillgelegte Meiler vorerst nicht wieder ans Netz nehmen. Zunächst soll noch ein Notfalltraining stattfinden.

14:21 Uhr: Das Bundesamt für Strahlenschutz hat 94 Tests auf Radioaktivität registriert, die Heimkehrer in Deutschland machen ließen. Dabei wurden bei einem Drittel der Untersuchten geringfügige Mengen von Jod 131 und Tellur-/Jod 132 festgestellt. Alle seien aber weit entfernt von gesundheitlichen Risiken.

14:37 Uhr: Die Behörden haben die offizielle Zahl der Todesopfer weiter nach oben korrigiert. Demnach ist die Zahl der Toten auf 9.811 gestiegen, weitere 17.541 Menschen werden weiterhin vermisst.

Donnerstag. 24. März 2011

14:55 Uhr: Die Strahlenbelastung im Meer nahe Fukushima 1 steigt weiter. Wie der Stromkonzern Tepco mitteilt, wurden im Meer in der Nähe der Abflussrohre der Reaktorblöcke 1 bis 4 etwa um das 150-fach erhöhte Werte von radioaktivem Jod 131 gemessen. Dies sei die höchste Belastung, die bis jetzt im Meer gemessen wurde, die Werte bedeuteten aber weiter keine Gefahr für die menschliche Gesundheit.

15:10 Uhr: Im japanischen Parlament wächst der Druck auf die Regierung, die Evakuierungszone um Fukushima auszuweiten. 23 Abgeordnete aus dem Ober- und Unterhaus des Parlaments sollen eine Petition unterschrieben haben, in der sie fordern, auch außerhalb des bislang gezogenen 20-Kilometer-Radius die Evakuierung **„drastisch voranzutreiben".**

15:34 Uhr: Mineralwasser und Babynahrung für das japanische Katastrophengebiet will der Verein Luftfahrt ohne Grenzen mit Partnern auf den Weg bringen. Insgesamt sollten 150 Tonnen Hilfsgüter Anfang April nach Hamburg zur Verschiffung gebracht werden.

16:20 Uhr: Frankreich wird die ersten Ergebnisse seiner AKW-Sicherheitstests bis Ende 2011 veröffentlichen. Das sagt der Chef der französischen Atomaufsicht ASN, **Andre-Claude Lacoste.**

18:13 Uhr: Zwei verstrahlte Arbeiter aus dem havarierten Kernkraftwerk Fukushima haben angeblich keine schweren Gesundheitsschäden davongetragen. Die Männer litten nicht an Übelkeit oder Schmerzen, berichtete die Nachrichtenagentur Kyodo in der Nacht zum Freitag unter Berufung auf die Betreiberfirma Tepco.

19:32 Uhr: Die Lufthansa nimmt ihre Flüge nach Tokio wieder auf. „Seit heute fliegen wir wieder sowohl von Frankfurt als auch von München einmal täglich nach Tokio-Narita", sagte ein Firmensprecher. Auf dem Hin- und Rückflug machen die Maschinen Zwischenstopps in Südkorea, wo die Besatzungen ausgetauscht werden. Damit wird vermieden, dass die Besatzungsmitglieder einen längeren Aufenthalt in Japan haben.

21:57 Uhr: Lebensmittel aus Japan dürfen nicht mehr ohne Weiteres in die Europäische Union gebracht werden. Deutschland und die 26 anderen EU-Mitgliedstaaten verständigten sich auf neue strenge Regeln. Sie sehen Zwangskontrollen für Lebensmittel aus zwölf Präfekturen vor. Die Tests auf Radioaktivität müssen bereits in Japan selbst erfolgen. Über das Ergebnis wird eine schriftliche Erklärung verlangt. In Europa soll es zudem stichprobenartig weitere Untersuchungen geben. Von Lebensmitteln aus den anderen 35 Präfekturen des Inselstaats wird ebenfalls ein Teil in den EU-Mitgliedstaaten kontrolliert. Nicht betroffen sind nur Produkte, die bereits vor dem 11. März hergestellt wurden.

23:49 Uhr: Die japanische Regierung hat den im Erdbeben und Tsunami entstandenen Schaden an Gebäuden und Straßen auf rund 200 Milliarden Euro geschätzt. Die Naturkatastrophe hat nach jüngsten offiziellen Zahlen mindestens 9.811 Menschen das Leben gekostet. 17.451 werden noch vermisst. In der Präfektur Miyagi veröffentlichte die Polizei Informationen zu mehr als 2.000 Leichen im Internet mit der Bitte, bei der Identifizierung zu helfen. Dazu gehören Angaben zur Kleidung oder zur Körpergröße. In den Präfekturen Miyagi und Iwate begannen die Behörden damit, Leichen ohne die in Japan übliche Einäscherung beizusetzen, weil die Krematorien überlastet sind. In der Ortschaft Higashimatsushima in der Präfektur Miyagi wurden nahezu 100 Tote ohne Einäscherung beerdigt.

Freitag, 25. März 2011

00:32 Uhr: Zu den drei im AKW Fukushima verstrahlten Technikern werden neue Erkenntnisse bekannt. Sie sollen bei ihrem Einsatz in Wasser gestanden haben, das nach Angaben der Betreibergesellschaft Tepco eine 10.000-fach erhöhte Radioaktivität aufwies. Die Messwerte deuten auf die Möglichkeit hin, dass Kernbrennstäbe im Reaktor 3 des Atomkraftwerks beschädigt worden sind.

04:18 Uhr: Genau zwei Wochen nach der verheerenden Erdbeben- und Tsunami-katastrophe in Japan ist die Zahl der bestätigten Todesopfer auf mehr als 10.000 gestiegen. Das berichtete die japanische Nachrichtenagentur Kyodo.

04:40 Uhr: Japan erwägt in Reaktion auf die Nuklear-Katastrophe in Fukushima neue Sicherheitsstandards für Atomkraftwerke. Das erklärte Wirtschaftsminister **Banri Keida** am Freitag. Die neuen Richtlinien sollen beim Wiederanfahren von AKWs, die derzeit Routineüberprüfungen unterzogen werden, angewandt werden.

04:45 Uhr: Der japanische AKW-Betreiber Tepco gibt den drei verstrahlten Arbeitern am Unglückswerk Fukushima eine Mitschuld an deren Verletzungen. Die Arbeiter hätten Strahlenzähler bei sich getragen, den ausgelösten Alarm aber ignoriert, teilte Tepco mit. Die eingesetzten Ingenieure würden nun erneut über die Sicherheitsgefahren informiert.

04:55 Uhr: Die japanische Regierung ist besorgt, dass die fortgesetzte Kühlung des AKWs Fukushima mit Meerwasser von Außen zu einer Salzverkrustung der Kernbrennstäbe und damit zu neuen Risiken führen könnte. „Salz ist für uns eine große Sorge", sagte Verteidigungsminister **Toshimi Kitazawa** dem Fernsehsender NHK. Es sei notwendig, sehr schnell die Umstellung auf eine Kühlung mit Süßwasser zu erreichen. Dazu habe die US-Regierung ihre Hilfe angeboten, sagte **Kitazawa**.

05:36 Uhr: Die japanische Regierung plant derzeit keine Ausweitung der Evakuierungszone um das havarierte Atomkraftwerk Fukushima. Regierungssprecher **Yukio Edano** sagte aber, den Bewohnern des Gebiets in einer Entfernung von 20 bis 30 Kilometern um das Kraftwerk Fukushima 1 werde empfohlen, sich freiwillig in weiter entfernte Regionen zu begeben. Diese Empfehlung erfolge nicht aus Sicherheitsgründen, betonte **Edano**.

07:09 Uhr: Der Kern eines Reaktors des havarierten japanischen Atomkraftwerks Fukushima Daiichi könnte laut der Vermutung eines Mitarbeiters der Atomsicherheitsbehörde beschädigt sein. Dabei handele es sich um Block 3. Sollte dies zutreffen, könnte die Radioaktivität in der Umgebung des Kraftwerks deutlich ansteigen.

07:32 Uhr: Stark radioaktiv belastetes Wasser hat nun auch die Arbeiten an den Reaktoren 1 und 2 im Atomkraftwerk Fukushima 1 gestoppt. Die Arbeiten mussten unterbrochen werden, nachdem dort Wasser mit hoher Radioaktivität gefunden worden war, berichtete die Nachrichtenagentur Kyodo.

08:19 Uhr: Auch AKW-Betreiber Tepco spricht nun von einer möglichen Beschädigung des Reaktordruckbehälters in Block 3. „Es ist möglich, dass der Behälter in dem Reaktor, der die Brennstäbe enthält, beschädigt ist", sagt ein Sprecher. Im Reaktor 3 von Fukushima enthalten die Brennstäbe neben Uran auch **Plutonium, ein hoch radioaktives, extrem giftiges Schwermetall.**

08:31 Uhr: Die Regierung gibt keine Entwarnung für die Sicherheitszone in 20 bis 30 Kilometer Entfernung zum AKW. Die Menschen blieben aufgefordert, ihre Wohnungen nicht zu verlassen.

09:28 Uhr: Die Totenzahl ist auf über 10.000 gestiegen. Der Fernsehsender NHK berichtet von 10.035 Opfern. Er beruft sich auf die nationale Polizeibehörde. Andere

Medien nennen etwas höhere oder niedrigere Zahlen. Rund 17.500 Menschen gelten noch als vermisst.

Die aufgezeigten Abläufe geben nur einen kleinen Teil dessen wieder, was sich in Wirklichkeit abgespielt hat. Die einzelnen Menschenschicksale und Familientragödien sind hier nicht berücksichtigt. Die Menschen in den bestrahlten Gebieten wurden, wie auch schon des Öfteren bei großen Katastrophen, nicht ausreichend informiert und die echte, gefährliche Situation verschwiegen. So lassen Sie uns die Strömung der tödlichen Strahlen verfolgen. Seit fast einer Woche schaut die Welt auf den Unglücksreaktor Fukushima 1: Nach dem verheerenden Beben sind dort drei Reaktoren explodiert, in zwei weiteren Blöcken drohen Detonationen.

Noch immer wird versucht, einen Super-GAU zu verhindern.

50 Helden im Kamikaze-Kampf stellen sich gegen die Schmelze. 50 Männer stemmen sich verzweifelt gegen die Katastrophe und nehmen dafür ihren Tod in Kauf. Sie sind Japans letzte Hoffnung im Kampf gegen den **Super-GAU**. Eine ganze Nation, die ganze Welt bangt um sie – und betet für sie.

Im dunklen Gerippe der Reaktoren raucht und zischt es. Die Arbeiter kriechen durch das Labyrinth der zerstörten Anlage. Sie schwitzen, auf ihren Rücken tragen sie Sauerstofftanks, das Atmen durch die Gesichtsmasken fällt schwer. Die Arbeiter sind den tödlichen radioaktiven Strahlen bedingungslos ausgeliefert. Ihre Schutzanzüge und –hauben halten verstrahlte Partikel auf, aber nicht die unsichtbare **Strahlung**.

„Das sind arme Schweine, alles Todgeweihte! In den Reaktoren herrscht eine unvorstellbare Strahlenbelastung von 1.000 Millisievert pro Stunde. Die Arbeiter nehmen in 15 Minuten so viel Radioaktivität auf, wie es sonst nur in einem ganzen Jahr erlaubt wäre", sagt der Präsident der Gesellschaft für Strahlenschutz in Berlin.

Seit dem Beben starben bereits fünf Atomtechniker, 22 wurden verletzt, zwei Arbeiter sind noch immer vermisst.

Die Lösung der Probleme steht für die „Fukushima 50", wie sie genannt werden, in keiner Betriebsanleitung. Ihre Aufgabe besteht vor allem darin, mit kleinen Feuerwehrpumpen Meerwasser in die austrocknenden Abklingbecken zu leiten. Hier lagern Hunderte abgebrannter Brennstäbe und damit etwa 6,5 Tonnen hochgiftiges Plutonium. Die für einen Menschen tödliche Dosis des radioaktiven Schwermetalls liegt im zweistelligen Milligramm-Bereich, eine Explosion in diesen Reaktorabschnitten hätte somit katastrophale Folgen! „Unsere Männer müssen entschlossen sein, die Probleme zu lösen", sagt Japans Premier **Naoto Kan**.

Experten vergleichen die letzten im AKW verbliebenen Techniker mit Elite-Soldaten: treu, pflichtbewusst, aufopfernd, dem Wohle der Gemeinschaft dienend.

„Für einige Mitarbeiter wird es eine Ehre sein, unter dem Einsatz ihres eigenen Lebens das Schlimmste zu verhindern. Wie ein Kapitän auf dem sinkenden Schiff ...."

Ein Angestellter (59) eines Stromkonzerns hat sich jetzt sogar freiwillig zum Einsatz gemeldet: „Von jetzt an verändert sich die Geschichte der Kernkraft. Und da will ich aus Berufung dabei sein."

Doch Strahlung tritt bereits aus, nach jüngsten Angaben von Verteidigungsminister **Toshimi Kitazawa** 4,13 Millisievert pro Stunde! Zum Vergleich: In Deutschland liegt der Grenzwert für zusätzliche radioaktive Strahlung bei 1 Millisievert pro Jahr.

Die tödliche Fracht steigt in die Luft und die große Angst ist, diese Wolke mit radioaktivem Material könnte nach Tokio und Umgebung getrieben werden: Dort wohnen rund 35 Millionen Menschen und diese Menschen leben nicht gerade in einer schönen Stadt.

Schön ist Tokio gewiss nicht. Weil die Stadt durch Feuersbrünste, Erdbeben und Bombenangriffe oft zerstört wurde, ist kaum „Altes" geblieben. Tokio besuchen heißt Mega-City erleben. Schon im 18. Jahrhundert machten mehr als eine Million Einwohner Tokio zur größten Stadt der Welt, heute lebt im Großraum ein Viertel der japanischen Bevölkerung. Überfüllte U-Bahnen, permanenter Lärm und Neongeblinke gehören hier zum Alltag. Allgegenwärtig ist außerdem die Angst vor der nächsten großen Erdbeben-Katastrophe.

Neonreklamen blinken, aus den Spielhöllen quillt laute japanische Popmusik, der Himmel ist zwischen den Wolkenkratzern kaum auszumachen. Wer heute mitten in Tokio steht, kann sich kaum vorstellen, dass hier vor 550 Jahren nur ein Schloss und ein paar Häuser standen. Edo, wie die Stadt damals hieß, taucht in den Geschichtsbüchern zum ersten Mal im 12. Jahrhundert auf. Damals soll sich ein Mann nahe der Mündungen der beiden Flüsse Hirakawa und Sumida ein befestigtes Haus gebaut haben. Er nannte den Ort und seine Familie Edo, was „Flussmündung" bedeutet. Als eigentliches Gründungsjahr der heutigen Metropole gilt aber 1457. In diesem Jahr baute Fürst **Ota Dokan** ein Schloss an der Stelle, wo heute der Kaiserpalast steht. Knapp 300 Jahre später war aus dem kleinen Ort die größte Stadt der Welt geworden. Schon in der Mitte des 18. Jahrhunderts lebten mehr als eine Million Einwohner in Edo. Die Gründe für das rasche Wachsen der Stadt liegen vor allem in ihrer geografischen Lage. Die Bucht von Edo bot mehr Schutz als ein Hafen am offenen Meer. Der Ort ist zudem weit vom asiatischen Festland entfernt und konnte nicht so schnell von möglichen Invasoren wie den Mongolen erreicht werden. Außerdem schnitten sich die Straßen nach Osten, Norden und durch die Berge der heutigen Tama-Region in Edo. Diese Vorteile erkannte der Anführer der Samurai, Shogun Toyotomi Hideyoshi, bereits Ende des 16. Jahrhunderts und verlegte den Regierungssitz von Kioto nach Edo. Damals begann die Blütezeit des heutigen Tokio, das allerdings im Laufe der Geschichte immer wieder von Feuersbrünsten zerstört wurde. **Aus Edo wird Tokio.**

Im 19. Jahrhundert kämpften Truppen des Kaisers und des Shoguns um die Vor-herrschaft in Japan. Der Shogun war der Anführer der Kriegerkaste der Samurai, der offiziell dem Kaiser unterstand. Im Laufe der Zeit hatte er aber immer mehr an Macht gewonnen und war zum eigentlichen Oberhaupt des Staates geworden. Als die Truppen des Kaisers 1868 gewannen, verließ der letzte Shogun das Edo-Schloss und Kaiser Meiji zog ein. Von nun an hieß Edo Tokio, also „östliche Hauptstadt". Kioto bedeutet „Hauptstadt-Stadt" und löste Kioto offiziell als Japans Hauptstadt ab. Allerdings hatte Kioto auch schon zuvor an politischer Macht verloren und war nur noch formal Hauptstadt gewesen.

In der Meiji-Ära öffnete sich Tokio den Errungenschaften des Westens: Pferdebusse und später auch Straßenbahnen wurden eingesetzt, Steinhäuser wurden gebaut und die westliche Mode galt als chic. Doch Tokio standen schwere Jahre bevor. Am 1.

September 1923 zerstörte das große Kanto-Erdbeben einen Großteil der Stadt. Drei Tage lang wüteten Feuersbrünste in Tokio und Umgebung. 140.000 Menschen starben und 132.000 Häuser wurden zerstört. Der Wiederaufbau dauerte sieben Jahre und gab Tokio ein neues Gesicht. Denn die Katastrophe wurde dazu genutzt, die Infrastruktur der Stadt den Autos und Straßenbahnen anzupassen. So entschloss sich die Stadtverwaltung zum Beispiel dazu, breitere Straßen zu bauen.

Doch die nächste Katastrophe war nicht weit. 1945 bombardierten amerikanische Militärflugzeuge in über 100 Luftangriffen die Hauptstadt des faschistischen Japan. Die sich schnell ausbreitenden Feuer zerstörten erneut die Stadt und forderten 145.000 Opfer. Viele Menschen hatten sich aber schon vorher in Sicherheit gebracht und waren aufs Land zu Verwandten gezogen. Der Wiederaufbau erfolgte erstaunlich schnell. Schon 1955 hatte Tokio sechs Millionen Einwohner, zehn Jahre später waren es doppelt so viele. Und es sollten noch viele mehr werden.

Im Jahr 2010 drängen sich fast 35 Millionen Menschen im Großraum Tokio, davon knapp 13 Millionen in der Präfektur Tokio und 8,6 Millionen im Kernbereich der Stadt. Das bedeutet, dass ein Viertel der japanischen Bevölkerung auf knapp vier Prozent der Landesfläche lebt. Erfahrbar wird das besonders für den, der während der Rushhour U-Bahn fährt. Denn da es 800.000 Unternehmen in Tokio gibt, müssen morgens unglaublich viele Menschen zur Arbeit und abends wieder zurück. Im Gedränge haben nicht alle Männer ihre Hände unter Kontrolle; immer wieder beschweren sich Frauen, die in der Metro begrapscht wurden. Deswegen führte die Verwaltung durch rosa Blumen gekennzeichnete Wagen ein, die in den vollen Zeiten nur von Frauen benutzt werden dürfen.

Eine lebensbedrohende Gefahr lauert unter der Erde: Da unter Japan verschiedene Erdplatten aufeinandertreffen, erschüttern immer wieder Erdbeben auch die Region um Tokio – allerdings sind dies meist kleinere, die keine großen Schäden verursachen. Da es seit dem Kanto-Erdbeben im Jahr 1923 kein schweres Beben mehr in Tokio gegeben hat und diese normalerweise in einem Rhythmus von 60 Jahren auftreten, rechnen viele Tokioter aber in naher Zukunft mit einer weiteren Katastrophe. Hinweise zum richtigen Verhalten bei einem Erdbeben fehlen in keiner Wohnung und in keinem Japan-Reiseführer.

Tokio besteht aus 23 Hauptstadtbezirken. Diese sind weitgehend autonom, besitzen eine eigene Verwaltung und wählen sogar einen eigenen Bürgermeister. Die Bezirke wiederum sind unterteilt in meist mehrere Stadtteile. Ginza gilt als elegantester von ihnen. Auf der riesigen Einkaufsstraße findet man fast nur teure und vor allem westliche Markengeschäfte. Das Kaufhaus Matsuzakaya war das Erste, das Käufer betreten durften, ohne vorher ihre Schuhe auszuziehen. Abends verwandelt sich Ginza in ein Vergnügungsviertel – allerdings nur für Menschen mit entsprechendem Einkommen. Denn in Ginza befinden sich fast nur teure Klubs und Restaurants.

Junge Japaner treffen sich deswegen abends eher in Shibuya. Dieser Stadtbezirk entspricht dem Tokioklischee vollkommen: blinkende Neonreklame, laute Spielhallen, Karaoke-Bars, riesige Bildschirme an den Hochhäusern und die am meisten frequentierte Fußgängerkreuzung der Welt. Nur eine Metro-Station von Shibuya entfernt kann man in Harajuku Bizarres erleben: Vor allem sonntags zeigen sich hier Jugendliche, die sich als Manga-Figuren oder Punkmusiker verkleidet haben. Die Freiheitsstatue in Tokio.

Tokios jüngster Stadtteil ist die künstliche Insel Odaiba in der Bucht von Tokio. Zwar hatte Tokios Regierung schon Mitte des 19. Jahrhunderts damit begonnen, künstlich

Land zu gewinnen, das heutige Odaiba wurde allerdings erst 1979 fertiggestellt und Mitte der 90er Jahre zu einem Unterhaltungs- und Einkaufsviertel. Vom künstlich errichteten Strand aus hat man besonders nachts einen schönen Blick auf Tokio. Ein paar Meter weiter wähnt man sich plötzlich in der falschen Stadt. Die Freiheitsstatue reckt ihre Fackel zwar nicht so hoch wie in den New Yorker Himmel, beeindruckend bleibt sie trotzdem.

Tokio hat aber mehr zu bieten als trendige Stadtteile und West-Imitationen. Nach einem Bummel durch den ruhigen Yoyogi-Park mit seinen großen Bäumen, von dem Teile zu den Olympischen Spielen 1964 angelegt wurden, erreicht man den Meijischrein. Er wurde erst 1912 nach dem Tod des Kaisers Meiji errichtet und 1958 wieder aufgebaut, nachdem er im Zweiten Weltkrieg fast völlig zerstört worden war. Somit fehlt ihm das Flair der alten Schreine und Tempel, die in ganz Japan, aber auch in Tokio zu finden sind. Aber es ist ein Ort der Ruhe, der einen willkommenen Gegensatz zu Neongeblinke und permanenter akustischer Beschallung bildet.

Für mich war der Besuch Tokios ein echtes Erlebnis, leider sehr getrübt von der atomaren Reaktorkatastrophe, nördlich von der Hauptstadt. Doch in allem Unglück, das über Japan hereingebrochen ist, hat es noch Glück: Westwinde treiben die tödlichen Strahlen derzeit weg vom AKW, hinaus aufs Meer.

Auch ein Klimaexperte beim Wetterdienst – WETTER.NET in Wiesbaden, spricht deshalb von einer guten Nachricht für die Menschen in der Hauptstadt: „Die Strahlenbelastung wird in Tokio zunächst nicht weiter ansteigen." Kritisch soll es werden, wenn am Wochenende der Wind kurzzeitig auf Südost dreht und die verstrahlte Luft weiter Richtung Nordjapan zieht. Dieser Zustand wird aber nicht lange andauern.

Doch wie gefährlich ist die Strahlung wirklich?

Trotz aller Beteuerungen der Betreiber und der Regierung wächst die Angst vor dem atomaren **Super-GAU** in Japan. Rund um das schwerbeschädigte AKW Fukushima 1 wurde eine stark erhöhte Strahlung gemessen, und selbst im 240 Kilometer entfernten Tokio sind die Werte bereits leicht erhöht.

Für Radioaktivität gibt es kein „Gegengift".

Anders als bei chemischen oder biologischen Substanzen gibt es bei Radioaktivität kein „Gegengift". Man muss einfach warten, bis das Ausgangselement so weit zerfallen ist, dass es kaum noch Strahlung abgibt. Die von Isotop zu Isotop variierende Halbwertszeit liegt bei Jod 131 etwa bei acht Tagen. Ist diese Zeit vergangen, bleibt nur noch die Hälfte der Menge des gasförmigen Elements übrig. Bei Cäsium 137 sind das gut 30 Jahre, bei Plutonium 239 sogar 24.000 Jahre.

Deshalb werden auch 25 Jahre nach Tschernobyl noch Strahlenbelastungen in Wildschweinen aus dem Bayrischen Wald von bis zu 6.000 Becquerel pro Kilogramm (Bq/kg) gemessen. Das kontaktfreudige und leicht haftende Cäsium hat sich damals auf der großen Oberfläche der vielen Fichtennadeln niedergelassen, die nun im Boden angelangt, nur nach und nach abgebaut werden. Das freigesetzte Cäsium findet sich in Pflanzen wieder, in die es anstelle von Kalium in die Zellen eingebaut wird.

Besonders hoch ist seine Konzentration in Pilzen. Da Wildschweine als Allesfresser gerne im Boden nach Käfern, Larven, Eicheln und Pilzen wühlen, nehmen sie viel mehr

Strahlung auf, als etwa Hirsche, die sich nur von oberirdischer Pflanzensubstanz ernähren. Ist das strahlende Isotop in Pflanzen oder Fleisch enthalten, ist es nicht mehr zu reinigen.

Einen anderen Problemfall stellt verstrahltes Wasser dar.

Wahrscheinlich durch ein Leck der Reaktorbehälter wurde das Kühlwasser in Fukushima 1 radioaktiv belastet. Was passiert nun mit der strahlenden Flüssigkeit?

Das verstrahlte Wasser behindert die Aufräumarbeiten und die Kühlung im japanischen Atomreaktor Fukushima 1. Es stand zeitweise bis zu einen Meter hoch in den Kellern der Turbinenhäuser von vier der sechs Reaktorblöcke. Die Atomaufsicht erklärte, die Verstrahlung des Wassers liege wahrscheinlich an Lecks in Reaktorbehältern. Die Arbeiter wissen nicht, wohin mit dem verseuchten Wasser. Es fehlen Tanks.

Nun trafen Experten des französischen Atomkonzerns Areva in Japan ein. Sie sind auf die Behandlung radioaktiven Abwassers spezialisiert. Die Flüssigkeit soll auf ein Tankschiff auf dem Meer gepumpt werden.

Die Reinigung soll durch Ionenaustauscher erfolgen.

Auch in funktionsfähigen Reaktoren wird das Kühlwasser schwach radioaktiv belastet. Die Betreiber setzen Ionenaustauscher ein, um die Radionuklide aus dem Wasser zu entfernen. Es handelt sich dabei um winzige Kunstharzkugeln. Das belastete Wasser wird durch das sandartige Material gepumpt. Dabei verbleiben die radioaktiven Ionen im Harz, das Wasser wird immer reiner. Praktisch das ganze radioaktive Material sammelt sich in den Filtern.

Diese Technik steht mobil zur Verfügung und könnte daher auch gut in Japan eingesetzt werden. Eine Reinigung des Wassers wäre der normale Weg. Dies ist ein Routinevorgang. Wichtiger ist es, einen ständigen Kühlkreislauf in Gang zu setzen, um weitere Kontaminierung zu vermeiden.

Wie kommen Strahlen in das Gemüse und den Blattsalat?

Bei der Beschädigung des Reaktorgebäudes in Fukushima wurden verschiedene radioaktive Stoffe frei. Wie gelangen sie in die Nahrungskette?

Während radioaktives Jod (Iod 131 und Iod 134) und **Cäsium** (Cäsium 137) in der Luft relativ schnell verschwindet, verbinden sich andere Elemente, wie **Strontium, Uran und Plutonium** mit kleinen Staubteilchen in der Luft. Als sogenannte Aerosole können sie mit dem Wind über weite Strecken transportiert werden. Atmet der Mensch diese Stoffe ein oder nimmt er sie über die Nahrung auf, kann der Zerfallsprozess der Stoffe im Körper das Gewebe zerstören und **zu Krebs führen**, denn beim Zerfall wird sehr viel Energie in Form von radioaktiver Strahlung frei.

Wie aber gelangt die radioaktive Strahlung in den Boden?

In die Pflanze gelangen die gefährlichen Stoffe zum einen, wenn sie sich durch den Wind verbreitet an der Oberfläche von Blättern oder Zweigen absetzen. Zum anderen können sie, durch Niederschlag in obere Schichten des Bodens eingetragen, auch über das Wasser aus der Erde aufgenommen und beim Wachstumsprozess in die Pflanze eingebaut werden. Ist der Boden einmal durch langlebige radioaktive Elemente belastet, kann es, je nach Belastung, Jahrzehnte bis Jahrhunderte dauern, bis auf ihm wieder essbares Gemüse angebaut werden kann.

Gräbt man den Boden möglichst tief um, verlagert man zwar die Radioaktivität in untere Bodenschichten, sie verschwindet aber nicht aus dem Ökosystem. Weil Pflanzen auch aus tieferen Schichten des Bodens Nährstoffe aufnehmen können, gelangen radioaktive Teilchen in die Pflanze.

Fast unbeachtet wurde auch der Meeresboden verseucht.

Die japanischen Behörden stellten indes auf dem Meeresboden vor Fukushima laut einem Medienbericht eine stark erhöhte radioaktive Strahlung fest. Auf einem Gebiet von 300 Kilometern Länge und 50 Kilometern Breite seien im Pazifik an zwölf Stellen Belastungen gemessen worden, die Hunderte Mal über dem Grenzwert lägen, berichtete die japanische Nachrichtenagentur Kyodo unter Berufung auf das Wissenschaftsministerium des Landes. Den Angaben zufolge wurden die Werte zwischen dem 9. und dem 14. Mai gemessen.

Die Werte haben demnach ein gesundheitsgefährdendes Niveau, sollten sie auch in Fisch und Meeresfrüchten nachgewiesen werden. Genaue Messwerte für die radioaktiven Jod- und Cäsiumkonzentrationen veröffentlichte Kyodo aber nicht. Doch gerade dieses Nichtveröffentlichen von Fakten bringt Unsicherheit unter die Bevölkerung. 300 km Länge und 50 km Breite bedeuten einen Ausfall der Basisernährung, der geliebten Seefrüchte. Die Fische der See werden auf lange Zeit ungenießbar sein und der Bestand wird mit Krebsgeschwüren übersät sein. Bereits am Donnerstag hatte die Umweltschutzorganisation Greenpeace von radioaktiv belasteten Lebensmitteln aus dem Pazifik in einem Umkreis von mehr als 20 Kilometern um Fukushima berichtet und der japanischen Regierung erneut einen unprofessionellen Umgang mit der Atomkatastrophe vorgeworfen.

Nach der Fukushimakatastrophe können selbst atomgläubige Staaten wie Frankreich und Russland nicht einfach zur Tagesordnung übergehen. So stand das Thema auch beim G-8-Gipfel in Deauville auf der Agenda. Künftig wollen die Staaten ihre Atommeiler regelmäßig überprüfen.

Bundeskanzlerin **Angela Merkel** (CDU) sprach am Donnerstag nach den ersten Arbeitssitzungen beim G-8-Gipfel im französischen Deauville von einem Fortschritt. Die Europäer in der Gruppe der Acht wollen allerdings erreichen, dass weltweit alle Atomkraftwerke regelmäßig Stresstests unterzogen werden und nicht nur in den führenden Industriestaaten. Zur G-8 gehören die USA, Kanada, Japan, Russland, Deutschland, Frankreich, Großbritannien und Italien. Die Gruppe der Acht stellt **15 Prozent der Weltbevölkerung und erwirtschaftet etwa zwei Drittel der globalen Wirtschaftsleistung.**

Frankreichs Präsident **Nicolas Sarkozy**, derzeit der G-8-Vorsitzende, sagte, er werde in der Sicherheitsdebatte aufs Tempo drücken. Schon am 7. Juni sollten Minister aus 30 Staaten in Paris konkrete Vorschläge für schärfere Sicherheitsvorschriften erarbeiten. Die Ergebnisse dieses Treffens sollen in eine Sitzung der Internationalen Atomenergiebehörde zur Sicherheit der Kernkraft vom 20. bis 24. Juni in Wien einfließen.

Wie sollen die Kriterien eines AKW-Stresstests aussehen?

Grundsätzliche Kriterien

Überprüfung, ob die Kühlung der Brennelemente sowohl im Reaktordruckbehälter als auch im Brennelementlagerbecken bei bisher nicht zu erwartenden Ereignissen eingehalten werden kann und ob die Freisetzung radioaktiver Stoffe begrenzt werden kann.

Reaktionsmöglichkeiten, wenn die Kühlung der Brennelemente sowohl im Reaktordruckbehälter als auch im Abklingbecken ausfällt, es keinen Strom gibt oder eingetretene massive Brennelementschäden bis zur Kernschmelze führen.

Notstromversorgung, Personalverfügbarkeit in Notfällen, Wasserstoffbildung und Explosionsgefahr und Vorgehen, wenn das AKW wegen zu hoher Strahlenbelastung nicht mehr betreten werden kann.

Grundsätzliche Kriterien bei Erdbeben

Überprüfung der Standorte auf Erdbebensicherheit. Bis zu welcher Stärke können sie Beben aushalten, die deutlich über den bisher für Deutschland zu erwartenden Stärken liegen?
Erhalt der Funktionen bei einem besonders starken Erdbeben. Überprüfung von Folgeschäden mit Blick auf Anstieg bzw. Absinken des Flusspegels, Brand, Kühlmittelverlust, Überflutung, Zerstörung der Infrastruktur, Beeinträchtigung der Personalverfügbarkeit.

Grundsätzliche Kriterien bei Hochwasser.

Überprüfung der Standorte auf Erdbebensicherheit. Bis zu welcher Stärke können sie Beben aushalten, die deutlich über den bisher für Deutschland zu erwartenden Stärken liegen?
Erhalt der Funktionen bei einem besonders starken Erdbeben.
Überprüfung von Folgeschäden mit Blick auf Anstieg bzw. Absinken des Flusspegels, Brand, Kühlmittelverlust, Überflutung, Zerstörung der Infrastruktur, Beeinträchtigung der Personalverfügbarkeit.

Flugzeugabsturz und Terrorangriffe

Überprüfung des Erhalts der Funktionen beim Absturz eines Verkehrs- oder Militärflugzeugs. Dabei sollen unterschiedliche Absturzszenarien berechnet werden, je nach Flugzeugtyp, Geschwindigkeit, Beladung oder Aufprallort.
„Bauliche Reserven" beim Einschlag eines Flugzeugs – also eine Überprüfung, ob die Betonhüllen dick genug sind.
Auswirkungen eines Kerosinbrands (Flugzeuge tanken Kerosin).
Wirksamkeit einer räumlichen Trennung, etwa des Leitstands vom Reaktor.
Folgen eines radioaktiven Lecks nach einem Flugzeugabsturz.

Cyber-Angriffe

Prüfung der Notfallmaßnahmen bei Verlust einzelner Reaktorteile durch eine gezielte lokale Zerstörung von Systemen.
Gefährdung bei Angriffen von Außen auf computerbasierte Steuerungen und Systeme, Stichwort Cyberterrorismus.

Ausfall von Kühlung und Notstrom

Überprüfung der Folgen eines stationären Blackouts von mehr als zwei Stunden etwa mit Blick auf die Batteriekapazitäten.
Überprüfung eines langen Notstromfalls von mehr als 72 Stunden im Hinblick auf die Dieselversorgung (Kraftstoff, Öl, Kühlwasser)
Reparatur oder Ersatz von Dieselaggregaten durch eine alternative Notstromversorgung (Gasturbine, Wasserkraftwerk).

Folgen eines Ausfalls der Nebenkühlwasserversorgung im Hinblick auf andere Kühlmöglichkeiten wie Brunnenkühlung.
Wie eigentlich immer, wenn es um Sicherheit gehen soll, geht es auch um Geld, viel Geld. Hier streiten sich die Geister und Streit um den geplanten Stresstest ist angesagt.

Der Streit zwischen der EU-Kommission und den Mitgliedsländern über die Ausgestaltung der Stresstests für Atomkraftwerke schwelt unterdessen weiter. Beim Treffen mit den nationalen Aufsichtsbehörden habe es zwar Fortschritte gegeben, eine Entscheidung sei aber nicht getroffen worden, sagte EU-Energiekommissar **Günther Öttinger** in Brüssel. Die Beratungen sollen fortgesetzt werden. Zwischen **Öttinger** und den nationalen Behörden sind die Kriterien bei den Belastungstests umstritten. Die westeuropäischen Atomaufseher wollen die Risikoszenarien auf Naturkatastrophen beschränken. **Öttinger** will auch Gefahren durch menschliches Einwirken wie Flugzeugabstürze oder Terroranschläge abschätzen lassen.

Die EU-Staats- und Regierungschefs hatten nach der Katastrophe in Fukushima die Kommission und die nationalen Aufsichtbehörden mit der Erarbeitung eines umfassenden Stresstests beauftragt. Vor allem Frankreich, Großbritannien und Tschechien sind gegen **Öttingers** Plan. Der bayerische Ministerpräsident **Horst Seehofer** stellte sich hinter **Öttinger**. Die Frage der Sicherheit von Kernkraftwerken müsse grenzüberschreitend betrachtet werden, sagte Seehofer dem Bayerischen Rundfunk. „Deshalb muss der Stresstest so durchgeführt werden, dass er auch seinen Namen verdient. **Es darf kein Wischiwaschi sein.**"

Tokios Skyline

Queen Of The Geishas

Der Eingang zum Ginkakuji-Tempel Kyotos

Neuntes Kapitel

Längst hat die unheimliche Strahlung das Werksgelände verlassen.

Als Amerikaner kennt er das Problem: Nach dem Reaktorunglück von Three Mile Island bei Harrisburg 1979 dauerte es sechs Jahre, bis die Techniker den Reaktorkern öffnen konnten. Erst dann sahen sie, wie weit die Kernschmelze fortgeschritten war. Seitdem ist in den USA ein Überwachungssystem für Unfälle vorgeschrieben: Es misst, wie viel Radioaktivität frei wird und in welchem Zustand die Brennstäbe sind. **Auch das gibt es in Japan nicht.**

Stattdessen veröffentlichte der Kraftwerksbetreiber Tepco Bilder, die während des Stromausfalls entstanden waren: Sie zeigen, wie Arbeiter mit Taschenlampen und Klemmbrettern im stockdusteren Kontrollraum von Reaktorblock 1 und 2 umhertappen, um irgendwelche Messgeräte zu kontrollieren.

Ansonsten blieb nur, die Rauchzeichen zu deuten: Dunkle Schwaden, so vermuten die Experten, rühren von brennenden Kabeln und Schrott. Steigt weißer Rauch auf, so heißt dies, dass Wasser über den heißen Brennelementen verdampft.

Unterdessen maß Tepco in der Nähe von Reaktor 2 einen neuen Rekordwert: 500 Millisievert pro Stunde. Wer sich hier zwölf Stunden lang aufhält, stirbt an der Strahlenkrankheit. Das mag ein vereinzelter Extremwert sein, doch in der Nähe der verstrahlten drei Elektriker war die Belastung kaum weniger hoch.

Längst hat die unheimliche Strahlung das Werksgelände verlassen: In Kohlgemüse aus einer Region 40 Kilometer nordwestlich von Fukushima fanden Lebensmittelüberwacher **82.000 Becquerel** pro Kilogramm. Erlaubt sind **500**. Der Spitzenwert für Spinat lag bei **54.000 Becquerel** pro Kilogramm. Es ist schon sehr erstaunlich, wenn die Behörden als Schutzmaßnahmen das Schließen der Fenster und das Nichtverlassen der Häuser empfehlen. In Katastrophenfällen regiert die totale Unfähigkeit. Es zeigt sich mehr als klar, dass selbst in Jahrhundertnotfällen die Lobby der Atome ein stärkeres Sprachrohr ist, als die demokratisch gewählten Volksvertreter, die eigentlich die Atomlobby vertreten.

Wie lange sich die Radioaktivität in der Nahrungskette halten kann, zeigen, wieder einmal, die Erfahrungen von Tschernobyl: Auch 25 Jahre nach dem Reaktorunfall muss in bestimmten Regionen Bayerns noch heute das Fleisch jedes fünften geschossenen Wildschweins weggeworfen werden, weil es mit mehr als 1.000 Becquerel pro Kilogramm belastet ist.

Und auch im Trinkwasser fanden die Behörden radioaktives Jod. Zwar blieb die Belastung vergleichsweise gering. Doch als die Regierung empfahl, Babys nur noch Nahrung mit Mineralwasser zu geben, waren innerhalb kurzer Zeit die Regale in den Tokioter Supermärkten leergekauft. Schon jetzt erschweren die Hamsterkäufe in Tokio die Trinkwasserversorgung der Menschen in den Tsunamigebieten, wo viele Wasserleitungen zerstört sind.

Was aber wird erst geschehen, wenn die Strahlung im Trinkwasser wirklich besorgniserregende Werte erreicht? Kann man sich auf die Angaben der Strahlenwerte verlassen und wie zuverlässig sind die Strahlenmessungen überhaupt?

Die Japaner werden lernen müssen, in Millisievert zu denken: Maximal 0,16 Millisievert am Rand der Evakuierungszone; wer sich 25 Tage lang ununterbrochen an einem solchen Ort aufhielte, bekäme die Maximaldosis verpasst, die ein Atomarbeiter im Jahr aushalten muss.

Bei alledem bleibt eine Unsicherheit: Wie zuverlässig sind die Strahlenmessungen überhaupt? Und wie ist zu erklären, dass die höchsten Strahlenwerte um Fukushima zumeist von Polizeikräften gemessen werden und nicht von Tepco oder der japanischen Atombehörde? Ja, warum wohl? Ruhe ist die erste Bürgerpflicht. Dies weiß die Atom-Mafia sehr genau und aus diesem Grunde erfolgen Veröffentlichungen meist nur auf Druck von Umweltschutzorganisationen. Willkommen in der transparenten Demokratie.

Doch selbst wenn das Misstrauen unbegründet sein sollte: Das tückische an der Strahlung ist, dass sie so schwer berechenbar ist. Es wird ein inhomogener Flickenteppich von höher und weniger hoch belasteten Flächen. Die Verstrahlung hängt ab von der Windrichtung, vom Regen und davon, wo sich das Wasser sammelt. Nach Tschernobyl waren die Unterschiede extrem: In Nordostbayern und am Königssee gab es Flächen, die stärker kontaminiert waren als manche Stellen in der 30-Kilometer-Zone direkt um Tschernobyl. Radioaktivität kennt keine Grenzen.

Zwar ist eine so weiträumige Verteilung in Japan so gut wie ausgeschlossen. Dazu kam es in Tschernobyl nur, weil der Reaktor tagelang brannte und das radioaktive Material dabei in extrem hohe Luftschichten geschleudert wurde.

Aber wo der Fallout niedergeht, hängt auch in Japan maßgeblich vom Wind ab. Japan hatte anfangs großes Glück mit dem Wetter. Denn die unheilvollen Schwaden trieben auf den Ozean hinaus. Doch nicht immer wird der Wettergott so gnädig bleiben. Man spricht natürlich nicht über die Anliegerstaaten und die großen Fischbestände in der japanischen See.

Die Bewohner von Fukushima beginnen, etwas zu ahnen: Yoshihiro Amano besaß einen kleinen Lebensmittelladen sechs Kilometer vom AKW entfernt. Jetzt muss er in einem Evakuierungszentrum für einen Teller Nudelsuppe anstehen. Er versucht, sich in die Lage zu fügen. „Es hilft ja nichts, wütend zu werden", sagt er. **Aber wir haben Angst. Wir wissen nicht, ob es Tage, Monate oder Jahrzehnte dauert, bis wir wieder nach Hause können."** Er weiß noch nicht, dass er aller Wahrscheinlichkeit nach nie mehr in sein Geschäft zurückkehren kann und ob er oder einige seiner Familie, nicht doch an Krebs erkranken. Die Palette der Erkrankungen ist breit und oft tödlich.

Die Japaner werden fortan mit der Ungewissheit leben müssen. Denn über die gesundheitliche Wirkung radioaktiver Strahlung ist erschreckend wenig bekannt. Es verwundert mich sehr, dass gerade Japan, welches als erstes Land der Erde die geballte Kraft des Atoms erleben durfte, nicht in der Lage ist, seine Menschen ausreichend aufzuklären und zu schützen. Ist das ertragene Leid der Bevölkerung von Hiroshima und Nagasaki bewusst vergessen und Profitgier nun der Leitfaden der Nächstenliebe?

Aus dem Studium der Überlebenden aus Hiroshima und Nagasaki weiß man: Wenn 100 Menschen eine Dosis von 100 Millisievert abbekommen, wird einer dieser Menschen im Laufe seines Lebens deshalb an Krebs erkranken.

Das lässt sich durchaus als tröstliche Nachricht lesen, denn einerseits heißt es: Wenn normalerweise etwa 40 von 100 Japanern irgendwann an Krebs erkranken, wären es unter jenen, die 100 Millisievert ausgesetzt wurden, einer mehr, also 41. Andererseits sind 100 Millisievert eine enorme Dosis. Bisher waren in Japan nur einige wenige Arbeiter einem solchen Strahlenbombardement ausgesetzt.

Doch, was ist mit jenen, die niedrigerer Strahlung ausgesetzt waren? Was ist, wenn jeder der 35 Millionen Einwohner von Tokio einer Strahlung von einigen Millisievert ausgesetzt ist? Es gibt wenige Fragen der Wissenschaft, die heftiger diskutiert würden – ohne dass es irgendwelche verlässlichen Antworten gäbe.

Es gibt keinen Grenzwert, unterhalb dessen Strahlung harmlos wäre.

Sicher ist nur: Selbst rund um Tschernobyl konnten nach dem GAU statistisch keine erhöhte Zahl von Leukämie- und Krebskranken nachgewiesen werden; einzig beim Schilddrüsenkrebs bei Kindern ist ein klarer Zusammenhang erkennbar. Andererseits gilt: Es gibt keinen Grenzwert, unterhalb dessen Strahlung harmlos wäre.

Jedes Quäntchen schadet und je jünger ein Mensch, umso mehr.

Am stärksten gefährdet sind Embryonen im Mutterleib während ihrer frühesten Entwicklung. Durch Strahlung kann Downsyndrom entstehen, ein offener Rücken, Gaumenspalten und andere Fehlbildungen. Erbgutveränderungen sind auch in der folgenden Generation noch nachweisbar. Das haben DNA-Untersuchungen an gesunden Kindern der Aufräumhelfer von Tschernobyl gezeigt. Ich sehe noch die Bilder von missgebildeten Kindern vor mir, ebenso die monsterartigen Geburtsfehler bei Tieren in der Ukraine. Bis heute verbringen Kinder aus diesen Gebieten Genesungsurlaube in helfenden Ländern, wie zum Beispiel in Ostfriesland.

Gerade hat die nukleare Sicherheitskommission Japans eine **beunruhigende** Simulationsrechnung veröffentlicht: Auch außerhalb des 30-Kilometer-Radius rund um die havarierten Kernkraftwerke hätten Kleinkinder durch das ausgetretene Jod möglicherweise bereits eine Schilddrüsendosis von 100 Millisievert aufgenommen. Das verfünffacht bei Zweijährigen das Risiko, bis zum 15. Lebensjahr einen Schilddrüsenkrebs zu entwickeln. In dieser Zeit ist keiner der jetzigen Politiker mehr im Amt, er genießt sein Ruhestandsgehalt, wahrscheinlich in einem anderen Land oder weit vom Ort des Geschehens.

Langfristig noch gefährlicher als das radioaktive Jod ist das strahlende Isotop Cäsium 137. Es zerfällt erst in 30 Jahren zur Hälfte und reichert sich im Boden und in Tieren an. Cäsium 137 verteilt sich im ganzen Körper und kann so an verschiedenen Stellen die Krebsentstehung fördern. Bis es dazu kommt, kann es Jahre oder gar Jahrzehnte dauern. Man ist sich trotzdem sicher, dass es schon heute die ersten Strahlentoten in Fukushima gibt: Nur sind sie nicht Opfer der Strahlen, sondern der Angst davor. Viele Verschüttete sind womöglich umgekommen, weil sich niemand mehr traute, ihnen zu helfen.

Die Horrormeldungen hören nicht auf. Vor der Ostküste Japans, unweit des Unglücksreaktors Fukushima, hat es erneut schwere Erdstöße gegeben. Über mögliche Schäden war zunächst noch nichts bekannt. Das Zentrum des Bebens mit der Stärke 6,5 lag nach Angaben der US-amerikanischen Erdbebenwarte USGS in knapp sechs Kilometer Tiefe vor der Ostküste in einer Entfernung von 163 Kilometern von Fukushima. Laut dem Betreiber Tepco gebe es keine Berichte über weitere Schäden am Atomkraftwerk durch das neue Nachbeben. Für die Pazifikküste der Präfektur Miyagi wurde eine Warnung für eine Tsunamiwelle von 50 Zentimetern ausgegeben. Laut USGS ereignete sich das Beben um 07:24 Uhr Ortszeit, etwa hundert Kilometer von der Stadt Sendai entfernt.

Miyagi war bei dem verheerenden Erdbeben der Stärke 9,0 am 11. März und anschließenden Tsunami am stärksten getroffen worden. Die meterhohen Tsunamiwellen hatten ganze Städte an der Küste zerstört. Bislang wurden mehr als 27.000 Tote und Vermisste gemeldet.

Schon jetzt ist das AKW Fukushima 1 schwer demoliert. Ein Taifun droht die Zerstörung nun noch zu verschlimmern.

Ein Taifun fegt auf Japans Küste zu und droht auch das havarierte Atomkraftwerk Fukushima zu treffen. Durch die Wucht des Sturms könnte radioaktives Material weit verteilt werden.

Ein starker Taifun macht den Reparaturtrupps in der Atomruine Fukushima Sorgen. Die zerstörte Anlage ist nicht ausreichend auf heftige Regenfälle und starken Wind ausgelegt. Nach Angaben des japanischen Wetterdiensts wütete der Taifun Songda mit einer Windgeschwindigkeit von bis zu 216 Stundenkilometern vor der japanischen Insel Miyakojima vor der Küste Taiwans. Demnach könnte er auch die Hauptstadt Tokio erreichen und in Richtung des rund 200 Kilometer entfernten AKWs Fukushima weiterziehen. Der genaue Verlauf des Taifuns sei noch nicht sicher vorauszusagen, schränkte der Wetterdienst allerdings ein. Der Sturm habe der Region um die Kraftwerksruine bereits starken Regen gebracht. Tepco hat in den vergangenen Wochen Bindemittel um die zerstörten Reaktoren gestreut. Damit soll verhindert werden, dass radioaktiver Staub durch Wind und Regen aufgewirbelt und in die Luft und das Meer gelangt. Einige der Reaktorgebäude stehen jedoch offen, nachdem Wasserstoffexplosionen infolge des Megabebens und Tsunamis vom 11. März die Gebäude zerstört hatten.

Tepco plant, die Gebäude abzudecken, doch das wird noch bis Mitte Juni dauern. Ein Berater von Regierungschef **Naoto Kan** wurde von Kyodo mit den Worten zitiert, man werde alles unternehmen, ein weiteres Ausbreiten der radioaktiven Verseuchung durch den Taifun zu verhindern. Ein Tepco-Sprecher sagte, die in dem Kraftwerk eingesetzten Arbeiter sollten auch bei einem Sturm weiterarbeiten. „Es steht aber noch nicht fest, wie wir genau vorgehen würden, wenn starke Taifune den Meiler träfen", sagte er.

Damit der erwartete Sturm möglichst wenig radioaktives Material davonträgt, besprühen Arbeiter das havarierte AKW in Fukushima mit Kunstharz, das die Partikel binden soll.

Neue Probleme treten in der Atomruine Fukushima auf: Im Reaktor 5 ist das Kühlsystem ausgefallen. Eine neu installierte Pumpe soll jetzt die gestiegene Temperatur wieder senken.

Betroffen gewesen sei die Kühlwasserpumpe für den Reaktor 5 und das dortige Abklingbecken für benutzte Brennstäbe, teilte die Betreiberfirma Tepco mit. Die Probleme mit dem Motor der Pumpe seien am Samstagabend entdeckt worden.

Die Reparaturtrupps schalteten auf Ersatzpumpen um, die Meerwasser zur Kühlung der Reaktoren und Abklingbecken nutzen. Am Sonntagmorgen sei bei einer viereinhalbstündigen Reparatur eine neue Pumpe eingesetzt worden. Diese sei nun in Betrieb.

Das Wasser im Reaktor hatte eine Temperatur von 68 Grad, als die Panne entdeckt wurde, wie Tepco mitteilte. Die Temperatur des Reaktors sei zwischenzeitlich auf 93,7 Grad und die der Abklingbecken auf 46 Grad gestiegen, bis die neue Kühlpumpe in Gang gesetzt worden sei.

Unterdessen nähert sich ein starker Taifun von Süden her. Er zog mit heftigen Regenfällen über die Inselprovinz Okinawa und dann nach Kyushu weiter, 58 Menschen erlitten bei Stürzen meist leichte Verletzungen. Der zweite Taifun der Saison droht auch die Katastrophenregion im Nordosten des Landes in der Nacht zu Montag mit heftigem Regen heimzusuchen. Die Meteorologische Behörde warnte vor Erdrutschen, da sich der Boden durch das Megabeben und den Tsunami vom 11. März gelockert habe. Und die Atomruine in Fukushima sei noch nicht ausreichend auf heftigen Regen und starke Winde vorbereitet, berichtete die Nachrichtenagentur Kyodo unter Berufung auf Tepco.

Das Fukushima allgegenwärtig ist, zeigte der schwere Gang für den japanischen Ministerpräsidenten **Naoto Kan** bei der ersten Arbeitssitzung. **Er berichtete über die Lage in Fukushima, die der Betreiber Tepco und auch die Regierung in Tokio lange verschleiert hatten.** Nach dem verheerenden Erdbeben und einem Tsunami am 11. März im Kernkraftwerk Fukushima war es in drei von vier Blöcken zu einer Kernschmelze gekommen.

Barrieren, weitere Auffangbecken, ein riesiges Stahlfloß, Spezialpumpen im Dauereinsatz. Die radioaktiven Wassermassen zu bändigen und zu sammeln ist das eine. Es wird aber nicht lange dauern, bis Betreiber Tepco vor dem nächsten Problem steht: Bei Umweltschützern und Beobachtern der nuklearen Krise im japanischen Fukushima brodelt es und dies im wahrsten Sinne des Wortes. In den Kellern der havarierten Reaktoren staut sich radioaktives Kühlwasser, mehr als **120 Millionen Liter**. Und die Verantwortlichen kommen mit der Aufbereitung des verseuchten Wassers offenbar nicht zurande. Man warnt vor einer **„Zeitbombe"** unter der Atomruine.

Vier Monate lang setzen nun die zerstörten Atomreaktoren in Fukushima unkontrolliert Radioaktivität frei. In Form von Wasserdampf, der beim Verdampfen des Kühlwassers entsteht, und in Form von Wasser, das nach Kontakt mit den geschmolzenen Kernbrennstoffen in die Keller unter den Nuklearkomplex läuft. Dieses hoch radioaktive Wasser sammelt sich hier an und droht auszulaufen. Anfang April wurden ja als Notmaßnahme **zehn Millionen Liter** mittelradioaktives Wasser aus der zentralen Aufbereitungsanlage direkt ins Meer abgelassen, die Radioaktivität im Pazifik stieg lokal stark, bereits jetzt sind Radioisotope in Fischen wie Sandaalen und in Walen deutlich messbar.

„121 Millionen Liter warten auf eine Lösung."

„Mittlerweile ist die zentrale Aufbereitungsanlage in Fukushima schon wieder voll, und auch eine schwimmende Plattform und Zusatztanks sind mit 22 Millionen Liter befüllt worden, sodass bereits **insgesamt 121 Millionen Liter hoch radioaktive Brühe** auf eine Lösung warten", berichtet GLOBAL 2000. Die technische Lösung zur Aufbereitung des Wassers sei unzureichend, kritisieren die Umweltschützer.

Die Wasseraufbereitungsanlage, die die Fukushimabetreiber Tepco in den vergangenen Wochen installiert hat, soll eigentlich bis zu 1,2 Millionen Liter radioaktives Wasser pro Tag dekontaminieren. Immer wieder gibt es jedoch Probleme mit den Cäsium-

Absorberstoffen und mit den sehr improvisierten Plastikschläuchen, die unter dem hohen Druck der Anlage leck werden und bersten.

Man kann also fast einen Monat nach Beginn der Arbeiten am 15. Juni nicht mehr von Kinderkrankheiten des Aufbereitungssystems sprechen, sondern von Systemfehlern, die immer wieder die Aufbereitung stoppen. Gleichzeitig steigt das Wasser. Um die immer noch glühend heißen Kernschmelzen zu kühlen, werden 400.000 Liter Frischwasser pro Tag in die Reaktoren gepumpt, die wieder kontaminiert werden und in die Keller laufen.

Das Wasser im Keller hat durch den Kontakt mit dem Kernbrennstoff große Mengen an Radionukliden aufgenommen. Messungen zeigen laut GLOBAL 2000 insbesondere unter dem zerstörten Containment von Reaktor 2 einen Spitzenwert von **19 Milliarden Becquerel pro Liter – der Grenzwert für Trinkwasser liegt bei 300 Becquerel.** Die Dosisleistung in diesem Bereich liegt bei 1.000 Millisievert pro Stunde.

Wenn ein Mensch sich in der Nähe dieser radioaktiven Flüssigkeit aufhält, also noch nicht einmal Wasserdampf einatmet oder gar radioaktives Wasser trinkt, tritt nach einer Stunde Strahlenkrankheit auf und die Person erhält nach spätestens fünf Stunden eine garantiert tödliche Dosis.

Es sei klar, was passieren würde, wenn Millionen von Litern dieser extrem gefährlichen Brühe ins Meer austreten würden ...

Was passiert mit der hoch radioaktiven Brühe?

Man kann das Wasser grundsätzlich dekontaminieren. Grundsätzlich gibt es zwei Methoden: Man kann das Wasser verdampfen. Übrig bleibt dann eine Art Konzentrat der radioaktiven Substanzen. Dieses muss in Endlagerstätten entsorgt werden. Ein anderes Reinigungsprinzip ist der sogenannte Ionenaustausch, ein Verfahren, bei dem man die radioaktiven Substanzen an ein Substrat bindet.

Solche Verfahren funktionierten auch im großen Maßstab. Doch die Effizienz und Wirtschaftlichkeit hängt von vielen Parametern ab. Bei den großen Mengen und unter diesen Bedingungen könnte das Jahre dauern. Eine weitere Frage wirft sich auf. Wie kann man verstrahlte Gegenstände reinigen?

Im Kampf gegen die radioaktive Verseuchung helfen bisher nur Lowtech-Lösungen.

Wenn der Geigerzähler ausschlägt, erfasst er meist radioaktive Nuklide, die sich an der Oberfläche eines Gegenstands abgelagert haben, etwa durch Staub oder Regen. Gemüse mit großen Blättern, wie Salat oder Spinat ist daher ein besonders guter Radioaktivitätsfänger. Um den Spinat von der Strahlung zu befreien, ist kurioserweise das einfachste Mittel das Wirksamste: das Abwaschen mit Wasser.

Wenn Menschen dekontaminiert werden, kann man auch Handwaschpaste mit milden Scheuermitteln verwenden. Dabei sollte man vorsichtig sein, damit die Haut nicht verletzt wird.

Es ist immer wieder schön, solche Ratschläge zu hören. Doch die Wirklichkeit sieht leider etwas anders aus.

Die zerstörten Reaktorblöcke in Fukushima setzen seit Wochen Radioaktivität frei. Nach Modellrechnungen könnte bereits ein Zehntel der Strahlenmenge von Tschernobyl ausgetreten sein. Arbeiter sind verstrahlt, die Belastung für Einwohner steigt – wie gefährdet ist deren Gesundheit?

Tagelang hatten die Techniker geschuftet, um wieder Strom in die Kraftwerksruine von Fukushima zu leiten. Und dann steht ein so banales Symbol für ihre Verzweiflung, ihre Hilflosigkeit, ihre Niederlage: Gummistiefel. Am Donnerstag waren die drei Männer ins Kellergeschoss des Turbinengebäudes von Reaktor 3 vorgestoßen, um die Lage dort unten zu prüfen. Dann kehrten sie, gut gerüstet, zurück: mit Werkzeug und in voller

Schutzmontur – Helm, Maske, Gummihandschuhen und über der Schutzkleidung noch einen Regenmantel.

Nur, dass sie plötzlich durch mehr als knöcheltiefes Wasser würden waten müssen, darauf waren sie nicht vorbereitet. Zwei der Arbeiter hatten nur halbhohe Stiefel, in die nun das Wasser lief. Eine Dreiviertelstunde lang werkelten die Männer mit nassen Füßen an den Kabeln herum. Trotz piepender Dosimeter.

Inzwischen sind die Arbeiter im Nationalen Institut für Strahlenforschung. Das Wasser war derart verschmutzt, dass radioaktive Beta-Strahlen ihre Haut verbrannten. In nicht mal einer Stunde bekamen die Arbeiter etwa 180 Millisievert ab – neunmal mehr als ein AKW-Angestellter im ganzen Jahr. Mit solchen Verbrennungen werden die Männer sehr lange Probleme haben. Ein Kollege der drei Männer konstatierte lakonisch: **„Wir passen ja schon auf. Aber wir müssen noch vorsichtiger sein bei der Arbeit."**

Wieder einmal hatte sich gezeigt, wie wenig selbst die Experten darüber wissen, welche Gefahren auf dem Gelände des Unglücksreaktors noch lauern. Niemand hatte damit gerechnet, dass im Untergeschoss eine so extrem strahlende Brühe schwappen könnte. Offenbar sei der Sicherheitsbehälter des dritten Reaktors beschädigt, schlossen die Vertreter der japanischen Nuklearaufsichtsbehörde.

Klafft ein Riss in der Barriere zwischen dem stark strahlenden Kern und der Umwelt?

Dabei hatte die Woche verhalten hoffnungsfroh begonnen. Im lädierten Reaktor 1 brannten wieder Glühbirnen; ein deutscher Betonmischer pumpte Wasser in das gefährlich leere Becken für abgebrannte Brennelemente in Block 4; und eine ganze Woche lang hatte es keine Explosion mehr in dem Kernkraftwerk gegeben. Zwei Wochen nach Beginn der Katastrophe in Fukushima geht das bereits als gute Nachricht durch. Doch inzwischen mussten die Ingenieure einsehen, dass sie kaum Fortschritte bei der Kühlung machen; bis Freitagnacht funktionierte in keinem der havarierten Reaktoren eine Pumpe. Bis zu 45 Tonnen Meersalz haben sich wohl in den Reaktorbehältern abgelagert und erschweren die Kühlung. Salz kristallisiert an warmen Stellen und wirkt wie eine ungewünschte Isolierschicht. Am Freitagnachmittag wollten die Ingenieure beginnen, Süßwasser einzuspeisen. Und dann sind da ja noch die 3.450 abgebrannten Brennelemente, die glühend heiß und vermutlich größtenteils beschädigt in halb leeren Becken unter freiem Himmel liegen.

„Er ist längst da, der GAU."

„Wir erleben eine anhaltende massive Freisetzung von Radioaktivität", mahnt der Chef des Bundesamts für Strahlenschutz. „Und allen muss klar sein: Das ist noch lange nicht das Ende." Ein Atomexperte wundert sich: „Überall- höre ich, dass da gerätselt wird, ob es noch zum **GAU** kommt. Dabei ist er längst da, der **GAU**." Nur dass es diesmal ein **GAU** auf Raten ist.

Und dann drehte auch noch der Wind. Radioaktive Partikel trieben nun vom Pazifik wieder westwärts über Japan hin. In Gemüse, im Wasser und im Boden rund um Fukushima wurden vereinzelt sehr hohe Werte gemessen.

Noch immer haben die japanischen Behörden lediglich einen Umkreis von 20 Kilometern rund um Fukushima geräumt. Doch auch für Menschen, die sich außerhalb dieses Gürtels aufhalten, steigen die Strahlungsrisiken. Die Behörden sollten weiter evakuieren und dann zuerst die schwangeren Frauen und die Kleinkinder raus aus der 30-Kilometer-Zone holen. Embryonen, Föten und Babys sind besonders gefährdet, weil die Strahlung bevorzugt jene Zellen angreift, die sich schnell teilen. Bislang kampieren 77.000 Menschen in Notunterkünften wie Turnhallen. In der 30-Kilometer-Zone leben weitere 62.000. Der Chef der US-Nuklearaufsichtsbehörde NRC würde die Sperrzone am liebsten sogar auf 80 Kilometer ausweiten – dann müssten zwei Millionen Menschen zusätzlich zu den Hunderttausenden Erdbeben – und Tsunami-Opfer umquartiert werden. Inzwischen fordert die japanische Behörde die Menschen auf, das Gebiet freiwillig zu verlassen.

Und auch sonst prasseln derzeit aus den USA, aus Russland, Finnland und Deutschland besorgte Ratschläge, Forderungen und Mutmaßungen auf die gebeutelten Japaner ein. Selbst das französische Amt für Nuklearsicherheit IRSN, nicht gerade als Warner in Sachen Atomrisiken bekannt, veröffentlichte vergangene Woche eine verstörende Modellrechnung. Demnach sei in Fukushima bereits bis zum Dienstag vergangener Woche ein Zehntel des Strahlenmaterials in der Umwelt gelandet, das 1986 in Tschernobyl freigesetzt wurde.

Die Internationale Atomenergiebehörde hält das indes für stark übertrieben. Nach ihren Berechnungen, die sich auf die Daten der Messgeräte vor Ort stützen, sei lediglich ein kleiner Bruchteil von dem ausgetreten, was die Franzosen vermuten.

Wie viel Radioaktivität frei wird, hängt vom Zustand der Brennelemente ab.

Die französischen Physiker und Ingenieure gründeten ihre Annahmen auf ihre Kenntnis der Menge an Spaltmaterial in den Reaktoren, auf eigene Forschung über den Zustand ungekühlter Brennstäbe und auf die Messungen in der Umgebung von Fukushima. Ein deutscher Atomexperte hat für Greenpeace selbst Modellrechnungen angestellt. Sein Fazit: „Das ist keine Übertreibung." Immerhin befinden sich in Fukushima mehr als **25.00 Tonnen Uran und Plutonium**, ein **„gigantisches radioaktives Inventar, gut das 20-fache von Tschernobyl"**, so der Experte.

Tatsächlich könnte alles sogar noch schlimmer sein, als es die Rechnung der Franzosen glauben macht. Denn die französischen Forscher gehen davon aus, dass die meisten der jetzt gemessenen Strahlenpartikel aus den Reaktorbehältern 1, 2 und 3 stammen. Die kaum gekühlten Brennstäbe hatten den Reaktorbehälter so sehr aufgeheizt, dass die Kraftwerksingenieure über ein Ventil radioaktive Luft aus dem Reaktorinneren ablassen mussten. In Deutschland und den USA sind in diese Notventile Filter eingebaut, die Strahlenpartikel abfangen. **In Japan gab es einen solchen Filter nicht.**

Trotzdem wäre es unter den gegebenen Umständen noch das beste Szenario, wenn die Verstrahlung auf diesem Weg in die Umwelt gelangt wäre: Schon mehr als eine Woche lang mussten die Kraftwerksingenieure keinen solchen Dampf mehr ablassen. Stimmen die Annahmen der Franzosen, dann könnte der schlimmste Austritt von Radioaktivität bereits überstanden sein.

Andere Experten jedoch vertreten eine andere Theorie. **Bill Borchardt** von der US-Atombehörde NRC etwa macht auch die abgebrannten Brennstäbe in den Abklingbecken für die hohen Strahlungswerte um Fukushima verantwortlich.

Das wäre ein viel schwerer einzudämmendes Problem: Die abgebrannten Brennstäbe, normalerweise unter Wasser und durch das Reaktorgebäudedach geschützt, strahlen jetzt unter freiem Himmel vor sich hin. Nur Kühlwasser kann verhindern, dass sich die Stäbe entzünden, gleichzeitig aber lässt es immer neuen radioaktiven Dampf entstehen. Vor allem aber: Wie lassen sich die Abklingbecken je wieder füllen, zumal sie möglicherweise durch das Beben leckgeschlagen sind?

Wie viel Radioaktivität bei alledem frei wird, hängt vom Zustand der Brennelemente ab. Jedes von ihnen besteht aus knapp hundertvier Meter langen, nur daumendicken Brennstäben. Diese wiederum sind von Außen mit einer Zirkoniumlegierung überzogen, drinnen stecken, wie in einem Medikamentenröhrchen, rundliche Tabletten aus Uranoxid. Die Metallhülle aber, so fürchten Experten, könnte inzwischen oxidiert und angeschmolzen sein. Dann dringen größere Mengen Spaltprodukte nach Außen.

Bei einem Hubschrauberflug über die Anlage maßen die Geräte in der Höhe von 40 Metern über der Dachkante Strahlung von 80 Millisievert, 200 Meter höher waren es nur noch 4 Millisievert – das spricht für direkte Strahlung aus dem Brennelementbecken.

Oder ist doch alles ganz anders? Es besteht nicht einmal ansatzweise eine Ahnung, wie die Bedingungen in den Reaktorgebäuden sind.

Nur dadurch ist es zu erklären, das zwei Arbeiter drei Wochen vermisst wurden. Jetzt fand man die toten Arbeiter im havarierten AKW. Wie die Betreibergesellschaft Tepco mitteilte, sind zwei Arbeiter des havarierten Atomkraftwerks in Fukushima tot in der radioaktiv verseuchten Gegend rings um das AKW aufgefunden worden. Die beiden Männer im Alter von 21 und 24 Jahren seien wahrscheinlich bei der Erdbeben- und Tsunamikatastrophe vom 11. März ums Leben gekommen, hieß es. Es ist die erste Bestätigung von Todesfällen in dem zerstörten Kraftwerk.

Ein Tepco-Sprecher sagte, die beiden Leichen seien bereits am Mittwoch gefunden worden und hätten zunächst dekontaminiert werden müssen. Radioaktiv belastete Leichen sind ein großes Problem im Katastrophengebiet. Rund tausend Todesopfer konnten nach Angaben der Behörden bislang nicht geborgen werden – ihre Leichen sind zu stark verstrahlt.

Aus Rücksicht auf die Hinterbliebenen habe man den Leichenfund erst jetzt bekannt gegeben, erklärte der Tepco-Sprecher. Die Todesopfer seien mittlerweile ihren Angehörigen übergeben worden. Die Männer hätten mehrere äußere Verletzungen erlitten und seien vermutlich an einem Schock nach Blutverlust gestorben, sagte der Sprecher. Die beiden Opfer waren zum Zeitpunkt des Tsunamis mit Routineinspektionen am Reaktor 4 beschäftigt gewesen, teilte er weiter mit.

„Die beiden jungen Arbeiter versuchten, das Kraftwerk zu schützen, als es vom Erdbeben und vom Tsunami getroffen wurde", sagte der Tepco-Vorstandsvorsitzende **Tsunehisa Katsumata**. Er bedaure ihren Tod zutiefst.

Nicht nur in den Kraftwerken gibt es Probleme mit den Leichen. Wegen der Strahlung dürfen Helfer die radioaktiv belasteten Leichen nicht bergen.

Die Toten sind mit Schlamm bedeckt, der Tsunami hat sie unkenntlich gemacht, viele sind radioaktiv verseucht. Bei der schwierigen Bergung der Leichen im japanischen Katastrophengebiet müssen jetzt Tausende Soldaten helfen. In der Sperrzone ist die Suche verboten – Angehörige sind verzweifelt.

Sie weiß bis heute nicht, ob ihr Bruder überlebt hat. Sie kann es nur hoffen, aber rund drei Wochen nach dem Tsunami stehen die Chancen mehr als schlecht. Die 58 Jahre alte Frau, deren Name nicht bekannt ist, war während des Bebens in der Stadt Soma. Als sie in ihre Heimatstadt Minamisoma zurückkehrte, standen von 30 Häusern ihres Wohngebiets noch acht. Ihr Ehemann sah mit an, wie ihr Bruder, der hinter dem Steuer seines Kleinlasters saß, von den Wellen weggerissen wurde. Seither fehlt von ihm jede Spur.

Ist ihr Bruder wirklich ums Leben gekommen? Wenn ja: Wo genau ist er gestorben? Wo liegt sein Leichnam? Die Frau, deren Geschichte die japanische Nachrichtenagentur Jiji aufgreift, weiß es nicht. Sie kann keine der Fragen beantworten. Denn Minamisoma liegt im Sperrgebiet, die Stadt wurde evakuiert, die Frau und ihr Ehemann wurden in eine Notunterkunft gebracht.

Erst musste sie machtlos ertragen, wie Erdbeben und Tsunami ihr altes Leben zerstörten, jetzt ist es die radioaktive Strahlung, die vom havarierten AKW Fukushima ausgeht und es ihr unmöglich macht, Gewissheit zu erlangen. Der Stadtteil von Minamisoma, in dem ihr Bruder verunglückte, ist derzeit von der Suche nach Vermissten und Leichen ausgenommen – **die radioaktive Strahlung ist zu hoch.**

Die Betreibergesellschaft setzte die Versuche fort, ein Leck in einem Kabelschacht des Turbinengebäudes von Reaktor 2 zu stopfen. Wie bekannt wurde, setzen Arbeiter jetzt chemische Polymer-Stoffe ein, um das Wasser, in dem zum Schacht führenden Rohr, zu stoppen. Versuche, den 20-Zentimeter-Riss in dem Schacht mit Beton abzudichten, waren fehlgeschlagen.

Tepco hatte nach Angaben des Fernsehsenders NHK bestätigt, dass aus dem Leck Wasser mit einer Strahlung von mehr als 1.000 Millisievert pro Stunde ins Meer laufe. Greenpeace bezeichnete die gemessenen Werte als **„lebensbedrohlich".** Der Atom-Betreiber rief daraufhin Experten aus Tokio zur Hilfe.

Für die Menschen in der Region könnte das Dreifach-Unglück aus Erdbeben, Tsunami und Atom-Katastrophe auch langfristig dramatische Folgen haben. So denkt die japanische Regierung über eine Umsiedlung aus den zerstörten Küstengebieten nach. Unter anderem werde die Möglichkeit erwogen, dort Landflächen und Grundstücke aufzukaufen, meldete die japanische Nachrichtenagentur Kyodo unter Berufung auf Regierungskreise. Die Bewohner könnten in höher gelegene Gebiete ziehen, die Wohnviertel an der Küste komplett aufgegeben werden.

Allerdings dürfte eine solche Massenumsiedlung auf den Widerstand der Bevölkerung treffen, hieß es. Viele der Menschen seien alt und wollten nicht wegziehen. Zudem wäre ein solches Unterfangen eine erhebliche Belastung für den ohnehin schon hoch verschuldeten Staat, hieß es weiter.

Sorge bereitet den Betroffenen auch die radioaktive Verstrahlung der Umwelt. Bei Gemüse und Meeresfrüchten aus der Umgebung der Atom-Ruine wurden radioaktive Substanzen gemessen, die jedoch unterhalb der gesetzlichen Grenzwerte lagen. Das berichtete Kyodo unter Berufung auf das Gesundheitsministerium. In Fukushima sei bei 33 von 49 Gemüse- und Obstsorten Cäsium und Jod festgestellt worden, die Werte lägen jedoch unter der Höchstgrenze für Lebensmittel. Es könne möglich sein, dass die Ausbreitung radioaktiver Substanzen nachlasse, wurde ein Vertreter des Gesundheits-ministeriums zitiert.

Cäsium sei auch in fünf Meeresfrüchten vor der Küste der Nachbarprovinz Ibaraki gefunden worden, hier hätten die Messwerte ebenfalls deutlich unter der gesetzlichen Grenze gelegen. Bei Proben von Meerwasser, rund 20 und 30 Kilometer von der Atom-Ruine entfernt, seien niedrige Werte von Jod und Cäsium gemessen worden, meldete Kyodo. Sie hätten unter den Grenzwerten gelegen.

Weltweit schlagen die Emotionen über einen bevorstehenden **GAU** hohe Wellen und die Frage wird gestellt, droht doch noch **der Super-GAU?**

Teilweise, vorübergehend oder doch die totale Kernschmelze, was soll das eigentlich bedeuten? Die scheibchenweise Informationspolitik aus Japan schafft kein Vertrauen.

Am Wochenende wurde stark verstrahltes Wasser im Turbinengebäude von Reaktorblock 2 des havarierten Atomkraftwerks Fukushima gefunden. Aufgrund der Konzentration der Radioaktivität im Wasser vermuten Experten, dass es sich um Radionuklide aus dem Reaktorkern handelt. Am Montag folgten Funde von Plutonium auf dem Gelände. Das hochgiftige Material ist Bestandteil des Schmelzkerns von Reaktor 3. Beides deutet darauf hin, dass zumindest innerhalb der Druckkammern von Reaktor 2 und 3 eine Kernschmelze stattgefunden hat. Wieso?

Partielle Kernschmelze.

Bereits zwei Tage nach dem Ausfall der Kühlung sprachen Experten in Fukushima von einer partiellen Kernschmelze in drei Reaktoren. Das bedeutet, dass im Reaktorkern einzelne Brennstäbe geschmolzen sind. Ihre Hüllrohre bestehen aus der Metalllegierung Zirkalloy, in denen der Brennstoff Uranoxid in Form von Brennstoffpellets eingeschlossen ist. Sie schmelzen zuerst. Dabei werden vor allem die gasförmigen Spaltprodukte und radioaktiven Edelgase freigesetzt, die sich beim Betrieb des Reaktors durch die Kettenreaktion in den Brennstäben gebildet haben. Von offizieller Seite wurde die Möglichkeit einer wie immer gearteten Kernschmelze nicht bestätigt.

Vorübergehende Kernschmelze.

Inzwischen erklären die japanischen Behörden das radioaktiv verseuchte Wasser in Reaktor 2 mit einer **„vorübergehenden"** Kernschmelze, die aber inzwischen gestoppt sei. Die Verlautbarung impliziert, dass die Kernschmelze zwar begonnen hat und der Druckbehälter möglicherweise beschädigt ist – denn nur so konnte das Wasser mit zumindest teilweise geschmolzenen Brennstäben in Berührung kommen und wieder austreten. Doch soll der Eindruck vermittelt werden, dass die Notkühlung den Prozess beendet habe, sodass weiteres Unheil, vor allem eine totale Kernschmelze, nun nicht mehr drohe. Beweise liegen dafür allerdings zum jetzigen Zeitpunkt noch keine vor.

Totale Kernschmelze.

Solange das jedoch nicht der Fall ist, ist auch die Gefahr des **Super-GAUs** nicht gebannt, denn sollte die Kernschmelze in einem der Reaktoren noch im Gang sein, kann es dort zur totalen Kernschmelze und damit zum Durchschmelzen des Reaktordruckbehälters kommen. Das funktioniert folgendermaßen: Steigt die Temperatur im Reaktorkern über 1.200 Grad Celsius, beginnen die Brennstäbe in Teilbereichen des Kerns zu schmelzen. Im Temperaturbereich zwischen 1.750 und 2.000 Grad schmelzen alle im Kern vorhandenen Metalle. Über 2.500 Grad verflüssigt sich auch der Brennstoff Uranoxid, und der gesamte Kern zerfließt zu einer glühend heißen lavaähnlichen Masse. Diese kann sich durch den Sicherheitsbehälter und auch die Beton-Bodenplatte des Reaktors fressen. Dann sinkt die mittlerweile zähflüssige Schmelze in das Erdreich. Trifft sie auf Grundwasser, wird dieses radioaktiv kontaminiert und es können sich heftige Dampfexplosionen ereignen. Sie könnten radioaktive Nuklide in die Luft schleudern und so ganze Landstriche verseuchen. Dies wäre der **Super-GAU**. Das Grundwasser kühlt die Schmelze. Am Ende bildet sie mit dem aufgeschmolzenen Beton einen glasartigen, stark strahlenden Klumpen.

Was kann jetzt passieren?

Derzeit versuchen Arbeiter, das verseuchte Wasser aus den Turbinengebäuden 1, 2 und 3 kontrolliert abzuleiten. Nur wenn das gelingt, können die Reparaturen an den Kühlsystemen fortgeführt werden. Außerdem wurde die Wasserkühlung des Reaktors 2 teilweise auf elektrische Pumpen umgestellt, um die Arbeiter einer möglichst geringen

Strahlung auszusetzen. Die Kühlung soll der Kernschmelze Einhalt gebieten, sollte sie noch in Gange sein. Doch selbst wenn das gelänge, ist die Gefahr für die Umgebung der Kernkraftwerks nicht gebannt.

Denn bei den Kühlungsversuchen der Reaktoren verdampft Wasser in großen Mengen schlagartig. Dadurch kann es zu Dampfexplosionen kommen. Zugleich entsteht durch eine chemische Reaktion des Wassers mit dem Zirkalloy Wasserstoffgas, das mit dem Sauerstoff in der Luft reagieren und Explosionen auslösen kann. In beiden Fällen würden große Mengen an radioaktiven Stoffen in die Luft gelangen – **im Falle von Reaktor 3 auch das hochgiftige Plutonium 239, das auch seine lange Halbwertszeit von 24.000 Jahren so gefährlich macht.** (Zum Vergleich: Das Radionuklid Jod 131 hat eine Halbwertszeit von acht Tagen, Cäsium 137 von 30 Jahren).

So war es in Tschernobyl.

Ein solches Szenario gab es bisher nie. Selbst in Tschernobyl erstarrte die Schmelzmasse, bevor sie das Grundwasser erreichte, weil sie sich mit dem Beton des Reaktorbodens und dem Erdreich verband. Es hätte aber auch anders kommen können. Zunächst wurde der brennende Reaktorkern – anders als in Fukushima enthielt er große Mengen der brennbaren Kohlenstoff-Verbindung **Grafit**, das zum Moderieren der Kettenreaktion diente – mit Wasser gekühlt. Doch spülte das abfließende Wasser Borkarbid, Blei, Sand und Lehm auf den glühenden Brei, um weitere Kettenreaktionen und den Austritt radioaktiver Stoffe zu verhindern. Dies gelang zunächst, doch dann staute sich die Wärme unter der Decke der abgeworfenen Materialien, und es traten wieder Schadstoffe aus. Daraufhin gruben die zu den Rettungsarbeiten abkommandierten sogenannten **Liquidatoren, oder besser die zum Tode geweihten,** einen Tunnel unter den Reaktorblock, durch den gasförmiger Stickstoff zum Brandherd geleitet wurde. Erst jetzt kühlte die Schmelze langsam ab und die Freisetzung radioaktiver Stoffe verminderte sich von da an stetig.

In Fukushima kämpfen Helfer verzweifelt darum, dass Schlimmste zu verhindern. Doch was ist das Schlimmste? Und wie gut kann der beste anzunehmende Ausgang dieses Dramas sein?

Best Case Szenario.

Im besten anzunehmenden Fall bleibt es beim Status quo in Fukushima: Denn noch gibt es Hoffnung, dass die japanischen Kraftwerkstechniker die Kontrolle über die havarierten Meiler zurückgewinnen. Entscheidend dafür wird sein, ob es ihnen gelingt, in den nächsten Tagen die Brennelementebecken in den Reaktoren 3 und 4 mit Wasser zu bedecken und soweit herunterzukühlen, dass sie sich nicht entzünden oder schmelzen können. Hubschrauber-Piloten hatten entdeckt, dass das Abklingbecken des Blockes 3 noch weniger Wasser enthält als das im Nachbarreaktor 4. Explosionen und Erschütterungen hatten die Dächer beider Reaktorgebäude zerstört. Am wichtigsten ist jetzt, große Wassermengen auf die Reaktorblöcke 3 und 4 zu schütten, vor allem um die Kühlbecken zu füllen. Die Brennelemente in Reaktor 3 enthalten, anders als in den anderen Reaktoren, zusätzlich hochgiftiges Plutonium, das bei einer Kernschmelze seine tödliche Wirkung in der Luft entfalten würde.

Derzeit versuchen die Helfer in drei Schritten, eine ausreichende Kühlung zu erreichen: Zunächst soll mit Hubschraubern aus der Luft und von Wasserwerfern am Boden versprühtes Wasser die Reaktoren kühlen. In einem zweiten Schritt soll wieder eine

267

Stromversorgung zum Unglücks-AKW gelegt werden. Diese neue Energieversorgung könnte in Teilen schon am Donnerstagabend stehen, wie die Nachrichtenagentur Kyodo berichtete. In einem dritten Schritt solle dann mithilfe des Stroms wieder ein permanentes Kühlsystem in Gang gesetzt werden. Dafür wollen die Helfer Meerwasser nutzen.

Ob das große Atom-Desaster noch verhindert werden kann, entscheidet sich nach Einschätzung der Gesellschaft für Strahlenschutz vermutlich bis Samstag. Wenn die Kühlversuche an Block 4 des havarierten Atomkraftwerks scheiterten, komme es zur Katastrophe. „Das wird sich wahrscheinlich morgen, spätestens übermorgen entscheiden, ob es noch gelingt, da irgendwas zu machen", sagte **Sebastion Pflugbeil**, der Vorsitzende der Gesellschaft für Strahlenschutz, der dpa.
Wie das Experiment für die Menschen vor Ort ausgeht, birgt noch viele Unwägbarkeiten. Gerade ist die maximal zumutbare Strahlenbelastung für Fukushima auf den Grenzwert von 250 Millisievert hochgesetzt worden. Manche Experten gehen davon aus, dass ab diesem Wert bereits Symptome der Strahlenkrankheit einsetzen können.

Worst-Case-Szenario.

Denn gelingt die Kühlung nicht, steigen die Temperaturen in den Reaktoren kontinuierlich an, und mit ihnen der Austritt von Radioaktivität – bis zu dem Punkt, an dem weitere Rettungsarbeiten am Katastrophenreaktor nicht mehr möglich sein werden. Dann droht der **Super-GAU**, und zwar inzwischen in vier von sechs Reaktoren. Die Blöcke 3 und 4 sind besonders gefährdet, da dort der Wasserstand in den Brennelementebecken extrem niedrig ist und die Hitze beständig steigt. Kann diese Entwicklung nicht gestoppt werden, wäre es im schlimmsten Fall sogar möglich, dass sich das Zirkonium in den Brennstäben wieder von selbst entzündet. Mit dem Rauch würden dann große Mengen von radioaktiven Stoffen in die Luft gelangen.

Innerhalb der Reaktorhüllen droht weiterhin eine Kernschmelze. Tritt sie ein, könnte sich die Masse aus glutflüssigem radioaktiven Material und Stahl durch den Betonboden des Sicherheitsbehälters fressen und die Erde sowie das Grundwasser verseuchen. Bei dem Kontakt mit Wasserdampf schleudern auch hier die Explosionen radioaktive Materialien in die Atmosphäre, eine Wolke breitet sich aus, die Cäsium 137, Jod 131 und andere gefährliche Nuklide davonträgt im Falle von Reaktor 3 in Fukushima auch Plutonium.

Die durch Lecks ausströmende radioaktive Wolke dürfte sich aber nur in niedrigeren Luftschichten ausbreiten, sodass sich ein Großteil der Radionuklide wahrscheinlich in einem relativ kleinen Gebiet um das Kraftwerk niederschlagen würde. Insbesondere das schwere Plutonium wird vermutlich nicht allzu weit durch die Luft transportiert. Menschen, die in eine solche Wolke geraten, droht eine tödliche Strahlendosis.

Anders verhält es sich mit Cäsium 137 und Jod 131. Die leicht flüchtigen Stoffe würden in einer solchen radioaktiven Wolke viele Kilometer weit geweht. Wie viele Menschen davon betroffen wären, hängt von Windrichtung und Wetterlage ab.

Was den Menschen droht.

Im Atomkraftwerk Fukushima droht eine Kernschmelze. Welche Auswirkungen hätte das im schlimmsten Fall auf die Menschen in Japan?

Nach dem Erdbeben und Tsunami in Japan reißen die Schreckensnachrichten über Störfälle in den Reaktoranlagen nicht ab. Besonders um den Komplex Fukushima, der aus zwei Anlagen mit insgesamt zehn Reaktoren besteht, steht es kritisch. In mehreren Blöcken fiel die Kühlung aus, es kam zu Explosionen. In einem Block der Anlage lagen die Brennstäbe kurzzeitig komplett trocken, was die Gefahr einer Kernschmelze weiter erhöht.

Mit welchem Szenario müssen die Menschen in Japan schlimmstenfalls rechnen?

Wesentlich für die Sicherheit eines Kraftwerks ist, dass der Reaktorkern ausreichend gekühlt wird. Denn hier findet die Kernreaktion statt, durch die mittels radioaktiven Materials wie Uran und Plutonium Hitze und damit Energie erzeugt wird. Es handelt sich dabei um eine Kettenreaktion: Ein Atomkern zerfällt in zwei kleinere Kerne sowie Neutronen. Diese Neutronen können wiederum andere Kerne spalten. Die Kettenreaktion kann gestoppt werden, indem die Steuerstäbe eingefahren werden, die die Neutronen absorbieren.

Radioaktiver Dampf wird abgelassen.

Doch selbst dann erzeugen die Brennstäbe noch Hitze, die sogenannte Nachzerfallswärme. Sie entsteht, weil die Spaltprodukte weiter zerfallen. Daher muss von Außen gekühlt werden, wie es die Japaner mit Meerwasser versuchten. Inzwischen läuft das Experiment ungesteuert, **die Hoffnung stirbt zuletzt.**
Denn auch wenn der Kern schmilzt, die Brennstäbe sich also zu einer glühenden Masse verformen, kann die Katastrophe noch beherrschbar sein. Bleibt die Schmelze kontrollierbar auf den Sicherhaltsbehälter beschränkt, tritt nur wenig Radioaktivität nach Außen, etwa wenn Druck abgelassen wird und mit radioaktiven Substanzen kontaminierter Dampf ins Freie strömt. Bei diesem Szenario handelt es sich um einen **GAU**, also den **„größten anzunehmenden Unfall".**
Das schlimmste Szenario wäre allerdings der **Super-GAU**. Die Schmelze aus radioaktivem Material und Stahl frisst sich dabei durch den Betonboden des Sicherheitsbehälters und verseucht die Erde und das Grundwasser. Bei dem Kontakt mit Wasserdampf schleudern Explosionen die radioaktiven Materialien außerdem in die Atmosphäre.

Tritt der **Super-GAU** ein, reißt der aufsteigende Dampf radioaktive Substanzen aus der Schmelze mit. Eine Wolke breitet sich aus, die Cäsium 137, Jod 131, Plutonium und andere gefährliche Nuklide davonträgt. Mit Tschernobyl ist diese Situation jedoch nicht zu vergleichen, denn der Reaktor in Tschernobyl explodierte in vollem Betrieb und hatte keine schützende Reaktorhülle. Durch die Explosion wurde das Dach zerstört, vor allem aber geriet der Grafitblock, der als Moderator für die Kettenreaktionen diente, in Brand, und das Feuer loderte direkt ins Freie. Der nun einsetzende Kamineffekt riss die erhitzte Luft mit dem den tödlichen Mix aus Radionukliden in sehr hohe Luftschichten, wo sie sich durch die dort vorherrschenden stärkeren Winde über sehr weite Strecken ausbreiten konnten, sogar bis nach Deutschland.

Da in Fukushima die Notabschaltung offenbar funktioniert hat und der Reaktorkern auch eine Weile gekühlt wurde, besteht die Hoffnung, dass seine Temperatur so weit gesunken ist, dass er sich nicht in eine lavaähnliche glühende Masse verwandelte und ein **Super-GAU** deshalb ausbleibt. Zwar könnte der Sicherheitsbehälter, der den Kern einschließt, dennoch beschädigt werden, etwa durch Knallgas- oder Dampfexplosionen. Die durch die Lecks ausströmende radioaktive Wolke dürfte sich aber nur in niedrigeren Luftschichten ausbreiten, sodass sich ein Großteil der radioaktiven Substanzen in einem relativ kleinen Gebiet um das Kraftwerk niederschlägt. Insbesondere das schwere Plutonium wird vermutlich nicht allzu weit durch die Luft transportiert. Menschen, die in eine solche Wolke geraten, droht eine tödliche Strahlendosis.

Anders verhält es sich mit Cäsium 137 und Jod 131. Die leicht flüchtigen Radionuklide würden in einer solchen radioaktiven Wolke viele Kilometer weit geweht, wie weit genau, hängt von der Wetterlage ab. Käme es innerhalb der nächsten 12 Stunden zum **Super-GAU**, würde die Wolke aufgrund der Wetterlage direkt auf Tokio zutreiben und dort viele Millionen Menschen gefährden. Regnet es nicht, können sich die Menschen schützen, indem sie in den Häusern blieben, so die Einschätzung von Experten. Doch der angekündigte Regen ist ein zusätzlicher Risikofaktor. Denn er schwemmt die radioaktiven Stoffe auf den Boden, wo sie sowohl Agrarflächen als auch das Grundwasser auf Jahrzehnte hinaus verseuchen können.

Wie wir nun hören können, steht in vier Reaktoren verstrahltes Wasser. Wasser mit massiv erhöhter Strahlung, offenbar beschädigte Brennstäbe, unterbrochene Kühlarbeiten:

Die Lage im japanischen AKW Fukushima wird immer unübersichtlicher. Was ist der aktuelle Stand in den 6 Reaktoren, und was genau machen die Arbeiter?

Die atomare Gefahr des Kraftwerks Fukushima Daiichi ist noch lange nicht gebannt. Inzwischen steht in mehreren Reaktorblöcken verstrahltes Wasser, zum Teil ist die Radioaktivität massiv höher als der Grenzwert. „Das ist ein nach allen Maßstäben sehr schwerer Unfall", sagte der Generaldirektor der Internationalen Atomenergiebehörde (IAEA), **Yukiya Amano**, der „New York Times".

Die Radioaktivität in Reaktor 2 erreichte am Sonntag einen Wert, der tödlich sein kann. Die von der Betreibergesellschaft Tepco im Reaktor gemessenen mehr als 1.000 Millisievert pro Stunde können nach Einschätzung der US-Umweltbehörde schwere Blutungen auslösen. Das Kraftwerk wurde am Sonntag umgehend evakuiert. Die Mitarbeiter, die die Messungen vornahmen, seien aus Reaktorblock zwei geflohen, bevor eine zweite Messung abgeschlossen war, hieß es.

Kabinettssekretär Yukio Edano sagte im japanischen Fernsehen, das extrem radioaktiv verseuchte Wasser stamme „nahezu sicher" aus einem Reaktorkern. Die genaue Ursache sei nicht bekannt. Befürchtet wurde ein Riss oder Bruch in einer der Schutzhüllen um einen Reaktorkern.

Die Furcht vor radioaktiver Verstrahlung unter den Menschen im Umkreis von Fukushima führt inzwischen zu extremen Vorsichtsmaßnahmen:

Notunterkünfte nehmen nur Flüchtlinge aus der evakuierten Zone um das AKW auf, die sich einer Strahlenuntersuchung unterzogen haben. Viele internationale Reedereien meiden mit ihren Frachtern den Hafen von Tokio, weil auch das Meer immer stärker radioaktiv verseucht wird.

Die seit dem Erdbeben und dem Tsunami laufenden Bemühungen, die Anlage rund 240 Kilometer nördlich von Tokio unter Kontrolle zu bringen, müssen immer wieder wegen Explosionen oder gefährlicher Strahlungswerte unterbrochen werden.

Die AKW-Betreiber bemühen sich, stets auch kleine Fortschritte und Erfolge zu vermelden. So betonte Tepco nun, dass das in dem Wasser gemessene radioaktive Jod eine Halbwertszeit von weniger als einer Stunde habe, also innerhalb eines Tages zerfällt. Kurz vor der Hiobsbotschaft von den extremen Strahlenwerten hatte das Unternehmen vermeldet, in Kontrollraum von Reaktor 2 gebe es wieder Licht. Und die Kühlung der Reaktoren könne von Salzwasser auf Süßwasser umgestellt werden.

Mit jeder neuen Meldung wird die Lage unübersichtlicher. In welchem Zustand sind die einzelnen Reaktoren tatsächlich? Wie geht es den Arbeitern vor Ort? Mit welchen Problemen haben sie zu kämpfen?

Doch wo ist die Gefahr am größten und wo begann alles?

Reaktorblock 1.

12. März: die erste Wasserstoffexplosion in Fukushima Daiichi, Dach und Wände des Außengebäudes von Reaktor 1 wurden zerstört, das Gebäude ist schwer beschädigt.

Ergriffene Maßnahmen: Der Reaktor wurde von Außen mit Meerwasser gekühlt, die Temperatur sank. Dennoch stieg der Druck, Dampf trat aus. Inzwischen wird der Reaktor wieder mit Süßwasser gekühlt – wegen der hohen Strahlung aus weiterer Entfernung als bisher.

Aktueller Zustand: Stufe 5 der siebenstufigen INES-Skala **„ernster Unfall"**, die Brennstäbe liegen ganz oder teilweise frei, der Reaktorkern scheint beschädigt, über den Zustand des Reaktordruckbehälters ist nichts bekannt, der Sicherheitsbehälter ist unbeschädigt. Die Beleuchtung im Kontrollraum funktioniert wieder.

Akutes Problem: Radioaktiv belastetes Wasser im Untergeschoss des Turbinengebäudes, die Radioaktivität war **10.000-mal** so stark wie üblich. Das verstrahlte Wasser enthält hohe Mengen von Cäsium 137, wie es auch nach der Reaktorkatastrophe von Tschernobyl in großen Mengen in die Umwelt gelangte. Laut Kyodo steht das radioaktiv verseuchte Wasser 40 Zentimeter hoch.

Reaktorblock 2.

Wasser mit zehnmillionenfacher Strahlung.

12. März: Kühlsystem ist beschädigt, zwei Tage später fällt es ganz aus.

15. März: Die dritte Explosion im AKW Fukushima, das Reaktorgebäude wurde leicht beschädigt.

Ergriffene Maßnahmen: Der Reaktor wurde mit Meerwasser von Außen gekühlt, Dampf trat aus.

Aktueller Zustand: Stufe 5 der INES-Skala **„ernster Unfall"**, die Brennstäbe liegen ganz oder teilweise frei, der Reaktorkern scheint beschädigt, über den Zustand des Reaktordruckbehälters ist nichts bekannt, am Sicherheitsbehälter wird ein Schaden vermutet. Die Stromversorgung wurde wieder hergestellt, die Beleuchtung im Kontrollraum funktioniert.

Akutes Problem: Im Untergeschoss der Turbinenräume steht stark radioaktiv belastetes Wasser, die Strahlung ist laut Tepco **zehn Millionen Mal** höher als der Normalwert. Laut Kyodo steht das Wasser einen Meter hoch. Die Arbeiter mussten abgezogen werden. Bereits zuvor hatte die Reaktorsicherheitsagentur NISA in dem Wasser eine hohe Konzentration des Isotops Jod 134 festgestellt.

Reaktorblock 3.

Der gefährliche Plutonium-Meiler.

13. März: Die Kühlung fiel aus.

14. März: schwere Wasserstoffexplosion, bei der das Außengebäude stark beschädigt wurde.

Ergriffene Maßnahmen: Hubschrauber schütteten zur Kühlung Wasser auf den Reaktor, leider erfolglos. Die Feuerwehr kühlte das Gebäude dann vom Boden aus. Die Arbeiten an dem Reaktor mussten immer wieder unterbrochen werden, erst stieg grauer, dann schwarzer Rauch auf. Seit Freitag wird der Reaktor mit Süßwasser gekühlt.

Aktueller Zustand: Stufe 5 der INES-Skala „ernster Unfall", die Brennstäbe liegen ganz oder teilweise frei, der Reaktorkern scheint beschädigt, am Reaktordruckbehälter wird ein Schaden vermutet, der Sicherheitsbehälter ist unbeschädigt. Auch eine Beschädigung des Abklingbeckens wird angenommen. Die Stromversorgung wurde wieder hergestellt, die Beleuchtung im Kontrollraum funktioniert.

Akutes Problem: Wegen MOX-Brennelementen mit Plutonium gilt dieser Reaktor als besonders gefährlich. Im Keller steht radioaktiv verstrahltes Wasser, laut Kyodo sogar 1,5 Meter hoch. Hier wurden am Donnerstag drei Arbeiter bei Kabelarbeiten verstrahlt.

Reaktorblock 4.

Beschädigt und verstrahlt.

15. März: Wasserstoffexplosion und Brand, zwei große Löcher klaffen in der Außenwand, das Gebäude ist schwer beschädigt.

Ergriffene Maßnahmen: Kühlung mit Meerwasser geplant.

Aktueller Zustand: Stufe 3 der INES-Skala „ernster Störfall". Es gibt keine Brennstäbe im Kern, dafür umso mehr im Abklingbecken, das eventuell beschädigt ist. Es gibt Hinweise auf eine Überhitzung des Beckens für abgebrannte Kernbrennstäbe. Die Stromversorgung wurde wieder hergestellt, die Beleuchtung im Kontrollraum funktioniert.

Akutes Problem: Es wurde Wasser gefunden, von dem das Unternehmen annimmt, dass es ebenfalls radioaktiv ist. Laut Kyodo steht es bis zu 80 Zentimeter hoch.

Block 5 und 6.

Diese Anlagen gelten als stabil.

Keine Explosionen, keine Beschädigungen

Ergriffene Maßnahmen: Im Dachbereich wurden Lüftungslöcher geschaffen, um Wasserstoffexplosionen zu vermeiden.

Aktueller Zustand: Die beiden Reaktoren sind unbeschädigt und funktionsfähig, sie wurden nicht auf der INES-Skala eingestuft. Wassereinspeisung in den Reaktorkern oder den Sicherheitsbehälter sind nicht notwendig, Wasserstand und Druck sind sicher. Das Kühlsystem wurde wieder hergestellt.

Unter welchen Arbeitsbedingungen, in welche Gefahrenzonen sich das Personal bewegen muss und wie die Arbeiter gegen die Strahlung kämpfen, dies möchte ich hier kurz zum allgemeinen Verständnis erklären.

Wie wirkt ein Strahlenschutzanzug?

Die Arbeiter, die in Fukushima versuchen, das Schlimmste zu verhindern, tragen besondere Schutzanzüge. Doch halten diese wirklich die gefährliche Strahlung vom Menschen fern?

Man kann sie nicht sehen, nicht riechen, nicht fühlen und merkt ihre Wirkung erst, wenn es oft schon zu spät ist. Radioaktivität ist unter anderem so gefährlich, weil sie für die menschlichen Sinne nicht wahrnehmbar ist. Nur spezielle Geräte können sie messen. Die Arbeiter, die in Fukushima die drohende Kernschmelze zu verhindern versuchen, tragen Anzüge um sich vor Radioaktivität zu schützen. Doch wie wirken diese Anzüge?

„Richtige Strahlenschutzanzüge gibt es eigentlich nicht", so ein Sprecher vom Bundesamt für Strahlenschutz (BfS). „Die Anzüge der japanischen Techniker schützen lediglich davor, dass die Radionuklide, also die kleinen schädlichen Teilchen, nicht an die Haut kommen und so in den Körper gelangen." Meistens handele es sich dabei um Einweganzüge, die nach der Kontamination mit radioaktiven Stoffen entsorgt werden müssen. Zusätzlich tragen die Arbeiter Atemmasken, die an Sauerstoffflaschen angeschlossen sind. So vermeiden sie dabei, die Luft aus der verseuchten Umwelt einzuatmen.

Nur die Alpha-Strahlung kann durch die dünne Schutzkleidung abgehalten werden, Beta- und vor allem Gamma-Strahlung sind nur schwer zu blocken. Auch beim Röntgen wird der Körper kurz schädlicher Strahlung ausgesetzt. Die Dosis ist jedoch mit etwa 0,2 bis 2 Millisievert sehr gering. Körperteile mit einer hohen Zellteilung, wie etwa die Schilddrüse oder der Unterleib werden dann mit einer Bleischürze vor der Strahlung geschützt. Würden die Arbeiter ähnlich einer solchen Schürze einen Bleianzug tragen, wären sie kaum noch handlungsfähig. Anders als Schutzanzüge in der chemischen Industrie sind die Kontaminationsanzüge gegen chemische Substanzen unbeschichtet und nicht feuerresistent. Die papierartige Schicht ist lediglich partikelundurchlässig und daher sehr leicht.

Auch ein einfacher Mundschutz, wie ihn die Helfer in Japan tragen, sorgt dafür, dass ein Großteil der schadhaften Atomteilchen nicht in die Lunge gelangt. Sind die Atome einmal im Körper, zerfallen sie weiter und setzen dabei im Gewebe große Mengen von Energie frei. Das kann in dem betroffenen Organ zu Krebs führen. Je nach Element und dessen Halbwertszeit kann dieser Zerfallsprozess Tage, Jahre aber auch Jahrzehnte dauern.

Nicht nur über die Atemwege kann Radioaktivität in den Körper gelangen. Kontiminierte Lebensmittel stellen ebenfalls eine große Gefahr für die Menschen dar. Zum Glück kommen nur geringe Mengen an Lebensmitteln von Japan nach Deutschland. Die Exportschlager sind Computer, Kameras, Hightech-Waren und Autos, aber auch an ihnen kann Radioaktivität haften.

Wie gefährlich sind die Japanimporte?

Erste Unsicherheit machte sich bei den deutschen Verbrauchern breit, als japanische Behörden eine erhöhte Strahlung in heimischen Agrarprodukten feststellten. Wie wahrscheinlich ist es, dass diese Nahrungsmittel auch nach Deutschland gelangen? Und wie steht es um Radioaktivität in anderer importierter Ware?

Beim Import von Lebensmitteln über die EU-Außengrenzen greift das EU-Schnellwarnsystem für Lebens- und Futtermittel, für dessen Einhaltung die einzelnen Bundesländer mit deren Veterinär- und Gesundheitsbehörden verantwortlich sind. Unterstützt werden sie vom Zoll. Stellen die Behörden bei Lebens- und Futtermitteln eine über dem Grenzwert liegende Strahlung fest, informieren sie sofort die übrigen EU-Mitgliedstaaten. Die Ware kommt so erst gar nicht auf den Markt. Da es bisher keinen Grenzwert für Radioaktivität gab, griff die Europäische Kommission am Montag auf eine Eilverordnung zurück, die nach dem Reaktorunglück in Tschernobyl erstellt wurde. Für den Tschernobyl-Notfall 1986 galten zunächst Cäsium 134 und Cäsium 137 Grenzwerte von 370 Becquerel pro Kilogramm (Bq/kg) für Milch und 600 Bq/kg für alle anderen Lebensmittel. In der 1987 erstellten Eilverordnung (EURATOM-Verordnung 3954/1987) wurden sie für zukünftige Notfälle auf 600 Bq/kg für Milch und 1.250 Bq/kg für alle anderen Lebensmittel erhöht. Die höheren Werte wurden nun auch für die Lebensmittelimporte aus Japan übernommen und um einen Grenzwert für Jod 131 erweitert (500 Bq/kg bei Milch und 2.000 Bq/kg für andere Lebensmittel). Damit umgeht die EU einen Exportstopp für Japan.

Nichtregierungsorganisationen wie Foodwatch und das Umweltinstitut München werfen ihr deshalb vor, aus Wirtschaftsprotektionismus die Gesundheit des Verbrauchers zu gefährden. Es ist absurd, in der jetzigen Situation Grenzwerte für japanische Lebensmittel zu erhöhen, um sie in die EU einführen zu können. Man ist in Deutschland nicht auf japanische Lebensmittel angewiesen. Jede Legitimation höherer Werte gefährdet den Verbraucher unnötig.

Am Flughafen in Frankfurt werden Lebensmittelimporte aus Japan seit dem Erdbeben am 11. März verstärkt untersucht. 120 bis 240 Kilogramm Fisch und 20 Kilo Gemüse, Gewürze und Obst kommen hier wöchentlich an. Das Ergebnis: In den bisher genommenen Proben wurden keine Auffälligkeiten gefunden. Auch das Bundeswirtschaftsministerium gibt Entwarnung: „Die zuständigen Überwachungsbehörden haben nach unseren Informationen bisher noch keinerlei Anhaltspunkte dafür, dass belastete Waren aus Japan nach Deutschland gelangt sein könnten", sagte ein Pressesprecher. Passagiere aus Tokio können sich indes am Frankfurter Flughafen freiwillig auf Radioaktivität testen lassen. In den ersten Tagen nach dem Beben nahmen Reisende das Angebot verstärkt an. Gesundheitsgefährdende Werte wurden nicht festgestellt. Auch bietet das Bundesamt für Strahlenschutz (BfS) an den Standorten Berlin und München einen Radioaktivitätstest an. Knapp 100 Menschen ließen sich bisher testen. Jeder Dritte zeigte geringfügige Mengen aufgenommener Radionuklide, die gesundheitlich jedoch unbedenklich waren.

Die akutere Gefahr geht jedoch von der Strahlung vor Ort aus. Am Kraftwerk Fukushima 1 wurden in den vergangenen Tagen schon Werte von 120 Millisievert pro Stunde gemessen. (Während eines ganzen Jahres ist der Mensch etwa einer Dosis von 2 bis 5 Millisievert aus natürlichen Quellen ausgesetzt.) Setzt man sich der in Fukushima gemessenen Menge etwa 8 Stunden aus, reicht dies für akute Symptome von Strahlenkrankheit, wie Übelkeit und Erbrechen. Folgeschäden und ein erhöhtes Krebsrisiko sind sehr wahrscheinlich. Sobald das Strahlenfeld zur begrenzenden Größe wird, helfen die Anzüge nicht mehr, dann kann man das Gebiet nur verlassen.

Nach Einschätzung der Internationalen Atomenergiebehörde sind noch viele Vorarbeiten nötig, bevor Ingenieure die vermuteten Lecks in den Reaktoren 1, 2 und 3 untersuchen und eventuell abdichten können. Der IAEA-Sicherheitssprecher erklärte, zunächst müssten die Reaktoren weiter gekühlt werden, um überhaupt erst eine Umgebung zu schaffen, in der Menschen innerhalb des Reaktors arbeiten und den Schaden beurteilen könnten. **„In dieser Phase sind wir noch lange nicht"**, sagte er.

Seit Beginn der Krise im Atomkraftwerk Fukushima wurden nach einer Meldung der Nachrichtenagentur Kyodo vom Samstag 17 Arbeiter verstrahlt. Dabei wurden nur diejenigen Unfälle berücksichtigt, bei denen eine Radioaktivität von mehr als 100 Millisievert gemessen wurde. Das ist normalerweise die maximale Belastung für AKW-Arbeiter über ein ganzes Jahr hinweg, allerdings hat das Arbeitsministerium diesen Grenzwert für Arbeiter in Fukushima auf 250 Millisievert heraufgesetzt.

Bei dem Unfall im Turbinengebäude von Block 3 wurden zwei Arbeiter ohne Schutzstiefel einer Strahlenbelastung von 2.000 bis 6.000 Millisievert ausgesetzt, wie die Internationale Atomenergiebehörde (IAEA) mitteilte. Nach amtlichen Angaben kann diese Strahlenbelastung bei Personen, die ihr mit ganzem Körper ausgesetzt sind, innerhalb kurzer Zeit zu Strahlenkrankheit und Tod führen.

„Dürften sich ihrer Mission bewusst gewesen sein".

Die Leitung von Tepco erklärte, jeder Beschäftigte könne selbst entscheiden, ob er unter den jetzigen Bedingungen in dem havarierten Kraftwerk weiter arbeiten wolle. Einem Experten zufolge gibt es diese **Wahlfreiheit** kaum für Beschäftigte von **Drittfirmen**, die von Tepco mit der Arbeit in der Anlage beauftragt wurden. Welche Vergleiche hier zu sehen sind. Im Golf von Mexiko hatte BP mit ihrer Tiefseebohrung nach Öl eines der größten Umweltschäden der Geschichte verursacht, auch hier waren natürlich die ausführenden Drittfirmen für das Desaster verantwortlich. Lesen Sie nach in meinem Buch „Die Wirklichkeit des Lebens".

Für diese Beschäftigten von Drittfirmen besteht ein höheres Risiko und oft keine ärztliche Betreuung.

Von den rund 800 Arbeitern, die seit dem verheerenden Erdbeben und dem Tsunami in der Atomruine eingesetzt wurden, sind 30 einer Strahlung von mehr als 100 Millisievert ausgesetzt gewesen. Viele von ihnen sind im Mai zum ersten Mal untersucht worden.

Die Betreiberfirma Tepco steht seit Beginn der Atom-Katastrophe wegen ihres Krisenmanagements in der Kritik und dies zu Recht. Ein Tagelöhner landete als Arbeiter in Fukushima.

Eine verhängnisvolle Verwechslung.

Anstelle als Lkw-Fahrer ist ein Tagelöhner von einer japanischen Arbeitsvermittlung in der Atomruine Fukushima eingesetzt worden, angeblich ohne Information über die Gefahren.
Der Tagelöhner aus Osaka erhielt zwar mit 24.000 Yen (rund 206 Euro) das Doppelte der ihm ursprünglich pro Tag versprochenen Summe. Dafür musste er aber auch in Schutzkleidung zwei Wochen lang bei der Kühlung der Reaktorblöcke 5 und 6 helfen. Das geschah zunächst offenbar ohne Strahlenmessgerät. „Ich habe erst an meinem

vierten Arbeitstag dort ein Dosimeter bekommen", sagte der Mann laut der japanischen Nachrichtenagentur Kyodo.

Ein Vertreter der Arbeitsvermittlung gestand die Panne ein. Angesichts der Arbeitsbedingungen sei der Mann möglicherweise Radioaktivität ausgesetzt worden, wodurch er gesundheitliche Probleme bekommen könnte, sagte er. Es habe sich um eine Verwechslung gehandelt, die auf logistische Schwierigkeiten nach dem Erdbeben zurückzuführen seien.

Der Arbeiter hatte sich für Aufräumarbeiten in der Nachbarregion Miyagi gemeldet und war eigentlich als Lastwagenfahrer für Zehntonner angefordert worden. Die Behörden untersuchen jetzt, wie es zu der Panne bei der Arbeitsvermittlung kommen konnte. Eine andere, wenngleich schlimmere Panne ist der Betreiberfirma Tepco zuzuschreiben. Sie ließ Arbeiter nicht ärztlich untersuchen. Anscheinend wurden die Rettungskräfte, die im havarierten Atomkraftwerk Fukushima arbeiteten, nicht medizinisch betreut. Erst vor wenigen Tagen veranlasste die Betreiberfirma Tepco regelmäßige Untersuchungen.

Wie die japanische Nachrichtenagentur Kyodo unter Berufung auf Tepco berichtete, sei erst kürzlich damit begonnen worden, die etwa 800 in dem havarierten Atomkraftwerk eingesetzten Arbeiter regelmäßig medizinisch zu untersuchen. Als Grund wurde eine Anordnung des Gesundheitsministeriums genannt, in der Untersuchungen zunächst erst nach Ende der Krise verlangt wurden, offensichtlich in der Erwartung, dass diese nicht so lange andauere.

Auch die in Block 3 verstrahlten Arbeiter waren bei einer Drittfirma beschäftigt. Bei den Verletzten handelt es um zwei Mitarbeiter der Firma Kandenko, die für elektrische Anlagen im AKW Fukushima zuständig ist, sowie einen Angestellten eines Unterlieferanten.

Kandenko erklärte, einer der verstrahlten Mitarbeiter sei 25 bis 30 Jahre alt und arbeite seit drei Jahren bei dem Unternehmen, der andere sei 30 bis 35 Jahre alt und seit elf Jahren angestellt. Der stellvertretende Kandenko-Verwaltungschef und Firmensprecher **Katuya Maeda** zeigte sich besorgt um die Arbeiter: „Sie dürften einerseits Angst gehabt haben, andererseits waren sie sich sicherlich ihrer Mission bewusst, die Stromversorgung in der Hauptstadtregion zu sichern." **Maeda** will die Unfallumstände schnell aufklären – vor allem, ob die Ausrüstung angemessen war. „Es ist selbstverständlich, für die Sicherheit am Arbeitsplatz zu sorgen", so **Maeda**. Sehr verwunderlich ist, dass man die Beschäftigungsdauer der Arbeiter kennt, doch nicht ihr genaues Alter und woher wusste die Betriebsleitung davon, ob die Arbeiter Angst hatten?. über die Sicherheitsausrüstung sollte die Betriebsleitung bestens informiert sein, hierzu gibt es internationale Standards, die aber offensichtlich nicht eingehalten wurden.

Die Männer werden zurzeit im Strahleninstitut in Chiba behandelt. Laut Nippon TV sollen sie dort zunächst entseucht und dann darauf untersucht werden, ob innere Organe bestrahlt wurden. Die Männer seien bei Bewusstsein und könnten laufen.

Ein Tepco-Sprecher hatte erklärt, die beiden Männer hätten weder Schmerzen noch Übelkeit. Möglicherweise hätten sie durch die Betastrahlen Verbrennungen und durch die Gammastrahlen Verstrahlungen erlitten. Ein Facharzt habe die beiden untersucht, ihre körperliche Kondition „sei gut". Es ist schon sehr wagemutig von der Betreiberfirma, den verstrahlten Arbeiter eine gute Gesundheit zu bescheinigen, Weiß man doch sehr genau über die Strahlenkrankheit bescheid.

Wie unsicher, ungenau oder bewusst manipuliert die horrenden Strahlenmesswerte in der Kraftwerksanlage Fukushima sind, wird schnell jederman bewusst, der die Angaben der Betreiberfirma etwas näher betrachtet.

Wie hoch ist die Strahlungsbelastung in dem japanischen Unglücks-AKW wirklich? Die Betreiberfirma Tepco sollte es wissen. Doch erst meldete sie alarmierende Zahlen, um sie dann als **„nicht glaubwürdig"** zu bezeichnen. Auch das Krisenmanagement der Regierung gerät immer mehr in die Kritik.

Das Durcheinander war perfekt: Erst meldete die Betreiberfirma Tepco eine millionenfach erhöhte Strahlenbelastung im schwerbeschädigten Atomkraftwerk Fukushima, dann zog sie die Zahl wieder zurück. Sie sei **„nicht glaubwürdig"**, hieß es Stunden später. Die Japaner werden sich spätestens jetzt fragen: Was denn nun? **Und wie glaubwürdig ist Tepco?**
Zwischenzeitlich wurde die gesamte Anlage fluchtartig geräumt, die Rettungsarbeiten zur Kühlung der Reaktoren wurden eingestellt.
Das Wasser im Reaktor sei zwar radioaktiv verseucht, der zuvor gemessene Extremwert von millionenfach erhöhter Strahlung sei aber ein Fehler gewesen, erklärte Tepco am Sonntagabend. **„Das tut uns sehr leid".**
Zuvor hatte Tepco mitgeteilt, das Wasser im Reaktor 2 sei **10 Millionen mal höher** belastet als normal. Mitarbeiter, die die Messungen vornahmen, flohen aus Reaktorblock 2, bevor eine zweite Messung abgeschlossen war.
Tepco räumte allerdings ein, dass sich in allen vier Reaktoren kontaminiertes Wasser befindet. Wo es herstamme, sei unklar. Regierungssprecher **Yukio Edano** erklärte, dass das radioaktiv verseuchte Wasser mit „an Sicherheit grenzender Wahrscheinlichkeit" aus einem beschädigten Reaktorkern sickere. Die genaue Ursache sei nicht bekannt. Befürchtet wurde ein Riss oder Bruch in einer der Schutzhüllen um einen Reaktorkern.

Da die japanische Regierung und die Betreiberfirma Tepco, ebenso die öffentlichen Nachrichtenagenturen nicht ausreichend über die Gefährlichkeit der Strahlenkrankheit berichten und die Bevölkerung bewusst in Ungewissheit gehalten wird, möchte ich an dieser Stelle nochmals auf die bestehenden Gefahren durch Verstrahlung eingehen.

Ausweichen können wir ihr nicht. Radioaktive Strahlung existiert überall zu jeder Zeit. Sie stammt sowohl aus natürlichen als auch künstlichen Quellen.

Die meisten Journalisten verließen Tokio. Sie fürchteten die radioaktive Wolke, die vom defekten Reaktor Fukushima 1 in die Hauptstadt ziehen könnte, denn die Situation ist unberechenbar. Noch besteht allerdings keine akute Gefahr. Hier betrug die Belastung im Mittel 0,05 bis 0,14 Mikrosievert pro Stunde. Normal sind Werte um 0,03 und 0,08 Mikrosievert pro Stunde. Auf das Jahr hochgerechnet ergeben die jetzt gemessenen Werte eine Dosis von 0,44 bis 1,2 Millisievert. In Deutschland sind es im Durchschnitt laut dem Bundesamt für Strahlenschutz (BfS) 2,1 Millisievert im Jahr. Zum Vergleich: In einigen Küstenregionen Brasiliens beträgt die Jahresbelastung 80 Millisievert.
Erst 100 Millisievert gelten als gefährlicher Grenzwert: Die Wahrscheinlichkeit für einen Anstieg von Krebserkrankungen steigt, wenn der Mensch mindestens in dieser Größenordnung ein Jahr lang durch Strahlen belastet wird. Eine Einzeldosis von 1.000 Millisievert führt zu einer Strahlenerkrankung mit Symptomen wie Übelkeit, ist aber nicht tödlich. 5.000 Millisievert würden etwa in 50 Prozent der Fälle binnen eines Monats zum Tod führen.

Die geologische Zusammensetzung bestimmt die Höhe der Strahlung, denn der größte Teil der natürlichen Strahlung in Deutschland stammt aus den Böden und dem Gestein der Erdkruste. Der Zerfall von Uran und Thorium ist die Hauptquelle, aber auch radioaktives Kalium ist dort vorhanden. Je nach geologischer Beschaffenheit ist die Strahlung daher stärker oder schwächer. Im Schwarzwald macht sie etwa 18 Millisievert im Jahr aus. Zum Vergleich: In Niedersachsen sind es 0,38. Die effektive Dosis, der die Menschen in Deutschland durch terrestrische Strahlung von Außen ausgesetzt sind, beträgt laut BfS durchschnittlich 0,4 Millisievert im Jahr. Bei den Zerfallsprozessen entsteht aber auch das Edelgas Radon. Weil Radon und seine Zerfallsprodukte gasförmig vorliegen, können sie eingeatmet werden und haben so eine effektive Dosis von 1,1 Millisievert im Jahr. Radon ist geruchs- und geschmacklos. In Gegenden, in denen das Gestein höhere Urankonzentrationen aufweist, wie im Erzgebirge oder Schwarzwald kann es sich daher auch in Kellerräumen anreichern.

Über die Nahrungskette gelangt ebenfalls Radioaktivität in den menschlichen Körper. In Deutschland sind es etwa 0,3 Millisievert im Jahr. Neben der terrestrischen Strahlung trägt die kosmische Strahlung durchschnittlich eine effektive Dosis von 0,3 Millisievert im Jahr zu unserer Dosis bei. Ihre Intensität nimmt mit der Höhe zu, und ist auf der Zugspitze mit 1,2 Millisievert im Jahr viermal stärker als an der Küste. Ein Flug von Frankfurt nach New York und zurück führt zu einer Strahlenbelastung von 75-150 Mikrosievert, schreibt das BfS. Die jährliche Strahlenexposition würde sich also in der Folge um fünf Prozent erhöhen.

Mit zwei Millisievert wird ein Mensch in Deutschland im Durchschnitt durch medizinische Untersuchungen pro Jahr belastet. Also in etwa die gleiche Menge wie die natürliche Strahlendosis ausmacht. Bei einer Röntgenuntersuchung ist die effektive Dosis davon abhängig, welcher Körperteil untersucht wird. Während einer Zahnuntersuchung beträgt sie 0,01, durch eine Mammografie bis zu 0,6 und beim Röntgen des Darms bis zu 18 Millisievert.

Dagegen tragen kerntechnische Anlagen mit weniger als 0,01 Millisievert im Jahr zur Strahlenbelastung bei, ungefähr den gleichen Anteil haben die Nachwirkungen von Atombombentests und das Unglück von Tschernobyl sowie durch Forschung, Technik und Haushalt erzeugte Strahlung.

Erhöhte Strahlung belastet nicht nur die Luft, sondern auch das Wasser, Milch und Gemüse. Es besteht die Gefahr, dass sich die Bewohner mit kleinen Dosen Radioaktivität auf Dauer vergiften.

In Japan wächst die Gefahr durch radioaktiv belastetes Trinkwasser und verstrahlte Lebensmitteln. Für vier Präfekturen verhängte die Regierung ein Lieferverbot für Milch und mehreren Gemüsesorten. Die Menschen im Dorf Iiate in der Fukushimaregion dürfen kein Leitungswasser mehr trinken, weil es den Grenzwert von radioaktivem Jod um das Dreifache übersteigt.

Radioaktive Stoffe finden sich in Böden, Gesteinen, der Atmosphäre, aber auch im menschlichen Körper. Medizin, Forschung und Technik nutzen natürliche radioaktive Stoffe gezielt oder erzeugen sie künstlich. Die Einheit Sievert misst die Strahlenbelastung des Menschen und berücksichtigt die unterschiedliche biologische Wirksamkeit verschiedener Strahlenarten. 1 Sievert ist bereits eine relativ hohe Dosis, üblicherweise vorkommende Werte liegen im Millisievert-Bereich. Zur Orientierung: Die Strahlung, der ein Bundesbürger pro Jahr ausgesetzt ist, beträgt durchschnittlich 4 Millisievert. Hier fließen die Werte natürlicher Strahlenexposition, die regional stark schwanken können, und medizinische Werte zusammen. Außerdem werden manche Berufsgruppen mit höheren Dosen ionisierender Strahlung belastet.

Dazu gehört beispielsweise fliegendes Personal. In Deutschland betrug für sie im Jahr 2008 die durchschnittliche Strahlenbelastung zusätzlich 2,3 Millisievert. Bei beruflich strahlenexponierten Mitarbeitern gilt nach der deutschen Strahlenschutzverordnung ein jährlicher Grenzwert von 20 Millisievert.

Nach heutigem Kenntnisstand gibt es keinen unteren Grenzwert, ab dem ein gesundheitliches Risiko ausgeschlossen werden kann. Das gesundheitliche Risiko hängt von vielen Faktoren ab: von der Art der Exposition, extern über die Luft oder inkorporiert über die Nahrung, aber auch vom Alter des Betroffenen. Für Kinder ist die Strahlenbelastung riskanter als für Erwachsene, weil sie sich im Wachstum befinden und sich ihre Zellen noch viel häufiger teilen. Was man aber sicher sagen kann, ist, dass das gesundheitliche Risiko mit zunehmender Dosis ansteigt.

Sehr hohe Dosen ionisierender Strahlung führen zuerst einmal zu Symptomen wie Kopfschmerz, Übelkeit oder Erbrechen. Zur akuten Strahlenkrankheit kommt es laut Bundesamt für Strahlenschutz ab einer Dosis in Höhe von etwa 500 Millisievert für Erwachsene. Kinder zeigen die Symptome schon bedeutend früher, etwa ab der Hälfte dieses Wertes.

Nach einem Reaktorunfall wirken hohe Dosen ionisierender Strahlen auf die Körperzellen ein. Sie zerstören Zellbausteine und bringen Körperzellen zum Absterben. Die Strahlenkrankheit ist die Folge eines massiven Zellsterbens in einem Organ- oder Gewebesystem, das auf einen dauernden Zellnachschub aus dem Stammzellenvorrat des Körpers angewiesen ist. Dazu gehören insbesondere das blutbildende System (Knochenmark), die Haut und die Schleimhaut des Magen-Darm-Trakts.

Aber auch schon niedrigere Dosen schädigen das Erbgut (DNA). Es drohen Veränderungen der Erbinformation, die mit der nächsten Zellteilung an die Tochter-zellen weitergegeben werden. Je größer die Schäden an der DNA sind, desto höher ist langfristig das Risiko für Krebs.

Zu den Symptomen eines akuten Strahlenschadens zählen unter anderem Rötungen und verbrennungsähnliche Erscheinungen der Haut (Erythem), Haarausfall, Beeinträchtigung der Fruchtbarkeit und Blutarmut (Anämie). Eine allgemeine Therapie existiert für diese Probleme nicht, es gibt lediglich die Möglichkeit, die zerstörte Haut durch Transplantationen zu ersetzen oder mit einer Stammzelltherapie die Funktion des Knochenmarks und damit des blutbildenden Systems wiederherzustellen.

Überschreitet das Ausmaß des Zelltods in einem Gewebe oder Organ ein gewisses Maß, geht es zugrunde. Ein Wert von etwa 4 bis 5 Sievert gilt als LD-50 für ionisierende Strahlung. Der Wert bezeichnet die letale Dosis, mit der die Hälfte der Menschen stirbt, die damit bestrahlt wurde. Die absolut letale Dosis ionisierender Strahlung beträgt etwa 8 Sievert. Atombombenopfer starben bereits, nachdem sie eine höhere Dosis als 6 Sievert bekommen hatten, es gab aber auch schon einzelne Strahlenunfälle, die manche Opfer noch eine bestimmte Zeit überlebten.

Bleibt die Strahlendosis unter dem Schwellenwert von etwa 500 Millisievert, dann tritt laut BFS zwar kein akuter Schaden auf. Experten vermuten aber spätere Gesundheitsprobleme, darunter Tumore, Leukämien, aber auch Herz-Kreislauf-, Magen-Darm- oder Augenleiden. Nach dem **Super-GAU** von Tschernobyl bekamen beispielsweise bedeutend mehr Kinder Schilddrüsenkrebs. Üblicherweise erkrankt ein Kind von einer Million daran. In den am stärksten kontaminierten Regionen von Weiß-russland und der Ukraine traf es danach 100 bis 150 Kinder von einer Million.

Ein weiteres langfristiges Gesundheitsrisiko besteht in der Inkorporation der radio-aktiven Elemente, also darin, dass Menschen über längere Zeit immer wieder kontaminierte Lebensmittel essen und belastetes Wasser trinken. Das war beispielsweise nach der Reaktorkatastrophe in Tschernobyl der Fall. Die Bewohner der betroffenen

Gebiete tranken weiter die Milch der Kühe, die das verseuchte Gras aßen, jagten Wild und sammelten belastete Pilze. Sie hatten keine andere Wahl, denn andere Nahrung gab es nicht. Hier haben die Menschen in Japan eine Chance: In dem Land reichen vermutlich die finanziellen Mittel, um auf importierte Lebensmittel auszuweichen.

Krebsquoten durch radioaktive Belastung sind ein heikles Thema. Selbst für die Zeit nach Tschernobyl existieren keine validen Zahlen, jedenfalls keine, die den strengen Kriterien der Wissenschaft Stand halten. Die heutige Einschätzung zur Wirkung von Strahlen beruht vielmehr auf Erfahrungen aus Hiroshima und Nagasaki. Eine Ursache-Wirkungs-Forschung ist nur schwer durchzuführen. Bekommen Betroffene nicht akut die Strahlenkrankheit, treten die Folgen erst sehr viel später, beispielsweise in Form von Krebs auf. Sie sind dann nicht mehr nachweisbar auf einen Auslöser, beispielsweise eine radioaktive Exposition, zurückführen, auch wenn der Verdacht sehr nahe liegt.

Klar scheint aber: Kinder reagieren besonders sensibel auf radioaktive Strahlung. Das zeigt sich an der akuten Strahlenkrankheit mit sofort auftretenden Symptomen wie Übelkeit oder Abgeschlagenheit. Laut Bundesamt für Strahlenschutz zeigen Kinder erste Anzeichen bereits ab einem Wert von 250 Millisievert, der Hälfte der Strahlenmenge, die bei Erwachsenen zu Symptomen einer akuten Strahlenvergiftung führt. Gefährdeter sind Kinder auch, was Langzeitfolgen anbelangt. Das hat zum einen rein rechnerische, zum anderen aber auch medizinische Gründe. Ein Grund erscheint relativ banal: Krebserkrankungen, egal mit welcher Ursache, sind das Ergebnis einer langen zeitlichen Entwicklung vom Moment der Auslösung bis hin zur klinischen Manifestation. Dazwischen liegen Jahrzehnte, bei Leukämien bis zu einem Jahrzehnt. Das bedeutet: Menschen, die erst in der zweiten Lebenshälfte einem potenziell Krebs auslösenden Ereignis, beispielsweise erhöhter Radioaktivität, ausgesetzt sind, erleben den Zeitpunkt der Krebserkrankung möglicherweise gar nicht mehr, weil sie vorher an anderen Krankheiten oder einfach eines natürlichen Todes sterben. Deswegen ist für einen betroffenen Japaner, der aktuell 70 Jahre alt ist, Krebs rein rechnerisch weniger wahrscheinlich als für ein Kind von drei Jahren.

Darüber hinaus ist der zarte kindliche Organismus medizinisch betrachtet anfälliger für Strahlungsfolgen. Nehmen Kinder Radioaktivität auf, sind für sie Zellschäden gravierender. Das liegt daran, dass sich in dem sich noch entwickelnden Organismus die Zellen stärker teilen. Die Zellteilung ist wiederum die Grundvoraussetzung dafür, dass Krebs entstehen kann. Verändert sich durch die einwirkende Strahlung das Erbgut, entstehen fehlerhafte Zellen, die sich dann immer weiter teilen und ihren Defekt so weitergeben. Zellen können so entarten und Tumoren können sich bilden. Aus genau diesem Grund tritt Krebs auch unter Erwachsenen dort häufiger auf, wo die Zellteilung noch im Programm ist: beispielsweise in der Haut, die sich ständig erneuert, oder dem Blut den Epithelien, den Oberflächen verschiedener Organe.

Eines dieser durch Radioaktivität besonders gefährdeten Organe ist neben dem blutbildenden System (Leukämie) die Schilddrüse, die freigesetztes radioaktives Jod einlagern kann. Das war offenbar auch für viele Kinder der Fall, die im Zuge des **Super-GAUs** von Tschernobyl Radioaktivität abbekommen hatten. Über die Luft, vielfach aber auch über verseuchte Nahrung wie Milch von Kühen, die auf kontaminierten Weiden grasten. Man hält deswegen die gute Überwachung von Lebensmitteln in Japan für die kommenden Jahre für ein „Muss", denn hier droht auf lange Sicht am meisten Gefahr. Auf der anderen Seite ist es dramatisch, dass gerade in der aktuellen Gefährdungslage in Japan die Lebensmittelversorgung schlecht ist. Wichtig wäre gerade jetzt eine Ernährung, die reich an pflanzlichen Nährstoffen und beispielsweise Betacarotin ist und die viel Antioxidantien enthält. So könnte man dem Körper eine wichtige Grundlage dafür schaffen, dass er sich selbst hilft und Zellen vor Schäden durch freie Radikale schützt. Neben Jodtabletten und dem schwierigen Versuch, in der aktuellen Lage eine ausgewogene Ernährung zu gewährleisten, können Eltern in Japan für ihren Nachwuchs nicht viel tun. Sie können den Aufenthalt im Freien einschränken oder zeitweise ganz unterbinden, auf Dauer werden sie ihre Kinder aber nicht schützen können. Wichtig ist deswegen eine gute Nachsorge. Es wird sicherlich dazu kommen, dass festgehalten wird, welche Kinder zum Zeitpunkt des Unglücks beispielsweise in Tokio oder noch näher am Atomkraftwerk waren, denn für sie besteht ein erhöhtes Risiko, später an Krebs zu erkranken. Greift so ein Screening, könnten Krebserkrankungen frühzeitig erkannt werden. Immerhin, ein schwacher Trost: Die Patienten haben dann keine schlechteren Heilungschancen als Menschen, die ohne **GAU** oder **Super-GAU** erkrankt sind.

Selbst in hoher Dosis üben radioaktive Strahlen ihre zerstörerische Wirkung im Körper fast unbemerkt aus.
Die Opfer spüren erst nur leichte Symptome und sind doch bereits dem Tod geweiht.
Rund um das Kernkraftwerk von Fukushima messen Experten seit Tagen stark erhöhte radioaktive Werte. Zehntausende Anwohner haben die Gegend verlassen, doch die Notunterkünfte sind überfüllt. Viele Bewohner der Gegend bleiben lieber in ihren Häusern, als dorthin zu ziehen. Sie nehmen die Langzeitfolgen in Kauf, die Radioaktivität im Körper anrichten kann, vor allem sind das Tumore, Leukämien, aber auch Herz-Kreislauf-, Magen-, Darm- oder Augenleiden. Ist dies der Preis, den die zweitgrößte Industrienation nun zu zahlen hat?. Waren die Atombombenabwürfe nicht ausreichend, um erkennen zu können, mit welch einer vernichtenden Kraft das Atom zerstört?.
Trotz allem, von Massenpanik ist keine Spur zu sehen. Trotz der atomaren Katastrophe zeigen sich die Japaner immer noch diszipliniert. Ein Angstforscher erklärte auf Fragen eines Reporters, wieso die Japaner immer noch ruhig bleiben und wie die Deutschen in so einer Situation reagieren würden.
Mir erschienen die Fragen und Antworten sehr genau auf das Thema abgestimmt zu sein und so möchte ich kurz darauf eingehen.
Die atomare Katastrophe schwebt wie ein Damoklesschwert seit zwei Wochen über Japan. Leben die Menschen dort in Dauerangst, oder gibt es einen Zeitpunkt, an dem man einer gefährlichen Situation gegenüber abstumpft?
Der Mensch adaptiert sich viel besser als man glaubt und lernt mit solchen Extremsituationen umzugehen. So müssen Menschen in Südafrika, in einem Land, in dem häufig Überfälle stattfinden, lernen, mit dieser Angst im Alltag zu leben. Meine Mutter erzählte mir, dass die Menschen während der Bombardierungen in Deutschland im Zweiten Weltkrieg darauf gewartet haben, dass die Flugzeugmotoren verstummten. Das war das Zeichen für eine Angriffspause. Diese Pause wurde dafür genutzt, sich schnell Brötchen zu besorgen, ich glaube eher ein Stück Brot. Solche Verhaltensweisen zeigen, dass Menschen, auch wenn sie sich über einen längeren Zeitraum in Extremsituationen befinden, nicht zwangsläufig depressiv reagieren, sondern lernen, damit umzugehen. In dieser Hinsicht lässt sich sagen, dass wir nach einer gewissen Zeit der Gefahr gegenüber abstumpfen.
Die Japaner sehen sich mit einer dreifachen Katastrophe konfrontiert, zuerst das Beben, dann der Tsunami und nun noch ein drohender atomarer **Gau**. Dennoch zeigen sie sich diszipliniert. Nach dem Beben in Haiti 2010 kam es dort zu Gewalttaten und Plünderungen. Gehen Japaner mit Extremsituationen besser um als andere Kulturkreise?

Die Japaner sind diszipliniert und sozial eingestellt. Es fällt auf, dass sie auch im täglichen Leben freundlicher zueinander sind als Menschen in anderen Ländern. Das hilft in Momenten wie diesen. Allerdings muss man auch bedenken, dass die Haitianer viel ärmer sind als die Japaner. Dort sind die Nahrungsmittelressourcen knapp, deshalb gab es nach dem Erdbeben auch Plünderungen. Aus Hunger und Verzweiflung heraus bekämpften sich die Menschen.

Würden die Deutschen aus ihrer Erfahrung heraus anders mit der Situation umgehen als die Japaner?
Nein, so der Angstforscher. Deutsche und Japaner sind sich in der Hinsicht sehr ähnlich. In der Vergangenheit hat sich gezeigt, dass die Deutschen hilfsbereit sind und sich gegenseitig unterstützen, wie zum Beispiel bei der Flutkatastrophe im Jahr 2002.
Die Deutschen fürchteten sich so sehr vor den Geschehnissen in Japan, dass viele hierzulande Hamsterkäufe von Jodtabletten und Geigerzählern machten, obwohl klar ist, dass wir keine atomare Gefahr aus Japan zu befürchten haben.

Dieses Verhalten hängt eher mit unstrukturiertem Denken zusammen. Es gibt Menschen, die statistische Wahrscheinlichkeiten nicht überblicken können. So fürchten sich sehr viele Deutsche vor dem Fliegen, obwohl die Wahrscheinlichkeit, bei einem Flugzeugabsturz ums Leben zu kommen, bei eins zu acht Millionen liegt. Viel wahrscheinlicher ist es, bei einem Autounfall zu sterben. Durch die Vorkommnisse in Japan fürchten viele, dass die Wahrscheinlichkeit eines Reaktorunfalls jetzt auch in Deutschland gestiegen ist. Offensichtlich haben die Menschen die Atomkraft nicht im Griff, dennoch ist es im Moment abwegig, eine erhöhte Gefahr in Deutschland anzunehmen.

Steuert Angst dieses unstrukturierte Denken?

Durchaus. Das zeigt sich zum Beispiel daran, dass etwa 48 Prozent der Deutschen sich vor Spinnen fürchten, obwohl diese hierzulande nicht giftig sind. Diese Angst ist angeboren und dient als Rüstzeug zum Überleben in der freien Natur. Abhängig von der Empfindlichkeitseinstellung eines Menschen bricht diese Angst aus oder nicht. Manche lassen zum Beispiel Vogelspinnen über ihre Hand laufen, während andere allein bei dem Gedanken daran Schweißausbrüche bekommen.

In den Medien liest man immer wieder, dass Panik in Japan herrscht. Gibt es einen Unterschied zwischen Panik und Angst?

Hier sind die Grenzen zwar fließend, aber ja, es gibt Unterschiede. Angst wird durch eine akute Bedrohung ausgelöst, zum Beispiel, wenn jemand mit einem langen Messer auf mich losgeht. Im Gegensatz dazu kommen Panikattacken auch dann auf, wenn keine Gefahr besteht. Eine Panikattacke kann einen Menschen auch plötzlich in einer Fußgängerzone überkommen. Die Symptome sind jedoch die gleichen wie bei Angst. Der Körper bildet sich ein, in Lebensgefahr zu sein, die Kampf- oder Fluchtreaktion setzt ein. In Japan wird es örtlich durch das Erdbeben und den Tsunami schon Paniken gegeben haben, doch im Moment kann man nicht davon sprechen. Die Menschen dort sind besorgt und ängstlich.

Welche Mechanismen setzen bei der Kampf- oder Fluchtreaktion ein?

Herzrasen, Schwitzen, Luftnot sind einige der Symptome. Damit bereitet sich der Körper entweder auf den Kampf oder eine Flucht vor. So rast zum Beispiel das Herz schneller, um die Muskeln mit Blut zu versorgen, damit man besser weglaufen kann.
Verfügt das Gehirn über Schutzmechanismen, die uns vor psychischen Schäden und Traumatisierung bewahren?
Der Mensch ist ein Verdrängungskünstler. Das hilft ihm zum Beispiel mit dem Tod von Familienmitgliedern, oder mit schweren Katastrophen wie der in Japan, umzugehen. Es ist auch falsch zu glauben, dass jeder, der eine Katastrophe erlebt hat, eine posttraumatische Belastungsstörung entwickelt. Grob geschätzt entwickeln nur 15 Prozent der Betroffenen ein Belastungssyndrom. Untersuchungen zum Zugunglück in Eschede im Jahr 1998 zeigen, dass diejenigen der Helfer, die nach dem Unglück psychologisch betreut wurden, häufiger eine Belastungsstörung entwickelten als jene, die sich nicht betreuen ließen. Solche Befunde haben sich auch bei ähnlichen Untersuchungen im Ausland gezeigt.
Nicht jeder, der ein Trauma erlebt hat, sollte sich also betreuen lassen?
Ja, so der Forscher. Das Gehirn verdrängt ein Trauma in der Regel erst einmal. Wird dann ein Betroffener sofort einer Therapie zugeführt, wird dieser natürliche Prozess dadurch unterbrochen, dass jemand immer wieder über das Erlebte reden muss. Dadurch kann sich die Belastungsstörung sogar noch verschlimmern.

Also lieber erst einmal abwarten, ob jemand überhaupt psychologische Unterstützung braucht?

Auch in diesem Falle, ja. Solche Gespräche sollten nur geführt werden, wenn sie auch gewollt sind. Vor allem sollte es bei so einer Therapie auch nicht um Konfrontation gehen, wie es häufig der Fall ist. Dadurch durchleben Betroffene das Trauma immer wieder neu. Stattdessen sollte der Therapeut über das Hier und jetzt reden.

Welche Menschen neigen zu posttraumatischen Belastungsstörungen?

Wir Forscher vermuten, dass die Widerstandsfähigkeit gegen psychische Traumafolgen auch zum Teil genetisch bedingt ist. Es hat sich auch gezeigt, dass gerade die Menschen, die zu Depressionen und bestimmten Ängsten neigen, häufiger solche Belastungsstörungen entwickeln.

In der Zeit, als diese Aufzeichnungen niedergeschrieben wurden, waren mindestens 200 Menschen aus der Region bereits akut verstrahlt. Über die Stärke ihrer radioaktiven Belastung gibt es jedoch keine Angaben. Folge der akuten Belastung ist die Strahlenkrankheit. Sie tritt nach einer ionisierenden Strahlung von etwa einem halben bis 1 Sievert auf. Zur Orientierung: Die Strahlung, der ein Bundesbürger pro Jahr ausgesetzt ist, beträgt durchschnittlich 4 Millisievert (= 0,004 Sievert).

Ionisierende Strahlung hat im menschlichen Körper eine verheerende Wirkung: Sie zerstört Zellbausteine und bringt Körperzellen zum Absterben. Die Strahlenkrankheit ist die Folge eines massiven Zellsterbens in einem Organ- oder Gewebesystem, das auf einen dauernden Zellnachschub aus dem Stammzellenvorrat des Körpers angewiesen ist. Dazu gehören insbesondere das blutbildende System, die Haut und die Schleimhaut des

Magen-Darm-Trakts. Abhängig von der Höhe löst die Strahlung innerhalb weniger Stunden Symptome wie allgemeines Krankheitsgefühl, Appetitverlust, Übelkeit und Erbrechen aus. Dieses vorübergehende Stadium heißt auch **„Strahlenkater"**. Der Zeitpunkt, an dem das Erbrechen eintritt, lässt eine Prognose darauf zu, wie hoch die Strahlendosis war. Je höher, desto früher treten die Symptome auf. Wenn sie innerhalb einer Stunde erfolgt, muss damit gerechnet werden, dass die Dosis tödlich war.

Drohende Zerstörung des Knochenmarks.

Phase 1 der Strahlenkrankheit ist die sogenannte hämatopoetische Phase. Sie entsteht durch eine radioaktive Strahlung von etwa 1 bis 4 Sievert. Die Strahlung bewirkt zum einen Veränderungen des Blutbilds, beispielsweise sterben weiße und rote Blutkörperchen ab. Zum anderen schädigt sie das Knochenmark, das seine Funktionsfähigkeit verliert und deshalb keine neuen Blutzellen mehr bilden kann.

Wenn die weißen Blutkörperchen abgestorben sind, dann ist der Patient anfällig für Infektionen, die auch aus dem Körper selbst stammen können. Dieser kritische Zeitraum dauert etwa zwei Wochen. Patienten mit diesen Symptomen können überleben, da sich das Knochenmark von selbst regenerieren kann. Therapien können lediglich den Heilungsprozess unterstützen. Kleinere Strahlenschäden können Ärzte supportiv behandeln. Flüssigkeitsverlust mit Infusionen, Infektionen mit Antibiotika oder verbrannte Haut mit Wund- und Heilsalben. Wie gut die Überlebenschancen eines Patienten in Phase eins der Strahlenkrankheit sind, hängt auch davon ab, wie robust der Betroffene ist.
Die einzige kausale Therapie ist, erklären die Strahlenmediziner, eine Knochenmarktransplantation. Sie kann erfolgen, wenn das Knochenmark irreversibel zerstört ist, was ab einer Strahlenintensität von 4 Sievert der Fall wäre. Die Knochenmarktransplantation ist aber im Katastrophenfall meist nicht möglich, weil so schnell kein passender Spender zu finden ist. Nicht nur deshalb sind gut gemeinte Aufrufe an Transplantationszentren in Europa sinnlos. „Spender aus Deutschland werden für japanische Strahlungsopfer kaum infrage kommen, weil die genetische Situation hier ganz anders ist", so der Leiter des Deutschen Registers für Stammzelltransplantationen.

Phase 2 ist die gastroenterologische Phase. Sie erfolgt durch eine radioaktive Strahlung ab circa 5 Sievert und birgt nur schlechte Überlebenschancen. Hier hat die ionisierende Strahlung vor allem Gewebe im Magen-Darm-Trakt zerstört, es kommt zu Durchfall und Blutungen aus dem Mund, außerdem zu Flüssigkeitsverlust. Die Anfangssymptome wie Übelkeit und Erbrechen treten schon innerhalb von 15 bis 30 Minuten auf und dauern bis zu zwei Tagen. Danach setzt eine fünf- bis zehntägige Erholungsperiode ein, „Walking-Ghost-Phase" genannt. Danach folgt die Sterbephase mit raschem Zelltod in Magen-Darm-Trakt, der zu massivem Durchfall, Darmblutungen und Wasserverlust führt. Der Tod erfolgt mit Fieberdelirium und Koma durch Kreislaufversagen.

Phase 3 ist die zerebrale Phase. Sie ist die Folge von Bestrahlungen ab circa 20 Sievert. Die Strahlung schädigt das Gehirn und ist innerhalb weniger Tage tödlich.

Zehntes Kapitel

Wie gefährlich ist das Atom-Wrack Fukushima wirklich?

Bislang mussten nur Menschen im Umkreis von 20 Kilometern um das AKW ihre Häuser verlassen, jetzt empfiehlt Japans Atomaufsicht, die Zone auszuweiten. Techniker haben im Meer die höchsten Strahlenwerte seit Beginn der Katastrophe gemessen.

Internationale Experten fordern sie seit Wochen, nun hat sich auch die japanische Atomaufsicht für eine Erweiterung der Evakuierungszone um das Katastrophen-AKW Fukushima ausgesprochen. Die Regierung müsse eine Ausweitung der Evakuierungen erwägen, erklärte die Behörde an diesem Donnerstag.

Folgt Tokio endlich dieser Empfehlung?

Regierungssprecher **Yukio Edano** betonte die offizielle Linie, die Evakuierungszone um das havarierte Atomkraftwerk nicht auszuweiten. Dazu bestehe im Moment keine Notwendigkeit, sagte er.

Die Internationale Atomenergiebehörde (IAEA) hatte aus einem 40 Kilometer von Fukushima gelegenen Dorf bedenklich hohe Strahlungswerte gemeldet. Um das AKW Fukushima 1 (Daiichi) gilt bislang eine Evakuierungszone von 20 Kilometern. Einwohnern in einem weiteren Umkreis von 30 Kilometern wird empfohlen, wegen der Strahlengefahr das Gebiet zu verlassen oder sich nicht im Freien aufzuhalten.

Mehr als 200.000 Menschen lebten vor dem Unglück Regierungsangaben zufolge in der unmittelbaren Umgebung des Atomkraftwerks Fukushima: Rund 70.000 Menschen im Umkreis von 20 Kilometern, weitere 130.000 in der angrenzenden Gegend bis zur 30-Kilometer-Linie.

Wie wir aus der Vergangenheit wissen, bezeichnet man die Japaner auch als „die Preußen Asiens".

Gemeinsinn, lebenslanges Lernen und eine Überlebenskultur der Mäßigung – die drei Säulen des Konfuzianismus, entstanden 500 vor Christus, sind bis heute Grundlage japanischen Handelns, das nur ein Ziel kennt: die Chaosüberwindung.

Verzweifelte Rettungsversuche haben die Bilder der letzten Tage und Wochen aus Japan bestimmt. Nach Erdbeben und Tsunami bietet sich ein Bild der Verwüstung, die Reaktorkatastrophe hält die Welt in Atem, der Verzehr von ungekochter Milch aus Fukushima ist laut Präfektur und Gesundheitsamt inzwischen verboten, mehr als 8.000 Menschen sind nach offiziellen Angaben ums Leben gekommen. Dies sind einige nüchterne Daten.

Ein langjähriger Diplomat, der in Japan diente, wurde gefragt: „Wir haben in den letzten Tagen häufig vom und über Katastrophenmentales Heilverfahren der Japaner gehört. Stimmt das eigentlich so? Kann man es sich so leicht machen und sagen, na ja, mit Shintoismus und genug Konfuzianismus im Gepäck, da meistert man jede noch so große Katastrophe?"

Die Antwort war: „Ich denke, dass wir da ein wenig zurückgehen müssen in die Geschichte Asiens. Diese Fukushimakatastrophe steht in einem indirekten Rapport mit jenem Chaos rund um 500 vor Christus in China. Das heißt, das ist damals die

Geburtsstunde einer Staatsmoral und Gesellschaftslehre geworden, die bis heute wirkmächtig geblieben ist, unter anderem eben auch in Japan, ganz besonders in Japan. Das heißt: der Konfuzianismus. Das heißt, wir haben es hier zu tun mit einer enorm pragmatischen, auf Chaosüberwindung orientierten Lebensphilosophie, die selbst aus dem Chaos entstanden ist und seit etwa 2.000 Jahren das geistige Betriebsgeheimnis, meine ich, auch einer Nation wie Japan ist. Das heißt, die Japaner sind schon deshalb eigentlich die Preußen Asiens, weil sie schon durch die Natur gezwungen sind zu einer leistungsorientierten, das heißt konfuzianisch geprägter Arbeitsethik im Verbund mit Strenge, Disziplin und vor allen Dingen auch Sekundärtugenden als Bedingung einer sozialen Intelligenz, die notwendig ist, existenziell ist praktisch für die Bewältigung von Katastrophen."

„Wie Sie sagen, das sei wirkmächtig. Wie sehr prägt denn dieser Konfuzianismus rein alltagspraktisch das Leben in Japan?"

„Der prägt es insofern, als diese großen drei Säulen des Konfuzianismus zu den Selbstverständlichkeiten der Erziehung und Bildung gehören. Das heißt nämlich einerseits Gemeinsinn, zum anderen lebenslanges Lernen und zum Dritten eine Überlebenskultur der Mäßigung. Das heißt, wenn man diese drei Pfeiler sich einmal ansieht, vor dem Hintergrund von Katastrophen, mit denen Japan ja seit Urzeiten lebt, ergibt sich daraus eine sehr pragmatische Form, sich mit diesen Katastrophen irgendwie abzufinden. Das oberste Gebot, was ich zuerst erwähnte, der Gemeinsinn ist im Grunde nichts anderes als die Disziplinierung aller Affekte eines egoistischen Eigensinns, also Panik, Pessimismus, Negativität jeder Art, eben zugunsten des Überlebens des Kollektivs, denn in großer Gefahr kommt eben nur die Gruppe durch und nicht das Individuum. Das ist also ein ganz anderer Aspekt, den ich dort in den fast sieben Jahren, in denen ich in Japan gewesen bin, immer wieder erlebt habe."

„Darf ich mal was einwenden aus westlicher Perspektive. Das klingt ja sehr sympathisch, was Sie da sagen. Aber sind dann nicht die sozialen Pflichten größer als die individuellen Rechte?"

„Ja, natürlich! Das ist ja damit gemeint. Dieser Gemeinsinn bedeutet natürlich ein hohes Pflicht- und Verantwortungsbewusstsein gegenüber dem Kollektiv, das heißt der Familie und dann schließlich auch gegenüber der Nation und überhaupt der Gesellschaft."

„Die deutschen Kernkraftwerksbetreiber schicken kerntechnische Hilfsgüter nach Japan. Das Deutsche Atomforum hat das in Berlin mitgeteilt. Es sollen 20 Paletten Hilfsgüter nach Tokio geflogen werden mit Filtern, Masken, Strahlenmessgeräten und so weiter. Lassen sich die Japaner gerne in dieser Situation helfen?"

„Ja das ist eine sehr interessante Frage. Im Grunde richtet sich der japanische Stolz eigentlich mehr darauf, letztlich auf das Bewusstsein, wir können es eigentlich selber schaffen. Und dass das jetzt möglich ist, zeigt eben, dass hier eine Dimension von Gefahr da ist, dass sie eben noch in diesem Falle das wahrscheinlich akzeptieren werden. Aber man muss das sehen, dass eben 1995 im Zusammenhang mit dem riesigen Erdbeben in Kobe die Regierung ausländische Hilfsangebote abgelehnt hat, damals allerdings wirklich zum Schaden der Opfer, und daraus könnte möglicherweise auch ein Lernen aus diesem Fehler resultieren, dass man es diesmal nicht noch mal wiederholt."

Aus diesem Gemeinschaftssinn heraus ist auch die Liebe zu ihrem Tenno gewachsen. **Kaiser Akihito** traf erstmals mit Überlebenden des Erdbebens und Tsunamis zusammen. Gemeinsam mit seiner Gemahlin Michiko nahm sich der Monarch eine Stunde Zeit, um etwa 290 Flüchtlingen in einer Notunterkunft in Tokio Trost zu spenden, wie japanische Medien am Donnerstag meldeten. In diesem Flüchtlingslager sind vor allem Menschen aus der Präfektur Fukushima untergebracht.

Diejenigen, die aus der Evakuierungszone kommen, können unter Umständen nie in ihre Heimat zurückkehren. Die Zahl der nach dem Erdbeben und dem Tsunami offiziell für tot erklärten Opfer stieg auf 11.362. Weitere 16.290 Menschen werden noch vermisst.

Aufgrund der Aufzeichnungen und der bestehenden Tatsachen haben viele Japaner die Hoffnung auf ein gutes Ausgehen der Katastrophe verloren. Die alte Tradition der Japaner, die ihr Leben eng mit dem Kaiserhaus verbinden, trauen ihrem Tenno, dem japanischen Kaiser **Akihito**. So sehen viele Japans letzte Hoffnung in Krisenzeiten in ihrem geliebten Tenno.

Kaiser Akihito von Japan

„**Gemeinsam mit dem Volk**" lautet das Credo des japanischen Kaisers **Akihito**. Selten haben seine Landsleute ihn so gebraucht wie in diesen Tagen nach der Katastrophe. Der Tenno bietet den Menschen Orientierung und öffnet sogar seine Sommerresidenz für die Opfer.

Es ist still geworden am Kaiserpalast in Tokio. Gespenstische Leere umgibt das grünbewachsene Areal, aus dem die grünen Kupferdächer der Palastanlage flach emporragen. Der Fotograf, der hier sonst die Reisegruppen knipst, baut seine Kamera nur noch aus Gewohnheit auf. „Die Katastrophe von Fukushima hat die Touristen vertrieben", sagt er, „nichts ist mehr, wie es bis vor zwei Wochen war." Und doch dringt Kaiser **Akihito**, 77, dieser Tage plötzlich wieder so tief in das kollektive Bewusstsein des Inselvolkes wie seit Langem nicht. Vergessen sind die schrillen Schlagzeilen, die unlängst noch Japans Klatschblätter schmückten: das ewige psychische Leiden von Prinzessin **Masako**, der Zwist zwischen Kronprinz **Naruhito** und dem Rest der Familie.

Denn je weniger die Regierung und die Bosse von Tepco, der Tokyo Electric Power Company, die Unglücksreaktoren in Fukushima unter Kontrolle bekommen, und je heftiger sich die Japaner vor der radioaktiven Strahlung ängstigen, die der Wind aus Fukushima je nach Wetterlage bis in ihre Hauptstadt trägt, desto verzweifelter suchen sie inneren Halt beim Tenno, ihrem Monarchen.

Der Vergleich ist zwar gewagt, aber ein wenig erinnert Tokio derzeit an die letzten Kriegstage im August 1945. Über Wochen konnten sich damals die Spitzen von Heer und Marine und die zivilen Berater des Kaisers nicht darauf einigen, Nippons unausweichliche Niederlage einzugestehen und zu kapitulieren. Wie gelähmt saßen sie sich auf endlosen Sitzungen gegenüber, keiner wollte die Verantwortung für das nationale Desaster übernehmen.

Doch dann beendete Kaiser **Hirohito** das lähmende Patt. Über Radio forderte er die Untertanen auf, das **„Unerträgliche zu ertragen"**. Zum ersten Mal hörten die Japaner damals die Stimme ihres göttlichen Monarchen. Anschließend legten die Militärs die Waffen nieder.

Und nun, im Schatten von Fukushima, suchen die Japaner wieder nach Orientierung. Denn die hilflosen Beschwichtigungen ihrer Regierung bewirken das Gegenteil: Am Donnerstag trank Tokios Gouverneur **Shintaro Ishihara**, 78, vor laufenden Fernsehkameras demonstrativ ein Glas Leitungswasser. Doch in Tokio hamstern seine Bürger nun erst recht kistenweise Mineralwasser, jeder für sich.

Und zugleich vertrauen sie eben auf den Kaiser, Nippons letzte Hoffnung in Krisenzeiten.

Toshihiko Tadahira, 64, ist mit seinem Sohn **Hayato**, 29, zum Palast gepilgert. Die aufmunternden Worte, die der Tenno neulich in einer Videobotschaft an sein Volk richtete, hätten ihn zutiefst gerührt, sagt er, gerade in diesen Tagen, in denen doch auf kaum etwas noch Verlass sei, doch unser Tenno ist immer für uns da.

Tadahira verkauft Lkw der Marke „Fuso", der japanischen Daimlertochter. Derzeit hätten sie in der Firma nichts zu tun, sagt er, weil viele Zulieferer keine Teile mehr liefern. Der deutsche Japan-Chef von Fuso hätte aus Angst vor Fukushima das Land verlassen, sagt **Tadahira** und lächelt traurig. „Man kann die Ausländer zwar verstehen, aber wir standen plötzlich völlig allein da, ganz ohne Führung."

Und dann dreht sich Tadahira zum Kaiserpalast um: „Der Tenno ist alt und gebrechlich" sagt er, „aber er ist immer für uns da."

Es sind keine großen Worte, mit denen der Tenno seine Landsleute derzeit rührt, sondern leise, bescheidene Gesten der Solidarität: Um Strom zu sparen, lässt er verlauten, benutze er seinen Palast derzeit nur, wenn unbedingt nötig, zum Beispiel für die Ernennung von Beamten. Ansonsten halte er sich in seiner privaten Residenz auf, die auf demselben Areal liegt, versteckt zwischen hohen Bäumen.

Auf seinem Sommersitz nördlich von Tokio ließ Akihito überdies das Wohnheim für sein Personal öffnen. Dort dürfen obdachlose Opfer von Beben und Tsunami jetzt heiße Bäder nehmen. Und sein Palast-Krankenhaus in Tokio soll je nach Lage auch Katastrophenopfer behandeln.

Viel mehr könnte der Kaiser für sein Volk auch kaum tun, selbst wenn er wollte. Schon sein Vater **Hirohito,** der nach dem Krieg auf amerikanischen Druck seiner Göttlichkeit entsagte, musste sich laut der demokratischen Verfassung von 1946 mit der Rolle als **„Symbol des Staates"** begnügen. Und Gesten, Rituale zählen in der japanischen Kultur ohnehin mehr als Worte.

Einigen japanischen Nationalisten gehen allerdings selbst die seltenen Reden des Tenno schon zu weit: Wenn es nach ihnen ginge, sollte sich der Kaiser völlig auf seine Rolle als ranghöchster Shinto-Priester beschränken und in der Abgeschiedenheit seines Palastes für das Wohl der Nation beten.

So war es in Japan einst üblich. Jahrhundertelang lebte der Tenno zurückgezogen in der früheren Kaiserstadt Kyoto. Erst im Zuge der Meijirestauration von 1868 brachten ihn die neuen Machthaber nach Tokio, das politische Zentrum. Dort installierten sie den Kaiser als göttlichen Souverän.

In diesen Tagen der wachsenden Verunsicherung geistert das Gerücht durch das japanische Internet, der Tenno sei vor der nuklearen Gefahr aus Fukushima aus Tokio nach Kyoto geflohen.. Um seinen Palast in Kyoto seien die Sicherheitsmaßnahmen auffällig verstärkt worden. Japans Medien seien zum Stillschweigen über die Flucht des Monarchen verpflichtet worden.

Es wäre bereits das zweite Mal, dass **Akihito** aus der Hauptstadt in Sicherheit gebracht würde: Gegen Kriegsende musste der damalige Kronprinz mit seinem jüngeren Bruder, Prinz **Masahito**, die Stadt verlassen und aufs Land ziehen, um der Gefahr durch amerikanische Feuerbomben zu entgehen.

Indes dementiert das Kaiserliche Hofamt in Tokio die Internet-Gerüchte. Der Tenno halte sich nach wie vor in der Hauptstadt auf, sagt ein Sprecher. Und Kenner der japanischen Monarchie halten eine Flucht des Kaisers zum jetzigen Zeitpunkt tatsächlich für schwer denkbar.

„Kokumin to tomo ni" − „gemeinsam mit dem Volk" – unter dieser Devise haben Akihito und seine bürgerliche Frau, Kaiserin **Michiko**, 76, seit der Thronbesteigung 1989 so viel Volksnähe gewagt wie nie zuvor in der japanischen Geschichte. Mit einer hastigen Evakuierung, die sich kaum verheimlichen ließe, würde das Kaiserhaus alle Glaubwürdigkeit verlieren. Und Tokio, diese derzeit so verängstige Metropole, verlöre die letzte Hoffnung.

Auch die Regierung hat ein Glaubwürdigkeitsproblem. Ihr Umgang mit dem Atomunfall in Fukushima stößt laut einer Umfrage der Nachrichtenagentur Kyodo bei den meisten Japanern auf Kritik. Mehr als 58 Prozent der Befragten zeigten sich unzufrieden mit dem Krisenmanagement der Regierung.

Ihren Regierungschef **Naoto Kan** sehen sie dabei offenbar nicht als Hauptverantwortlichen. Seine Sympathiewerte sind zwar alles andere als berauschend, aber besser als vor dem Erdbeben am 11. März. In der ersten Befragung seit der Katastrophe stieg die Zustimmung für **Kan** auf mehr als 28 Prozent nach rund 20 Prozent in der vorhergehenden Umfrage Mitte Februar. Vor der Katastrophe stand **Kan** stark unter dem Druck: Nicht nur die Opposition forderte Neuwahlen, sondern auch in **Kans** eigenen Reihen wurden Rufe nach seinem Rücktritt laut. Nach dem Erdbeben und Tsunami mit Tausenden Toten und einem drohenden **Super-GAU** in Fukushima hielten sich **Kans** Kritiker zurück. Sie wollen nicht den Anschein erwecken, aus der Katastrophe politisches Kapital zu schlagen.

Kan selbst hat sich während der Krise bedeckt gehalten. Nach mehr als zwei Wochen melden sich **Kans** Kritiker jetzt wieder lauter zu Wort, ein Vorgeschmack auf die Attacken, die ihn wohl nach Bewältigung der Krise erwarten. Mit dem Katastrophenmanagement der Regierung im Erdbebengebiet sind laut der Umfrage aber mehr als die Hälfte der Japaner zufrieden. Mehr als zwei Drittel befürworten Steuererhöhungen, um den Wiederaufbau zu finanzieren. Mit schätzungsweise 300 Milliarden Dollar reinen Schadenkosten ist das Erdbeben die teuerste Naturkatastrophe der Welt. Mehr als 27.000 Menschen starben oder werden noch vermisst.

Regierungssprecher **Edano** räumte ein, dass sich die Informationspolitik der Behörden über die Atomkrise verbessern müsse. Die Regierung arbeite daran, „detaillierte Informationen rechtzeitig zu veröffentlichen und Begriffe so zu erklären, dass sie einfach zu verstehen sein", erklärte er im Fernsehen. Dabei wird sie allerdings darauf angewiesen sein, dass Tepco seine eigenen Informationen versteht und zu verifizieren weiß. **Minoru Ogoda** von der Atomsicherheitsbehörde **Nisa** erklärte, dass sich in jedem der Reaktorblöcke Hunderte Tonnen radioaktiv belastetes Wasser befinden könnten. Die Behörde hatte bereits am Samstag mitgeteilt, dass die Strahlung in den Reaktorblöcken schnell zunehme und das Abpumpen radioaktiven Wassers Priorität habe.

Das radioaktive Wasser hat bereits mehrere Arbeiter verstrahlt, drei erst in der vergangenen Woche. Zwei der Männer, die am dritten Reaktorblock gearbeitet und in dem verstrahlten Wasser gestanden hatten, wurden mit Verbrennungen ins Krankenhaus eingeliefert. Nun werden sie in einer Spezialklinik behandelt.

Tepco räumte ein, dass die drei Arbeiter nicht vor dem radioaktiven Wasser im Turbinengebäude gewarnt worden seien. **„Wenn der Informationsaustausch ordentlich funktioniert hätte, wäre der Zwischenfall möglicherweise verhindert worden"**, sagte ein Tepco-Manager. Zugleich betonte das Unternehmen aber, ein Teil der Männer habe beim Verlegen von Stromleitungen Alarmsignale missachtet. Auch hier schuf Tepco mehr Verwirrung als Klarheit.

Das Meerwasser war laut **Nisa** mit dem 1.250-fachen Wert belastet. Experten der Internationalen Atomenergiebehörde (**IAEA**) erklärten, der Ozean werde die Kontaminierung relativ schnell verdünnen. In dem betroffenen Meeresgebiet werde außerdem keine Fischerei betrieben, erklärte Experte **Hidehiko Nishiyama**. Die Kontaminierung habe keine unmittelbar gesundheitsgefährdenden Folgen, sagte er.

Zwei Wochen sind nach dem verheerenden Erdbeben in Japan und dem Beginn des Reaktorunfalls vergangen. Klarheit über den tatsächlichen Zustand der Anlage gibt es bisher nicht. Auf unzähligen Kanälen laufen Informationsschnipsel ein. Sie alle geben einen kurzen und lokal begrenzten Istzustand wieder, manchmal richtig, manchmal falsch. Einen Überblick zu gewinnen oder daraus gar mögliche Folgen abzuleiten, ist äußerst schwierig.

Die Frage, ob das Kernkraftwerk überhaupt noch unter Kontrolle zu bringen ist, bleibt von den meisten Experten unbeantwortet. Die Lage in Fukushima 1, so fasst es der japanische Premierminister **Naoto Kan** zusammen, sei auch zwei Wochen nach dem Beben noch immer **„äußerst unvorhersehbar"**.

Unvorhersehbar ist auch, welche Gesundheitsschäden die Arbeiter vor Ort davontragen. Drei von ihnen bekamen am Freitag beim Kabellegen im Maschinenhaus bei Block 3 Strahlungsdosen von mehr als 170 Millisievert ab. Zwei erlitten sogar eine Kontamination der Haut an den Beinen und dadurch Verbrennungen. Jetzt forderte die Atomaufsichtsbehörde die Betreiberfirma Tepco auf, die Sicherheitsbedingungen für die in der Anlage arbeitenden Techniker zu verbessern. Eine Untersuchung solle klären, warum die drei Mitarbeiter verstrahlt wurden.

Die Lage im Reaktorblock 3 ist auch deshalb besonders beunruhigend, weil dort seit einigen Monaten nicht nur Uran-, sondern auch Mox-Brennelemente eingesetzt werden. Derartige Brennstäbe sind weltweit in vielen Druckwasser- und Siedewasserreaktoren im Einsatz. Auch in Deutschland wurden bis 2008 insgesamt neun AKWs teilweise mit Mox-Elementen betrieben. Sie bergen aber ein größeres Risiko, denn sie haben einen höheren Anteil an Plutonium 239.

Die Inhalation von **40 Milliardstelgramm Plutonium 239** genügt, um eine akute Strahlenbelastung von 15 Sievert im Körper zu verursachen. Dann kommt es zu einer schweren Strahlenkrankheit, die innerhalb weniger Tage tödlich endet. Zudem ist Plutonium 239 ein hochgiftiges Schwermetall, das sich in Knochen festsetzen kann, und eines, das erst nach 24.110 Jahren zur Hälfte zerfallen ist. Eine größere Freisetzung von Plutonium in die Umwelt wäre deshalb **„äußerst bedenklich"**. Ob Plutonium 239 aus Reaktor 3 freigesetzt werden kann oder nicht, ist derzeit nicht klar. Das hängt vor allem davon ab, wie stark der Reaktordruckbehälter sowie der Sicherheitsbehälter in Mitleidenschaft gezogen wurden. Radioaktives Plutonium gehört zu den Alphastrahlern.

Je größer der Atomkern eines chemischen Elements ist, desto instabiler ist er. Ab einer bestimmten Größe **zerfallen** Substanzen deshalb. Sie werden als **radioaktiv** bezeichnet. Die Zerfallsprozesse können unterschiedlicher Natur sein. Die Strahlung, die zerfallende Elemente aussenden, wird in drei Arten unterschieden: Während Alpha- und Betastrahlung aus Partikeln bestehen, handelt es sich bei **Gammastrahlung** um elektromagnetische Wellen, ähnlich der Röntgenstrahlung. Allerdings ist ihre Wellenlänge viel kleiner und die Strahlen sind somit extrem energiereich. **Alphastrahlung** besteht aus positiv geladenen Helium-Kernen, die aus zwei Protonen und zwei Neutronen aufgebaut sind. **Betastrahlen** bestehen aus Elektronen. Sie entstehen, wenn sich ein Neutron in ein Proton und ein Elektron umwandelt, das vom Atomkern abgestrahlt wird.

Eine Substanz ist dann radioaktiv, wenn sie zerfällt und dabei Strahlung aussendet. Um anzugeben, wie stark eine radioaktive Substanz strahlt, benutzt man den Begriff der **Aktivität (A)**. Sie wird in **Becquerel (Bq)** gemessen und gibt die Strahlungsmenge an, die eine Substanz innerhalb einer bestimmten Zeit durch Zerfall erzeugt. Ein Becquerel gibt die mittlere Anzahl der Atomkerne an, die in einer Sekunde zerfallen. Je schneller eine Probe zerfällt, desto intensiver strahlt sie also.

Weiß man, wie stark eine radioaktive Substanz strahlt, sagt das noch nichts darüber aus, wie sich die Strahlung auf den Körper auswirkt. Dafür ist es wichtig zu bestimmen, wie viel Energie von einer bestimmten Masseneinheit des Körpers absorbiert wird. Angegeben wird die absorbierte **Energiedosis (D)** in der Einheit **Gray (Gy)**, wobei ein **Gray** der Energiemenge von einem Joule pro Kilogramm entspricht.

Um die biologische Wirksamkeit der radioaktiven Strahlung auf den Körper anzugeben, benutzt man anstelle der Energiedosis den Begriff der **Äquivalentdosis (H)**. Sie berücksichtigt die Tatsache, dass verschiedene Arten von Strahlen ganz unterschiedliche Wirkungen auf den Körper haben. So ionisiert Alphastrahlung bei Weitem mehr Moleküle als etwa Betastrahlen – und richtet deshalb eine größere Zerstörung im Körper an. Daher wird jede Strahlungsart mithilfe einer physikalischen Größe gewichtet, dem sogenannten **Strahlenwichtungsfaktor**. Gemessen wird die Äquivalentdosis in **Sievert (Sv)**. Sie ergibt sich aus der Multiplikation der Energiedosis mit dem Strahlenwichtungsfaktor. **1 Sievert (Sv) sind 1000 Millisievert (mSv). 1 Millisievert sind 1.000 Mikrosievert (µSv)**.

Um die Auswirkungen von radioaktiver Strahlung auf den Körper genauer einschätzen zu können, ist es wichtig zu wissen, wie lange eine bestimmte Dosis auf den Körper einwirkt. Daher wird die **Strahlenbelastung** meist in **Sievert** pro Zeiteinheit gemessen. Also etwa **Millisievert** pro Jahr oder **Mikrosievert** pro Stunde. Die durchschnittliche **natürliche Strahlenbelastung** liegt in Deutschland bei **2,1 Millisievert pro Jahr**, also **0,24 Mikrosievert** pro Stunde. Im Schnitt kommen **2 Millisievert** pro Jahr durch künstliche Quellen von Radioaktivität hinzu. Den Löwenanteil dazu steuert die Medizin bei.

Die **Strahlenbelastung** von Böden oder in Lebensmitteln etwa wird in **Becquerel pro Quadratmeter** oder **Becquerel pro Kilogramm** angegeben. Doch was bedeutet dieser Wert für die Auswirkungen auf den Körper? Um eine Beziehung zwischen Aktivität und Äquivalentdosis herstellen zu können, gibt es den sogenannten **Dosiskonversionsfaktor**. Er hängt unter anderem von der Art der Strahlung und der radioaktiven Substanz ab, sowie von der Art, wie die Strahlung in den Körper gelangt (Inhalieren, Aufnahme durch die Nahrung). So entspricht die Aufnahme von **80.000 Becquerel Cäsium 137** mit der Nahrung einer Strahlenbelastung von etwa einem **Millisievert**. Der Verzehr von 200 Gramm Pilzen mit **4.000 Becquerel Cäsium 137 pro Kilogramm** hat beispielsweise eine Belastung von **0,01 Millisievert** zur Folge. Das lässt sich mit der Belastung durch Höhenstrahlung bei einem Flug von Frankfurt nach Gran Canaria vergleichen.

Die EU hat einen Grenzwert von **600 Becquerel pro Kilogramm** für den grenzüberschreitenden Verkehr von Nahrungsmitteln festgelegt. In Deutschland gilt er für alle **Lebensmittel**. Für **Milch und Babynahrung** sind es **370 Becquerel pro Kilogramm**.

Das heißt, die Strahlung des Plutoniums reicht in der Luft nur einige Zentimeter weit und wird zum Beispiel schon von einem Blatt Papier oder von Stoffhandschuhen vollständig zurückgehalten. Ist es allerdings erst einmal im Körper, kann die Alphastrahlung schwere Schäden an den Organen anrichten. Unklar ist auch, wie viel Plutonium derzeit noch in den Brennelementen von Reaktor 3 steckt. Neue Mox-

Brennstäbe enthalten üblicherweise drei bis sechs Prozent Plutonium. Der Anteil sinkt jedoch mit der Dauer der Benutzung. Je höher der Anteil noch ist, desto höher ist die Gefahr, dass plötzlich wieder eine Kettenreaktion eintritt.

Nach Angaben der Gesellschaft für Anlagen- und Reaktorsicherheit (GRS) in Köln, die im Auftrag des Bundesumweltministeriums Informationen zur Lage aller Reaktoren in Fukushima 1 sammelt und bewertet, wird Reaktor 3 derzeit auf der Internationalen Bewertungsskala für nukleare Ereignisse (INES) auf Stufe 5 eingeordnet, das heißt, es handelt sich um einen **„schweren Unfall"**. Die höchste Stufe 7 entspricht einem **„katastrophalen Unfall"**, wie es in Tschernobyl der Fall war. Die Atombehörde schloss indes nicht aus, die Schwere der Vorfälle in Fukushima von Stufe 5 auf Stufe 6 heraufzusetzen.

Der GRS zufolge sind Reaktorkern und Brennstäbe von Reaktor 3 beschädigt, eine geringe Kernschmelze könnte möglicherweise schon stattgefunden haben. Zudem liegen die Brennstäbe teilweise oder ganz frei – **„weit entfernt"** vom Reaktor seien stark erhöhte Konzentrationen radioaktiver Substanzen gemessen worden, sagte ein Sprecher der japanischen Atomsicherheitsbehörde. Der Sicherheitsbehälter des Reaktors könne jedoch nach den vorliegenden Messdaten noch **„auf einem gewissen Niveau"** funktionieren. Und genau davon hängt es ab, wie es in Reaktor 3 in den kommenden Tagen und Wochen weitergehen wird.

In letzter Zeit haben sich besonders schwere Erdbeben in verschiedenen Teilen unserer Erde zu Wort gemeldet, mit verheerenden Zerstörungen und dem Verlust von vielen Menschenleben.

Haitii, 12. Januar 2010.

Am 12. Januar 2010, um 16:53 Ortszeit wurde Haiti von einem schweren Erdbeben mit der Magnitude 7.0 erschüttert. Sehr viele Gebäude in Port-au-Prince und Umgebung wurden zerstört, darunter auch der zum Sinnbild für den Zusammenbruch Haitis gewordene Präsidentenpalast. Die Angaben über Opferzahlen schwanken. Der UN-Nothilfekoordinator spricht von 111.000 Toten, manche Medien wie die Deutsche Tagesschau gehen sogar von bis zu 170. 000 Toten aus. Das Epizentrum des Bebens lag nur rund 25 Kilometer südwestlich der Stadt und mit rund 13 Kilometern relativ flach.

Die große Nähe und die geringe Tiefe des Bebens erklären auch die verheerende Wirkung auf der Erdoberfläche. Je weniger Gestein zwischen dem Epizentrum und Bewohnten gebieten liegt, desto weniger sind die Erdbebenwellen gedämpft.

Aber warum passierte ausgerechnet hier dieses Erdbeben?

Port-au-Prince hat in seiner Geschichte schon mehrfach ähnliche verheerende Beben erlebt. So wurde die Stadt zum Beispiel am 21. November **1751** durch ein schweres Erdbeben zerstört. Die nächste Zerstörung erfolgte bereits am 3. Juni **1770**. Die damaligen Behörden zogen aus den Zerstörungen von 1751 und 1770 die Konsequenz und verboten Backsteinbauten. Es sollte stattdessen mit Holz gebaut werden. **1868** gab es ein Erdbeben, dessen Epizentrum aber weiter im Westen lag, das aber einen Tsunami zur Folge hatte. Haiti, und hier besonders die Gegend um die Hauptstadt waren also in der Vergangenheit schon des Öfteren Mittelpunkt verheerender Erdbeben.

Der Hauptteil der Karibik befindet sich dabei auf einer eigenen kleinen, der Karibischen Platte. An der Ostgrenze der Karibischen Platte wird die Atlantische Platte subduziert, daher finden sich hier ein vulkanischer Inselbogen, die Kleinen Antillen.

An ihrer Nordgrenze bewegt sich die karibische Platte in Richtung Osten, während die Nordamerikanische sich in Richtung Westen bewegt. Da die Bewegung eines jenseits der Blattverschiebung liegenden Blockes für einen Beobachter nach links erfolgt, spricht man auch von einer linksseitigen oder sinistralen Blattverschiebung. Auch die Herdflächenlösung für das Erdbeben deutet auf eine Blattverschiebung als Auslöser des Erdbebens hin.

Haiti liegt zum Teil auf der Gonave Mikroplatte und wird dabei von zwei unterschiedlichen Blattverschiebungen zerteilt, im Norden die Septentrional-Verwerfung und im Süden die für das Beben vom 12. Januar verantwortliche Enriquillo-Plantain Garden Verwerfung (Enriquillo-Plantain Garden Fault Zone, EPGFZ). Die Nordamerikanische und die Karibische Platte bewegen sich entlang dieser Störungen um rund 20 mm pro Jahr aneinander vorbei. Dabei ist die Enriquillo-Plantain Garden Verwerfung alleine für rund 7 mm pro Jahr gut. Der Verlauf der Verwerfung ist im Gelände als Tal erkennbar, teilweise fließen Flüsse wie der Riviere Momance entlang der Verwerfungslinie.

Die Verwerfung blieb seit den beiden Beben 1751 und 1770 erstaunlich ruhig und die Menschen in Haiti hatten andere Sorgen, als sich um ein möglichst erdbebensicheres Bauen zu kümmern. Haiti als sehr armes Land hat vielfach nicht die Möglichkeiten, seine Gebäude adäquat gegen Erdstöße zu sichern. Aber manchmal hätten schon kleine Maßnahmen ausgereicht, um ein Gebäude so zu konstruieren oder ein bestehendes so zu modifizieren, dass es nicht sofort zusammenbricht, und nicht alle Bewohner unter sich begräbt. Die GTZ versucht seit Jahren, auch in armen Ländern auf die unterschiedlichen Möglichkeiten für erdbebensicheres Bauen hinzuweisen, aber die Menschen haben dort oft einfach andere Probleme, sodass dieses für sie keine Priorität hat. Hinzu kommt der Faktor Zeit, wenn, wie in Port-au-Prince, das letzte Beben so lange zurückliegt. Das wiegt die Menschen dann in einer trügerischen Sicherheit. Trügerisch vor allem, weil die Ruhe nichts anderes bedeutet, als dass die Verwerfung blockiert ist. Dann kann sich die Bewegungsenergie über die Jahre aufstauen. Im Falle von Haiti waren es über 200 Jahre jeweils 7mm, was die Befürchtungen aufkommen ließ, dass hier ein Erdbeben der Magnitude 7,2 und einem schlagartigen Versatz von bis zu 2 m drohen könnte.

Bereits im März 2008 wurde auf der 18. Caribbean Geological Conference in einem Paper von Paul Mann auf diese Gefahr hingewiesen. Das Problem mit derartigen, auf historischen Betrachtungen beruhenden Studien ist, dass es schwer ist, den exakten Ort und was vor allem wichtig ist, den exakten Zeitpunkt eines Bebens vorherzusagen. Diese Unsicherheit und das Fehlen einer halbwegs funktionsfähigen behördlichen Infrastruktur in Haiti, um derartige Warnungen auch praktisch umzusetzen. Wir sind, trotz aller Fortschritte im Verständnis der Funktionsweise der Erde, noch immer weit davon entfernt, Erdbeben so vorherzusagen, wie beispielsweise Sturmereignisse oder Vulkanausbrüche.

Das Erdbeben und seine Folgen wird die Menschen in Haiti sicher noch eine sehr lange Zeit begleiten. Damit ist nicht nur der lange Wiederaufbau gemeint und die selbstverständliche lange Trauer der Menschen, welche Angehörige und Freunde verloren haben oder die selber noch lange Zeit an ihren Verletzungen leiden werden, wenn sie denn überhaupt wieder gesund werden. Auch in der Zukunft werden von diesem Erdbeben weiterhin Gefahren für die Bewohner des betroffenen Gebietes ausgehen. Zum einen werden die Nachbeben, von denen einige durchaus die Stärke starker Erdbeben erreichen, über einen sehr langen Zeitraum eine Gefahr darstellen. Nachbeben können auch entstehen, wie das Beispiel des New Madrid Bebens in den USA von 1811 zeigt. Neueren Untersuchungen zu Folge rührt die seismische Unruhe der hierfür verantwortlichen Störung durchaus noch von dem rund 200 Jahre zurückliegenden Beben her. Auch die Tatsache, dass sich nur der westlich der Hauptstadt gelegene Teil der Enriquillo-Verwerfung bewegt hat, könnte für die Zukunft problematisch werden. Denn dadurch ist der östliche Teil der Verwerfung eventuell erhöhter Spannung ausgesetzt. Sollte sich diese Spannung in naher Zukunft in einem Erdbeben entladen, so läge das Epizentrum noch näher an der Hauptstadt Port-au-Prince als das Epizentrum vom 12. Januar, und möglicherweise würden die Zerstörungen noch stärker. Daher gibt es Stimmen, welche den Behörden von Haiti durchaus empfehlen, zumindest die Hauptstadt an einem **anderen Ort wieder aufzubauen**, weiter weg von den erdbebenanfälligen Störungen.

Zum Anderen ist Haiti aufgrund der **Entwaldung** und der **Topografie** stark durch Erdrutsche gefährdet. Viele Wälder wurden bereits in der Kolonialzeit gerodet, um Zuckerrohrplantagen Platz zu machen und um Bauholz zu gewinnen. Und auch nach der Unabhängigkeit Haitis wurde Holz zu einem begehrten Rohstoff, vor allem für Feuerholz. Die Rodung der Wälder und die tropische Verwitterung lassen aber die Hänge schnell instabil werden, vor allem, wenn dann noch ein Hurrikan ergiebige Regenfälle bringt. Diese Gefahr ist durch das Erdbeben noch einmal gesteigert worden.

Die Enriquillo-Plantain Garden Verwerfung, die ursprünglich für das verheerende Magnitude 7 Erdbeben in Haiti vom 12. Januar 2010 mit seinen über 200.000 Toten verantwortlich gemacht wurde, ist daran möglicherweise unschuldig. Das wurde auf einem AGU-Treffen bekannt. Vielmehr soll **eine bisher unbekannte Störung das Beben ausgelöst haben.** Dadurch wird das tektonische Bild, das wir bisher von der Region hatten, komplizierter als es ohnehin schon ist.

Das zeigte sich schon an der Herdflächenlösung, die zwar deutlich auf eine Blattverschiebung deutet, aber es zeigen sich auch andere Elemente. Das Ganze ähnelt in gewisser Hinsicht einer Schrägaufschiebung. Die Nodalflächen, welche die dunklen und die hellen Bereiche des „Wasserballs" voneinander trennen, sind nicht exakt vertikal, und sie sind leicht gebogen, anstatt gerade. Das bedeutet, dass neben einer Bewegung aneinander vorbei, wie er für „normale" Blattverschiebungen anzunehmen wäre, auch noch eine konvergente, also gegeneinander gerichtete Bewegung zu finden ist. Während also ein großer Teil der beteiligten Krustenblöcke aneinander entlang schiebt, findet sich auch eine leichte Aufschiebung des einen gegenüber dem anderen Block. Das zeigen auch Radar-Höhenmessungen, wie sie von Satelliten durchgeführt wurden.

Dabei zeigen sich zwei interessante Dinge: Im Norden hat das Beben zu einer deutlichen Hebung des Geländes geführt, während sich das Gelände im Süden absenkte. Die Grenze zwischen beiden Gebieten ist scharf und ohne nennenswerten Übergang. Die Grenze zeigt eine Störung, die grob in ostwestlicher Richtung streicht. Allerdings, und das ist das eigentlich Interessante an der Aufnahme, folgt dieses Gebiet des Übergangs nicht der bekannten Enriquillo-Störung, sondern liegt wie auch das Epizentrum südlich von ihr. Außerdem ziehen sich die Gebiete mit Hebung bzw. Senkung bis in deutliche Entfernung von der Zone des Übergangs in nördliche bzw. südliche Richtung. Ein derartig breites Gebiet beeinflussen Störungen, die flach einfallen. Bei steil einfallenden Störungen wäre ein deutlich kleineres Gebiet von den Änderungen betroffen. Und die Enriquillo-Störung fällt steil ein.

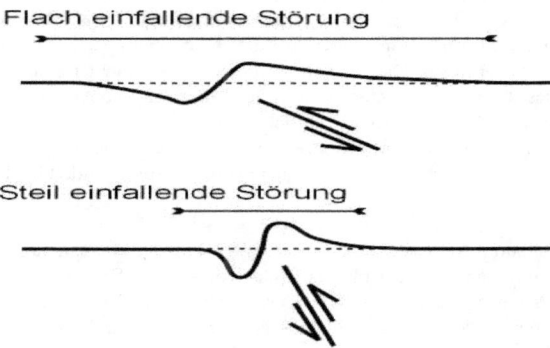

Flach einfallende Störung

Steil einfallende Störung

Das bedeutet, dass die Enriquillo-Störung mit sehr hoher Wahrscheinlichkeit für das Erdbeben am 12. Januar in Haiti **nicht verantwortlich** war. Es sieht ganz danach aus, dass hier eine Störung aktiv wurde, die sehr flach nach Norden einfällt und die Enriquillo-Störung möglicherweise in der Tiefe schneidet. Dieser neu entdeckten Störung hat man den vorläufigen Namen Leogane-Störung gegeben, nach der Stadt, welche sich im Zentrum des von der Hebung betroffenen Gebiets befindet.

Doch damit ist noch nicht genug. Auch der Anteil der Blattverschiebung an dem Beben ist möglicherweise nicht der Enriquillo-Störung zuzurechnen, sondern stammt von einer weiteren Störung in der Gegend, die zum selben Zeitpunkt aktiviert wurde. Das war einer der Gründe, warum es nicht sofort aufgefallen ist, dass die Enriquillo-Störung überhaupt nicht für das Beben verantwortlich war. Denn die Erdbebenwellen, die von den beiden parallel stattfindenden Ereignissen ausgingen, wurden in den Erdbebenstationen zusammen aufgefangen und als ein einzelnes Ereignis gewertet.

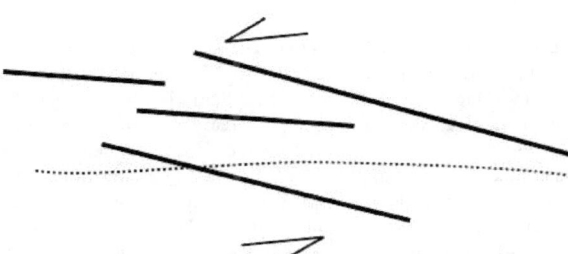

Bewegung entlang einer Störung

Verteilung der Plattenbewegung über mehrere Störungen und ein erheblich größeres Gebiet

Denn die Bewegung zwischen der Nordamerikanischen und der Karibischen Platte wird nicht nur von einer Störung aufgefangen, sondern von einem ganzen Bündel mehr oder weniger paralleler Störungen. Das mag auf den ersten Blick nicht viel ändern. Es sind ja immer noch dieselben 40 Kilometer westlich, in denen der Hauptanteil der freigesetzten seismischen Energie die Verheerungen anrichtete und es sind immer noch dieselben 20 Kilometer östlich, in denen sich seit mehr als 250 Jahren die aufgestaute seismische Energie nicht entladen hat, was immer noch eine ernst zu nehmende Gefahr für Port-au-Prince darstellt.

Für die Abschätzung des seismischen Risikos ist es aber entscheidend, ob es sich um eine große Störung handelt, oder ob das Risiko von ganzen Schwärmen von Störungen ausgeht. Und es macht die Frage schwieriger, welche zusätzliche Last durch das Beben auf die Strukturen östlich des Epizentrums geladen wurde, und die sich in nicht allzu ferner Zukunft dann in einem neuen, möglicherweise ebenso verheerenden Beben entladen könnte. Das sind aber genau die Fragen, die sich in Haiti stellen, wenn man Port-au-Prince wieder aufbaut und die Infrastruktur gegen kommende Erdbeben schützen will.

Ein anderes, verhängnisvolles Erdbeben fand im Februar 2010 in Chile statt.

Am 27. Februar um 03:34 Uhr Ortszeit wurde Chile von einem Erdbeben der Magnitude 8.8 erschüttert. Damit gehört das Erdbeben zu den stärksten Erdbeben, die jemals gemessen wurden, und ist ca. 100-mal stärker als das Beben, welches Haiti am 12. Januar erschütterte. Das Epizentrum lag rund 115 Kilometer NNE der zweitgrößten Stadt Chiles, Conception und 325 Kilometer SW der Hauptstadt, Santiago de Chile. Bislang sind rund 700 Todesopfer geborgen worden, aber es steht zu befürchten, dass diese Zahl noch steigen wird, je weiter die Rettungskräfte vordringen. Das Epizentrum liegt an der Grenze, an der die pazifische Nacza-Platte unter die südamerikanische Platte taucht. Die beiden Platten bewegen sich dabei mit der für geologische Verhältnisse hohen Geschwindigkeit von rund 70 mm pro Jahr aufeinander zu. Das ist auch einer der Hauptgründe dafür, dass dieses Erdbeben so stark war, und dass die Chilenische Küste im speziellen und die Südamerikanische Pazifikküste im Allgemeinen immer wieder Schauplatz extrem starker Beben war. Seit 1973 fanden hier mindestens 13 Beben statt, die eine Magnitude von 7,0 oder sogar größer hatten. Und am 22. Mai 1960 fand nur rund 230 Kilometer südlich des aktuellen Bebens das stärkste jemals gemessene Erdbeben mit einer Magnitude von **9,5 statt.**

Bemerkenswerterweise hat **Charles Darwin** auf seiner berühmt gewordenen Reise mit der Beagle die Gegend um 1835 besucht, einige Jahre nach einem Erdbeben, das möglicherweise eine Magnitude von 8,5 aufwies. Seine Beobachtungen der verantwortlichen Störung und der Veränderungen an Land helfen auch heute noch den Seismologen, wenn sie versuchen, die Aktivität der Störungen vorherzusagen. Das Prinzip, nachdem man hier vorgeht, ist denkbar einfach: Eine Störung, die einmal für ein schweres Erdbeben verantwortlich war, wird auch in der Zukunft gefährlich bleiben, vor allem, wenn sie sich über längere Zeiträume ruhig verhält. Und dieser Teil war seit dem Erdbeben von Charles Darwin sehr ruhig geblieben. Das Erdbeben von 1960 hat dann südlich für eine Entladung der Spannung gesorgt, und bereits 1906 entlud sich nördlich bei Valparaiso die Spannung in den Gesteinen. In dem Segment aber, das am 27. Februar nachgab, wuchs die Spannung weiter. Das wurde letztes Jahr von einem Team um Jean-Claude Rügg vom Institut de Physique du Globe in Paris mithilfe von GPS-Messungen nachgewiesen. Hier wurde explizit vor der Gefahr eines schweren Erdbebens in der Region gewarnt. Also auch hier, ähnlich wie bei Haiti, hatten die Geophysiker die Gefahr erkannt. Nun ist es aber eine Seite, die potenzielle Gefahr zu kennen, und eine ganz andere, vor einem Erdbeben zu warnen. Denn der genaue Zeitpunkt, an dem sich die aufgestaute Spannung entladen würde, der ist bislang noch nicht vorhersehbar. Aber es zeigt auch, dass man der trügerischen Ruhe einer aktiven Störung nicht trauen darf, und dass, je länger diese Ruhe andauert, desto mehr Spannung aufgebaut werden kann, die sich dann mit einem Schlag entlädt.

Das Beben von 1960 verursachte einen großen Tsunami, der auch weit entfernt auf Hawaii und in Japan für Tod und Zerstörung sorgte. Glücklicherweise hatte das aktuelle Beben keine so großen Auswirkungen, der entstandene Tsunami hatte zwar an den Küsten Chiles verheerend gewirkt, aber er war auf Hawaii und in Japan vergleichsweise klein und diente hauptsächlich als spektakuläres Naturschauspiel. Einer der Gründe war sicher auch die lange Vorwarnzeit, die dort diesmal gut genutzt werden konnte. Auf einigen näher zum Epizentrum liegenden Inseln hingegen reichte die Zeit nur knapp, die tief liegenden Gebiete zu evakuieren. Außerdem lag das Epizentrum des Bebens in einem Gebiet mit vergleichsweise geringerer Wassertiefe, sodass auch dies den Tsunami in Grenzen hielt.

Das Beben hatte auch im tieferen Sinn Erder schütternde Folgen. Die Erdachse hat sich um ganze 2,7 Milliarcsekunden verschoben, das entspricht rund 8 Zentimetern. Außerdem ist der Tag um volle 1,26 Mikrosekunden kürzer geworden. Zum Vergleich, das Beben von Sumatra 2004 hat die Tageslänge um volle 6,8 Mikrosekunden verkürzt.

Auch bei diesem Erdbeben hat sich die Infrastruktur als besonders empfindlich gezeigt. Das macht es Rettungskräften nach einem Erdbeben sehr schwer, schnell zu den verschütteten und Verletzten zu gelangen, oder Hilfsgüter in das Katastrophengebiet zu transportieren. Die Gefahr steigt noch, wenn man aufgeschwemmte Sedimente und aufgeständerte oder gar doppelstöckige Fahrwege nimmt. Ein anderes Beispiel wäre hier das Loma Prieta Beben in Kalifornien von 1989. Das Beben mit der Magnitude 6,9 hat einen doppelstöckigen Freeway zusammenbrechen lassen. Durch die Zerstörung werden dann nicht nur die Straßen selber unpassierbar und bilden für die Benutzer der unteren Etage regelrechte Todesfallen, sie bilden mit ihren Trümmerbergen auch Hindernisse, die Stadtteile regelrecht abschneiden können.

Das schwere Erdbeben vom 27.2.2010 hat eine auffällige seismische Lücke geschlossen. Das Epizentrum lag rund 115 Kilometer nordnordöstlich der Stadt Conception, bei den Nachbeben zeigt sich ein Trend der Epizentren in Richtung Süden. Südlich von Conception, bei der Stadt Valdivia fand bereits 1960 mit einer Magnitude von 9,5 das stärkste jemals gemessene Erdbeben statt. Fast die gesamte Erdkruste an der Westküste Chiles hat sich damit innerhalb der letzten 150 Jahre bewegt. Aber eben nur fast die gesamte Erdkruste. Eine Zone mit einer auffälligen seismischen Ruhe verbleibt noch nördlich des aktuellen Epizentrums.

Entlang der südamerikanischen Küste taucht die Pazifische Nazca-Platte mit einer Geschwindigkeit von rund 70 mm pro Jahr unter die Südamerikanische Platte und taucht dabei ab. Als Konsequenz dieser Kollision der Platten türmt sich parallel zur Küste die Gebirgskette der Anden auf, mit dem darin zu findenden explosiven Vulkanismus. Auch der erst in jüngster Zeit aktiv gewordene Vulkan Chaiten gehört dazu. Die hohe Geschwindigkeit, mit der sich die Nazca-Platte unter die südamerikanische schiebt, ist auch einer der Gründe dafür, dass es in dieser Region immer wieder zu extrem heftigen Erdbeben kommt. Ungefähr einmal innerhalb eines Jahrhunderts wird dabei im Durchschnitt die dortige Kruste von Patagonien im Süden bis hinauf nach Mittelamerika von Starkbeben erschüttert, welche die Spannung abbauen. Bei Conception fand das letzte starke Erdbeben im Jahr 1835 statt, wovon schon **Charles Darwin** berichtete. Die seismischen Aktivitäten im Nachhall des starken Erdbebens vom 27. Februar werden zurzeit von Seismologen aus Potsdam in Zusammenarbeit mit Kollegen vom chilenischen seismologischen Dienst analysiert. Sie sollen neue Einblicke in die Dynamik der Plattengrenzen in der Region offenbaren.

Besondere Aufmerksamkeit gebührt dabei auch einer letzten verbliebenen Region mit einer auffallenden seismischen Ruhe, die sich nördlich der jetzt erschütterten Region befindet. Im Norden Chiles, bei Iquique, könnte in den nächsten Jahren erneut ein extrem schweres Erdbeben die Kruste erschüttern. Ein schweres Erdbeben dort könnte auch überregionale Auswirkungen haben. In der Region liegen die weltgrößten Vorkommen an Kupfer und Lithium. Die Entstehung der Lagerstätten ist eng mit der Kollision der beiden Platten verbunden und zeigt, dass plattentektonische Vorgänge nicht nur Tod und Zerstörung bringen.

Unmittelbar vor meiner Haustür, auf der Südinsel Neuseelands, traf am Samstag, dem **4.9.2010, um 04:35 Uhr** Ortszeit, ein Erdbeben der Stärke 7.0, die Stadt Christchurch. Seither erschüttern viele Nachbeben die Ebene. Die Unruhe der Erde ist klar zu spüren. Das Beben lag rund 45 Kilometer westlich von Christchurch. Deutlich ist hier der Einfluss der Geologie auf die Topografie und die Verwundbarkeit der Stadt. Neuseeland liegt direkt an der Plattengrenze der Pazifischen und der Australischen Platte. Die beiden Platten bewegen sich auf der Südinsel an der Alpinstörung aneinander vorbei, einer rechtshändigen Blattverschiebung. Diese Bewegung hat über geologische Zeiträume die Südalpen entstehen lassen.

Am 4. September war es aber nicht die Alpine Verwerfung, welche das Beben auslöste, sondern entlang einer Ost-West streichenden Störung, die bislang unbekannt war.

Die Südinsel Neuseelands wird von vielen Störungen durchzogen, die alle ihre Ursache in der Bewegung der beteiligten Platten haben, und die sich meist durch entsprechende Spuren an der Oberfläche verfolgen lassen. Die Störung vom Beben am 4. September jedoch blieb unter den Sedimenten der Canterbury Plains, einer Ebene zwischen den Südalpen und dem Pazifik, verborgen. Nach dem Beben lässt sie sich jetzt dagegen gut verfolgen.

Diese Ebene entstand aus erdgeschichtlichen Gletscherablagerungen, die gegen Ende der Eiszeit von größeren Flüssen wie beispielsweise dem Waimakariri River, Rakaia River, Selwyn River und dem Rangitata River aufgearbeitet wurden. Dabei überdeckten die Ablagerungen nicht nur die oberflächlichen Spuren der Störung, sie sorgten auch noch zusätzlich dafür, dass die Folgen des Erdbebens stärker ausfielen als ohne sie. Geröll führende Aufschüttungen, ebenso wie Aufschüttungen aus menschlichen Aktivitäten verstärken Erdbeben, eine Erfahrung, die schon in mancher erdbebengefährdeten Stadt gemacht wurde. Die Sedimente übertragen die seismische Energie sehr gut, zudem zeigen lockere Sedimente, zumal wenn sie zusätzlich noch wasserhaltig sind und das sind sie ziemlich oft, infolge starker Erschütterungen ein Phänomen, das man Bodenverflüssigung nennt. Der Boden verhält sich dann in etwa so, wie es eine Flüssigkeit tut. Durch die Bewegung während des Bebens werden die Körner der Sedimente zusammengedrückt, wobei sich das Wasser in den Poren jedoch nicht zusammendrücken lässt. Dabei setzt sich dann eine Druckwelle durch das Sediment fort, das seine Scherfestigkeit verliert.

Am 22. Februar 2011 hat sich in **Christchurch, Neuseeland**, ein weiteres verheerendes Erdbeben der Magnitude 6,3 ereignet. Das Erdbeben hat mindestens 64 Todesopfer gefordert. Die Zahl der Todesopfer kann angesichts der Zerstörungen durchaus noch steigen. Dieses Erdbeben kann durchaus als ein stärkeres Nachbeben des Bebens vom 4. September 2010 gelten, das selber eine Stärke von 7,0 hatte. Wenn man sich die Karte der Erdbeben seit dem 3. September 2010 anschaut, so scheinen das Hauptbeben und die Nachbeben bis zum Beben vom 22. Februar und seinen Nachbeben entlang einer **verborgenen Störung zu verlaufen.**

Die Lage der Bebenherde macht auch schon deutlich, warum das aktuelle Beben so viel schlimmere Auswirkungen hatte, als das eigentlich doch stärkere Hauptbeben vom letzten Jahr. Beide Bebenherde lagen sehr flach, in rund 5 Kilometern Tiefe. Je flacher der Bebenherd liegt, desto gefährlicher kann es für uns Oberflächenbewohner werden. Das Hauptbeben lag aber rund 50 Kilometer außerhalb der Stadt, während das aktuelle Beben erheblich näher an dem Zentrum der Stadt lag. Die Ebenen der Canterbury Plains bestehen aus schotterähnlichen Sedimenten und machen die Stadt zusätzlich verwundbar. Bei einem Erdbeben zeigen sie das Phänomen der Bodenverflüssigung. Die Sedimentkörner werden durch die Bewegung während des Bebens zusammengedrückt, der Wassergehalt hingegen lässt sich nicht zusammenpressen. Der Boden verliert seine Scherfestigkeit und verhält sich ähnlich einer Flüssigkeit mit verheerenden Auswirkungen auf Gebäude. Möglicherweise waren viele der Gebäude, die jetzt nachgaben, auch schon durch das Erdbeben vom 4. September vorgeschädigt. Der Zeitpunkt des Erdbebens hat sicher auch eine Rolle gespielt. Das Erdbeben vom September 2010 ereignete sich in den frühen Morgenstunden, das vom 22. Februar hingegen um die Mittagszeit. Die Straßen waren entsprechend voll mit Leuten, die dort von herabfallenden Trümmerteilen getroffen wurden.

Die Auswirkungen des Erdbebens vom 22. Februar waren bis in mehr als 200 Kilometer Entfernung zu spüren. An der Westküste im Aoraki/Mount Cook National Park brach ein rund 1,2 Kilometer langes, 75 m breites und 30 Millionen Tonnen schweres Eisstück infolge des Erdbebens vom Tasman Gletscher ab und rutschte in den Tasman Lake. Das Ergebnis war ein Tsunami, der eine Wellenhöhe von 3,5 m erreichte.

Problematisch für die Abschätzung der zukünftigen Gefährdung für Christchurch scheint mir zu sein, dass die Störung, die bei der aktuellen Bebenserie aktiv wurde, bislang anscheinend unbekannt war oder nicht beachtet wurde. Zum einen war sie unter den Sedimenten der Canterbury Plains gut verborgen, zum anderen haben sich fast alle seismologischen Untersuchungen auf die Alpine Störung konzentriert, an der die Asiatische und die Pazifische Platte zusammenstoßen.

Das Erdbeben hat auch größere Bergstürze ausgelöst.

Es kam die Idee auf, dass auch bestimmte geologische Strukturen zu der verheerenden Wirkung des Bebens beigetragen haben könnten. Die Hügelkette südöstlich von Christchurch, an deren Rand der Bebenherd lag, stellt die Überreste zweier rund 10 Millionen Jahre alter basaltischer Schildvulkane dar. Der starke Kontrast in den physikalischen Eigenschaften zwischen dem Basalt auf der einen und den schlammigen Sedimenten der Canterbury Palins auf der anderen kann dazu geführt haben, dass die seismischen Wellen dort erneut in Richtung der Stadt reflektiert wurden.

Ich habe die wunderschöne Stadt Christchurch und das Umland oft besucht und es schmerzt mich zu sehen und von den vielen geschädigten zu hören, wie dieses Kleinod des Landes nun unter den Auswirkungen der Katastrophe zu leiden hat. Mein echtes Mitgefühl gilt all den Kiwis, die ihr Land zu dem gebracht haben, was es für uns als Besucher darstellt, ein Stück Paradies mit Lebensqualität. Das neue Christchurch wird schon aufgrund der multinationalen Kultur und dem gegenseitigen Verständnis ein Augapfel der Zukunft werden. Alle meine besten Wünsche begleiten die Menschen, damit ihnen ihre alte Heimat erhalten bleibt.

Wie erkennbar aus den Aufzeichnungen ist, stehen viele Fragen unbeantwortet im Raum.

Das verheerende Erdbeben, welches den Norden Japans erschütterte, wirft viele Fragen auf. Wie kommt es, dass ein Volk wie die Japaner, welches sich wie wohl sonst kein zweites Volk auf Erdbeben und Tsunamis vorbereitet hat, von einem Erdbeben und dem daraus resultierenden Tsunami derart überrascht werden konnte?

Zum einen lag es sicher daran, dass selbst Seismologen ein derartig schweres Erdbeben in der Region um Sendai für undenkbar gehalten haben. Und doch ist Vergleichbares bereits passiert. Im Jahre 869 hat ein ebenso starkes Erdbeben die Region erschüttert und einen Tsunami erzeugt, der weit in das Landesinnere reichte. Man hatte schlicht nicht weit genug in die Vergangenheit geblickt, um das zu erkennen. Das erinnert mich fatalerweise an ein Gespräch mit einem Manager eines Stromkonzerns, der Atomkraftwerke im Ausland vertreibt, und der sich anlässlich des Honshu Erdbebens vom 11. März 2011 in Japan zu der Aussage hinreißen ließ, die Atomkraftwerke in Deutschland seien gegen ein Jahrtausend-, ja sogar gegen ein Jahrzehntausendbeben ausgerichtet. Ich weiß nicht, ob er das wirklich geglaubt hat, oder ob er mit den gewaltigen Zahlen beeindrucken und eine etwaige Sicherheitsdiskussion im Vorfeld beenden wollte. Zumindest in Japan aber hat ein Jahrtausendbeben zu den Ausfällen geführt, die im weiteren Verlauf dann dazu führten, dass die Kraftwerksblöcke von Fukushima 1 außer Kontrolle gerieten.

Nein, hier war man allem Anschein nach nicht auf ein Jahrtausendbeben und den davon erzeugten Jahrtausend-Tsunami vorbereitet. Und vermutlich sind wir das hier in Europa auch nicht. Es geht dabei ja nicht nur um Erdbeben, auch andere Ereignisse können Tsunamis erzeugen, und selbstverständlich kommen die auch hier in Europa vor. Von daher sind die Versuche der Kraftwerksbetreiber, die Schäden in Fukushima alleine dem Tsunami anzulasten kurzsichtig. Der Tsunami in Japan war eben nicht unabhängig vom Erdbeben und eine Sicherung sollte auch sekundäre Effekte eines starken Bebens beinhalten. Denn auch die Bodenverflüssigung könnte einen guten Teil zu den Schäden durch das Erdbeben in Japan beigetragen habe.

Aber bleiben wir erst einmal bei den Erdbeben. Um ein Bauwerk gegen ein Erdbeben abzusichern, das nur alle 100 bis 1.000 Jahre vorkommt, muss man natürlich wissen, wo in der Region entsprechende Störungen sind und wie stark die aus ihnen resultierenden Erdbeben sein könnten. Das Problem ist aber, dass man die Störungen nicht immer offen sehen kann. Ein gutes Beispiel ist das Erdbeben von Christchurch, das am 4.9.2010 und dann noch einmal am 22.2.2011 die Neuseeländische Stadt traf. Auslöser war eine bis dato unbekannte Störung. Verstärkend für die Beanspruchung der Gebäude kamen dann noch sekundäre Effekte hinzu. Einmal das Phänomen der Bodenverflüssigung, das besonders auf wassergesättigten Lockersedimenten selbst bei vergleichsweise kleinen Erdbeben zu verheerenden Schäden führen kann. Und starke Nachbeben treffen auf vom Hauptbeben geschädigte Gebäude und Anlagen. Beide Phänomene haben sich beim zweiten Christchurch Erdbeben am 22. Februar diesen Jahres als tödliche Kombination gezeigt. Möglicherweise hat auch noch ein dritter Effekt mitgespielt, der die Erdbebenwellen an geologischen Strukturen auf die Stadt reflektiert hat und so ebenfalls die Wirkung verstärkte. In Christchurch hatten quartäre Sedimente die Störungen überdeckt und damit quasi unsichtbar gemacht.

Das passiert auch in anderen Regionen der Erde. Nehmen wir als Beispiel einmal New York. Da hat sich gezeigt, dass das Indian Point Atomkraftwerk, 24 Meilen nördlich der Stadt, auf einem Schnittpunkt bislang unbekannten Störungszonen liegt. Die Region um New York City ist seismisch nicht so ruhig, wie viele vielleicht glauben möchten, auch wenn die Erdbeben dort meist nur von den Instrumenten bemerkt werden. Es kann aber auch anders kommen. Nach Auswertung von Zeitungsberichten und anderen Quellen kam man auf etliche Bebenereignisse in dem Zeitraum von 1677 bis 2007. Und in den Jahren 1737, 1783 und 1884 immerhin Erdbeben bis zur Magnitude 5, die durchaus schon Schäden verursachen können. Über die ersten beiden gibt es nur sehr vage berichte, da die Gegend nicht sehr dicht besiedelt war, aber das Epizentrum des letzten Bebens lag vermutlich zwischen Brooklyn und Sandy Hook. Es richtete überschaubare Schäden an, einige Schornsteine brachen zusammen. Aber wenn man sich die Besiedelungsdichte heute anschaut, würde ein Magnitude-5 Erdbeben dort durchaus einige ernsthafte Schäden anrichten können. Und vermutlich ist alle 100 Jahre mit einem derartigen Ereignis zu rechnen. Ich bin mir nicht sicher, ob wir hier in Mitteleuropa wirklich alle erdbebenträchtigen Störungen kennen. Und ob wir wirklich wissen, welche Erdbebenstärken sie in einem 100 oder 1.000 Jahre-Zyklus generieren können. Dieser Teil der Kraftwerkssicherheit wird mir persönlich in den aktuellen Debatten immer etwas zu sehr ausgeklammert.

Doch während die Welt immer noch hofft, dass die Situation in Japan nicht weiter eskaliert, entwerfen Ökonomen schon Szenarien bis hin zum **Super-GAU**. Auch eine Verschärfung der EU-Schuldenkrise und der Kollaps des Yen sind möglich.

Die Welt hält den Atem an angesichts der Lage in Japan und der Katastrophe in Fukushima. Noch weiß niemand, wie schlimm es dort noch werden wird. Das, was bislang bekannt ist, übersteigt schon jetzt alle Befürchtungen, weiter denken will man eigentlich lieber nicht.

Und trotzdem tun Ökonomen das derzeit. Sie stellen sich vor, was im schlimmsten Fall passieren würde und entwickeln sogenannte Worst-Case-Szenarien. Sie müssen das tun, um das volle Ausmaß einer Katastrophe abschätzen zu können und die Folgen für Japan und die Welt zumindest ökonomisch beherrschbar zu machen, soweit das möglich ist. Das Auf und Ab an den Börsen weltweit zeigt, wie verunsichert Anleger und Unternehmen wegen der Katastrophe in Japan derzeit sind. Sie brauchen Perspektiven und Szenarien, auf die sie sich einstellen können.

Ein Worst-Case-Szenario hat der Chefvolkswirt der Allianz, entwickelt. Das Szenario trifft die Annahmen, dass aufgrund radioaktiver Verseuchung die Gebiete um die Kernkraftwerke auf längere Zeit nicht nutzbar sind und das wirtschaftliche Leben in Tokio wegen der Luftströmung tage- oder wochenlang stillsteht. Dann sind nachhaltige wirtschaftliche Probleme in Japan zu erwarten.

Man rechnet in diesem Fall damit, dass große Teile der Produktion in Japan zum Erliegen kommen und die gesamtwirtschaftliche Produktion des Landes ein Minus für 2011 verzeichnen würde. Einen Teil der japanischen Exporte würden Wettbewerber auf dem Weltmarkt übernehmen. Auch müsste die japanische Notenbank wohl mit weiteren Geldspritzen die Kapitalversorgung der Wirtschaft gewährleisten. Die in Japan ohnehin schon hohe Staatsverschuldung würde sich wegen den zahlreichen Wiederaufbaumaß-nahmen des Staates „erheblich ausweiten".

Ein solches Szenario hätte auch Folgen für die Weltwirtschaft. Wenn die Produktion in Japan länger stillsteht, könnten auch internationale Produktionsketten gestört werden. Auch weitere Verluste an den Börsen wären wahrscheinlich. Ein Umdenken könnte zudem bei der Energieversorgung stattfinden. Die Öl- und Gaspreise nach einem kurzfristigen Rückgang langfristig wieder ansteigen, wenn diese Rohstoffe wieder eine wichtigere Rolle einnehmen.

Eine globale Rezession ist zwar nicht wahrscheinlich, trotzdem möchte man keine überschwängliche Einschätzung für die weltweite Konjunktur abgeben: Um 3,4 Prozent soll die Weltwirtschaft 2011 zulegen. Im vergangenen Jahr ist die Weltwirtschaft noch um vier Prozent gewachsen.

Auch die Unikredit wagt einen Ausblick darauf, was auf die Weltwirtschaft zukommen kann. Man argumentiert, dass mit der Japan-Katastrophe „die Abwärtsrisiken für Finanzmärkte und Konjunktur enorm stark zugenommen haben". Die Weltwirtschaft sei angeschlagen, weil sie nun schon den dritten Schock innerhalb kurzer Zeit verdauen muss. Erster und zweiter Schock waren die EU-Schuldenkrise und der Anstieg der Energie- und Nahrungsmittelpreise. Und das alles gleich nachdem die Finanzkrise von 2008 einigermaßen überstanden war.

Unikredit beschreibt die Mechanismen, über die die Krise von Japan aus auf andere Länder übergreifen könnte. Vor allem die internationalen Kapitalströme sind ein solcher Transmissionskanal. Ende 2009 hielten japanische Investoren rund 800 Milliarden Dollar an Anleihen in der EU. Würden massiv Gelder nach Japan zurückgeholt, weil die Japaner das Geld für den Wiederaufbau brauchen, könnten in den europäischen Ländern wegen der abnehmenden Nachfrage die Zinsen steigen. In den EU-Ländern würde sich die Schuldenkrise verschärfen.

Auch rechnet man mit Auswirkungen für die internationalen Produktionsketten, weil Vor- und Zwischenprodukte aus Japan fehlen könnten. Davon sei in erster Linie der asiatisch-pazifische Raum betroffen. Die negativen Impulse für die deutsche Wirtschaft würden indirekt über Drittmarkteffekte entstehen. Schwächt sich etwa die chinesische Konjunktur ab, habe dies deutliche Auswirkungen auf Deutschland, weil weniger Handel mit China stattfinden würde.

Ein düsteres Bild für die Zukunft Japans entwirft auch **Gerald Mann**, Professor für Volkswirtschaftslehre an der FOM-Hochschule für Ökonomie und Management. Sollte es tatsächlich zu einem atomaren **Super-GAU** kommen und zu einer Massenflucht aus Tokio, dann wären auch die wirtschaftlichen Folgen für Japan verheerend und für die Weltwirtschaft immens.

Kurzfristig sei vor allem die Energieversorgung ein Problem, weil Japan als Inselnation nicht einfach Strom von den Nachbarn beziehen könnte. Langfristig könnten die Energiepreise bei einer Abkehr von der Atomenergie stark ansteigen. Das verschlechtere auch die langfristigen Wachstumsperspektiven. Japan würde dann Jahrzehnte brauchen, um sich von der Katastrophe zu erholen, auch weil die Schäden immens sind im Verhältnis zur geschrumpften Leistungsfähigkeit und der gestiegenen Verschuldung. Mann geht davon aus, dass in einem solchen Fall die japanische Währung Yen kollabieren würde. Japan befindet sich im Ausnahmezustand, besonders auch ökonomisch.

Was heißt das für die Weltwirtschaft und die Zukunft des Landes?

Die verheerende Erdbebenkatastrophe in Japan wirkt sich geradezu dramatisch auf die Wirtschaft aus: Viele Firmen kämpfen mit den Nachwehen des Tsunami, die Infrastruktur ist vor allem in den Küstenbereichen zerstört und behindert Zu- sowie Auslieferungen. Hinzu kommen die knappe Energieversorgung und die Bedrohung durch einen atomaren **Super-GAU**. Ich will versuchen aufzuzeichnen, welche Bereiche der Wirtschaft von der Katastrophe besonders betroffen sind und wie Kapitalmärkte auf das Unglück reagieren.

Wie sind die Prognosen für Japans Konjunktur?

Das Land, das zu den acht stärksten Industrienationen der Welt gehört (G 8) hat etliche konjunkturschwache Jahre samt Deflation hinter sich. China löste Japan 2010 als zweitgrößte Volkswirtschaft der Welt ab. In jüngerer Zeit hatte sich Nippon aus dem tiefen Tal herausgearbeitet. Die Naturkatastrophe wirft das Land wieder zurück. Allerdings wird der Wiederaufbau die Wirtschaft beleben. Branchen wie Auto- und Maschinenbau sowie Elektronik sind überall da unmittelbar betroffen, wo Produktionsanlagen zerstört sind, die Energieversorgung zusammengebrochen ist oder wo wegen Produktionsstopps bei Zulieferern wichtige Teile ausbleiben. Unzählige Unternehmen – darunter auch Ölraffinerien und Stahlhersteller – haben Schäden gemeldet und zum Teil die Produktion eingestellt.

Die größte ökonomische Sorge galt dem Finanzsystem. Die Finanzspritze der Zentralbank bremste den Anstieg des Yen an den Devisenmärkten zunächst. Während sich am Wochenbeginn die Kursverluste in Grenzen hielten, brach die Tokioter Börse am Dienstag allerdings regelrecht ein.
Die am stärksten von Beben und Tsunami betroffene Region im Norden des Landes trägt nach Expertenauskunft lediglich 2,5 Prozent zum japanischen Bruttoinlandsprodukt bei. Die Region um Tokio, die im Vergleich zum Norden relativ verschont blieb, liefert etwa 18 Prozent. Die Großbank Kredit Suisse bezifferte die Katastrophenschäden am Montag auf umgerechnet bis zu **130 Milliarden Euro.**
Analysten der japanischen Bank Nomura beziffern die Zeit auf sechs Monate, die das Land benötigen wird, bis es den Rückstand aufholen und seine Erholung fortsetzen kann. Damit würden die Folgen der Naturkatastrophe größer und auch länger ausfallen als die des Erdbebens von Kobe im Jahr 1995. Als Grund nennen die Experten die großen Zerstörungen an Industriebetrieben und Infrastruktur im Nordosten der Hauptinsel Honschu. Die Folgen einer möglichen Kernschmelze in einem oder mehreren Atomreaktoren haben sie in ihrer Studie offenbar **nicht mit eingerechnet.** Ähnlich wie bei dem Beben von Kobe würden auch diesmal Häfen außerhalb der Katastrophenregion und eine höhere Produktion in anderen Gebieten helfen, Verluste wettzumachen. Nur sei diesmal eine weitaus größere Region als damals betroffen und die Schäden seien auch wesentlich stärker.
Dienstags machten sich allerdings neue Hiobsbotschaften an der Tokioter Börse bemerkbar. Der Leitindex Nikkei verlor zwischenzeitlich 15 Prozent, machte einen Teil der Verluste aber wieder wett und schloss elf Prozent im Minus. Der breit gefasste Topix-Index büßte zeitweise zwölf Prozent ein und schloss mit einem Verlust von 7,6 Prozent. Die japanische Zentralbank pumpte weitere 5.000 Milliarden Yen (44 Milliarden Euro) in die Geldmärkte. Die Bank hatte die Märkte bereits am Montag mit der Rekordsumme von 15.000 Milliarden Yen (132 Milliarden Euro) versorgt.

Es wird viel gerechnet. Und wie wirkt es sich für die Weltwirtschaft aus?

Volkswirte sind sich einig, dass die Weltwirtschaft die Erdbebenkatastrophe verkraftet. Ein Dominoeffekt wie nach der Lehman-Pleite, in deren Folge das weltweite Finanzsystem in Mitleidenschaft gezogen wurde, ist nicht in Sicht. Die Exportnation Japan wird auch vom Boom in den Schwellenländern profitieren.

Das Institut der deutschen Wirtschaft (IW) schätzt die Auswirkungen als moderat ein. Der demnächst beginnende Wiederaufbau werde einen gewaltigen Investitionsschub auslösen und die Konjunktur wieder ankurbeln, teilte das arbeitgebernahe Institut in Köln mit. Auch der Deutsche Industrie- und Handelskammertag (DIHK) befürchtet keine ernsten Folgen für die Weltwirtschaft. „Wir sehen keine Gefahr, dass die Weltwirtschaft erneut in eine Rezession abgleitet", so der DIHK.

Nach Überzeugung der Postbank ist die Weltwirtschaft robust genug, die ökonomischen Folgen zu schultern. Selbst, wenn der schlimmste Fall eintreten sollte und der Großraum Tokio infolge einer Kernschmelze in Atomkraftwerken evakuiert werden müsste, halte man eine neue weltweite Krise für ausgeschlossen. Das wird nicht zu einem weltweiten Abschwung führen oder gar zu einer globalen Rezession, so ein Sprecher der Postbank. Japan ist stark mit asiatischen Volkswirtschaften verflochten. Das wird sich kurzfristig negativ auswirken, weil das Land als Importeur und Lieferant von Vorleistungsgütern für die Produktion ausfallen wird. Ab der zweiten Jahreshälfte neutralisiert sich das aber wieder, weil Japan sehr stark auf Importe angewiesen sein wird, etwa auf Stahlprodukte aus China. Die Verflechtungen mit Deutschland oder den USA sind dagegen nicht groß. 54 Prozent der japanischen Ausfuhren fließen den Angaben zufolge inzwischen in den asiatischen Raum. Von dort kommen 45 Prozent der Importe. Allein nach China gehen 19 Prozent der Exporte, von dort kommen 22 Prozent der Einfuhren.

Das Kieler Institut für Weltwirtschaft (IfW) sieht globale Risiken höchstens, falls sich mehrere Länder von der Atomenergie verabschieden sollten. Dann werden die Ölpreise steigen und es gibt am Energiemarkt einen Umbruch. Das hat dann eine größere Bedeutung für die Weltwirtschaft, so IfW.

Die Auswirkungen auf Deutschland werden gering und beherrschbar bleiben, auch weil die Weltkonjunktur verschont bleiben dürfte. Außerdem ist die Bedeutung Japans für die deutsche Wirtschaft zu gering. Das Ausmaß der Im- und Exporte ist relativ niedrig. Allerdings könnte es jene Unternehmen für einige Zeit hart treffen, die in Nippon stark engagiert sind. In der Liste der wichtigsten deutschen Außenhandelspartner liegt Japan auf Rang 14. Das geht aus einer Aufstellung des Statistischen Bundesamtes hervor. 2010 tauschte die Bundesrepublik mit Nippon Güter im Wert von 35,18 Milliarden Euro aus. Innerhalb der EU ist Deutschland für Japan der wichtigste Handelspartner. Besonders bedeutend in der Handelsbeziehung ist der Import von Maschinen. 2009 machten diese rund 62 Prozent aller aus Japan eingefahrenen Güter nach Deutschland aus. Als deutsche Unternehmen in Japan sind vor allem Daimler und Metro betroffen. Bei dem Autohersteller und dessen Lkw-Tochter „Fuso" kam es zu Gebäudeschäden.

Die japanischen Autohersteller sind besonders stark betroffen. Allein der weltgrößte Autokonzern „Toyota" hat drei Werke in den stark geschädigten Gebieten im Norden des Landes. Dort soll die Produktion nach Angaben japanischer Medien bis Mittwoch stillstehen. Die Unterbrechung bedeutet laut dem Nachrichtendienst Kyodo News einen Ausfall von 40.000 produzierten Wagen. Auch bei den Konkurrenten „Renault-Nissan", „Suzuki" und „Honda" stehen die Bänder still. „Honda" ist zwar unmittelbar am wenigsten von der Katastrophe betroffen, da die Produktion im Süden des Landes angesiedelt ist. Trotzdem ist dort die Herstellung nach ersten Angaben sogar bis zum kommenden Sonntag lahmgelegt. Grund dafür sind Probleme bei der Zulieferung von Autoteilen infolge der zerstörten Infrastruktur.

2010 wurden auf dem nach China und den USA drittgrößten Pkw-Markt der Welt 4,2 Millionen Autos neu auf die Straße gebracht. Eine Prognose für das laufende Jahr wagt niemand. Es ist nicht absehbar, wann die Produktionsbänder wieder angefahren werden können und die Branche zu alter Stärke zurückkehrt. Der Wiederaufbau zerstörter Anlagen und Verkehrswege wird Monate, wahrscheinlich aber Jahre dauern.

Japan fällt in der IT-Industrie eine Schlüsselrolle zu. Mit „Sony" und „Panasonic" stammen die weltgrößten Hersteller von Unterhaltungselektronik sowie mit „Canon" der Weltmarktführer bei Digitalkameras aus dem Land. „Sony" hat derzeit die Produktion in zehn Fertigungsstätten unterbrochen, um diese auf Schäden zu überprüfen. „Canon" hat die Arbeit an acht Standorten gestoppt, „Toshiba" lässt die Fertigung in fünf Fabriken ruhen und muss ein Werk wegen Erdbebenschäden schließen.

Das Chaos im Land könnte auch Folgen für den weltweiten Absatz von Tablet-Rechnern und Smartphones haben. Rund 40 Prozent der sogenannten Nand-Flashspeicher, die für die mobilen Endgeräte eine immer wichtigere Rolle spielen, stammen aus Japan. Laut den Analysten der US-Marktforschungsfirma „IHS iSuppli" wird sich der weltweite Absatz von Nand-Flashspeichern für Tablets in diesem Jahr auf 2,3 Milliarden Gigabytes fast vervierfachen. Der nach „Samsung" zweitgrößte Lieferant weltweit ist „Toshiba".

Nachdem die Werke der japanischen Halbleiterhersteller abgeschaltet wurden, werden sich die ihre Abnehmer wegen drohender Lieferengpässe vorerst verstärkt in Korea, Taiwan, Europa und den USA umsehen müssen. Im Export drohen die Japaner dadurch ins Hintertreffen zu geraten: Chipfabriken brauchen in der Regel eine ununterbrochene Stromversorgung, die durch die geplanten Abschaltungen im japanischen Elektrizitäts-netz gefährdet ist. Nach einem Stromausfall kann es mehrere Wochen dauern, bis eine Chipfabrik wieder ordnungsgemäß läuft.

Branchenbeobachtern zufolge könnten bereits geringe Ausfälle die Chippreise nach oben treiben. Mehr als ein Fünftel des weltweiten Halbleiterumsatzes stammt von japanischen Firmen. Zu den Größten zählen Renesas und Elpida. Das größte Risiko liegt den Analysten zufolge in der Unterbrechung der Lieferketten. „Zulieferer werden vermutlich Schwierigkeiten haben, Rohmaterialien zu bekommen und zu verteilen, sowie Produkte zu liefern", hieß es in einer Einschätzung von IHS iSuppli.

Noch stehen all diesen Szenarien im Konjunktiv. Aber eines steht fest: Auch wenn die Katastrophe in Japan beispiellos ist, irgendwann werden Ökonomen sie in nüchterne Zahlen fassen.

Die radioaktive Strahlung hat in vielen Ländern der Erde zu scharfen Kontrollen der importierten Güter geführt. Besonders in Deutschland hat man bereits an den Flughäfen und Häfen des Landes eine verschärfte Überprüfung angeordnet.

Vom Bundesministerium der Finanzen wagt **Tobias Romeis** einen Erklärungsversuch: „Der Zoll misst bei Waren stichprobenweise, derzeit nahezu 100 Prozent aller eingeführten Gütern, eine mögliche erhöhte Strahlenbelastung. Ergeben die Kontrollen des Zolls eine Kontamination der Waren, wird unverzüglich die zuständige Landesbehörde eingeschaltet, die erforderlichenfalls weitere Anordnungen trifft." Anrufe in unterschiedlichen Landesministerien zeigen: Nicht alle wissen, was **„erforderlichenfalls weitere Anordnungen"** sind.

Während Deutschland augenscheinlich in einer Art Zuständigkeitschaos für verstrahlte Importware versinkt, versprechen mehrere japanische Hersteller penibelste Selbstkontrolle. Ob Nintendo, Sony, Kanon, Toshiba oder Mazda – japanische Unternehmen sind stark vom Export abhängig. Einen Verdacht auf verstrahlte Ware können sie sich nicht leisten. „Dass ein strahlenbelastetes Auto in Deutschland ankommt, wird nicht passieren", sagt **Jochen Münzinger** von Mazda. Aktuelle Lieferungen enthalten Neuwagen, die vor dem Unglück gebaut wurden – Vorlaufzeit vier Monate. Zudem nutze Mazda die anhaltende Produktionspause für den Aufbau eines Prüfsystems. Zuliefererteile und Fertigprodukte sollen zukünftig auf Strahlung untersucht werden bevor sie in den Export gehen.

Ein Notfallplan für deutsche Häfen.

Das fordert auch Europas größter Hafen in Rotterdam. Er will von den Reedereien eine schriftliche Garantie, dass aus Asien auslaufende Schiffe nicht verstrahlt sind. Der Financial Times Deutschland zufolge entwickeln Zoll und Innenministerium seit Tagen einen Notfallplan, wie sie zukünftig mit verseuchten Schiffen umgehen wollen. Mit den ersten möglicherweise kontaminierten Frachten rechnet man Mitte April. Linardatos zufolge, könnten erste Speicherchips, die nach dem Unfall produziert wurden, frühestens in sechs bis acht Wochen eintreffen.

Wie wird Strahlenbelastung am Flughafen in München kontrolliert?

Landet ein Flugzeug aus Japan, wird es von Mitarbeitern der Gesundheitsbehörden von Außen, im Frachtraum und im Inneren der Passierkabine auf Strahlung untersucht. Stellen die Behörden einen übermäßig hohen Wert fest, kontrolliert die Flughafenfeuerwehr mit einer Vergleichsmessung. Wenn der Wert lediglich erhöht ist, wird das Flughafenmanagement darüber informiert – Maßnahmen finden nicht statt.
Ist das Messergebnis gesundheitsgefährdend, werden die nächsten Schritte eingeleitet. Dabei kommt es darauf an, um welchen radioaktiven Stoff es sich handelt. Im Notfall kommt eine Koordinierungsgruppe aus Zoll, Flughafenpolizei, Feuerwehr, Airlines, Landesamt für Umwelt und anderen Vertretern zusammen, die dann über Dekontaminationsmaßnahmen berät und nächste Schritte einleitet.

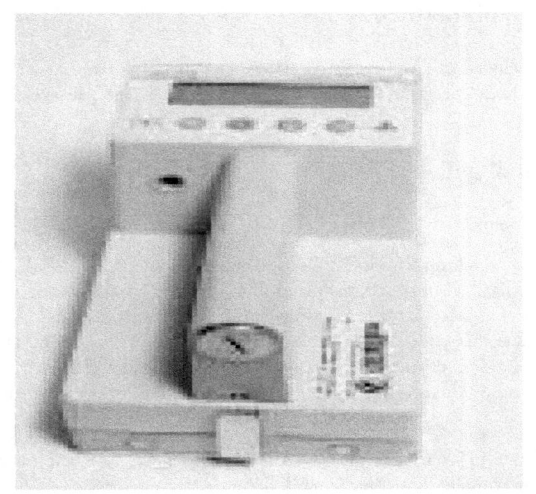

Tragbarer Geigerzähler

Elftes Kapitel

Nun haben wir so viel über die Naturkatastrophe von Japan gehört, über Erdbeben, Tsunamis und Kernkraftwerke gelesen, sodass ich unweigerlich auch eine andere Seite von verursachenden Möglichkeiten aufzeigen möchte. Ich verweise hierbei auf mein Buch „Die Wirklichkeit des Lebens", in dem ausführlich über die klimabeeinflussende, militärische Anlage HAARP der Amerikaner in Alaska berichtet wird.

Wie bei den meisten Erdbeben fragen sich viele kritische Bürgerinnen und Bürger, so auch beim japanischen Fukoshima Unglück, ob es vielleicht durch die Hochfrequenzwaffe **HAARP** ausgelöst sein könnte.

Eine absurde Spinnertheorie?

Nein, denn zufälligerweise lief die HAARP-Anlage in Gakona, Alaska, zum Zeitpunkt der japanischen Erdbeben auf Hochtouren. Dies belegen die Messungen des örtlichen Magnetometers.

Noch ein Zufall gefällig?

Genauso war es beim Haiti-Erdbeben.

Schon seit Jahren kursieren Theorien, Dokus und Gerüchte um das HAARP Project, das die US-Army offiziell als Forschungsprogramm führt. Dabei handelt es sich in Wirklichkeit um eine Hochfrequenzwaffe, mit der Überschwemmungen, Vulkanausbrüche und Erdbeben ausgelöst werden können. Bereits beim Erdbeben in Haiti fragte man sich, ob es sich tatsächlich um eine Naturkatastrophe handelte? Denn **zufälligerweise wurden zeitgleich in Gakona, Alaska, außerordentliche magnetische Strahlen gemessen.**

Auch in den letzten Tagen lief die HAARP-Anlage in Alaska auf Hochtouren. Wild schlug das Magnetometer aus, gerade zu jenem Zeitpunkt, als in Japan die Erde bebte. **Auch wieder bloß Zufall?**

Doch wozu sollte die USA eine Waffe gegen ein friedliches Land einsetzen? Ablenkung – möglicherweise. Denn so ein Tsunami zieht alle Blicke der Medien auf sich und lässt keine vertiefte Berichterstattung über andere Ereignisse zu – welche?

Neue Forschungen der NASA deuten auf mögliche Verbindungen zwischen HAARP und dem Erdbeben/Tsunami in Japan hin.

Neue Daten, die **Dimitar Ourounov** und Kollegen am Goddard-Raumfahrtzentrum der NASA im US-Bundesstaat Maryland veröffentlicht haben, verweisen auf merkwürdige atmosphärische Anomalien über Japan, nur wenige Tage vor dem schweren Erdbeben und dem nachfolgenden Tsunami am 11. März 2011. Eine scheinbar nicht erklärliche rapide Aufheizung der **Ionosphäre** direkt über dem Epizentrum erreichte, laut Satellitenbeobachtungen, nur drei Tage vor dem Beben ihr Maximum. Dies könnte darauf hindeuten, dass möglicherweise gerichtete Energie, die von Transmittern freigesetzt wird, die beim **High Frequency Active Auroral Research Programm HAARP** verwendet werden, für die Auslösung des Erdbebens verantwortlich war.

Die Erkenntnisse, die in der Zeitschrift Technology Review des Massachusetts Institute of Technology (MIT) veröffentlicht wurden, werden gemeinsam mit einer anderen Theorie präsentiert, der sogenannten **Lithosphären-Atmosphären-Ionosphären-**

Kopplung, die von der Hypothese ausgeht, dass die Aufheizung der Ionosphäre durch das bevorstehende Erdbeben verursacht wurde, da aus der Bruchlinie **radioaktives Radon** ausgetreten sei. Diese Theorie ist natürlich alles andere als bewiesen, sondern sie wird als mögliche Erklärung für die beobachteten hochdichten Elektronen und die freigesetzte Infrarotstrahlung vorgestellt.

Eine weitere Erklärung für diese merkwürdige Aufheizung, die bei genauerer Untersuchung erheblich wahrscheinlicher erscheint, interpretiert diese als Anzeichen dafür, dass **konzentrierte Energie eingesetzt wurde, um das Erdbeben auszulösen**, und nicht umgekehrt. Zahlreiche glaubwürdige Berichte und wissenschaftliche Beobachtungen besagen, dass die **HAARP-Technologie** als **skalare Waffe** eingesetzt werden könnte, dass sie also starke elektromagnetische Pulse freisetzen könnte, die zu einer Wetterveränderung oder Erschütterungen an seismischen Bruchlinien führen können.

Es gibt Hinweise darauf, dass HAARP nicht nur Erdbeben auslösen kann, sondern dass es möglicherweise in Japan eingesetzt worden ist.

Schon ein kurzer Blick auf die Grafiken, die im Rahmen von Ourounovs Forschungsergebnissen präsentiert wurden, zeigt eine fast perfekt ringförmige Erhitzung über dem Epizentrum des Bebens. Wären Radon-Freisetzungen aus den Bruchlinien tatsächlich für die Erhitzung dieser Zonen verantwortlich, so würden diese mit großer Wahrscheinlichkeit ein eher unregelmäßiges, vereinzeltes Erscheinungsbild aufweisen, und nicht als konzentrische Kreise erscheinen. Diese Anomalie allein widerlegt die Theorie, das bevorstehende Erdbeben habe die Hitzemuster hervorgerufen.

Auch Messungen des Induktionsmagnetometers von HAARP, der das Frequenz-spektrum von Signalen sichtbar macht, die im geomagnetischen Feld der Erde entdeckt werden, zeigen, dass schon Tage vor dem Erdbeben stetige **extrem niederfrequente Wellen (ELF)** von rund 2,5 Hz ausgesendet wurden. Die ELF von 2,5 Hz ist zufällig genau dieselbe Frequenz wie die natürliche Resonanz, die ein Erdbeben hervorruft. Da es in den Tagen vor dem Beben keine ständigen Erdbeben gab, worauf die Aufzeichnung des HAARP-Induktionsmagnetometers schließen lässt, so lautet die logische Schlussfolgerung, dass das Signal ausgesendet wurde, um das Beben auszulösen.

Mancher würde nun einwenden, HAARP sei gar nicht in der Lage, solche Frequenzen zu produzieren, schon gar nicht bei der Energiemenge, die nötig wäre, um ein Erdbeben von einer Stärke von über 9 auszulösen, wie es sich in Japan ereignet hat. Doch dem widersprechen Äußerungen verschiedener Regierungen.

Am 28. April 1997 hielt der damalige US-Verteidigungsminister **William S. Cohen** einen wichtigen Vortrag bei der Konferenz über Terrorismus, Massenvernichtungswaffen und US-Strategie an der University of Georgia in Athens im US-Bundesstaat Georgia. In Beantwortung einer Frage über Terrorismus sagte **Cohen** Folgendes in Bezug auf die schon damals existierende Technologie:

»Andere betreiben sogar eine Art Öko-Terrorismus, durch den sie mithilfe von ferngesteuerten elektromagnetischen Wellen das Klima verändern sowie Erdbeben und Vulkanausbrüche auslösen können.«

Dieses Eingeständnis steht im Widerspruch zu den Behauptungen anderer, eine solche Technologie existiere nicht und es sei unmöglich, durch den Einsatz von gerichteter Energie seismische Erschütterungen auszulösen. Die Technologie gibt es offensichtlich schon länger, die Vorstellung, dass sie als Waffe eingesetzt wird, ist alles andere als eine haltlose Verschwörungstheorie.

Darüber hinaus gibt es den Bericht der EU über Umwelt, Sicherheit und Außenpolitik, der am 14. Januar 1999 veröffentlicht wurde. In diesem Bericht werden bestimmte Waffentypen beschrieben, ein Kapitel trägt die Überschrift:

»HAARP – ein klimabeeinträchtigendes Waffensystem«.

In dem Papier wird erklärt, HAARP werde von der US Air Force und Navy gemeinsam betrieben, eine seiner Zweckbestimmungen sei es, **Teile der Ionosphäre mit starken Radiowellen zu erhitzen.**

Der Bericht enthält auch das folgende wichtige Detail:

»HAARP ist für viele Zwecke einsetzbar. Durch Manipulation der elektrischen Eigenschaften in der Atmosphäre lassen sich gewaltige Kräfte kontrollieren. Wird dies als militärische Waffe eingesetzt, können die Folgen für den Feind verhängnisvoll sein. Durch HAARP lässt sich ein fest umrissenes **Gebiet millionenfach stärker mit Energie aufladen** als mit irgendeiner anderen herkömmlichen Energiequelle. Die Energie lässt sich auch auf ein **bewegliches Ziel ausrichten**, u. a. auf feindliche Raketen.«

Später wird HAARP als »**globale Angelegenheit**« beschrieben, wobei betont wird, dass den **meisten völlig unbekannt ist, dass es überhaupt existiert**. Dieses Papier wurde schon vor mehr als zehn Jahren verfasst und seither hat sich, trotz wiederholter Bemühungen, HAARP transparenter zu gestalten, nicht allzu viel verändert. Doch wenn HAARP tatsächlich der Auslöser für einige der scheinbar natürlichen Katastrophen, die in der Welt auftreten, ist, dann überrascht es nicht, dass das Programm noch immer weitestgehend geheim gehalten wird.

Außer für **Wetter-Klimawandel und Gesinnungskontrolle**, kann HAARP verwendet werden, um Erdbeben auszulösen, was es zu einer besonders gefährlichen Waffe in den falschen Händen macht. In den USA bereitet die FEMA die größte Erdbebenübung in der Geschichte der USA im New Madrid Gebiet entlang des Mississippiflusses vor. Die FEMA bat zuvor um Informationen über die Möglichkeit der Lieferung von **140 Millionen** Paketen mit Lebensmitteln, Decken und Leichensäcken.

Was weiß die FEMA?

Aus der eigenen Website des US-HAARP konnte das Press Core Zusammenfall zwischen der Impulsübertragung der Erdbeben-Frequenz (2.5 Herz im Ultra Low Frequency Bereich) und dem japanischen Erdbeben der Stärke 9,0 am 11. März 2011 feststellen. Wenn man auf der HAARP-Website in Detail geht, werden ähnliche Muster im Zusammenhang mit dem Erdbeben von **Christchurch in Neuseeland am 21. Februar 2011** sowie dem von **Haiti am 12. Januar 2010** gefunden, bei welcher Gelegenheit das US-Militär zufälligerweise im Voraus alles für eine massive militärische Invasion bereit hatte. Dies bedeutet, die Annahme, dass die USA und NATO Krieg gegen fremde Staaten und vielleicht sogar gegen die eigene Bevölkerung – führen, kann nicht als Verschwörungstheorie abgetan werden. Zumal die EU und die US Air Force sowie das Press Core HAARP für eine gefährliche Waffe erklärt haben, die verwendet werden könne, um Erdbeben überall auf der Erde auszulösen und gegen internationales Recht verstößt, weil es in dieser Weise verwendet werden kann und deshalb verboten werden sollte. Weitere verdächtige Vorkommnisse sind, dass HAARP-Licht-Phänomene mehrmals bei Erdbeben in Ost-Japan gesichtet wurden, zuletzt bei einem Beben der Stärke 7.4 am 7. April, und dass eine schwimmende HAARP-Anlage zwischen Japan und Korea in den Tagen rund um das Beben zugegen war. Dies ist die sogenannte **X-Band Radar-Plattform.**

Es gibt Hinweise darauf, dass HAARP nicht nur Erdbeben auslösen kann, sondern dass es möglicherweise in Japan eingesetzt worden ist.

Dieses Eingeständnis steht im Widerspruch zu den Behauptungen anderer, eine solche Technologie existiere nicht und es sei unmöglich, durch den Einsatz von gerichteter Energie seismische Erschütterungen auszulösen. Die Technologie gibt es offensichtlich schon länger, die Vorstellung, dass sie als Waffe eingesetzt wird, ist alles andere als eine haltlose Verschwörungstheorie.

In den Vereinigten Staaten wird die Wetter-Gestaltung wahrscheinlich ein Teil der nationalen Sicherheitspolitik mit inländischen und internationalen Anwendungen werden. Vor dem Angriff, der mit prognostizierten Wetterbedingungen abgestimmt ist, leiten die UAVs (unbemannten Luftfahrzeugen) Wolkenbildung und Aussaat-Operationen in die Wege. UAVs zerstreuen einen Cirrus-Schild, um dem Feind visuelle und infrarote Überwachung zu verweigern. Gleichzeitig schaffen Mikrowellen-Erhitzungs-Waffen lokalisierte Helligkeitsänderungen, um aktive Fernerkundung via Radar mit synthetischen Systemen zu stören. Andere Wolkenbehandlungs-Operationen verursachen ein sich entwickelndes und sich in eine **Kommunikationsdominanz übergehende ionosphärische Veränderung.**

Eine Reihe von Methoden sind erfolgreich geprüft oder vorgeschlagen worden, um die **Ionosphäre umzugestalten**, einschließlich Erhitzens oder Belastung durch **elektromagnetische Strahlung** oder Partikelstrahlen. Bodenbasierte Techniken zur Veränderung – von der FSU verwendet – umfassen senkrechte **HF-Erhitzung**, schräge HF Erhitzung, Mikrowellen Erhitzung und Magnetosphären-Veränderung. 46 bedeutende militärische Anwendungen solcher Operationen umfassen Niederfrequenz.

High Frequency Active Auroral Research Program

HAARP ist eine Waffe, dies sollte unmissverständlich klar sein.

Das Projekt würde auch eine bessere Kommunikation mit U-Booten und die **Manipulation der globalen Wetterlage** ermöglichen, aber es ist auch möglich, das Gegenteil zu tun, also die Kommunikation zu stören. Durch Manipulation der Ionosphäre kann man die globale Kommunikation blockieren, während man die Übertragung der eigenen Kommunikation bessert. Eine weitere Anwendung ist die erdedurchdringende Tomografie, **Röntgen der Erde mehrere Kilometer tief**, um Öl- und Gasfelder oder militärische Untergrundeinrichtungen zu erkennen. Über dem Horizont-Radar ist eine weitere Anwendung, wobei Objekte im Anflug trotz der Krümmung der Erde erkannt werden können.

Seit den 50er Jahren führten die USA-**Explosionen von Kernmaterial** im **Van-Allen-Gürtel** aus, die auf die Wirkung der elektromagnetischen Pulse, die in diesen Höhen auf Funkübertragung und den Betrieb von Radar von Atomwaffenexplosionen erzeugt werden. Dies schuf neue magnetische Strahlung, die **fast die ganze Erde umfasste**. Die Elektronen bewegten sich auf magnetischen Feldlinien und erzeugten ein künstliches Nordlicht über dem Nordpol. Diese militärischen Tests sind geeignet, die Van-Allen-Gürtel für lange Zeit zu unterbrechen. Das Erdmagnetfeld könnte großflächig gestört werden, was Funkverkehr verhindern würde. Laut US-Wissenschaftlern könnte es Hunderte von Jahren dauern, bevor der Van-Allen-Gürtel sich wieder normalisiere. **HAARP kann Veränderungen der klimatischen Bedingungen bewirken**. Es könnte auch das **gesamte Ökosystem beeinträchtigen**, insbesondere in der empfindlichen Antarktis.
Eine weitere schwerwiegende Folge von HAARP sind die Löcher in der Ionosphäre, die durch die starken Wellen entstehen. Die Hoffnung ist, dass die Löcher sich wieder schließen, aber unsere Erfahrung mit dem Wandel in der Ozonschicht deuten in die andere Richtung. Dies bedeutet **erhebliche Löcher in der Ionosphäre, die uns vor kosmischer Strahlung schützt**. Diese Art von Forschung ist als eine ernsthafte Bedrohung für die Umwelt zu betrachten, mit **unkalkulierbaren Auswirkungen auf das menschliche Leben**. Schon jetzt weiß niemand, welche Auswirkungen HAARP hat. Wir haben, die Mauer der **Geheimhaltung** rund um die militärische Forschung **zu zerschlagen.???**

Eine Reihe von internationalen Verträgen und Konventionen wirft erhebliche Zweifel am HAARP auf – aus humanitären und politischen Gründen. Der Antarktisvertrag legt fest, dass die Antarktis ausschließlich für friedliche Zwecke genutzt werden dürfe. Dies würde bedeuten, dass **HAARP eine Verletzung des Völkerrechts ist**.
Wie aus dem Obigen gesehen, ist HAARP keine „**Verschwörungstheorie**". Es ist eine furchtbare Waffe gegen die Menschheit, wie von der US Air Force und der EU erklärt – vielleicht sogar noch schlimmer als Atomwaffen, weil, wie von der US Air Force angegeben, die Ergebnisse eines HAARP-Angriffs Naturkatastrophen simulieren. Die EU weist auf die Geheimhaltung des HAARPs hin, das einen Verstoß gegen das Völkerrecht sei. Die Press Core liefert die Wahrscheinlichkeit, dass die USA einen geheimen Krieg gegen ausländische Staaten wie Russland, China, Pakistan mit Dürren und Überschwemmungen führen.
Natürlich ist es problematisch zu entscheiden, ob Naturkatastrophen HAARP bedingt sind oder nicht. Aber wegen der mangelnden Transparenz gibt es jetzt einen Trend dazu, jegliche Naturkatastrophe oder Erdbeben mit HAARP-Angriffen in Verbindung zu setzen – mit Ausnahme des Klimawandels!! Dies ist doch so ungünstig für die USA, dass es vorteilhaft scheint, ihre HAARP-Aktivitäten- für die Öffentlichkeit zugänglich zu

machen. Aber sie tun es nicht. Haben die USA tatsächlich HAARP-Verbrechen zu verbergen?

Abschließend zu HAARP noch einige Anmerkungen über den Verwandtschaftsgrad der Beben in Japan, Neuseeland und Haiti.

Das japanische 9,0 Erdbeben bot die am meisten belastenden Beweise dar, dass die US-Regierung HAARP benutzt, um große Schäden und Zerstörungen gegen einen fremden Staat auszulösen.

Kleinere Erdbeben halten seit Wochen an, ohne auf dem HAARP-Magnetometer registriert zu werden. Warum? Wie gesagt, ein Magnetometer misst Störungen im Magnetfeld in der oberen Atmosphäre der Erde. Das Magnetometer misst nicht seismische Aktivität.

Die Atmosphäre direkt über der Bruchzone, die Japans jüngstes verheerendes Erdbeben verursachte, erwärmte sich in den Tagen vor der Katastrophe bedeutend, hat eine Studie gezeigt. Vor dem 11. März Erdbeben erhöhte sich der totale Electroninhalt in einem Teil der oberen Atmosphäre, der Ionosphäre, drastisch über dem Epizentrum des Erdbebens und erreichte ein Maximum drei Tage vor dem Beben.
Es wird angenommen, dass in den Tagen vor einem Erdbeben, die geologischen Verwerfungen in der Erdkruste Spannungen verursachen, die große Mengen von Radon-Gas freisetzen. Dieses radioaktive Gas ionisiert die Luft und gibt ihr eine Ladung, und da Wasser polar ist, wird es von den geladenen Teilchen in der Luft herangezogen. Dies führt dann dazu, dass die Wassermoleküle in der Luft kondensieren, ein Prozess, der Wärme abgibt.

„Unsere ersten Ergebnisse zeigen, dass am **8. März eine rasche Zunahme der emittierten Infrarotstrahlung** aus den Satelliten-Daten festgestellt wurde", sagte **Dimitar Ouzounov** am NASA-Goddard Space Flight Center in Maryland, einem der Wissenschaftler hinter den Ergebnissen.
Was geschah vor dem Christchurch/Neuseeland Erdbeben am 21. Februar 2011 der Stärke 6.3 um 12:50 Uhr Ortszeit?

Laut der HAARP-Website kam es in der Zeit vom 14. Februar bis 9. März 2011 am 14. Und 15. Februar – an beiden Tagen – zu heftigen 24-stündigen HAARP-Tätigkeiten bei der 2,5-Hz-Frequenz sowie nochmals mit einem Maximum um 08:00 Uhr am 20. – und keine Aktivität am 21. Februar, wo das Christchurchbeben der Stärke 6,3, eintraf. Dann erschien massive HAARP Aktivität wieder im Intervall vom 26. Februar bis 4. März. Ansonsten ist jetzt, z. B. ein deutliches Band häufig bei 1,75 Hz zu sehen.
Was ereignete sich vor Haitis Beben am 12 Januar 2010 um 16:53 Uhr?
Am 10. Januar um 16:00 Uhr startete eine Ausstrahlung bei der Frequenz 2.1 bis 2.2 Hz. Sie dauerte den ganzen 11. Januar an und endete plötzlich am 12. Januar um 14:00 Uhr.

Am Tag vor dem Erdbeben in Haiti hat die DISA des US-Verteidigungsministeriums ein Manöver abgehalten. Am Montag war **Jean Demay**, DISAs technischer Leiter der Agentur für das grenzüberschreitende Zusammenarbeits-Informations-Gemeinschafts-Projekt, zufälligerweise im Hauptquartier des US Southern Command in Miami mit Vorbereitungen für einen Test des Systems in einem Szenario, das auf die Linderung für Haiti im Zuge eines Hurrikans zielte, tätig.

Das Joint Communications Support Element des Joint Forces Command System wurde „innerhalb von Stunden" operativ, sagte Joint Communications Support Element-

Stabschef, **Chris Wilson**. **Wilson** sagte, das JCSE könnte seine Ausrüstung schnell nach Haiti verschiffen, da die Systeme bereits auf Paletten in Miami als Vorbereitung für eine Übung, die abgebrochen wurde, geladen gewesen seien. **Danach erfolgte eine massive US-Militärinvasion.**

Was passierte vor dem chilenischen Erdbeben am 27. Februar 2010?

Das Chile-Erdbeben 2010 ereignete sich vor der Küste von Chile am 27. Februar 2010 um 03:34 Uhr Ortszeit, Stärke 8,8. Laut der HAARP-Website gab es elektromagnetische Aktivität bei dem 2,5-Hz-Frequenzband am 18. Februar 2010 von 13:00 bis 00:00 Uhr, am 19. Februar 2010 von 15:30 bis 00.00 Uhr und am 25. Februar 2010 von 16:00 Uhr bis 00:00 Uhr – und dann nicht mehr – also nicht am 26. oder 27. Februar.

Natürlich kann ich nicht sagen, ob das japanische Erdbeben tatsächlich von Menschen ausgelöst wurde – aber sicherlich gibt es starke Argumente dafür. Zu beachten ist allerdings, das Japan auf einer sehr aktiven tektonischen Bruchzone gelegen ist – und viele natürliche Erdbeben hat und es werden immer welche dort eintreffen. Neuseeland, auch – und es gab keine HAARP-Aktivität in den der letzten 24 Stunden vor dem Beben dort. Bei dem haitianischen Beben wurde der elektromagnetische Impuls 46 Stunden lang ausgestrahlt – und wurde 3 Stunden vor dem Erdbeben abgebrochen.

Ein großes baldiges Erdbeben ist für Kalifornien aus natürlichen Gründen vorhergesagt. Aber ein Beben jetzt nach Haiti, Neuseeland und Japan würde den Finger des Menschen oder Gottes bedeuten. Es scheint, die USA wissen mehr über das als wir in Anbetracht ihrer gigantischen **Erdbeben-Bereitschaftsübung.**

All diese Vermutungen und zum Teil nicht klar belegbare Tatsachen, regen schon über einen langen Zeitraum Wissenschaftler an, die Frage zu untersuchen.

Lassen sich Erdbeben in der Atmosphäre messen?

Weltweit suchen Forscher nach Möglichkeiten, starke Beben vorherzusagen. Laut einer neuen Studie liegt der Schlüssel für ein Frühwarnsystem in der oberen Erdatmosphäre.

Das verheerende Erdbeben, das am 11. März dieses Jahres die Region Tohoku auf der japanischen Haupinsel Honshu zerstörte und auch die Nuklearkatastrophe von Fukushima auslöste, ging mit elektrischen Anomalien und einer ungewöhnlichen Emission von Infrarotstrahlung in der oberen Erdatmosphäre einher. Dies zeigen Messungen einer Arbeitsgruppe um den Geophysiker **Dimitar Usunow** von der Chapman University im kalifornischen Ort Orange. Die Forscher werten dies als weiteren Hinweis auf eine Verbindung zwischen seismischen Prozessen in der Erde und Veränderungen in den obersten Schichten der irdischen Lufthülle. Nun hoffen sie, diese Beobachtung für die Entwicklung eines Erdbeben-Frühwarnsystems nutzen zu können.

Weltweit suchen viele Wissenschaftler in den Erdbebenzonen der Welt nach Effekten, die es ermöglichen, starke Erdbeben vorherzusagen. Dabei messen sie auch Parameter wie die Infrarotemissionen und den Gesamt-Elektronengehalt in der Ionosphäre. Diese Luftschicht erstreckt sich zwischen 80 und 1.000 Kilometer Höhe über der Erde und enthält viele freie Elektronen sowie Ionen – also Atome, denen eines oder mehrere Elektronen in den Hüllen fehlen und die deshalb elektrisch geladen sind. Als Folge entsteht ein elektrisch leitfähiger Bereich in der Atmosphäre. Zwar verändern sich beide Parameter auch durch nicht-seismische Phänomene. So variiert die Infrarotstrahlung –

314

sie gibt Auskunft über die Wärmebilanz der Erdoberfläche – mit der Wolkenbedeckung, wogegen der Elektronengehalt beispielsweise bei zunehmender Sonnenaktivität ansteigt.

Manche Forscher behaupten jedoch, die mit den Erdbeben verbundenen Veränderungen trotz dieser natürlichen Variabilität erkennen zu können. Entsprechende Berichte gab es bei den verheerenden Katastrophen von 2008 in der chinesischen Provinz Sechuan sowie 2010 auf Haiti. Auch Usunow und seine Kollegen wollen nun vor dem japanischen Beben, das auf der Richterskala die Stärke 9,0 erreichte, solche typischen Veränderungen entdeckt haben. Dazu analysierten sie Satellitenmessungen der aus der betroffenen Region ausgesandten Infrarotstrahlung und ermittelten den Elektronengehalt der Ionosphäre anhand leichter Schwankungen in den Signalen von Satelliten des Global Positioning Systems (GPS). Zusätzlich ermittelten sie anhand von Daten von Satelliten in einer niedrigen Umlaufbahn die Schichtdicke der Ionosphäre und Messungen erdgebundener Stationen, sogenannter Ionosonden, in Japan zeigten die Elektronendichte in der oberen Ionosphäre an. Die kalifornischen Forscher verglichen die Infrarotdaten mit den jeweiligen Messungen des Monats März in den Jahren 2004 bis 2011, die restlichen Messwerte untersuchten sie nur für den Zeitraum vor und nach dem Tohoku-Beben.

Nach Angaben von **Usunow** gab es bereits am 8. März, also drei Tage vor der Katastrophe, Anzeichen für eine Infrarot-Anomalie. Am Tag des Bebens habe der Ort, von dem die meiste Wärmestrahlung ausging, genau über dem Epizentrum der Erdstöße gelegen. Auch die Elektronendichte habe am 8. März ein Maximum erreicht, wobei die Werte über dem Epizentrum ungewöhnlich heftig schwankten. Die Ionensonden schließlich maßen im Zeitraum vom 3. bis 11. März einen „starken Anstieg" in der Ionendichte.

Die Forscher glauben, dass ein Teil der Anomalien durch Radon verursacht worden sein könnten, das vor dem Beben aus der Erde entwich. Das radioaktive Gas heizt die umgebende Luft auf und ionisiert sie. Nach solchen Warnzeichen für bevorstehende Erdstöße suchen die Seismologen schon lange. Neben der Radon-Freisetzung zählen schwache Erderschütterungen, Auroraähnliche Lichterscheinungen in der Atmosphäre und selbst ein ungewöhnliches Verhalten von Tieren dazu. Doch obwohl es anekdotische Berichte über das Auftreten solcher Phänomene vor größeren Erdbeben gibt, gelang es bislang nicht, mit ihrer Hilfe eine zuverlässige Vorhersagemethode für heftige seismische Aktivitäten zu entwickeln. Eines der Probleme dabei ist, dass sie meist erst im Nachhinein mit einem Erdbeben in Verbindung gebracht wurden.

Deshalb zeigen sich viele Geowissenschaftler auch gegenüber **Usunows** Analyse skeptisch. Es sei einfach, Zusammenhänge zu finden, wenn die Daten selektiv erhoben werden, meint der Seismologe **Ian Main** von der University of Edinburgh. „Die Signale in der Atmosphäre fluktuieren andauernd, und es wäre erstaunlich, wenn es gerade um den Zeitpunkt eines Erdbebens herum keine Veränderungen gäbe", sagte er gegenüber dem Fachmagazin, „Physicsworld". „Eines der Dinge, die sich über Erdbeben vorhersagen lassen, ist, dass es Behauptungen über vorausgegangene Ereignisse geben wird, die im Nachhinein entdeckt werden." Ähnlich äußert sich **Mains** Kollege **Thomas Heaton** vom California Institute of Technology. „Über die Jahre habe ich Dutzende Berichte über geophysikalische Anomalien gesehen" resümiert er. „Doch einen Vorläufer-Effekt eines Erdbebens, der vor dessen Eintreten zuverlässig ein signifikantes Signal erzeugt, müssen wir noch finden. Je mehr wir suchen, desto eher scheint es, als ob ein starkes Erdbeben ähnlich beginnt wie ein schwaches." Deshalb ermögliche auch ein

Vorläufersignal, würde es denn gefunden, keine Aussagen über die Intensität der folgenden Erdstöße.

Der Geologe **Katsumi Hattori** von der Chiba University in Japan stärkt dagegen **Usunow** den Rücken. „Seine Ergebnisse interessieren mich, obwohl die physikalischen Mechanismen unklar sind", erklärt er. „Meiner Meinung nach führt seine Methode auf einen hoffnungsvollen Weg, künftig seismische Aktivitäten vorherzusagen. Zwar wird es schwierig werden, Ort, Zeit und Stärke eines Bebens zu prognostizieren, doch die Überwachung der Infrarotstrahlung und des Elektronengehalts der Ionosphäre kann Informationen über seismische Aktivität liefern. Es sind ähnliche Parameter wie bei der Wettervorhersage." **Usumov** selbst gibt sich von der Kritik unbeeindruckt. Er hoffe, sagt der bulgarischstämmige Forscher, dass seine Arbeit künftige Erdbebenvorhersagen ermöglichen werde. Seine Gruppe habe im vergangenen Jahrzehnt über 100 Erdbeben untersucht und dabei ein „systematisches Auftreten atmosphärischer und ionosphärischer Signale im gleichen Zeitrahmen wie beim Tohoku-Beben" gefunden.

Wissenschaftler versuchen die Erdbeben vorauszusagen, wissenschaftlich zu beweisen, welche Vorgänge- sich in der Natur abspielen, doch es besteht aber auch eine Gruppe, ich möchte sie **„Die Weltverschwörung der Wettermacher"** nennen.

Mithilfe von Physik und Chemie kann der Mensch das Wetter vielfältig beeinflussen. Manche sehen dahinter finstere Mächte, die nicht nur das Wetter kontrollieren wollen. Wenn es um so dramatische Dinge geht wie die Wetterkontrolle, sind die Verschwörungstheoretiker nicht weit. In einschlägigen Internetforen diskutieren sie, wie finstere Mächte das Wetter manipulieren. So soll in den 80er Jahren ein extrem beständiges Hochdruckgebiet, das sich 800 Meilen vor der kalifornischen Küste festgesetzt hatte, in dem US-Staat eine mehrjährige Dürre verursacht haben, indem es landwärts strömende feuchte Luftmassen blockierte. Erzeugt wurde es laut den Verschwörungsspezialisten von starken Hochfrequenzantennen einer Anlage namens **„Woodpecker" (Specht)** in der Sowjetunion.

Das US-Gegenstück von Woodpecker ist das **„High Frequency Active Auroral Research Programm", kurz HAARP.** Dessen Antennen stehen in Alaska. Offiziell dienen sie dazu, Prozesse in der Ionosphäre zu erforschen. Insgeheim aber, davon sind die Verschwörungsfreunde überzeugt, nutzen die US-Militärs die Anlage als Waffe, mit der sie das Wetter und auch die Gedanken von Menschen kontrollieren. Die gebündelte Energie der HAARP-Antennen soll die Ionosphäre großflächig auf **28.000 Grad** erhitzen und dadurch die Strahlströme ablenken. Furore machte im Sommer 2005 ein Wolkenband, das scheinbar über Norddeutschland zog. Es wurde von Wetter-radaranlagen geortet, doch reale Wolken waren am klaren Himmel nicht zu sehen. Das Phänomen ist bis heute nicht völlig aufgeklärt, möglicherweise warfen Militärflugzeuge in einem Manöver Stanniolstreifen zur Radarabwehr ab.

In der inneren Hoffnung, dass dieses Szenario niemals Wirklichkeit werden wird, aber es vielleicht ja schon ist, möchte ich zum Schluss noch eine erfreuliche Nachricht der Deutschen Bundesregierung aufführen. Sie beweist, dass doch noch nicht alle Hoffnung auf ein Umdenken aufzugeben ist und der Beschluss als ein Ende des mehr als 30jährigen Kampfes der Umweltschützer gesehen werden kann.

Es ist eine historische Entscheidung: Der deutsche Bundestag hat für den Atom-ausstieg bis 2022 und die Energiewende gestimmt. Nachfolgend ein Überblick über die acht verabschiedeten Gesetze.

Union, FDP, SPD und Grüne haben gemeinsam das Ende der Atomkraft eingeläutet. **Der Ausstieg aus der Atomenergie und sieben weitere Gesetze zur Energiewende wurden im Bundestag beschlossen.** Danach soll das letzte Atomkraftwerk 2022 vom Netz gehen. Zudem wurden Regelungen zum Netzausbau und zur Ökostrom-Förderung verabschiedet.

Die wichtigsten Punkte im Überblick:

Atomausstieg:

Die acht nach der Fukushimakatastrophe im März bereits stillgelegten Atomkraftwerke gehen nicht wieder ans Netz, das gilt auch für das neuere AKW Krümmel. Bis September soll die Bundesnetzagentur entscheiden, ob ein Meiler davon für den Fall von Stromengpässen bis 2013 in Bereitschaft bleibt. Die Reihenfolge der Abschaltungen der neun verbleibenden AKWs: 2015 Grafenrheinfeld; 2017 Gundremmingen B; 2019 Philippsburg II; 2021 Grohnde, Brokdorf und Gundremmingen C; 2022 Isar II, Neckarwestheim II und Emsland.

Atommüll-Endlager:

Das mögliche Endlager für hoch radioaktiven Atommüll in Gorleben soll weiter erkundet werden. Darüber hinaus soll bis Ende des Jahres ein neues Verfahren verankert werden, das auch die Suche nach Endlagern in allen anderen Bundesländern ermöglichen könnte.

Atomsteuer:

Die Steuer auf neue Brennelemente bleibt bis 2016. Sie bringt allerdings bei neun AKWs nur noch 1,3 statt 2,3 Milliarden Euro jährlich. Pro AKW und Jahr müssen die Betreiber etwa 150 Millionen Euro zahlen.

Ökoenergieförderung:

Ziel im Erneuerbaren-Energien-Gesetz (EEG) ist die Verdoppelung des Ökostrom-Anteils auf mindestens 35 Prozent bis spätestens 2020. Die Konditionen für Windparks auf hoher See werden verbessert. Die Windenergie an Land und die Solarenergie muss keine Förderkürzungen hinnehmen. Bei Biomasse- und Biogasanlagen werden dagegen Fördersätze gekappt. Von der Finanzierung des Ökostroms werden Industrie und Gewerbe in größerem Stil befreit.

Ökoenergie- und Klimafonds:

Ab 2012 fließen sämtliche Einnahmen aus dem Verkauf von CO_2-Zertifikaten in den dafür eingerichteten Fonds. Die Regierung rechnet nach Ausweitung des Handels mit Verschmutzungsrechten ab 2013 im Schnitt mit jährlich rund drei Milliarden Euro. Ab übernächstem Jahr sollen Zuschüsse in Höhe von bis zu 500 Millionen Euro jährlich an stromintensive Unternehmen zur Abfederung der Folgen durch die Energiewende gezahlt werden.

Kraftwerksneubau:

Unter anderem soll es mehr Gaskraftwerke geben. Mit einem Beschleunigungsprogramm sollen Kapazitäten von bis zu zehn Gigawatt gebaut werden, um den AKW-Wegfall aufzufangen. Das entspricht der Leistung von etwa zehn Atomkraftwerken.

Stromnetzausbau:

Der Ausbau der Stromnetze soll beschleunigt werden. Bis 2020 müssen bis zu 4.450 Kilometer neue **„Stromautobahnen"** gebaut werden. Der Bund will die Bau- und Planungszeiten von gut zehn auf vier Jahre verkürzen und die bisherigen Kompetenzen der Länder an sich ziehen.

Gebäudesanierung:

Die Regierung will das Förderprogramm mit zinsgünstigen Krediten auf 1,5 Milliarden Euro ab 2012 aufstocken. Zusätzlich sollen Dämmung und Modernisierung der Gebäude steuerlich besser abgeschrieben werden können. Dies kostet den Staat insgesamt weitere rund 1,5 Milliarden Euro. Dem muss der Bundesrat als einzigem Gesetz zustimmen. Bund und Länder sind über die Kosten aber zerstritten, sodass ein Vermittlungsverfahren wahrscheinlich ist.

Baurecht:

In allen Bundesländern soll es einheitliche Kriterien für Höhengrenzen und die Ausweisung geeigneter Flächen für Windräder geben.

Energieintensive Industrie:

Sie soll nicht übermäßig belastet werden. Für rund 4.000 mittelständische Betriebe soll es ab 2013 einen Ausgleich im Umfang von insgesamt einer halben Milliarde Euro jährlich geben. Die Ausgleichszahlungen bis zu 500 Millionen Euro sollen aus dem Ökofonds kommen, alles darüber hinaus aus dem Bundesetat.
Die Energiewende in Deutschland ist beschlossene Sache. Der Bundestag hat mit breiter Mehrheit ein umfangreiches Gesetzespaket verabschiedet – bis 2022 soll das letzte Kernkraftwerk vom Netz gehen.

Drei Jahrzehnte hatten die Kernkraftgegner in Deutschland darum gekämpft – nun ist der Ausstieg aus der Atomkraft beschlossen. Der Bundestag einigte sich auf eine Reihe von Gesetzen, die die Energiewende im Land legitimieren.

Ein politisches Streitthema wird abgeräumt.

Damit kehrt Deutschland nach der vor einem halben Jahr beschlossenen Laufzeitverlängerung im Kern zum rot-grünen Ausstiegsbeschluss von vor zehn Jahren zurück.

Vor der Abstimmung hatten sich Regierung und Opposition im Bundestag ein hitziges Rededuell geliefert. SPD-Chef **Sigmar Gabriel** warf Schwarz-Gelb vor, einzig aus Opportunismus ein neues Energiekonzept durchsetzen zu wollen. Es sei das „energiepolitische Waterloo" der Regierung.

Beim Atomausstieg schmückten sich Union und FDP zudem mit fremden Federn. „Dieser Ausstieg ist unser Ausstieg", sagte **Gabriel** mit Blick auf den ursprünglichen Beschluss von Rot-Grün. Dafür hätten sich SPD und Grüne von der Union immer „Häme, Verleumdung, Beleidigung und Diffamierung" anhören müssen.

Gabriel nutzte seine Redezeit außerdem für eine scharfe Attacke auf die geplanten Steuersenkungen der Regierung. CDU-Chefin **Angela Merkel** verteile „wie ein Räuberhauptmann" auf der Lichtung ihre Beute. **Gabriel** empfahl der Kanzlerin, die Koalition aufzulösen: **„Hören Sie einfach auf. Das wäre der beste Neustart für unser Land"**, sagte er in Richtung der Kanzlerin.

Als „unglaubwürdig" wies dagegen Wirtschaftsminister **Philipp Rösler** die Kritik der Opposition am Atomkurs der Koalition zurück. Die Entscheidungen von Union und FDP gingen deutlich über den Ausstiegsbeschluss von Rot-Grün hinaus.

Kritik am Konzept der Koalition kam jedoch nicht nur von der Opposition, sondern vereinzelt auch aus den eigenen Reihen. Der frühere Bundeswirtschaftsminister **Michael Glos** (CSU) trägt den Atomausstieg nicht mit. „Es gibt eine Reihe von Gründen, die mir eine Zustimmung nicht möglich machen", sagte **Glos**. Er sei zum Beispiel dagegen, sich so stark festzulegen, ohne die „Versorgungssicherheit zu bezahlbaren Preisen" garantieren zu können.

Zudem steige mit dem Ausstieg die CO_2-Belastung, kritisierte **Glos**. Schließlich müsse man zunächst verstärkt fossile Brennstoffe zur Stromerzeugung einsetzen, „weil der Ausbau der erneuerbaren Energien gar nicht so schnell geht".

Ob schnell oder etwas langsamer, der Grundstein wurde gelegt. Neue Innovationen für eine bessere Zukunft wurden angeregt, in der Hoffnung unseren Planeten von der schrecklichen Strahlung zu befreien. Verschiedenartige, neue, umweltfreundliche und preiswerte Energiequellen sollen erschlossen werden, damit unsere Menschen frei leben können und von den erhöhten Krebserkrankungen verschont bleiben. Unsere Generationen sollen gesunde Kinder zeugen können, die frei von Missbildungen sind und so besteht eigentlich für mich persönlich nur noch ein Wunsch:

Lasst in Zukunft nur noch die Sonne über uns scheinen!!!

Und ich sah auf meine Uhr:

Es war fünf Minuten vor zwölf.

Lesen Sie auch von Hans-Jürgen Briest

Hans der Tonganer

Ein gelebter Lebenstraum auf der
anderen Seite der Welt

271 Seiten

ISBN: 978-3-86683-870-3

BISAC: Erlebnisbericht/Reisen/Leben

Unser Leben ist ein Traum, Unsere Träume sind unser Leben

„MALO LELEI " Welcome to Tonga.

Wenn wir immer wüssten, wo wir hingehen, würden wir gar nicht erst aufstehen,
um zu gehen.Die erlebte und gelebte Lebensgeschichte soll zeigen, wie wichtig
es ist aufzu-stehen, um zu gehen, zu leben, zu lieben, um auch geliebt zu werden.

Das vorliegende Buch ist nicht nur eine wahre Lebens- und Liebesgeschichte einer
Person. Es ist vielmehr eine Aufzeichnung interessanter, lehrreicher, informativer und
unterhaltender Erinnerungen eines aufregenden, bewusst erlebten Lebens, gepaart mit
den verschiedensten, persönlichen Erlebnissen. Der Leser nimmt Teil an den Stationen
des Lebens und der Reisen, kann die gesammelten Erfahrungen teilen und durch die
Augen des Autors sehen. Die detaillierten und tief greifenden Beschreibungen regen die
Fantasie des Lesers an. Nehmen Sie teil an einer Weltreise, erleben Sie die polynesische
Kultur hautnah und erfreuen Sie sich an der Reise durch ein ausgefülltes, auf der anderen
Seite der Welt, erlebtes, buntes Leben.

Ein altes chinesisches Sprichwort besagt:

Einhundert Kilometer Reisen sind besser als ein Jahr Schule
Meine Reise betrug mehr als einhundert Kilometer

Die Wirklichkeit des Lebens

Erlebtes Leben gelebt

348 Seiten

ISBN: 9781461050315

BISAC: Erahrungsbericht, Umwelt, Kommunikation, Lebensqualität.

Ich kann jeden beliebigen Tag in der Menschheitsgeschichte nehmen. Immer werde ich eine ähnlich lange Liste mit Indizien finden, die darauf hindeuten dass es so nicht mehr lange weitergehen kann.

Denn immer haben die Menschen, oder die Natur, Mittel und Wege gefunden, diese Dinge in den Griff zu bekommen, doch noch einmal die Welt zu Retten, zu überleben.

Meine Frage ist nur, wie wir überleben werden. Zu viele Katastrophen begleiten unser tägliches Leben.

Das vorliegende Buch ist als ein Plädoyer gegen die allgemeine Gleichgültigkeit und den täglich wachsenden Ansprüchen. Dies besonders in der schnelllebigen Zeit, in der wir leben.

Rückbesinnung zu grundlegenden Wertvorstellungen soll aufgezeigt werden. Neue Denkbilder für unser Leben werden aufgezeigt. Sie sollen uns helfen, viel über uns selbst zu lernen und eine entspanntere Einstellung zu schaffen. Nicht nur zu uns selbst, sondern auch zur Natur. Verborgene Potenziale sollen aufgedeckt werden um dem Leben damit eine positivere Wendung zu geben.

Thema und Inhalt wurden lebensnah und verständlich umgesetzt. Praktische Denkmodelle und Ratschläge wurden in Zusammenhang gebracht.

Bedingungen, sowie die Möglichkeiten und die Entwicklungen des Bereiches Umwelt, Kommunikation und Lebensqualität im Ganzen, sind in eine gelungene Gedankenfolge gebracht.

Lesen Sie auch von Hans-Jürgen Briest

Globalisierte Armut

Die neue arme Armut

380 Seiten

ISBN-10:1461063701

BISAC: Social Science / Poverty/Demokratie/Arbeit/Umwelt

Allein innerhalb einer Woche im Oktober 2007 konfiszierte die tansanische Regierung beispielsweise im Hafen von Daressalam 73 Container mit Tropenholz, die für China bestimmt waren.
Und in einem Bericht der US-Botschaft Daressalam heißt es unverblümt:

Das Exportverbot für Holz, das die Regierung 2004 verhängt hat, gilt weithin als wirkungslos.

Dieses Buch ist ein leidenschaftliches Plädoyer, zu einem sehr brisanten und aktuellen Thema, nämlich der Plünderung und der neuen Armut auf der ganzen Welt und all ihre Folgen für die arbeitenden Menschen, Tier und Natur.

Hat man das Buch gelesen, denkt man, einen Krimi bewältigt zu haben, aber die beschriebene Welt ist leider Realität.

Und die, die diese Welt regieren, für sie verantwortlich sind, haben an Aufarbeitung kein Interesse.

Eine couragierte Zeitanalyse, mit der Forderung, Werte für sich, für den Einzelnen und für die Gesellschaft, aber auch global, neu zu definieren, um schließlich allen eine Überlebensschance zu ermöglichen.

Lesen Sie auch von Hans-Jürgen Briest

Verlust des ewigen Eises

Es ist Zeit Alarm zu schlagen !

378 Seiten

ISBN-10:1460986210

BISAC: Science / Klimawandel/Umwelt/General

Es wird warm, die Erde wärmt sich auf. Polkappen und Gletscher sind **am verschwinden.**

Die globale Entstehung und Auswirkungen des Klimawandels auf unseren Planeten Erde und deren Veränderungen auf das Leben der Menschen und der weltweiten Umwelt in der wir heute leben.

Weltweit schmelzen die Gletscher in alarmierender Geschwindigkeit. Auch die Polarregionen verlieren ihre Eiskappe, riesige Eisberge treiben mit den Meeresströmungen bis in tropische Regionen.
Schwere Stürme verwüsten ganze Landstriche in immer kürzerer Folge. Große Trockenheit wechselt sich mit sintflutartigen Niederschlägen ab. Flüsse treten über ihre Ufer, denn die Böden können nach Dürreperioden kaum mehr Wasser aufnehmen. Mit zunehmender Erwärmung des Klimas werden sich solche Wetterextreme häufen. Immer mehr Menschen werden durch die Ausbreitung der Wüsten, zunehmende Hochwasser und Stürme oder durch den steigenden Meeresspiegel in Zukunft aus ihrer Heimat vertrieben. Der Klimawandel ist Realität. Wir können nur noch beeinflussen, wie gravierend er wird.

Je früher die Trendumkehr geschafft wird, desto besser.

Die Investitation beginnt heute, damit wir morgen noch einen Gewinn erzielen können.

Den Gewinn des Lebens in einer menschenfreundlichen Umwelt.

Lesen Sie auch von Hans-Jürgen Briest

Leben ist mehr als Überleben

Rivers of Blood

456Seiten

ISBN-10: 1466267348

BISAC: History / Revolutionary

Ein Überblick über die Entstehung von Revolutionen, deren Bedeutung für die Menschen und die Machthaber. Gesehen, besonders in der jüngsten Zeit, die Zeit der arabisch, moslemischen Revolutionen des Jahres 2011 in Nordafrika und dem Nahen Osten.

Die muslimische Welt, die Ende 2010 erbebte und seit 2011 brodelt, erfährt Umwälzungen, die die diplomatischen Kreise aller Kontinente überrascht haben. Massendemonstrationen erschüttern die aus dem Zweiten Weltkrieg oder der Entkolonialisierung ererbten politischen Strukturen. Auf dem Boden von allgemeiner Armut und Korruption fordern die sunnitischen und schiitischen Massen radikale Veränderungen. Demokratie, freie Wahlen, eine größere Medienfreiheit und weitere Elemente, die dazu angetan sind, die Entfaltung des Menschen zu fördern, sollen künftig die politischen muslimischen Strukturen bestimmen. Diese Forderungen können den Regierungen und der öffentlichen Meinung in den europäischen und amerikanischen Ländern nur gefallen.

Der europäische Islam ist demnach 1.300 Jahre alt und ist nun auf dem Weg eine tief greifende Öffnung zu erfahren.

Eine interessante Zeit des Wandels steht uns bevor.

Der Autor

Hans-Jürgen Briest wurde am 15.9.1947 in Wiesbaden geboren.
Seine Kindheit, beginnend in der Nachkriegszeit, verbrachte er in
Wiesbaden. Nach Abschluss der Grundschule entschied er sich,
mit vierzehn Jahren, für eine Lehre als Kfz-Handwerker Lehrling,
bei den Stadtwerken Wiesbaden AG.
Nach erfolgreichem Abschluss der Lehre arbeitete er noch ein Jahr
in seinem erlernten Beruf und bewarb sich dann bei der
Hessischen Bereitschaftspolizei als Polizeiwachtmeister. Die Ausbildung
fand in Mühlheim/Main statt. Schon nach weniger als
zwei Jahren verließ er den Polizeidienst auf eigenen Wunsch und
konnte einen Taxibetrieb in seiner Geburtsstadt übernehmen.
Als geschäftsführender Vorstand schied er aus dem Taxigeschäft
aus und übernahm eine Versicherungsagentur in Mainz. Bis zum
Beginn seiner Weltreise lebte er in Heidenrod und siedelte 1989
nach dem Kingdom of Tonga, in der Südsee über. In seinem
zweiundsechzigsten Lebensjahr begann er sein erlebt, gelebtes
Leben, auf der anderen Seite der Welt, aufzuzeichnen und gab
etwas von seinen gesammelten Erfahrungen vieler Erlebnisse auf
seinen Reisen preis. Seit einundzwanzig Jahren lebt er nun in
Tonga und hat mit seiner neuen Familie erfolgreich sein Geschäft
aufgebaut und betreibt es bis heute.

Hans-Jürgen Briest

www.ingramcontent.com/pod-product-compliance
Lightning Source LLC
Chambersburg PA
CBHW051441170526
45166CB00001B/65